Instalações Elétricas

Grupo
Editorial
Nacional

O GEN | Grupo Editorial Nacional – maior plataforma editorial brasileira no segmento científico, técnico e profissional – publica conteúdos nas áreas de ciências exatas, humanas, jurídicas, da saúde e sociais aplicadas, além de prover serviços direcionados à educação continuada e à preparação para concursos.

As editoras que integram o GEN, das mais respeitadas no mercado editorial, construíram catálogos inigualáveis, com obras decisivas para a formação acadêmica e o aperfeiçoamento de várias gerações de profissionais e estudantes, tendo se tornado sinônimo de qualidade e seriedade.

A missão do GEN e dos núcleos de conteúdo que o compõem é prover a melhor informação científica e distribuí-la de maneira flexível e conveniente, a preços justos, gerando benefícios e servindo a autores, docentes, livreiros, funcionários, colaboradores e acionistas.

Nosso comportamento ético incondicional e nossa responsabilidade social e ambiental são reforçados pela natureza educacional de nossa atividade e dão sustentabilidade ao crescimento contínuo e à rentabilidade do grupo.

Instalações Elétricas

Sétima edição

Julio Niskier

Engenheiro Eletricista pela Universidade Federal do Rio de Janeiro (UFRJ). Mestre pela UFRJ. Pós-graduado em Engenharia de Segurança pela Universidade do Estado do Rio de Janeiro (UERJ). Antigo Professor da Escola de Engenharia da UFRJ.

Archibald Joseph Macintyre

Membro da Academia Nacional de Engenharia. Antigo Professor do Centro Técnico-Científico da Pontifícia Universidade Católica do Rio de Janeiro (PUC-Rio), do Instituto Militar de Engenharia (IME) e do Núcleo de Treinamento Tecnológico (NTT).

Luiz Sebastião Costa (Revisor e atualizador)

Engenheiro Eletricista pela Escola Federal de Engenharia de Itajubá (UNIFEI), com especialização em Sistemas de Potência. Professor aposentado da Faculdade de Engenharia da Universidade do Estado do Rio de Janeiro (UERJ). Antigo Professor da Faculdade de Engenharia da Universidade Santa Úrsula (USU) e do Centro Federal de Educação Tecnológica Celso Suckow da Fonseca (CEFET-RJ).

- **Atendimento ao cliente: (11) 5080-0751 | faleconosco@grupogen.com.br**

- Direitos exclusivos para a língua portuguesa
  Copyright © 2021 by
  LTC | Livros Técnicos e Científicos Editora Ltda.
  Uma editora integrante do GEN | Grupo Editorial Nacional
  Travessa do Ouvidor, 11
  Rio de Janeiro – RJ – 20040-040
  www.grupogen.com.br

- Capa: e-Clix
- Imagens de capa: Fundo: ©starline | br.freepik.com
  Interruptor: ©Zak Keen – dribbble | br.freepik.com

- Editoração eletrônica: Arte & Ideia
- Ficha catalográfica

CIP-BRASIL. CATALOGAÇÃO NA PUBLICAÇÃO
SINDICATO NACIONAL DOS EDITORES DE LIVROS, RJ

N64i
7. ed.

    Niskier, Julio, 1929-2018
      Instalações elétricas / Julio Niskier, Archibald Joseph Macintyre ; revisor e atualizador Luiz Sebastião Costa. - 7. ed. - Rio de Janeiro : LTC, 2021.
      28 cm.

      Inclui bibliografia e índice
      ISBN 978-85-216-3730-1

      1. Instalações elétricas. I. Macintyre, Archibald Joseph. II. Costa, Luiz Sebastião. III. Título.

20-67317	CDD: 621.31
	CDU: 621.316.1

Camila Donis Hartmann – Bibliotecária – CRB-7/6472

Respeite o direito autoral

In Memoriam

Engenheiro Julio Niskier

Engenheiro Eletricista e empreendedor da maior grandeza da Engenharia
Brasileira e, acima de tudo, nas palavras do
Prof. Bernardo Severo da Silva Filho, "um didata e virtuoso no
relacionamento humano, capaz de despertar nos estudantes e interlocutores o
interesse pelo conhecimento aplicado,
sem dúvida, uma lacuna irreparável".

Prefácio à 7ª edição

Nas duas últimas edições, a 5ª e a 6ª, deste importante e conceituado livro da área de Instalações Elétricas tive a honra de participar como Colaborador na revisão e atualização de vários capítulos, junto com uma pessoa amiga e de um imenso coração. Aprendi muito com o Prof. Julio Niskier, um profissional competente e ótimo professor.

Nesta 7ª edição, a minha responsabilidade aumentou consideravelmente.

Por motivos de saúde do Prof. Julio Niskier, que, lamentavelmente, o levaram a falecer, proporcionando uma imensa perda para a nossa Engenharia, o corpo editorial da LTC Editora | Grupo GEN me convidou para a tarefa de revisar e atualizar esta nova edição.

Recebi da LTC Editora | Grupo GEN uma tarefa de grande responsabilidade que creio tenha levado a contento, pois pude contar com a colaboração de cinco excelentes técnicos da Engenharia Elétrica brasileira, aos quais apresento os meus agradecimentos:

- Capítulo 1 – Engº David Martins Vieira, professor da Faculdade de Engenharia da UERJ e da PUC-Rio;
- Capítulo 2 – Engª Celia Inês Fuchs, especialista em Regulação de Serviços Públicos de Energia Elétrica, ex-Engª da ANEEL;
- Capítulo 9 – Engº Fábio Lamothe Cardoso, sócio da ELETRO-ESTUDOS Engenharia Ltda.;
- Capítulo 10 – Engº Paulo Edmundo da F. Freire, sócio da PAIOL Engenharia; e
- Capítulo 15 – Engº Filipe Weiller Penedo da ENERGON BRASIL.

Quatro grandes atualizações foram incorporadas nesta edição: no Capítulo 2 – Fornecimento de Energia em Baixa Tensão – BT, referente à RECON-BT da Light, editada em janeiro de 2019 e atualizada em fevereiro de 2020; no Capítulo 8 – Luminotécnica, referente à Norma ISO/CIE 8995-1:2013 confirmada em 2017; no Capítulo 10 – Proteção das Edificações. Proteção contra Descargas Atmosféricas (PDA), referente à NBR 5419:2015, versão corrigida em 2018; no Capítulo 15 – Subestações Abaixadoras de Tensão, referente ao RECON-MT da Light, editado em março de 2016; e em diversos capítulos, quanto à Resolução Normativa nº 414/2010 da ANEEL, atualizada em 2017.

Esperamos continuar contando com a acolhida de professores, alunos, engenheiros e técnicos da área de Instalações Elétricas de Baixa e de Média Tensão, aos quais solicitamos seus comentários e sugestões para o aperfeiçoamento de um livro que apresenta uma metodologia teórica, prática e objetiva para o projeto, a construção e a manutenção das Instalações Elétricas.

Luiz Sebastião Costa

Material
Suplementar

Este livro conta com os seguintes materiais suplementares:

Para todos os leitores:

■ Capítulos 13 ao 17 na íntegra, em (.pdf) (*on-line*) (requer PIN).

Para docentes:

■ Ilustrações da obra em formato de apresentação (restrito a docentes cadastrados).

Os professores terão acesso a todos os materiais relacionados acima (para leitores e restritos a docentes). Basta estarem cadastrados no GEN.

O acesso ao material suplementar é gratuito. Basta que o leitor se cadastre e faça seu *login* em nosso *site* (www.grupogen.com.br), clique no *menu* superior do lado direito e, após, em GEN-IO. Em seguida, clique no *menu* retrátil ▤ e insira o código (PIN) de acesso localizado na orelha deste livro.

O acesso ao material suplementar online fica disponível até seis meses após a edição do livro ser retirada do mercado.

Caso haja alguma mudança no sistema ou dificuldade de acesso, entre em contato conosco (gendigital@grupogen.com.br).

GEN-IO (GEN | Informação Online) é o ambiente virtual de aprendizagem do GEN | Grupo Editorial Nacional

Sumário

Conceitos Básicos de Eletricidade com Vistas a Instalações

1

1.1 CONSTITUIÇÃO DA MATÉRIA

A compreensão dos fenômenos elétricos supõe um conhecimento básico da estrutura da matéria, cujas noções fundamentais serão resumidas a seguir.

Toda matéria, qualquer que seja seu estado físico, é formada por partículas denominadas **moléculas**. As moléculas são constituídas por combinações de tipos diferentes de partículas extremamente pequenas, que são os átomos. Quando determinada matéria é composta de átomos iguais é denominada **elemento químico**. É o caso, por exemplo, do oxigênio, hidrogênio, ferro etc., que são alguns dos elementos que existem na natureza. A molécula da água (Fig. 1.1), como sabemos, é uma combinação de dois átomos de hidrogênio e um de oxigênio.

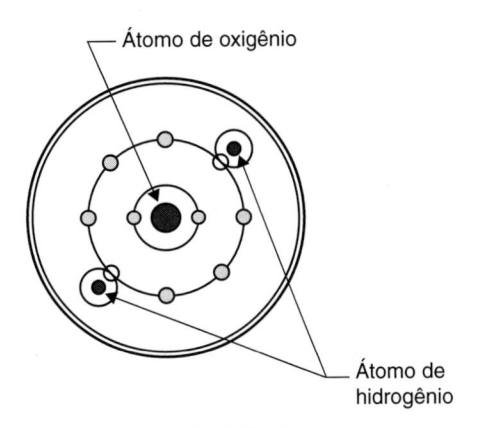

Figura 1.1 Molécula da água.

Os átomos são constituídos por partículas extraordinariamente pequenas, das quais as mais diretamente relacionadas com os fenômenos elétricos básicos são as seguintes:

- **prótons**, que possuem carga elétrica positiva;
- **elétrons**, possuidores de carga negativa;
- **nêutrons**, que são eletricamente neutros.

Uma teoria bem fundamentada afirma que a estrutura do átomo tem certa semelhança com a do sistema solar. O **núcleo**, em sua analogia com o sol, é formado por *prótons* e *nêutrons*, e em torno deste núcleo giram, com grande velocidade, elétrons planetários. Tais elétrons são numericamente iguais aos prótons, e este número influi nas características do elemento químico.

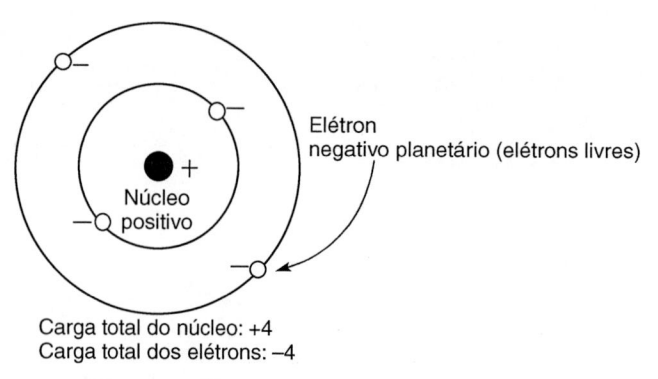

Carga total do núcleo: +4
Carga total dos elétrons: −4

Figura 1.2 Átomo com duas camadas de elétrons.

Os elétrons, que giram segundo órbitas mais exteriores, são atraídos pelo núcleo com uma força de atração menor do que a exercida sobre os elétrons das órbitas mais próximas do núcleo. Como os elétrons mais exteriores podem ser retirados de suas órbitas com certa facilidade, são denominados *elétrons livres* (Fig. 1.2).

O acúmulo de elétrons em um corpo caracteriza a sua *carga elétrica*. Apesar de o número de elétrons livres constituir uma pequena parte do número de elétrons presentes na matéria, eles são, todavia, numerosos. O movimento desses elétrons livres se realiza com uma velocidade da ordem de 300 000 km/s e se denomina "corrente elétrica".

Em certas substâncias, a atração que o núcleo exerce sobre os elétrons é pequena; estes elétrons têm maior facilidade de se libertar e deslocar. É o que ocorre nos metais como a prata, o cobre, o alumínio etc., denominados, por isso, *condutores elétricos*. Quando, ao contrário, os elétrons externos se acham submetidos a forças interiores de atração que dificultam consideravelmente sua libertação, as substâncias em que isso ocorre são denominadas *isolantes elétricos*. É o caso do vidro, das cerâmicas, dos plásticos etc. Pode-se dizer que um *condutor elétrico* é um material que oferece pequena resistência à passagem dos elétrons, e um *isolante elétrico* é o que oferece resistência elevada à corrente elétrica.

Assim como em hidráulica, a unidade de volume de líquido é o *m^3*; em eletricidade prática exprime-se a "quantidade" de eletricidade em *coulombs*.* Um coulomb corresponde a $6{,}28 \times 10^{18}$ elétrons.

1.2 GRANDEZAS ELÉTRICAS

1.2.1 Potencial Elétrico

Quando, entre dois pontos de um condutor, existe uma diferença entre as concentrações de elétrons, isto é, de carga elétrica, diz-se que existe um *potencial elétrico* ou uma *tensão elétrica* entre esses dois pontos.

Consideremos o gerador do circuito da Fig. 1.3. A ação da f.e.m. interna do gerador obriga as cargas positivas a se concentrarem no terminal positivo e os elétrons ou cargas negativas a se reunirem no terminal negativo. Dessa forma, cria-se uma pequena diferença de potencial energético (d.d.p.) entre estes terminais, que estabelecerá um deslocamento dos elétrons entre o terminal negativo e o positivo. Esse deslocamento de elétrons deve-se à ação de uma força chamada *força eletromotriz* **(f.e.m.)**. Se estabelecermos um circuito fechado, ligando um terminal ao outro por um condutor, a tensão a que os elétrons livres estão submetidos faz com que se desloquem ao longo do condutor, estabelecendo-se assim uma *corrente elétrica*, cujo sentido é definido por convenção (do polo positivo [+] para o polo negativo [−], no circuito externo), como se vê na Fig. 1.3, embora se saiba que o sentido real da corrente é do polo negativo para o polo positivo.

Se em vez de uma pilha ou bateria tivermos um *gerador elétrico rotativo*, realizar-se-á fenômeno semelhante. Desenvolve-se no gerador uma tensão interna do polo negativo (−) para o positivo (+), que é a força eletromotriz, graças à qual o gerador fornece corrente a um condutor ligado aos seus terminais, orientada do polo negativo (−) para o polo positivo (+).

A tensão é medida em *volts*, cuja definição será apresentada mais adiante e determinada com o voltímetro.

Convenciona-se empregar as letras *E* para designar a f.e.m. gerada ou induzida nos terminais de um gerador ou bateria. Usa-se, em geral, a letra *U* para representar a tensão ou diferença de potencial entre dois pontos de um circuito pelo qual a corrente passa. Uma parte da f.e.m. é aplicada em vencer a resistência interna do próprio gerador quando fornece a corrente. Essa perda interna é a diferença entre E e U, como será visto no item 1.2.2.

---

* COULOMB, Charles de — físico francês (1736-1806).

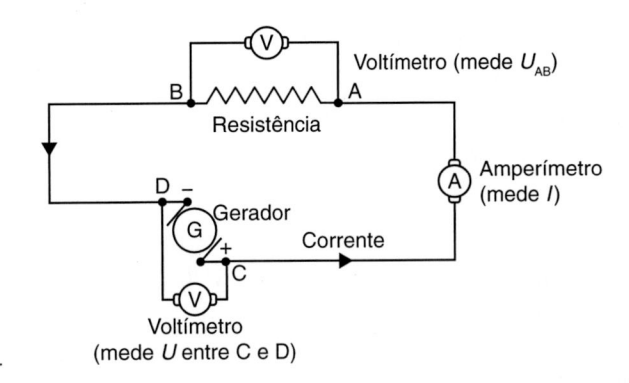

Figura 1.3 Circuito elétrico com resistência ôhmica.

1.2.2 Intensidade da Corrente Elétrica

Os elétrons livres dos átomos de uma certa substância normalmente se deslocariam em todas as direções. Quando, em um condutor, o movimento de deslocamento de elétrons livres é mais intenso em um determinado sentido, diz-se que existe uma *corrente elétrica* ou um ***fluxo elétrico*** no condutor. A ***intensidade*** (I) da corrente é caracterizada pelo número de elétrons livres (Q) que atravessa uma determinada seção do condutor na unidade de tempo (t). A unidade de intensidade da corrente elétrica é o ***ampère****, de tal forma que: $I = \dfrac{Q}{t}$.

Ampère (A) é a corrente elétrica invariável que, mantida em dois condutores retilíneos, paralelos, de comprimento infinito e de área de seção transversal desprezível e situados no vácuo a 1 metro de distância um do outro, produz entre esses condutores uma força igual a 2×10^{-7} ***newtons**** por metro de comprimento desses condutores (Inmetro — Instituto Nacional de Metrologia, Normalização e Qualidade).

A medição da intensidade da corrente efetua-se com o auxílio de um ***amperímetro***, ligado em ***série*** no circuito. Define-se, na prática, o ampère como a intensidade de escoamento de 1 coulomb em 1 segundo. Por analogia, a corrente elétrica se assemelha à ***vazão*** em hidráulica, expressa em m³/s, por exemplo.

1.2.3 Resistência Elétrica

Existe uma força de atração entre os elétrons e os respectivos núcleos atômicos e que resiste à liberação dos elétrons para o estabelecimento da corrente elétrica. Abreviadamente, designa-se essa oposição ao fluxo da corrente como ***resistência***. Nos materiais ditos ***condutores***, a corrente elétrica circula facilmente, porque a resistência que neles se verifica é pequena. Nos materiais isolantes, ocorre o contrário.

A unidade de resistência elétrica é o ***ohm*** (Ω),*** que corresponde à resistência de um fio de mercúrio a 0 °C, com um comprimento de 1,063 m e uma seção de 1 mm². Equivale à resistência elétrica de um elemento de circuito tal que uma diferença de potencial constante, igual a 1 volt, aplicada aos seus terminais, faz circular nesse elemento uma corrente invariável de 1 ampère.

$$1\,\Omega = \frac{1\,\text{V}}{1\,\text{A}}$$

A resistência de um condutor depende de quatro fatores: material, comprimento, área da seção e temperatura.

A ***resistividade*** ou ***resistência específica*** de um material homogêneo e isótropo é tal que um cubo com 1 metro de aresta apresenta uma resistência elétrica de 1 ohm entre faces opostas. Seu símbolo é o ρ (rô). O Inmetro indica como unidade de resistividade o *ohm × metro* ($\Omega \times$ m).

A resistência de um ***condutor*** de seção uniforme, expressa em ohms, é dada por:

$$R = \rho\,\frac{l}{S}$$

sendo:

l — comprimento do condutor (m)
S — seção reta do condutor (m²)
ρ — resistividade do condutor ($\Omega \times$ m)

---

* AMPÈRE, André Marie — físico e matemático francês (1775-1836).
** NEWTON, Sir Isaac — cientista e matemático inglês (1642-1727).
*** OHM, Georg Simon — físico alemão (1787-1854).

Pode-se usar a fórmula com:

S em mm^2; ρ em $\Omega \times mm^2/m$

Valores da resistividade ρ a 15 °C

Cobre — 0,0178 $\Omega \times mm^2/m$, ou $\frac{1}{56}$ $\Omega \times mm^2/m$
Alumínio — 0,028 $\Omega \times mm^2/m$
Prata-liga — 0,300 $\Omega \times mm^2/m$

Denominam-se ***resistores*** os elementos de circuito elétrico que se caracterizam por sua *resistência*.

EXEMPLO **1.1**

Calcular a resistência de um condutor de cobre a 15 °C, sabendo-se que sua seção é de 3 mm^2 e que seu comprimento é de 200 m.

Solução

Para o cobre, $\rho = 0,0178$ $\Omega \times mm^2/m$.
A resistência é dada por:

$$R = \rho \frac{l}{S} \therefore R = \rho \left[\Omega \times \frac{mm^2}{m} \right], \text{ sendo } l \text{ (m) e } S \text{ (mm}^2\text{)};$$

portanto,

$$R = \frac{0,0178 \times 200}{3} = 1,186 \text{ ohm}$$

Variação de resistência com a temperatura

A resistência do condutor depende da temperatura a que ele se acha submetido.
Denomina-se ***coeficiente de temperatura*** (α) a variação da resistência de um condutor, quando a temperatura varia de 1 °C.
Para o cobre, $\alpha = 0,0039$ $°C^{-1}$ a 0 °C e 0,004 $°C^{-1}$ a 20 °C.
Para o alumínio, $\alpha = 0,0038$ $°C^{-1}$ a 20 °C.
A variação de resistência com a temperatura é expressa por:

$$R_t = R_0 (1 + \alpha t)$$

sendo:
R_0 — resistência a 0 °C (Ω)
R_t — resistência a uma temperatura de t °C (Ω)
Se a temperatura variar de t_1 para t_2, a resistência variará do valor R_0 para o valor R_t, segundo a expressão:

$$R_t = R_0 [1 + \alpha (t_2 - t_1)]$$

EXEMPLO **1.2**

Um condutor de cobre tem uma resistência de 120 Ω a 20 °C. Qual será sua resistência se a temperatura for de 50 °C?
Dado: $\alpha_{cobre} = 0,004$ $°C^{-1}$ a 20 °C

Solução

$$R_t = R_0 [1 + \alpha (t_2 - t_1)]$$

$$R_{50} = 120 [1 + 0,004 (50 - 20)] = 134,4 \text{ ohms}$$

1.2.4 Lei de Ohm

A intensidade da corrente I que percorre um condutor é diretamente proporcional à f.e.m. E, que a produz, e inversamente proporcional à ***resistência R*** do condutor, isto é:

$$I = \frac{E}{R}$$

em que:

I — intensidade da corrente (A)
E — tensão ou f.e.m. (V)
R — resistência (Ω)

A lei de Ohm é aplicável, sob esta forma simples, para:

a) circuitos de corrente contínua contendo apenas uma f.e.m.;
b) condutores ou resistências de corrente contínua;
c) *qualquer circuito contendo apenas resistências.*

Para circuitos envolvendo elementos mais complexos que serão vistos adiante, a lei de Ohm não se aplica sob essa forma simples.

EXEMPLO 1.3

Qual a resistência da lâmpada incandescente ligada a um circuito de 120 V, sabendo-se que o amperímetro indica 0,5 A e que a resistência dos fios é desprezível?

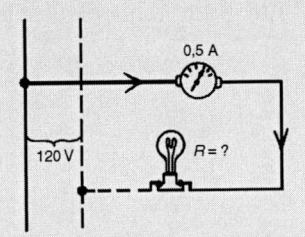

Figura 1.4 Esquema do circuito elétrico, indicando a resistência a ser determinada.

Solução

A diferença de potencial existente entre os parafusos do soquete da lâmpada é de 120 V, de modo que temos:

$$R = \frac{U}{I} = \frac{120}{0,5} = 240\ \Omega$$

1.2.5 Potência Elétrica

A *potência* é definida como o trabalho efetuado na unidade de tempo. Assim como a potência hidráulica é dada pelo produto do desnível energético pela vazão, a potência elétrica, para um circuito puramente resistivo, é obtida pelo produto da *tensão* U pela *intensidade da corrente* I:

$$P = U \times I$$

A unidade de potência é o *watt* (W), sendo 1 kW = 1 000 W.

Pela lei de Ohm, sabemos que:

$$U = R \times I$$

de modo que podemos escrever:

$$P = R \times I^2$$

e

$$R = \frac{U}{I},\ \text{sendo } P = U \times I \text{ e } I = \frac{P}{U};\ \text{logo, } R = \frac{U^2}{P}.$$

EXEMPLO **1.4**

Um chuveiro elétrico indica na plaqueta 3 000 W e 220 V. Quais os valores da corrente que ele absorve e da resistência do mesmo?

Solução

$$I = \frac{P}{U} = \frac{3\,000}{220} = 13,6 \text{ A}$$

e

$$R = \frac{U^2}{P} = \frac{220^2}{3\,000} = 16,1 \ \Omega$$

1.2.6 Energia e Trabalho

A energia consumida, ou o trabalho elétrico T efetuado, é dada pelo produto da potência P pelo tempo t, durante o qual o fenômeno elétrico ocorre. As fórmulas que permitem calcular este valor são:

$$T = P \times t = \text{watt} \times \text{hora (Wh)}$$

ou

$$T = U \times I \times t = \text{watt} \times \text{hora (Wh)}$$

$$T = \frac{R \times I^2 \times t}{1\,000} = \text{quilowatt} \times \text{hora (kWh)}$$

$$T = \frac{U \times I \times t}{1\,000} = \text{quilowatt} \times \text{hora (kWh)}$$

O consumo de energia é medido em **kWh** pelos aparelhos das empresas concessionárias, e a tarifa é cobrada em termos de consumo, expresso na mesma unidade.

1.2.7 Queda de Tensão

A *tensão* representa nível energético elétrico. A corrente elétrica, ao percorrer um circuito constituído por condutores e outros elementos resistivos, despende a energia de que está dotada, a fim de vencer as resistências que lhe são opostas. Portanto, a tensão vai se reduzindo a partir da fonte geradora até o retorno da corrente à mesma fonte. Diz-se, pois, que ocorre uma **queda de tensão** ou **perda de carga energética** ao longo do circuito.

A tensão nos terminais do gerador, U, é igual à f.e.m. do gerador menos o produto da corrente que dele parte pela sua *resistência* interna R_i, isto é:

$$U = f.e.m. - R_i \times I$$

A tensão na resistência externa R_e (aparelho de consumo de energia) é inferior à tensão do gerador U devido à queda de tensão (Fig. 1.5) ao longo do circuito $\Delta U_{c1} - \Delta U_{c2}$, assim:

$$U_{Re} = U - \Delta U_{c1} - \Delta U_{c2}$$

Ao fazer um projeto de Instalações Elétricas deve-se ter o cuidado de escolher a seção dos fios adequadamente de forma que, ao conduzir a corrente de projeto, a queda de tensão total:

$$\Delta U = \Delta U_{c1} + \Delta U_{c2}$$

não fique maior do que os valores estabelecidos pela NBR 5410:2004 – versão corrida 2008.

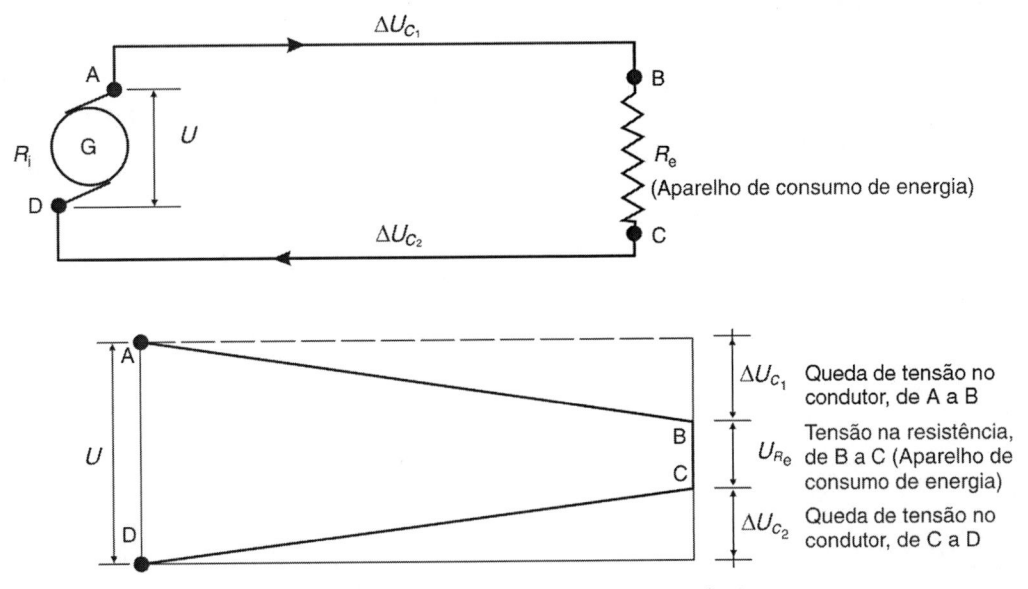

Figura 1.5 Queda de tensão em um circuito elétrico.

EXEMPLO 1.5

A tensão nominal (sem ligação de carga) de uma bateria é de 24 V, e sua resistência interna é de 0,5 Ω.

Ligou-se um aparelho de consumo à bateria e mediu-se num voltímetro, colocado nos bornes da bateria, uma tensão de 22 V. Qual a intensidade da corrente fornecida?

Solução

$$\text{f.e.m. } (E) = 24 \text{ V}; R_i = 0,5 \text{ } \Omega; U = 22 \text{ V}$$

Sabemos que:

$$E = U + I \times R_i$$

Logo:

$$I = \frac{E - U}{R_i} = \frac{24 - 22}{0,5} = 4\text{A}$$

EXEMPLO 1.6

Um circuito de corrente contínua consome 20 A, e a queda de tensão no ramal que o alimenta não deve exceder 5 V. Qual a máxima resistência que pode ter esse ramal (Fig. 1.6)?

Solução

$R = \dfrac{U}{I} = \dfrac{5}{20} = 0,25 \text{ } \Omega$ para os dois condutores. Cada um deverá ter 0,125 Ω.

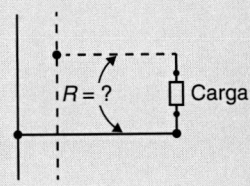

Figura 1.6 Esquema do circuito elétrico, indicando a resistência a ser calculada.

1.2.8 Circuitos com Resistências Associadas

1.2.8.1 Circuitos com resistências em série

Diz-se que existem resistências (resistores) associadas em série quando elas são ligadas, extremidade com extremidade, diretamente ou por meio de trechos de condutores.

A Fig. 1.7 mostra que a mesma corrente I percorre todas as resistências e que a tensão U se divide pelos diversos elementos que constituem o circuito.

Assim:

$$U_{BE} = U_{BC} + U_{CD} + U_{DE}$$

e a resistência total equivalente será a soma das resistências em série no circuito.

$$R = R_1 + R_2 + R_3$$

EXEMPLO **1.7**

Na Fig. 1.7 as resistências são $R_1 = 42,9\ \Omega$, $R_2 = 36,4\ \Omega$ e $R_3 = 18,5\ \Omega$.
Se aplicarmos entre os pontos B e E uma tensão de 220 volts, qual será a corrente que percorrerá o circuito?

Solução

A resistência equivalente R será:

$$R = 42,9 + 36,4 + 18,5 = 97,8\ \Omega$$

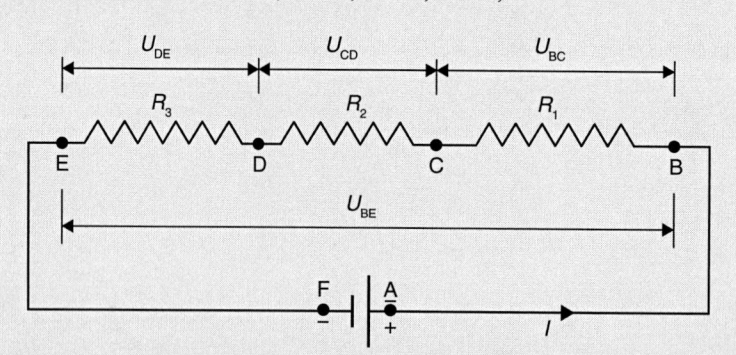

Figura 1.7 Circuito com resistências em série.

A intensidade de corrente I será:

$$I = \frac{U}{R} = \frac{U}{R_1 + R_2 + R_3} = \frac{220}{97,8} = 2,249\ A$$

EXEMPLO **1.8**

Considerando o circuito do Exemplo 1.7, conhecidas as resistências R_1, R_2 e R_3 e a intensidade da corrente acima determinada (2,249 A), calcular os valores da diferença de potencial nos terminais de cada uma das resistências e nos terminais B e E do circuito.

Solução

Apliquemos a lei de Ohm, $U = R \times I$, a cada um dos trechos do circuito.
Para:

$$R_1,\ U_1 = I \times R_1 = 2,249 \times 42,9 = 96,482\ V$$

$$R_2,\ U_2 = I \times R_2 = 2,249 \times 36,4 = 81,863\ V$$

$$R_3,\ U_3 = I \times R_3 = 2,249 \times 18,5 = 41,606\ V$$

a diferença de potencial entre B e E será:

$$U_{BE} = U_1 + U_2 + U_3 = 219,95 \approx 220\ V$$

1.2.8.2 Circuitos com resistências em paralelo

No circuito em paralelo, as extremidades das resistências estão ligadas a um ponto comum. As diversas resistências estão submetidas à mesma diferença de potencial, e a intensidade de corrente total é dividida entre os elementos do circuito, de modo inversamente proporcional às resistências.

Se um certo número de resistências R_1, R_2, R_3, ..., R_n estiver associado em paralelo, a ***resistência efetiva ou equivalente*** do conjunto poderá ser calculada por:

$$\frac{1}{R} = \frac{1}{R_1} + \frac{1}{R_2} + \frac{1}{R_3} + ... + \frac{1}{R_n}$$

e

$$\frac{1}{R} = \frac{P_1 + P_2 + P_3 + ... + P_n}{U^2}$$

sendo P_1, P_2, P_3, ..., P_n as potências dos aparelhos correspondentes, respectivamente, às resistências R_1, R_2, R_3, ..., R_n. As correntes serão dadas por:

$$I_1 = \frac{U}{R_1}; I_2 = \frac{U}{R_2}; I_3 = \frac{U}{R_3}; ...; I_n = \frac{U}{R_n}$$

EXEMPLO 1.9

Uma corrente de 25 A percorre um circuito com três resistências $R_1 = 2,5\ \Omega$, $R_2 = 4,0\ \Omega$ e $R_3 = 6,0\ \Omega$ em paralelo (Fig. 1.8). Determinar as parcelas de corrente total que percorrem cada uma das resistências.

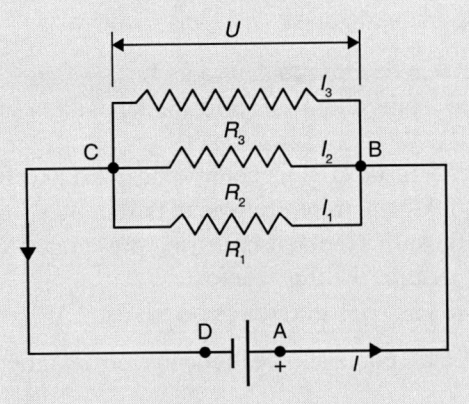

Figura 1.8 Circuito com resistências em paralelo.

Solução

Temos:

$$\frac{1}{R} = \frac{1}{R_1} + \frac{1}{R_2} + \frac{1}{R_3} = \frac{1}{2,5} + \frac{1}{4} + \frac{1}{6} = 0,40 + 0,25 + 0,16 = 0,81$$

$$R = \frac{1}{0,81} = 1,234\ \Omega$$

Mas,

$$U = R_1 \times I_1 \quad (I)$$

$$U = R \times I \quad (II)$$

Dividindo-se (I) por (II), fica

$$R_1 \times I_1 = R \times I$$

logo,

$$\frac{I}{I_1} = \frac{R_1}{R}$$

donde,

$$I_1 = \frac{I \times R}{R_1} = \frac{25 \times 1,234}{2,5} = 12,34 \text{ A}$$

$$I_2 = \frac{I \times R}{R_2} = \frac{25 \times 1,234}{4} = 7,71 \text{ A}$$

$$I_3 = \frac{I \times R}{R_3} = \frac{25 \times 1,234}{6} = 5,14 \text{ A}$$

Verificação:

$$I = I_1 + I_2 + I_3 = 12,34 + 7,71 + 5,14 = 25,19 \text{ A} \simeq 25 \text{ A}$$

1.3 PRODUÇÃO DE UMA FORÇA ELETROMOTRIZ

Como vimos no início deste capítulo, para que circule uma corrente elétrica é necessário haver uma diferença de tensão elétrica entre dois pontos. Estabelece-se o movimento de elétrons livres, do ponto de maior tensão para o de menor tensão ou tensão nula. A tensão elétrica é produzida em dispositivos ou máquinas adequados, e quando medida nos terminais destes geradores de eletricidade é, como vimos, denominada *força eletromotriz* (f.e.m.). Portanto, é necessário recorrer-se a um gerador de força eletromotriz para criar um desnível energético capaz de promover o deslocamento dos elétrons livres, isto é, a corrente elétrica ao longo dos condutores e dos aparelhos e equipamentos elétricos de utilização.

A obtenção da força eletromotriz pode realizar-se de várias maneiras:

- por *atrito* do vidro contra o couro, e da ebonite contra a lã;
- pela *ação da luz* sobre uma película de selênio ou telúrio, depositada sobre uma chapa de ferro (células foto-elétricas, fotovoltaicas);
- pela *ação de compressão* e *tração* sobre cristais como o de quartzo (efeito piezoelétrico);
- por *aquecimento* do ponto de soldagem entre dois metais diferentes (efeito termelétrico);
- por *ação química* de soluções de sais, ácidos e bases, na presença de dois metais diferentes ou de metal e carvão (pilhas e baterias), e nas células de hidrogênio;
- por *indução eletromagnética*, no caso dos geradores rotativos.

Vejamos como se estabelece uma f.e.m. por efeito de indução eletromagnética. Três são os processos pelos quais se pode obtê-la:

1) *Pelo movimento de um condutor num campo magnético.* Dado um campo magnético (formado por um ímã, por exemplo), se deslocarmos, com movimento de rotação, um condutor (uma espira), de modo que corte as linhas de força do campo magnético, origina-se uma f.e.m. entre os dois extremos do condutor. Se este estiver ligado a um circuito externo, circulará uma corrente elétrica por ele. Este é o princípio do método empregado na produção da f.e.m. de um gerador de corrente elétrica, e o fenômeno se denomina *indução eletromagnética*.

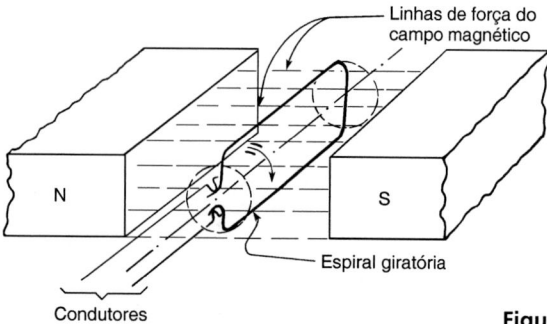

Figura 1.9 Rotação de um condutor em um campo magnético.

2) *Pelo movimento de um campo magnético no interior de um solenoide.* Se deslocarmos um ímã no interior de um solenoide, de tal modo que as linhas de força do campo magnético sejam cortadas pelas espiras desse solenoide, estabelecer-se-á entre os terminais do solenoide uma f.e.m. Se os terminais estiverem ligados a um circuito externo, circulará no mesmo uma corrente elétrica.

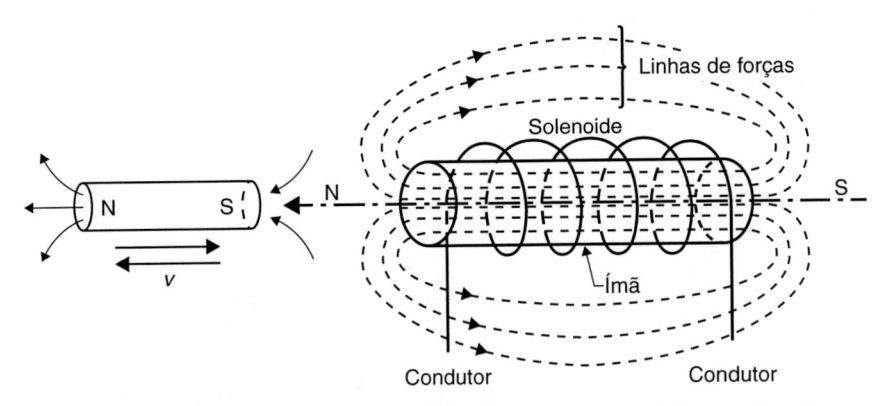

Figura 1.10 Deslocamento longitudinal de um ímã no interior de um solenoide.

3) *Pela variação da intensidade de um campo magnético a cuja ação se acha submetido um condutor com espiras helicoidais.* Este, a rigor, não é propriamente um método de geração de f.e.m., pois a variação de intensidade do campo magnético por uma corrente supõe a existência deste campo. Suponhamos que o núcleo representado na Fig. 1.11 seja constituído por um material capaz de ser magnetizado temporariamente (p. ex., o aço-silício) e que em torno do anel enrolemos dois condutores independentes um do outro, constituindo duas bobinas.

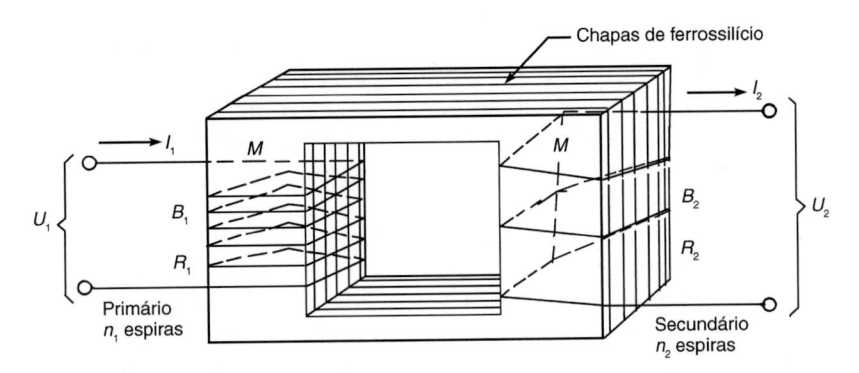

Figura 1.11 Esquema básico de um transformador monofásico.

Se fizermos passar uma corrente elétrica em uma das bobinas envolvendo o núcleo de aço-silício, teremos formado um eletroímã e, em consequência, um campo magnético. Se esta corrente for alternada, a intensidade do campo mudará a cada variação da intensidade da corrente. Esta variação do fluxo magnético através da segunda bobina determinará, em seus terminais, o aparecimento de uma f.e.m. Se esta segunda bobina estiver ligada a um circuito externo, circulará, na mesma, uma corrente elétrica. Este princípio é empregado nos ***transformadores***. A primeira bobina constituirá o ***primário***, e a segunda, o ***secundário*** do transformador.

1.4 GERAÇÃO DE CORRENTE

1.4.1 Gerador Monofásico

Vejamos de uma forma simples como se estabelece uma f.e.m. em um gerador monofásico. Para isso, consideremos a Fig. 1.12, onde vemos uma espira de material bom condutor de eletricidade que gira, com velocidade angular constante, em torno do seu eixo longitudinal, no espaço compreendido entre os dois polos de um ímã permanente (supondo campo magnético uniforme).

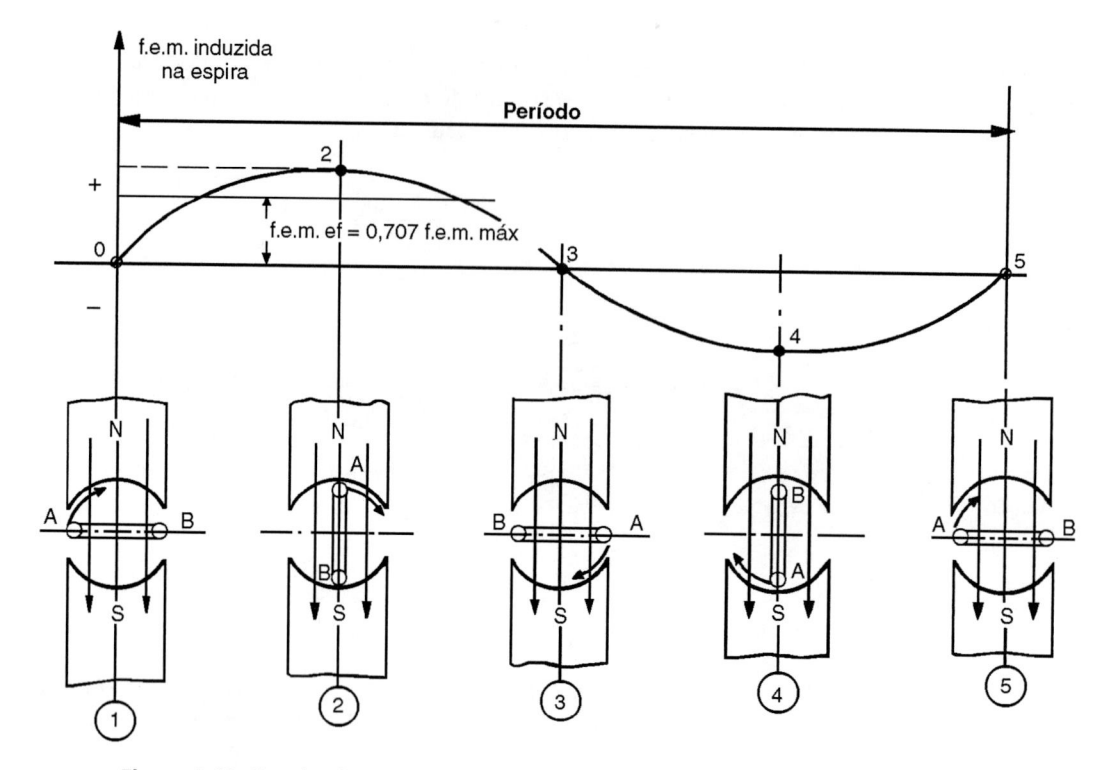

Figura 1.12 Gerador de corrente elétrica monofásica e variação da f.e.m. em um período.

Na posição *1*, a f.e.m. gerada é igual a zero, porque nesta posição nenhum dos dois lados da espira corta as linhas magnéticas e não há modificação do campo magnético na espira.

Na posição *2*, há uma grande modificação no campo magnético, e a f.e.m. que ocorre é máxima.

Na posição *3*, não há corte das linhas de fluxo magnético pela espira, e a f.e.m. é novamente nula. A partir de *3*, verifica-se a inversão no sentido da f.e.m. no condutor, porque cada condutor se encontra agora sob o polo de sinal oposto ao que correspondia às posições entre *1* e *3*. De *3* a *4*, a f.e.m. cresce com sinal negativo, e de *4* a *5* o valor da mesma decresce ainda negativamente até zero. Continuando o movimento da rotação, a f.e.m. irá variando, repetindo-se o ciclo.

Na Fig. 1.12 acham-se representados, no eixo das abscissas, as posições sucessivas da bobina, e nas ordenadas, os valores da f.e.m. induzida, resultando uma curva senoidal.

Na Fig. 1.13 vemos que a f.e.m. pode ser aplicada ao fornecimento da corrente elétrica a um circuito por meio de dois anéis I e II. Cada anel tem sua superfície externa contínua e é isolado eletricamente do outro e do eixo da espira. Uma lâmina metálica ou "escova" de carvão apoia-se sobre cada um dos anéis e conduz a corrente para o circuito externo.

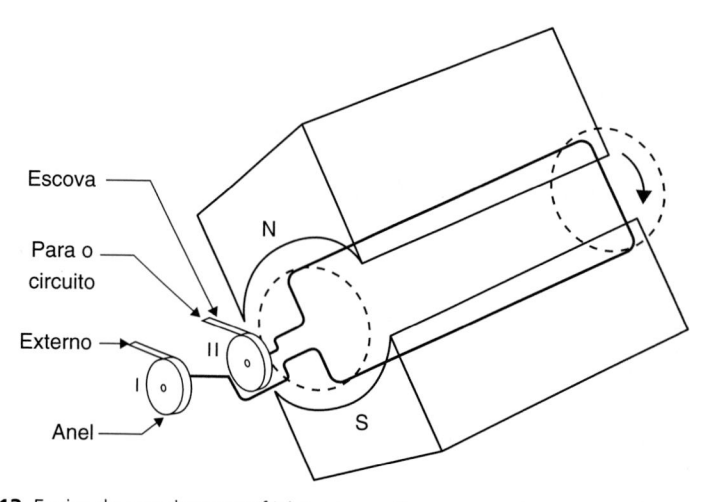

Figura 1.13 Espira de gerador monofásico com anéis e escovas (representação esquemática).

1.4.2 GERADOR TRIFÁSICO ELEMENTAR

Um gerador trifásico elementar é constituído por três bobinas, gerando tensões defasadas entre si de 120 °.

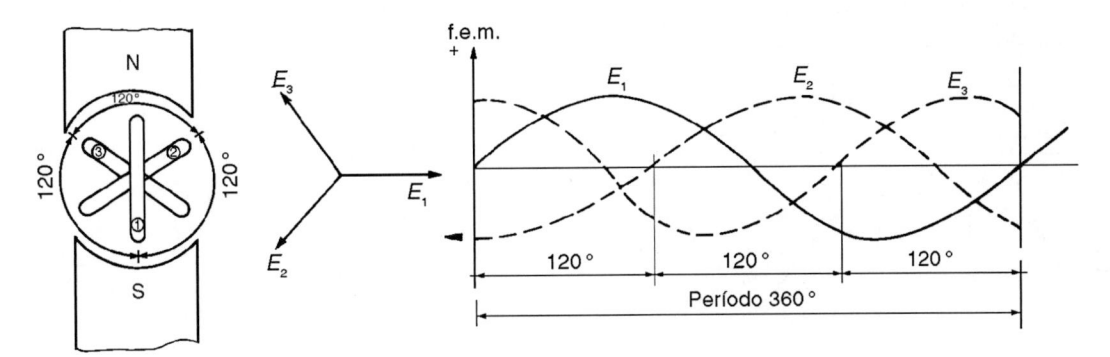

Figura 1.14 Variação da f.e.m. em uma volta completa do sistema.

Valores eficazes. Intensidade eficaz de uma corrente alternada é definida como a quantidade de uma corrente contínua equivalente, isto é, com um valor capaz de produzir os mesmos efeitos térmicos que a primeira. Demonstra-se que ela é igual à raiz quadrada da média dos quadrados dos valores das intensidades instantâneas. Seu valor é medido com o amperímetro ou calculado por:

$$I_{ef} = \frac{I_{máx}}{\sqrt{2}} = I_{máx} \times 0,707, \text{ sendo } \frac{1}{\sqrt{2}} = 0,707$$

e

$$U_{ef} = \frac{U_{máx}}{\sqrt{2}} = U_{máx} \times 0,707, \text{ sendo } \frac{1}{\sqrt{2}} = 0,707$$

1.4.3 Grandezas a Serem Consideradas em um Circuito de Corrente Alternada

1.4.3.1 Somente com resistência

Numa resistência, a variação da forma de onda da corrente que a atravessa e da tensão aplicada acontece simultaneamente, significando que a tensão e a corrente estão em fase: $\varphi = 0$.

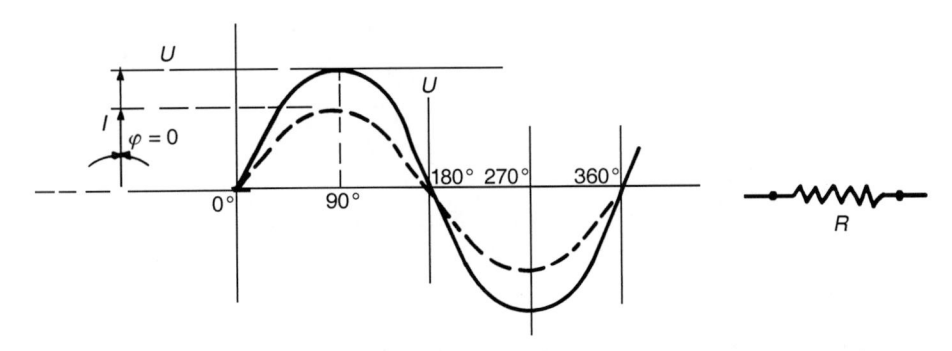

Figura 1.15 Variação de *U* e *I* quando a carga é ôhmica (resistência pura).

1.4.3.2 Reatância indutiva

Entende-se por *reatância indutiva* a oposição à passagem da corrente alternada em uma bobina; isto se deve ao fato de existir em uma bobina o fenômeno de autoindução, que é a capacidade da bobina de induzir tensão em si mesma, quando a corrente varia. A reatância indutiva é representada por X_L.

Os enrolamentos dos motores e transformadores representam *cargas indutivas*, ao passo que os ferros elétricos, chuveiros, torradeiras, aquecedores e lâmpadas incandescentes representam simplesmente *cargas resistivas*.

A *reatância indutiva* X_L depende da ***frequência*** f (hertz)* da corrente e da ***indutância*** L (expressa em henrys,** H).

$$X_L = 2\pi \times f \times L$$

Quando a carga de um circuito é indutiva, existe uma diferença entre a tensão e a corrente porque esta última sofre um atraso em seu deslocamento, devido ao efeito da autoindução. Quando a resistência ôhmica é desprezível, isto é, só se considera a indutância, a defasagem entre I e U é de 90 °, conforme mostra a Fig. 1.16.

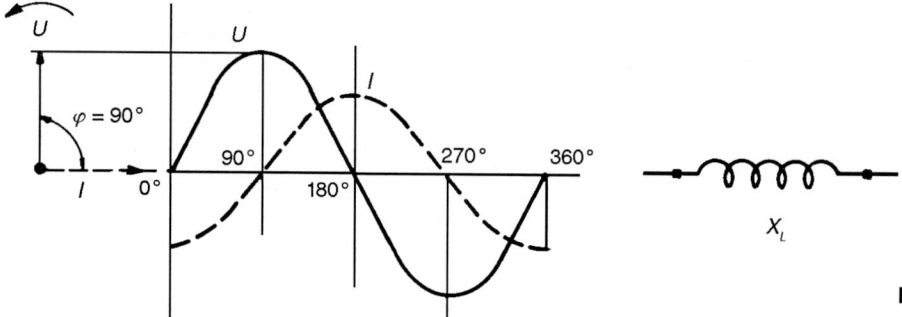

Figura 1.16 Variação de *U* e *I* quando a carga é indutiva, apenas.

1.4.3.3 Impedância indutiva

Quando existe uma resistência ôhmica R no mesmo circuito que uma reatância indutiva X_L, temos a impedância indutiva Z, em que

$$Z = \sqrt{R^2 + X_L^2}$$

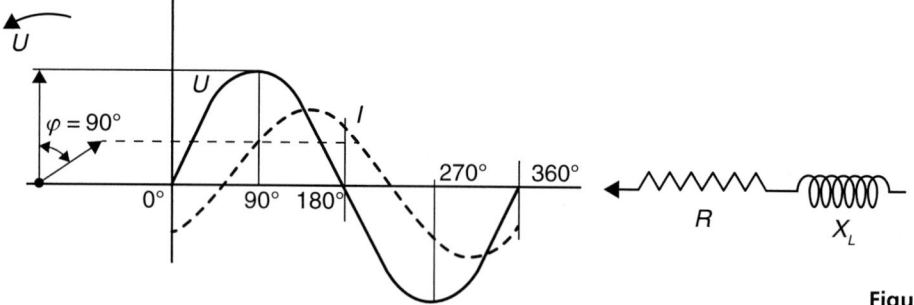

Figura 1.17 Variação de *U* e *I* quando há *R* e X_L.

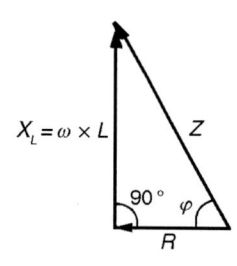

Figura 1.18 Triângulo de impedâncias.

1.4.3.4 Reatância Capacitiva

Um ***capacitor*** é um dispositivo elétrico que acumula eletricidade, ou seja, concentra elétrons. Os capacitores oferecem oposição à passagem da corrente alternada, que se denomina ***reatância capacitiva*** e se designa por X_c, calculada por:

$$X_c = \frac{1}{2 \times \pi \times f \times C}$$

sendo f a frequência da corrente em hertz e C a capacitância em *farads*.***

* HERTZ, Heinrich Rudolf — físico alemão (1857-1894).
** HENRY, Joseph — físico norte-americano (1797-1878).
*** FARADAY, Michael — físico e químico inglês (1791-1867).

Quando existe reatância capacitiva, a corrente se apresenta adiantada de 90 ° em relação à tensão: $\varphi = -90$ °.

Quando existe resistência ôhmica no mesmo circuito onde existe um capacitor, a impedância capacitiva é calculada por:

$$Z = \sqrt{R^2 + X_c^2}$$

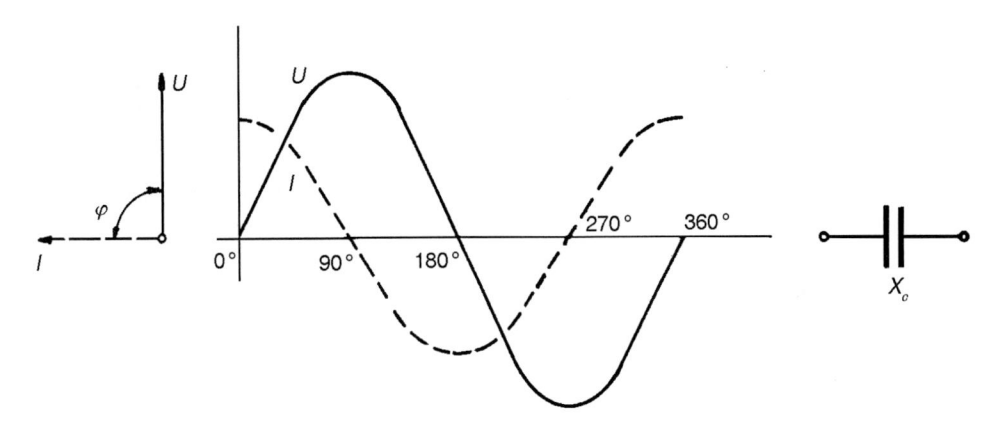

Figura 1.19 Variação de *U* e *I* quando existir um capacitor.

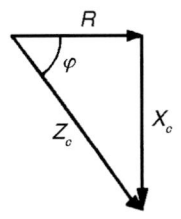

Figura 1.20 Representação da impedância capacitiva Z_c quando há X_c e R.

1.4.3.5 Impedância

Há circuitos em que temos resistência ôhmica (R), reatância indutiva (X_L) e reatância capacitiva (X_c). Neste caso, a impedância Z será a soma vetorial dessas três grandezas.

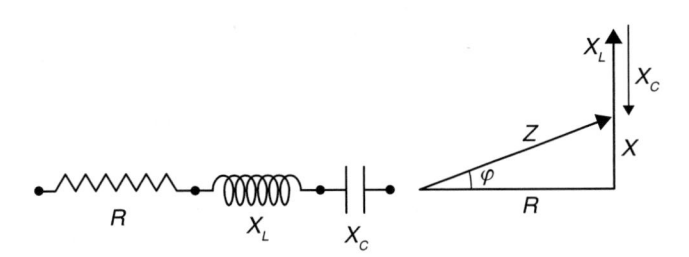

Figura 1.21 Representação da impedância *Z*.

1.4.4 Ligações dos Enrolamentos dos Geradores Trifásicos

O gerador trifásico possui um ***induzido***, dotado de três enrolamentos defasados de 120 °, de modo que tudo se passa como se nele houvesse três circuitos monofásicos associados.

Quando os três enrolamentos do induzido têm um ponto de ligação comum 0, chamado ***ponto neutro***, dizemos que o gerador se acha montado ou ligado em ***estrela*** (ou Y). Se pelos três fios fase *A, B* e *C* passar corrente com a mesma intensidade, isto é, se o sistema estiver equilibrado, no ponto 0 não passará corrente, daí seu nome de *ponto neutro*.

Acontece que, normalmente, poderão ocorrer correntes de intensidades diferentes nas três fases e, neste caso, usa-se um quarto condutor, ligado ao ponto 0, e que serve como condutor de retorno da ***corrente de compensação***. Este condutor é o ***condutor neutro*** ou simplesmente o ***neutro***, como se costuma dizer. Pelo neutro não passará corrente se pelas três fases estiverem passando correntes de mesma intensidade, isto é, se estiverem equilibradas.

A Fig. 1.22 representa esquematicamente o induzido de um gerador trifásico em estrela e o esquema gráfico da rede que o gerador alimenta.

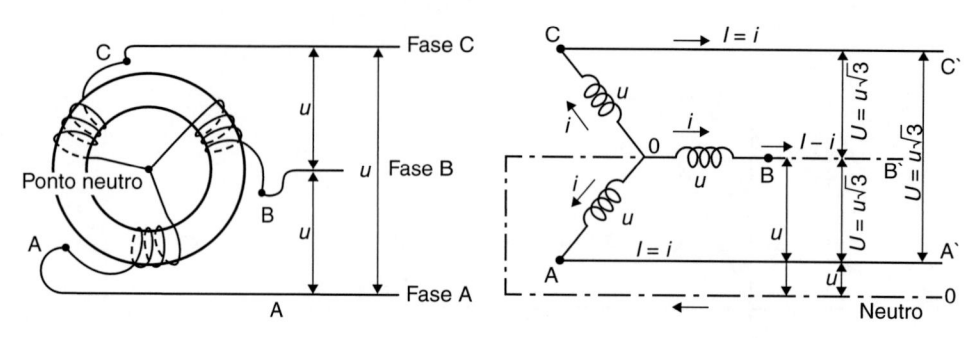

Figura 1.22 Ligação de gerador em estrela.

Não cabendo aqui o estudo dos geradores, diremos apenas que, se chamarmos de i a intensidade eficaz da corrente que atravessa uma bobina do induzido, e de u a tensão eficaz entre o borne da bobina e o ponto neutro, teremos uma intensidade de corrente eficaz I nos condutores da linha, tal que

$$I = i$$

e uma diferença de potencial entre os fios fase igual a U, tal que

$$U = u\sqrt{3}$$

Quando os enrolamentos do induzido são ligados entre si, de modo a constituírem um circuito fechado, diz-se que a ligação é em **triângulo** ou delta (Δ). As três linhas de alimentação (fases) partem dos pontos de junção A, B e C das bobinas. Esta disposição não comporta *ponto neutro* nem *fio neutro*.

Ligação de gerador em triângulo (delta)

A ligação em delta é raramente empregada em geradores por causa da corrente de circulação que se estabelece no circuito ABC do induzido, quando as forças eletromotrizes geradas nos três enrolamentos não se equilibram. Essa corrente não é desejável, uma vez que ela provoca efeitos de aquecimento e interferências, sobretudo onde houver circuitos.

A Fig. 1.23 representa esquematicamente o gerador e a rede, segundo a ligação em triângulo.

Na ligação em triângulo, temos:

Tensão de linha

$$U = u$$

sendo u a tensão entre fases.

Corrente de linha

$$I = i\sqrt{3}$$

sendo i a corrente de fase.

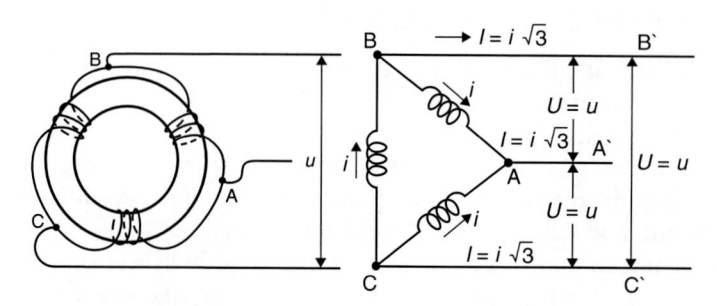

Figura 1.23 Ligação de gerador em triângulo (delta).

1.5 POTÊNCIA FORNECIDA PELOS GERADORES

1.5.1 Expressão da Potência

As potências trifásicas ativa, reativa e aparente, tanto para a disposição de gerador em estrela quanto em triângulo, são as mesmas, e vêm a ser a soma das potências das três fases. Calcula-se pelas fórmulas:

$$P = \sqrt{3} \times U \times I \times \cos\varphi$$
$$Q = \sqrt{3} \times U \times I \times \operatorname{sen}\varphi$$
$$P_a = \sqrt{3} \times U \times I$$

sendo:
  U a ***tensão eficaz*** entre dois fios fase;
  I a ***corrente eficaz*** na linha;
  φ o ***ângulo de defasagem*** de I em relação a U na representação vetorial dessas grandezas.

1.5.2 Fator de Potência

Em um circuito de corrente alternada, onde existem apenas resistências ôhmicas, a potência lida no wattímetro é igual ao produto da intensidade de corrente I (lida no amperímetro) pela diferença de potencial U (lida no voltímetro). Isto se deve ao fato de a corrente e a tensão terem o mesmo ângulo de fase ($\varphi = 0$). Quando neste circuito inserirmos uma bobina, notaremos que a potência lida no wattímetro passará a ser menor que o produto $V \times A$; isto se explica pelo fato de que a bobina causa o efeito de atrasar a corrente em relação à tensão, criando uma defasagem entre elas ($\varphi \neq 0$), como mostrado na Fig. 1.16.

A potência lida no wattímetro denomina-se ***potência ativa*** P e é expressa em watts (W). A potência total dada pelo produto da tensão U pela corrente I denomina-se ***potência aparente*** P_a e é expressa em volt-ampères (VA)

$$P_a = \sqrt{3} \times U \times I$$

De posse da potência ativa e da potência aparente, podemos definir fator de potência como a relação entre essas duas potências.

$$\text{Fator de potência} = \frac{P}{P_a} = \cos\varphi$$

O fator de potência pode apresentar-se sob duas formas:

  1) em circuitos puramente resistivos:

$$\boxed{\cos\varphi = 1}$$

  2) em circuitos com indutância:

$$\boxed{\cos\varphi < 1}$$

Na Fig. 1.24 acha-se representado um circuito monofásico no qual o amperímetro indica $I = 10$ A e o voltímetro $U = 220$ V. A potência *aparente* ou *total* é dada por $P_a = U \times I = 10 \times 220 = 2\,200$ volt-ampères (VA), mas o wattímetro indica 1 870 watts, para a potência *real* ou *ativa*.

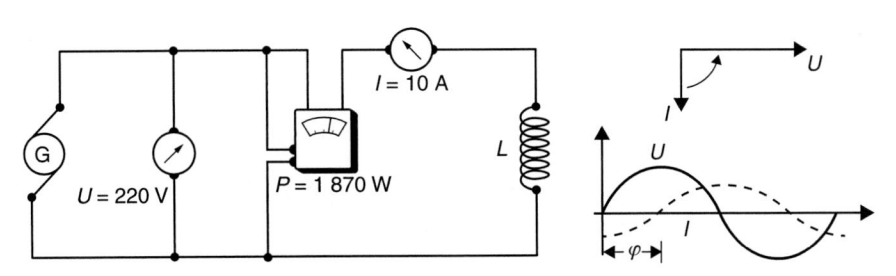

Figura 1.24 Circuito com indutância.

O fator de potência para este circuito monofásico será:

$$\frac{\text{Potência ativa}}{\text{Potência total}} = \frac{W}{VA} = \frac{1\,870}{2\,200} = 0{,}85 \text{ ou } 85\,\%$$

isto é, cos φ = 0,85. Logo, o ângulo de defasagem de I em relação a U será de 32 °.

Vemos que, quando o fator de potência é inferior à unidade, existe um consumo de energia não medida no wattímetro, consumo aplicado na produção da indução magnética. Uma instalação com baixo fator de potência, para produzir uma potência ativa P, requer uma potência aparente P_a maior, o que onera essa instalação com o custo mais elevado de cabos e equipamentos.

A parte da potência consumida pelos efeitos de indução é denominada ***potência reativa***, e demonstra-se que esta potência, somada vetorialmente com a potência ativa (em watts), fornece o produto volt-ampère (VA, kVA).

A potência reativa é medida em var.
Pela Fig. 1.25 temos:

$$P_r = \sqrt{P_a^2 - P^2}$$

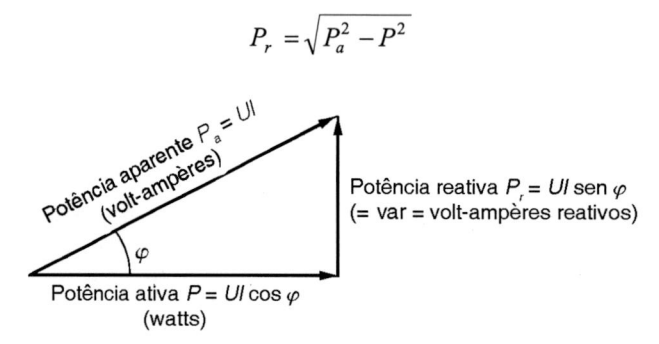

Figura ativa $P = UI \cos \varphi$ (watts)

Potência aparente $P_a = UI$ (volt-ampères)

Potência reativa $P_r = UI \sin \varphi$ (= var = volt-ampères reativos)

Figura 1.25 Potência a considerar quando há indutância.

Devido ao inconveniente causado por um baixo fator de potência, as empresas concessionárias de energia elétrica exigem um fator de potência igual ou maior do que 0,92. Essa obrigatoriedade segue as determinações da Agência Nacional de Energia Elétrica (ANEEL), Resolução Normativa nº 414, de 9 de setembro de 2010. O não cumprimento desse limite sujeita o consumidor ao pagamento de um ajuste pelo baixo fator de potência.

Todas as instalações de lâmpadas ou tubos de iluminação a vapor de mercúrio, neônio, fluorescente, ultravioleta e lâmpadas LEDs, cujo fator de potência seja inferior a 0,90, deverão ser providas dos dispositivos de correção necessários para que seja atingido o fator de potência de 0,90, no mínimo, valor este obtido junto ao medidor da instalação.

Nos casos de instalações com baixo fator de potência, consegue-se corrigi-las (elevá-lo) intercalando-se um *capacitor* em um circuito com indutância, pois o capacitor faz com que a corrente avance em relação à tensão, e este efeito "anula" o efeito da indutância (ver Fig. 1.19). Outro recurso também muito usado para melhoria do fator de potência em instalações industriais é o uso de motores síncronos superexcitados, que têm a propriedade de fornecer a componente natural ou deswattada da potência. Para um desenvolvimento maior do assunto, leia o Cap. 9 — Correção do Fator de Potência.

1.5.3 Rendimento

Entende-se por rendimento de uma máquina elétrica a razão entre sua potência de saída e sua potência de entrada.

$$\eta = \frac{P_s}{P_{\text{ent}}}$$

Por essa expressão notamos que num bom aproveitamento de potência pela máquina teremos o rendimento próximo de 1.

EXEMPLO **1.10**

Um motor trifásico 220 V, 25 cv, possui fator de potência 0,82 e rendimento 0,86 (Tabela 6.16). Determinar a corrente de alimentação do motor e as potências reativa e aparente.

Dado: 1 cv = 736 W

Solução

1) Intensidade da corrente

$$I = \frac{P_m}{U\sqrt{3}\cos\varphi\cdot\eta} = \frac{18\,500}{220\sqrt{3}\times 0,82\times 0,86} = 69\text{ A}$$

2) Potência aparente

$$Q = \sqrt{3}\times 220\times 69 = 26,2\text{ kVA}$$

3) Potência ativa

$$P = \frac{P_m}{\eta} = \frac{18,5}{0,86} = 21,5\text{ kW}$$

sendo P_m = potência mecânica do motor.

4) Potência reativa

$$Q_r = \sqrt{26,2^2 - 21,5^2} = 15\text{ kvar}$$

1.6 LIGAÇÃO DOS APARELHOS DE CONSUMO DE ENERGIA ELÉTRICA

Os circuitos dos receptores de energia elétrica de corrente alternada trifásica, do mesmo modo que os dos alternadores ou dos transformadores, podem ser ligados em triângulo ou em estrela. Vejamos os dois casos.

1º Caso. Ligação dos receptores em triângulo (delta).
Consideremos a Fig. 1.26, onde se acha representada uma ligação de lâmpadas em triângulo. A corrente que passa em cada lâmpada é dada por $i = \dfrac{I}{\sqrt{3}}$, sendo I a corrente em cada fase, A, B ou C.

A tensão entre os terminais das lâmpadas é a mesma que a existente entre as fases da rede (não levando em conta a queda de tensão).

A potência P' consumida em cada uma das lâmpadas é $P' = U \times i$, e a potência total P consumida nas três lâmpadas é:

$$P = U \times I \times \sqrt{3}$$

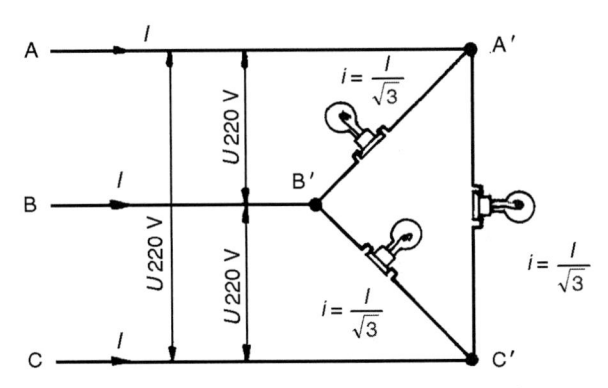

Figura 1.26 Ligação de lâmpadas em triângulo.

2º Caso. Ligação dos aparelhos em estrela.
A Fig. 1.27 indica três lâmpadas (ou aparelhos) ligadas em estrela, com fio neutro.

A tensão u que existe entre os parafusos ou bornes de cada receptor é igual à que existe entre um fio fase e o neutro aos quais se acha ligado, e é dada por $\dfrac{U}{\sqrt{3}}$, sendo U a tensão entre as fases da rede.

Na prática, para iluminação, o que se verifica quase sempre é a distribuição em estrela com fio neutro. No item 4.7.4 será mostrado como e quando deverá ser aterrado o neutro.

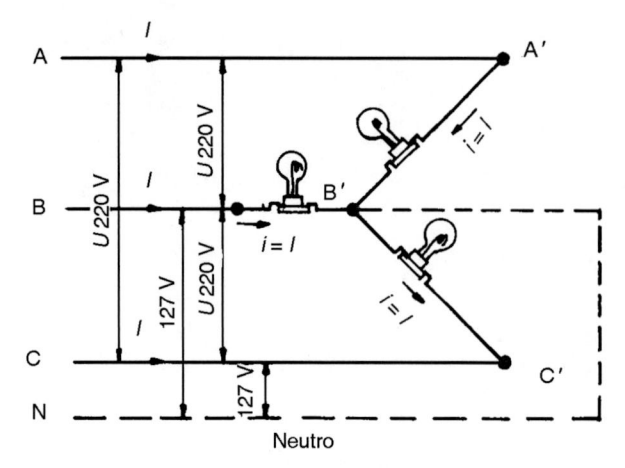

Figura 1.27 Ligação de aparelho (no caso, lâmpadas) entre fases e o ponto neutro.

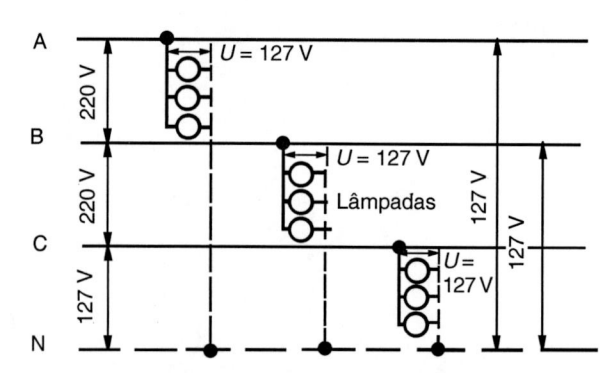

Figura 1.28 Diagrama de ligação de aparelhos entre fase e neutro. As lâmpadas acham-se ligadas em paralelo, havendo, entre os parafusos do receptáculo de cada uma, a tensão de 127 V.

1.7 EMPREGO DE TRANSFORMADORES

1.7.1 Conceito de Transformador

Demonstra-se que, para uma mesma potência, a tensão elétrica em um condutor é inversamente proporcional à área da seção transversal deste condutor. Isto quer dizer que, para uma mesma potência a transmitir, quanto maior a tensão, menor precisará ser a seção do condutor, e, portanto, menor será seu custo. Assim, se a potência for transmitida sob uma tensão de 6 000 V, os condutores terão seção transversal muito menor do que se a tensão for de 220 V, havendo, pois, na primeira hipótese, economia de material.

EXEMPLO 1.11

Suponhamos uma potência de 100 kW a ser transmitida, sendo cos $\varphi = 0,92$.

1ª Solução

Se projetarmos a transmissão de energia sob 220 V, a corrente no condutor será:

$$I = \frac{P}{U \times \sqrt{3} \times \cos\varphi} = \frac{100\,000}{220 \times \sqrt{3} \times 0,92} = 285,26 \text{ A}$$

2ª Solução

Se projetarmos a transmissão de energia sob 6 000 V, a corrente será:

$$I = \frac{100\,000}{6\,000 \times \sqrt{3} \times 0,92} = 10,46 \text{ A}$$

Conclusão

A potência transmitida em 6 000 V será de muito menor custo, tendo em vista a menor seção do condutor, pois passamos de $I = 285,26$ A (em 220 V) para $I = 10,46$ A (em 6 000 V).

Para se elevar a tensão de modo a transmitir a corrente com economia nas linhas de transmissão e depois baixar a tensão, para que a energia possa ser utilizada com segurança nos edifícios ou aparelhos, emprega-se o chamado *transformador*.

O *transformador* é o dispositivo que realiza a transformação de uma corrente alternada, sob uma tensão, para outra corrente alternada, sob uma nova tensão, sem praticamente alterar o valor da potência. O tipo mais comumente empregado é o **transformador estático**. Consta essencialmente de um núcleo de chapas de aço-silício *MM* em torno do qual são enroladas duas bobinas fixas, B_1 e B_2, conforme a Fig. 1.11. A bobina B_1 tem n_1 espiras e se acha ligada aos polos do alternador A. Essa bobina constitui o *indutor* ou *primário* do transformador, e a corrente alternada que o atravessa induz no circuito magnético MM um fluxo de indução alternativo.

A segunda bobina B_2 possui n_2 espiras e se acha ligada à rede de distribuição interna; tem o nome de *induzido* ou *secundário* do transformador, e a corrente que passa por suas espiras é gerada pela indução a que se acham submetidas.

Denomina-se **relação de transformação** de um transformador a relação entre a tensão nos bornes do primário e a existente nos bornes do secundário. A relação de transformação é a mesma que a existente entre os números das espiras e inversa à relação entre as correntes que por elas passam:

$$\frac{U_1}{U_2} = \frac{n_1}{n_2} = \frac{I_2}{I_1}$$

Nos casos mais comuns, a energia é fornecida pelas concessionárias aos prédios em baixa tensão (220/127 V) ou (380/220 V). Entretanto, em indústrias e prédios de grande potência, pode vir a ser necessário o suprimento em média tensão, devendo ser construída uma estação abaixadora de tensão pelo consumidor.

Os transformadores podem ser monofásicos ou trifásicos.

1.7.2 Ligação de Transformadores Trifásicos

Um transformador trifásico é, em síntese, um agrupamento de três transformadores monofásicos cujos enrolamentos são distintos e independentes mas têm em comum o núcleo de ferrossilício.

Em função do sistema de distribuição adotado e das tensões a serem transformadas, os três enrolamentos monofásicos que constituem a unidade trifásica podem ser ligados de várias maneiras, duas das quais, em especial, merecem referência:

a) ligação em triângulo ou delta;

b) ligação em estrela.

1.7.2.1 Ligação em triângulo

É muito empregada pela economia de material condutor utilizado na fabricação dos transformadores. De fato, se chamarmos de i a corrente nas espiras do secundário, a corrente I nas linhas de distribuição será notavelmente maior, porque:

$$I = i\sqrt{3}$$

Acha-se representado na Fig. 1.29 um esquema de ligação $\Delta\Delta$ (triângulo-triângulo), isto é, primário e secundário ligados em triângulo.

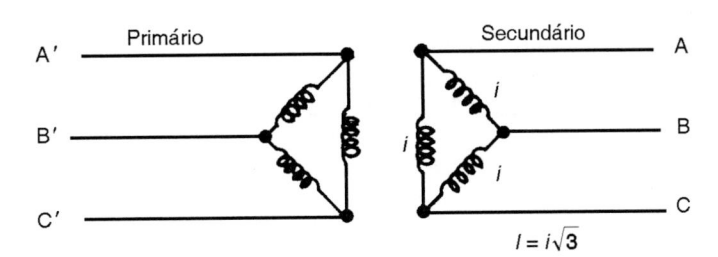

Figura 1.29 Ligação de transformador em $\Delta\Delta$.

1.7.2.2 Ligação de Transformador com Secundário em Estrela

É muito empregada quando se deseja que o secundário tenha tensões muito elevadas, a fim de diminuir a tensão em cada transformador, nas suas respectivas bobinas, e, por conseguinte, facilitar e baratear seu isolamento e construção.

Representemos, na Fig. 1.30, uma instalação de transformador para elevar 5 000 V a 55 000 V, usando um transformador com primário em triângulo e secundário em estrela.

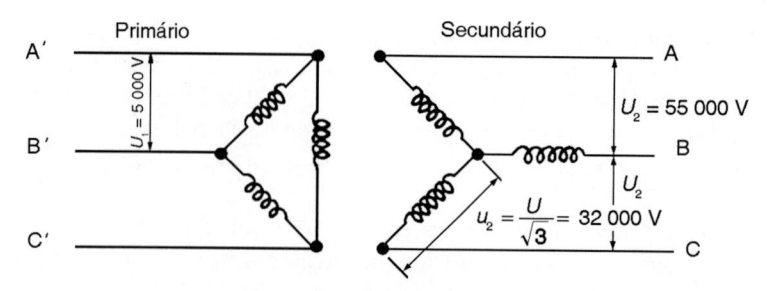

Figura 1.30 Ligação de transformador em ΔY.

Entre fase e neutro do transformador, a tensão não será mais de 55 000 V. Será, apenas, de

$$u_2 = \frac{U_2}{\sqrt{3}} = \frac{55\,000}{1,73} \simeq 32\,000\,\text{V}$$

o que conduz a um isolamento de menor custo nas espiras.

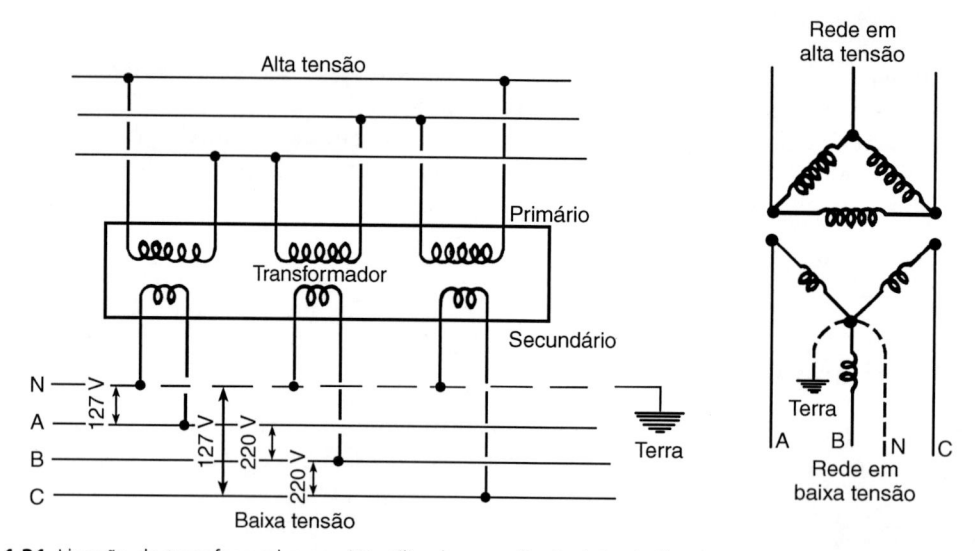

Figura 1.31 Ligação de transformador em ΔY utilizada para distribuição de iluminação em 220/127 V ou 380/220 V.

Nas redes de distribuição para iluminação, o secundário, em baixa tensão, exigindo a distribuição com três fases e neutro, obriga o emprego de transformador com secundário em estrela.

Em alguns casos, é necessário prever uma alimentação em baixa tensão com o secundário do transformador em Δ, havendo um condutor *neutro* que sai do *tap* central de uma das bobinas.

Na Fig. 1.33 acha-se representada uma rede de distribuição típica, como antes descrito.

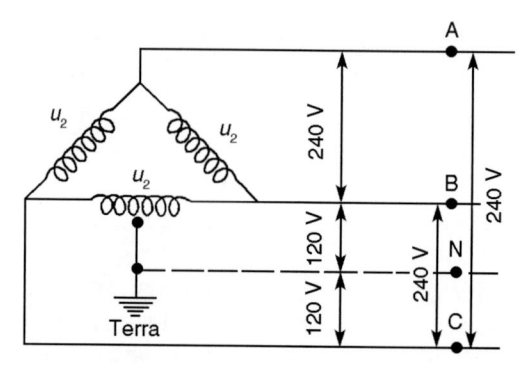

Figura 1.32 Secundário em Δ, com neutro.

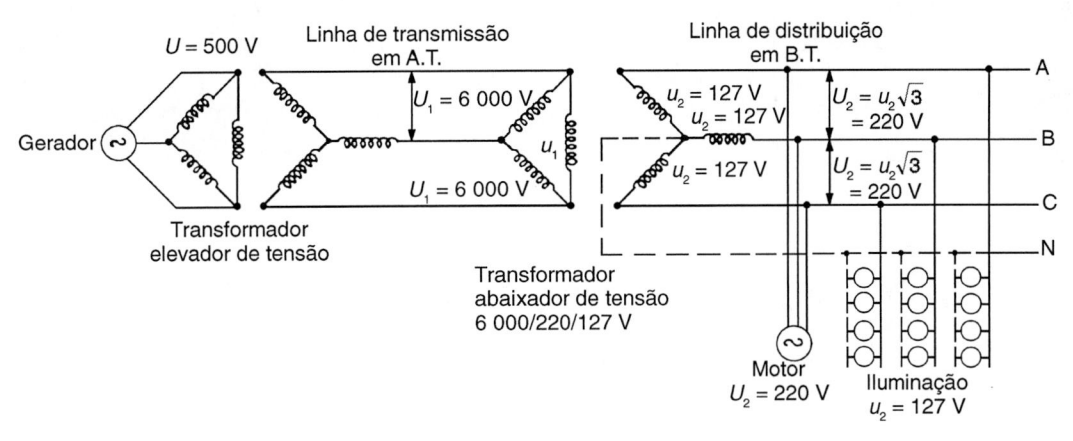

Figura 1.33 Rede de distribuição usual nas instalações elétricas de edificações.

Biografia

Cortesia do site Histórico Nacional Edison.

EDISON, THOMAS (ALVA)
(1847–1931)

Físico e inventor norte-americano muito criativo. Edison não recebeu educação formal, foi expulso da escola ao ser considerado retardado, tendo sido educado por sua mãe. Durante a Guerra Civil Americana trabalhou como operador de telégrafo, período em que inventou e patenteou um gravador elétrico. Três anos mais tarde, em 1869, inventou um papel especial para enviar a todo o país as cotações da bolsa. Vendeu a patente por US$30.000 e abriu um laboratório de pesquisa industrial. Decidiu aplicar seu tempo integralmente em invenções, registrando um total de 1 069 patentes antes de morrer. Suas mais notáveis invenções foram o microfone, para complementar o telefone de Graham Bell, o fonógrafo (dispositivo para gravar som, inventado em 1877) e o bulbo da lâmpada elétrica. Suas experiências com a lâmpada exigiram uma extraordinária soma de tentativas, com erros e acertos, nas quais usou mais de 6 000 substâncias até encontrar uma, a fibra de bambu carbonizado. Isso conduziu a geradores elétricos de maior eficiência, cabos de força, medidor elétrico e a revolucionária luz residencial e iluminação pública. O impacto de Edison na vida do século XX foi imenso, e sua reputação como o mais produtivo gênio inventivo permaneceu sem-par.

2 | Fornecimento de Energia em Baixa Tensão (BT)

2.1 LEGISLAÇÃO E REGULAMENTAÇÃO

Este capítulo baseia-se nas Normas Técnicas do Corpo de Bombeiros do Estado do Rio de Janeiro – Código de Segurança Contra Incêndio e Pânico (COSCIP), nas Condições Gerais de Fornecimento de Energia Elétrica – REN 414/2010 revisão 2017 da Agência Nacional de Energia Elétrica (ANEEL), que regula e fiscaliza as empresas distribuidoras de energia elétrica – em suas atividades de distribuição e comercialização da eletricidade no país –, bem como na Regulamentação para Fornecimento de Energia Elétrica a Consumidores em Baixa Tensão (RECON-BT), editada pela Light em 2019 e atualizada em fevereiro de 2020, contemplando, entre outros, os seguintes tópicos:

- dispositivos regulamentares e normas técnicas
- terminologia e definições
- solicitação de fornecimento
- condições gerais de fornecimento
- materiais padronizados para instalação de entrada
- determinação da carga instalada e avaliação de demanda
- padrão de ligação de entradas individuais
- padrão de ligação de entradas coletivas
- sistema de medição e leitura centralizada – SMLC
- aterramento e dispositivos de proteção
- desenhos de padrões

2.2 NORMAS TÉCNICAS DO CORPO DE BOMBEIROS DO ESTADO DO RIO DE JANEIRO – CÓDIGO DE SEGURANÇA CONTRA INCÊNDIO E PÂNICO (COSCIP)

1) Todas as instalações, materiais e aparelhagens exigidos somente serão aceitos quando satisfizerem as condições deste código, às das Normas, às da Light SESA, às do Inmetro e a da ABNT (Associação Brasileira de Normas Técnicas).

2) Para a edificação cuja altura exceda a 12 metros do nível do logradouro público ou da via interior, serão exigidos Canalização Preventiva Contra Incêndio, portas corta-fogo leves e metálicas e escadas previstas e sistema elétrico ou eletrônico de emergência.

3) Conjuntos de bombas
Haverá sempre dois sistemas de alimentação, um elétrico e outro a explosão, podendo ser este último substituído por gerador próprio.
As bombas elétricas terão instalação independente da rede elétrica geral. As bombas serão de partida automática e dotadas de dispositivo de alarme que denuncie o seu funcionamento.

4) Na área destinada ao estacionamento de veículos a iluminação será feita utilizando-se de material elétrico (lâmpadas, tomadas e interruptores) blindado e à prova de explosão.

5) Nos teatros e cinemas, haverá luzes de emergência com fonte de energia própria; quando ocorrer uma interrupção de corrente, as luzes de emergência deverão iluminar o ambiente de forma a permitir uma perfeita orientação aos expectadores.

6) Em depósitos de Líquidos, Gases e Outros Inflamáveis, a instalação elétrica será à prova de explosão. A fiação elétrica será feita em eletrodutos, devendo ter os interruptores colocados do lado de fora da área de armazenamento.

7) Nas instalações industriais, as instalações e equipamentos elétricos nas áreas de periculosidades serão blindados e à prova de explosão, de modo a evitar risco de ignição. A fim de evitar os riscos de eletricidade estática, os equipamentos deverão estar inerentemente ligados à terra, de modo a esvair as cargas elétricas.

8) Poderá existir um sistema de comunicação direta com o quartel de bombeiro militar mais próximo.

9) Dispositivos de proteção por para-raios.
Essas exigências do COSCIP serão desenvolvidas neste livro no Capítulo 10 – Proteção das Edificações.
- O cabo de descida ou escoamento dos para-raios deverá passar distante de materiais de fácil combustão e de outros onde possa causar danos.
- Na instalação dos para-raios será observado o estabelecimento de meio de descarga de menor extensão e o mais vertical possível.
- A instalação dos para-raios deverá obedecer ao que determinam as normas próprias vigentes, sendo de inteira responsabilidade do Instalador a obediência a elas.
- O Corpo de Bombeiros exigirá para-raios em:
  I – edificações e estabelecimentos industriais ou comerciais com mais de 1 500 m^2 de área construída;
  II – toda e qualquer edificação com mais de 30 metros de altura;
  III – área destinada a depósitos de explosivos ou inflamáveis;
  IV – outros casos, a critério do Corpo de Bombeiros quando a periculosidade o justificar.

10) A edificação, cuja altura exceder a 12 metros do nível do logradouro público ou da via interior, será provida de sistema elétrico ou eletrônico de emergência a fim de iluminar todas as saídas, setas e placas indicativas, dotado de alimentador próprio.

11) Elevadores
Todos os elevadores deverão ser dotados de:
a) comando de emergência para ser operado pelo Corpo de Bombeiros, em caso de incêndio, de forma a possibilitar a anulação das chamadas existentes;
b) dispositivo de retorno do carro ao pavimento de acesso no caso de falta de energia elétrica.

12) Emergência
Os dispositivos elétricos ou eletrônicos de emergência de baixa voltagem, com o objetivo de informar automática e diretamente ao Corpo de Bombeiros e de iluminar as saídas convencionais, setas e placas indicativas, serão dotados de alimentação de energia própria que entre em funcionamento tão logo falte energia elétrica na edificação.

13) Medição de energia
Deverão ser observadas as Normas Técnicas atualizadas do Corpo de Bombeiros citadas anteriormente, referentes ao fornecimento de energia elétrica a elevadores, bombas, iluminação, alimentação de equipamentos destinados a detecção, prevenção e evacuação de edificações sobre sinistros e combate ao fogo, através de SERVIÇOS conectados antes da proteção geral de entrada.

2.3 TIPOS DE SOLICITAÇÕES – MODALIDADES DE LIGAÇÕES

2.3.1 Ligação Nova

Ligação destinada ao primeiro fornecimento de energia elétrica para uma unidade consumidora, residencial ou não residencial, localizada em propriedade com edificação individual ou edificação coletiva.

2.3.2 Aumento de Carga

Ligação destinada ao aumento da carga instalada e/ou acréscimo do número de fases disponibilizadas para uma unidade consumidora, residencial ou não residencial, localizada em propriedade com edificação individual ou edificação coletiva.

2.3.3 Ligação Provisória de Obra

Ligação destinada ao fornecimento provisório de energia elétrica (de caráter não definitivo) a uma unidade consumidora cuja atividade seja um canteiro de obras, um evento etc.

2.3.4 Reforma

Serviço destinado à manutenção da instalação de entrada de uma unidade consumidora, em função de modernização, falha ou necessidade de manutenção de materiais e equipamentos, decorrente de solicitação do consumidor ou notificação da Light, lembrando que a reforma não deve caracterizar alteração de carga.

2.4 LIMITES DE FORNECIMENTO DE ENERGIA ELÉTRICA

2.4.1 Em Relação ao Tipo de Medição

O limite de demanda para o fornecimento em entrada de energia elétrica individual com medição direta em baixa tensão é de 76 kVA (220/127 V) ou 131 kVA (380/220 V). Para demandas superiores a medição será indireta, através de transformadores de corrente (TC).

A solicitação de fornecimento de energia elétrica à Light deve ser feita pelo próprio interessado ou, se desejado, por profissional autorizado por ele, por meio da apresentação de formulários padronizados e, quando for o caso, Projeto de entrada previamente aprovado, informando os dados do consumidor, os dados da instalação de entrada, assim como outras informações e documentos cabíveis.

2.4.2 Demanda da Instalação e Definição do Tipo de Atendimento

De acordo com a configuração da rede existente na área do atendimento e da demanda avaliada da entrada consumidora, o atendimento pode ser efetivado conforme a seguir:

Rede de Distribuição Aérea em Entradas Individuais

O limite de demanda em entradas individuais com atendimento diretamente pela rede de distribuição aérea da Light é de 300 kVA em 220/127 V.

Rede de Distribuição Aérea em Entradas Coletivas

O limite de demanda para ligações novas em entradas coletivas **não residenciais ou mistas** com atendimento diretamente pela rede de distribuição aérea da Light é de 225 kVA em 220/127 V.

O limite de demanda para ligações novas em entradas coletivas **exclusivamente residenciais** com atendimento diretamente pela rede de distribuição aérea da Light é de 300 kVA em 220/127 V.

Ramal de Ligação Aérea

Em entradas individuais ou coletivas com demanda avaliada até 150 kVA, o ramal de ligação deve ser aéreo, fornecido e instalado pela Light, derivado da rede de distribuição aérea até o ponto de entrega situado no primeiro ponto de ancoramento (poste, pontalete ou fachada) da propriedade particular. Para os casos com demanda avaliada acima de 150 kVA, o ramal de ligação deve ser preferencialmente subterrâneo, derivado da rede de distribuição aérea até o ponto de entrega/ponto de conexão situado no interior da propriedade, sendo o mesmo fornecido e instalado pela Light.

Rede de Distribuição Subterrânea Radial

O atendimento através de ramal de ligação subterrâneo derivado diretamente da rede subterrânea radial está limitado para demandas até 150 kVA em 220/127 V.

Rede de Distribuição Subterrânea Reticulada

O atendimento através de ramal de ligação subterrâneo derivado diretamente da rede subterrânea reticulada generalizada (malha) está limitado para demandas até 250 kVA em 220/127 V.

2.4.3 Tensões de Fornecimento, Tipo de Atendimento e Número de Fases

O tipo de atendimento em baixa tensão, conforme o número de fases, depende dos critérios de cada Empresa de Distribuição de Energia. A Enel Distribuição Rio, por exemplo, utiliza o seguinte critério, de acordo com a demanda máxima prevista:

Até 8 kVA, monofásico – 127 V;
Acima de 8 até 10 kVA, bifásico – 220/127 V;
Acima de 10 até 75 kVA, trifásico – 220/127 V.

O fornecimento de energia elétrica em baixa tensão na área de concessão da Light é feito em corrente alternada, na frequência de 60 Hz, conforme Tabela 2.1 a seguir:

Tabela 2.1 Categorias de atendimento

Tensão de fornecimento	Categoria de atendimento*	Demanda (kVA) (1)
220/127 V (Urbano)	UM1 (1) (3)	$D \leq 5$
	UM2 (1)	$5 < D \leq 8$
	UB1 (1) (2)	$D \leq 8$
	T	$8 < D \leq 76$
	TI	$D > 76$
380/220 V (Urbano especial)	UME1 (1)	$D \leq 8$
	UME2 (1)	$8 < D \leq 13$
	TE	$D > 13$

*UM – Urbano Monofásico;
UB – Urbano Bifásico;
T – Trifásico (medição direta);
TI – Trifásico (medição indireta);
D – Demanda avaliada a partir da carga instalada;
UME – Urbano Monofásico Especial;
TE – Trifásico Especial.
Notas:
1) Valores determinados a partir da demanda calculada conforme critério descrito no item 3.8.
2) A categoria Urbano Bifásico (UB1) é opcional, podendo ser aplicada em casos especiais em que ocorra a presença comprovada de equipamentos que operem na tensão de 220 V.
3) A categoria UM1 é recomendada somente para instalações que não utilizem equipamentos monofásicos especiais para aquecimento d'água (chuveiro, torneira, aquecedor etc.) com potência superior a 4,4 kVA.

2.5 TERMINOLOGIAS E DEFINIÇÕES

2.5.1 Baixa Tensão

Tensão entre fases cujo valor eficaz é igual ou inferior a 1 kV.

2.5.2 Carga Instalada

Somatório das potências nominais de todos os equipamentos elétricos e de iluminação existentes em uma instalação, expressa em kW ou kVA.

2.5.3 Compartimento para Transformação

Compartimento (infraestrutura) destinado à instalação de equipamentos de transformação, proteção e outros, necessários ao atendimento da(s) unidade(s) consumidora(s) do empreendimento.

2.5.4 Consumidor

Pessoa física ou jurídica, de direito público ou privado, legalmente representada, que solicite o fornecimento, a contratação de energia elétrica ou o uso do sistema elétrico à distribuidora, assumindo as obrigações decorrentes deste atendimento à(s) sua(s) unidade(s) consumidora(s), segundo disposto nas normas e nos contratos.

2.5.5 Demanda

Valor máximo de potência absorvida num dado intervalo de tempo por um conjunto de cargas existentes numa instalação, obtido a partir da diversificação dessas cargas por tipo de utilização, definida em múltiplos de VA ou kVA para efeito de dimensionamento de condutores, disjuntores, níveis de queda de tensão ou ainda qualquer outra condição assemelhada.

2.5.6 Edificação

Construção composta por uma ou mais unidades consumidoras (UCs).

2.5.7 Entrada Individual

Conjunto de equipamentos e materiais destinados ao fornecimento de energia elétrica a uma edificação composta por uma única unidade consumidora.

2.5.8 Entrada Coletiva

Conjunto de equipamentos e materiais destinados ao fornecimento de energia elétrica a uma edificação composta por mais de uma unidade consumidora.

2.5.9 Entrada Consumidora

Conjunto de equipamentos, condutores e acessórios instalados entre o ponto de entrega, medição e proteção, inclusive.

2.5.10 Limite de Propriedade

Alinhamento, determinado pelos Poderes Públicos, que limita a propriedade de um consumidor às propriedades vizinhas, bem como a via pública.

2.5.11 Ponto de Entrega (PE)

a) O ponto de entrega é a conexão do sistema elétrico da distribuidora com a unidade consumidora e situa-se no limite da via pública com a propriedade onde esteja localizada a unidade consumidora, ao qual a Light deve adotar todas as providências técnicas de forma a viabilizar o fornecimento, bem como operar e manter o seu sistema elétrico até o ponto de entrega.

b) Quando o atendimento for através de ramal de ligação aéreo, o ponto de entrega é no ponto de ancoramento do ramal fixado, em fachada, em pontalete ou no poste instalado na propriedade particular, situados no limite da propriedade com a via pública.

c) No atendimento com ramal de ligação subterrâneo derivado de rede aérea com descida no poste da Light, por conveniência do consumidor, observadas a viabilidade técnica e as normas da Distribuidora, o ponto de entrega situar-se-á na conexão deste ramal com a rede aérea, desde que esse ramal não ultrapasse propriedades de terceiros ou vias públicas, exceto calçadas, e que o consumidor assuma integralmente os custos adicionais decorrentes do atendimento inicial e de eventuais modificações futuras, bem como se responsabilize pela obtenção de autorização do poder público para execução da obra de sua responsabilidade.

d) No caso de atendimento com ramal de ligação subterrâneo derivado de rede subterrânea, o ponto de entrega é fixado no limite da propriedade com a via pública no que se refere ao cumprimento das responsabilidades estabelecidas na Resolução nº 414/2010 da ANEEL – atualizada em 2017 relativamente à viabilização do fornecimento, da operação e da manutenção, tanto por parte da Light quanto por parte do consumidor.

e) Quando existir propriedades de terceiros, em área urbana, entre a via pública e a propriedade onde esteja localizada a unidade consumidora, o ponto de entrega é no limite da via pública com a primeira propriedade intermediária.

f) Em se tratando de atendimento através de unidade de transformação interna ao imóvel o ponto de entrega é na entrada do barramento secundário junto da unidade de transformação.

g) Em condomínio horizontal com rede de distribuição interna da Light (arruamento com livre acesso para a Light) o ponto de entrega é no limite da via interna do condomínio com cada propriedade individual.

2.5.12 Recuo Técnico

Distância entre as projeções horizontais dos perímetros externos das edificações e os alinhamentos (sempre voltada para a parte interna da propriedade), destinados à instalação da caixa de medição bem como a proteção geral em entradas individuais ou, quando se tratar de entrada coletiva, para instalação do painel de medidores.

2.5.13 Ramal de Ligação

Conjunto de condutores e acessórios instalados entre o ponto de derivação da rede de distribuição da Light e o ponto de entrega.

2.5.14 Ramal de Entrada

Conjunto de condutores e materiais instalados pelo consumidor entre o ponto de entrega e a medição ou a proteção geral de entrada de suas instalações.

2.5.15 Unidade Consumidora

Conjunto composto por instalações, ramal de entrada, equipamentos elétricos, condutores e acessórios, caracterizado pelo recebimento de energia elétrica em apenas um ponto de entrega, com medição individualizada, correspondente a um único consumidor e localizado em uma mesma propriedade ou em propriedades contíguas.

2.5.16 Exemplos de Entrada de Energia

O RECON da Light contém grande número de desenhos e detalhes das entradas de energia cujo dimensionamento dos equipamentos é apresentado nas Tabelas 2.2 e 2.3. A seguir reproduzimos, para orientação da metodologia de projeto, alguns desses desenhos nas Figs. 2.1 a 2.6.

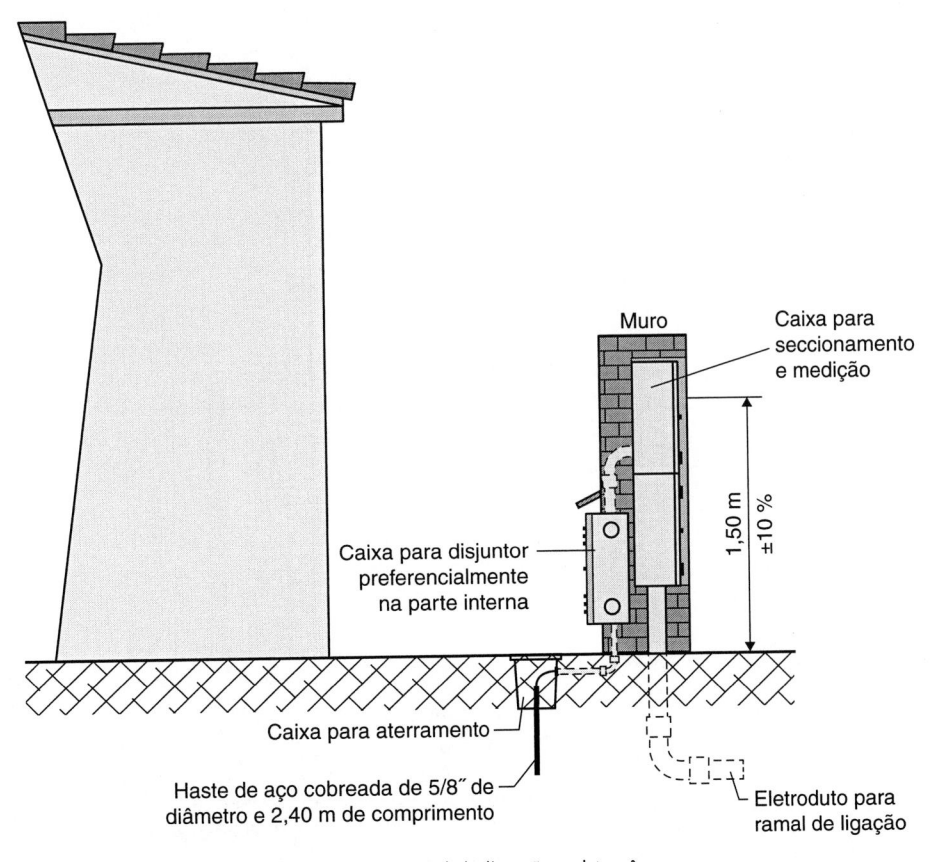

Figura 2.1 Ramal de ligação subterrâneo.

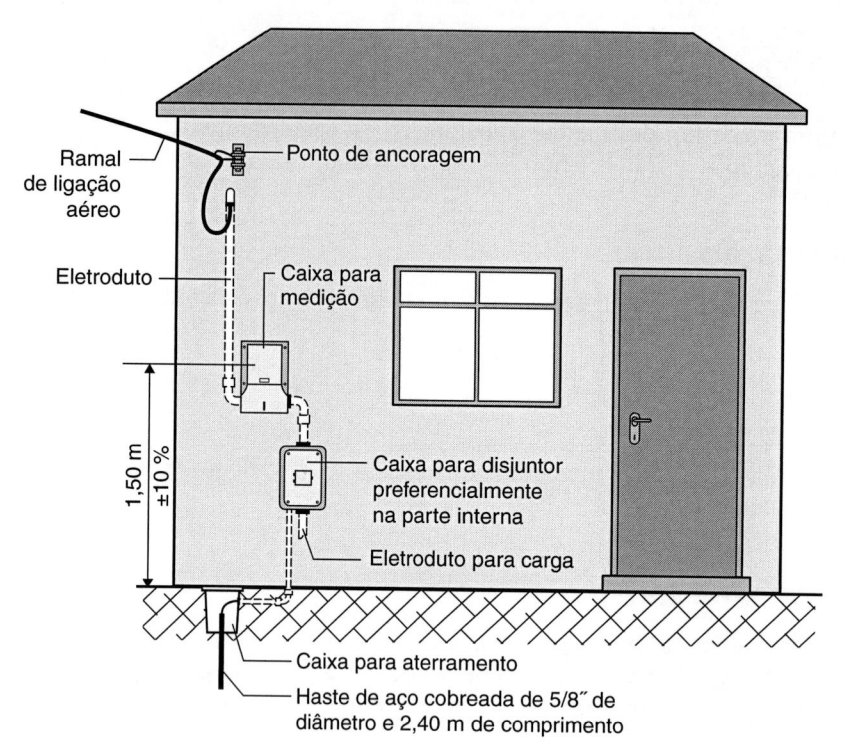

Figura 2.2 Ramal de ligação aéreo monofásico com ancoramento na fachada.

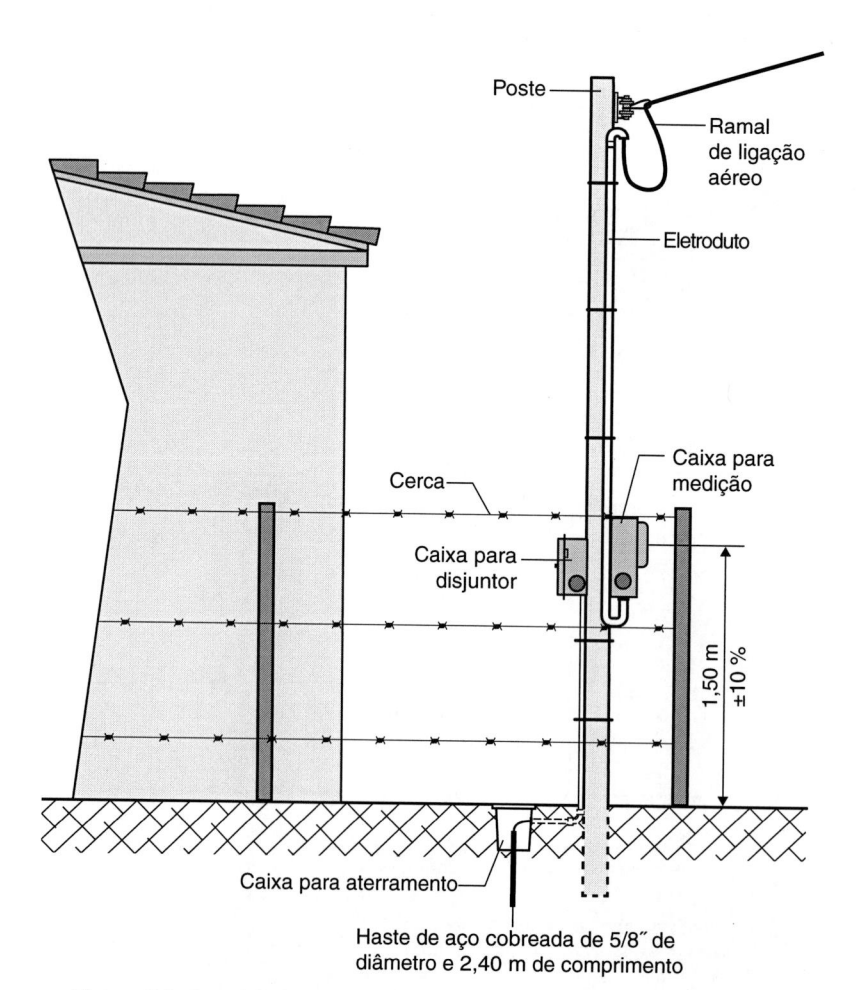

Figura 2.3 Ramal de ligação aéreo com ancoramento em poste particular.

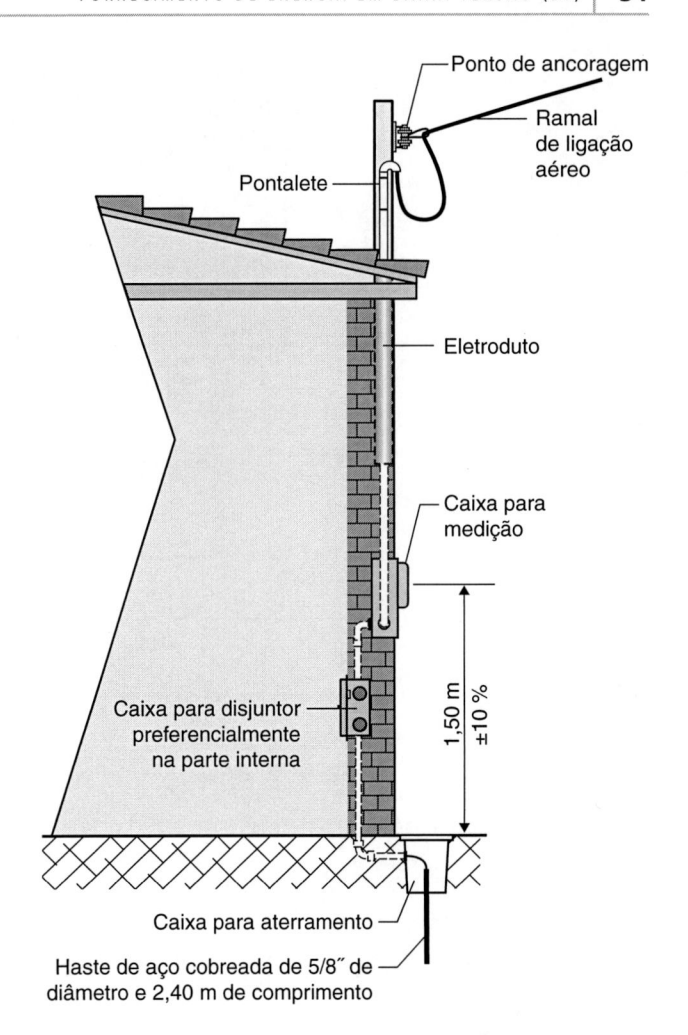

Figura 2.4 Ramal de ligação aéreo com ancoramento em pontalete (caixa do disjuntor de proteção geral interna à fachada).

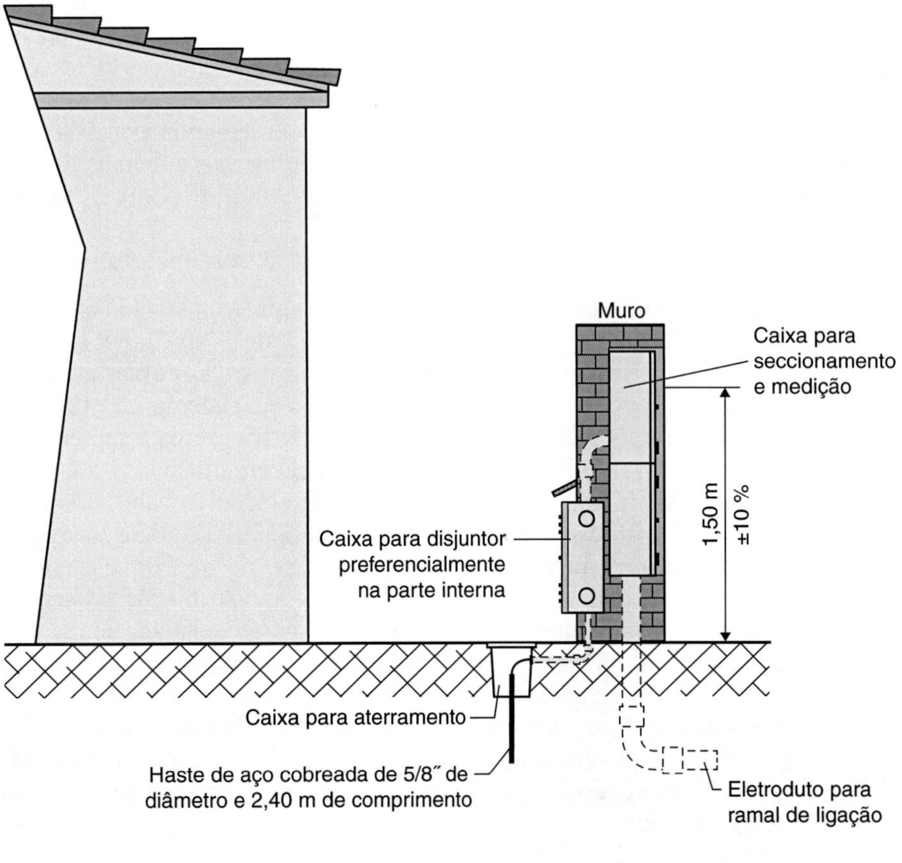

Figura 2.5 Ramal de ligação subterrâneo (caixa do medidor/seccionador sobreposta no muro e caixa do disjuntor de proteção geral interna).

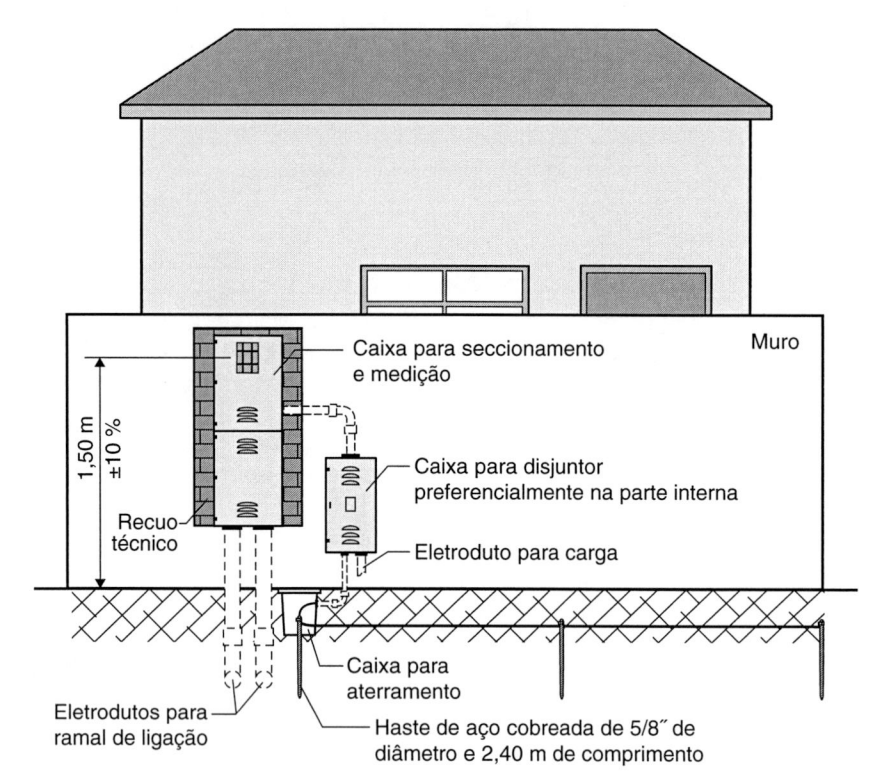

Figura 2.6 Ramal de ligação subterrâneo (caixa sobreposta na parede externa da edificação e caixa do disjuntor de proteção geral interna).

2.6 FORNECIMENTO DE ENERGIA ELÉTRICA PARA ENTRADAS INDIVIDUAIS E COLETIVAS

A solicitação de fornecimento deve ser sempre precedida de prévia consulta à concessionária, a fim de que sejam informadas ao interessado as condições do atendimento (aéreo, subterrâneo, nível de tensão, tipo de padrão de entrada etc.), antes da elaboração do projeto e da execução das instalações elétricas da entrada de serviço.

Para tanto, é recomendável que seja apresentada pelo interessado solicitação de estudo de viabilidade de fornecimento, constando o valor total da carga instalada e a demanda avaliada no Cap. 3, item 3.8, endereço completo do local, tipo de atividade (residencial, comercial ou industrial) e demais documentações e exigências cabíveis.

Formulários padronizados para as solicitações estão disponíveis no site www.light.com.br, ou nas agências comerciais da Light.

Entre outras, quatro situações se apresentam nos procedimentos para solicitação de fornecimento:

1) Ligações novas e alterações de carga, com carga instalada até 15 kW, **sem obrigatoriedade** de apresentação de ART – Anotação de Responsabilidade Técnica, RRT – Registro de Responsabilidade Técnica, ou TRT – Termo de Responsabilidade Técnica, para as **entradas individuais** isoladas, **exclusivamente residenciais**, monofásicas e polifásicas ligadas em sistema 220/127 V, com carga instalada até 15 kW, localizadas em regiões de rede de distribuição urbana, aérea e subterrânea.

2) Ligações novas e alterações de carga, com carga instalada até 15 kW, **com obrigatoriedade** de apresentação de ART, RRT ou TRT por responsável técnico habilitado pelo CREA, CAU – Conselho de Arquitetura e Urbanismo ou CFT – Conselho Federal dos Técnicos, respectivamente, para as **entradas individuais** isoladas, **não residenciais**, monofásicas e polifásicas ligadas em sistema 220/127 V, com carga instalada até 15 kW, localizadas em regiões de rede de distribuição urbana, aérea e subterrânea.

3) Ligações novas e alterações de carga, com carga instalada acima de 15 kW, **com obrigatoriedade** de apresentação de ART, RRT ou TRT, por responsável técnico habilitado pelo CREA, CAU ou CFT. Quando for o caso, será necessária a apresentação de projeto elétrico (projeto de entrada) previamente aprovado.

4) Ligações novas e alterações de carga de **entradas coletivas** em 220/127 V e em 380/220 V, executadas a partir de projeto elaborado por responsável técnico devidamente habilitado pelo CREA/RJ, **com obrigatoriedade de apresentação de projeto elétrico (projeto de entrada), previamente aprovado, e de ART, RRT ou TRT.**

A Light permite que entradas coletivas que possuam até 6 (seis) unidades consumidoras, **exclusivamente residenciais**, mais a unidade de serviço (totalizando 7 unidades) com demandas individuais até 15 kVA, ficam dispensadas da apresentação do Projeto de Entrada Completo. Para esses casos o responsável técnico deve apresentar um Projeto Simplificado através de formulários específicos.

Os procedimentos anteriores devem ser tratados junto à Light **pelo próprio interessado**, ou, se desejado, por profissional autorizado por ele.

2.6.1 Apresentação de Projeto da Instalação de Entrada

Nos casos de ligações, alterações de carga e reformas em entradas individuais, com medição indireta e em entrada coletiva, deve ser apresentado projeto da instalação de entrada elaborado, em forma digital, por software em formato A1, A2 ou A3, contendo:

a) Tensão de fornecimento solicitada;
b) Diagrama unifilar;
c) Quadro de cargas;
d) Avaliação da demanda;
e) Planta de localização;
f) Planta baixa e cortes com detalhes do centro de medição, do trajeto de linhas de dutos e circuitos de energia não medida;
g) Detalhes construtivos assim como configuração elétrica (parte interna) de caixas e painéis especiais, quando for o caso;
h) Detalhes construtivos da malha de aterramento;
i) Planta de situação com localização do compartimento (infraestrutura) que permita a instalação de equipamentos de transformação, proteção e outros necessários ao atendimento da(s) unidade(s) consumidora(s) da edificação, com a indicação do desenho padrão Light a ser empregado na instalação, quando for o caso;
j) Características técnicas dos equipamentos e materiais.

Nos casos de ligações, alterações de carga e reformas em entradas coletivas, deve ser apresentado, em forma digital, projeto da instalação de entrada elaborado por software em formato A1, A2 ou A3, contendo:

a) Tensão de fornecimento solicitada;
b) Diagrama unifilar;
c) Quadro de cargas;
d) Avaliação da demanda;
e) Planta de localização;
f) Planta baixa e cortes com detalhes da proteção geral de entrada, dos agrupamentos de medição, dos trajetos de linhas de dutos e circuitos de energia elétrica não medida (distâncias ponto a ponto);
g) Detalhes construtivos assim como configuração elétrica (parte interna) de caixas e painéis especiais, quando for o caso; detalhes construtivos da malha de aterramento;
h) Planta de situação com localização do compartimento (infraestrutura) que permita a instalação de equipamentos de transformação, proteção e outros necessários ao atendimento da(s) unidade(s) consumidora(s) da edificação, com a indicação do desenho padrão Light a ser empregado na instalação, quando for o caso;
i) Planta baixa e cortes com detalhes da infraestrutura destinada ao sistema SMLC, quando for o caso;
j) Características técnicas dos equipamentos e materiais;
k) Valores de queda de tensão e perda técnica, quando for o caso;
l) Circuito de iluminação das vias internas em condomínios com múltiplas edificações;
m) Carta de cessão de espaço, quando for o caso.

2.6.2 APRESENTAÇÃO DO DOCUMENTO "ART" DO CREA, "RRT" DO CAU OU "TRT" DO CFT

Será obrigatória a apresentação, da ART, RRT, ou TRT, devidamente preenchida e registrada pelo responsável técnico pela instalação junto ao CREA, CAU ou ao CFT, respectivamente, relacionando todos os serviços sob sua responsabilidade e os dados técnicos da instalação, idênticos aos contidos na solicitação de fornecimento à concessionária, em todos os casos de ligações abrangidas pelas alíneas (2), (3) e (4) do item 2.6. Nos casos de ligações atinentes à alínea (1) do item 2.6, não será obrigatória a apresentação da ART, RRT ou TRT.

2.7 DADOS FORNECIDOS PELA CONCESSIONÁRIA

A concessionária fornecerá os seguintes elementos:

- cópia dos padrões de ligação, conforme relacionados nas alíneas (1) e (2) do item 2.6;
- formulários padronizados, conforme casos contidos na alínea (3) e (4) do item 2.6;
- tensão de fornecimento;
- níveis de curto-circuito no ponto de entrega, quando necessários;
- necessidade de estudo e serviços em função do tipo e da disponibilidade da rede de distribuição da Light para atendimento à carga solicitada pelo consumidor;
- necessidade de construção de infraestrutura, pelo interessado, seja em via pública ou na parte interna da propriedade do consumidor, quando for o caso, que permita a instalação de equipamentos de transformação, manobra, proteção etc.;
- participação financeira a ser paga pelo consumidor, quando existente.

2.7.1 Padrão de Entrada a Ser Utilizado

De acordo com as características da rede de distribuição local e com a demanda da entrada de serviço, um dos seguintes padrões constantes nas Tabelas 2.2 e 2.3 deverá ser empregado.

2.8 CAIXAS PADRONIZADAS

Como exemplo para execução das entradas de energia, apresentamos, nas Figs. 2.7 a 2.13, alguns modelos utilizados pela Light até o momento. As demais Companhias Distribuidoras de energia elétrica possuem caixas semelhantes, de acordo com seus próprios padrões.

2.8.1 Caixas para Medição

São destinadas para abrigar o equipamento de medição monofásico ou trifásico para medição direta ou indireta de outros acessórios nos casos de atendimento através de ramal de ligação aéreo ou subterrâneo.
Tipos de caixas padronizadas:

CM 1 – caixa para medição direta monofásica. Deve ser utilizada em ligações monofásicas com valores de corrente até 63 A;

CM 3 – caixa para medição direta polifásica. Deve ser utilizada em ligações polifásicas com valores de corrente até 100 A; CM 200 – caixa para medição direta até 200 A. Deve ser utilizada em ligações polifásicas com valores de corrente a partir de 101 A até 200 A;

CSM 200 – caixa para seccionamento e medição direta até 200 A. Deve ser utilizada em ligações polifásicas, com ramal de ligação subterrâneo, com valores de corrente a partir de 101 A até 200 A;

CSM 600 – caixa para seccionamento e medição indireta. Deve ser utilizada em ligações polifásicas com valores de corrente de 201 A até 600 A;

CSMD 600 – caixa para seccionamento, medição indireta e proteção até 600 A. Deve ser utilizada em ligações polifásicas com valores de corrente a partir de 201 A até 600 A.

Todas as caixas devem ser montadas, principalmente aquelas instaladas em ambientes externos sujeitas ao contato direto com terceiros (crianças), considerando aspectos de segurança contra a possibilidade de introdução de corpos estranhos (arames, por exemplo) no sistema de ventilação, que em geral são dispostos através de venezianas.

As caixas para medição direta – CM 1 (Fig. 2.7), CM 3 (Fig. 2.8) e CM 200 – devem ser utilizadas para abrigar o equipamento de medição monofásico ou polifásico para medição direta, nos casos de atendimento através de ramal de ligação aéreo ou subterrâneo e devem ser precedidas por uma caixa para seccionamento (CS), sempre que o ramal de ligação for subterrâneo. Devem ser fabricadas integralmente em policarbonato totalmente transparente, considerando todas as especificações e ensaios necessários exigidos pela Light, de acordo com as normas atinentes.

Tabela 2.2 Dimensionamento de entrada individual "medição direta"

Tensão nominal (V)	Nº de fases	Categoria de atendimento	Demanda de atendimento "D" (kVA)	Proteção geral (amperes – nº de polos)	Eletroduto do ramal de ligação e/ou do ramal de entrada aéreo (PVC rígido) (em polegadas)	Eletroduto do ramal de ligação e/ou do ramal de entrada subterrâneo (PVC rígido ou polietileno corrugado) (em polegadas)	Condutor do ramal de entrada (fases + neutro) (mm² – Cu – PVC 70 °C)	P = condutor de proteção (mm² – Cu – PVC 70 °C)	Condutor de interligação do neutro à malha de aterramento (mm² – Cu – PVC 70 °C)
127	1	UM1	D ≤ 4	32 – 1Ø	1"	2 × 2"	2 (1 × 6)	1 × 6	1 × 6
		UM2	D ≤ 5	40 – 1Ø			2 (1 × 10)	1 × 10	1 × 10
		UM3	5 < D ≤ 8	63 – 1Ø			2 (1 × 16)	1 × 16	1 × 16
220/127	3	T1	D ≤ 12	32 – 3Ø	2"	2 × 3"	4 (1 × 6)	1 × 10	1 × 10
		T2	D ≤ 15	40 – 3Ø			4 (1 × 10)	1 × 16	1 × 16
		T3	15 < D ≤ 24	63 – 3Ø			4 (1 × 16)	1 × 16	1 × 16
		T4	24 < D ≤ 30	80 – 3Ø			4 (1 × 25)	1 × 16	1 × 16
		T5	30 < D ≤ 38	100 – 3Ø			4 (1 × 35)	1 × 25	1 × 25
		T6	38 < D ≤ 47	125 – 3Ø		2 × 4"	4 (1 × 50)	1 × 35	1 × 35
		T7	47 < D ≤ 57	150 – 3Ø			4 (1 × 70)	1 × 50	1 × 50
		T8	57 < D ≤ 66	175 – 3Ø	2 ½"		4 (1 × 95)	1 × 50	1 × 50
		T9	66 < D ≤ 76	200 – 3Ø			4 (1 × 95)	1 × 50	1 × 50

Tabela 2.3 Dimensionamento de entrada individual "medição indireta"

Tensão nominal (V)	Nº de fases	Categoria de atendimento	Demanda de atendimento "D" (kVA)	Proteção geral (ampères – nº de polos) (1) (2)	Eletroduto do ramal de ligação e/ou do ramal de entrada <u>aéreo</u> (PVC rígido) (em polegadas)	Eletroduto do ramal de ligação e/ou do ramal de entrada <u>substerrâneo</u> (PVC rígido ou polietileno corrugado) (em polegadas)	Condutor do ramal de entrada (fases + neutro) (mm² – Cu – PVC 70 °C) (3)	P = condutor de proteção (mm² – Cu – PVC 70 °C) (4) (5)
220/127	3	TI1	$76 < D \leq 85$	225 – 3Ø	2 ½″	2 × 4″	4 (1 × 120)	1 × 70
		TI2	$85 < D \leq 95$	250 – 3Ø	3″		4 (1 × 150)	1 × 95
		TI3	$95 < D \leq 114$	300 – 3Ø			4 (1 × 185)	1 × 95
		TI4	$114 < D \leq 133$	350 – 3Ø	4″		4 (1 × 240)	1 × 120
		TI5	$133 < D \leq 150$	400 – 3Ø	2 × 3″	Vide nota	8 (1 × 150)	1 × 150
		TI6	$150 < D \leq 190$	500 – 3Ø			8 (1 × 185)	1 × 185
		TI7	$190 < D \leq 225$	600 – 3Ø	2 × 4″		8 (1 × 240)	1 × 240
		TI8	$225 < D \leq 266$	700 – 3Ø	Não se aplica		12 (1 × 240)	1 × 120
		TI9	$266 < D \leq 300$	800 – 3Ø			16 (1 × 185)	1 × 185
		TI10	$300 < D \leq 381$	1000 – 3Ø			20 (1 × 240)	1 × 240

Nota: Considerando as características técnicas da rede de distribuição local assim como as características construtivas das instalações de entrada projetadas pelo responsável técnico, ele deve ser informado pela Light quanto à determinação do número de circuitos que irão compor o ramal de ligação, bem como o dimensionamento de bancos de dutos, inclusive de dutos reservas.

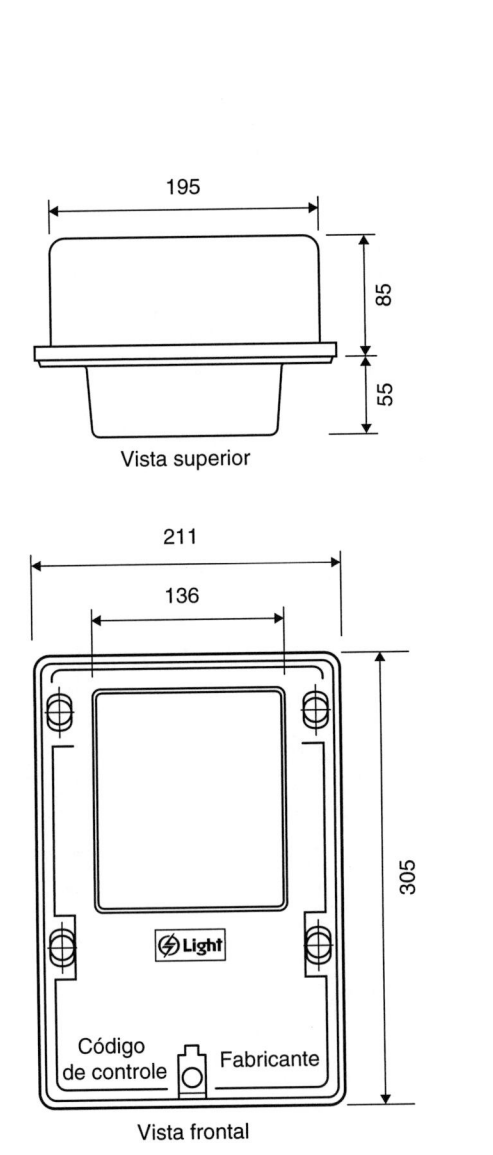

Figura 2.7 Caixa para medição direta monofásica – CM 1.

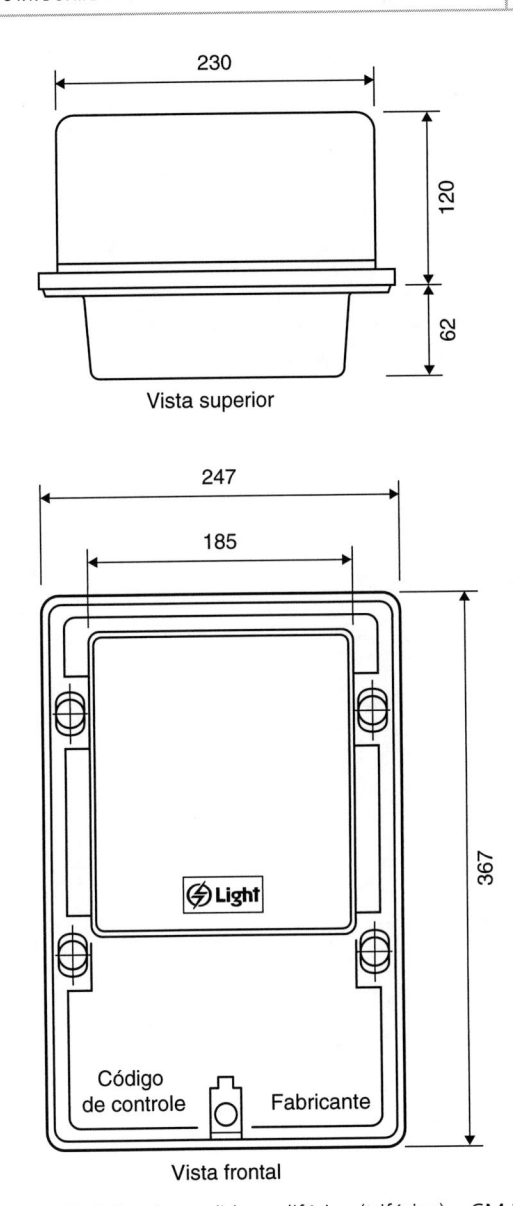

Figura 2.8 Caixa de medidor polifásico (trifásico) – CM 3.

2.8.2 Caixas para Disjuntor (CDJ)

As caixas para disjuntor (CDJ) devem abrigar o disjuntor de proteção geral em entradas de energia elétrica individuais, quando utilizada caixa de medição do tipo CM 1, CM 3 (Figs. 2.7 e 2.8).

Devem ser instaladas no muro/parede na parte interna da propriedade do consumidor (não disponíveis ao acesso externo pela via pública).

A caixa para disjuntor monopolar (CDJ 1) é utilizada em ligação nova ou aumento de carga em entrada de energia elétrica individual monofásica, com disjuntor monofásico de até 63 ampères, e a caixa para disjuntor tripolar (CDJ 3; Fig. 2.9) em entrada de energia elétrica individual trifásica, com disjuntor trifásico de até 100 ampères.

2.8.3 Caixas para Seccionamento

Devem ser utilizadas em entradas individuais quando o atendimento à unidade consumidora for através de ramal de ligação subterrâneo por meio de caixas de medição direta que não dispõem de seccionamento próprio (exceto quando se tratar de ligação em via pública).

Devem abrigar em ambiente selado, um dispositivo para o seccionamento geral da instalação, podendo ser um seccionador tripolar em caixa moldada ou bases fusíveis tipo NH com barras de continuidades (sem fusíveis).

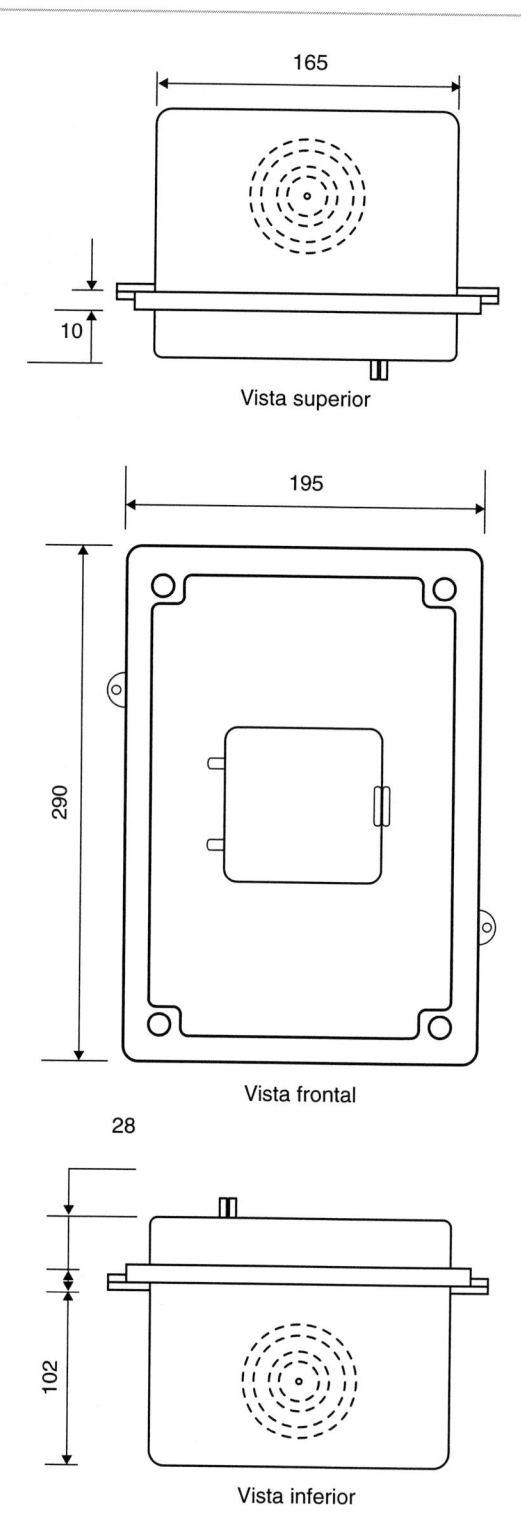

Figura 2.9 Caixa para disjuntor CDJ 3.
Nota: Para a caixa CDJ 1 as dimensões são 305 de altura e 211 de largura (detalhes no RECON).

A utilização de caixa para seccionador está obrigatoriamente associada ao atendimento de entradas individuais, devendo ser montada eletricamente antes e junto das caixas para medição direta (CM 1, CM 3, CM 200) que não dispõem de seccionamento próprio, cujo atendimento seja através de ramal de ligação subterrâneo, mesmo quando derivado da rede aérea.

A caixa para seccionador (CS 1; Fig. 2.11) é utilizada em ligação nova ou aumento de carga em entrada individual monofásica. A caixa para seccionador (CS 3) é utilizada em instalações polifásicas.

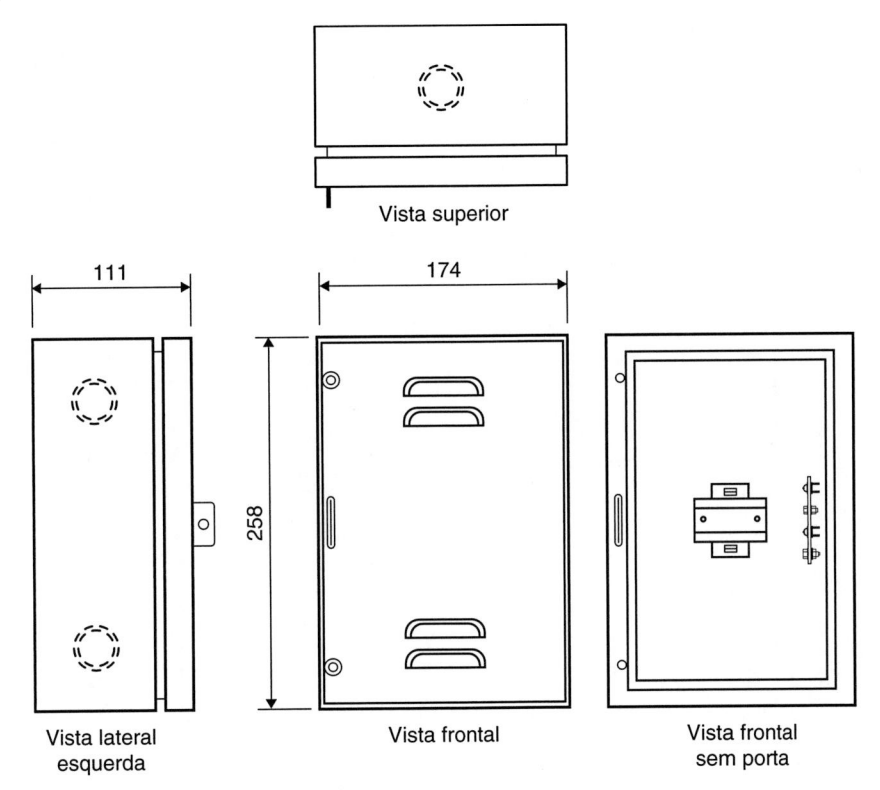

Vista superior

111

174

258

Vista lateral
esquerda

Vista frontal

Vista frontal
sem porta

Figura 2.10 Caixa para seccionador – CS 1.

Nota: Para a caixa CS 3 as dimensões são 520 de altura, 260 de largura e 190 de profundidade (detalhes no RECON).

2.8.4 Caixa para Proteção Geral (CPG)

Deve abrigar o disjuntor de proteção geral da instalação de entrada de energia elétrica e dispositivos adicionais associados (barras de "neutro" e de "proteção" independentes). Ao consumidor é permitido somente o acesso à alavanca de acionamento do disjuntor, através de janela com travamento por cadeado particular. Deve ser utilizada em ligação nova ou aumento de carga em entrada de energia elétrica individual, ou ainda em entrada coletiva como proteção geral, bem como proteção das unidades de medição direta e indireta (serviços e unidades consumidoras de grande porte).

A caixa para proteção geral – CPG 200 deve ser utilizada em ligações com disjuntor trifásico até 200 ampères, a CPG 600 em ligações com disjuntor trifásico até 600 ampères e a CPG 1500 em ligações com disjuntor trifásico até 1 500 ampères.

As caixas CPG devem possuir dimensões adequadas ao dispositivo de proteção utilizado, às barras de neutro e de proteção quando for o caso, além das barras auxiliares de cobre, com a finalidade de permitir a derivação, antes do borne/terminal de entrada do disjuntor de proteção geral, do circuito para o medidor de serviço quando de sua necessidade, a fim de atender a exigência do corpo de Bombeiros do Estado do Rio de Janeiro, como mostra o esquema de ligação elétrica da entrada de energia na Fig. 2.12.

As barras de neutro e de proteção NÃO devem ser interligadas nos pontos de proteção a jusante (após) a proteção geral de entrada, contudo, a barra de proteção, se houver disponibilidade na edificação, pode ser aterrada em outras malhas de terra existentes, ou seja, a barra de proteção pode ser multiaterrada sem problemas para a seletividade da proteção diferencial.

2.8.5 Caixa de Inspeção de Aterramento

As caixas de inspeção do aterramento devem ser em alvenaria ou material polimérico, sendo empregadas de forma a permitir um ponto acessível para conexão de instrumentos para ensaios e verificações das condições elétricas do sistema de aterramento.

É necessária apenas uma caixa por sistema de aterramento, na qual deverá estar contida a primeira haste da malha de terra e a conexão do condutor de interligação do neutro à malha de aterramento.

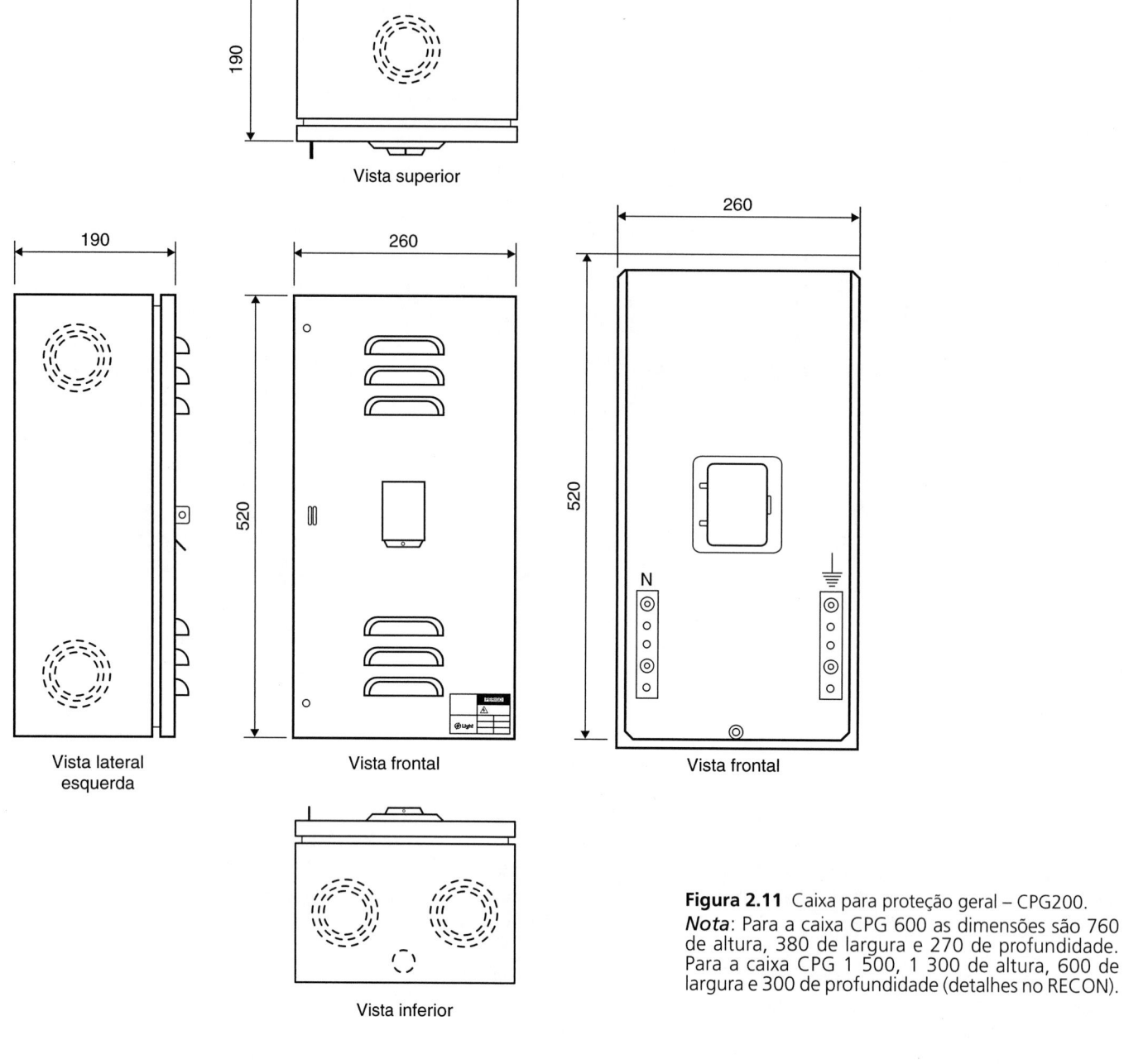

Vista superior

190

260

260

520

520

520

190

N

Vista lateral esquerda

Vista frontal

Vista frontal

Vista inferior

Figura 2.11 Caixa para proteção geral – CPG200. *Nota*: Para a caixa CPG 600 as dimensões são 760 de altura, 380 de largura e 270 de profundidade. Para a caixa CPG 1 500, 1 300 de altura, 600 de largura e 300 de profundidade (detalhes no RECON).

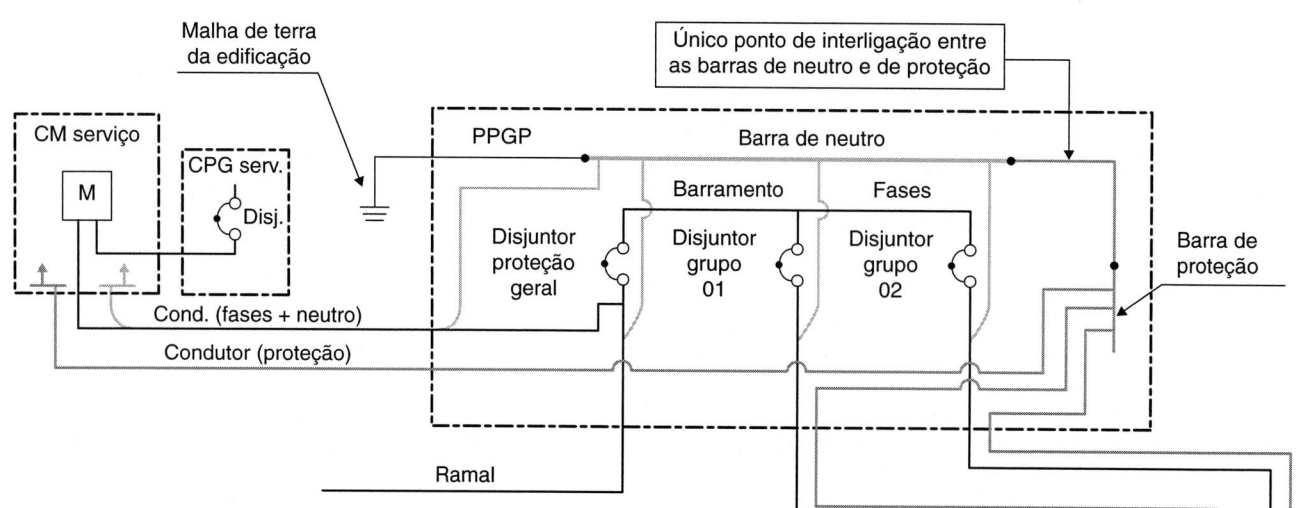

Figura 2.12 Esquema de ligação elétrica da entrada de energia coletiva.

2.9 PROTEÇÃO DA INSTALAÇÃO DE ENTRADA DE ENERGIA ELÉTRICA

2.9.1 Proteção contra Sobrecorrentes

Dispositivo capaz de prover simultaneamente proteção contra correntes de sobrecarga e de curto-circuito. Deve ser dimensionado e instalado para proteção geral da entrada de energia elétrica, em conformidade com as normas da ABNT. A Tabela 2.4 deve ser utilizada para a obtenção dos valores mínimos, de acordo com a configuração elétrica do sistema de distribuição no local do atendimento.

Nas entradas individuais, os disjuntores devem ser eletricamente conectados após a medição, instalados em ambiente selado, de corrente nominal, conforme padronização para a categoria de atendimento específica, constante nas Tabelas 2.2 e 2.3 de dimensionamento de materiais das entradas de serviço.

Tabela 2.4 Capacidade Mínima de Interrupção Simétrica dos Dispositivos de Proteção Geral de Entrada

Condutor do ramal de entrada (Cu – mm²) (1)	Sistema de fornecimento em baixa tensão (com lance de circuito de 15 metros)			
	Aéreo	Subterrâneo		
	Radial	Radial	Reticulado generalizado	Reticulado dedicado
6	5 kA	15 kA	15 kA	(2)
10	5 kA	15 kA	15 kA	(2)
16	5 kA	15 kA	15 kA	(2)
25	10 kA	15 kA	15 kA	(2)
35	10 kA	15 kA	15 kA	(2)
50	15 kA	25 kA	25 kA	(2)
70	15 kA	25 kA	25 kA	(2)
95	20 kA	30 kA	40 kA	(2)
120	20 kA	30 kA	40 kA	(2)
150	20 kA	40 kA	50 kA	(2)
185	20 kA	50 kA	50 kA	(2)
Maiores bitolas	25 kA	(2)	(3)	(2)

Notas:

1) Valores relativos a 1 conjunto de cabos.

2) Os valores de curto-circuito serão fornecidos pela Light para cada caso, devendo as capacidades de interrupção dos dispositivos de proteção geral serem compatíveis com o maior dos volumes de curto-circuito disponíveis nos respectivos pontos de instalação.

3) O **nível de curto-circuito** será fornecido pela Light, para cada caso, devendo a capacidade de interrupção dos dispositivos de proteção geral ser compatível com esse valor, e nunca inferior a **60 kA**.

Dependendo da capacidade de interrupção do dispositivo de proteção geral, mesmo nas pequenas ligações, poderá vir a ser inviabilizada sua instalação em caixa para disjuntor **CPG** padronizada.

Nesses casos, o disjuntor deve ser instalado em caixa especialmente construída, em material polimérico ou metálico protegido contra corrosão, para abrigar o dispositivo de proteção geral, com dimensões compatíveis e possibilitando a instalação de selo e demais dispositivos de segurança.

Os valores desta tabela estão referidos à tensão de **220 V**.

2.9.2 Proteção contra Sobretensões

A ocorrência de sobretensões em instalações elétricas de energia não deve comprometer a segurança de pessoas e a integridade de sistemas elétricos e equipamentos.

Cabe ao consumidor/responsável técnico a responsabilidade pela especificação e instalação de proteção contra sobretensões, que deve ser proporcionada basicamente pela adoção de dispositivos de proteção contra surtos (DPS) em tensão nominal e nível de suportabilidade compatível para a característica da tensão de fornecimento e com a sobretensão prevista, bem como adoção das demais recomendações complementares, em conformidade com as exigências contidas nas Normas Brasileiras NBR 5410 e 5419 da ABNT.

Quando da utilização do DPS, ele deve ser eletricamente conectado a jusante (após) da medição e do disjuntor de proteção geral de entrada de energia elétrica, preferencialmente na entrada do Quadro de Distribuição Geral (QDG) interno à edificação.

Deve ser proporcionada a segurança de pessoas, instalações e equipamentos, contra tensões induzidas e/ou transferidas (elevação de potencial) advindas de manobras ou curtos-circuitos trifásicos, bifásicos ou monofásicos no lado primário das instalações. Nesse sentido, equipamentos ou instalações sensíveis, seja em regime permanente ou transitório, devem receber proteções adequadas com relés associados a dispositivos que possam interromper o fornecimento sem danos ou prejuízos.

2.10 ENTRADA COLETIVA

Será concedida a uma edificação composta por mais de uma unidade consumidora, e a alimentação geral será sempre trifásica. A Fig. 2.13 mostra exemplo de entradas coletivas.

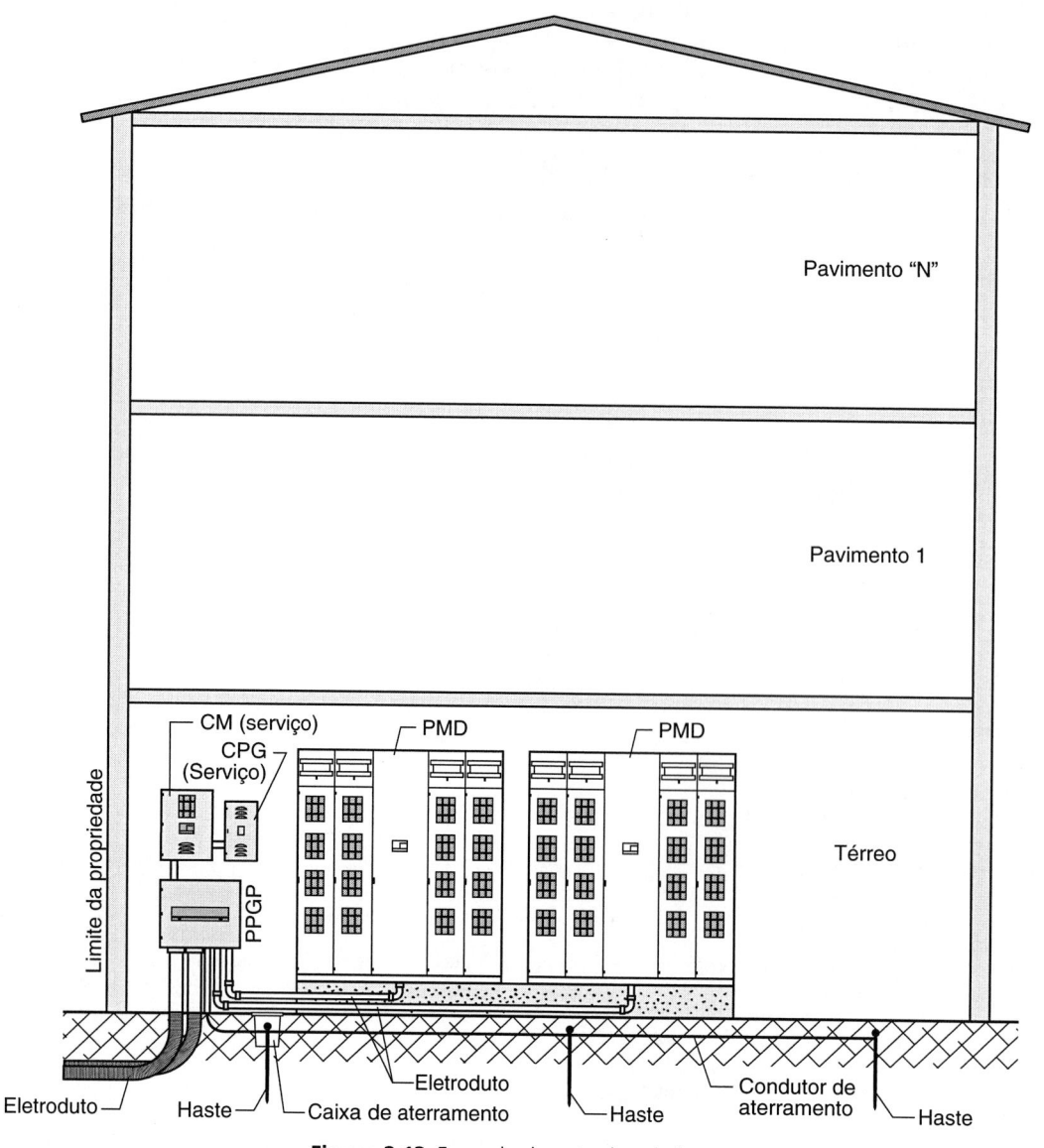

Figura 2.13 Exemplo de entrada coletiva.

2.10.1 Medição Individual e Agrupada

A medição individual é utilizada em unidades consumidoras independentes com residências individuais, galpões, lojas, boxes, e outros caracterizados como unidades consumidoras independentes, ou seja, possuem endereços individuais.

A medição agrupada é utilizada para um conjunto de unidades consumidoras tais como boxes, lojas, salas, prédios residenciais, comerciais, mistos e outros, desde que caracterizados como uma ligação coletiva e possuam um endereço comum a todas as unidades consumidoras. Assim se caracterizam pela existência de um condomínio oficial para a edificação e de um único ponto de alimentação do qual derivam todas as unidades. A Tabela 2.5 apresenta o dimensionamento de materiais para entrada coletiva, enquanto a Fig. 2.14 mostra um exemplo de um Painel de Medição Direta – PMD1, utilizado na medição agrupada.

Tabela 2.5 Dimensionamento de materiais individuais – entrada coletiva

Tensão nominal (V)	Nº de fases	Categoria de atendimento	Demanda de atendimento "D" (kVA)	Proteção geral (ampères – nº de polos)	Condutor do ramal de entrada (fases + neutro)(mm² – Cu – PVC 70 °C)	P = condutor de proteção (mm² – Cu – PVC 70 °C)
127 V	1	UM1	D ≤ 4	32 – 1Ø	2 (1 × 6)	1 × 6
		UM2	D ≤ 5	40 – 1Ø	2 (1 × 10)	1 × 10
		UM3	5 < D ≤ 8	63 – 1Ø	2 (1 × 16)	1 × 16
220/127 V	3	T1	D ≤ 12	32 – 3Ø	4 (1 × 6)	1 × 6
		T2	D ≤ 15	40 – 3Ø	4 (1 × 10)	1 × 10
		T3	15 < D ≤ 24	63 – 3Ø	4 (1 × 16)	1 × 16
		T4	24 < D ≤ 30	80 – 3Ø	4 (1 × 25)	
		T5	30 < D ≤ 38	100 – 3Ø	4 (1 × 35)	
		T6	38 < D ≤ 47	125 – 3Ø	4 (1 × 50)	1 × 25
		T7	47 < D ≤ 57	150 – 3Ø	4 (1 × 70)	1 × 35
		T8	57 < D ≤ 66	175 – 3Ø	4 (1 × 95)	1 × 50
		T9	66 < D ≤ 76	200 – 3Ø		
220 V	1	UME1	D ≤ 7	32 – 1Ø	2 (1 × 6)	1 × 6
		UME2	D ≤ 8	40 – 1Ø	2 (1 × 10)	1 × 10
		UME3	8 < D ≤ 13	63 – 1Ø	2 (1 × 16)	1 × 16
380/220 V	3	TE1	D ≤ 21	32 – 3Ø	4 (1 × 6)	1 × 6
		TE2	D ≤ 26	40 – 3Ø	4 (1 × 10)	1 × 10
		TE3	26 < D ≤ 41	63 – 3Ø	4 (1 × 16)	1 × 16
		TE4	41 < D ≤ 52	80 – 3Ø	4 (1 × 25)	
		TE5	52 < D ≤ 65	100 – 3Ø	4 (1 × 35)	
		TE6	65 < D ≤ 82	125 – 3Ø	4 (1 × 50)	1 × 25
		TE7	82 < D ≤ 98	150 – 3Ø	4 (1 × 70)	1 × 35
		TE8	98 < D ≤ 115	175 – 3Ø	4 (1 × 95)	1 × 50
		TE9	115 < D ≤ 131	200 – 3Ø	4 (1 × 95)	1 × 50

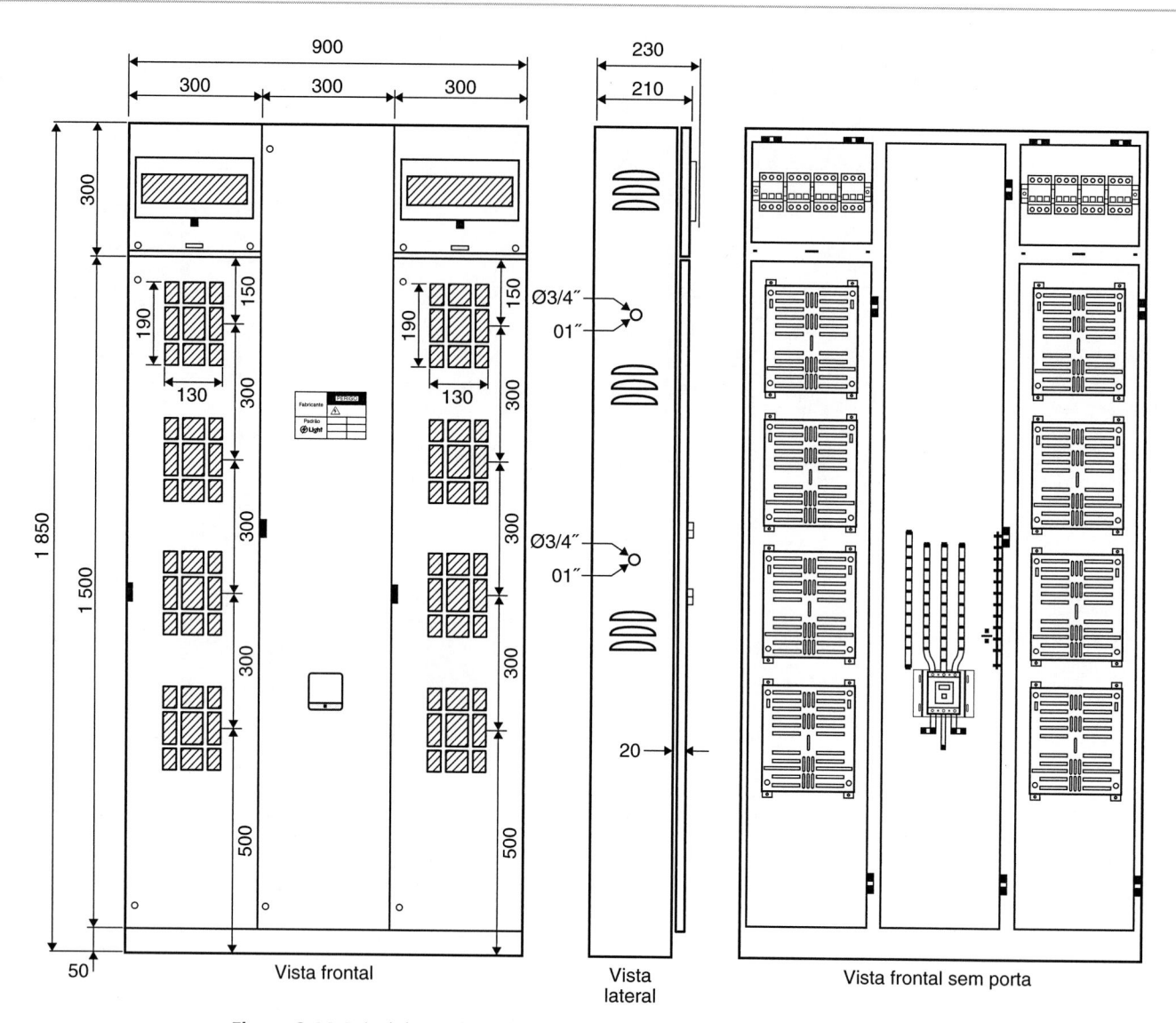

Figura 2.14 Painel de Medição Direta e Proteção Individual – PMD1 (8 medidores).

2.10.2 Medição de Serviço

Destinada a medição e registro do consumo de energia elétrica das cargas de iluminação, elevadores, bombas-d'água etc., de uso comum da edificação e/ou condomínio.

Compreendido em entradas coletivas, o medidor de serviço deve ser sempre instalado a montante (antes) da proteção geral de entrada da edificação sempre que houver qualquer carga de prevenção, detecção e combate a sinistro tais como iluminação de emergência, bombas de pressurização etc.

O medidor de serviço deve ser sempre instalado a montante (antes) da proteção geral de entrada da edificação sempre que houver qualquer carga de prevenção, detecção e combate a sinistro (incêndio) tais como iluminação de emergência, bombas de pressurização etc.

2.10.3 Medição Totalizadora

São aplicadas em entradas coletivas sempre que, por conveniência do consumidor, for empregada medição através de agrupamentos distribuídos pelos andares, ou ainda, quando instalados no pavimento térreo a mais de 5 metros do limite da propriedade com a via pública.

2.11 ATERRAMENTO DAS INSTALAÇÕES

2.11.1 Aterramento do Condutor Neutro

Em cada edificação, junto ao gabinete de medição (entradas individuais) ou à proteção geral de entrada (entradas coletivas), como parte integrante da instalação, é obrigatória a construção de malha de terra, constituída de uma ou mais hastes interligadas entre si (no solo), à qual deverão ser permanentemente interligados o condutor de neutro do ramal de entrada e o condutor de proteção.

2.11.2 Ligações à Terra e Condutor de Proteção

Um condutor com a finalidade de proteção deve ser derivado, sempre que possível, diretamente da malha de terra da instalação. Deve ser em cobre, isolado na cor verde ou verde/amarelo, na bitola padronizada conforme as Tabelas 2.2, 2.3 e 4.21, e percorrer toda a instalação interna e ao qual deverão ser conectadas todas as partes metálicas (carcaças) normalmente não energizadas dos aparelhos elétricos existentes, bem como o terceiro pino (terra) das tomadas dos equipamentos elétricos, de acordo com as prescrições atualizadas da NBR 5410.

Os condutores de aterramento e proteção devem obedecer às considerações definidas no item 4.7.

O sistema de aterramento deve garantir a manutenção das tensões máximas de toque (V_{toque}) e de passo (V_{passo}), dentro dos limites de segurança normalizados. Destaca-se que o valor máximo da resistência de aterramento, para qualquer das condições a seguir, não deve ultrapassar 25 ohms.

2.11.3 Eletrodo de Aterramento

Deverá ser empregada haste de aço cobreado, com comprimento mínimo de 2,4 metros e diâmetro nominal mínimo de 5/8″.

Quando as condições físicas do local da instalação impedirem a utilização de hastes, deverá ser adotado um dos métodos estabelecidos pela NBR 5410, que garanta o aterramento dentro das características dispostas no item 2.11.1.

2.11.4 Interligação à Malha

O condutor de aterramento do neutro e o condutor de proteção deverão ser em cobre, de seção mínima dimensionada em função dos condutores do ramal de entrada de energia elétrica, conforme especificado para cada categoria de atendimento nas tabelas de dimensionamento de equipamentos e materiais de entradas de serviço nas Tabelas 2.3, 2.4 e 4.21. Não deverão conter emendas, seccionadores ou quaisquer dispositivos que possam causar a sua interrupção.

A proteção mecânica do trecho de condutor que interliga o condutor de neutro à malha de aterramento deve ser feita por meio de eletroduto de PVC rígido.

A conexão dos condutores de interligação da barra de neutro e da barra de proteção à malha de aterramento deve ser feita por meio de conectores que utilizem materiais não ferrosos, de forma a evitar processos corrosivos.

2.11.5 Número de Hastes (Eletrodos) da Malha de Terra

a) Entrada individual isolada com demanda avaliada até 24 kVA
   Deverá ser construído aterramento com, no mínimo, uma haste de aço cobreado, com comprimento mínimo de 2,4 metros e diâmetro nominal mínimo de 5/8″.
b) Entrada individual isolada com demanda avaliada superior a 24 kVA e inferior a 150 kVA.
   Deverá ser construída malha de aterramento com, no mínimo, 3 hastes de aço cobreado, conforme estabelecido acima, interligadas entre si por condutor de cobre nu, classe de encordoamento nº 2, de bitola não inferior a 50 mm², com espaçamento entre hastes superior ou igual ao comprimento da haste empregada.
c) Entrada individual isolada com demanda avaliada superior a 150,0 kVA
   Idem acima, com, no mínimo, 6 hastes.
d) Entradas coletivas com até seis unidades consumidoras
   Idem acima, com, no mínimo, 1 haste por unidade de consumo.
e) Entradas coletivas com mais de seis unidades de consumo
   Idem acima, com, no mínimo, 6 hastes.

Biografia

Fonte: Science Source/Photo Researchers.

AMPÈRE, ANDRÉ MARIE (1775-1836), foi pioneiro da eletrodinâmica.

Ampère foi um menino excepcionalmente inteligente, combinando a paixão pela leitura com uma memória fotográfica e habilidade em linguística e matemática. Sua vida sofreu um trauma quando seu pai foi guilhotinado pela Revolução Francesa em 1793. No entanto, Napoleão o nomeou inspetor-geral do sistema universitário, cargo que manteve até sua morte.

Ampère foi um cientista versátil, interessado em física, filosofia, psicologia e química. Em 1820, estimulado pela descoberta de Oersted, de que uma corrente elétrica cria um campo magnético, realizou trabalhos pioneiros sobre corrente elétrica e eletrodinâmica. Demonstrou que duas linhas paralelas que conduzem correntes na mesma direção atraem-se mutuamente e que correntes circulando em direções opostas repelem-se; ele inventou o solenoide.

Em 1827, elaborou a formulação matemática do eletromagnetismo, a conhecida Lei de Ampère.

No Sistema Internacional de Medidas (SI), a unidade de corrente elétrica é assim denominada em sua homenagem.

Instalações para Iluminação e Aparelhos Domésticos | 3

3.1 NORMAS QUE REGEM AS INSTALAÇÕES EM BAIXA TENSÃO

O documento fundamental sobre o qual este capítulo se baseia é a Norma Brasileira ABNT: a NBR 5410:2004, versão corrigida em 17/03/2008. Serão expostas, também, as definições usualmente utilizadas nos projetos de instalações elétricas. Simultaneamente aplicaremos o regulamento da Light: RECON – BT – Regulamentação para fornecimento de energia elétrica a consumidores em Baixa Tensão, de janeiro de 2019, revisada em fevereiro de 2020.

3.2 ELEMENTOS COMPONENTES DE UMA INSTALAÇÃO ELÉTRICA

Para que se possa elaborar um projeto de instalações elétricas, é necessário que fiquem caracterizados e identificados os elementos ou partes que compõem o projeto. É o que será feito a seguir. Além disso, deverão ser utilizados os Símbolos e as Convenções, a linguagem normalizada dos projetos elétricos.

CIRCUITOS ELÉTRICOS

O conjunto dos condutores de alimentação, com suas ramificações, constitui um *circuito elétrico terminal*. O circuito terminal alimenta, portanto, diretamente, os pontos de utilização, os equipamentos e as tomadas de corrente. Um *circuito de distribuição* alimenta um ou mais quadros de distribuição, partindo do quadro geral (Fig. 3.1). Os circuitos terminais partem dos quadros de distribuição designados por *quadros terminais*. Os circuitos de distribuição dividem-se em "alimentador principal" e "subalimentador", quando há quadros intermediários.

LEI Nº 11.337, DE 26 DE JULHO DE 2006

Determina a obrigatoriedade de as edificações possuírem sistema de aterramento e instalações elétricas compatíveis com a utilização de condutor-terra de proteção, bem como torna obrigatória a existência de condutor-terra de proteção nos aparelhos elétricos que especifica.

O disposto nessa lei entrou em vigor em $1^{\underline{o}}$ de janeiro de 2010.

3.2.1 Símbolos e Convenções

Na elaboração de projetos de instalações elétricas empregam-se símbolos gráficos para a representação dos "pontos" e demais elementos que constituem os circuitos elétricos. São apresentados a seguir os símbolos mais usuais, com a representação consagrada pela maioria dos projetistas de instalações prediais. O leitor encontrará na ABNT normas relacionadas com a simbologia em instalações elétricas, entre as quais:

- NBR 12519:1992 – Símbolos gráficos de elementos de símbolos, símbolos qualitativos e outros símbolos de aplicação geral – cancelada, utilizada como referência.
- NBR 5444:1989 – Símbolos gráficos para instalações elétricas prediais – cancelada, utilizada como referência.

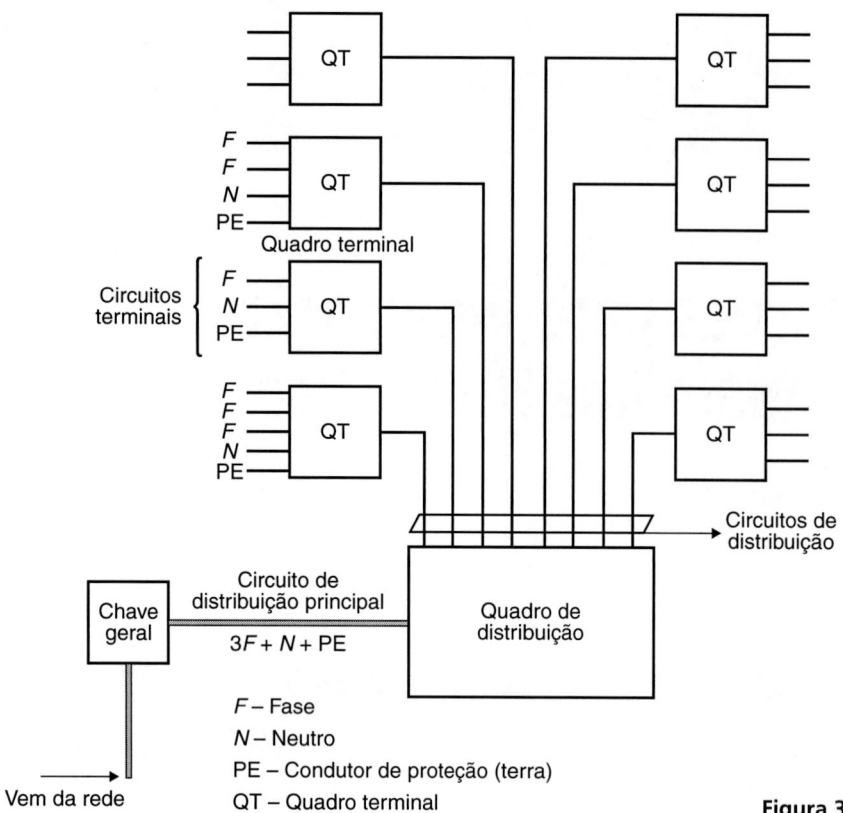

F – Fase
N – Neutro
PE – Condutor de proteção (terra)
QT – Quadro terminal

Figura 3.1 Esquema básico de instalação de um edifício.

Tabela 3.1 Símbolos e convenções para projetos de instalações elétricas

A. Dutos e Distribuição		
Símbolo	**Significado**	**Observações**
⌀ 25	Eletroduto embutido no teto ou parede. Diâmetro 25 mm	Todas as dimensões em mm. Indicar a bitola se não for 15 mm
⌀ 25	Eletroduto embutido no piso. Diâmetro 25 mm	
—·—·—·—	Tubulação para telefone	
—··—··—··—	Tubulação para informática (teleprocessamento de dados, por exemplo)	
—···—···—	Tubulação para campainha, som, anunciador ou outro sistema (TV a cabo, antena coletiva)	Indicar na legenda o sistema passante
—┼—	Condutor de fase no interior do eletroduto (F)	Cada traço representa um condutor. Indicar bitola, número de condutores, número do circuito e a bitola dos condutores, exceto se forem de 1,5 mm²
—┬—	Condutor neutro no interior do eletroduto (N)	
—┴—	Condutor de retorno no interior do eletroduto (R)	

(continua)

Tabela 3.1 Símbolos e convenções para projetos de instalações elétricas *(Continuação)*

A. Dutos e Distribuição		
Símbolo	**Significado**	**Observações**
	Condutor terra no interior do eletroduto (T ou PE)	
50•	Cordoalha de terra	Indicar a bitola utilizada; 50• significa 50 mm^2
$3(2 \times 25\bullet) + 2 \times 10\bullet$	Leito de cabos com um circuito passante, composto de três fases, cada uma com dois cabos de 25 mm^2 e neutro com dois cabos de 10 mm^2	25• significa 25 mm^2 10• significa 10 mm^2
Caixa pass. (200 × 200 × 100)	Caixa de passagem no piso	Dimensões em mm
Caixa pass. (200 × 200 × 100)	Caixa de passagem no teto	Dimensões em mm
Caixa pass. (200 × 200 × 100)	Caixa de passagem na parede	Indicar altura e se necessário fazer detalhe (dimensões em mm)
	Circuito que sobe	
	Circuito que desce	
	Circuito que passa descendo	
	Circuito que passa subindo	
Tomadas Caixa pass.	Sistema de calha de piso	No desenho aparecem quatro sistemas que são habitualmente: I — Luz e força II — Telefone III — Informática, dados IV — Especiais (TV a cabo, antena coletiva)
	Condutor bitola 1,0 mm^2, fase ou neutro para campainha	Se for bitola maior, indicá-la
	Condutor bitola 1,0 mm^2, retorno para campainha	

(continua)

Tabela 3.1 Símbolos e convenções para projetos de instalações elétricas *(Continuação)*

B. Quadros de Distribuição		
Símbolo	**Significado**	**Observações**
	Quadro terminal de luz e força, aparente	Indicar as cargas de luz em watts e de força em HP ou cv
	Quadro terminal de luz e força, embutido	
	Quadro geral de luz e força, aparente (QGBT)	
	Quadro geral de luz e força, embutido (QGBT)	
	Caixa de telefones	

C. Interruptores			
Símbolos utilizados		**Significado**	**Observações**
○ᵃ	S	Interruptor de uma seção	A letra minúscula indica o ponto comandado
ᵃ⊕ᵇ	S_2	Interruptor de duas seções	As letras minúsculas indicam os pontos comandados
ᵃ⊗ᵇ c	S_3	Interruptor de três seções	As letras minúsculas indicam os pontos comandados
●ᵃ	S_{3W}	Interruptor paralelo ou *three-way*	A letra minúscula indica o ponto comandado
◑ᵃ	S_{4W}	Interruptor intermediário ou *four-way*	A letra minúscula indica o ponto comandado
Ⓜ		Botão de minuteria	
⊢◉	◉	Botão de campainha na parede (ou comando a distância)	
▣	◎	Botão de campainha no piso (ou comando a distância)	
		Fusível	Indicar tensão e corrente nominais
		Chave seccionadora com fusíveis. Abertura sem carga	Indicar tensão e corrente nominais
		Chave seccionadora com fusíveis e abertura, em carga	Indicar tensão e corrente nominais
		Chave seccionadora. Abertura sem carga	Indicar tensão e corrente nominais
		Chave seccionadora. Abertura em carga	Indicar tensão, corrente e potências nominais
		Disjuntor a óleo	Indicar tensão, corrente e potências nominais
		Disjuntor a seco	Indicar tensão, corrente e potências nominais

(continua)

Tabela 3.1 Símbolos e convenções para projetos de instalações elétricas *(Continuação)*

	D. Luminárias, refletores e lâmpadas	
Símbolo	**Significado**	**Observações**
$-4-\bigcirc^a_{2 \times P W}$	Ponto de luz no teto. Indicar o nº de lâmpadas e a potência em watts	A letra minúscula indica o ponto de comando, e nº entre dois traços, o circuito correspondente
	Ponto de luz na parede (arandela)	Deve-se indicar a altura da arandela
	Ponto de luz no teto (embutido)	
	Ponto de luz LED/fluorescente tubular no teto (indicar o nº de lâmpadas e potência)	A letra minúscula indica o ponto de comando, e o número entre dois traços, o circuito correspondente
	Ponto de luz LED/fluorescente tubular na parede	Deve-se indicar a altura da luminária
	Ponto de luz incandescente no teto em circuito vigia (emergência)	
	Ponto de luz LED/fluorescente no teto em circuito vigia (emergência)	
	Sinalização de tráfego (rampas, entradas etc.)	
	Lâmpada de sinalização	
	Refletor	Indicar potência, tensão e tipo de lâmpadas
	Poste com duas luminárias para iluminação externa	Indicar as potências, tipo de lâmpadas
	Lâmpada obstáculo	
	Minuteria	

	E. Tomadas	
Símbolo	**Significado**	**Observações**
300 VA -3-	Tomada de luz na parede, baixa (300 mm do piso acabado)	
300 VA -3-	Tomada de luz à meia altura (1 300 mm do piso acabado)	A potência deverá ser indicada ao lado em VA (exceto se for de 100 VA), como também o número do circuito correspondente à altura da tomada; se for diferente da normatizada; se a tomada for de força, indicar o número de hp, cv ou BTU
300 VA -5-	Tomada de luz alta (2 000 mm do piso acabado)	
	Tomada de luz no piso	
	Saída de som no teto	

(continua)

Tabela 3.1 Símbolos e convenções para projetos de instalações elétricas *(Continuação)*

E. Tomadas		
Símbolo	Significado	Observações
	Saída de som na parede	Indicar a altura *h*
	Campainha	
	Quadro anunciador	Dentro do círculo, indicar o número de chamada em algarismos romanos
	Transformador de potência	Indicar a relação de espiras e valores nominais
	Transformador de corrente (um núcleo)	
	Transformador de potencial	Indicar a relação de espiras, classe de exatidão e nível de isolamento. A barra de primário deve ter um traço mais grosso
	Transformador de corrente (dois núcleos)	

3.2.2 Definições Mais Usuais

Devem ser respeitadas as definições a seguir.

CARGA DE ILUMINAÇÃO

Na determinação das cargas de iluminação, como alternativas à aplicação da NBR 5413, conforme citado anteriormente, pode ser adotado o seguinte critério:

a) em cômodos ou dependências com área igual ou inferior a 6 m², deve ser prevista uma carga mínima de 100 VA;

b) em cômodo ou dependência com área superior a 6 m², deve ser prevista uma carga mínima de 100 VA para os primeiros 6 m², acrescidos de 60 VA, para cada aumento de 4 m² inteiros.

Nota:
Os valores apurados correspondem à potência destinada à iluminação para efeito de dimensionamento dos circuitos, e não necessariamente à potência nominal das lâmpadas.

PONTO

É o termo empregado para designar *aparelhos fixos* de consumo para luz, tomadas de corrente, arandelas, interruptores, botões de campainha. Por exemplo, luz com seu respectivo interruptor constituem *dois pontos*.

PONTO ATIVO OU PONTO ÚTIL

É o dispositivo onde a corrente elétrica é realmente utilizada ou produz efeito ativo (p. ex.: receptáculo onde é colocada uma lâmpada ou uma tomada na qual se liga um aparelho doméstico).

Os principais pontos ativos são os seguintes:

a) Ponto simples. Corresponde a um aparelho fixo (p. ex.: um chuveiro elétrico). Constituído também por uma só lâmpada ou um grupo de lâmpadas funcionando em conjunto, em um lustre, por exemplo.

b) Ponto de duas seções. Quando constituído por duas lâmpadas ou dois grupos de lâmpadas que funcionam por etapas, ligadas independentemente uma da outra.

c) Tomada simples (2P + T). Quando nela se pode ligar somente um aparelho. Em geral, são de 10 A e 20 A-250 V.

Existem tomadas para uso industrial de 30 A-440 V.

d) Tomada dupla. Quando nela podem ser ligados simultaneamente dois aparelhos.

PONTO DE COMANDO

É o dispositivo por meio do qual se governa um ponto ativo. É constituído por um interruptor de alavanca, botões, disjuntor ou chave.

Os pontos de comando podem ser compostos por:

a) Interruptor simples ou unipolar. Acende ou apaga uma só lâmpada ou um grupo de lâmpadas funcionando em conjunto. Em geral, são de 10 A e 250 V.

b) Variador de luminosidade (dimmer). É um regulador de tensão intercalado entre um circuito alimentador de tensão constante e um receptor, para variar gradualmente a tensão aplicada a este. Permite, por exemplo, variar a luminosidade de uma ou várias lâmpadas incandescentes, utilizando a variação de tensão. Existem três tipos, variador rotativo, variador deslizante e variador digital.

c) Interruptor de duas seções. Acende ou apaga separadamente duas lâmpadas ou dois conjuntos de lâmpadas funcionando ao mesmo tempo.

d) Interruptor de três seções. Acende ou apaga separadamente três lâmpadas ou três conjuntos de lâmpadas funcionando ao mesmo tempo.

e) Interruptor paralelo (*three-way*). Aquele que, operando com outro da mesma espécie, acende ou apaga, de pontos diferentes, o mesmo ponto útil (10 A-250 V). Emprega-se em corredores, escadas ou salas grandes.

f) Interruptor intermediário (*four-way*). É um interruptor colocado entre interruptores paralelos, que acende e apaga, de qualquer ponto, o mesmo ponto ativo formado por uma lâmpada ou grupo de lâmpadas. É usado na iluminação de *halls*, corredores e escadas de um prédio.

g) Sensor de presença. Para o controle da iluminação e outros equipamentos, utiliza-se o sensor de presença. O sensor detecta movimento por infravermelho, pela detecção do calor liberado pela pessoa, e aciona o controle da iluminação. São muito utilizados em substituição às minuterias e podem controlar uma ou mais lâmpadas.

A Pial Legrand possui um sensor de presença que acende automaticamente a iluminação logo que detectado um movimento (pessoas, animais etc.) e apaga automaticamente a iluminação quando, após uma duração de tempo regulável de 15 segundos a 10 minutos, não há movimento dentro de seu campo de detecção, como mostrado na Fig. 3.2. Possui sensibilidade de detecção regulável e fotocélula que limita o funcionamento do sensor nos momentos em que o ambiente está com baixo nível de iluminação (p. ex.: iluminação natural).

	Tensão	Frequência (Hz)	Potência (W)		Nº de módulos-padrão ocupados na placa
			mínima	máxima	
	127 V~		40	150	3
	220 V~	50/60	40	300	

(1) Fornecido com acessório luminoso 127/220 V~
Não utilizar com reator eletrônico. Consumo da luz: 1 mA

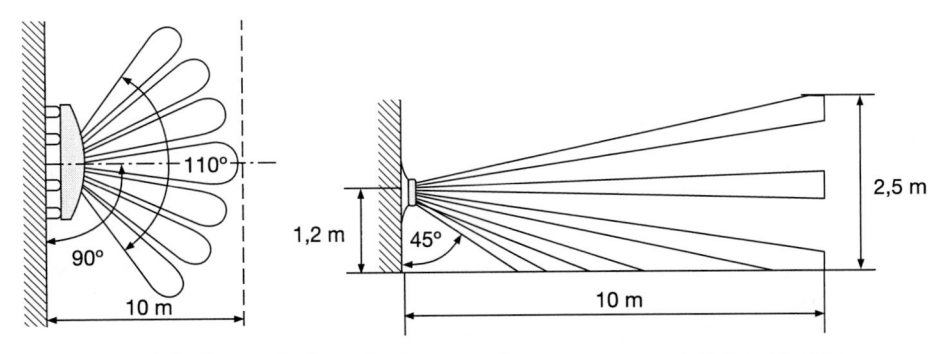

Figura 3.2 Campo de detecção do sensor de presença e características técnicas.

Tem chave seletora com três posições: A — auto (automático); I — ligado (lâmpada constantemente ligada): O — desligado (lâmpada constantemente desligada). Instalação embutida (em caixa de embutir na mesma altura dos interruptores e tomadas). Indicado para utilização com lâmpadas incandescentes.

PONTO DE UTILIZAÇÃO

Ponto de uma linha elétrica destinada à conexão de equipamento de utilização. Um ponto de utilização pode ser classificado de acordo com a natureza da carga prevista (ponto de luz, ponto para aquecedor, ponto para aparelho de ar-condicionado etc.) e o tipo de conexão previsto (ponto de tomada, ponto de ligação direta).

PONTO DE ILUMINAÇÃO

Em cada cômodo ou dependência deve ser previsto, pelo menos, um ponto de luz fixo no teto, comandado por interruptor.

Notas:
1) Nas acomodações de hotéis, motéis ou similares, pode-se substituir o ponto de luz fixo no teto por tomada de corrente, com potência mínima de 100 VA, comandada por interruptor de parede.
2) Admite-se que o ponto de luz fixo no teto seja substituído por ponto na parede em espaços sob escada, depósitos, despensas, lavabos e varandas, desde que de pequenas dimensões e onde a colocação do ponto de luz seja de difícil execução ou não conveniente.

3.2.3 Pontos de Tomadas

Pontos de utilização em que a conexão do equipamento ou equipamentos a serem alimentados é feita através de tomada de corrente.

Um ponto de tomada pode ser classificado de acordo com o circuito que o alimenta, o número de tomadas de corrente nele previsto, o tipo de equipamento a ser alimentado e a corrente nominal da(s) tomada(s) de corrente nele utilizada(s).

3.2.3.1 Número de pontos de tomadas

O número de pontos de tomadas deve ser determinado em função da destinação do local e dos equipamentos elétricos que podem aí ser utilizados, observando-se *no mínimo* os seguintes critérios:

a) Em banheiros, deve ser previsto pelo menos um ponto de tomada, próximo ao lavatório.
b) Em cozinhas, copas, copas-cozinhas, áreas de serviço, lavanderias e locais análogos, deve ser previsto um ponto de tomada para cada 3,5 m ou *fração de perímetro*, e acima da bancada da pia devem ser previstas duas tomadas de corrente, no mesmo ponto ou em pontos distintos.
c) Em varandas, deve ser previsto um ponto de tomada.
d) Em salas e dormitórios, deve ser previsto um ponto de tomada para cada 5 m ou fração de perímetro, devendo esses pontos serem espaçados tão uniformemente quanto possível.
e) Em cada um dos demais cômodos e dependências de habitação devem ser previstos pelo menos:
   – um ponto de tomada, se a área do cômodo ou dependência for igual ou inferior a 2,25 m²;
   – um ponto de tomada, se a área do cômodo ou dependência for superior a 2,25 m² e igual ou inferior a 6 m²;
   – um ponto de tomada para cada 5 m ou fração de perímetro, se a área do cômodo ou dependência for superior a 6 m², devendo esses pontos ser espaçados tão uniformemente quanto possível.

3.2.3.2 Ainda sobre número de pontos de tomadas

a) Em locais de habitação, os pontos de tomadas devem ser determinados e dimensionados de acordo com os critérios definidos no item 3.2.3, e acrescidos dos critérios que se seguem:
   – em *halls* de serviço, salas de manutenção e salas de equipamento, tais como casas de máquinas, salas de bombas, barriletes e locais análogos, deve ser previsto no mínimo um ponto de **tomada de uso geral**. Aos circuitos terminais respectivos deve ser atribuída uma potência de no mínimo 1 000 VA;
   – quando um ponto de tomada for previsto para **uso específico**, deve ser a ele atribuída uma potência igual à potência nominal do equipamento ou à soma das potências nominais dos equipamentos a serem alimen-

tados. Quando valores precisos não forem conhecidos, a potência atribuída ao ponto de tomada deve seguir um dos seguintes critérios:

I – potência ou soma das potências dos equipamentos mais potentes que o ponto pode vir a alimentar, ou

II – potência calculada com base na corrente de projeto e na tensão do circuito respectivo.

III – Nos casos em que for dada a potência nominal fornecida pelo equipamento (potência de saída) e não a absorvida, devem ser considerados: – o fator de potência (item 1.5.2) – o rendimento (item 1.5.3).

Tomadas de corrente

Os aparelhos eletrodomésticos e as máquinas de escritório são normalmente alimentados por tomadas de corrente.

As tomadas podem ser divididas em duas categorias:

Tomadas de uso geral (TUGs)

Nelas são ligados aparelhos portáteis como abajures, enceradeiras, aspiradores de pó, liquidificadores, batedeiras.

Tomadas de uso específico (TUEs)

Alimentam aparelhos fixos ou estacionários, que, embora possam ser removidos, trabalham sempre em um determinado local. É o caso dos chuveiros e torneiras elétricas, máquina de lavar roupa e aparelho de ar-condicionado.

O projetista escolherá criteriosamente os locais onde devem ser previstas as tomadas de uso especial e preverá o número de tomadas de uso geral que assegure conforto ao usuário, em obediência a este capítulo.

Número mínimo de tomadas de uso geral (TUGs)

A NBR 5410:2004 estabelece recomendações expostas no início deste capítulo.

Instalações Comerciais

a) Escritórios com áreas iguais ou inferiores a 40 m² — 1 tomada para cada 3 m ou fração de perímetro, ou 1 tomada para cada 4 m² ou fração de área (adota-se o critério que conduzir ao maior número de tomadas).

b) Escritórios com áreas superiores a 40 m² — 10 tomadas para os primeiros 40 m²; 1 tomada para cada 10 m² ou fração de área restante.

c) Lojas: 1 tomada para cada 30 m² ou fração, não computadas as tomadas destinadas a lâmpadas, vitrines e demonstração de aparelhos.

Potência a prever nas tomadas

a) **Tomadas de uso específico (TUEs)**. Adota-se a *potência nominal* (de entrada) do aparelho a ser usado (Tabela 3.3).

As tomadas de uso específico devem ser instaladas no máximo a 1,5 m do local previsto para o equipamento a ser alimentado.

b) **Tomadas de uso geral (TUGs)** (valores mínimos).

i) *Instalações residenciais*, hotéis, motéis e similares

- Em banheiros, cozinhas, copas-cozinhas, áreas de serviço: 600 VA por tomada, até 3 tomadas, e 100 VA para as demais, considerando cada um desses ambientes separadamente.
- Outros cômodos ou dependências: 100 VA por tomada.
- Aos circuitos terminais respectivos deve ser atribuída uma potência de 1 000 VA, no mínimo.

ii) *Instalações comerciais*

- 200 VA por tomada.

3.3 ESTIMATIVA DE CARGA

3.3.1 Densidade de Carga e Consumo por Aparelho

Para uma estimativa preliminar da carga da instalação pode-se utilizar a Tabela 3.3, que apresenta um valor médio da densidade de carga para diversos locais.

À medida que o projeto vai sendo elaborado e se procede ao estudo luminotécnico com base na NBR ISO/CIE 8995-1:2013 confirmada em 2017, como veremos no Cap. 8 – Luminotécnica, vão sendo definidos, com maior exatidão, os pontos ativos, com suas respectivas cargas, de modo que se possa, ao final, dispor de elementos para o preparo de uma lista geral de carga, perfeitamente confiável. A estimativa preliminar costuma ser feita partindo-se da densidade de carga (W/m² ou VA/m²) e das áreas que serão servidas pela instalação.

Tabela 3.2 Potências nominais típicas de aparelhos eletrodomésticos

	Aparelhos	Potência (watt)
01	Aquecedor de água (*boiler*) até 80 litros	1 500
02	Aquecedor de água de 100 a 150 litros	2 500
03	Aquecedor de água em passagem (torneira elétrica)	2 500
04	Aquecedor de ambiente	1 000
05	Ar-condicionado 7 500 BTU/h	720
06	Ar-condicionado 10 000 BTU/h	960
07	Ar-condicionado 12 000 BTU/h	1 200
08	Aspirador de pó	200
09	Batedeira de bolo	100
10	Cafeteira elétrica	600
11	Chuveiro elétrico	4 400
12	Circulador de ar	150
13	Congelador (*freezer*)	600
14	Enceradeira	300
15	Exaustor doméstico	300
16	Ferro elétrico automático	1 000
17	Forno a resistência	1 500
18	Forno de microondas	1 300
19	Geladeira doméstica	300
20	Lavadora de louça	1 500
21	Lavadora de roupa	1 000
22	Liquidificador	200
23	Secador de cabelo	500
24	Secadora de roupa	3 500
25	Torradeira	500-800
26	TV – 20 polegadas	90

Tabela 3.3 Densidade de carga de pontos de luz e tomadas de uso geral

Local	Densidade de carga (VA/m²)
Residências	30
Escritórios	50
Lojas	20
Hotéis	20
Bibliotecas	30
Bancos	50
Igrejas	15
Restaurantes	20
Depósitos	5
Auditórios	15
Garagens comerciais	5

Usam-se, em geral, tabelas de normas aprovadas ou de uso consagrado. Como vimos anteriormente, no início deste capítulo, enunciamos critérios básicos para pontos de utilização:

- Pontos de tomada
- Números de pontos de tomadas
- Iluminação
- Carga de iluminação

No caso de escritórios, estabelecimentos comerciais e industriais, não se dispensa o projeto de iluminação, principalmente se a iluminação for fluorescente ou a vapor de mercúrio (fábricas, armazéns, pátios de armazenamento).

A NBR ISO/CIE 8995-1:2013 – Iluminação de ambientes de trabalho — Parte 1: Interior apresenta as prescrições quanto a cargas para iluminação, indicando o nível de iluminação para vários locais.

A Tabela 3.2 indica potências nominais típicas de aparelhos eletrodomésticos e que devem ser conhecidos para a elaboração da lista de carga.

3.3.2 Fiação

No traçado do projeto de instalações, é necessária a marcação dos fios contidos na tubulação, para determinar-se o diâmetro desta e para orientar o trabalho da futura enfiação.

Para tanto, é necessário conhecerem-se os esquemas de ligação e a denominação dos fios, segundo a função que desempenham.

Definamos primeiramente os condutores que transportam a energia dos pontos de comando aos de utilização.

3.3.2.1 Condutores de alimentação

Podem ser divididos em:

- **Condutores de circuitos terminais**, que saem do **quadro terminal de chaves** de um apartamento ou andar, por exemplo, e alimentam os pontos de luz, as tomadas e os aparelhos fixos.
- **Condutores de circuitos de distribuição**, que ligam o barramento ou chaves do quadro de distribuição geral ao quadro terminal localizado no apartamento, no andar de escritórios ou no quadro de serviço.
- **Condutores de circuitos de distribuição principal**, que ligam a chave geral do prédio ao quadro geral de distribuição ou ao medidor.

Os condutores de alimentação que constituem os circuitos terminais classificam-se em:

a) FIOS DIRETOS. São os dois condutores que, desde a chave de circuito no quadro terminal de distribuição, não são interrompidos, embora forneçam derivações ao longo de sua extensão.

O **fio neutro** vai diretamente a todos os pontos ativos dos circuitos fase neutro.

O **fio fase** vai diretamente apenas às tomadas e pontos de luz que não dependem de comando, aos interruptores simples e a somente um dos interruptores paralelos (*three-way*) ou intermediários (*four-way*), quando há comando composto, cuja fiação será ilustrada mais adiante nas Figs. 3.13 a 3.17.

b) FIO DE PROTEÇÃO (PE). Também chamado fio terra - T. Fio utilizado para a proteção contra choques elétricos indiretos, vai ao pino central das tomadas, diretamente às massas metálicas da instalação e aos aparelhos que necessitam de aterramento.

c) FIO DE RETORNO. É o condutor-fase que, depois de passar por um interruptor ou jogo de interruptores, "retorna", ou melhor, "vai" ao ponto de luz ou pontos de luz.

d) FIOS ALTERNATIVOS. São os condutores que existem apenas nos comandos compostos e permitem, alternativamente, a passagem da corrente ou a ligação de um interruptor paralelo (*three-way*) com outro interruptor intermediário (*four-way*).

Esquemas fundamentais de ligação

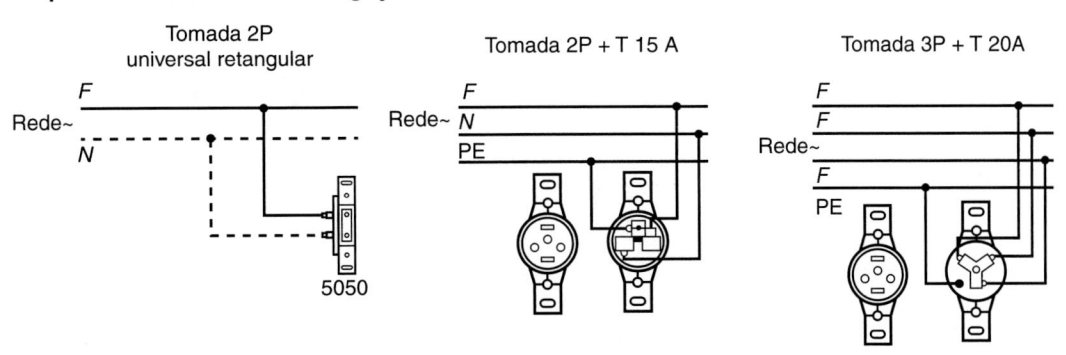

Figura 3.3a Tomadas, fabricação Pial Legrand.

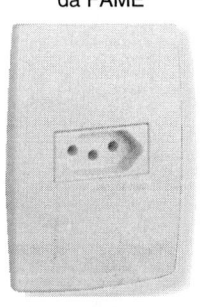

Figura 3.3b Tomada com pino terra.

3.4 ESQUEMAS FUNDAMENTAIS DE LIGAÇÕES

Os esquemas apresentados nas Figs. 3.4 e 3.5 representam trechos constitutivos de um circuito de iluminação e tomadas, e poderiam ser designados como "subcircuitos" ou circuitos parciais. O condutor-neutro é sempre ligado ao receptáculo de uma lâmpada e à tomada. O condutor-fase alimenta o interruptor e a tomada. O *condutor de retorno* liga o interruptor ao receptáculo da lâmpada. Quando necessário, o condutor de proteção (terra) deverá ser utilizado nos circuitos de iluminação.

3.4.1 Ponto de Luz e Interruptor Simples, Isto É, de Uma Seção

Ao interruptor, vai o fio fase F e volta à caixa do ponto de luz um fio que passa a chamar-se retorno, designado por R.

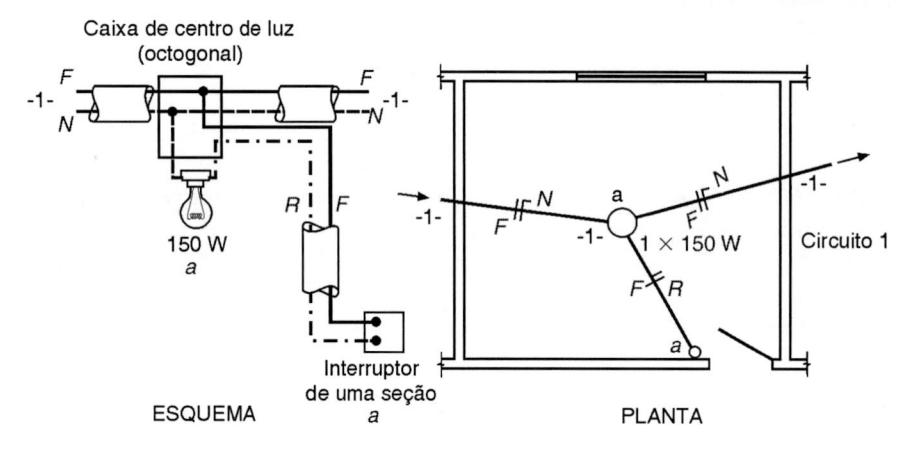

Figura 3.4 Ponto de luz e interruptor de uma seção.

3.4.2 Ponto de Luz, Interruptor de Uma Seção e Tomada

À tomada vão os fios F, N e DE, mas ao interruptor, apenas o fio F.

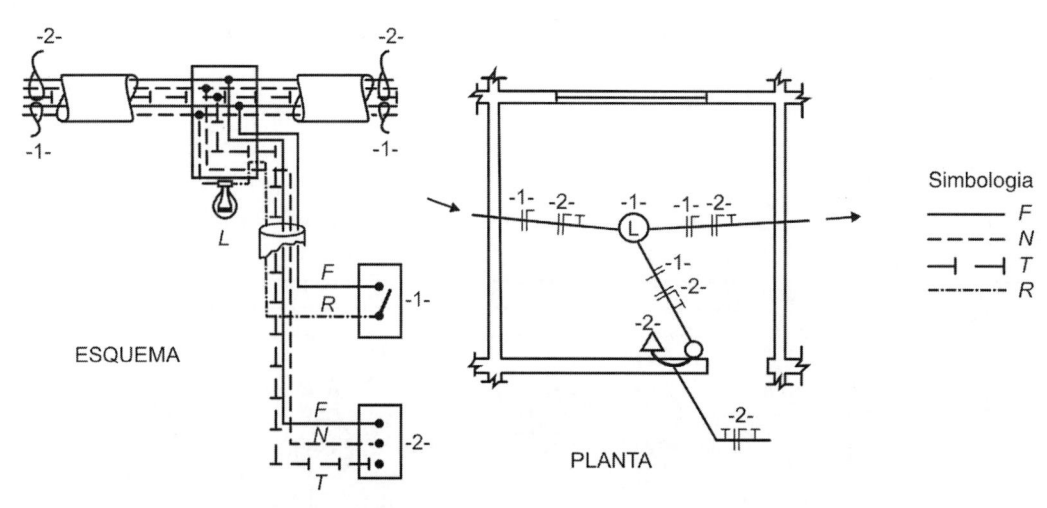

Figura 3.5 Ponto de luz, interruptor de uma seção e tomada de 300 VA a 30 cm do piso. Circuito 1. Ver Seção 3.7. Observar a existência de circuitos separados para iluminação e tomada.

3.4.3 **Ponto de Luz, Arandelas e Interruptor de Duas Seções**

Às vezes é usado em banheiros, ficando a arandela sobre o espelho, acima do lavatório.

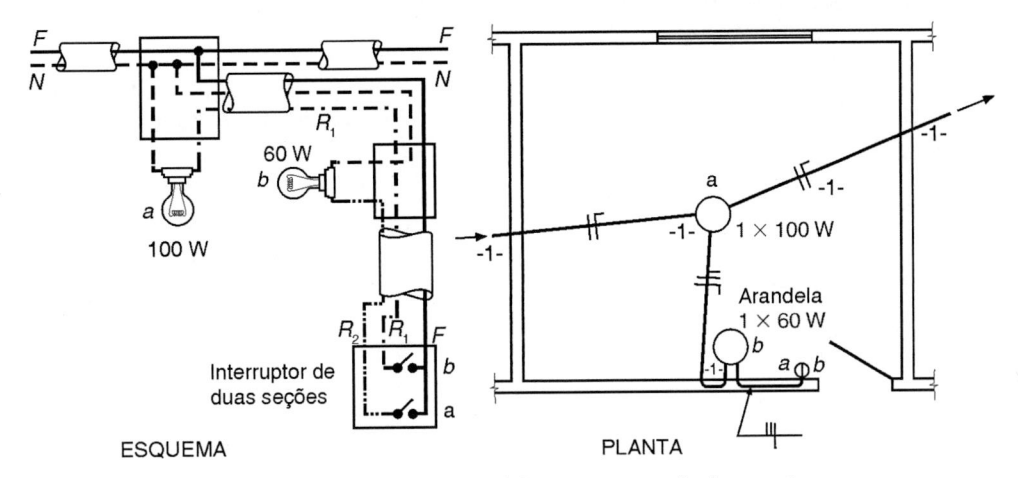

Figura 3.6 Ponto de luz, arandela e interruptor de duas seções.

3.4.4 **Dois Pontos de Luz Comandados por um Interruptor Simples**

Usa-se quando, por exemplo, a sala tem comprimento grande.

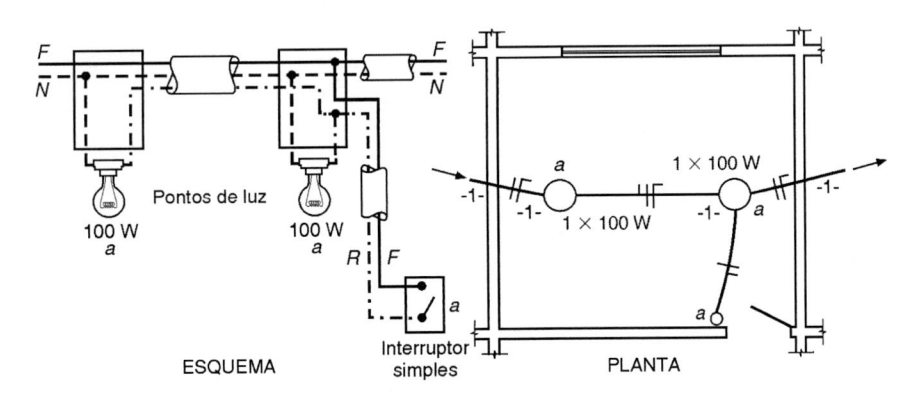

Figura 3.7 Dois pontos de luz comandados por um interruptor simples.

3.4.5 **Dois Pontos de Luz Comandados por um Interruptor de Duas Seções**

É solução preferível à do item 3.4.4.

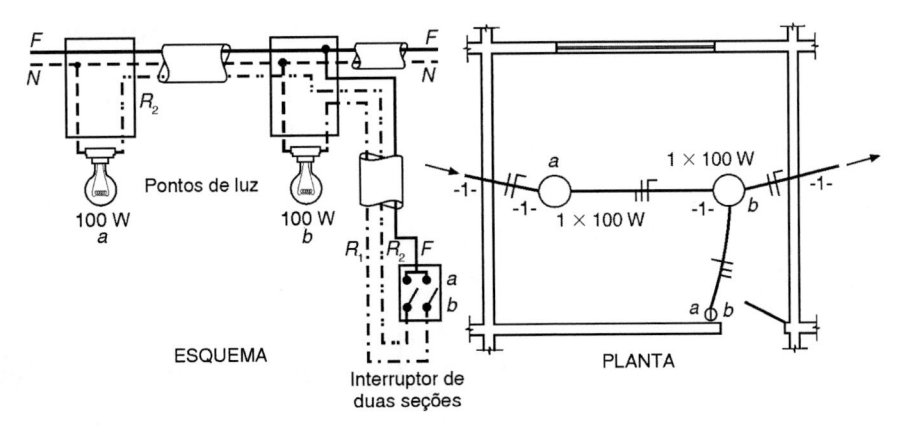

Figura 3.8 Dois pontos de luz comandados por um interruptor de duas seções.

3.4.6 Dois Pontos de Luz Comandados por um Interruptor de Duas Seções, Além de uma Tomada

É caso comum, pois aproveita-se a descida do condutor até o interruptor para prolongá-lo à tomada.

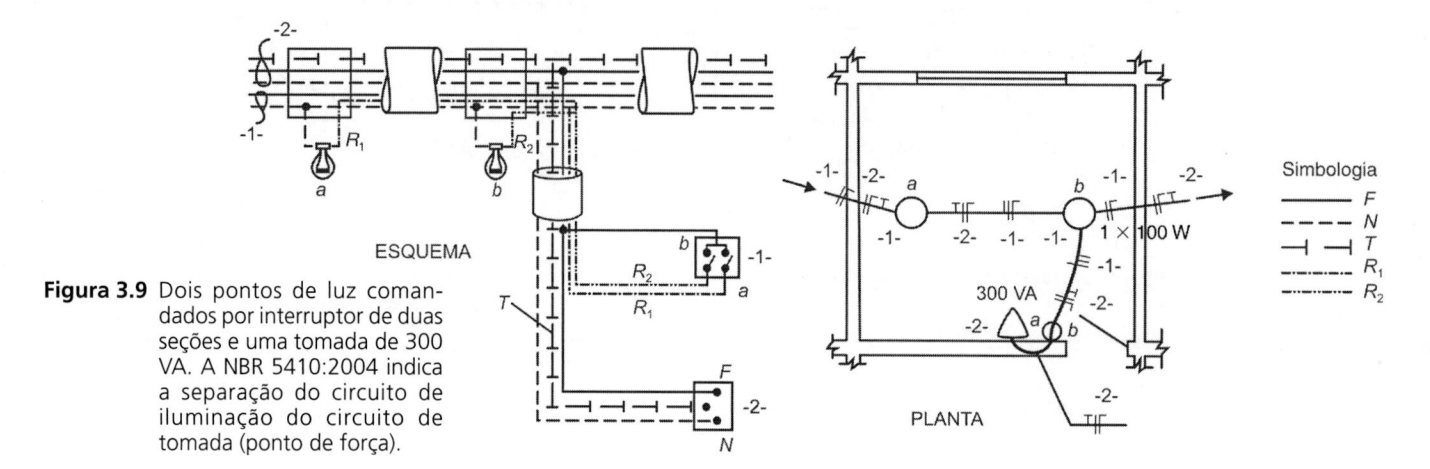

Figura 3.9 Dois pontos de luz comandados por interruptor de duas seções e uma tomada de 300 VA. A NBR 5410:2004 indica a separação do circuito de iluminação do circuito de tomada (ponto de força).

3.4.7 Ligação de uma Lâmpada com Interruptor de Uma Seção com Alimentação pelo Interruptor

Essa alimentação pode vir por eletroduto na parede ou passando pelo piso.

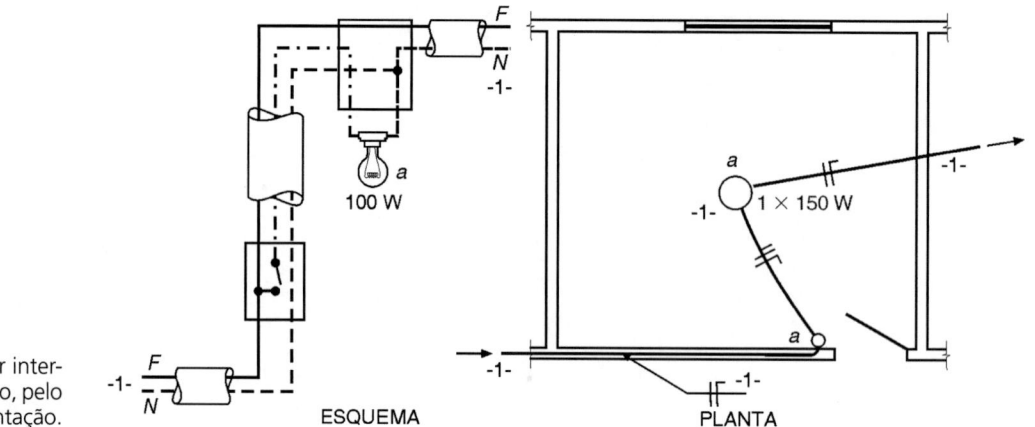

Figura 3.10 Lâmpada acesa por interruptor de uma seção, pelo qual chega a alimentação.

3.4.8 Ligação de Duas Lâmpadas e Interruptor de Duas Seções

Alimentação pelo interruptor.

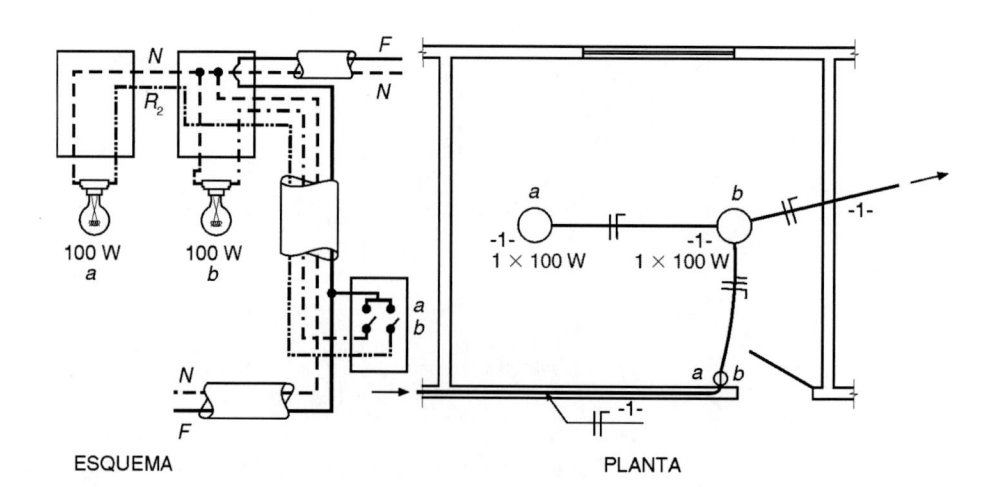

Figura 3.11 Duas lâmpadas acesas por um interruptor de duas seções, pelo qual chega a alimentação.

3.4.9 Ligação de Duas Lâmpadas por Dois Interruptores de Uma Seção

Em pontos distintos, com alimentação por um interruptor.

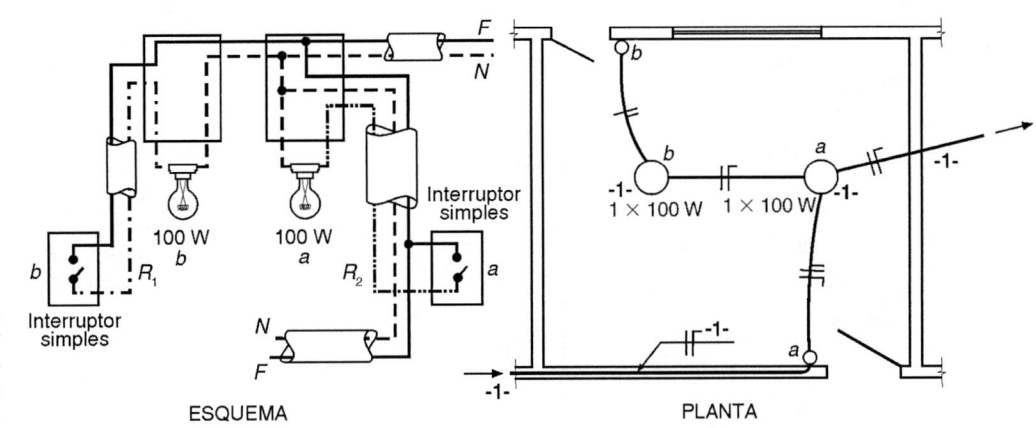

Figura 3.12 Duas lâmpadas comandadas por interruptores independentes, cada uma de uma seção.

3.4.10 Ligação de uma Lâmpada com Interruptores Paralelos (*Three-way*)

Dois interruptores paralelos (*three-way*) permitem que tanto um quanto outro possam acender ou apagar um ou mais pontos de luz. São usados em lances de escadas, em corredores e salas com acesso por duas portas.

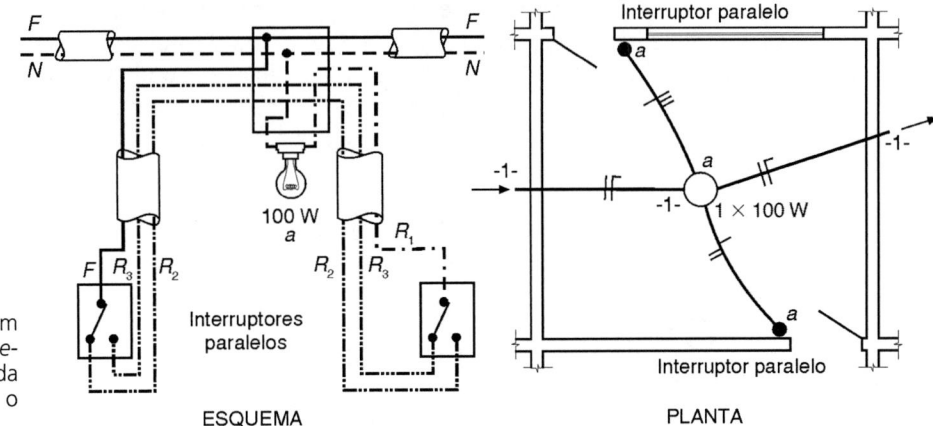

Figura 3.13 Ligação de uma lâmpada com interruptores paralelos (*three-way*). No esquema a lâmpada se acha apagada, pois o circuito não se fecha.

3.4.11 Ligação de uma Lâmpada com Interruptores Paralelos (*Three-way*)

Nesse tipo de ligação, as caixas estão interligadas.

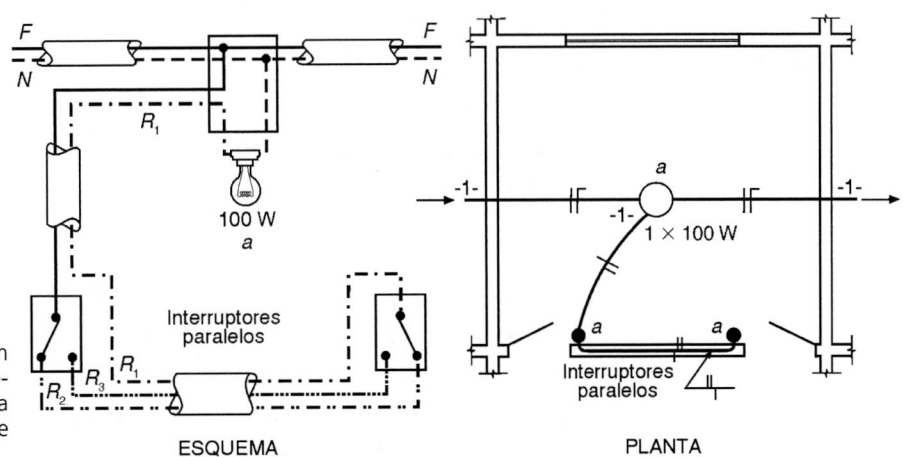

Figura 3.14 Ligação de uma lâmpada com interruptores paralelos (*three-way*). Pelo esquema a lâmpada está acesa, pois o circuito se completa.

3.4.12 Ligação de uma Lâmpada com Interruptores Paralelos (*Three-way*)

Alimentação pela caixa de interruptor.

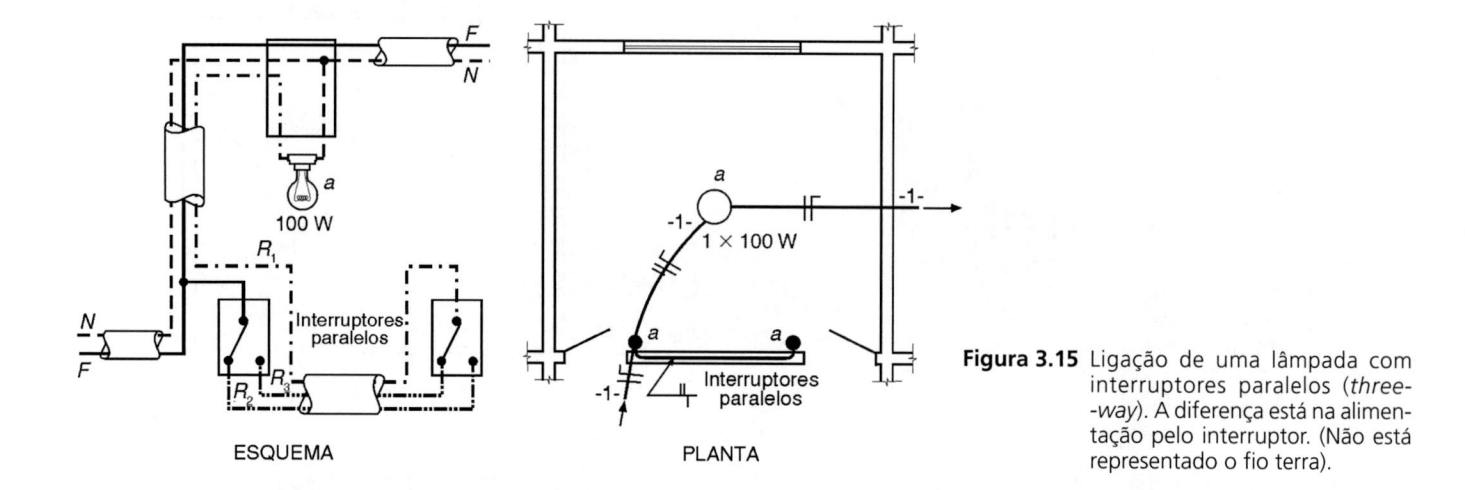

ESQUEMA   PLANTA

Figura 3.15 Ligação de uma lâmpada com interruptores paralelos (*three-way*). A diferença está na alimentação pelo interruptor. (Não está representado o fio terra).

3.4.13 Ligação de uma Lâmpada com Dois Interruptores Paralelos (*Three-way*) e um Intermediário (*Four-way*)

Os interruptores paralelos permitem que se possa comandar uma lâmpada por pontos diferentes. É preciso, porém, que no circuito haja dois paralelos, como se vê na Fig. 3.16. O interruptor tem dois fios de entrada e dois de saída. Ao se acionar o intermediário, podemos colocá-lo na posição A ou na posição B, de modo que, qualquer que seja a posição do outro (ou dos outros intermediários), passe sempre corrente quando se desejar, para acender a lâmpada, ou deixe de passar corrente quando se pretender apagar a lâmpada. Ver variante a seguir.

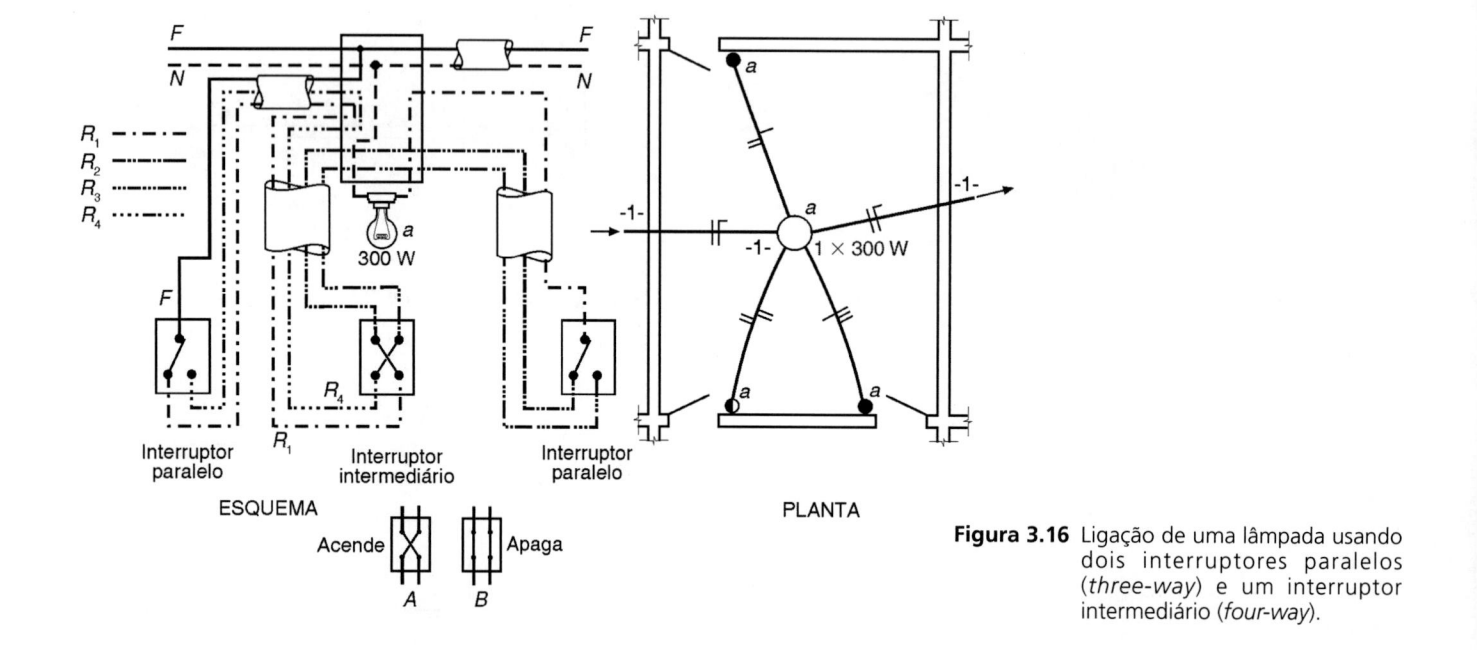

ESQUEMA   PLANTA

Figura 3.16 Ligação de uma lâmpada usando dois interruptores paralelos (*three-way*) e um interruptor intermediário (*four-way*).

3.4.14 Ligação de uma Lâmpada com Dois Interruptores Paralelos (*Three-way*) e um Intermediário (*Four-way*)

Nessa ligação as caixas dos interruptores paralelos (*three-way*) estão interligadas por eletroduto.

Na Fig. 3.17 é apresentado um esquema de ligação de interruptor intermediário (*four-way*) que, ao ser acionado, muda o estado da lâmpada em qualquer configuração em que ela esteja.

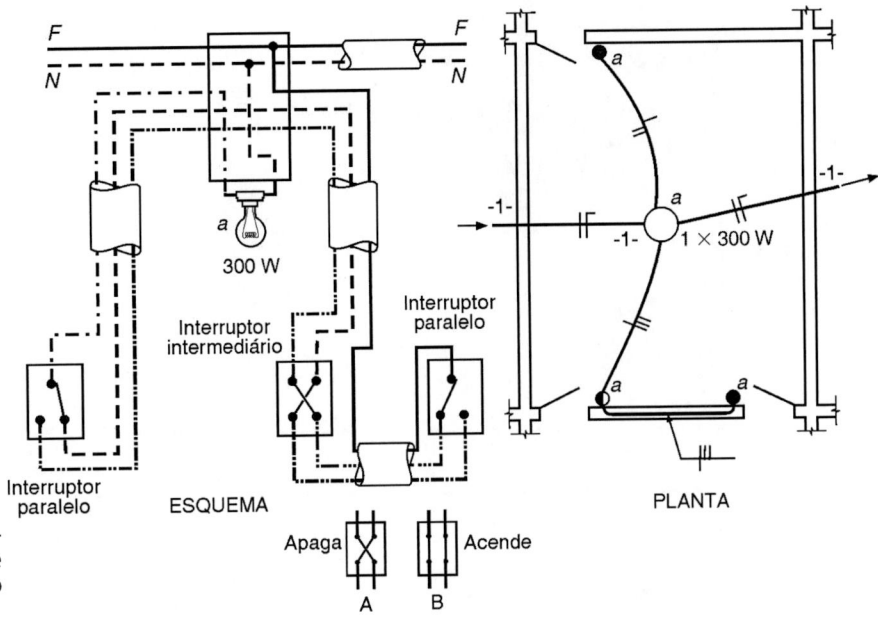

Figura 3.17 Lâmpada acionada por dois interruptores paralelos (*three-way*) e um interruptor intermediário (*four-way*).

3.4.15 Minuteria e Sensor de Presença

Por questões de economia, não é conveniente que as lâmpadas dos *halls* de serviço e sociais dos prédios fiquem acesas durante toda a noite, e às vezes durante todo o dia, no caso dos *halls* sem iluminação natural. Além disso, alguém poderia acender uma luz num *hall* e esquecer-se de apagá-la. (Ver Fig. 3.18.)

Emprega-se, por isso, um sistema que permite, com o acionamento de qualquer um dos interruptores do circuito, ligar simultaneamente, por exemplo, as lâmpadas dos *halls* de todos os andares, mesmo que seja de um único ponto de comando. Um aparelho denominado ***minuteria***, após um certo tempo, admitamos um minuto (ou um intervalo de tempo predeterminado), desliga as lâmpadas sob o seu comando. Se uma pessoa sair do elevador e demorar a abrir a porta do apartamento, pode acionar o botão de minuteria, se a luz apagar.

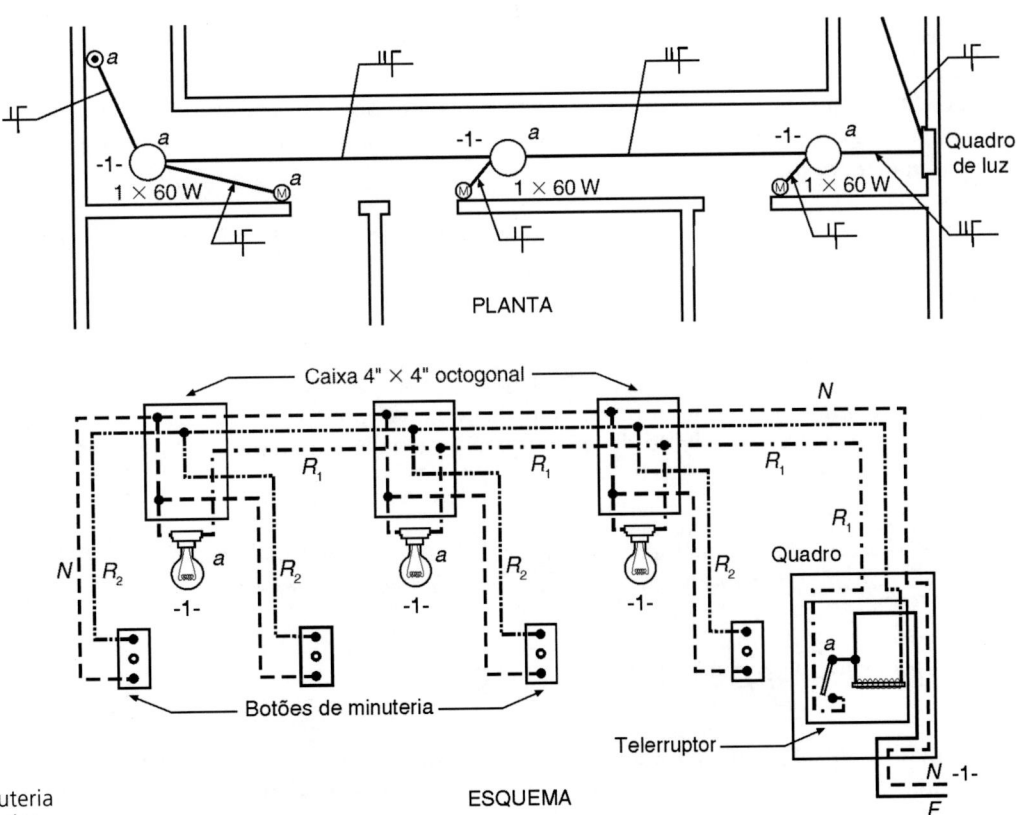

Figura 3.18 Instalação de minuteria eletrônica em corredor.

Figura 3.19 Exemplos de sensores de presença.

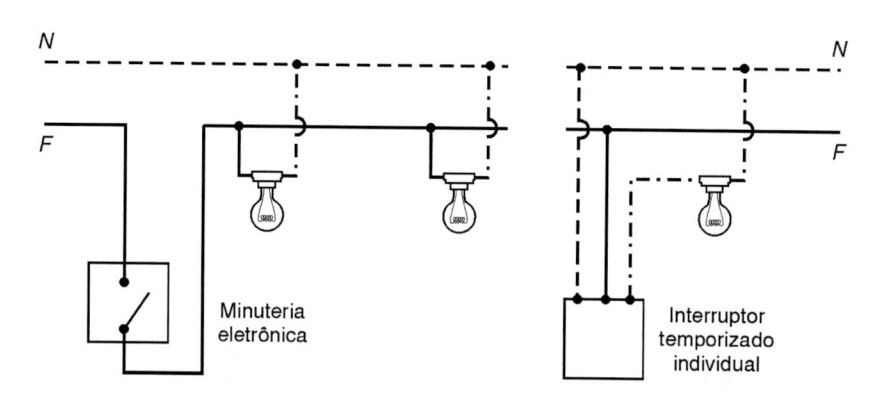

Figura 3.20 Instalações de minuterias individuais eletrônicas.

3.5 POTÊNCIA INSTALADA E POTÊNCIA DE DEMANDA

A *potência instalada* (P_{inst}) ou potência nominal (P_n) de um setor de uma instalação ou de um circuito é a *soma das potências nominais* dos equipamentos de utilização (inclusive tomadas de corrente) pertencentes ao mesmo.

Na realidade, não se verifica o funcionamento de todos os pontos ativos simultaneamente, de modo que não seria econômico dimensionar os alimentadores do quadro geral ao quadro terminal, situado no apartamento, no andar de escritório, ou na loja, considerando a carga como a soma de todas as potências nominais instaladas. Considera-se que a potência realmente *demandada* pela instalação, P_d, seja inferior à *instalada* (P_{inst}), e a relação entre ambas é designada como *fator de demanda*, que se representa pela letra f. Em outras palavras, multiplicando-se o fator de demanda pela carga instalada, obtém-se a *potência demandada* (P_d), ambos chamados de potência de alimentação (P_{alim}) ou de *demanda máxima*. Assim,

$$P_d = P_{alim} = \text{demanda máxima}$$

e

$$P_d = f \times P_{inst}$$

A experiência do projetista e o conhecimento das circunstâncias que influem no *fator de demanda* permitirão que seja encontrado um valor aplicável a cada contexto específico de instalação.

Para calcularmos a *potência de alimentação*, ou seja, a demanda máxima (P_{alim}), deveremos fazer:

$$P_{alim} = f(P_1 + P_2)$$

Sendo P_2 *a soma das potências dos aparelhos fixos da unidade residencial e* P_1 *a soma das potências de iluminação, de tomadas de uso geral e tomadas de uso específico que não se destinem à ligação de aparelhos fixos.*

3.6 INTENSIDADE DA CORRENTE

No projeto de instalações, para se poder dimensionar os condutores e dispositivos de proteção, deve-se calcular previamente a intensidade da corrente que por eles passa. Podemos distinguir duas conceituações para a corrente elétrica, aplicáveis ao caso.

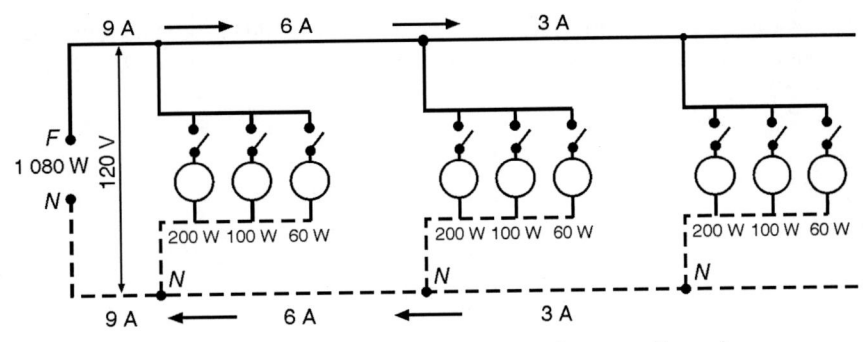

Figura 3.21 Distribuição com *F* e *N* contendo apenas lâmpadas.

Corrente nominal I_n. É a corrente consumida pelo aparelho ou equipamento de utilização, de modo a operar segundo as condições prescritas em seu projeto de fabricação. Em muitos casos, vem indicada na plaqueta, fixada no equipamento.

Corrente de projeto I_p. É a corrente que um *circuito de distribuição* ou *terminal* deve transportar, operando em condições normais, quando não se espera que todos os equipamentos a ele ligados estejam sendo utilizados, isto é, que funcionem simultaneamente. Consideremos os dois casos.

CORRENTE NOMINAL I_n (AMPÈRES)

Pode ser calculada pelas expressões seguintes:

a) circuitos monofásicos (fase e neutro)

$$I_n = \frac{P_n}{u \times \eta \times \cos \varphi}$$

sendo:

P_n – a potência nominal das lâmpadas ou do equipamento, expressa em watts. Corresponde à *potência de saída do equipamento*;

u (volts) – diferença de potencial ou tensão entre *fase* e *neutro* (120 V ou 127 V, por exemplo);

η – rendimento, isto é, a relação entre a potência de saída P_s de um equipamento e a de entrada P_e, no mesmo.

$$\eta = \frac{P_s}{P_e}$$

define o rendimento.

No caso de iluminação fluorescente, η se refere aos reatores que consomem elevada corrente reativa da rede de alimentação. Em algumas tabelas é apresentada a perda em watts, e não o rendimento η. O uso contemporâneo de reatores eletrônicos reduz as perdas em watts.

$\cos \varphi$ – ângulo de defasagem entre a tensão e a corrente (*fator de potência*), conforme descrito anteriormente.

Para lâmpadas incandescentes e equipamento puramente resistivo,

$$\eta = 1 \text{ e } \cos \varphi = 1$$

De modo que a corrente será dada por:

$$I_n = \frac{P_n \text{ (watts)}}{u \text{ (volts)}}$$

EXEMPLO 3.1

Ferro elétrico de 1 000 W – 127 V. $I = \dfrac{1000}{127} = 7,9 \text{ A}$

Chuveiro elétrico: 4 400 W – 127 V. $I = \dfrac{4400}{127} = 34,6 \text{ A}$

A Fig. 3.21 é o esquema de um circuito monofásico com nove lâmpadas ligadas em paralelo, entre fase e neutro. Utilizando conceitos anteriores, determinamos os valores das correntes elétricas: 9 A, 6 A e 3 A.

b) circuitos trifásicos (3 F e N) equilibrados

$$I_n = \frac{P_n}{3 \times u \times \eta \times \cos \varphi}$$

c) para circuitos trifásicos

$$I_n = \frac{P_n}{\sqrt{3} \times U \times \eta \times \cos \varphi}$$

u (volts) – tensão entre fase e neutro
U (volts) – tensão entre fases

EXEMPLO 3.2

Determinar a corrente elétrica de um motor (trifásico) de 5 cv, em sistema de 220 V, entre fases.
  Dados: $\cos \varphi = 0{,}92$
      $\eta = 0{,}80$

Solução

Potência nominal:

$$P_n = 5 \text{ cv} \times 736 \text{ W} = 3\ 680 \text{ W, adotando 1 cv} = 736 \text{ W}$$

Corrente nominal:

$$I_n = \frac{3\ 680}{\sqrt{3} \times 220 \times 0{,}80 \times 0{,}92} = \frac{3\ 680}{280{,}12} = 13{,}2 \text{ A}$$

CORRENTE DE PROJETO I_P NOS ALIMENTADORES

Já vimos que normalmente não estarão funcionando todos os equipamentos, principalmente os que atuam ligados a tomadas, de modo que se pode considerar no dimensionamento dos **alimentadores** uma corrente inferior (I_p), que corresponderia ao uso simultâneo de todos os equipamentos, uma vez que a potência demandada é inferior à potência instalada. A **corrente de projeto** I_p é calculada multiplicando-se a corrente nominal, correspondente à potência nominal, pelos seguintes fatores:

$f_1 =$ **Fator de demanda**, aplicável a circuitos de distribuição (entre o quadro geral e o quadro terminal). Não se usa em circuitos terminais, a partir do último quadro de distribuição.

$f_2 =$ **Fator de utilização**. Decorre do fato de que nem sempre um equipamento é solicitado a trabalhar com sua potência nominal. Isto acontece normalmente com motores e *não deve ser considerado como aplicável* a lâmpadas e tomadas, aparelhos de aquecimento e de ar-condicionado. Para estes casos, $f_2 = 1$, isto é, a potência utilizada é igual à potência nominal. Na falha de indicações mais rigorosas quanto ao comportamento dos motores, pode-se adotar, para o caso em questão, $f_2 = 0{,}75$.

$f_3 =$ **Fator que leva em consideração um aumento futuro de carga do circuito alimentador**. Quando não se for prever nenhum aumento, $f_3 = 1$. No entanto, é recomendada uma capacidade de reserva para futuras ampliações. Assim, tomaremos $f_3 = 1{,}20$, critério dos Autores.

$f_4 =$ **Fator aplicável a circuitos de motores**. Na determinação de f_4 costuma-se acrescentar 25 % à carga do motor de maior potência.

A corrente do projeto será dada por:

$$I_p = I_n \times f_1 \times f_2 \times f_3 \times f_4$$

3.7 FORNECIMENTO ÀS UNIDADES CONSUMIDORAS

A alimentação até o medidor no quadro geral e deste até o quadro terminal no apartamento, andar de escritório etc. deve obedecer às seguintes exigências descritas no Cap. 2.

Deve-se procurar dividir os pontos ativos (luz e tomadas) de modo que a carga, isto é, a potência, se distribua, tanto quanto possível, uniformemente entre as fases do circuito, e de modo que os circuitos terminais tenham aproximadamente a mesma potência. Além disso, deve-se atender às seguintes recomendações:

- Equipamentos com potência igual ou superior a 1 200 W devem ser alimentados por circuitos individuais.
- Aparelhos de ar-condicionado devem ter circuitos individuais.
- Cada circuito deve ter um exclusivo condutor neutro.
- O condutor de proteção – PE (terra) pode ser instalado por circuito ou conjunto de circuitos.
- As tomadas da copa-cozinha e área de serviço devem fazer parte de circuitos separados para cada dependência.
- Circuitos de iluminação e circuitos de tomadas deverão estar separados.
- Cada circuito partindo do quadro terminal de distribuição (quadro de luz do apartamento, por exemplo), deve sempre que possível ser projetado para corrente de 15 A, podendo chegar a 20 A e, no caso de chuveiros e torneiras elétricos em circuito fase neutro, para correntes nominais ainda maiores.

EXEMPLO 3.3

Um escritório de projetos tem:

- 24 aparelhos de luz fluorescente, com reatores de alto fator de potência, partida rápida, de 4 × 40 W cada;
- 20 tomadas de uso geral de 200 VA cada (potência recomendada);
- 5 aparelhos de ar-condicionado de 2 100 W de potência.

Determinemos as correntes de projeto, sob tensão de 220 V, trifásicas.

Solução

a) *Iluminação fluorescente*

$$P'_n = 24 \text{ ap.} \times 4 \text{ lâmp.} \times 40 \text{ W} = 3\,840 \text{ W}$$

Fator de potência (cos φ) = 0,92; rendimento η = 0,65 (perdas nos reatores)

$$\text{Corrente de projeto} = I_{p1} = \frac{P'_n}{\sqrt{3} \times U \times \eta \times \cos\omega} = \frac{3\,840}{1,73 \times 220 \times 0,65 \times 0,92} = 16,87 \text{ A}$$

b) *Tomadas de uso geral*

$$P''_n = 20 \text{ tom.} \times 200 \text{ VA} = 4\,000 \text{ VA}$$

Fator de demanda para tomadas de escritório (Tabela 3.4)

$$f = 0,80$$

Potência de projeto: $P_p = 4\,000 \times f = 4\,000 \times 0,80 = 3\,200$ W

sendo $\eta = 1$ e cos $\varphi = 1$ (para tomadas de uso geral), temos:

$$I_{p2} = \frac{3\,200}{\sqrt{3} \times 220 \times 1 \times 1}$$

$$\text{Corrente de projeto} = I_{p2} = \frac{3\,200}{\sqrt{3} \times 220 \times 1 \times 1} = 8,41 \text{ A}$$

c) *Ar-condicionado*
cosφ = 0,92; η = 0,75; fd = 1
$P_n = 5 \text{ ap.} \times 2\,100 \text{ W} = 10\,500 \text{ W}$

$$I_{p3} = \frac{10\,500}{\sqrt{3} \times 220 \times 0,92 \times 0,75} = \frac{10\,500}{262,61} = 39,98 \text{ A}$$

Logo: $I_{p1} + I_{p2} + I_{p3} = 16,87 + 8,41 + 39,98 = 65,26$ A.

3.8 CÁLCULO DA CARGA INSTALADA E DA DEMANDA

3.8.1 Determinação da Carga Instalada

Vem a ser o somatório das potências nominais de placa dos aparelhos elétricos e das potências das lâmpadas de uma unidade consumidora. Podemos usar a Tabela 3.2 para calcular a potência instalada.

EXEMPLO 3.4

Determinar a carga instalada de uma unidade consumidora.
Dados:

Unidade consumidora (220/127 V)

Tipo de carga	Potência nominal		Quantidade	Total parcial	
Lâmpada LED	12	W	4	48	W
Lâmpada LED	8	W	4	32	W
Lâmpada fluorescente	20	W	2	40	W
Tomadas	100	W	8	800	W
Chuveiro elétrico	4 400	W	1	4 400	W
Geladeira	300	W	1	300	W
TV (20″)	90	W	1	90	W
Ventilador	100	W	3	300	W
Ar-condicionado	1	cv	2	3 000	W
Bomba-d'água (motor)	1	cv	2 (1 de reserva)	750	W

CARGA INSTALADA TOTAL = 9,76 kW

AVALIAÇÃO DE DEMANDA – SEÇÃO A

Quando determinado conjunto de cargas é analisado, verifica-se que, em função da utilização diversificada das mesmas, um valor máximo de potência é absorvida por esse conjunto num mesmo intervalo de tempo, geralmente inferior ao somatório das potências nominais dessas cargas. Isso permite ao projetista a adoção de fatores de demanda ou diversidade a serem aplicadas à carga instalada, ajustando valores da entrada de serviço para melhor compatibilizá-la técnica e economicamente. É oferecida uma metodologia, composta de duas seções aplicativas, Seção A e Seção B, que a seguir serão detalhadas.

3.8.2 Expressão Geral para Cálculo de Demanda – Seção A

Calcula-se a demanda, utilizando a seguinte expressão geral:

$$D(\text{kVA}) = d_1 + d_2 + d_3 + d_4 + d_5 + d_6,$$

em que:

$d_1(\text{kVA})$ = demanda de iluminação e tomadas, calculada com base nos fatores de demanda da Tabela 3.4, considerando o fator de potência igual a 1,0;

$d_2(\text{kVA})$ = demanda dos aparelhos para aquecimento de água (chuveiros, aquecedores, torneiras etc.) calculada conforme a Tabela 3.7, considerando o fator de potência igual a 1,0;

$d_3(\text{kVA})$ = demanda dos aparelhos de ar-condicionado tipo janela, calculada conforme as Tabelas 3.8 e 3.9;

$d_4(\text{kVA})$ = demanda das unidades centrais de condicionamento de ar, calculada a partir das respectivas correntes máximas totais – valores a serem fornecidos pelos fabricantes, aplicando os fatores de demanda da Tabela 3.10;

$d_5(\text{kVA})$ = demanda dos motores elétricos e máquinas de solda tipo motor gerador, calculada conforme as Tabelas 3.5 e 3.6;

$d_6(\text{kVA})$ = demanda das máquinas de solda a transformador e aparelhos de raios X.

Tabela 3.4 Carga mínima e fatores de demanda para instalações de iluminação e tomadas de uso geral (d_1)

Descrição	Carga mínima (W/m²)	Fator de demanda %	
Auditórios, salões para exposições, salas de vídeo e semelhantes	15	80	
Bancos, postos de serviços públicos e semelhantes	50	80	
Barbearias, salões de beleza e semelhantes	20	80	
Clubes e semelhantes	20	80	
Escolas e semelhantes	30	80 para os primeiros 12 kW 50 para o que exceder de 20 kW	
Escritórios	50	80 para os primeiros 20 kW 60 para o que exceder de 20 kW	
Garagens, áreas de serviço e semelhantes	5	Residencial	80 para os primeiros 10 kVA 25 para o que exceder de 10 kVA
		Não residencial	80 para os primeiros 30 kVA 60 para o que exceder de 30 até 100 kVA 40 para o que exceder de 100 kVA
Hospitais, centros de saúde e semelhantes	20	40 para os primeiros 50 kW 20 para o que exceder de 50 kW	
Hotéis, motéis e semelhantes	20	50 para os primeiros 20 kW 40 para os seguintes 80 kW 30 para o que exceder de 100 kW	
Igrejas, salões religiosos e semelhantes	15	80	
Lojas e semelhantes	20	80	
Unidades consumidoras residenciais (casas, apartamentos etc.)	30	$0 < P(kW) \leq 1$ (80) $1 < P(kW) \leq 2$ (75) $2 < P(kW) \leq 3$ (65) $3 < P(kW) \leq 4$ (60) $4 < P(kW) \leq 5$ (50) $5 < P(kW) \leq 6$ (45)	$6 < P(kW) \leq 7$ (40) $7 < P(kW) \leq 8$ (35) $8 < P(kW) \leq 9$ (30) $9 < P(kW) \leq 10$ (27) $10 < P(kW)$ (24)
Restaurantes, bares, lanchonetes e semelhantes	20	80	

Nota: Instalações em que, por sua natureza, a carga seja utilizada simultaneamente deverão ser consideradas com fator de demanda de 100 %.

Tabela 3.5 Conversão de "cv" em "kVA" (cv × kVA)

Potência (cv)		1/4	1/3	1/2	3/4	1	1 1/22	2	3	4
Carga (kVA)	1Ø	0,66	0,77	–	–	–	–	–	–	–
	3Ø	–	–	0,87	1,26	1,52	2,17	2,70	4,04	5
Potência (cv)		5	7 1/2	10	15	20	25	30	40	50
Carga (kVA)	1Ø	–	–	–	–	–	–	–	–	–
	3Ø	6,02	8,65	11,54	16,65	22,10	25,83	30,52	39,74	48,73

Tabela 3.6 Fatores de demanda × n⁰ de motores (d_5)

Número total de motores	1	2	3	4	5	6	7	8	9	Mais de 10
Fator de demanda (%)	100	75	63	57	54	50	47	45	43	42

Tabela 3.7 Fatores de demanda de aparelhos para aquecimento de água (*boilers*, torneiras e chuveiros elétricos) (d_2)

Número de aparelhos	Fator de demanda	Número de aparelhos	Fator de demanda	Número de aparelhos	Fator de demanda
1	100	10	49		
2	75	11	47	19	36
3	70	12	45	20	35
4	66	13	43	21	34
5	62	14	41	22	33
6	59	15	40	23	32
7	56	16	39	24	31
8	53	17	38	25 ou mais	30
9	51	18	37		

Nota: Para o dimensionamento de ramais de entrada ou trechos da rede interna destinados ao suprimento de mais de uma unidade consumidora, fatores de demanda devem ser aplicados para cada tipo de aparelho, separadamente, sendo a demanda total de aquecimento o somatório das demandas obtidas:

$$d_2 = \sum d_{\text{chuveiros}} + \sum d_{\text{aquecedores}} + \sum d_{\text{torneiras}} + \cdots$$

Tabela 3.8 Fatores de demanda para aparelhos de ar-condicionado tipo janela, *split* e *fan-coil* (utilização residencial) (d_3)

Número de aparelhos	Fator de demanda (%)
1 a 4	100
5 a 10	70
11 a 20	60
21 a 30	55
31 a 40	53
41 a 50	52
Acima de 50	50

Tabela 3.9 Fatores de demanda para aparelhos de ar-condicionado tipo janela, *split* e *fan-coil* (utilização não residencial) (d_3)

Número de aparelhos	Fator de demanda (%)
1 a 10	100
11 a 20	75
21 a 30	70
31 a 40	65
41 a 50	60
51 a 80	55
Acima de 80	50

Tabela 3.10 Fatores de demanda individuais para equipamentos de ar-condicionado central, *self-container* e similares (d_4)

Nº de unidades	Fator de demanda (%)
1 a 3	100
4 a 7	80
8 a 15	75
16 a 20	70
Acima de 20	60

A avaliação da demanda deve ser obrigatoriamente efetuada a partir da carga total instalada ou prevista para a instalação, qualquer que seja o seu valor. Será utilizada na definição da categoria de atendimento e no dimensionamento dos equipamentos e materiais das instalações de entrada de energia elétrica.

A carga instalada servirá para a definição da categoria de atendimento e para o dimensionamento de alimentadores de instalações. Usa-se o exposto no Cap. 2 para o dimensionamento de entradas individuais e coletivas de unidades consumidoras.

A seguir é apresentada uma metodologia para avaliação de demandas *composta por duas seções* aplicativas, que podem ser empregadas isolada ou conjuntamente, dependendo da característica da instalação. Chamaremos de Seção A e Seção B e surgem como novas e significativas ferramentas de trabalho do projetista. Salienta-se que a Light disponibiliza, em seu site, um Simulador para Cálculo da Demanda, disponível em: http://www.light.com.br/para--residencias/Simuladores/calculo_de_demanda.aspx.

3.8.2.1 Método de avaliação – Seção A

Campo de aplicação

– *Entradas de serviço individuais*
Avaliação e dimensionamento de entrada de serviço individual, isolada (residencial, comercial e industrial), com atendimento através de ramal de ligação independente.
Avaliação e dimensionamento do circuito dedicado a cada unidade de consumo individual (apartamento, loja, sala etc.) derivada de ramal de entrada coletivo.

– *Entradas de serviço coletivas*
Avaliação e dimensionamento dos circuitos de uso comum em entrada coletiva *residencial*, com até 4 (quatro) unidades de consumo.
Avaliação e dimensionamento dos circuitos de uso comum em entrada coletiva *não residencial*.
Avaliação e dimensionamento dos circuitos trifásicos de uso comum dedicado às cargas *não residenciais*, em entrada coletiva mista.

Avaliação e dimensionamento dos circuitos de uso comum em vilas e condomínios horizontais com até 4 (quatro) unidades consumidoras.

– Circuitos de serviço dedicados ao uso de condomínios
Avaliação e dimensionamento da carga de circuito de uso do condomínio, em entrada coletiva residencial.
Avaliação e dimensionamento da carga de circuito de serviço de uso do condomínio, em entrada coletiva não residencial.

3.8.3 Cálculo da Demanda – Seção A

No cálculo da demanda devem ser considerados os valores de carga mínima para iluminação e tomadas de uso geral constantes das Tabelas 3.2 e 3.4.

Atenção especial deve ser dada pelo projetista e responsável técnico pela instalação no sentido de prever adequadamente as cargas que venham a ser utilizadas na instalação, como aparelhos de ar-condicionado, chuveiros, motores e outras cargas, em função do tipo de construção, da atividade do imóvel, da localização, das condições socioeconômicas e de outros fatores que possam influenciar na carga total a ser prevista no projeto da instalação de entrada de energia elétrica.

3.8.4 Avaliação da Demanda de Entradas de Serviço Individuais e de Circuitos de Serviço Dedicado ao Uso de Condomínios

A demanda deverá ser calculada com base na carga instalada e de acordo com a Tabela 3.4 e no tópico "Previsão Mínima de Carga" aplicada à expressão geral.

3.8.5 Avaliação da Demanda de Entradas Coletivas

Além das demandas individuais de cada unidade de consumo (UC) e do serviço de uso comum do condomínio (DS) com carga instalada superior a 8,0 kW (220/127 V), deverão ser determinadas as demandas de cada trecho do circuito de uso comum do ramal coletivo, indicados na Fig. 3.22.

3.8.5.1 Avaliação da demanda de entradas coletivas com um único agrupamento de medidores

O valor de cada uma dessas demandas será determinado pela aplicação da expressão geral e dos critérios estabelecidos em 3.8 ao conjunto de carga instalada compatibilizada com as previsões mínimas, inerente ao trecho do circuito analisado. Com os exercícios que faremos nos Exemplos de Avaliação de Demandas, as recomendações ficarão mais claras e objetivas.

O valor de cada uma dessas demandas será determinado pela aplicação da expressão geral e dos critérios estabelecidos em 3.8.1 ao conjunto da carga compatibilizada com as previsões mínimas, inerente ao trecho do circuito analisado.

A demanda referente a cada *Agrupamento de medidores* (D_{AG}) será determinada pela aplicação da expressão geral e dos critérios estabelecidos em 3.8.1 à carga total instalada das unidades de consumo (UCs) pertencentes ao agrupamento analisado, compatibilizada com as previsões mínimas.

Essa demanda será também utilizada para o dimensionamento do equipamento de proteção do circuito dedicado ao agrupamento (prumada ou bus), quando existente.

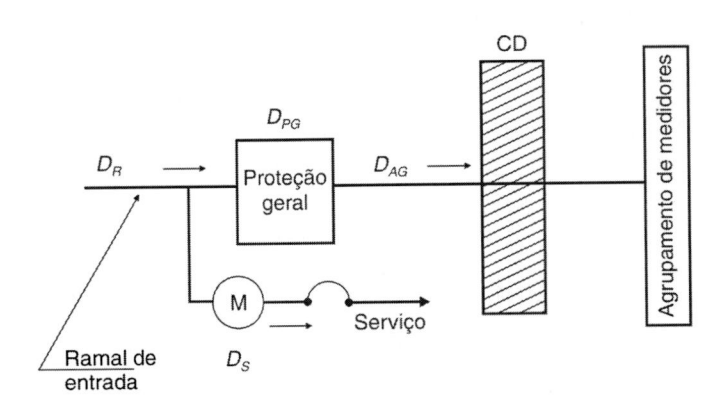

em que:

D_R - Demanda do ramal de entrada
D_{PG} - Demanda da proteção geral de entrada
D_{AG} - Demanda de cada agrupamento de medidores
D_S - Demanda do circuito de serviço de uso do condomínio

Figura 3.22 Entrada coletiva com um único agrupamento de medidores.

A demanda da *Proteção geral* (D_{PG}) será determinada pela aplicação da expressão geral e dos critérios estabelecidos em 3.8 à carga total instalada das unidades de consumo (UCs) que compõem os agrupamentos de medidores, compatibilizada com as previsões mínimas.

$$D_{PG} = D_{AG}$$

A *demanda do ramal de entrada* (D_R) será a demanda determinada pela aplicação da expressão geral e dos critérios estabelecidos em 3.8 à carga total instalada das unidades de consumo (UCs) e do circuito de serviço e uso do condomínio, compatibilizadas com as previsões mínimas, sendo o seu resultado multiplicado por 0,90.

$$D_R = (D_{AG} + D_S) \times 0,90.$$

3.8.6 Avaliação de Demanda de Entradas Coletivas com Mais de Um Agrupamento de Medidores

Observando a Fig. 3.23, definiremos alguns elementos, tais como:

D_R = demanda do ramal de entrada;
D_{PG} = demanda da proteção geral da entrada;
D_{AG} = demanda de cada agrupamento de medidores residenciais;
D_S = demanda do circuito de serviço de uso do condomínio residencial.

O valor de cada uma dessas demandas será determinado pela aplicação da expressão geral e dos critérios estabelecidos em 3.8.2 ao conjunto da carga compatibilizada com as previsões mínimas, inerente ao trecho do circuito analisado.

A demanda referente a cada *Agrupamento de medidores* (D_{AG}) será determinada pela aplicação da expressão geral e dos critérios estabelecidos em 3.8.2 à carga total instalada das unidades de consumo (UCs) pertencentes ao agrupamento analisado, compatibilizada com as previsões mínimas.

Essa demanda será também utilizada para o dimensionamento do equipamento de proteção do circuito dedicado ao agrupamento (prumada ou bus), quando existente.

No caso de entrada exclusivamente residencial, a demanda da proteção geral (D_{PG}) será determinada pelo método de avaliação – Seção "B".

D_{PG} = kVA (Aeq) $\times$ Fd (N^{o} total de apt^{os}) (Ver Seção B).
Aeq = área equivalente Tabelas 3.11 e 3.12
Fd = fator de diversificação Tabela 3.13

A demanda do ramal de ligação (D_R) deve ser determinada através do somatório entre a demanda da proteção geral (D_{PG}) e do serviço residencial (D_S), sendo o resultado multiplicado por 0,90.

$$D_R = (D_{PG} + D_S) \times 0,90$$

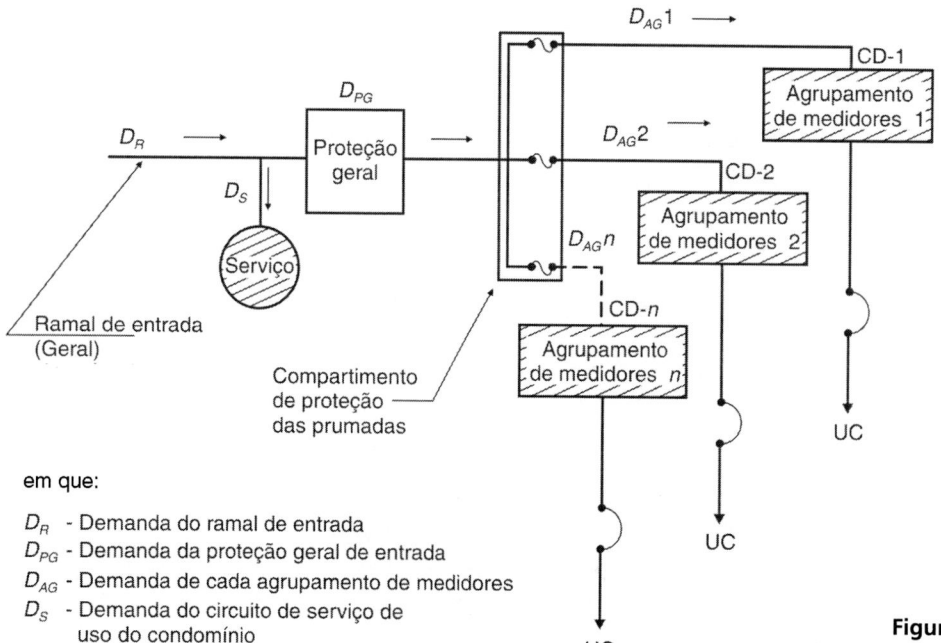

em que:

D_R - Demanda do ramal de entrada
D_{PG} - Demanda da proteção geral de entrada
D_{AG} - Demanda de cada agrupamento de medidores
D_S - Demanda do circuito de serviço de uso do condomínio

Figura 3.23 Entrada coletiva com mais de um agrupamento de medidores.

Tabela 3.11 Demandas (kVA) de apartamentos em função das áreas (m²) para unidades de consumo que utilizem equipamentos elétricos individuais para aquecimento de água

Área (m²)	kVA	Área (m²)	kVA	Área (m²)	kVA	Área (m²)	kVA	Área (m²)	kVA	Área (m²)	kVA	Área (m²)	kVA	Área (m²)	kVA
20	1,62	68	2,48	116	4,01	164	5,46	212	6,88	260	8,24	308	9,60	356	10,93
21	1,62	69	2,52	117	4,03	165	5,48	213	6,90	261	8,28	309	9,62	357	10,96
22	1,62	70	2,54	118	4,07	166	5,52	214	6,92	262	8,30	310	9,65	358	10,98
23	1,62	71	2,58	119	4,09	167	5,54	215	6,96	263	8,33	311	9,68	359	11,00
24	1,62	72	2,62	120	4,13	168	5,58	216	6,98	264	8,36	312	9,71	360	11,04
25	1,62	73	2,64	121	4,16	169	5,60	217	7,02	265	8,39	313	9,73	361	11,06
26	1,62	74	2,68	122	4,19	170	5,64	218	7,04	266	8,41	314	9,77	362	11,09
27	1,62	75	2,71	123	4,22	171	5,66	219	7,07	267	8,45	315	9,79	363	11,12
28	1,62	76	2,75	124	4,25	172	5,70	220	7,10	268	8,47	316	9,82	364	11,15
29	1,62	77	2,77	125	4,28	173	5,72	221	7,13	269	8,51	317	9,85	365	11,17
30	1,62	78	2,81	126	4,31	174	5,76	222	7,16	270	8,53	318	9,88	366	11,20
31	1,62	79	2,84	127	4,34	175	5,78	223	7,19	271	8,56	319	9,90	367	11,23
32	1,62	80	2,87	128	4,37	176	5,82	224	7,21	272	8,59	320	9,94	368	11,26
33	1,62	81	2,90	129	4,40	177	5,84	225	7,25	273	8,62	321	9,96	369	11,28
34	1,62	82	2,94	130	4,44	178	5,88	226	7,27	274	8,64	322	9,98	370	11,32
35	1,62	83	2,96	131	4,46	179	5,90	227	7,31	275	8,68	323	10,02	371	11,34
36	1,62	84	3,00	132	4,50	180	5,94	228	7,33	276	8,70	324	10,04	372	11,36
37	1,62	85	3,04	133	4,52	181	5,96	229	7,36	277	8,72	325	10,07	373	11,39
38	1,62	86	3,06	134	4,56	182	5,99	230	7,39	278	8,76	326	10,10	374	11,42
39	1,62	87	3,10	135	4,58	183	6,02	231	7,42	279	8,78	327	10,13	375	11,45
40	1,62	88	3,13	136	4,62	184	6,05	232	7,45	280	8,81	328	10,15	376	11,47
41	1,62	89	3,16	137	4,64	185	6,08	233	7,48	281	8,84	329	10,18	377	11,50
42	1,62	90	3,19	138	4,68	186	6,11	234	7,50	282	8,87	330	10,21	378	11,53
43	1,64	91	3,23	139	4,70	187	6,14	235	7,54	283	8,89	331	10,24	379	11,56
44	1,68	92	3,25	140	4,74	188	6,17	236	7,56	284	8,93	332	10,26	380	11,58
45	1,72	93	3,29	141	4,76	189	6,20	237	7,60	285	8,95	333	10,30	381	11,62
46	1,75	94	3,31	142	4,80	190	6,23	238	7,62	286	8,99	334	10,32	382	11,64
47	1,79	95	3,35	143	4,82	191	6,26	239	7,64	287	9,01	335	10,34	383	11,66
48	1,81	96	3,38	144	4,86	192	6,29	240	7,68	288	9,04	336	10,38	384	11,69
49	1,85	97	3,41	145	4,90	193	6,31	241	7,70	289	9,07	337	10,40	385	11,72
50	1,88	98	3,44	146	4,92	194	6,35	242	7,74	290	9,10	338	10,43	386	11,75
51	1,92	99	3,48	147	4,96	195	6,37	243	7,76	291	9,12	339	10,46	387	11,77
52	1,96	100	3,50	148	4,98	196	6,41	244	7,79	292	9,16	340	10,49	388	11,80
53	1,99	101	3,54	149	5,02	197	6,43	245	7,82	293	9,18	341	10,51	389	11,83
54	2,02	102	3,56	150	5,04	198	6,47	246	7,85	294	9,20	342	10,54	390	11,86
55	2,05	103	3,60	151	5,08	199	6,49	247	7,87	295	9,24	343	10,57	391	11,88
56	2,09	104	3,64	152	5,10	200	6,52	248	7,91	296	9,26	344	10,60	392	11,92
57	2,12	105	3,66	153	5,14	201	6,55	249	7,93	297	9,29	345	10,62	393	11,94
58	2,15	106	3,70	154	5,16	202	6,58	250	7,97	298	9,32	346	10,66	394	11,96
59	2,18	107	3,72	155	5,20	203	6,61	251	7,99	299	9,35	347	10,68	395	11,99
60	2,22	108	3,76	156	5,22	204	6,64	252	8,02	300	9,37	348	10,70	396	12,02
61	2,26	109	3,79	157	5,26	205	6,67	253	8,05	301	9,41	349	10,74	397	12,05
62	2,29	110	3,82	158	5,28	206	6,70	254	8,08	302	9,43	350	10,76	398	12,07
63	2,32	111	3,85	159	5,32	207	6,72	255	8,10	303	9,46	351	10,79	399	12,10
64	2,35	112	3,88	160	5,34	208	6,76	256	8,14	304	9,49	352	10,81	400	12,13
65	2,39	113	3,91	161	5,38	209	6,78	257	8,16	305	9,52	353	10,85		
66	2,41	114	3,95	162	5,40	210	6,82	258	8,20	306	9,54	354	10,87		
67	2,45	115	3,97	163	5,44	211	6,84	259	8,22	307	9,58	355	10,90		

Tabela 3.12 Demandas (kVA) de apartamentos em função das áreas (m²) para unidades de consumo que NÃO utilizem equipamentos elétricos individuais para aquecimento de água

Área (m²)	kVA	Área (m²)	kVA	Área (m²)	kVA	Área (m²)	kVA	Área (m²)	kVA	Área (m²)	kVA	Área (m²)	kVA	Área (m²)	kVA
20	1,62	68	2,20	116	3,54	164	4,84	212	6,08	260	7,30	308	8,50	356	9,67
21	1,62	69	2,23	117	3,58	165	4,86	213	6,11	261	7,32	309	8,52	357	9,70
22	1,62	70	2,26	118	3,60	166	4,88	214	6,13	262	7,34	310	8,54	358	9,72
23	1,62	71	2,28	119	3,62	167	4,91	215	6,16	263	7,38	311	8,57	359	9,74
24	1,62	72	2,32	120	3,65	168	4,93	216	6,18	264	7,40	312	8,59	360	9,77
25	1,62	73	2,34	121	3,68	169	4,97	217	6,20	265	7,43	313	8,62	361	9,79
26	1,62	74	2,38	122	3,71	170	4,99	218	6,24	266	7,45	314	8,64	362	9,82
27	1,62	75	2,40	123	3,73	171	5,02	219	6,26	267	7,48	315	8,66	363	9,84
28	1,62	76	2,42	124	3,77	172	5,04	220	6,29	268	7,50	316	8,69	364	9,86
29	1,62	77	2,46	125	3,79	173	5,06	221	6,31	269	7,52	317	8,71	365	9,89
30	1,62	78	2,48	126	3,82	174	5,10	222	6,34	270	7,55	318	8,74	366	9,91
31	1,62	79	2,51	127	3,84	175	5,12	223	6,36	271	7,57	319	8,76	367	9,94
32	1,62	80	2,54	128	3,88	176	5,15	224	6,38	272	7,60	320	8,78	368	9,96
33	1,62	81	2,57	129	3,90	177	5,17	225	6,41	273	7,62	321	8,82	369	9,98
34	1,62	82	2,60	130	3,92	178	5,20	226	6,44	274	7,64	322	8,84	370	10,01
35	1,62	83	2,63	131	3,95	179	5,22	227	6,47	275	7,68	323	8,87	371	10,03
36	1,62	84	2,65	132	3,98	180	5,26	228	6,49	276	7,70	324	8,89	372	10,06
37	1,62	85	2,69	133	4,01	181	5,28	229	6,52	277	7,73	325	8,92	373	10,08
38	1,62	86	2,71	134	4,03	182	5,30	230	6,54	278	7,75	326	8,94	374	10,10
39	1,62	87	2,74	135	4,06	183	5,33	231	6,56	279	7,78	327	8,96	375	10,13
40	1,62	88	2,77	136	4,09	184	5,35	232	6,59	280	7,80	328	8,99	376	10,15
41	1,62	89	2,80	137	4,12	185	5,39	233	6,61	281	7,82	329	9,01	377	10,18
42	1,62	90	2,82	138	4,14	186	5,41	234	6,64	282	7,85	330	9,04	378	10,20
43	1,62	91	2,86	139	4,16	187	5,44	235	6,67	283	7,87	331	9,06	379	10,22
44	1,62	92	2,88	140	4,19	188	5,46	236	6,70	284	7,90	332	9,08	380	10,25
45	1,62	93	2,90	141	4,22	189	5,48	237	6,72	285	7,92	333	9,11	381	10,27
46	1,62	94	2,94	142	4,25	190	5,51	238	6,74	286	7,94	334	9,13	382	10,30
47	1,62	95	2,96	143	4,27	191	5,54	239	6,77	287	7,97	335	9,16	383	10,32
48	1,62	96	2,99	144	4,30	192	5,57	240	6,79	288	8,00	336	9,18	384	10,34
49	1,64	97	3,02	145	4,33	193	5,59	241	6,82	289	8,03	337	9,20	385	10,37
50	1,67	98	3,05	146	4,36	194	5,62	242	6,84	290	8,05	338	9,23	386	10,39
51	1,70	99	3,07	147	4,38	195	5,64	243	6,88	291	8,08	339	9,25	387	10,42
52	1,73	100	3,11	148	4,40	196	5,66	244	6,90	292	8,10	340	9,28	388	10,44
53	1,76	101	3,13	149	4,44	197	5,69	245	6,92	293	8,12	341	9,30	389	10,46
54	1,79	102	3,16	150	4,46	198	5,72	246	6,95	294	8,15	342	9,32	390	10,49
55	1,81	103	3,19	151	4,49	199	5,75	247	6,97	295	8,17	343	9,35	391	10,51
56	1,85	104	3,22	152	4,51	200	5,77	248	7,00	296	8,20	344	9,37	392	10,54
57	1,87	105	3,24	153	4,54	201	5,80	249	7,02	297	8,22	345	9,40	393	10,56
58	1,91	106	3,26	154	4,57	202	5,82	250	7,04	298	8,24	346	9,43	394	10,58
59	1,93	107	3,30	155	4,60	203	5,84	251	7,07	299	8,27	347	9,46	395	10,61
60	1,97	108	3,32	156	4,62	204	5,88	252	7,09	300	8,29	348	9,48	396	10,63
61	1,99	109	3,35	157	4,64	205	5,90	253	7,13	301	8,32	349	9,50	397	10,66
62	2,03	110	3,38	158	4,67	206	5,93	254	7,15	302	8,34	350	9,53	398	10,68
63	2,05	111	3,41	159	4,70	207	5,95	255	7,18	303	8,38	351	9,55	399	10,70
64	2,08	112	3,43	160	4,73	208	5,98	256	7,20	304	8,40	352	9,58	400	10,73
65	2,11	113	3,47	161	4,75	209	6,00	257	7,22	305	8,42	353	9,60		
66	2,14	114	3,49	162	4,78	210	6,02	258	7,25	306	8,45	354	9,62		
67	2,17	115	3,52	163	4,80	211	6,06	259	7,27	307	8,47	355	9,65		

Tabela 3.13 Fatores para diversificação de cargas em função do número de apartamentos

Nº aptº	Fator div.	Nº aptº	Fator div.	Nº aptº	Fator div.	Nº aptº	Fator div.	Nº aptº	Fator div.	Nº aptº	Fator div.
		51	35,90	101	63,59	151	74,74	201	80,89	251	82,73
		52	36,46	102	63,84	152	74,89	202	80,94	252	82,74
		53	37,02	103	64,09	153	75,04	203	80,99	253	82,75
4	3,88	54	37,58	104	64,34	154	75,19	204	81,04	254	82,76
5	4,84	55	38,14	105	64,59	155	75,34	205	81,09	255	82,77
6	5,80	56	38,70	106	64,84	156	75,49	206	81,14	256	82,78
7	6,76	57	39,26	107	65,09	157	75,64	207	81,19	257	82,79
8	7,72	58	39,82	108	65,34	158	75,79	208	81,24	258	82,80
9	8,68	59	40,38	109	65,59	159	75,94	209	81,29	259	82,81
10	9,64	60	40,94	110	65,84	160	76,09	210	81,34	260	82,82
11	10,42	61	41,50	111	66,09	161	76,24	21	81,39	261	82,83
12	11,20	62	42,06	112	66,34	162	76,39	212	81,44	262	82,84
13	11,98	63	42,62	113	66,59	163	76,54	213	81,49	263	82,85
14	12,76	64	43,18	114	66,84	164	76,69	214	81,54	264	82,86
15	13,54	65	43,74	115	67,09	165	76,84	215	81,59	265	82,87
16	14,32	66	44,30	116	68,34	166	76,99	216	81,64	266	82,88
17	15,10	67	44,86	117	67,59	167	77,14	217	81,69	267	82,89
18	15,89	68	45,42	118	67,84	168	77,29	218	81,74	268	82,90
19	16,66	69	45,98	119	68,09	169	77,44	219	81,79	269	82,91
20	17,44	70	46,54	120	68,34	170	77,59	220	81,84	270	82,92
21	18,04	71	47,10	121	68,59	171	77,74	221	81,89	271	82,93
22	18,65	72	47,66	122	68,84	172	77,89	222	81,94	272	82,94
23	19,25	73	48,22	123	69,09	173	78,04	223	81,99	273	82,95
24	19,86	74	48,78	124	69,34	174	78,19	224	82,04	274	82,96
25	20,46	75	49,34	125	69,59	175	78,34	225	82,09	275	82,97
26	21,06	76	49,90	126	69,79	176	78,44	226	82,12	276	82,98
27	21,67	77	50,46	127	69,99	177	78,54	227	82,14	277	82,99
28	22,27	78	51,02	128	70,19	178	78,64	228	82,17	278	83,00
29	22,88	79	51,58	129	70,39	179	78,74	229	82,19	279	83,00
30	23,48	80	52,14	130	70,59	180	78,84	230	82,22	280	83,00
31	24,08	81	52,70	131	70,79	181	78,94	231	82,24	281	83,00
32	24,69	82	53,26	132	70,99	182	79,04	232	82,27	282	83,00
33	25,29	83	53,82	133	71,19	183	79,14	233	82,29	283	83,00
34	25,90	84	54,38	134	71,39	184	79,24	234	82,32	284	83,00
35	26,50	88	54,94	135	71,59	185	79,34	235	82,34	285	83,00
36	27,10	86	55,50	136	71,79	186	79,44	236	82,37	286	83,00
37	27,71	87	56,06	137	71,99	187	79,54	237	82,39	287	83,00
38	28,31	88	56,62	138	72,19	188	79,64	238	82,42	288	83,00
39	28,92	89	57,18	139	72,39	189	79,74	239	82,44	289	83,00
40	29,52	90	57,74	140	72,59	190	79,84	240	82,47	290	83,00
41	30,12	91	58,30	141	72,79	191	79,94	241	82,49	291	83,00
42	30,73	92	58,86	142	72,99	192	80,04	242	82,52	292	83,00
43	31,33	93	59,42	143	73,19	193	80,14	243	82,54	293	83,00
44	31,94	94	59,98	144	73,39	194	80,24	244	82,57	294	83,00
45	32,54	95	60,54	145	73,59	195	80,34	245	82,59	295	83,00
46	33,10	96	61,10	146	73,79	196	80,44	246	82,62	296	83,00
47	33,66	97	61,66	147	73,99	197	80,54	247	82,64	297	83,00
48	34,22	98	62,22	148	74,19	198	80,64	248	82,67	298	83,00
49	34,70	99	62,78	149	74,39	199	80,74	249	82,69	299	83,00
50	35,34	100	63,34	150	74,59	200	80,84	250	82,72	300	83,00

3.8.7 Método de Avaliação e Aplicação – Seção B

O método aqui apresentado é aplicável, somente, na avaliação das demandas de circuitos de uso comum de entradas de serviço coletivos, com *finalidade exclusivamente residencial*, compostas de 4 a 300 unidades de consumo (apartamentos), e na avaliação da demanda de circuitos de uso comum *dedicados às cargas residenciais* (mais de 4 unidades de consumo) em entradas coletivas mistas.

São abrangidos os circuitos de uso comum em edifícios e conjuntos residenciais, bem como apart-hotéis com finalidade residencial. Também é aplicável na determinação da demanda das cargas de circuitos de serviço de uso comum do condomínio, com dedicação exclusivamente residencial (mais de 4 unidades de consumo).

3.8.8 Campo de Aplicação

- Entradas coletivas exclusivamente residenciais que "utilizem equipamentos elétricos individuais para aquecimento de água".
- Avaliação da demanda e dimensionamento dos circuitos de uso comum em entradas coletivas exclusivamente residenciais, compostas de 4 a 300 unidades de consumo (casas ou apartamentos) que utilizem equipamentos para o aquecimento de água (chuveiros com potência nominal individual de até 4,4 kW).
- Entradas coletivas exclusivamente residenciais que "não utilizem equipamentos elétricos individuais para aquecimento de água".
- Avaliação da demanda e dimensionamento dos circuitos de uso comum em entradas coletivas exclusivamente residenciais (prédios ou condomínios horizontais), compostas de 4 a 300 unidades de consumo residenciais, que não utilizem equipamentos para aquecimento de água.
- Circuitos de serviço de uso do condomínio, exclusivamente residencial.
  Avaliação da demanda e dimensionamento de circuitos de serviço, de uso do condomínio, dedicado exclusivamente às unidades de consumo residenciais, em entradas coletivas mistas, com circuitos de serviços independentes.

3.8.8.1 Método para aplicação

A determinação da demanda relativa a um conjunto de unidades de consumo residencial (apartamentos) deverá ser feita com a utilização da Tabela 3.11, onde são obtidas as demandas em kVA por unidade de consumo (casa ou apartamento), em função de sua área útil.

A Tabela 3.11 é aplicável às unidades de consumo que utilizem equipamentos elétricos individuais para aquecimento de água (chuveiro com potência nominal individual até 4,4 kW).

Importante: Quando utilizamos equipamentos elétricos individuais de aquecimento de água, com potência nominal superior a 4,4 kW, é recomendável que o projetista aplique um fator de segurança no valor da demanda em kVA por apartamento não inferior a 10 %.

A Tabela 3.12 é aplicável às unidades de consumo residenciais que não utilizem equipamentos elétricos individuais para aquecimento de água.

A seguir, aplica-se a Tabela 3.13, e é obtido o *Fator de diversidade correspondente ao número de unidades de consumo* que compõem o conjunto analisado.

As Tabelas 3.11 e 3.12 são aplicáveis exclusivamente na determinação da demanda de unidades de consumo residenciais com área útil de até 400 m². Nos casos de entradas coletivas cujas unidades de consumo residenciais possuam áreas úteis diferentes, para determinação da área útil equivalente a ser aplicada nas Tabelas 3.11 ou 3.12 deverá ser utilizada a média ponderada das áreas envolvidas.

EXEMPLO 3.5

Em um edifício com 20 apartamentos com área útil de 100 m² e 20 com área útil de 70 m², considerando o atendimento com dois agrupamentos de medidores, todos os apartamentos com chuveiros de 4,4 kVA, a demanda total do agrupamento será:

Cálculo da demanda de cada agrupamento (D_{AG})

D_{AG} (Aptº 100 m²) = 2,93 kVA (Tabela 3.11) $\times$ Fd (20 Aptos) = 17,44 (Tabela 3.13)
D_{AG} (Aptº 100 m²) = 2,93 $\times$ 17,44 = 51,1 kVA

D_{AG} (Aptº 70 m²) = 2,12 kVA (Tabela 3.11) $\times$ Fd (20 Aptos) = 17,44 (Tabela 3.13)
D_{AG} (Aptº 70 m²) = 2,12 $\times$ 17,44 = 36,97 kVA

O D_{AG} **total** deverá ser calculado em função da área útil equivalente ponderada entre os dois grupos individuais de 20 apartamentos de 100 m² e 20 apartamentos de 70 m².

$$A_{eq} = \frac{[20 \times 100] + [20 \times 70]}{20 + 20} = 85 \text{ m}^2$$

(Aptº 85 m²) = 2,52 kVA (Tabela 3.11) $\times$ Fd (40 Apt^{os}) = 29,52 (Tabela 3.13)

D_{AG} **total** $= D_{PG} = $ **2,52 × 29,52 = 74,39 kVA**

3.8.8.2 Avaliação da demanda de entradas coletivas, exclusivamente residenciais, compostas de 4 a 300 unidades de consumo

Demanda individual das unidades de consumo residenciais

A demanda individual das unidades de consumo será determinada pela aplicação da expressão geral e dos critérios estabelecidos em "Avaliação de demanda – Seção A" (item 3.8.1) à carga instalada de cada unidade de consumo, compatibilizada com as previsões mínimas.

Demanda do circuito de serviço de uso do condomínio (D_S)

Será determinada pelo critério estabelecido em "Método de avaliação e aplicação – Seção B" (item 3.8.8) às cargas do condomínio.

Demanda do agrupamento de medidores (D_{AG})

A demanda de um agrupamento de medidores (D_{AG}), composto por um conjunto de unidades consumidoras residenciais, deverá ser determinada pela metodologia estabelecida em "Método de avaliação e aplicação – Seção B" (item 3.8.8).

Demanda da proteção geral (D_{PG})

Será determinada pela aplicação da metodologia estabelecida em "Método de avaliação e aplicação – Seção B" (item 3.8.8) ao consumo composto por todas as unidades de consumo existentes.

Demanda do ramal de entrada (D_R)

Será determinada pelo somatório das demandas da proteção geral (D_{PG}) e do serviço de uso do condomínio (D_s), sendo o seu resultado multiplicado por 0,90.

$$D_R = (D_{PG} + D_S) \times 0,90$$

3.8.8.3 Avaliação da demanda de entradas coletivas mistas

Nas entradas coletivas mistas, em que unidades de consumo *residenciais e não residenciais* tenham o fornecimento de energia efetivado por um mesmo ramal de entrada coletivo, a avaliação das demandas deverá ser feita conforme os seguintes procedimentos:

Demanda individual das unidades de consumo, residenciais e não residenciais

A demanda individual de cada unidade de consumo (UC), residencial ou não residencial, será determinada pela aplicação dos critérios estabelecidos em "Avaliação da demanda – Seção A" (item 3.8.1) à carga instalada de cada unidade de consumo, compatibilizada com previsões mínimas.

Demanda do circuito de serviço de uso do condomínio (D_S)

- *Circuito de serviço único*
  Quando um único sistema de serviço for dedicado a todas as unidades de consumo (residenciais e não residenciais) existentes na edificação, a demanda de serviço deverá ser determinada pela aplicação da expressão geral e dos critérios estabelecidos em "Avaliação da demanda – Seção A" (item 3.8.1) à carga instalada do serviço, compatibilizada com as previsões mínimas.

- *Circuitos de serviço independentes*

  Nos casos em que as unidades de consumo residenciais e não residenciais forem atendidas por circuitos de serviço independentes, a demanda do circuito de serviço dedicado às unidades de consumo não residenciais deverá ser calculada pela aplicação da expressão geral e dos critérios estabelecidos em "Método de avaliação – Seção A" (item 3.8.1) à carga total instalada desse circuito.

Demanda de agrupamento de medidores (D_{AG})

Quando de um mesmo agrupamento de medidores forem derivadas unidades de consumo com características de utilização diferentes (residencial e não residencial), a demanda total do agrupamento será obtida pelo somatório das demandas parciais, determinadas pela aplicação do critério estabelecido em "Avaliação da demanda – Seção A" (item 3.8.1) ao conjunto de cargas não residenciais e da aplicação da metodologia estabelecida em "Método de avaliação e aplicação – Seção B" (item 3.8.8) ao conjunto de cargas residenciais.

Demanda da proteção geral (D_{PG})

Será determinada pela aplicação de "Avaliação da demanda – Seção A" contido em 3.8.1 no conjunto total de cargas não residenciais e do "Método de avaliação e aplicação – Seção B", contido em 3.8.8, no conjunto total de cargas residenciais, sendo o somatório dessas parcelas multiplicado por 0,90, a demanda da proteção geral da entrada coletiva (D_{PG}).

$$D_{PG} = (D_{AG\,\text{residencial}} + D_{AG\,\text{não residencial}}) \times 0,90$$

Demanda do ramal de ligação (D_R)

Em função das características do sistema de serviço de uso do condomínio, deverá ser adotada uma das alternativas a seguir:

- *Com circuito de serviço único*

$$D_R = (D_{PG} + D_{AG}) \times 0,90$$

- *Com circuitos de serviços independentes*

$$D_R = (D_{PG} + D_{S\,\text{residencial}} + D_{S\,\text{não residencial}}) \times 0,90$$

3.9 SISTEMA ELÉTRICO DE EMERGÊNCIA

A Norma Técnica BM/7 – NT 014/79 *"Sistema Elétrico de Emergência em Prédios Alimentados em Baixa Tensão"*, do Corpo de Bombeiros Militar do Estado do Rio de Janeiro, estabelece que:

> O suprimento de energia elétrica a elevadores, bombas "que recalcam redes", circuitos de iluminação e equipamentos destinados a detecção, prevenção e evacuação de prédios sob sinistro e combate ao fogo deve ser realizado pela ligação denominada "medidor de serviço", *conectado antes* do dispositivo de proteção e desligamento geral da edificação. Ver Fig. 3.22.

Quando não houver exigência por parte do Corpo de Bombeiros, a demanda de serviço poderá ser derivada após a proteção geral da entrada. É o que se acha representado na Fig. 3.23.

3.10 EXEMPLOS DE AVALIAÇÃO DE DEMANDAS

1. Residência Isolada, Área Útil de 300 m², com Fornecimento de Energia Através de Ramal de Ligação Independente, Tensão 220/127 V

Características da carga instalada	
Iluminação e tomadas	6 000 W
Chuveiros elétricos	3 × 4 400 W
Torneiras elétricas	2 × 2 500 W
Aparelhos de ar-condicionado	3 × 1 cv
	2 × 3/4 cv
Motores	2 × 1 cv (1 reserva) MØ
	1 × 1/2 cv (1 reserva) MØ
	2 × 1/6 cv (1 reserva) MØ
Sauna	9 000 W

MØ = monofásico.

A) *Determinação da Carga Instalada e da Categoria de Atendimento*
* Carga instalada

(CI) = 6 000 + (3 $\times$ 4 400) + (2 $\times$ 2 500) + 1 500 $\times$ [(3 $\times$ 1) + (2 $\times$ ¾)] + 1 500

[(1 + ½) + (2 + ⅙)] + 9 000 W

(CI) = 6 000 + 13 200 + 5 000 + 6 750 + 2 750 + 9 000 = 42,70 kW

Em seguida, devemos avaliar a demanda da instalação.

B) *Compatibilização da Carga Instalada com as Previsões Mínimas*
* Iluminação e tomadas
Pela Tabela 3.4, a previsão mínima é 30 W/m², logo: 30 W/m² $\times$ 300 m² = 9 000 W.
Como 9 000 W (previsão mínima) > 6 000 W (carga instalada), a carga a ser considerada na avaliação da demanda será 9 000 W.

* Aparelhos de aquecimento
Como no tópico "Previsão mínima de carga" não é feita qualquer exigência:
Carga a ser considerada = 3 chuveiros $\times$ 4 400 W
2 torneiras $\times$ 2 500 W
1 sauna $\times$ 9 000 W.

* Aparelhos de ar-condicionado tipo janela
Conforme tópico "Previsão mínima de carga", previsão mínima = 1 $\times$ 1 cv (residência isolada).
Como 1 cv (previsão mínima) < 4,5 cv (carga instalada), a carga a ser considerada na avaliação da demanda será 4,5 cv.

* Motores
Como no tópico "Previsão mínima de carga", não é feita qualquer exigência:
Carga a ser considerada = 1 $\times$ 1 cv
1 $\times$ ½ cv
2 $\times$ ⅙ cv

C) *Avaliação das Demandas Parciais (kVA)*
Conforme estabelecido no "Método de avaliação – Seção A", temos:

* Iluminação e tomadas (Tabela 3.4) – FP = 1,0
c_1 = 9,0 kW
d_1 = (0,80 $\times$ 1) + (0,70 $\times$ 1) + (0,65 $\times$ 1) + (0,60 $\times$ 1) + (0,50 $\times$ 1) + (0,45 $\times$ 1) + (0,40 $\times$ 1) + (0,35 $\times$ 1) + (0,30 $\times$ 1) = 4,75 kVA

* Aparelhos de aquecimento (Tabela 3.7) – FP = 1,0
c_2 = (3 $\times$ 4 400 W) + (2 $\times$ 2 500 W) + (1 $\times$ 9 000 W)
d_2 = (3 $\times$ 4 400 W) $\times$ 0,70 + (2 $\times$ 2 500 W) $\times$ 0,75 + (1 $\times$ 9 000 W) $\times$ 1,0
= 21,99 kVA

* Aparelhos de ar-condicionado tipo janela (Tabelas 3.8 e 3.9)
c_3 = (3 $\times$ 1 cv) + (2 $\times$ ¾ cv)
d_3 = (3 $\times$ 1 cv) + (2 $\times$ ¾ cv) $\times$ 0,70 = 3,15 cv

* Motores (Tabelas 3.7, 3.8 e 3.16)
c_5 = (1 $\times$ 1 cv) + (1 $\times$ ½ cv) + (2 $\times$ ⅙ cv)

* Pelas Tabelas 3.5 e 3.6:
Nº de motores = 4
Fator de demanda = 0,70
1 cv (MØ) = 1,52 kVA
½ cv (MØ) = 0,87 kVA
⅙ cv (MØ) = 0,45 kVA
d_5 = [1,52 + 0,87 + (2 $\times$ 0,45)] $\times$ 0,70 = 2,3 kVA

D) *Determinação da Demanda Total da Instalação*

$$D_{total} = d_1 + d_2 + (1{,}5d_3) + d_5$$
$$D_{total} = 4{,}80 + 21{,}99 + (1{,}5 \times 3{,}15) + 2{,}3$$
$$D_{total} = 33{,}8 \text{ kVA}$$

A entrada individual isolada será trifásica, atendida através de ramal de ligação independente, e a demanda total avaliada (D_{total}) será utilizada para o dimensionamento do ramal de entrada, da proteção geral e demais materiais componentes da entrada de serviço.

2. Edificação de uso coletivo, composta por 3 unidades de consumo residenciais (apartamentos), cada apartamento com área útil de 96 m² e o serviço (condomínio) com área de 290 m², em tensão 220/127 V, um único agrupamento de medidores (3 apartamentos).

- **Características da carga instalada**
  - Por unidade de consumo (apartamento)
    Iluminação e tomadas _____ 2 100 W
    Aparelhos de aquecimento (chuveiro) _____ 1 × 4 400 W
    Aparelhos de ar-condicionado tipo janela _____ 2 × ¾ cv

  - Circuito de serviço de uso do condomínio
    Iluminação e tomadas _____ 3 000 W
    Aparelhos de aquecimento (chuveiro) _____ 1 × 4 400 W
    Motores _____ 2 bombas-d'água de 2 cv (1 reserva) − 3
    _____ 1 bomba recalque de esgoto de 3 cv − 3

Conforme estabelecido em 3.10.2, como se trata de entrada coletiva residencial com até 3 unidades de consumo, a determinação das demandas parciais e total será feita pela aplicação do "Método de avaliação – Seção A".

A) *Determinação da Carga Instalada e da Categoria de Atendimento*

- **Por unidade de consumo residencial (apartamento)**
  - Carga instalada total (CI) = 2 100 + 4 400 + 1 500 (2 × 3/4) = 8,75 kW
    É necessário calcular a demanda a partir da carga instalada compatibilizada com as previsões mínimas para determinar a categoria de atendimento e dimensionar os materiais e equipamentos atinentes ao circuito individual dedicado a cada unidade de consumo (apartamento).

- **Circuito de serviço de uso do condomínio**
  - Carga instalada total (CI) = 3 000 + 4 400 + 1 500 [(1 × 2) + (1 × 3)] = 14,9 kW
    É necessário calcular a demanda a partir da carga compatibilizada com as previsões mínimas para determinar a categoria de atendimento e dimensionar os materiais e equipamentos inerentes, sendo o serviço do condomínio visto como uma unidade de consumo.

B) *Compatibilização da Carga Instalada com as Previsões Mínimas*

- **Por unidade de consumo residencial (apartamento)**
  - Iluminação e tomadas
    Previsão mínima (Tabela 3.4) = 30 W/m² × 96 m² = 2 880 W
    Como 2 880 W > 2 200 W (mínimo) > 2 100 W (carga instalada), a carga por apartamento a ser considerada na avaliação da demanda será 2 880 W.

  - Aparelhos de aquecimento
    Como no tópico "Previsão mínima de carga" não é feita qualquer exigência:
    Carga a ser considerada = 1 × 4 400 W.

  - Motores
    Como no tópico "Previsão mínima de carga" não é feita qualquer exigência:
    Carga a ser considerada = (1 × 2 cv) + (1 × 3 cv)

C) *Avaliação das Demandas (kVA)*

- **Demanda das unidades de consumo residenciais (apartamentos)**
  - Iluminação e tomadas (Tabela 3.4)
    $FP = 1,0$
    $c_1 = 2,88\ kW$
    $d_1 = (1 \times 0,80) + (1 \times 0,75) + (0,88 \times 0,65) = 2,12\ kVA$

  - Aparelhos de aquecimento (Tabela 3.7)
    $FP = 1,0$
    $c_2 = 1 \times 4\ 400\ W$
    $d_2 = 1,0 \times 4\ 400\ W = 4,4\ kVA$

  - Aparelhos de ar-condicionado (Tabelas 3.8 e 3.9)
    $c_3 = 2 \times 1\ cv$
    $d_3 = 2 \times 1,0 = 2\ cv$
    $d_{total}\ (UC) = d_1 + d_2 = (1,5 \times d_3) = 2,12 + 4,4 + (1,5 \times 2)$

- **Demanda por unidade de consumo (apartamento) = 9,52 kVA**

  A categoria de atendimento será trifásica, em tensão 220/127 V. A demanda servirá para dimensionar os materiais e equipamentos dos circuitos individuais, dedicados às unidades de consumo residenciais (apartamentos), trifásicas.

- **Demanda do circuito de serviço de uso do condomínio (D_S)**
  - Iluminação e tomadas (Tabela 3.4)
    $FP = 1,0$
    $c_1 = 3\ 000\ W$
    $d_1 = 3\ 000 \times 0,80 = 2\ 400 = 2,4\ kW$

  - Aparelhos de aquecimento (Tabela 3.7)
    $FP = 1,0$
    $c_2 = 1 \times 4\ 400\ W$
    $d_2 = 4\ 400 \times 1,0 = 4,4\ kVA$

  - Motores (Tabelas 3.5 e 3.6)
    $c_5 = (1 \times 2\ cv) + (1 \times 3\ cv)$
    Pelas Tabelas 3.5 e 3.6:
    Nº de motores $= 2$
    Fator de demanda $= 0,80$
    2 cv (3Ø) $= 2,70\ kVA$
    3 cv (3Ø) $= 4,04\ kVA$
    $d_5 = (2,70 + 4,04) \times 0,80 = 5,39\ kVA$
    $d_5 = d_1 + d_2 + d_5 = 2,4 + 4,4 + 5,39 = 12,19\ kVA$

- **Demanda do circuito de serviço do condomínio (D_S) = 12,19 kVA**

  Essa demanda servirá para dimensionar os materiais e equipamentos do circuito de serviço do condomínio, visto como uma entrada individual trifásica, 220/127 V.

- **Demanda do agrupamento (D_{AG})**
  O agrupamento de medidores é formado pelas 3 unidades de consumo (apartamentos).

  - Iluminação e tomadas (Tabela 3.4)
    $FP = 1,0$
    Carga compatibilizada (c_1) $= 3 \times 2\ 880\ W = 8\ 640 = 8,64\ kW$
    $d_1 = (0,80 \times 1) + (0,75 \times 1) + (0,65 \times 1) + (0,60 \times 1) + (0,50 \times 1) +$
    $(0,45 \times 1) + (0,40 \times 1) + (0,40 \times 1) + (0,35 \times 1) + (0,30 \times 0,64) = 4,69\ kVA.$

  - Aparelhos de aquecimento (Tabela 3.7)
    3 aparelhos
    Fator de demanda $= 0,70$
    $FP = 1,0$
    $c_2 = 3 \times 4\ 400\ W = 13\ 200 = 13,2\ kW$
    $d_2 = 13,2 \times 0,70 = 9,24\ kVA$

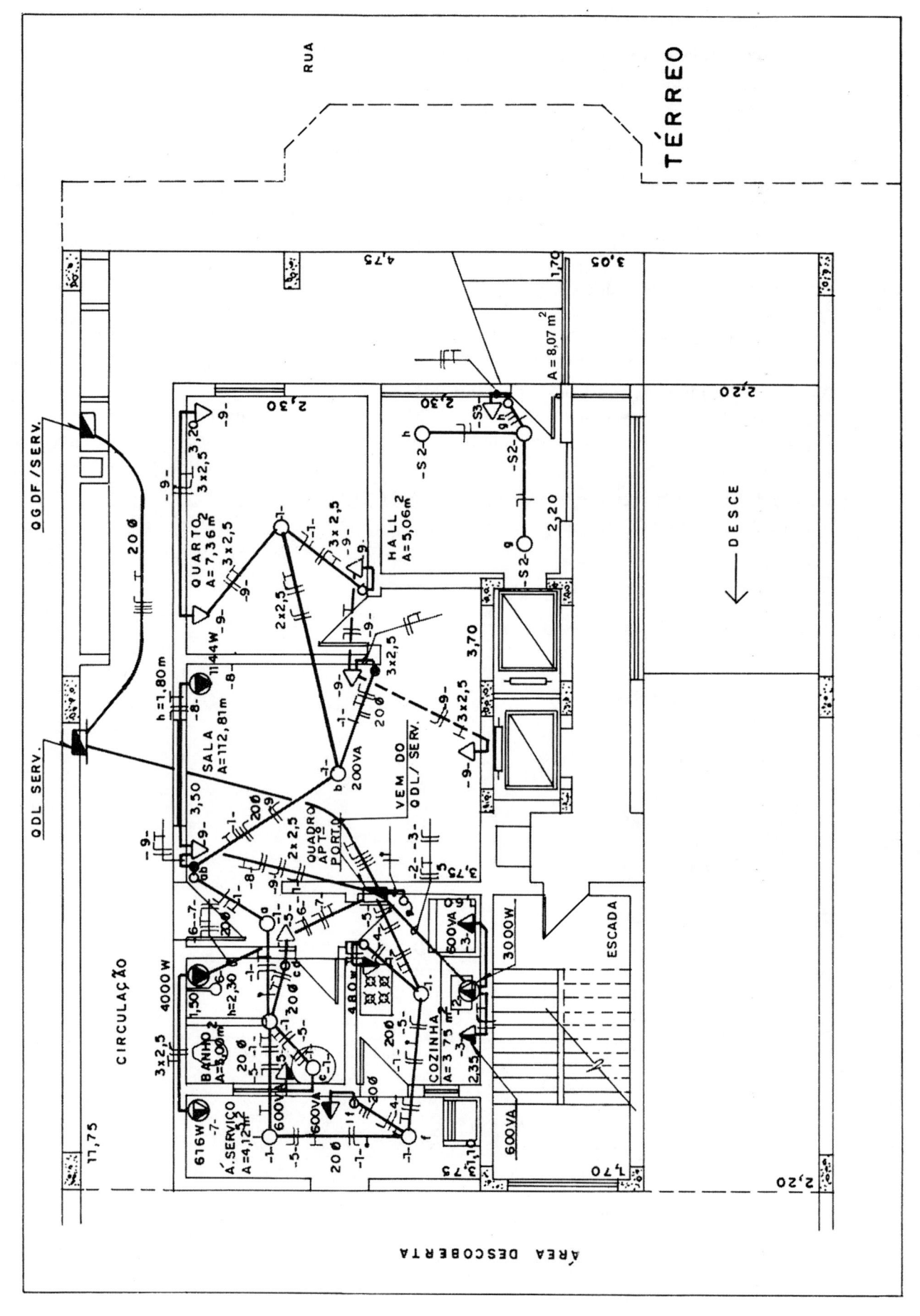

Figura 3.24 Instalação elétrica de uma unidade residencial.

- Aparelhos de ar-condicionado tipo janela (Tabelas 3.8 e 3.9)

$c_3 = 3 \times 2 \times 1 \text{ cv} = 6 \times 1 \text{ cv}$

$d_3 = (6 \times 1 \text{ cv}) \times 0,70 = 4,2 \text{ cv}$

$d_{AG} = d_1 + d_2 + (1,5 \times d_3) = 4,69 + 9,24 + (4,2 \times 1,5) = 20,23 \text{ kVA}$

- **Demanda da proteção geral de entrada (D_{PG}) = 20,23 kVA**

  Essa demanda servirá para dimensionar o equipamento de proteção geral da entrada coletiva.

- **Demanda do ramal de entrada (D_R)**

  É importante notar que, na avaliação da demanda desse trecho coletivo da instalação, todas as cargas estarão envolvidas. Porém, quando da avaliação da demanda de cargas similares que, devido à característica de utilização lhes seja atribuído fatores de demanda diferentes, a demanda do conjunto de cargas analisado será o somatório das demandas parciais, calculadas separadamente.

  - Iluminação e tomadas (Tabela 3.4)

    FP = 1,0

    Como às cargas dos apartamentos e do serviço do condomínio são atribuídos fatores de demanda diferentes para o mesmo tipo de carga, temos que:

    $d_{1\text{total}} = d_1 \text{ (apartamentos)} + d_1 \text{ (serviço)}$

    $d_{1\text{total}} = 4,69 + 2,40 = 7,09 \text{ kVA}$

  - Aparelhos de aquecimento (Tabela 3.7)

    FP = 1,0

    $c_2 \text{ (apartamentos)} = 3 \times 4\ 400 \text{ W} = 13,2 \text{ kW}$

    $c_2 \text{ (serviço)} = 1 \times 4\ 400 \text{ W} = 4,4 \text{ kVA}$

    Pela Tabela 3.7:

    $N^{\underline{o}}$ de aparelhos = 4

    Fator de demanda = 0,66

    $d_2 = (13,2 + 4,4) \times 0,66 = 11,62 \text{ kVA}$

  - Aparelhos de ar-condicionado tipo janela (Tabelas 3.8 e 3.9)

    $c_3 = 3 \times 2 \times 1 \text{ cv}$

    $d_3 = d_3 \text{ (apartamentos)} = (3 \times 2 \times 1 \text{ cv}) \times 0,70 = 4,2 \text{ cv}$

  - Motores (Tabelas 3.5 e 3.6)

    $c_5 = c_5 \text{ (serviço)} = (1 \times 2 \text{ cv}) + (1 \times 3 \text{ cv})$

    $d_5 = d_5 \text{ (serviço)} = 5,39 \text{ kVA}$

    $d_r = [d_1 + d_2 = (1,5 \times d_3) + d_5] \times 0,90 = [7,09 + 11,62 + (1,5 \times 4,2) + 5,39] \times 0,90 = 27,36 \text{ kVA}$

- **Demanda do ramal de entrada (D_R) = 27,36 kVA**

  Essa demanda será utilizada para o dimensionamento dos condutores, materiais e equipamentos do ramal de entrada coletivo.

EXEMPLO 3.6

Instalação elétrica de uma unidade residencial.

a) Determinação da carga instalada

- Dados iniciais:
  - Alimentação com $3F + N$, 220/127 V.
  - Planta de arquitetura em escala 1:50.
  - Iluminação incandescente (potência estimada)
  - Tomadas de uso geral (potência estimada)

- Tomadas de uso específico previstas para:
  - chuveiro elétrico (banheiro) – 4 400 W
  - torneira elétrica (cozinha) – 2 500 W
  - lavadora de roupa (área de serviço) – 1 000 W
  - ar-condicionado tipo janela (sala) – 1 500 W
- Instalação no esquema *TN* (Ver Aterramento.)

– Memória de cálculo:

Tabela 3.14

Potência instalada	(1) Iluminação
Entrada Banheiro Cozinha Área de serviço	$A < 6\ m^2 \rightarrow$ 100 VA em cada dependência

Sala	12,81 m² = 6 m² + 4 m² + 2,81 m²
	         ↓ ↓
	     100 VA 1 + 60 VA = 160 VA

Quarto	7,36 m² = 6 m² + 1,36 m²
	         ↓
	     100 VA = 100 VA

Tabela 3.15

Potência instalada	(2) Tomadas de uso geral (TUGs)
Entrada Banheiro Área de serviço	$S < 6\ m^2 \rightarrow$ 1 TUG de 100 VA na entrada e 1 de 600 VA no banheiro e área de serviço
Sala	$\dfrac{14{,}5\ m}{5\ m} = 2{,}9 \rightarrow$ 3 TUGs 3 × 100 VA = 300 VA
Quarto	$\dfrac{11\ m}{5\ m} = 2{,}2 \rightarrow$ 3 TUGs 3 × 100 VA = 300 VA
Cozinha	$\dfrac{7{,}90\ m}{3{,}5\ m} = 2{,}2 \rightarrow$ 3 TUGs 3 × 600 VA = 1 800 VA

Após estes cálculos preliminares, chegamos à:

b) Determinação da carga instalada e da categoria de atendimento

– Carga instalada

(CI) = 4 500 + (1 × 4 400) + (1 × 2 500) + (1 × 1 500) + (1 × 1 000) =

(CI) = 4 500 + 4 400 + 2 500 + 1 500 + 1 000 = 13,9 kW

c) Compatibilização da carga instalada com as previsões mínimas

– Iluminação e tomadas
Pela Tabela 3.4, a previsão mínima é de 30 W/m², logo:
30 W/m² × 32,25 m² = 967,50 W
Como 967,50 W (previsão mínima) < 4 500 W (carga instalada), a carga a ser considerada na avaliação da demanda será 4 500 W.

– Aparelhos de aquecimento
Como no item "Previsão mínima de carga" não é feita qualquer exigência:
Carga a ser considerada = 1 chuveiro × 4 400 W
                        1 torneira × 2 500 W

– Aparelhos de ar-condicionado tipo janela
Como no item "Previsão mínima de carga", previsão mínima = 1×1 cv (residência isolada), como 1 cv (previsão mínima) = 1 cv (carga instalada), a carga a ser considerada na avaliação da demanda será 1 cv.

– Motores
Como no item "Previsão mínima de carga" não é feita qualquer exigência:
Carga a ser considerada = $1 \times 1\ 000$ W (lavadora de roupa)

Tabela 3.16 Unidade consumidora

| Dependência | Dimensões | | Potência de iluminação (W) | Tomadas de uso geral (TUGs) | | Tomadas de uso específico (TUEs) | | |
	Área (m²)	Perímetro (m)		Quant.	Potência nominal (W)	Quant.	Discriminação	Potência nominal (W)
Entrada	1,20	—	100	1	100	—	—	—
Sala	12,81	14,50	200	3	300	1	Ar-condicionado tipo janela	1 500
Quarto	7,36	11,00	100	32	300	—	—	—
Banheiro	3,00	—	200	1	600	1	Chuveiro	4 400
Cozinha	3,76	7,90	100	3	1800	1	Torneira elétrica	2 500
Área de serviço	4,12	9,70	100	1	600	1	Lavadora de roupa	1 000
Total	32,25	—	800	12	3700	4	—	9 400

CARGA INSTALADA TOTAL = 13,90 kW.

d) Avaliação das demandas parciais (kVA)

– Iluminação e tomadas (Tabela 3.4)
FP = 1,0
c_1 = 4,5 kW
$d_1 = (0,8 \times 1) + (0,75 \times 1) + (0,65 \times 1) + (0,60 \times 1) + (0,5 \times 0,5)$
d_1 = 3,05 kVA

– Aparelhos de aquecimento (Tabela 3.7)
FP = 1,0
$c_2 = (1 \times 4\ 400$ W$) + (1 \times 2\ 500$ W$) \rightarrow 2$ aparelhos, $Fd = 0,75$
$d_2 = [(1 \times 4\ 400$ W$) + (1 \times 2\ 500$ W$)] \times 0,75 = 5,1$ kVA

– Aparelho de ar-condicionado tipo janela (Tabela 3.8)
$c_3 = 1 \times 1$ cv
$d_3 = 1 \times 1$ cv $\times 1 = 1$ cv

– Motores (Tabela 3.6) – lavadora de roupas
$c_5 = 1 \times 1\ 000$ W
$d_5 = 1 \times 1\ 000$ W $= 1,0$ kVA

e) Determinação da demanda total da instalação

$d_{total} = d_1 + d_2 + (1,5 \times d_3) + d_5$
$d_{total} = 3,05 + 5,1 + (1,5 \times 1) + 1,0$
$d_{total} = 10,65$ kVA

Tabela 3.17 Característica da carga instalada

Iluminação e tomadas	4 500 W
Chuveiro elétrico	$1 \times 4\ 400$ W
Torneira elétrica	$1 \times 2\ 500$ W
Aparelho de ar-condicionado	1×1 cv
Lavadora de roupa	$1 \times 1\ 000$ W

Tabela 3.18 Divisão em circuitos

Circuitos Terminais (Cts)	U (volt)	P (watt)	IB = P/U (ampère)	f (fator de agrupamento)	I'B = IB/f (ampère)	S_condutor (mm²) Vivos	S_condutor (mm²) Proteção (PE)	Disjuntor (ampère)	Discriminação
1	127	800	6,3	0,8	7,8	1,5	1,5	10 – 1P	Entrada, sala, quarto, banheiro, área de serviço (iluminação)
2	220	2 500	11,3	0,8	14,2	2,5	2,5	15 – 2P	TUE (torneira cozinha)
3	127	1 200	9,4	0,8	11,7	2,5	2,5	15 – 1P	TUG (cozinha)
4	127	1 200	9,4	0,8	11,7	2,5	2,5	15 – 1P	TUG (cozinha, área de serviço)
5	127	700	5,5	0,8	6,8	2,5	2,5	15 – 1P	TUG (banheiro, entrada)
6	220	4 400	20,0	0,8	25,0	4,0	4,0	25 – 2P	TUE (chuveiro elétrico)
7	127	1 000	7,8	0,8	9,8	2,5	2,5	15 – 1P	TUE (lavadora de roupa)
8	127	1 500	11,81	0,8	14,7	2,5	2,5	15 – 1P	TUE (ar-cond. janela)
9	127	600	4,7	0,8	5,8	2,5	2,5	15 – 1P	TUG (sala e quarto)
10	–	–	–	–	–	–	–	–	Reserva

Notas:
1) TUE = tomada de uso específico
   TUG = tomada de uso geral
2) As cargas de reserva não são computadas.

A entrada individual isolada será trifásica, atendida através de ramal de ligação independente, e a demanda total avaliada (d_{total}) será utilizada para o dimensionamento do ramal de entrada, da proteção geral e demais materiais componentes.

Importante:

Para as instalações internas da UC (unidade consumidora) levamos em consideração todos os pontos ativos, tendo utilizado a tensão de 220 V para a torneira de cozinha e o chuveiro elétrico.

Como vimos anteriormente, a carga total projetada é de 13,9 kW, portanto, trifásica.

A corrente em cada fase será (admitindo cos $\varphi = 1$):

$$I = \frac{P}{\sqrt{3} \times 220} = \frac{13\,900}{\sqrt{3} \times 220} = \frac{13\,900}{380} = 36,58 \text{ A}$$

Tabela 3.19 Carga dos circuitos e equilíbrio das fases

Circuito	Fase A (W)	Fase B (W)	Fase C (W)
1	800	–	–
2	–	1 250	1 250*
3	–	1 200	–
4	1 200	–	–
5	–	–	700
6	–	2 200	2 200*
7	1 000	–	–
8	1 500	–	–
9	–	–	600
10	–	–	–
Total	4 500	4 650	4 750

* 220 V.

Biografia

Fonte: AIP Emilio Segre Visual Archives, E. Scott Barr Collection.

COULOMB, CHARLES AUGUSTIN de (1736-1806), descobriu a lei do inverso do quadrado da atração elétrica e magnética.

Coulomb serviu como engenheiro militar na Martinica durante nove anos. Voltou à França como engenheiro militar e retirou-se do Exército em 1791, passando a fazer pesquisa na Física. Durante a Revolução Francesa foi obrigado a deixar Paris, mas retornou e foi nomeado inspetor-geral da Instrução Pública.

Seus primeiros trabalhos versaram sobre problemas de estatística e mecânica. Demonstrou que o atrito é proporcional à pressão normal (Lei de Coulomb do Atrito). Ele é lembrado principalmente por seu trabalho em eletricidade, magnetismo e repulsão. Descobriu que a força entre dois polos carregados é inversamente proporcional ao quadrado da distância entre eles e diretamente proporcional a suas magnitudes (Lei de Força de Coulomb).

A unidade de carga elétrica no SI, o coulomb (C), leva esse nome em sua homenagem. É a carga que atravessa a seção de um condutor percorrido por uma corrente de 1 ampère durante 1 segundo.

4 | Condutores Elétricos, Dimensionamento e Instalação. Aterramento. O Choque Elétrico

4.1 CONSIDERAÇÕES BÁSICAS

Condutor elétrico é um corpo constituído de material bom condutor, destinado à transmissão da eletricidade. Em geral é de cobre eletrolítico e, em certos casos, de alumínio.

Fio é um condutor sólido, maciço, de seção circular, com ou sem isolamento.

Cabo é um conjunto de fios encordoados, não isolados entre si. Pode ser isolado ou não, conforme o uso a que se destina. É mais flexível que um fio de mesma capacidade de carga.

Com frequência, os eletrodutos conduzem os condutores de fase, neutro e terra, simultaneamente. Esses condutores são eletricamente isolados com o revestimento de material mau condutor de eletricidade, e que constitui a *isolação* do condutor. Um *cabo isolado* é um cabo que possui isolação. Além da isolação, recobre-se com uma camada denominada *cobertura* quando os cabos devem ficar em instalação exposta, colocados em bandejas ou diretamente no solo.

Os cabos podem ser:

- Unipolares, quando constituídos por um condutor de fios trançados, com cobertura isolante protetora (Fig. 4.1).
- Multipolares, quando constituídos por dois ou mais condutores isolados, protegidos por uma camada protetora de cobertura comum (Fig. 4.2).

A Prysmian fabrica cabos uni e multipolares *Sintenax Econax*. A Nexans produz os cabos unipolares *Noflam* BWF 750 V e multipolares *Superflex* 750 V.

A *seção nominal* de um fio ou cabo é a área da seção transversal do fio ou da soma das seções dos fios componentes de um cabo. A seção de um condutor a que nos referimos não inclui a isolação e a cobertura (se for o caso de possuir cobertura).

De acordo com a NBR 5410:2004 (versão corrigida em 2008), os condutores elétricos são especificados por sua seção em milímetros quadrados (mm²), segundo a escala padronizada, série métrica da IEC (International Electrotechnical Commission). A seção nominal de um cabo multipolar é igual ao produto da seção do condutor de cada veia pelo número de veias que constituem o cabo.

MATERIAL

- Em *instalações residenciais* só podem ser empregados condutores de cobre, exceto condutores de aterramento.
- Em *instalações comerciais* é permitido o emprego de condutores de alumínio com seções iguais ou superiores a 50 mm².

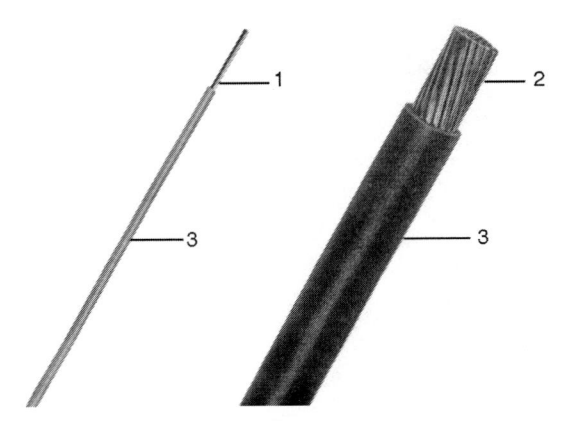

Construção:
(1) Condutor (fio) sólido de cobre eletrolítico nu, têmpera mole.
(2) Condutor (cabo) formado por fios de cobre eletrolítico nu, têmpera mole.
(3) Isolação de PVC (70 °C) composto termoplástico de cloreto de polivinila, tipo BWF, com características especiais quanto a não propagação e autoextinção do fogo.

Figura 4.1 Fio e cabo Noflam BWF 750 V, da Nexans.

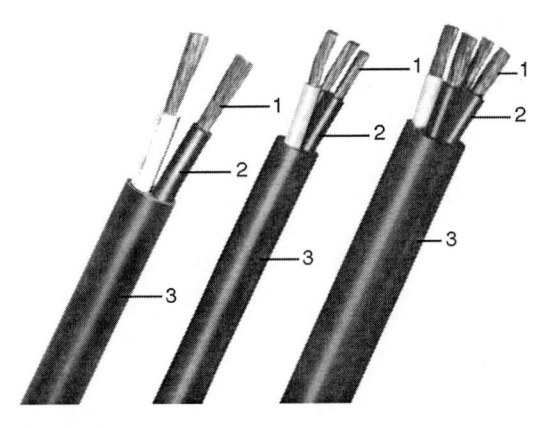

Construção:
(1) Condutor flexível formado por fios de cobre eletrolítico nus, têmpera mole.
(2) Isolação de HEPR (90 °C) – composto termofixo de borracha etilenopropileno flexível, em cores diferentes para identificação.
(3) Cobertura de PVC – composto termoplástico de cloreto de polivinila flexível na cor preta.

Figura 4.2 Cabo Fiter Flex 0,6/1 kV, da Nexans.

- Em ***instalações industriais*** podem ser utilizados condutores de alumínio, desde que sejam obedecidas simultaneamente as seguintes condições:
  - Seção nominal dos condutores $\geqslant 16$ mm².
  - Potência instalada $\geqslant 50$ kW.
  - Instalações e manutenção qualificadas.

4.2 SEÇÕES MÍNIMAS DOS CONDUTORES

SEÇÃO MÍNIMA DO CONDUTOR NEUTRO

O condutor neutro deve possuir a mesma seção que o(s) condutor(es) fase nos seguintes casos:

a) Em circuitos monofásicos e circuitos com duas fases e neutro, qualquer que seja a seção.

b) Em circuitos trifásicos, quando a seção do condutor fase for inferior ou igual a 25 mm², em cobre ou em alumínio.

c) Em circuitos trifásicos, quando for prevista a presença de harmônicos*, qualquer que seja a seção.

Tabela 4.1a   Seções mínimas dos condutores

Tipo de instalação		Utilização do circuito	Seção mínima do condutor (mm²)-material
Instalações fixas em geral	Cabos isolados	Circuitos de iluminação	1,5 Cu 16 Al
		Circuitos de força	2,5 Cu 16 Al
		Circuitos de sinalização e circuitos de controle	0,5 Cu
	Condutores nus	Circuitos de força	10 Cu 16 Al
		Circuitos de sinalização e circuitos de controle	4 Cu
Linhas flexíveis feitas com cabos isolados		Para um equipamento específico	Como especificado na norma do equipamento
		Para qualquer outra aplicação	0,75 Cu
		Circuitos a extrabaixa tensão	0,75 Cu

Notas:
a) Em circuitos de sinalização e controle destinados a equipamentos eletrônicos são admitidas seções mínimas de até 0,1 mm².
b) Em cabos multipolares flexíveis contendo sete ou mais veias, são admitidas seções de até 0,1 mm².
c) Os circuitos de tomadas de corrente são considerados circuitos de força.

---

* Favor ver definição no Cap. 9 deste livro.

Tabela 4.1b Seção do condutor neutro em relação ao condutor fase

Seções de condutores fase (mm²)	Seção mínima do condutor neutro (mm²)
$S \leq 25$	S (mesma seção do condutor fase)
35	25
50	25
70	35
95	50
120	70
150	70
185	95
240	120
300	150
400	185

Nota:
A máxima corrente suscetível de percorrer o condutor neutro em serviço normal deve ser inferior à capacidade de condução de corrente correspondente à seção reduzida do condutor neutro.

4.3 TIPOS DE CONDUTORES

Trataremos neste capítulo dos condutores para baixa tensão (0,6 kV – 0,75 kV – 1 kV).

Em geral, os fios e cabos são designados em termos de seu comportamento quando submetidos à ação do fogo, isto é, em função do material de sua isolação e cobertura. Assim, os cabos elétricos podem ser:

Propagadores de chama. São aqueles que entram em combustão sob a ação direta da chama e a mantêm mesmo após a retirada da chama. Pertencem a esta categoria o *etilenopropileno* (EPR) e o *polietileno reticulado* (XLPE).

Não propagadores de chama. Removida a chama ativadora, a combustão do material cessa. Consideram-se o *cloreto de polivinila* (PVC) e o *neoprene* não propagadores de chama.

Resistentes à chama. Mesmo em caso de exposição prolongada, a chama não se propaga ao longo do material isolante do cabo. É o caso dos cabos Sintenax Antiflam, da Prysmian, e Noflam BWF 750 V, da Nexans.

Resistentes ao fogo. São materiais especiais incombustíveis, que permitem o funcionamento do circuito elétrico mesmo em presença de um incêndio. São usados em circuitos de segurança e sinalizações de emergência.

No Brasil, fabrica-se uma linha de cabos que têm as características de não propagação de fumaça e fogo. A Prysmian chamou-os de cabos Afumex®, e a Nexans, Afitox. No caso dos cabos de potência, a temperatura de exercício no condutor é de 90 °C, a temperatura de sobrecarga é de 130 °C, e de curto-circuito, de 250 °C.

Vejamos as características principais dos fios e cabos mais comumente usados e que são apresentados de forma resumida em tabelas.

DA PRYSMIAN

As Figs. 4.3 e 4.4 e a Tabela 4.2 apresentam as características principais dos fios e cabos para baixa tensão e as recomendações do fabricante quanto às modalidades de instalação aconselháveis para os vários tipos de cabos.

DA NEXANS

As Figs. 4.5 e 4.6 mostram também, de modo resumido, as características dos fios e cabos para usos comuns em baixa tensão.

4.4 DIMENSIONAMENTO DOS CONDUTORES

Após o cálculo da intensidade da corrente de projeto I_p de um circuito (item 3.6), procede-se ao dimensionamento do condutor capaz de permitir, *sem excessivo aquecimento* e com uma *queda de tensão* predeterminada, a passagem da corrente elétrica. Além disso, os condutores devem ser compatíveis com a *capacidade dos dispositivos de proteção contra sobrecarga* e *curto-circuito*.

Uma vez determinadas as seções possíveis para o condutor, calculadas de acordo com os critérios referidos, escolhe-se em tabela de capacidade de condutores, padronizados e comercializados, o fio ou cabo cuja seção, por excesso, mais se aproxime da seção calculada.

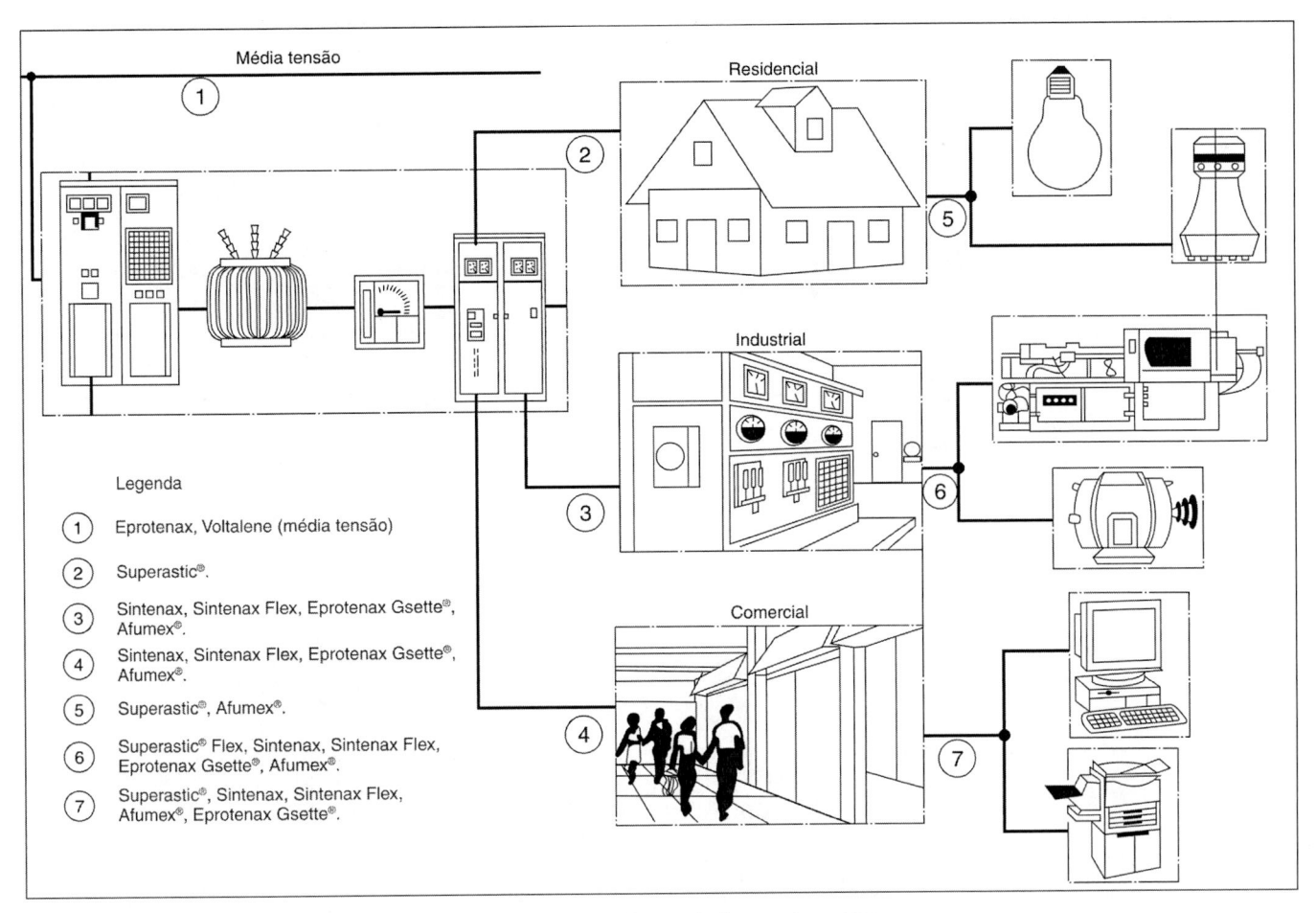

Figura 4.3 Sugestões de uso de fios e cabos elétricos.

Em circuitos de iluminação de grandes áreas industriais, comerciais, de escritórios e nos alimentadores nos quadros terminais, calcula-se a seção dos condutores segundo os critérios do aquecimento e da queda de tensão. Nos alimentadores principais e secundários de elevada carga ou de alta tensão, deve-se proceder à verificação da seção mínima para atender à sobrecarga e à corrente de curto-circuito.

4.4.1 Escolha do Condutor Segundo o Critério do Aquecimento

O condutor não pode ser submetido a um aquecimento exagerado provocado pela passagem da corrente elétrica, pois a isolação e a cobertura do condutor poderiam ser danificadas. Entre os fatores que devem ser considerados na escolha da seção de um fio ou cabo, supostamente operando em condições de aquecimento normais, destacam-se:

- O tipo de isolação e de cobertura do condutor.
- O número de condutores carregados, isto é, de condutores vivos, efetivamente percorridos pela corrente.
- A maneira de instalar os cabos.
- A proximidade de outros condutores e cabos.
- A temperatura ambiente ou a do solo (se o cabo for enterrado diretamente no mesmo).

4.4.1.1 Tipo de isolação

Em primeiro lugar, temos que escolher o ***tipo de isolação***, de acordo com as temperaturas de regime constante de operações e de sobrecarga. Podemos usar a Tabela 4.3. Em instalações prediais convencionais, usa-se, em geral, os fios e cabos com isolação de PVC.

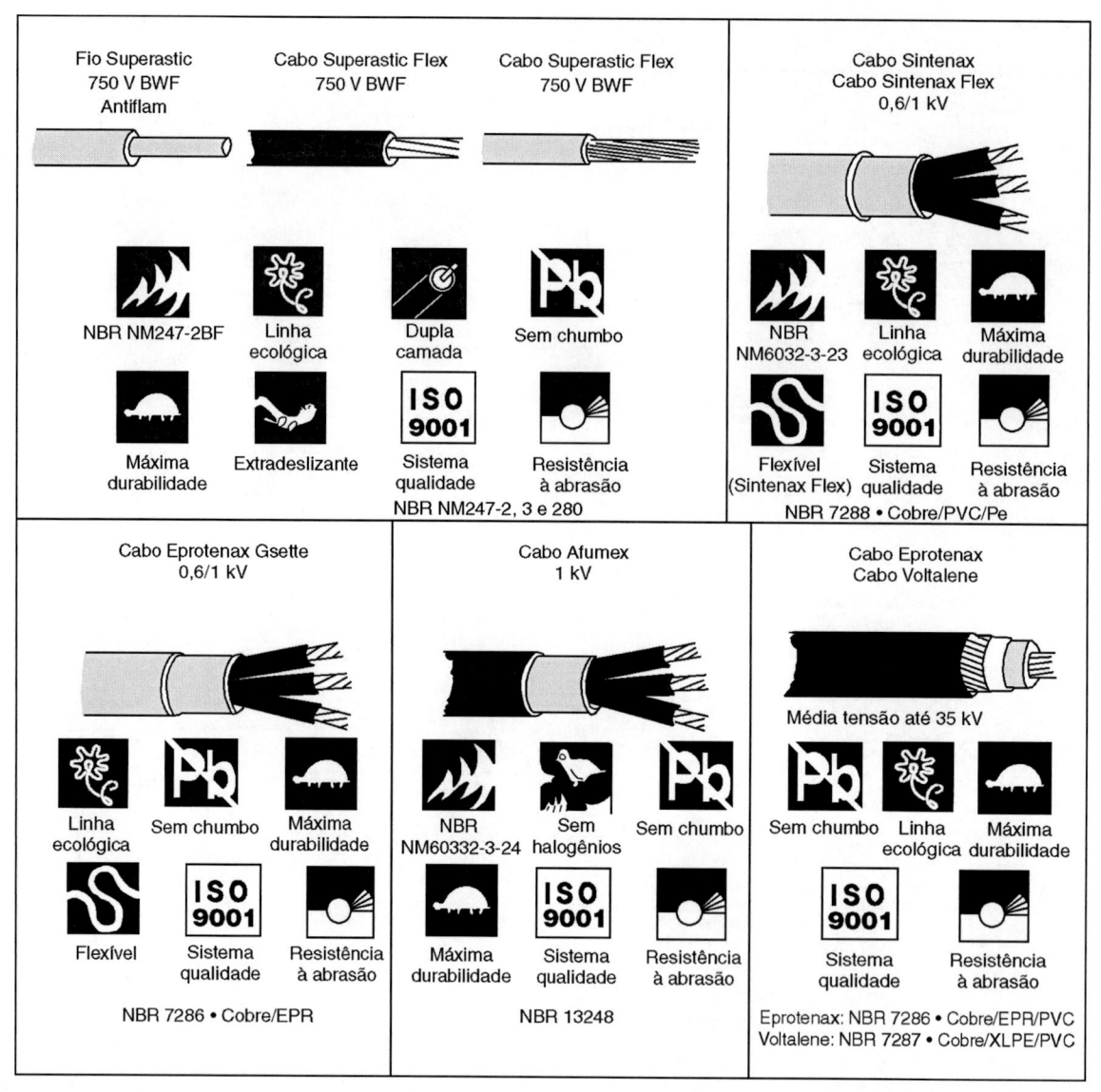

Figura 4.4 Fios e cabos elétricos Prysmian.

4.4.1.2 Número de condutores a considerar

Podemos ter:

* 2 condutores carregados: F-N (fase-neutro) ou F-F (fase-fase).
* 3 condutores carregados. Apresentam-se como:
  a) $2F$-N;
  b) $3F$;
  c) $3F$-N (supondo o sistema de circuito equilibrado).
* 4 condutores carregados: $3F$-N.

É o caso, por exemplo, de circuito alimentando quadro terminal cuja potência exige alimentação trifásica com neutro.

4.4.1.3 Maneira segundo a qual o cabo será instalado

Pela Tabela 4.4 identificamos a "letra" e o "número" correspondentes à maneira de instalação do cabo. Por exemplo: se tivermos condutores isolados ou cabos unipolares em eletroduto de seção circular embutido em alvenaria, o código será B1-7.

Tabela 4.2 Fios e cabos Prysmian

		Nome	Bitola	Tipo	Isolação	Cobertura	Tensão nominal	Temp. Uso contínuo	Temp. sobrecarga	Temp. de curto-circuito
Fios e cabos		Superastic® BWF Antiflam	Fios até 10 mm² Cabos até 500 mm²	Condutor isolado	PVC	–	750 V	70 °C	100 °C	160 °C
Cabo flexível		Superastic® BWF Antiflam	Até 240 mm²	Condutor isolado	PVC	–	750 V	70 °C	100 °C	160 °C
Cabos		Sintenax Antiflam	Até 1 × 1 000 mm² ou 4 × 300 mm²	Unipolar Multipolar	PVC	PVC	0,6/1 kV	70 °C	100 °C	160 °C
Cabos		Voltalene	Até 1× 1 000 mm² ou 3 × 300 mm²	Unipolar Tripolar	XLPE Polietileno Reticulado	–	0,6/1 kV	90 °C	130 °C	250 °C
Cabos		Eprotenax Gsette®	Até 1 × 500 mm² ou 3 × 300 mm² 4 × 50 mm²	Unipolar Multipolar	Termofixo HEPR	PVC	0,6/1 kV	90 °C	130 °C	250 °C
Cabos		Eprotenax Gsette®	Até 1 × 240 mm² ou 3 × 240 mm² 4 × 240 mm²	Unipolar Multipolar	HEPR	PVC	0,6/1 kV	90 °C	130 °C	250 °C
Cabos		Afumex®	Até 1 × 300 mm² ou 4 × 35 mm²	Unipolar Multipolar	HEPR	Poliolifina não halogenada	0,6/1 kV	90 °C	130 °C	250 °C
Cabos		PP– Cordplast	Até 4 × 10 mm²	Multipolar	PVC	PVC	450/750 V	70 °C	100 °C	160 °C

Cabo	Nome	Aplicação	Condutor	Isolação	Tensão	Norma NBR
	Fios e cabos Noflam Antichama	Instalações industriais, residenciais e comerciais	Cobre	PVC (70 °C)	750 V	6148
	Cabos Conduflex	Alimentação de máquinas e equipamentos móveis portáteis, de pequeno porte.	Cobre	PVC (70 °C)	750 V	8762
	Cordão torcido e cordão paralelo	Alimentação de aparelhos, máquinas portáteis, lustres e luminárias pendentes	Cobre	PVC (70 °C)	300 V	13240
	Cabo TPK 105 °C	Para lides internos de motores e outros tipos de equipamentos	Cobre	PVC (70 °C)	750 V	9117
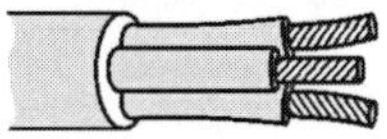	Cabos chumbo BWF	Instalações internas aparentes, ao longo de paredes ou forros	Cobre	PVC (70 °C)	750 V	8661
	Fio e cabo WPP	Sistemas de distribuição em linhas de distribuição.	Cobre ou Alumínio			6524
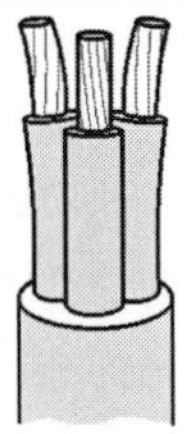	Cabo vinil	Sistema de distribuição subterrânea, instalação em sistemas residenciais urbanos, comerciais, industriais, estações geradoras e de distribuição secundária.	Cobre	PVC (70 °C)	0,6/1 kV	7288

Figura 4.5 Nexans – linha básica para baixa tensão.

Cabo	Nome	Aplicação	Condutor	Isolação	Tensão	Norma NBR
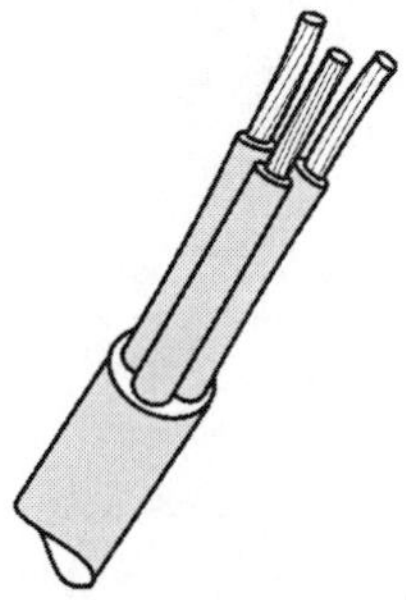	Cabo FIBEP	Sistemas de distribuição subterrânea. Instalação em sistemas residenciais urbanos, comerciais, industriais para o transporte de grandes blocos de potência, com grande confiabilidade proporcionada pela elevada estabilidade térmica de isolações termofixas.	Cobre	EPR (90 °C)	0,6/1 kV	7286
	Cabo FIPEX			XLPE (90 °C)		7287
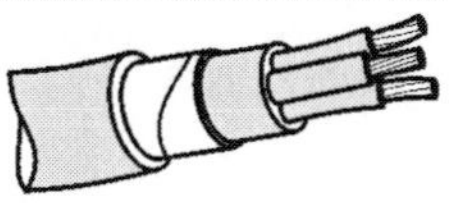	FICOM-F	Circuitos de comando, controle, proteção e sinalização até 1 kV.	Cobre	PVC (70 °C)	Até 1 kV	7289
	FICOM B-F			PVC (70 °C) com blindagem		
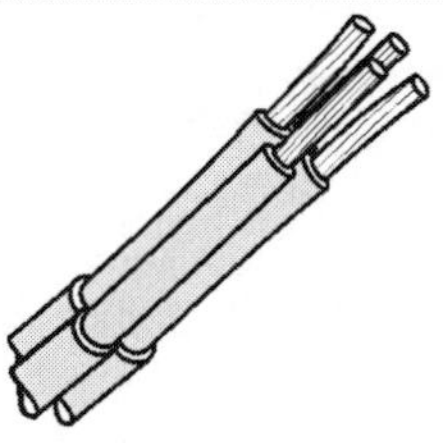	Cabo FIBEP AFITOX	Cabos não halogenados para locais onde haja riscos de incêndio, com alta densidade de ocupação populacional e/ou condições de fuga difíceis, conforme NBR 5410:2004 (versão corrigida em 2008).	Cobre	EPR-AFITOX (90 °C)	0,6/1 kV	13248
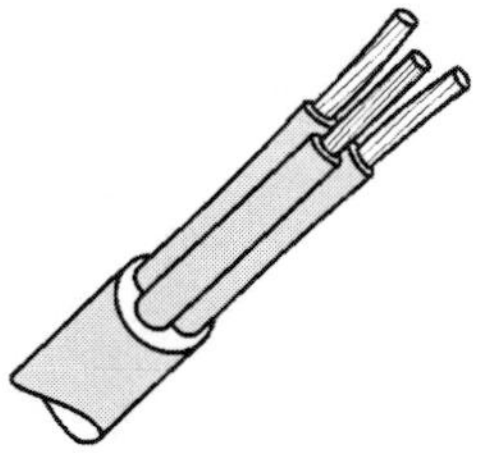	Cabo AFITOX SM	Cabos não halogenados para circuitos de segurança máxima, de potência ou controle que devem operar em condições de incêndio, conforme NBR 5410:2004 (versão corrigida em 2008).	Cobre	EPR-AFITOX (90 °C)	Até 1 kV	13418

Figura 4.6 Nexans – linha básica para baixa tensão.

Tabela 4.3 Temperaturas admissíveis no condutor, supondo a temperatura ambiente de 30 °C

	Temperatura de operação em regime contínuo	Temperatura de sobrecarga	Temperatura de curto-circuito
PVC Cloreto de polivinila	70 °C	100 °C	160 °C
PET Polietileno	70 °C	90 °C	150 °C
XLPE Polietileno reticulado	90 °C	130 °C	250 °C
EPR Borracha etilenopropileno	90 °C	130 °C	250 °C

4.4.1.4 Bitola do condutor supondo uma temperatura ambiente de 30 °C

Entramos com o valor da corrente (ampères) na Tabela 4.5a, se a isolação for de PVC – 70 °C, e na Tabela 4.5b se for de etilenopropileno (EPR) ou polietileno termofixo (XLPE) – 90 °C. Obtemos, assim, a bitola do condutor. Ao entrarmos com o valor da corrente de projeto I_p na tabela, devemos considerar se os condutores são de cobre ou de alumínio; se são dois ou três condutores; e se a maneira de instalar corresponde às letras da Tabela 4.4 com seus respectivos números, quando houver.

EXEMPLO 4.1

Suponhamos que temos:
I_p = 170 A, três condutores carregados, instalação em eletroduto, temperatura a considerar = 50 °C e temperatura ambiente = 30 °C.
Usaremos três condutores de cobre, cobertura de PVC, 70 °C.
Modalidade de instalação: eletroduto embutido em alvenaria.

4.4.1.5 Correções a introduzir no dimensionamento dos cabos

São três as correções que eventualmente deveremos fazer, e a cada uma corresponderá um fator de correção k:

a) *Correção de temperatura*, se a temperatura ambiente (ou do solo) for diferente daquela para a qual as tabelas foram estabelecidas. Obtém-se o fator k_1 na Tabela 4.6.

b) *Agrupamento de condutores*, quando forem mais de três condutores carregados. O fator k_2 se acha na Tabela 4.7.

c) *Agrupamento de eletrodutos*. O fator k_3 é obtido na Tabela 4.8.

A corrente de projeto I_p deverá ser corrigida caso ocorram uma ou mais das condições acima, de modo que a corrente a considerar será uma corrente hipotética I'_p, dada por:

$$I'_p = \frac{I_p}{k_1} \text{ ou } \frac{I_p}{k_1 \times k_2} \text{ ou } \frac{I_p}{k_1 \times k_2 \times k_3}$$

Com esse valor de I'_p, entramos na Tabela 4.5 ou 4.6 para escolhermos o cabo.

Em instalações industriais, é comum usarem-se bandejas perfuradas ou prateleiras para suporte de cabos em uma camada. Na determinação do fator de correção k_2, usa-se a Tabela 4.9 para o caso de cabos unipolares e a Tabela 4.10 para o de cabos multipolares dispostos em bandejas horizontais ou verticais.

Quando se colocam eletrodutos próximos uns dos outros, deve-se introduzir uma correção utilizando o fator de correção k_3. Temos a considerar duas hipóteses:

a) Os *eletrodutos* acham-se ao *ar livre*, podendo estar dispostos horizontal ou verticalmente. Usa-se a Tabela 4.13.

b) Os *eletrodutos* acham-se *embutidos* ou *enterrados*. Usa-se a Tabela 4.14.

Tabela 4.4 Tipos de linhas elétricas (NBR 5410:2004, versão corrigida em 2008)

Método de instalação número	Esquema ilustrativo	Descrição	Método de referência a utilizar para a capacidade de condução de corrente[1]
1	Face interna	Condutores isolados ou cabos unipolares em eletroduto de seção circular embutido em parede termicamente isolante[2]	A1
2	Face interna	Cabo multipolar em eletroduto de seção circular embutido em parede termicamente isolante[2]	A2
3		Condutores isolados ou cabos unipolares em eletroduto aparente de seção circular sobre parede ou espaçado desta menos de 0,3 vez o diâmetro do eletroduto	B1
4		Cabo multipolar em eletroduto aparente de seção circular sobre parede ou espaçado desta menos de 0,3 vez o diâmetro do eletroduto	B2
5		Condutores isolados ou cabos unipolares em eletroduto aparente de seção não circular sobre parede	B1
6		Cabo multipolar em eletroduto aparente de seção não circular sobre parede	B2
7		Condutores isolados ou cabos unipolares em eletroduto de seção circular embutido em alvenaria	B1
8		Cabo multipolar em eletroduto de seção circular embutido em alvenaria	B2
11		Cabos unipolares ou cabo multipolar sobre parede ou espaçado desta menos de 0,3 vez o diâmetro do cabo	C
11A		Cabos unipolares ou cabo multipolar fixado diretamente no teto	C
11B		Cabos unipolares ou cabo multipolar afastado do teto mais de 0,3 vez o diâmetro do cabo	C
12		Cabos unipolares ou cabo multipolar em bandeja não perfurada, perfilado ou prateleira[3]	C

(continua)

Tabela 4.4 Tipos de linhas elétricas (NBR 5410:2004, versão corrigida em 2008) (*Continuação*)

Método de instalação número	Esquema ilustrativo	Descrição	Método de referência a utilizar para a capacidade de condução de corrente[1]
13		Cabos unipolares ou cabo multipolar em bandeja perfurada, horizontal ou vertical[4]	E (multipolar) F (unipolares)
14		Cabos unipolares ou cabo multipolar sobre suportes horizontais, eletrocalha aramada ou tela	E (multipolar) F (unipolares)
15		Cabos unipolares ou cabo multipolar afastado(s) da parede mais de 0,3 vez o diâmetro do cabo	E (multipolar) F (unipolares)
16		Cabos unipolares ou cabo multipolar em leito	E (multipolar) F (unipolares)
17		Cabos unipolares ou cabo multipolar suspenso(s) por cabo de suporte, incorporado ou não	E (multipolar) F (unipolares)
18		Condutores nus ou isolados sobre isoladores	G
21		Cabos unipolares ou cabos multipolares em espaço de construção,[4] sejam eles lançados diretamente sobre a superfície do espaço de construção, sejam instalados em suportes ou condutos abertos (bandeja, prateleira, tela ou leito) dispostos no espaço de construção[4] [5]	$1,5\,D_e \leq V < 5\,D_e$ B2 $5\,D_e \leq V < 50\,D_e$ B1
22		Condutores isolados em eletroduto de seção circular em espaço de construção[4] [6]	$1,5\,D_e \leq V < 20\,D_e$ B2 $V \geq 20\,D_e$ B1
23		Cabos unipolares ou cabo multipolar em eletroduto de seção circular em espaço de construção[4][6]	B2
24		Condutores isolados em eletroduto de seção não circular ou eletrocalha em espaço de construção[4]	$1,5\,D_e \leq V < 20\,D_e$ B2 $V \geq 20\,D_e$ B1
25		Cabos unipolares ou cabo multipolar em eletroduto de seção não circular ou eletrocalha em espaço de construção[4]	B2
26		Condutores isolados em eletroduto de seção não circular embutido em alvenaria[5]	$1,5 \leq V < 5\,D_e$ B2 $5\,D_e \leq V < 50\,D_e$ B1

(continua)

Tabela 4.4 Tipos de linhas elétricas (NBR 5410:2004, versão corrigida em 2008) (*Continuação*)

Método de instalação número	Esquema ilustrativo	Descrição	Método de referência a utilizar para a capacidade de condução de corrente[1]
27		Cabos unipolares ou cabo multipolar em eletroduto de seção não circular embutido em alvenaria	B2
31 32		Condutores isolados ou cabos unipolares em eletrocalha sobre parede em percurso horizontal ou vertical	B1
31A 32A		Cabo multipolar em eletrocalha sobre parede em percurso horizontal ou vertical	B2
33		Condutores isolados ou cabos unipolares em canaleta fechada embutida no piso	B1
34		Cabo multipolar em canaleta fechada embutida no piso	B2
35		Condutores isolados ou cabos unipolares em eletrocalha ou perfilado suspensa(o)	B1
36		Cabo multipolar em eletrocalha ou perfilado suspensa(o)	B2
41		Condutores isolados ou cabos unipolares em eletroduto de seção circular contido em canaleta fechada com percurso horizontal ou vertical[6]	$1,5\,D_e \leq V < 20\,D_e$ B2 $V \geq 20\,D_e$ B1
42		Condutores isolados em eletroduto de seção circular contido em canaleta ventilada embutida no piso	B1
43		Cabos unipolares ou cabo multipolar em canaleta ventilada embutida no piso	B1
51		Cabo multipolar embutido diretamente em parede termicamente isolante[1]	A1
52		Cabos unipolares ou cabo multipolar embutido(s) diretamente em alvenaria sem proteção mecânica adicional	C

(continua)

Tabela 4.4 Tipos de linhas elétricas (NBR 5410:2004, versão corrigida em 2008) (*Continuação*)

Método de instalação número	Esquema ilustrativo	Descrição	Método de referência a utilizar para a capacidade de condução de corrente[1]
53		Cabos unipolares ou cabo multipolar embutido(s) diretamente em alvenaria com proteção mecânica adicional	C
61		Cabo multipolar em eletroduto (de seção circular ou não) ou em canaleta não ventilada enterrado(a)	D
61A		Cabos unipolares em eletroduto (de seção circular ou não) ou em canaleta não ventilada enterrado(a)[7]	D
63		Cabos unipolares ou cabo multipolar diretamente enterrado(s), com proteção mecânica adicional[8]	D
71		Condutores isolados ou cabos unipolares em moldura	A1
72		72 – Condutores isolados ou cabos unipolares em canaleta provida de separações sobre parede	B1
72A		72A – Cabo multipolar em canaleta provida de separações sobre parede	B2
73		Condutores isolados em eletroduto, cabos unipolares ou cabo multipolar embutido(s) em caixilho de porta	A1
74		Condutores isolados em eletroduto, cabos unipolares ou cabo multipolar embutido(s) em caixilho de janela	A1
75		75 – Condutores isolados ou cabos unipolares em canaleta embutida em parede	B1
75A		75A – Cabo multipolar em canaleta embutida em parede	B2

Notas:
1) Assume-se que a face interna da parede apresenta uma condutância térmica não inferior a 10 W/m² · K.
2) Admitem-se também condutores isolados em perfilado, desde que nas condições definidas na NBR 5410:2004, versão corrigida em 2008.
3) A capacidade de condução de corrente para bandeja perfurada foi determinada considerando-se que os furos ocupassem no mínimo 30 % da área da bandeja. Se os furos ocuparem menos de 30 % da área da bandeja, ela deve ser considerada como "não perfurada".
4) Conforme a ABNT NBR IEC 60050 (826), os poços, as galerias, os pisos técnicos, os condutos formados por blocos alveolados, os forros falsos, os pisos elevados e os espaços internos existentes em certos tipos de divisórias (como, por exemplo, as paredes de gesso acartonado) são considerados espaços de construção.
5) D_e é o diâmetro externo do cabo, no caso de cabo multipolar. No caso de cabos unipolares ou condutores isolados, distinguem-se duas situações:
   – três cabos unipolares (ou condutores isolados) dispostos em trifólio: D_e deve ser tomado igual a 2,2 vezes o diâmetro ou cabo unipolar ou condutor isolado;
   – três cabos unipolares (ou condutores isolados) agrupados num mesmo plano: D_e deve ser tomado igual a 3 vezes o diâmetro do cabo unipolar ou condutor isolado.
6) D_e é o diâmetro externo do eletroduto, quando de seção circular, ou altura/profundidade do eletroduto de seção não circular ou da eletrocalha.
7) Admite-se também o uso de condutores isolados, desde que nas condições definidas na NBR 5410:2004, versão corrigida em 2008.
8) Admitem-se cabos diretamente enterrados sem proteção mecânica adicional, desde que esses cabos sejam providos de armação. Deve-se notar, porém, que na NBR 5410:2004, versão corrigida em 2008 não são fornecidos valores de capacidade de condução de corrente para cabos armados. Tais capacidades devem ser determinadas como indicado na ABNT NBR 11301.
Obs.: Em linhas ou trechos verticais, quando a ventilação for restrita, deve-se atentar para risco de aumento considerável da temperatura ambiente no topo do trecho vertical.

Tabela 4.5a Capacidades de condução de corrente (NBR 5410:2004, versão corrigida em 2008), em ampères, para os métodos de referência A1, A2, B1, B2, C e D
– condutores isolados, cabos unipolares e multipolares – cobre e alumínio, isolação de PVC; temperatura de 70 °C no condutor;
– temperaturas – 30 °C (ambiente); 20 °C (solo)

Métodos de instalação definidos na Tabela 4.4												
	A1		A2		B1		B2		C		D	
Seções nominais (mm²)	2 Condutores carregados	3 Condutores carregados	2 Condutores carregados	3 Condutores carregados	2 Condutores carregados	3 Condutores carregados	2 Condutores carregados	3 Condutores carregados	2 Condutores carregados	3 Condutores carregados	2 Condutores carregados	3 Condutores carregados
(1)	(2)	(3)	(4)	(5)	(6)	(7)	(8)	(9)	(10)	(11)	(12)	(13)
COBRE – CORRENTES NOMINAIS (A)												
0,5	7	7	7	7	9	8	9	8	10	9	12	10
0,75	9	9	9	9	11	10	11	10	13	11	15	12
1	11	10	11	10	14	12	13	12	15	14	18	15
1,5	14,5	13,5	14	13	17,5	15,5	16,5	15	19,5	17,5	22	18
2,5	19,5	18	18,5	17,5	24	21	23	20	27	24	29	24
4	26	24	25	23	32	28	30	27	36	32	38	31
6	34	31	32	29	41	36	38	34	46	41	47	39
10	46	42	43	39	57	50	52	46	63	57	63	52
16	61	56	57	52	76	68	69	62	85	76	81	67
25	80	73	75	68	101	89	90	80	112	96	104	86
35	99	89	92	83	125	110	111	99	138	119	125	103
50	119	108	110	99	151	134	133	118	168	144	148	122
70	151	136	139	125	192	171	168	149	213	184	183	151
95	182	164	167	150	232	207	201	179	258	223	216	179
120	210	188	192	172	269	239	232	206	299	259	246	203
150	240	216	219	196	309	275	265	236	344	299	278	230
185	273	245	248	223	353	314	300	268	392	341	312	258
240	321	286	291	261	415	370	351	313	461	403	361	297
300	367	328	334	298	477	426	401	368	530	464	408	336
400	438	390	398	355	571	510	477	425	634	557	478	394
500	502	447	456	406	666	587	545	486	729	642	540	445
630	578	514	526	467	758	678	626	559	843	743	614	506
800	669	593	609	540	881	788	723	645	978	865	700	577
1 000	767	679	698	618	1012	906	827	738	1125	996	792	662
ALUMÍNIO – CORRENTES NOMINAIS (A)												
16	48	43	44	41	60	53	54	48	66	59	62	52
25	63	57	58	53	79	70	71	62	83	73	80	66
35	77	70	71	65	97	86	86	77	103	90	96	80
50	93	84	86	78	118	104	104	92	125	110	113	94
70	118	107	108	98	150	133	131	116	160	140	140	117
95	142	129	130	118	181	161	157	139	195	170	166	138
120	164	149	150	135	210	186	181	160	226	197	189	157
150	189	170	172	155	241	214	206	183	261	227	213	178
185	215	194	195	176	275	245	234	208	298	259	240	200
240	252	227	229	207	324	288	274	243	352	305	277	230
300	289	261	263	237	372	331	313	278	406	351	313	260
400	345	311	314	283	446	397	372	331	488	422	366	305
500	396	356	360	324	512	456	425	378	563	486	414	345
630	456	410	416	373	592	527	488	435	653	562	471	391
800	529	475	482	432	687	612	563	502	761	654	537	446
1 000	607	544	552	495	790	704	643	574	878	753	607	505

Tabela 4.5b Capacidades de condução de corrente (NBR 5410:2004, versão corrigida em 2008), em ampères, para os métodos de referência A1, A2, B1, B2, C e D
– condutores isolados, cabos unipolares e multipolares – cobre e alumínio, isolação de EPR ou XLPE, temperatura de 90 °C no condutor;
– temperaturas – 30 °C (ambiente); 20 °C (solo)

Seções nominais (mm²)	Métodos de instalação definidos na Tabela 4.4											
	A1		A2		B1		B2		C		D	
	2 Condutores carregados	3 Condutores carregados	2 Condutores carregados	3 Condutores carregados	2 Condutores carregados	3 Condutores carregados	2 Condutores carregados	3 Condutores carregados	2 Condutores carregados	3 Condutores carregados	2 Condutores carregados	3 Condutores carregados
(1)	(2)	(3)	(4)	(5)	(6)	(7)	(8)	(9)	(10)	(11)	(12)	(13)
COBRE – CORRENTES NOMINAIS (A)												
0,5	10	9	10	9	12	10	11	10	12	11	14	12
0,75	12	11	12	11	15	13	15	13	16	14	18	15
1	15	13	14	13	18	16	17	15	19	17	21	17
1,5	19	17	18,5	16,5	23	20	22	19,5	24	22	26	22
2,5	26	23	25	22	31	28	30	26	33	30	34	29
4	35	31	33	30	42	37	40	35	45	40	44	37
6	45	40	42	38	54	48	51	44	58	52	56	46
10	61	54	57	51	75	66	69	60	80	71	73	61
16	81	73	76	68	100	88	91	80	107	96	95	79
25	106	95	99	89	133	117	119	105	138	119	121	101
35	131	117	121	109	164	144	146	128	171	147	146	122
50	158	141	145	130	198	175	175	154	209	179	173	144
70	200	179	183	164	253	222	221	194	269	229	213	178
95	241	216	220	197	306	269	265	233	328	278	252	211
120	278	249	253	227	354	312	305	268	382	322	287	240
150	318	285	290	259	407	358	349	307	441	371	324	271
185	362	324	329	295	464	408	395	348	506	424	363	304
240	424	380	386	346	546	481	462	407	599	500	419	351
300	486	435	442	396	628	553	529	465	693	576	474	396
400	579	519	527	472	751	661	628	552	835	692	555	464
500	664	595	604	541	864	760	718	631	966	797	627	525
630	765	685	696	623	998	879	825	725	1122	923	711	596
800	885	792	805	721	1158	1020	952	837	1311	1074	811	679
1 000	1 014	908	923	826	1 332	1 173	1 088	957	1 515	1 237	916	767
ALUMÍNIO – CORRENTES NOMINAIS (A)												
16	64	58	60	55	79	71	72	64	84	76	73	61
25	84	76	78	71	105	93	94	84	101	90	93	78
35	103	94	96	87	130	116	115	103	126	112	112	94
50	125	113	115	104	157	140	138	124	154	136	132	112
70	158	142	145	131	200	179	175	156	198	174	163	138
95	191	171	175	157	242	217	210	188	241	211	193	164
120	220	197	201	180	281	251	242	216	280	245	220	186
150	253	225	230	206	323	289	277	248	324	283	249	210
185	288	256	262	233	368	330	314	281	371	323	279	236
240	338	300	307	273	433	389	368	329	439	382	322	272
300	387	344	352	313	499	447	421	377	508	440	364	308
400	462	409	421	372	597	536	500	448	612	529	426	361
500	530	468	483	426	687	617	573	513	707	610	482	408
630	611	538	556	490	794	714	658	590	821	707	547	464
800	708	622	644	566	922	830	760	682	958	824	624	529
1 000	812	712	739	648	1 061	955	870	780	1 108	950	706	598

Tabela 4.5c Capacidades de condução de corrente (NBR 5410:2004, versão corrigida em 2008), em ampères, para os métodos de referência E, F e G
– condutores isolados, cabos unipolares e multipolares – cobre e alumínio, isolação de PVC; temperatura de 70 °C no condutor;
– temperatura ambiente −30 °C

Seções nominais (mm²)	Métodos de instalação definidos na Tabela 4.4						
	E	E	F	F	F	G	G
(1)	(2)	(3)	(4)	(5)	(6)	(7)	(8)
COBRE – CORRENTES NOMINAIS (A)							
0,5	11	9	11	8	9	12	10
0,75	14	12	14	11	11	16	13
1	17	14	17	13	14	19	16
1,5	22	18,5	22	17	18	24	21
2,5	30	25	31	24	25	34	29
4	40	34	41	33	34	45	39
6	51	43	53	43	45	59	51
10	70	60	73	60	63	81	71
16	94	80	99	82	85	110	97
25	119	101	131	110	114	146	130
35	148	126	162	137	143	181	162
50	180	153	196	167	174	219	197
70	232	196	251	216	225	281	254
95	282	238	304	204	275	341	311
120	328	276	352	308	321	396	362
150	379	319	406	356	372	456	419
185	434	364	463	409	427	521	480
240	514	430	546	485	507	615	569
300	593	497	629	561	587	709	659
400	715	597	754	656	689	852	795
500	826	689	868	749	789	982	920
630	958	798	1 005	855	905	1 138	1 070
800	1 118	930	1 169	971	1 119	1 325	1 251
1 000	1 292	1 073	1 346	1 079	1 200	1 528	1 448
ALUMÍNIO – CORRENTES NOMINAIS (A)							
16	73	61	73	62	65	84	73
25	89	78	98	84	87	112	99
35	111	96	122	105	109	189	124
50	135	117	149	128	133	169	152
70	173	150	192	166	173	217	196
95	210	183	235	203	212	265	241
120	244	212	273	237	247	308	282
150	282	245	316	274	287	356	327
185	322	280	363	315	330	407	376
240	380	330	430	375	392	482	447
300	439	381	497	434	455	557	519
400	528	458	600	526	552	671	629
500	608	528	694	610	640	775	730
630	705	613	808	711	640	775	730
800	822	714	944	832	875	1 050	1 000
1 000	948	823	1 092	965	1 015	1 213	1 161

Tabela 4.5d Capacidades de condução de corrente (NBR 5410:2004, versão corrigida em 2008), em ampères, para os métodos de referência E, F e G
– condutores isolados, cabos unipolares e multipolares – cobre e alumínio, isolação de EPR ou XLPE; temperatura de 90 °C no condutor; – temperatura ambiente −30 °C

Seções nominais (mm²)	Métodos de instalação definidos na Tabela 4.4						
	E	E	F	F	F	G	G
(1)	(2)	(3)	(4)	(5)	(6)	(7)	(8)
COBRE – CORRENTES NOMINAIS (A)							
0,5	13	12	13	10	10	15	12
0,75	17	15	17	13	14	19	16
1	21	18	21	16	17	23	19
1,5	26	23	27	21	22	30	25
2,5	36	32	37	29	30	41	35
4	49	42	50	40	42	56	48
6	63	54	65	63	55	73	63
10	86	75	90	74	77	101	88
16	115	100	121	101	105	137	120
25	149	127	161	135	141	182	161
35	185	158	200	169	176	226	201
50	225	192	242	207	216	275	246
70	289	246	310	268	279	353	318
95	352	298	377	328	342	430	389
120	410	346	437	383	400	500	454
150	473	399	504	444	464	577	527
185	542	456	575	510	533	661	605
240	641	538	679	607	634	781	719
300	741	621	783	703	736	902	833
400	892	745	940	823	868	1 085	1 008
500	1 030	859	1 083	946	998	1 253	1 169
630	1 196	995	1 254	1 088	1 151	1454	1 362
800	1 396	1 159	1 460	1 252	1 328	1 696	1 595
1 000	1 613	1 336	1 683	1 420	1 511	1 958	1 849
ALUMÍNIO – CORRENTES NOMINAIS (A)							
16	91	77	90	76	79	103	90
25	108	97	121	103	107	138	122
36	135	120	150	129	135	172	153
50	164	146	184	159	165	210	188
70	211	187	237	206	215	271	244
96	257	227	289	253	264	332	300
120	300	263	337	296	308	387	351
160	346	304	389	343	358	448	408
185	397	347	447	395	413	515	470
240	470	409	530	471	492	611	561
300	543	471	613	547	571	708	652
400	654	566	740	663	694	856	792
500	756	652	856	770	806	991	921
630	879	755	996	899	942	1 154	1 077
800	1 026	879	1 164	1 056	1 106	1 351	1 266
1 000	1 186	1 012	1 347	1 226	1 285	1 565	1 472

Tabela 4.6 Fatores de correção para temperaturas ambientes diferentes de 30 °C para cabos não enterrados e de 20 °C (temperatura do solo) para cabos enterrados – k_1

		Isolação	
	Temperatura (°C)	PVC	EPR ou XLPE
Ambiente	10	1,22	1,15
	15	1,17	1,12
	20	1,12	1,08
	25	1,06	1,04
	35	0,94	0,96
	40	0,87	0,91
	45	0,79	0,87
	50	0,71	0,82
	55	0,61	0,76
	60	0,50	0,71
	65	–	0,65
	70	–	0,58
	75	–	0,50
	80	–	0,41
Do solo	10	1,10	1,07
	15	1,05	1,04
	25	0,95	0,96
	30	0,89	0,93
	35	0,84	0,89
	40	0,77	0,85
	45	0,71	0,80
	50	0,63	0,76
	55	0,55	0,71
	60	0,45	0,65
	65	–	0,60
	70	–	0,53
	75	–	0,46
	80	–	0,38

Tabela 4.7 Fatores de correção k_2 para agrupamento de circuitos ou cabos multipolares, aplicáveis aos valores de capacidade de condução de corrente

Item	Disposição dos cabos justapostos	Número de circuitos ou de cabos multipolares												Tabelas dos métodos de referência
		1	2	3	4	5	6	7	8	9 a 11	12 a 15	16 a 19	≥ 20	
1	Feixe de cabos ao ar livre ou sobre superfície; cabos em condutos fechados	1,00	0,80	0,70	0,65	0,60	0,57	0,54	0,52	0,50	0,45	0,41	0,38	4.5 (métodos A a F)
2	Camada única sobre parede, piso, ou em bandeja não perfurada ou prateleira	1,00	0,85	0,79	0,75	0,73	0,72	0,72	0,71	0,70				4.5a e 4.5b (método C)
3	Camada única no teto	0,95	0,81	0,72	0,68	0,66	0,64	0,63	0,62	0,61				4.5c e 4.5d (métodos E e F)
4	Camada única em bandeja perfurada	1,00	0,88	0,82	0,77	0,75	0,73	0,73	0,72	0,72				
5	Camada única em leito, suporte	1,00	0,87	0,82	0,80	0,80	0,79	0,79	0,78	0,78				

Notas:
1) Esses fatores são aplicáveis a grupos de cabos uniformemente carregados.
2) Quando a distância horizontal entre cabos adjacentes for superior ao dobro de seu diâmetro externo, não é necessário aplicar nenhum fator de redução.
3) Os mesmos fatores de correção são aplicáveis a:
   – grupos de 2 ou 3 condutores isolados ou cabos unipolares;
   – cabos multipolares.
4) Se um agrupamento é constituído tanto de cabos bipolares como de cabos tripolares, o número total de cabos é tomado igual ao número de circuitos e o fator de correção correspondente é aplicado às tabelas de 2 condutores carregados, para os cabos bipolares, e às tabelas de 3 condutores carregados, para os cabos tripolares.
5) Se um agrupamento consiste em N condutores isolados ou cabos unipolares, pode-se considerar tanto $N/2$ circuitos com 2 condutores carregados como $N/3$ circuitos com 3 condutores carregados.
6) Os valores indicados são médios para a faixa usual de seções nominais, com dispersão geralmente inferior a 5 %.

Tabela 4.8 Ocupação máxima dos eletrodutos de aço por condutores isolados com PVC (tabela de cabos Superastic)

Seção nominal (mm²)	Número de condutores no eletroduto								
	2	3	4	5	6	7	8	9	10
	Tamanho nominal do eletroduto (mm)								
1,5	16	16	16	16	16	16	20	20	20
2,5	16	16	16	20	20	20	20	25	25
4	16	16	20	20	20	25	25	25	25
6	16	20	20	25	25	25	25	31	31
10	20	20	25	25	31	31	31	31	41
16	20	25	25	31	31	41	41	41	41
25	25	31	31	41	41	41	47	47	47
35	25	31	41	41	41	47	59	59	59
50	31	41	41	47	59	59	59	75	75
70	41	41	47	59	75	75	75	75	75
95	41	47	59	59	75	75	75	88	88
120	41	59	59	75	75	75	88	88	88
150	47	59	75	75	88	88	100	100	100
185	59	75	75	88	88	100	100	113	113
240	59	75	88	100	100	113	113	–	–

EXEMPLO 4.2

Um circuito de 1 200 W de iluminação e tomadas de uso geral, de fase e neutro, passa no interior de um eletroduto embutido de PVC, juntamente com outros quatro condutores isolados de outros circuitos em cobre, PVC = 70 °C. A temperatura ambiente é de 35 °C. A tensão é de 120 volts. Determinar a seção do condutor.

Solução

- Corrente $I_p = \dfrac{1\ 200\ W}{120\ V} = 10\ A$.

- Consideremos fio com cobertura de PVC: Superastic.
- Correção de temperatura.

   Para $t = 35$ °C, obtemos, na Tabela 4.6: $k_1 = 0,94$

- Correção de agrupamento de condutores.

Temos, ao todo, seis condutores carregados, isto é, três circuitos monofásicos. No item 1 da Tabela 4.7, podemos ler que, para cabos em condutos fechados correspondendo à coluna 3 da tabela, obtemos o fator de correção k_2 igual a 0,70 para três circuitos.

A corrente corrigida será: $I_p \div (k_1 \times k_2) = 10 \div (0,94 \times 0,70) = 15,2\ A$

Na Tabela 4.4, acha-se o nº 7 referente a "condutores isolados ou cabos unipolares em eletroduto de seção circular embutido em alvenaria".

Na Tabela 4.5a temos o método de referência "B1" e "dois condutores carregados", para corrente de 17,5 A (valor mais próximo de 15,2 A), condutor de seção nominal de 1,5 mm².

Vê-se, portanto, que para circuitos internos de iluminação de 1 200 W em apartamentos, derivando do quadro terminal de luz, considerando apenas os efeitos de aquecimento e agrupamento de condutores, o condutor de 1,5 mm² é suficiente, dispensando o cálculo de circuito por circuito.

A Tabela 4.15 fornece o diâmetro adequado de eletroduto para atender ao aquecimento, de modo que os condutores ocupem menos de 1/3 da seção do eletroduto, não havendo necessidade de se fazer a correção do eletroduto de proteção dos condutores, pois k_2 será igual a 1.

Tabela 4.9 Fatores de correção para o agrupamento de circuitos constituídos por cabos unipolares, aplicáveis aos valores referentes a cabos unipolares ao ar livre – Método de referência F nas Tabelas 4.5b e 4.5c

Método de instalação da Tabela 4.4			Número de bandejas ou leitos	Número de circuitos trifásicos (nota 5)			Utilizar como multiplicador para a coluna
				1	2	3	
Bandejas horizontais perfuradas (Nota 3)	13	Contíguos ≥ 20 mm	1	0,98	0,91	0,87	6
			2	0,96	0,87	0,81	
			3	0,95	0,85	0,78	
Bandejas verticais perfuradas (Nota 4)	13	Contíguos ≥ 225 mm	1	0,96	0,86	–	6
			2	0,95	0,84	–	
Leitos, suportes horizontais etc. (Nota 3)	14 15 16	Contíguos ≥ 20 mm	1	1,00	0,97	0,96	6
			2	0,98	0,93	0,89	
			3	0,97	0,90	0,86	
Bandejas horizontais perfuradas (Nota 3)	13	Espaçados ≥2D_e D_e ≥ 20 mm	1	1,00	0,98	0,96	5
			2	0,97	0,93	0,89	
			3	0,96	0,92	0,86	
Bandejas verticais perfuradas (Nota 4)	13	Espaçados ≥ 225 mm ≥2D_e D_e	1	1,00	0,91	0,89	5
			2	1,00	0,90	0,86	
Leitos, suportes horizontais etc. (Nota 3)	14 15 16	Espaçados ≥2D_e D_e ≥ 20 mm	1	1,00	1,00	1,00	5
			2	0,97	0,95	0,93	
			3	0,96	0,94	0,90	

Notas:
1) Os valores indicados são médios para os tipos de cabos e a faixa de seções das Tabelas 4.5c e 4.5d.
2) Os fatores são aplicáveis a cabos agrupados em uma única camada, como mostrado acima, e não se aplicam a cabos dispostos em mais de uma camada. Os valores para tais disposições podem ser sensivelmente inferiores e devem ser determinados por um método adequado; pode ser utilizada a Tabela 4.13.

EXEMPLO 4.3

Em uma instalação industrial, em local onde a temperatura é de 45 °C, devem passar, em um eletroduto aparente, dois circuitos de três cabos unipolares, sendo a corrente de projeto, em cada condutor, de 36 A. O eletroduto é fixado, junto com outros quatro, horizontalmente, em bandejas. Dimensionar os condutores.

Solução

- Consideremos o cabo com cobertura de PVC/70.
- Correção da temperatura.

  Para $t = 50$ °C, obtemos na Tabela 4.6, $k_1 = 0,71$

- Correção de agrupamento de condutores.

  Temos, ao todo, seis condutores carregados no eletroduto.
  Na Tabela 4.7, obtemos $k_2 = 0,70$, referindo-se a 3 circuitos monofásicos (6 cabos).

Tabela 4.10 Fatores de correção para o agrupamento de cabos multipolares, aplicáveis aos valores referentes a cabos multipolares ao ar livre – Método de referência E nas Tabelas 4.5c e 4.5d

Método de instalação da Tabela 4.4			Número de bandejas ou leitos	Número de cabos					
				1	2	3	4	6	9
Bandejas horizontais perfuradas (Nota 3)	13	Contíguos	1	1,00	0,88	0,82	0,79	0,76	0,73
			2	1,00	0,87	0,80	0,77	0,73	0,68
			3	1,00	0,86	0,79	0,76	0,71	0,66
		Espaçados	1	1,00	1,00	0,98	0,95	0,91	–
			2	1,00	0,99	0,96	0,92	0,87	–
			3	1,00	0,98	0,95	0,91	0,85	–
Bandejas verticais perfuradas (Nota 4)	13	Contíguos	1	1,00	0,88	0,82	0,78	0,73	0,72
			2	1,00	0,88	0,81	0,76	0,71	0,70
		Espaçados	1	1,00	0,91	0,89	0,88	0,87	–
			2	1,00	0,91	0,88	0,87	0,85	–
Leitos, suportes horizontais etc. (Nota 3)	14 15 16	Contíguos	1	1,00	0,87	0,82	0,80	0,79	0,78
			2	1,00	0,86	0,80	0,78	0,76	0,73
			3	1,00	0,85	0,79	0,76	0,73	0,70
		Espaçados	1	1,00	1,00	1,00	1,00	1,00	–
			2	1,00	0,99	0,98	0,97	0,96	–
			3	1,00	0,98	0,97	0,96	0,93	–

Notas:
1) Os valores indicados são médios para os tipos de cabos e a faixa de seções das Tabelas 4.5c e 4.5d.
2) Os fatores são aplicáveis a cabos agrupados em uma única camada, como mostrado acima, e não se aplicam a cabos dispostos em mais de uma camada. Os valores para tais disposições podem ser sensivelmente inferiores e devem ser determinados por um método adequado; pode ser utilizada a Tabela 4.13.
3) Os valores são indicados para uma distância vertical entre bandejas ou leitos de 300 mm. Para distâncias menores, os fatores devem ser reduzidos.
4) Os valores são indicados para uma distância horizontal entre bandejas de 225 mm, estando estas montadas fundo a fundo. Para espaçamentos inferiores, os fatores devem ser reduzidos.

- Correção de agrupamento de eletrodutos aparentes.

  Na Tabela 4.13 vemos que, para quatro eletrodutos dispostos horizontalmente, $k_3 = 0,88$.

- Corrente de projeto, corrigida.

$$I'_p = I_p \div (k_1 \times k_2 \times k_3) \rightarrow I'_p = 36 \div (0,71 \times 0,70 \times 0,88) \rightarrow I'_p = 36 \div 0,438 = 82,2 \text{ A}$$

- Seção do condutor.

  Pela Tabela 4.5a, referente a PVC/70, vemos que para a maneira de montagem "B1" (cabos isolados dentro de eletroduto, em montagem aparente) e dois condutores carregados, o condutor de 25 mm^2 tem capacidade para 101 A, valor que, por excesso, mais se aproxima do valor calculado de 82,2 A.

Tabela 4.11 Fatores de agrupamento para mais de um circuito – Cabos unipolares ou cabos multipolares diretamente enterrados (método de referência D)

Número de circuitos	Distâncias entre cabos[1] (a)				
	Nula	1 Diâmetro de cabo	0,125 m	0,25 m	0,5 m
2	0,75	0,80	0,85	0,90	0,90
3	0,65	0,70	0,75	0,80	0,85
4	0,60	0,60	0,70	0,75	0,80
5	0,55	0,55	0,65	0,70	0,80
6	0,50	0,55	0,60	0,70	0,80

[1]Cabos multipolares | Cabos unipolares

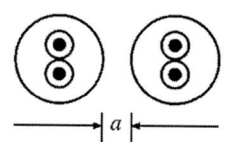 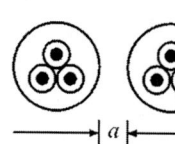 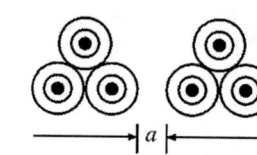 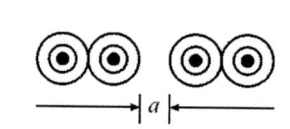

Nota:

1) Os valores indicados são aplicáveis para uma profundidade de 0,7 m e uma resistividade térmica do solo de 2,5 K · m/W. São valores médios para as dimensões dos cabos constantes nas Tabelas 4.5a e 4.5b. Os valores médios arredondados podem apresentar erros de 10 % em certos casos. Se forem necessários valores mais precisos, deve-se recorrer à NBR 11301.

Tabela 4.12 Fatores de agrupamento para mais de um circuito – Cabos em eletrodutos diretamente enterrados

Número de circuitos	Cabos multipolares em eletrodutos – um cabo por eletroduto			
	Espaçamento entre eletrodutos[1] (a)			
	Nulo	0,25 m	0,5 m	1,0 m
2	0,85	0,90	0,95	0,95
3	0,75	0,85	0,90	0,95
4	0,70	0,80	0,85	0,90
5	0,65	0,80	0,85	0,90
6	0,60	0,80	0,80	0,80
Número de circuitos (2 ou 3 cabos)	**Cabos unipolares em eletrodutos – um cabo por eletroduto**			
	Espaçamento entre eletrodutos[1] (a)			
	Nulo	0,25 m	0,5 m	1,0 m
2	0,80	0,90	0,90	0,95
3	0,70	0,80	0,85	0,90
4	0,65	0,75	0,80	0,90
5	0,60	0,70	0,80	0,90
6	0,60	0,70	0,80	0,90

[1]Cabos multipolares | Cabos unipolares

Nota:

1) Os valores indicados são aplicáveis para uma profundidade de 0,7 m e uma resistividade térmica do solo de 2,5 K · m/W. São valores médios para as dimensões dos cabos constantes nas Tabelas 4.5a e 4.5b. Os valores médios arredondados podem apresentar erros de 10 % em certos casos. Se forem necessários valores mais precisos, deve-se recorrer à NBR 11301.

Tabela 4.13   Fatores k_3 de correção em função do número de eletrodutos ao ar livre

Número de eletrodutos dispostos verticalmente	Número de eletrodutos dispostos horizontalmente					
	1	**2**	**3**	**4**	**5**	**6**
1	1,00	0,94	0,91	0,88	0,87	0,86
2	0,92	0,87	0,84	0,81	0,80	0,79
3	0,85	0,81	0,78	0,76	0,75	0,74
4	0,82	0,78	0,78	0,73	0,72	0,72
5	0,80	0,76	0,72	0,71	0,70	0,70
6	0,79	0,75	0,71	0,70	0,69	0,68

Tabela 4.14   Fatores k_4 de correção em função do número de eletrodutos enterrados ou embutidos

Número de eletrodutos dispostos verticalmente	Número de eletrodutos dispostos horizontalmente					
	1	**2**	**3**	**4**	**5**	**6**
1	1,00	0,87	0,77	0,72	0,68	0,65
2	0,87	0,71	0,62	0,57	0,53	0,50
3	0,77	0,62	0,53	0,48	0,45	0,42
4	0,72	0,57	0,48	0,44	0,40	0,38
5	0,68	0,53	0,45	0,40	0,37	0,35
6	0,65	0,50	0,42	0,38	0,35	0,32

Exemplo 4.4

Em um eletroduto passam três circuitos carregados. Um dos circuitos trifásicos transporta uma corrente de projeto de 25 A. O eletroduto acha-se embutido horizontal e espaçadamente ao lado de três outros. A temperatura ambiente é de 40 °C. Dimensionar o condutor do referido circuito.

Solução

- Tipo de cabo. Cobertura PVC/70.
- Correção de temperatura.

  Para $t = 40$ °C, obtemos, na Tabela 4.6, $k_1 = 0,87$.

- Correção de agrupamento de condutores.

  Temos, ao todo, no eletroduto, nove condutores carregados.
  Na Tabela 4.7, obtemos, para 10 condutores, $k_2 = 0,50$.

- Correção de agrupamento de eletrodutos embutidos.

  Na Tabela 4.14, vemos que, para quatro eletrodutos embutidos, um ao lado do outro, o fator de correção é $k_4 = 0,72$.

- Corrente do projeto, corrigida.

$$I'_p = I_p \div (k_1 \times k_2 \times k_4) \rightarrow I'_p = 25 \div (0,87 \times 0,50 \times 0,72) = 79,7\,\text{A}$$

- Seção do condutor.

  Pela Tabela 4.5a referente a PVC/70, para a maneira de montagem "B1" (cabos isolados dentro de eletrodutos embutidos) e dois condutores carregados, o condutor de 25 mm², com capacidade de 89 A, pode ser empregado.

EXEMPLO 4.5

Em uma instalação industrial pretende-se colocar, instalado em uma bandeja ventilada horizontal, um cabo tripolar ao lado de quatro outros. A temperatura ambiente é de 50 °C. A corrente de projeto é de 86 A.

Solução

- Consideremos o cabo PVC/70, tripolar de cobre.
- Correção da temperatura.

    Para $t = 50$ °C, pela Tabela 4.6, $k_1 = 0,71$.

- Correção de agrupamento de condutores.

    Temos, ao todo, cinco condutores carregados, na bandeja.
    Pela Tabela 4.10, vemos que, para cinco cabos multipolares em bandejas perfuradas horizontais e colocados espaçadamente, $k_2 = 0,91$.
- Corrente de projeto corrigida.

$$I'_p = I_p \div k_1 \times k_2 = 86 \div (0,71 \times 0,91) = 133,2 \text{ A}$$

- Seção do condutor.

Na Tabela 4.4, "cabos multipolares em bandejas perfuradas" são designados pela letra "E". Conforme nota anterior, devemos considerar esta como disposição ao ar livre multiplicada pelo fator de correção inerente ao problema. Então, na Tabela 4.5c, vemos que, na coluna referente aos cabos tripolares, o cabo com seção nominal de 50 mm^2 é o que por excesso mais se aproxima do valor $I'_p = 133,2$ A. Como devemos ainda multiplicar este valor pelo fator de correção k_2 então 153 A $\times$ 0,91 = 139,3 A, que ainda nos leva a usar o condutor de 50 mm^2.

4.5 NÚMERO DE CONDUTORES ISOLADOS NO INTERIOR DE UM ELETRODUTO

O eletroduto é um elemento de linha elétrica fechada, de seção circular ou não, destinado a conter condutores elétricos, permitindo tanto a enfiação como a retirada por puxamento, e é caracterizado pelo seu ***diâmetro nominal*** ou diâmetro externo (em mm).
Existem:

- Eletrodutos flexíveis metálicos, que não devem ser embutidos.
- Eletrodutos rígidos (de aço ou de PVC), e semirrígidos (de polietileno), que podem ser embutidos.

Não é permitida a instalação de condutores sem isolação no interior de eletrodutos.
Só podem ser colocados, num mesmo eletroduto, condutores de circuitos diferentes quando se originarem do mesmo quadro de distribuição, tiverem a mesma tensão de isolamento e as seções dos condutores fases estiverem num intervalo de três valores normalizados (p. ex., 1,5, 2,5 e 4 mm^2).
Podemos considerar duas hipóteses: os condutores são iguais ou os condutores são desiguais.

4.5.1 Os Condutores São Iguais

Neste caso, *se o eletroduto for de aço*, podemos usar a Tabela 4.8 para cabos Superastic. Se o eletroduto for de PVC rígido, podemos aplicar a Tabela 4.15.

4.5.2 Os Condutores São Desiguais

A soma das áreas totais dos condutores contidos num eletroduto não deve ser superior a 40 % da área útil do eletroduto. Para o cálculo da seção de ocupação do eletroduto pelos cabos, podemos usar, como referência, as Tabelas 4.16 e 4.17, ou então os dados dos condutores efetivamente instalados.

Tabela 4.15 Número de condutores isolados com PVC, em eletroduto de PVC

Seção nominal (mm²)	Número de condutores no eletroduto								
	2	3	4	5	6	7	8	9	10
	Tamanho nominal do eletroduto								
1,5	16	16	16	16	16	16	20	20	20
2,5	16	16	16	20	20	20	20	25	25
4	16	16	20	20	20	25	25	25	25
6	16	20	20	25	25	25	25	32	32
10	20	20	25	25	32	32	32	40	40
16	20	25	25	32	32	40	40	40	40
25	25	32	32	40	40	40	50	50	50
35	25	32	40	40	50	50	50	50	60
50	32	40	40	50	50	60	60	60	70
70	40	40	50	50	60	60	75	75	75
95	40	50	60	60	75	75	75	85	85
120	50	50	60	75	75	75	85	85	–
150	50	60	75	75	85	85	–	–	–
185	50	75	75	85	85	–	–	–	–
240	60	75	85	–	–	–	–	–	–

Tabela 4.16 Eletrodutos rígidos de aço

Tamanho nominal diâmetro externo (mm)	Ocupação máxima 40 % da área (mm²)
16	53
20	90
25	152
31	246
41	430
47	567
59	932
75	1.525
88	2.147
100	2.816
113	3.642

EXEMPLO 4.6

Cálculo do eletroduto de aço para conter 10 cabos Superastic de 1,5 mm² de diâmetro.

- Na Tabela 4.17, vemos que 10 cabos de 1,5 mm² de diâmetro nominal têm área igual a $10 \times 7,1$ mm² $= 71$ mm².
- Na Tabela 4.8 vemos que o eletroduto de 20 mm de diâmetro comporta 10 condutores de 1,5 mm².

Exemplo 4.7

Num eletroduto de aço deverão ser instalados três circuitos terminais, assim discriminados:

Circuito 1 — F-N; $I_{p1} = 15$ A

Circuito 2 — F-N-PE (condutor de proteção); $I_{p2} = 30$ A

Circuito 3 — F-F-PE; $I_{p3} = 25$ A

Determinar o menor eletroduto capaz de conter esses condutores.

Solução

Na Tabela 4.5a, temos para dois condutores carregados em cada circuito.

Circuito 1: 15 A — 2,5 mm² (2 cabos)
Circuito 2: 30 A — 6 mm² (3 cabos)
Circuito 3: 25 A — 4 mm² (3 cabos)

Mas, pela Tabela 4.17, vemos que:

2,5 mm² correspondem a cabo com área total de 10,2 mm²;
4 mm² correspondem a cabo com área total de 13,8 mm²;
6 mm² correspondem a cabo com área total de 17,3 mm².

A área transversal ocupada pelos condutores é de:

Circuito 1 — 2 × 10,2 = 20,4 mm²
Circuito 2 — 3 × 17,3 = 51,9 mm²
Circuito 3 — 3 × 13,8 = 41,4 mm²

Total   113,7 mm²

Pela Tabela 4.16, vemos que para o valor mais próximo, isto é, 152 mm², o diâmetro do eletroduto é de 25 mm.

Tabela 4.17   Dimensões totais dos condutores isolados

Seção nominal (mm²)	Fio/cabo Superastic 750 V Antiflam		Cabo flexível Superastic	
	Diâmetro externo*	Área total* (mm²)	Diâmetro externo (mm)	Área total (mm²)
1,5	2,8/3,0	6,2/7,1	3,0	7,1
2,5	3,4/3,7	9,1/10,7	3,6	10,2
4	3,9/4,2	11,9/13,8	4,2	13,8
6	4,4/4,8	15,2/18,1	4,7	17,3
10	5,6/5,9	24,6/27,3	6,0	28,3
16	−/6,9	−/37,4	7,6	45,4
25	−/8,5	−/56,7	9,4	69,4
35	−/9,5	−/71,0	10,8	91,6
50	−/11,0	−/95	12,8	128,7
70	−/13,0	−/133	14,6	167,4
95	−/15,0	−/177	16,8	221,7
120	−/16,5	−/214	18,7	274,6
150	−/18,0	−/254	20,9	343,1
185	−/20,0	−/314	23,0	415,5
240	−/23,0	−/415	26,3	543,3

*Fio/cabo.

EXEMPLO 4.8

Em uma indústria, deverão correr em uma bandeja perfurada horizontal três circuitos de distribuição, trifásicos, sob tensão de 220 V entre fases, sendo de 30 °C a temperatura ambiente. Dimensionar os condutores, sabendo-se que:

- O circuito 1 alimenta motores. $I_{p1} = 150$ A, 3F.
- O circuito 2 serve à iluminação, com ligações entre fases de 220 V. $I_{p2} = 120$ A, 3F-N.
- O circuito 3 alimenta um forno de indução. $I_{p3} = 200$ A, 3F.
- Os cabos são dispostos contiguamente, multipolares, PVC/70 °C e são de cobre.

Solução

- *Fator de correção*, devido ao agrupamento de condutores de mais de um circuito com cabos multipolares contíguos, em uma bandeja perfurada horizontal; na Tabela 4.10, vemos que $k_2 = 0,82$, para três circuitos trifásicos.
- Correntes corrigidas.

Circuitos 1: $I_{p1} = 150 \div 0,82 = 183,0$ A
Circuitos 2: $I_{p2} = 120 \div 0,82 = 146,4$ A
Circuitos 3: $I_{p3} = 200 \div 0,82 = 244,0$ A

- Tratando-se de disposição de cabos multipolares em bandejas, vê-se na Tabela 4.4 que a letra correspondente é "E".

Entrando na Tabela 4.5c, coluna 2, letra E, vemos o seguinte:

Para $I_{p1} = 187,5$ A temos $S_{p1} = 70$ mm²
$I_{p2} = 150,0$ A temos $S_{p2} = 50$ mm²
$I_{p3} = 250,0$ A temos $S_{p3} = 120$ mm²

4.6 CÁLCULO DOS CONDUTORES PELO CRITÉRIO DA QUEDA DE TENSÃO

Para que os aparelhos, equipamentos e motores possam funcionar satisfatoriamente, é necessário que a tensão sob a qual a corrente lhes é fornecida esteja dentro de limites prefixados. Ao longo do circuito, desde o quadro geral ou a subestação até o ponto de utilização em um circuito terminal, ocorre uma queda na tensão. Assim, é necessário dimensionar os condutores para que esta redução na tensão não ultrapasse os limites estabelecidos pela Norma NBR 5410:2004, versão corrigida em 2008. Estes limites são os seguintes:

4.6.1 Instalações Alimentadas a Partir da Rede de Alta Tensão

A partir da baixa tensão da subestação:

- Iluminação e tomadas: 7 %
- Outros usos: 7 %

4.6.2 Instalações Alimentadas Diretamente em Rede de Baixa Tensão

- Iluminação e tomadas: 5 %
- Outros usos: 5 %

Para qualquer dos dois casos, a queda de tensão, a partir do quadro terminal até o dispositivo ou equipamento consumidor de energia, deverá ser, no máximo, de 4 %. A Fig. 4.7 mostra como as quedas de tensão devem ser consideradas.

Para o dimensionamento do condutor, pode-se adotar o procedimento descrito a seguir.

Conhecem-se:

- Material do eletroduto. Se é magnético ou não magnético.
- Corrente de projeto, I_p (em ampères).
- O fator de potência, cos φ. Ver definição no Cap. 9.
- A queda de tensão admissível para o caso, em porcentagem (%).
- O comprimento de circuito l (em km).
- A tensão entre fases U (em volts).

Calcula-se:

- A queda de tensão admissível, em volts.
  $\Delta U = (\%) \times (U)$.
- Dividindo ΔU por $(I_p \times l)$, tem-se a queda de tensão em (volt/ampère) $\times$ km.
- Entrando na Tabela 4.18 com este valor, obtém-se a seção nominal do condutor.

EXEMPLO 4.9

Admitamos uma alimentação em BT. Fig. 4.7 (II)

Um circuito trifásico em 230 V, com 45 metros de comprimento, alimenta um quadro terminal, e este serve a diversos motores. A corrente nominal total é de 132 A. Pretende-se usar eletroduto de aço. Dimensionar os condutores do circuito de distribuição, desde o quadro geral até o quadro terminal.

Solução

Conhecemos:

- Alimentação em BT.
- Material do eletroduto: aço, material magnético.
- $I_p = 132$ A.
- $\cos \varphi = 0,80$ (trata-se de motores).
- % de queda de tensão admissível.

Fator de potência usualmente adotado.

Podemos considerar essa queda igual a 3 %, de modo a sobrarem 2 % entre o quadro terminal e os motores, perfazendo o total admissível de 5 %.

- Comprimento do circuito: $l = 45$ m $= 0,045$ km.
- Tensão entre fases: $U = 230$ V.

Calculemos:

- A queda de tensão admissível
  $\Delta U = 0,02 \times 230$ V $= 4,6$ V

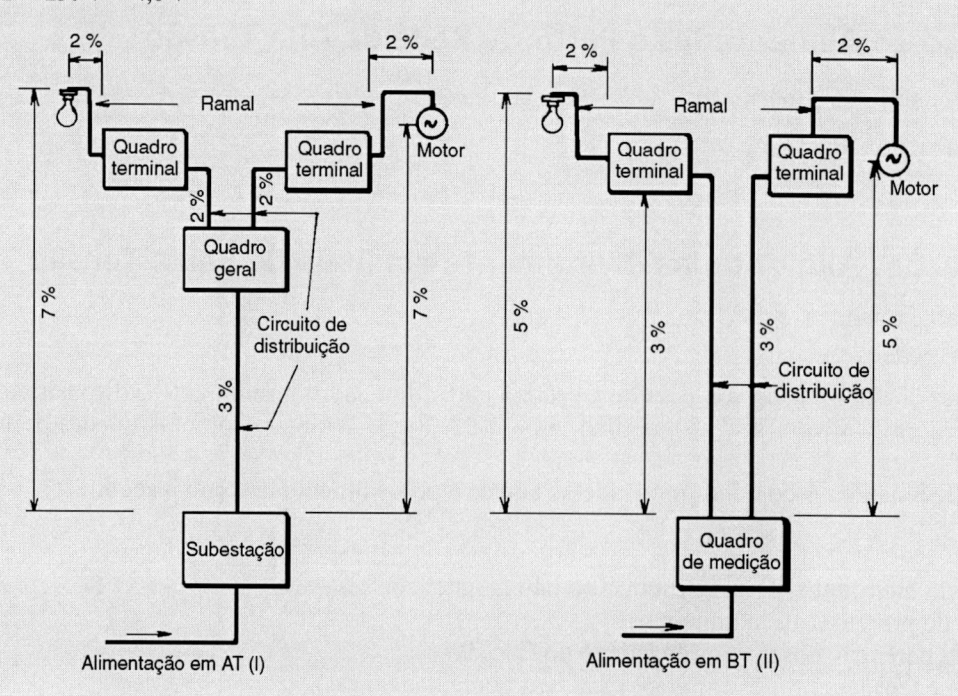

Figura 4.7 Queda de tensão a considerar.

- Queda de tensão em $\dfrac{V}{A \times km}$

$$\frac{\Delta U}{I_p \times l} = \frac{4,6}{132 \times 0,045} = 0,774 \; \frac{V}{A \times km}$$

- Entrando com esse valor ou o mais próximo na Tabela 4.18, coluna de eletroduto de material magnético e cos $\varphi = 0,80$, achamos para 0,64 um condutor de seção nominal de 70 mm², que podemos adotar. Observar que o valor 0,86 (imediatamente superior a 0,774) não pode ser utilizado porque o cabo correspondente daria queda de tensão maior do que a calculada.

Tabela 4.18 Quedas de tensão unitárias. Condutores isolados com PVC em eletroduto ou calha fechada

Seção nominal (mm²)	Eletroduto ou calha de material não magnético				Eletroduto ou calha de material magnético	
	Circuito monofásico		Circuito trifásico		Circuito monofásico ou trifásico	
	cos $\varphi = 0,8$ (V/A × km)	cos $\varphi = 0,95$ (V/A × km)	cos $\varphi = 0,8$ (V/A × km)	cos $\varphi = 1$ (V/A × km)	cos $\varphi = 0,8$ (V/A × km)	cos $\varphi = 0,95$ (V/A × km)
1,5	23,03	27,6	20,2	24,0	23,0	27,4
2,5	14,03	16,9	12,4	14,7	14,0	16,8
4	8,9	10,6	7,8	9,2	9,0	10,5
6	6,0	7,1	5,2	6,1	5,9	7,0
10	3,6	4,2	3,2	3,7	3,5	4,2
16	2,3	2,7	2,0	2,3	2,3	2,7
25	1,5	1,7	1,3	1,5	1,5	1,7
35	1,1	1,2	0,98	1,1	1,1	1,2
50	0,85	0,94	0,76	0,82	0,86	0,95
70	0,62	0,67	0,55	0,59	0,64	0,67
95	0,48	0,50	0,50	0,43	0,50	0,51
120	0,40	0,41	0,36	0,36	0,42	0,42
150	0,35	0,34	0,31	0,30	0,37	0,35
185	0,30	0,29	0,27	0,25	0,32	0,30
240	0,26	0,24	0,23	0,21	0,29	0,25

Exemplo 4.10

Em um prédio de apartamentos, temos uma distribuição de carga como indicada na Fig. 4.8.

Vejamos os ramais até o quadro terminal, sabendo que a alimentação é em BT, 220/127 V.

Solução

Podemos usar um método mais simples e prático do que o anterior quando se tratar de circuitos com cargas pequenas. Consiste no emprego das Tabelas 4.19 e 4.20 referentes, respectivamente, às tensões de 127 V e 220 V, e que indicam, para os produtos *watts* $\times$ *metros*, os condutores a empregar. Os condutores são de cobre.

A seção S, apresentada nas Tabelas 4.19 e 4.20 foi calculada pela fórmula a seguir:

$$S = S = \frac{2 \times \rho}{\Delta U \times U^2} \times \Sigma \, P_{(watts)} \times l_{(m)} \text{ (monofásico ou bifásico)}$$

$$S = \frac{\sqrt{3} \times \rho}{\Delta U \times U^2} \times \Sigma \, P_{(watts)} \times l_{(m)} \text{ (trifásico)}$$

sendo:

$$\rho = \text{resistividade do cobre} = 0,0172 \text{ ohms} \times \text{mm}^2/\text{m} \cong \frac{1}{58} \text{ ohms} \times \frac{\text{mm}^2}{\text{m}}$$

U = tensão;

ΔU = queda de tensão percentual.

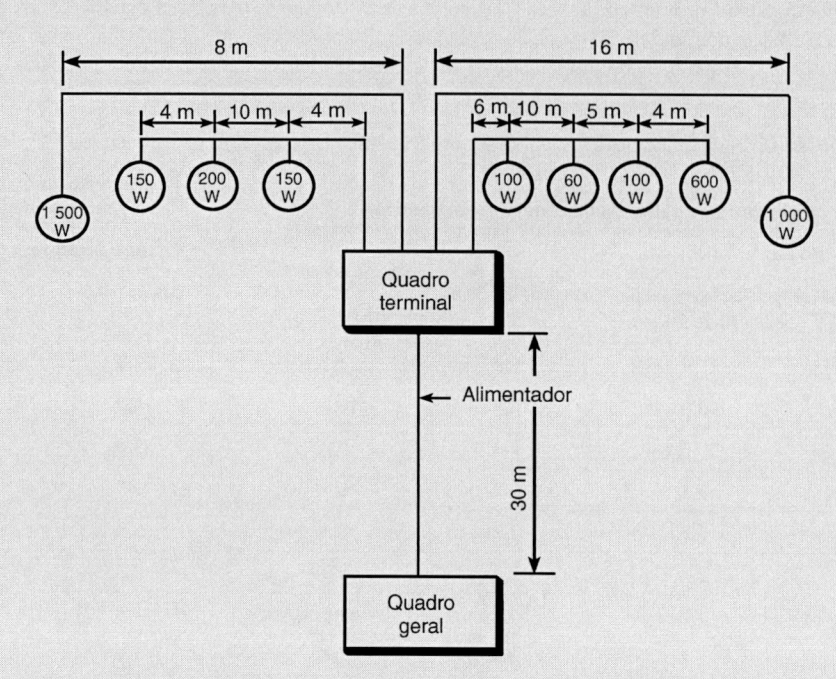

Figura 4.8 Comprimentos dos condutores a considerar, com indicação dos números de circuitos e a potência de cada circuito.

Tabela 4.19 Soma dos produtos *potências* (watt) × *distâncias* (m)

| Condutor (mm²) | U = 127 volts | | | | |
| | Queda de tensão | | | | |
	1 %	2 %	3 %	4 %	5 %
1,5	7 016	14 032	21 048	28 064	35 081
2,5	11 694	23 387	35 081	46 774	58 468
4	18 710	37 420	56 130	74 840	93 550
6	28 065	56 130	84 195	112 260	140 325
10	46 775	93 550	140 325	187 101	233 876
16	74 840	149 680	224 521	299 361	374 201
25	116 938	233 876	350 813	467 751	584 689
35	163 713	327 426	491 139	654 852	818 565
50	233 876	467 751	701 627	935 503	1 169 378
70	327 426	654 852	982 278	1 309 704	1 637 130
95	444 364	888 727	1 333 091	1 777 455	2 221 819
120	561 302	1 122 603	1 683 905	2 245 206	2 806 508
150	701 627	1 403 254	2 104 881	2 806 508	3 508 135
185	865 340	1 730 680	2 596 020	3 461 360	4 326 699
240	1 122 603	2 245 206	3 367 809	4 490 412	5 613 015
300	1 403 254	2 806 508	4 209 762	5 613 015	7 016 269
400	1 871 005	3 742 010	5 613 015	7 484 021	9 355 026
500	2 338 756	4 677 513	7 016 269	9 355 026	11 693 782

Tabela 4.20 Soma dos produtos *potências* (watt) × *distâncias* (m)

Condutor (mm²)	Queda de tensão				
	U = 220 volts – bifásico				
	1 %	2 %	3 %	4 %	5 %
1,5	21 054	42 108	63 163	84 218	105 272
2,5	35 091	70 182	105 272	140 363	175 454
4	56 145	112 290	168 436	224 581	280 726
6	84 218	168 436	252 654	336 871	421 089
10	140 363	280 726	421 089	561 452	701 815
16	224 581	449 162	673 743	898 324	1 122 905
25	350 908	701 815	1 052 723	1 403 631	1 754 539
35	491 271	982 542	1 473 812	1 965 083	2 456 354
50	701 815	1 403 631	2 105 446	2 807 262	3 509 077
70	982 542	1 965 083	2 947 625	3 930 166	4 912 708
95	1 333 449	2 666 899	4 000 348	5 333 797	6 667 247
120	1 684 357	3 368 714	5 053 071	6 737 428	8 421 785
150	2 105 446	4 210 893	6 316 339	8 421 785	10 527 232
185	2 596 717	5 193 434	7 790 151	10 386 869	12 983 586
240	3 368 714	6 737 428	10 106 142	13 474 856	16 843 571
300	4 210 893	8 421 785	12 632 678	16 843 571	21 054 463
400	5 614 400	11 228 800	16 843 200	22 457 600	28 072 000
500	7 018 154	14 036 309	21 054 463	28 072 618	35 090 772

Para circuitos trifásicos: multiplicar a distância por $\sqrt{3/2}$.

EXEMPLO 4.11

Em um apartamento de um edifício, temos uma distribuição de carga como indicado na Fig. 4.8. Dimensionar os condutores segundo o critério da queda de tensão.

Solução

A queda de tensão permitida nos ramais é de 2 %, como vemos no item 4.6.2.

A tensão nos circuitos dos ramais é de 127 V.

Calculemos, para cada circuito, o produto *potências* × *distâncias* ($P \times l$).

Circuito 1

1 500 W × 8 m = 12 000 watts × metros.

Vemos na Tabela 4.19 que, para queda de tensão de 2 % e produto $P \times l$ = 17 546, o condutor deverá ser o de 2,5 mm², pois o de 1,5 mm² só atende ao valor $P \times l$ = 10 526 W × m.

Circuito 2

$$150 \times 4 = 600$$
$$200 \times 14 = 2\ 800$$
$$\underline{150 \times 18 = 2\ 700}$$
$$6\ 100 \text{ (watts} \times \text{metros).}$$

Na Tabela 4.19, obtemos condutor de 1,5 mm².

Circuito 3

1 000 × 16 = 16 000 (watts × metros).

Condutor de 2,5 mm².

Circuito 4

$$
\begin{array}{rcr}
100 \times & 6 & = & 600 \\
60 \times & 16 & = & 960 \\
100 \times & 21 & = & 2\,100 \\
600 \times & 25 & = & 15\,000 \\
\hline
& & & 18\,660 \text{ (watts} \times \text{ metros).}
\end{array}
$$

Condutor de 2,5 mm².

Alimentador geral

A carga total no quadro terminal é de:

1 500 + 150 + 200 + 150 + 100 + 60 + 100 + 600 + 1 000 = 3 860 W.

O alimentador deverá ser trifásico.

Admitindo que haja um equilíbrio de carga entre as três fases, podemos dividir o total por 3 e aplicar a mesma Tabela 4.19, usando a coluna referente à queda de tensão de 2 %.

Assim, teremos 3 860 ÷ 3 = 1 286,6 W.

$P \times l = 1\,286,6 \times 30 = 38\,600$ (watts × metros).

O condutor a usar será o de 6 mm². Pela Tabela 4.1b, vemos que o neutro deverá ser de mesma seção. Portanto, teremos como condutores (3 × 6 mm² + 1 × 6 mm²).

4.7 ATERRAMENTO

Por que aterrar?

Liga-se à terra para proteger edificações e pessoas contra descargas atmosféricas e cargas eletrostáticas geradas em instalações de grande porte.

Em instalações elétricas, os objetivos da ligação à terra são a segurança do pessoal, a proteção do material e a melhoria do serviço.

O que é uma boa ligação à terra?

Somos levados a procurar estabelecer critérios simples quantitativos, verificáveis para um aterramento; isto é fácil. De saída, um valor limite para a resistência de aterramento (geralmente indicado em normas de instalações) não tem um significado realista.

Numa determinada localização, a resistência do aterramento é função de um parâmetro que depende das características do solo (a resistividade) e da área da instalação. Assim, o valor mínimo da resistência de aterramento já está fixado.

Estender a área também tem seus limites porque, por exemplo, para fenômenos de propagação rápida (descargas atmosféricas), a impedância de surto, que é o parâmetro importante, fica restrita à região mais próxima.

Muito mais importante que estabelecer valor é realizar a instalação de modo a limitar diferenças de potencial que possam causar riscos pessoais, assegurar proteção contra sobrecargas e sobretensões corretamente dimensionadas e limitar interferências eletromagnéticas por adequado percurso para as correntes elétricas. Por outro lado, a medição da resistência de aterramento, especialmente quando a instalação abrange uma grande extensão, é trabalhosa, e, se não for executada por alguém bem orientado, pode levar a conclusões falsas.

Em essência, o objetivo do aterramento é interligar eletricamente objetos condutores ou carregados, de forma a ter as menores diferenças de potencial possíveis. Funcionalmente, o aterramento proporciona:

a) Ligação da baixa resistência com a terra, oferecendo um percurso de retorno entre o ponto de defeito e a fonte, reduzindo os potenciais até a atuação de dispositivos de proteção.

b) Percursos de baixa resistência entre equipamento elétrico ou eletrônico e objetos metálicos próximos, para minimizar os riscos pessoais no caso de defeito interno no equipamento.

c) Percurso preferencial entre o ponto de ocorrência de uma descarga atmosférica em objeto exposto e o solo.

d) Percurso para sangria de descargas eletrostáticas, prevenindo a ocorrência de potenciais perigosos, que possam causar um arco ou centelha.

e) Criação de um plano comum de baixa impedância relativa entre dispositivos eletrônicos, circuitos e sistemas.

4.7.1 Definições

O **aterramento** é a ligação de um equipamento ou de um sistema à terra, por motivo de *proteção* ou por *exigência quanto ao funcionamento do mesmo.*

Essa ligação de um equipamento à terra realiza-se por meio de condutores de proteção conectados ao neutro, ou à massa do equipamento, isto é, às carcaças metálicas dos motores, caixas dos transformadores, condutores metálicos, armações de cabos, neutro dos transformadores, neutro da alimentação de energia a um prédio.

Com o aterramento, objetiva-se assegurar sem perigo o escoamento das correntes de falta e fuga para terra, satisfazendo as necessidades de segurança das pessoas e funcionais das instalações.

O aterramento é executado com o emprego de um:

- *Condutor de proteção.* Condutor que liga as massas e os elementos condutores estranhos à instalação entre si e/ou a um terminal de aterramento principal.
- *Eletrodo de aterramento*, formado por um condutor ou conjunto de condutores (ou barras) em contato direto com a terra, podendo constituir a *malha* de terra, ligados ao terminal de aterramento. Quando o eletrodo de aterramento é constituído por uma barra rígida, denomina-se **haste** de aterramento. Uma canalização de água *não* pode desempenhar o papel de eletrodo de aterramento, conforme o item 6.4.2.2.5 da NBR 5410:2004 versão corrigida em 2008.

O **condutor de proteção** ("terra") é designado por *PE*, e o neutro, pela letra *N*.

Quando o condutor tem funções combinadas de condutor de proteção e neutro, é designado por *PEN*. Quando o condutor de proteção assegura ao sistema uma proteção equipotencial, denomina-se **condutor de equipotencialidade.**

Os sistemas elétricos de baixa tensão, tendo em vista a alimentação e as massas dos equipamentos em relação à terra, são classificados pela NBR 5410:2004 versão corrigida em 2008, de acordo com a seguinte simbologia literal:

a) A *primeira letra* indica a situação da alimentação em relação à terra.
   T – Para um ponto diretamente aterrado.
   I – Isolação de todas as partes vivas em relação à terra ou emprego de uma impedância de aterramento, a fim de limitar a corrente de curto-circuito para a terra.

b) A *segunda letra* indica a situação das massas em relação à terra.
   T – Para massas diretamente aterradas, independentemente de aterramento eventual de um ponto de alimentação.
   N – Massas ligadas diretamente ao ponto de alimentação aterrado (normalmente, é o ponto neutro).

c) *Outras letras* (eventualmente), para indicar a disposição do condutor neutro e do condutor de proteção.
   S – Quando as funções de neutro e de condutor de proteção são realizadas por condutores distintos.
   C – Quando as funções de neutro e condutor de proteção são combinadas num único condutor (que é, aliás, o condutor *PEN*).

Quando a alimentação se realizar em baixa tensão, o condutor neutro deve sempre ser aterrado na origem da instalação do consumidor.

4.7.2 Modalidades de Aterramento

Os casos mais comuns dos diversos sistemas acham-se esquematizados na Fig. 4.9.

Em princípio, todos os circuitos de distribuição e terminais devem possuir um condutor de proteção que convém que fique no mesmo eletroduto dos condutores vivos do circuito. O condutor de proteção poderá ser um condutor isolado ou uma veia de um cabo multipolar que contenha os condutores vivos.

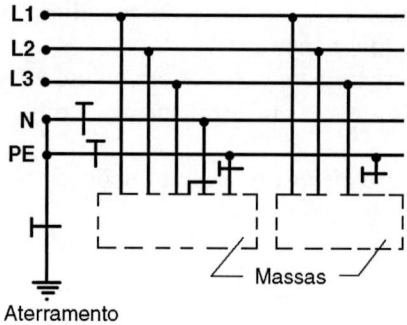

a) Sistema TN-S

O condutor neutro e o condutor de proteção são separados ao longo de toda a instalação.

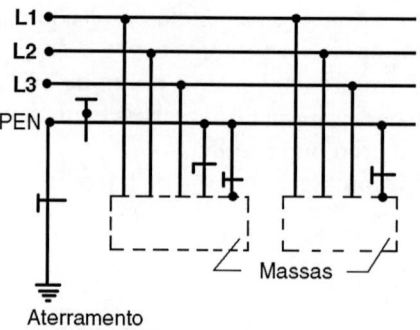

b) Sistema TN-C

As funções de neutro e de condutor de proteção são combinadas em um único condutor ao longo de toda a instalação.

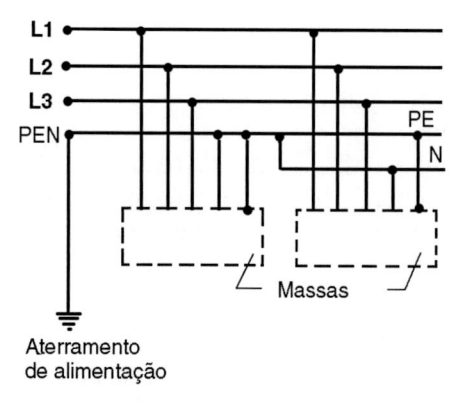

c) Sistema TN-C-S

As funções de neutro e de condutor de proteção são combinadas em um único condutor em uma parte da instalação.

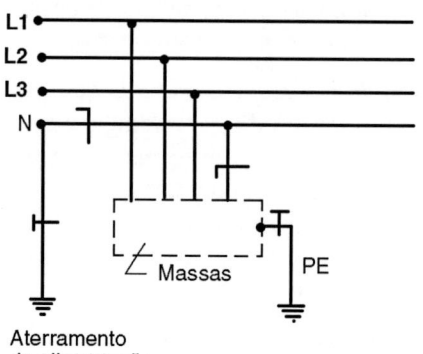

d) Sistema TT

Neutro aterrado independente do aterramento das massas.

SIMBOLOGIA

A, B, C – Condutores-fase
N – Condutor neutro
T – Condutor terra (ou de proteção)
TN – Condutor terra e neutro
PE – Condutor de proteção
PEN – Condutor de proteção e neutro
⏚ – Eletrodo de terra
⊥ – Condutor Neutro (N)
⊥ – Condutor de Proteção (PE)
⊥ – Condutor (PEN)

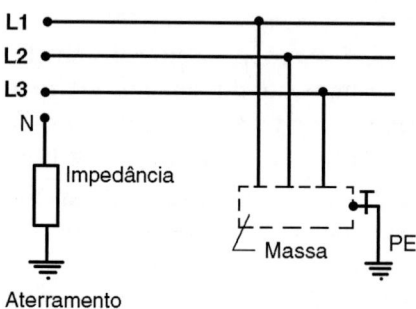

e) Sistema IT

Não há ponto de alimentação diretamente aterrado. Massa aterrada.

Figura 4.9 Esquemas de aterramento (NBR 5410:2004, versão corrigida em 2008), em sistemas trifásicos.

4.7.3 Seção dos Condutores de Proteção

A seção mínima dos condutores de proteção pode ser determinada pela Tabela 4.21.

Tabela 4.21 Seção mínima de condutores de proteção

Seção dos condutores fases (S) (mm²)	Seção mínima dos condutores de proteção (S') (mm²)
$S \le 16$ mm²	S
$16 < S \le 35$	16
$S > 35$	$S' = S/2$

Na aplicação da Tabela 4.21, poderão surgir resultados na determinação da seção do condutor de proteção (a divisão da seção da fase por dois) que não correspondam a um condutor existente na escala comercial. Nesse caso, devemos aproximar para a seção mais próxima, imediatamente superior. Por exemplo:

Condutor fase: $S = 90$ mm²

Condutor de proteção: $PE = \dfrac{S}{2} = 45$ mm² $\rightarrow$ 50 mm², uma vez que não dispomos do condutor de 45 mm² (Tabela 4.5).

4.7.4 Aterramento do Neutro

No caso do alimentador de um prédio, se a energia for fornecida em alta tensão, o ponto neutro de transformador em estrela é aterrado com um eletrodo de terra. O neutro, chegando ao quadro geral de entrada, deverá ser aterrado, *não* podendo essa ligação à terra realizar-se por meio de uma ligação ao encanamento abastecedor de água do prédio, conforme determina a NBR 5410:2004 versão corrigida em 2008.

4.7.5 O Choque Elétrico

O contato entre um condutor vivo e a massa de um elemento metálico, a corrente de fuga normal, ou ainda uma deficiência ou falta de isolamento em um condutor ou equipamento (máquina de lavar roupa, chuveiro, geladeira etc.) podem representar risco. Uma pessoa que neles venha a tocar recebe uma descarga de corrente, em virtude da dife-

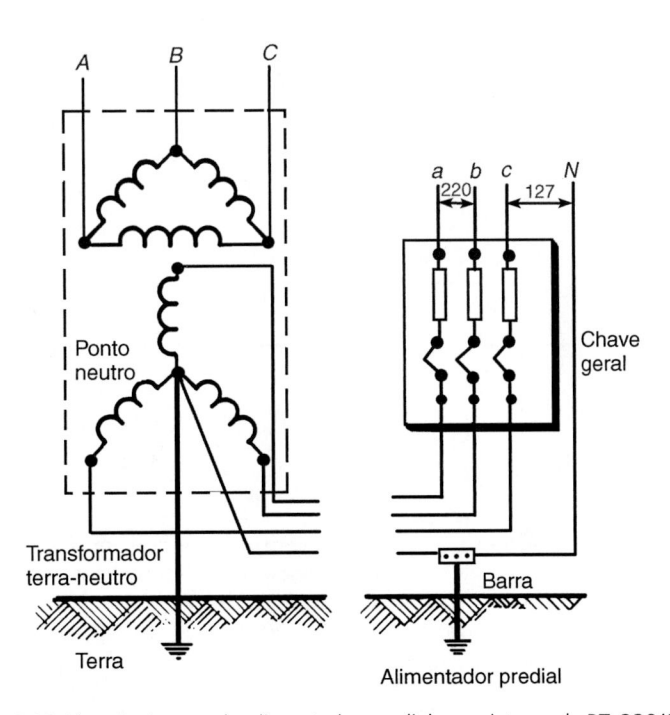

Figura 4.10 Ligação à terra do alimentador predial, em sistema de BT, 220/127 V.

rença de potencial entre a fase energizada e a terra. A corrente atravessa o corpo humano, no sentido da terra. O choque elétrico e seus efeitos serão tanto maiores quanto maiores forem a superfície do corpo humano em contato com o condutor e com a terra, a intensidade da corrente, o percurso da corrente no corpo humano e o tempo de duração do choque.

Para evitar que a pessoa receba essa descarga, funcionando como um condutor terra, as carcaças dos motores e dos equipamentos elétricos são ligadas à terra. Assim, quando houver falha no isolamento ou um contato de elemento energizado com a carcaça do equipamento, a corrente irá diretamente à terra, curto-circuito que provocará a queima do fusível de proteção da fase ou o desligamento do disjuntor.

Apesar do cuidado que existe no isolamento, muitos equipamentos, mesmo em condições normais de funcionamento, apresentam correntes de "fuga" através de suas isolações. Esta corrente, caracterizada pela chamada ***corrente diferencial-residual***, seria nula se não houvesse fugas. Quando essa corrente atinge determinado valor, provoca a atuação de um dispositivo de proteção denominado ***dispositivo de proteção à corrente diferencial-residual*** (dispositivo DR). Em geral, o dispositivo DR vem incorporado ao disjuntor termomagnético que protege o circuito. No entanto, existem dispositivos DR isolados, que são instalados nos quadros terminais, mas só proporcionam proteção contra choques, e não contra sobrecarga e curtos-circuitos.

O ***choque elétrico*** pode produzir na vítima o que se denomina "morte aparente", isto é, a perda dos sentidos, ***anoxia*** (paralisação da respiração por falta de oxigênio), *asfixia* (ausência de respiração) e ***anoxemia*** (ausência de oxigênio no sangue como consequência da anoxia). A violenta contração muscular devido ao choque pode afetar o músculo cardíaco, determinando sua paralisação e a morte. Não havendo fibrilação ventricular, o paciente tem condições de sobreviver, se socorrido a tempo.

As alterações musculares e outros efeitos fisiológicos da corrente (queimaduras, efeitos eletrolíticos etc.) irão depender da intensidade e do percurso da corrente pelo corpo humano. A corrente poderá atingir partes vitais ou não. Um dos casos mais graves é aquele em que a pessoa segura com uma das mãos o fio fase e com a outra o fio neutro, pois a corrente entra por uma das mãos e, antes de sair pela outra, passa pelo tórax, onde se acham órgãos vitais para a respiração e a circulação [Fig. 4.11(a)].

Se a pessoa segurar um fio desencapado ou apertá-lo com um alicate sem isolamento, a corrente segue das mãos para os pés, descarregando na terra. A corrente passa pelo diafragma e pela região abdominal, e os efeitos podem ser graves [Fig. 4.11(b)].

Quando se pisa num condutor desencapado, a corrente circula através das pernas, coxas e abdome. O risco é, no caso, menor do que o anterior [Fig. 4.11(c)].

Tocando-se com os dedos a fase e o neutro, ou a fase e a terra, o percurso da corrente é pequeno, e as consequências não são graves [Fig. 4.11(d)].

O organismo humano é mais sensível à corrente alternada do que à corrente contínua. Na frequência de 60 hertz, o limiar de sensação de corrente alternada é de 1 miliampère, ao passo que no caso da corrente contínua é de 5 mA. As perturbações orgânicas são mais acentuadas em acidentes com correntes de baixa frequência, denominadas industriais, do que para as frequências elevadas. O corpo humano comporta-se como condutor complexo, mas, numa simplificação, podemos assemelhá-lo a um condutor simples e homogêneo. Suponhamos, portanto,

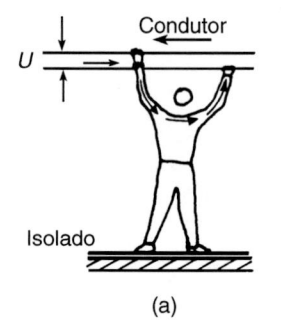
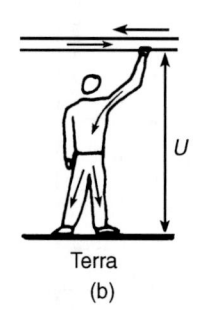
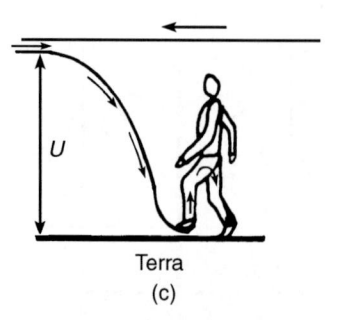
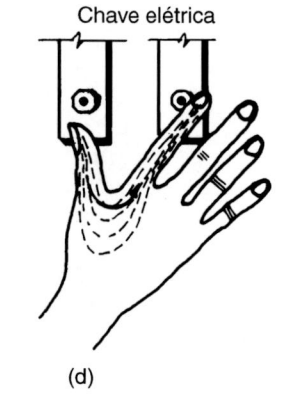

Figura 4.11 Percurso da corrente no corpo humano quando ocorre um choque elétrico.

que, interposto a um circuito energizado sob uma tensão U, o corpo seja percorrido por uma corrente elétrica i, determinada por:

$$i = \frac{U}{R_{\text{cont.1}} + R_{\text{cont.2}} + R_{\text{corpo}}}$$

$R_{\text{cont.1}}$ e $R_{\text{cont.2}}$ são resistências de contato do corpo com os condutores ou entre condutor e terra. São da ordem de 15 000 ohms por cm² de pele. R_{corpo} é a resistência do corpo à passagem da corrente. Depende do percurso, isto é, dos pontos de ligação do corpo com as partes energizadas dos circuitos. $R_{\text{corpo}} \cong 500$ ohms, desde a palma da mão à outra ou à planta do pé. Quando a pele se acha molhada, a resistência de contato torna-se menor porque a água penetra em seus poros e melhora o contato.

A Tabela 4.22 indica valores de resistência total para o caso de frequência de 60 Hz e diversas hipóteses de contato do corpo com elementos energizados.

A partir de uma corrente de 9 mA, os choques vão se tornando cada vez mais perigosos, conforme se pode observar pela Tabela 4.23.

Tabela 4.22 Resistência total, incluindo as resistências por contatos para corrente alternada – 60 Hz

Situação	Resistência total ohms (ordem de grandeza)	Corrente no corpo sob a tensão de 100 volts (miliampères)
1) A corrente entra pela ponta do dedo de uma das mãos e sai pela ponta do dedo da outra mão (dedos secos)	15 700	6
2) A corrente entra pela palma de uma das mãos e sai pela palma da outra mão (secas)	900	111
3) A corrente entra pela ponta do dedo e sai pelos pés calçados	18 500	5
4) A corrente entra pela ponta dos dedos e sai pelos pés calçados ou descalços (molhados)	15 500	6
5) A corrente entra pela mão através de uma ferramenta e sai pelos pés calçados (molhados)	600	116
6) A corrente entra pela mão molhada e sai por todo o corpo mergulhado em uma banheira	500	200

Tabela 4.23 Efeitos do choque elétrico em pessoas adultas, jovens e sadias

Intensidade da corrente alternada que percorre o corpo (60 Hz)	Perturbações possíveis durante o choque	Estado possível após o choque	Salvamento	Resultado final mais provável
1 miliampère (limiar de sensação)	Nenhuma	Normal	—	Normal
1 a 9 miliampères	Sensação cada vez mais desagradável à medida que a intensidade aumenta. Contrações musculares	Normal	Desnecessário	Normal
9 a 20 miliampères	Sensações dolorosas. Contrações violentas. Asfixia. Anoxia. Anoxemia. Perturbações circulatórias	Morte aparente	Respiração artificial	Restabelecimento
20 a 100 miliampères	Sensação insuportável. Contrações violentas. Anoxia. Anoxemia. Asfixia. Perturbações circulatórias graves, inclusive, às vezes, fibrilação ventricular	Morte aparente	Respiração artificial	Restabelecimento ou morte. Muitas vezes não há tempo de salvar, e a morte ocorre em poucos minutos.
Acima de 100 miliampères	Asfixia imediata. Fibrilação ventricular. Alterações musculares. Queimaduras	Morte aparente ou morte imediata	Muito difícil	Morte
Vários ampères	Asfixia imediata. Queimaduras graves	Morte aparente ou morte imediata	Praticamente impossível	Morte

EXEMPLO 4.12

Suponhamos que haja uma passagem de corrente para a estrutura externa de uma máquina de lavar roupa, repousando em pés isolados e alimentada de água, por meio de tubo de borracha sintética. Uma pessoa apoia uma das mãos na máquina e com a outra toca a torneira para abastecer a máquina. A pessoa tem calçados de borracha. Qual o efeito da corrente sobre ela, sendo a tensão de 120 volts?

Solução

A palma da mão mede aproximadamente 60 a 80 cm², digamos 60 cm². A ponta dos dedos que toca a torneira tem 1 cm².

- As resistências a considerar são:

1ª mão: 15 000 ohms ÷ 60 cm² =   250
2ª mão (dedo): 15 000 ÷ 1 cm² = 15 000
   Corpo   =   500
   _____
   Resistência total   = 15 750 ohms

- Intensidade da corrente:

$$I = \frac{120}{15\,750} = 0,0077\ \text{A} = 7,7\ \text{mA}$$

A corrente é inferior a 9 mA e, embora produza efeito desagradável, não é ainda perigosa. Se a pessoa, porém, segurar a torneira, a área de contato pode ser de cerca de 6 cm², de modo que a resistência da mão passa a ser de 15 000 ÷ 6 = 2 500 ohms, e a resistência total cai para 3 250 ohms. A corrente aumenta para 120 ÷ 3 250 = 0,037 = 37 mA, podendo provocar, portanto, até mesmo a morte aparente.

Recomenda-se, assim, que a máquina de lavar roupa fique, se possível, sobre pés metálicos e que *sua caixa seja ligada ao condutor de aterramento*.

Se a corrente de fuga tornar-se excessiva, o disjuntor termomagnético de proteção desarmará, o mesmo acontecendo se houver, apenas, dispositivo DR. Se ocorrer um curto-circuito, então o fusível queimará, caso a proteção seja realizada com auxílio dele.

Figura 4.12 Condição de choque elétrico.

EXEMPLO 4.13

Um chuveiro elétrico (220 V — 2 600 W), ligado a uma tubulação de plástico, apresenta um defeito de isolamento. Ao tomar banho, a pessoa toca com o dedo (1 cm²) a caixa do chuveiro e está com os pés na água (2 pés × 100 cm² = 200 cm²). O choque terá gravidade?

Solução

- As resistências são:
   Ponta do dedo: 15 000 ohms ÷ 1 = 15 000 ohms
   Plantas dos pés: 15 000 ÷ 200   =   75
   Corpo   =   500
   _____
   Resistência total   = 15 575 ohms
- Intensidade da corrente

$$I = \frac{220}{15\,575} = 0,014\ \text{A} = 14\ \text{mA}$$

Pela Tabela 4.23, vemos que o choque para correntes entre 9 e 20 mA já se apresenta como perigoso. A intensidade da corrente poderá acarretar danos graves se a pessoa segurar o chuveiro, aumentando a superfície de contato da mão. É imprescindível fazer-se um aterramento, ligando a caixa do chuveiro ao condutor de aterramento. No caso de haver fuga, além do limite de segurança, o dispositivo DR ou o disjuntor desarmarão, e se houver um curto-circuito o próprio fusível queimará, se não operar o disjuntor.

Nos banheiros não devem ser instalados interruptores e tomadas no interior do boxe do chuveiro ou próximo da banheira (no chamado "volume-invólucro").

Existem equipamentos que possuem uma isolação especial e que dispensam o emprego do condutor de proteção. São os *equipamentos classe II*.

4.8 CORES DOS CONDUTORES

A NBR 5410:2004, versão corrigida em 2008, recomenda a adoção das seguintes cores no encapamento isolante dos condutores:

- condutores fases: qualquer cor, com exceção das cores citadas a seguir;
- condutor neutro: azul-claro;
- condutor PE (terra): verde-amarelo ou verde.

No aterramento:

- condutor PE: verde-amarelo ou verde;
- condutor PEN: azul-claro.

Biografia

GEORGE SIMON OHM (1787-1854), que determinou a lei de Ohm em 1827. O ohm foi escolhido como unidade de resistência elétrica em sua homenagem.

George Simon Ohm, físico alemão que descobriu a relação entre corrente e tensão elétrica num condutor elétrico.

Ohm foi educado na Universidade de Erlangen. Trabalhou em Colônia, Berlim e Nuremberg antes de ser indicado professor de Física em Munique, em 1849.

A Lei de Ohm estabelece que a corrente fluindo num condutor é diretamente proporcional à diferença de potencial entre seus terminais, supondo-se que não há modificações nas condições físicas do condutor. A constante de proporcionalidade é conhecida como condutância do condutor, e o seu inverso, resistência.

A unidade do SI de resistência elétrica, o ohm (Ω), é assim chamada em sua homenagem. É definida como a resistência do condutor através do qual passa uma corrente de 1 ampère se a diferença de potencial é de 1 volt, isto é, $1\,\Omega = 1\,VA^{-1}$ (a unidade de condutância, o inverso da resistência, era formalmente conhecida como mho, e agora como Siemens (S)).

5 | Comando, Controle e Proteção dos Circuitos

Os circuitos elétricos são dotados de dispositivos que permitem:

a) *A interrupção da passagem da corrente por seccionamento.* São os aparelhos de comando. Compreendem os interruptores, as chaves de faca, os contatores, os disjuntores, as barras de seccionamento etc.
Estes dispositivos permitem a operação e a manutenção dos circuitos por eles manobrados.

b) *A proteção contra curtos-circuitos ou sobrecargas.* Em certos casos, o mesmo dispositivo permite alcançar os objetivos acima citados (disjuntores, por exemplo).

Vejamos os dispositivos mais comumente usados em instalações de baixa tensão para as finalidades mencionadas.

5.1 DISPOSITIVOS DE COMANDO DOS CIRCUITOS

Vimos, no Cap. 3, vários tipos de interruptores unipolares que ligam ou desligam lâmpadas e que interrompem a corrente no *fio fase*, ao qual são ligados. Observamos, na oportunidade, que o fio neutro vai à lâmpada e não ao interruptor. Analisamos, também, o funcionamento dos interruptores paralelo (*three-way*) e intermediário (*four-way*). Uma tomada de corrente também pode ser considerada como um dispositivo de seccionamento.

Quando o circuito for constituído por dois condutores fases de um circuito bifásico, o interruptor será bipolar, e se for constituído por três condutores fases de um circuito trifásico, o interruptor ou a chave desligadora deverá ser tripolar, de modo a ser possível o desligamento dos três condutores simultaneamente.

Para cargas monofásicas de 550 W em 110 V, ou 1 100 W em 220 V, empregam-se interruptores comuns. No caso de iluminação fluorescente, admite-se o emprego desses interruptores, porém a corrente a interromper deverá ser a metade da corrente nominal do interruptor.

As chaves desligadoras podem ser acionadas direta e manualmente, como se vê na Fig. 5.1.

Existem, também, chaves que podem ser comandadas a distância. São as *chaves magnéticas*. Podemos definir uma chave magnética simples como uma chave de duas posições, acionada por eletroímã, compreendendo um circuito magnético formado por um núcleo (parte fixa) e uma armadura (parte móvel). Possui uma bobina no núcleo que, alimentada por um circuito externo, se energiza, provocando o movimento da armadura no sentido de fechamento do circuito. As chaves magnéticas podem ser de dois tipos:

a) *Chave magnética protetora.* É a combinação da chave magnética com relés de proteção, geralmente o relé de sobrecarga, pois como as chaves magnéticas simples são apenas elementos de comando, não apresentam proteção contra sobrecarga.

b) *Chave magnética combinada.* É a associação da chave magnética simples, com relé térmico e fusíveis ou disjuntor. Esta chave oferece a proteção mínima para qualquer motor.

Empregam-se em operações de circuitos de força, de iluminação ou circuitos de força e luz combinados, nos quais se deseja ligar ou desligar com muita frequência, a partir de um ou de vários pontos de comando. São recomendadas em circuitos usados em processamentos automáticos, onde deve ser mantida a continuidade da ligação do circuito e onde a chave deve controlar a iluminação de um sistema no qual as fortes flutuações de tensão poderiam desligar uma chave de outro tipo.

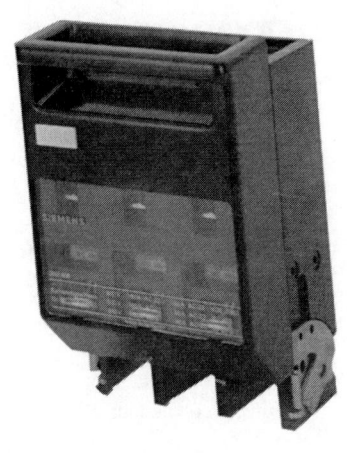

Figura 5.1 Chave seccionadora tripolar.

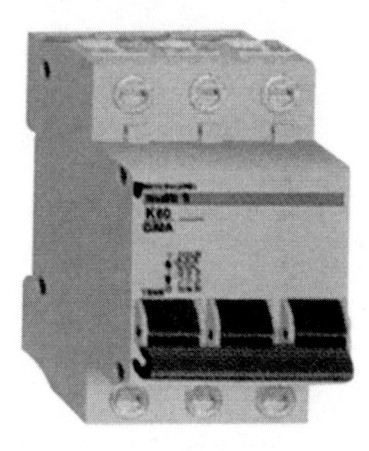

Figura 5.2 Disjuntor tripolar. Fabricante Merlin Gerin, Group Schneider.

O comando das chaves magnéticas pode ser feito pela ação manual sobre um botão ou, automaticamente, pela atuação da corrente de um circuito onde se acha, por exemplo, um pressostato, um termostato, um indicador de nível ou outro tipo de sensor que ligue e desligue ou revele a necessidade de ligar ou desligar a energia de um circuito.

- *Pressostato.* Dispositivo de manobra mecânica que opera em função de pressões predeterminadas, atingidas em uma ou mais partes determinadas do equipamento controlado. Sinônimo: "dispositivo de pressão".
- *Termostato.* Dispositivo sensível à temperatura que fecha ou abre automaticamente um circuito, em função de temperaturas predeterminadas atingidas em uma ou mais partes do equipamento controlado.

5.1.1 Contatores

São dispositivos eletromecânicos que permitem o comando de um circuito a distância.

São chaves de operação não manual, que têm uma única posição de repouso e são capazes de estabelecer, conduzir e interromper correntes em condições normais do circuito, inclusive sobrecargas de funcionamento previstas. Podem possuir contatos auxiliares para comando, sinalização e outras funções. A Fig. 5.3 mostra um contator tripolar.

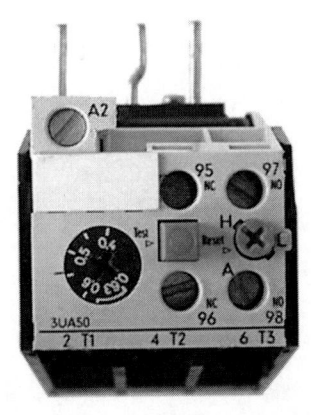

Figura 5.3 Contatores tripolares para comando de motores e circuitos em geral. Fabricante Siemens.

APLICAÇÕES DOS CONTATORES

- Na ligação e desligamento de cargas não indutivas, como fornos de resistência, aquecedores de água etc.
- Partida e parada de motores (em gaiola e em anel).

EXEMPLO 5.1

Pretende-se ligar um aquecedor elétrico (*boiler*) de 6 kW, 220 V, a partir de um quadro geral de comando, e distante 80 metros. Analisar a conveniência de utilizar um contator comandado por um interruptor, ou chave unipolar colocada no quadro de comando.

Solução

Intensidade de corrente absorvida pelo *boiler*:

$$I = \frac{P}{U} = \frac{6\ 000\ (\text{W})}{220\ (\text{V})} = 27,27\ \text{A}$$

Consideremos duas hipóteses, traduzidas esquematicamente na Fig. 5.4.

a) A chave de comando acha-se no local onde o operador pretende ligar ou desligar manualmente o *boiler*. A corrente de alimentação de 27,27 A deverá passar pela chave e percorrer a distância da chave ao aquecedor.

b) Se for usado um contator, podemos comandá-lo por um simples interruptor sob 127 V ou termostato, energizando sua bobina, não precisando estar no local onde está o contator para comandá-lo. O comando se faz a distância.

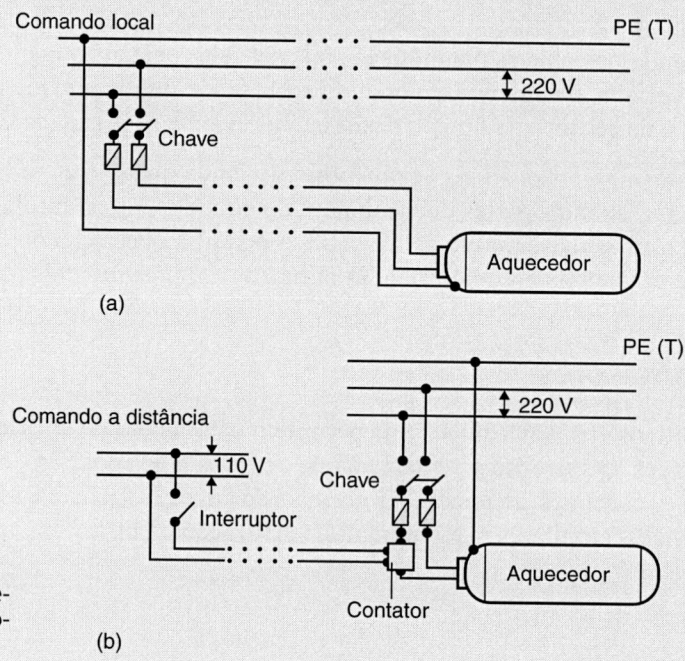

Figura 5.4 Esquema de ligação do aquecedor elétrico (*boiler*), mostrando os dispositivos a determinar.

EXEMPLO 5.2

Um aquecedor elétrico de água de 5 kW, 220 V, deve ligar automaticamente por meio de um termostato, quando a temperatura da água baixar a 70 °C, e desligar quando atingir 85 °C (Fig. 5.5). Indicar o esquema para esta instalação.

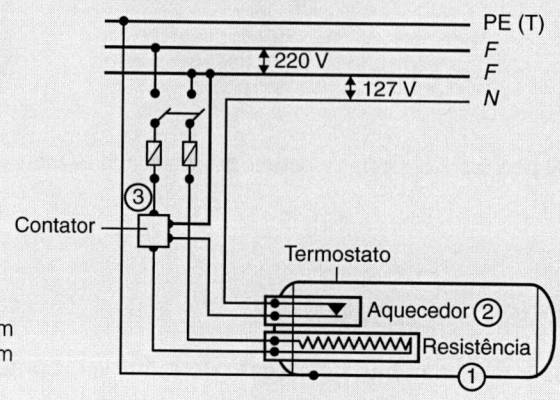

Figura 5.5 Esquema de ligação de um aquecedor elétrico (*boiler*) por meio de um termostato.

Solução

A corrente na resistência (1) que aquece o *boiler* é:

$$I = \frac{P}{U} = \frac{5\ 000\ (\text{W})}{220\ (\text{V})} = 22,73\ \text{A}$$

Certos termostatos (2) não têm condições de suportar uma corrente dessa intensidade e, por isso, devemos recorrer a um contator (3) pelo qual pode passar a corrente de 22,73 A, e o termostato comanda a corrente que passa pela bobina do contator.

O circuito do termostato-contator pode ser alimentado em 127 V, possuindo um transformador de comando.

Os contatores permitem um elevadíssimo número de operações sem que seja necessária uma revisão ou substituição de peças.

Convém notar que os contatores *não têm por função proteger as instalações* contra as correntes de curto-circuito ou sobrecargas prolongadas, mas devem poder suportar correntes transitórias que normalmente venham a ocorrer, inerentes às operações no circuito que comandam. Pode-se, porém, associar aos contatores fusíveis que irão assegurar proteção contra curtos-circuitos.

Bobina | Contator de potência | Contator auxiliar

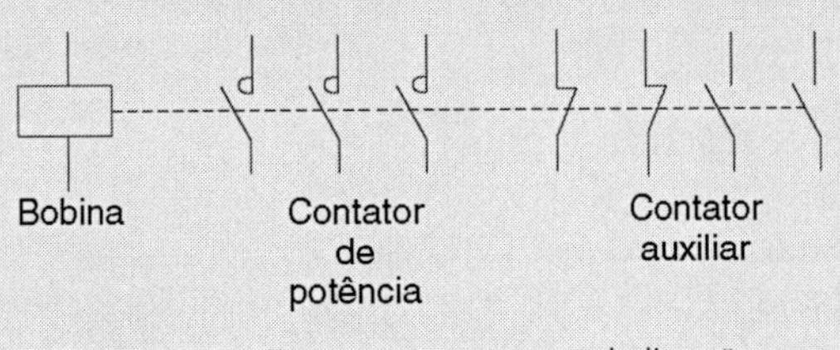

Figura 5.6 Contator – esquema de ligações.

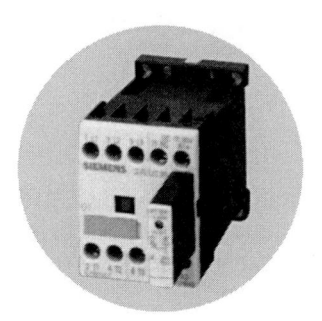

Figura 5.7 Contator de acoplamento tamanho 500, geração Sirius 3R. Fabricante Siemens.

5.1.2 Relé Térmico

Relé de medição a tempo dependente. É o que protege um equipamento contra danos térmicos de origem elétrica, pela medição da corrente que percorre o equipamento protegido e utilizando uma curva característica que simula o seu comportamento térmico (ABNT).

5.2 DISPOSITIVOS DE PROTEÇÃO DOS CIRCUITOS

Os condutores e equipamentos que fazem parte de um circuito elétrico devem ser protegidos contra curtos-circuitos e contra sobrecargas (intensidade de corrente acima do valor compatível com o aquecimento do condutor e que poderiam danificar a isolação do mesmo ou deteriorar o equipamento). Os dispositivos classificam-se conforme o objetivo a que se destinam:

a) dispositivos que assegurem apenas proteção contra curto-circuito;

b) dispositivos que protejam eficazmente apenas contra sobrecargas.

Vejamos algumas particularidades das categorias referidas.

5.2.1 Dispositivos de Proteção Contra Curtos-Circuitos

Quando ocorrer um curto-circuito, o dispositivo de proteção deverá interromper a corrente, antes que os efeitos térmicos e mecânicos da corrente possam tornar-se perigosos aos condutores, terminais e equipamentos. Em instalações de grande carga e nas de alta tensão, deve ser calculada a corrente de curto-circuito nos pontos importantes da rede.

A NBR 5410 estabelece que "a capacidade de interrupção dos dispositivos de proteção contra curtos-circuitos deve ser igual ou superior à corrente de curto-circuito presumida no ponto onde o dispositivo de proteção seja instalado, exceto quando houver outro dispositivo colocado mais próximo à fonte de alimentação e que tenha capacidade de interrupção suficiente. Neste caso, as características dos dois dispositivos devem ser coordenadas de tal forma que os efeitos das correntes de curto-circuito que os dispositivos deixam passar não danifiquem o dispositivo colocado mais distanciado da fonte, bem como os condutores protegidos por esses dispositivos".

O *tempo de interrupção* das correntes resultantes de um curto-circuito que se produz em um ponto qualquer do circuito deve ser inferior ao tempo que levaria a temperatura dos condutores para atingir o limite máximo admissível.

O tempo necessário *t* para que uma corrente de curto-circuito, de duração inferior a 5 segundos, eleve a temperatura dos condutores até a temperatura limite para sua isolação pode ser calculado pela fórmula:

$$t \le \frac{k^2 \times S^2}{t^2}$$ (5.1)

em que:

t = duração em segundos da corrente de curto-circuito;
S = seção de condutor em mm^2;
I = valor da corrente de curto-circuito, em A;
k = 115, para condutores de cabo isolado com PVC e emendas soldadas a estanho, nos condutores de cobre correspondendo a uma temperatura de 160 °C;
k = 135, para condutores de cobre isolado com EPR ou XLPE;
k = 74, para condutores de alumínio isolados com PVC;
k = 87, para condutores de alumínio isolados com EPR ou XLPE.

Os dispositivos empregados na proteção contra curtos-circuitos são:

a) fusíveis;
b) disjuntores.

Os disjuntores termomagnéticos protegem, também, contra sobrecargas prolongadas.

O tempo máximo de duração do curto-circuito também pode ser obtido do gráfico da Fig. 5.8.

Na Fig. 5.8 vemos, por exemplo, que um cabo de 16 mm^2 suporta uma corrente de curto-circuito de 10 kA por um tempo máximo de dois ciclos, isto é, 0,0335 segundo. O tempo de atuação da proteção será fornecido pelo fabricante do dispositivo utilizado.

Exemplo 5.3

Na origem de um circuito de distribuição com condutores isolados de 10 mm^2, a corrente de curto-circuito obtida na Fig. 5.8, em três ciclos, foi de 5 kA. Daí,

- a capacidade de interrupção nominal mínima do dispositivo que irá proteger o circuito contra correntes de curto-circuito será de 5 kA;
- o dispositivo deverá atuar em um tempo não superior a:

$$t = \frac{115^2 \times 10^2}{(5\ 000)^2} = 0,05 \text{ segundo.}$$

- Um disjuntor termomagnético adequado atuará em cerca de 0,02 s.
- Um fusível adequado atuará em cerca de 0,001 s.

5.2.1.1 Fusíveis

O fusível é um dispositivo adequadamente dimensionado para interromper a corrente de sobrecarga ou curto-circuito.

Os tipos mais usados são:

• **Fusível de rolha (Fig. 5.9)**

É um fusível de baixa tensão em que um dos contatos é uma peça roscada, que se fixa no contato roscado correspondente da base.

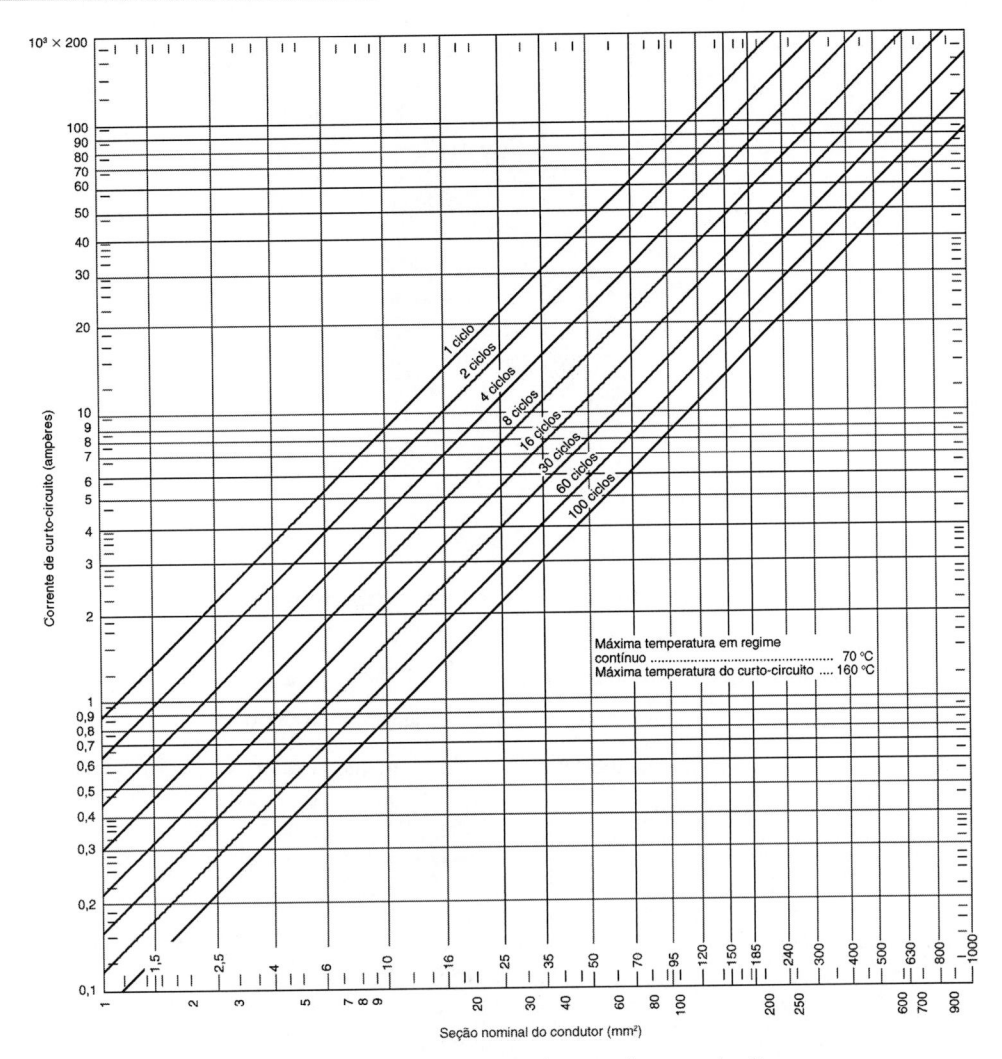

Figura 5.8 Tempo máximo de duração do curto-circuito.

Figura 5.9 Fusível de rolha Diazed, Siemens.

- **Fusível de cartucho**

É um fusível de baixa tensão cujo elemento fusível é encerrado em um tubo protetor de material isolante, com contatos nas extremidades.

- **Fusível Diazed (ou tipo "D")**

É um fusível limitador de corrente, de baixa tensão, cujo tempo de interrupção é tão curto que o valor de crista da corrente presumida do circuito não é atingido. Estes fusíveis são usados na proteção de condutores de rede de energia elétrica e circuitos de comando. São empregados em correntes de 2 a 100 A (Fig. 5.9).

Ainda são utilizados, em certos casos, os fusíveis tradicionais de rolha e de cartucho.

Figura 5.10 Fusíveis de cartucho NH, Siemens.

Tabela 5.1 Temperaturas características dos condutores

Tipo de isolação	Temperatura máxima para serviço contínuo (Condutor) (°C)	Temperatura limite de sobrecarga (Condutor) (°C)	Temperatura limite de curto-circuito (Condutor) (°C)
Cloreto de polivinila (PVC)	70	100	160
Borracha etilenopropileno (EPR)	90	130	250
Polietileno reticulado (XLPE)	90	130	250

EXEMPLO 5.4

Para um dado circuito dimensionou-se um fusível Diazed para uma corrente nominal de 10 A. Deseja-se saber o tempo de fusão para esse fusível quando submetido a uma corrente de curto-circuito de 100 A.

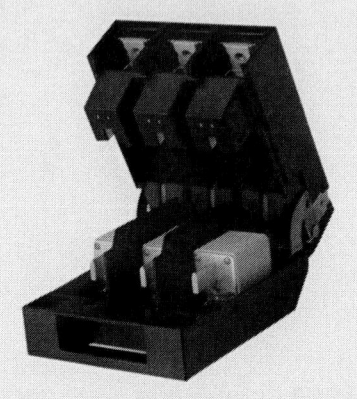

Figura 5.11 Chave seccionadora tripolar, com fusíveis, sob carga, abertura por tração frontal da tampa, tipo 3NP42. Fabricante Siemens.

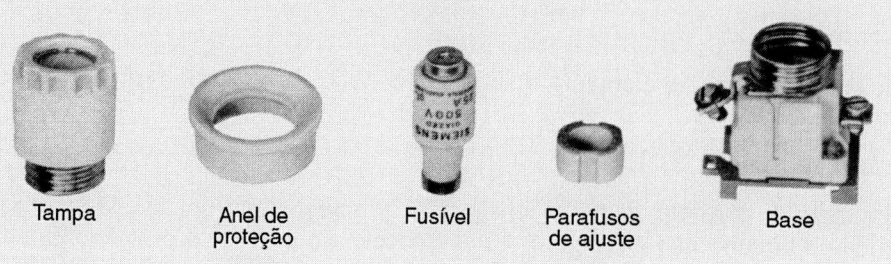

Tampa   Anel de proteção   Fusível   Parafusos de ajuste   Base

Figura 5.12 Fusível Diazed. Fabricante Siemens.

Pela Fig. 5.13, entrando na curva do fusível de 10 A, submetido a uma corrente de curto de 100 A, encontra-se um tempo de fusão de 0,05 s.

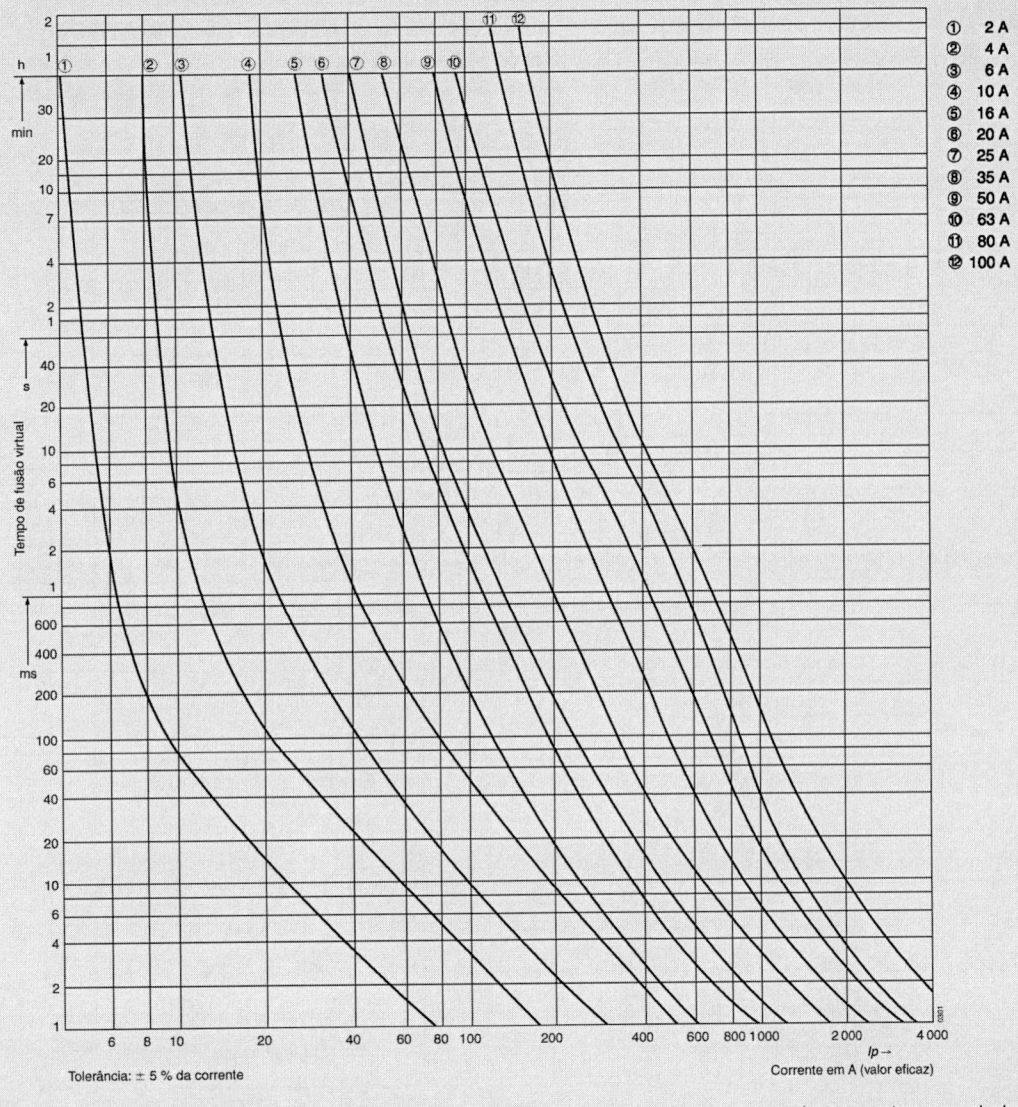

Figura 5.13 Curva característica tempo de fusão/corrente de curto-circuito de fusíveis Diazed, 500 V, tipo retardado, Siemens.

EXEMPLO 5.5

Num circuito, estimou-se um tempo de duração de 5 segundos para uma corrente de curto-circuito de 20 A. Que fusíveis Diazed seriam escolhidos?

Entrando na curva da Fig. 5.13 com os valores de $I = 20$ A e $t = 5$ s, vemos que as coordenadas se interceptam acima da curva de 6 A. Portanto, o fusível escolhido será de 10 A.

- **Fusível NH**

É um fusível limitador de corrente de alta capacidade de interrupção, para correntes nominais de 6 a 1 000 A em aplicações industriais. Protegem os circuitos contra curtos-circuitos e também contra sobrecargas de curta duração, como acontece na partida de motores de indução com rotor em gaiola.

EXEMPLO 5.6

Qual a corrente de curto-circuito, com duração de 4 segundos, para a qual um fusível NH de 315 A se acha previsto?

Entrando na curva, Fig. 5.14, com os valores $t = 4$ s e fusível de 315 A, obtemos, no eixo das abscissas, $I = 2\ 000$ A.

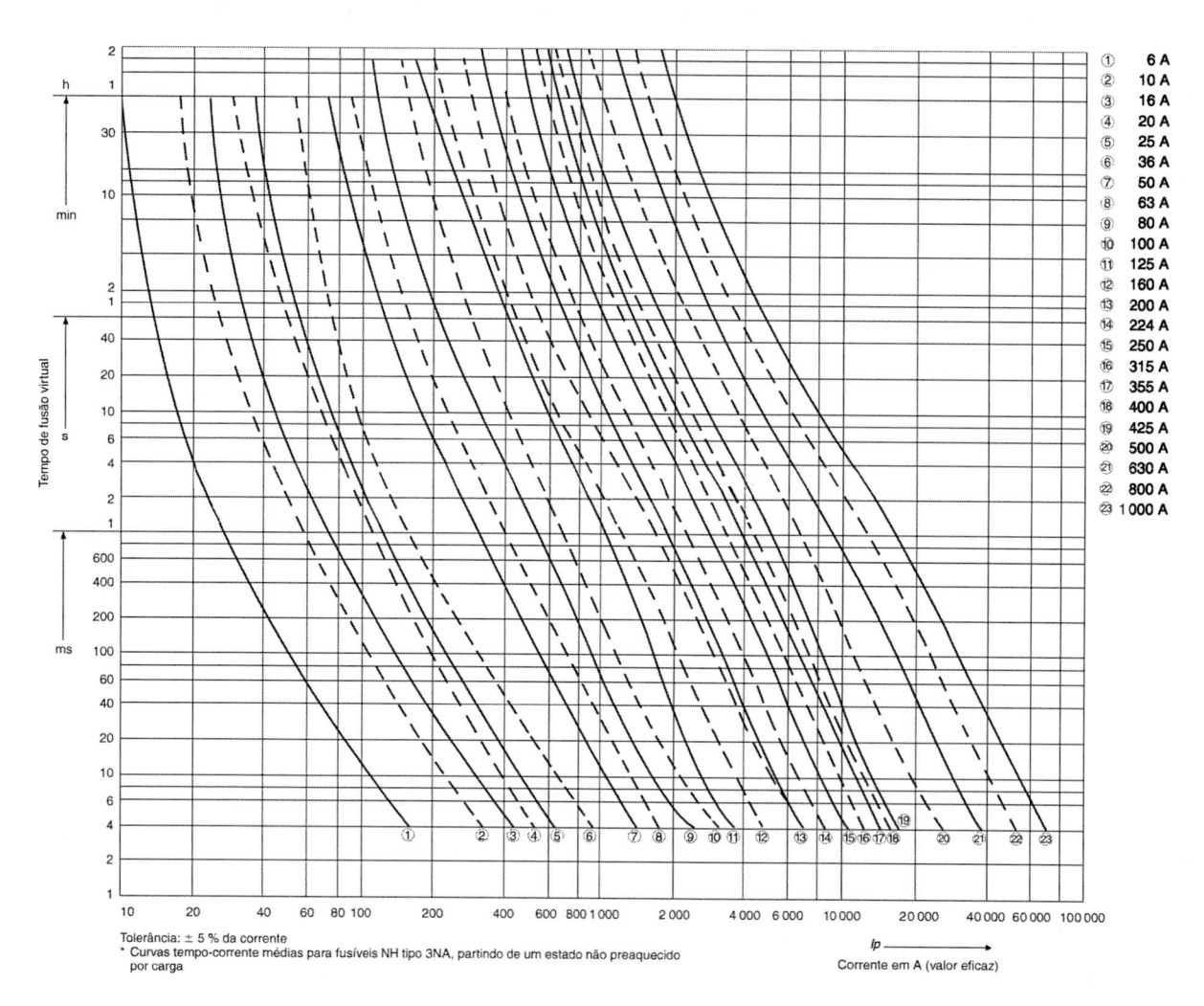

Figura 5.14 Curva característica tempo de fusão/corrente de curto do fusível NH. Fabricante Siemens.

Figura 5.15 Fusíveis NH. Fabricante Siemens.

5.2.1.2 Coordenação entre condutores e dispositivos de proteção

A característica de funcionamento de um dispositivo protegendo um circuito contra sobrecargas deve satisfazer as duas condições:

a) $I_B \leqslant I_N \leqslant I_Z$
b) $I_2 \leqslant 1{,}45\ I_Z$

em que:

I_B = corrente de projeto do circuito;
I_Z = capacidade de condução de corrente dos condutores;
I_N = corrente nominal do dispositivo de proteção;
I_2 = corrente que assegura efetivamente a atuação do dispositivo de proteção; na prática, a corrente I_2 é considerada igual à corrente convencional de atuação dos disjuntores.

EXEMPLO 5.7

Tomemos um circuito de distribuição trifásico, com condutores isolados com $I_B = 35$ A.

– Critério de capacidade de condução de corrente: da Tabela 4.5a, vemos que $S = 6$ mm^2 ($I_Z = 36$ A).
– Proteção com disjuntor.

$I_B \leq I_N$; logo, escolhemos $I_N = 35$ A
$I_N \leq I_Z$; então $35 < 36$. Essa condição é atendida por $S = 6$ mm^2.

- **Disjuntores**

Denominam-se disjuntores os dispositivos de manobra e proteção, capazes de estabelecer, conduzir e interromper correntes em condições normais do circuito, assim como estabelecer, conduzir por tempo especificado e interromper correntes em condições anormais especificadas do circuito, tais como as de curto-circuito.

Os disjuntores possuem um dispositivo de interrupção da corrente constituído por lâminas de metais de coeficientes de dilatação térmica diferentes (latão e aço), soldados. A dilatação desigual das lâminas, por efeito do aquecimento, provocado por uma corrente de sobrecarga faz interromper a passagem da corrente no circuito. Esses dispositivos bimetálicos são ***relés térmicos*** e, em certos tipos de disjuntores, são ajustáveis. Além dos relés bimetálicos, os disjuntores são providos de relés magnéticos (bobinas de abertura), que atuam mecanicamente, desligando o disjuntor quando a corrente é de curta duração (relés de máxima). Desarmam, também, quando ocorre um curto-circuito em uma ou nas três fases. Os tipos que possuem "bobina de mínima" desarmam quando falta tensão em uma das fases.

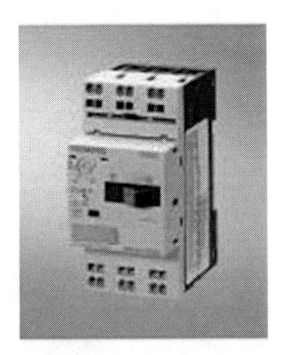

Figura 5.16 Disjuntor motor 3RV, para manobra e proteção. Fabricante Siemens.

- **Escolha do disjuntor**

Para a escolha do disjuntor devem ser fornecidas pelo fabricante as seguintes informações:

a) tipo (modelo) do disjuntor;
b) características nominais:
  – tensão nominal em Vca;
  – nível de isolamento;
  – curvas características (tempo $\times$ corrente) do disparador térmico e/ou magnético;
  – corrente nominal;
  – frequência nominal;
  – capacidade de estabelecimento em curto-circuito (kA crista);
  – capacidade de interrupção em curto-circuito simétrico (kA eficaz);
  – ciclo de operação.

• Características nominais

Os valores recomendados, em ampères, para a corrente nominal, são os seguintes:

Tabela 5.2

5	10	15	20	25	30	35
40	<u>50</u>	<u>60</u>	<u>63</u>	<u>70</u>	80	90
<u>100</u>	125	<u>150</u>	<u>175</u>	200	<u>225</u>	<u>250</u>
275	300	320	350	400		

Nota: Os valores sublinhados correspondem aos recomendados para a corrente nominal da estrutura.

A Fig. 5.17 representa um disjuntor com proteção térmica e eletromagnética.

Existem disjuntores termomagnéticos compensados que contêm um segundo par bimetálico, capaz de neutralizar o efeito de eventual elevação de temperatura ambiente.

Os disjuntores desarmam as três fases quando a sobrecarga ocorre em apenas uma das fases.

O disjuntor usado na proteção de circuitos de baixa tensão é o do tipo em caixa moldada (caixa suporte de material isolante). Como exemplo de uso dos disjuntores de caixa moldada, temos que para a proteção de circuitos de iluminação e tomadas são usados os disjuntores em caixa moldada monofásicos.

Na Fig. 5.19, vemos que o motor é comandado pela botoeira (3), pelo relé térmico (1) e pelo disjuntor magnético (2). A botoeira pode ser substituída pelo comando por meio de um termostato, uma chave-boia, um pressostato, uma célula fotoelétrica etc.

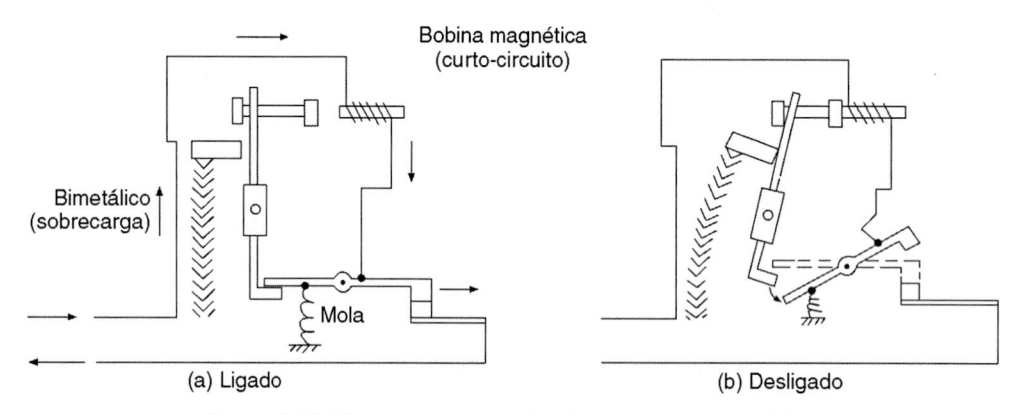

Figura 5.17 Disjuntor com proteção térmica e eletromagnética.

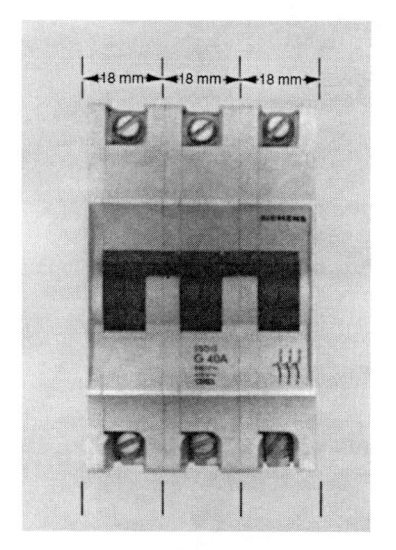
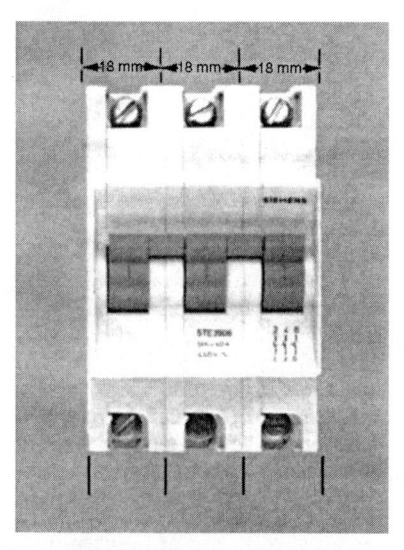

Figura 5.18 Minidisjuntor de proteção termomagnética, com dispositivo de corte ultrarrápido e câmara de extinção de arco de construção especial. Os minidisjuntores de baixa tensão, unipolares, bipolares e tripolares, tipo N, de fabricação Siemens, possuem corrente nominal de 0,5 A, 1 A, 2 A, 4 A, 6 A, 10 A, 15 A até 125 A.

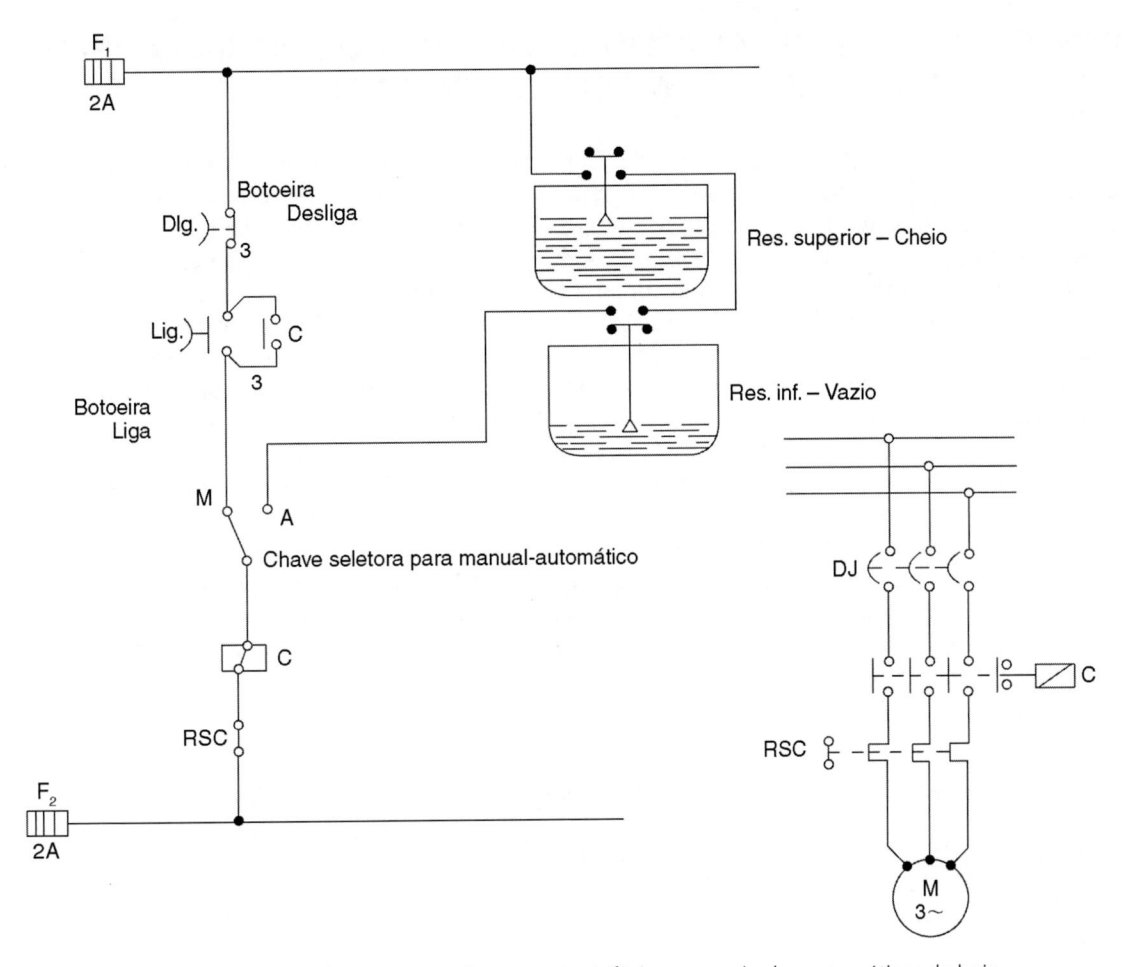

Figura 5.19 Comando e proteção de um motor trifásico por meio dos automáticos de boia.

5.3 RELÉS DE SUBTENSÃO E SOBRECORRENTE

Muitos disjuntores, além dos elementos térmicos e eletromagnéticos, podem ter como acessórios bobina de mínima tensão (também chamada relé de subtensão), que em uma falta ou queda de tensão interrompe a passagem de corrente, não danificando os equipamentos (no caso, um motor trifásico ligado à rede de alimentação). Na Fig. 5.20, vê-se que o relé (eletroímã) (1) mantém a peça (2), travando a peça e (3) fechando o circuito. A mola (4) não tem condições de fazer baixar a peça (2). Faltando tensão, o eletroímã (1) não funciona e a mola (4) desloca a peça (2). Com isso, a barra (3) é destravada e, acionada pela mola (5), desarma as três fases da chave, e esta só poderá ser rearmada manualmente.

Assim, há certeza de que o motor não voltará a funcionar quando a tensão não se restabelecer.

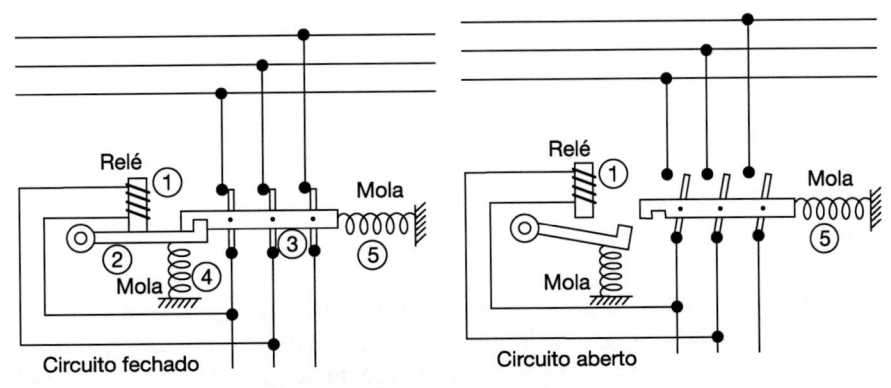

Figura 5.20 Relé de mínima tensão.

5.4 DISPOSITIVO DIFERENCIAL-RESIDUAL. PROTEÇÃO CONTRA CORRENTE DE FUGA À TERRA, SOBRECARGA E CURTO-CIRCUITO

Este dispositivo tem por finalidade a proteção de vidas humanas contra acidentes provocados por choques, no contato acidental com redes ou equipamentos elétricos energizados. Oferece, também, proteção contra incêndios que podem ser provocados por falhas no isolamento dos condutores e equipamentos. A experiência mostra que não se pode, na prática, evitar que ocorra uma certa corrente de fuga natural para a terra, apesar do isolamento da instalação. Quando a corrente de fuga atinge valor que possa comprometer a desejada segurança para seres humanos (30 mA) e instalações industriais (500 mA), o dispositivo atua, desligando o circuito. O interruptor de corrente DR pode ser usado em redes elétricas com neutro aterrado, sendo necessário que o neutro aterrado seja conectado ao dispositivo. Após este dispositivo, o neutro aterrado deve se tornar um neutro isolado, dando origem a um circuito a 5 fios (3F + N + T).

Como exemplo, citamos o modelo DR, tipo 5SM1 344-0, que funciona para uma corrente nominal de 40 A e desarma para uma corrente nominal de fuga de 30 mA, sob tensões de 220 a 380 V.

A Tabela 5.3 indica, também, o interruptor para corrente nominal de fuga de 500 mA, aplicável, apenas, para proteção de instalações prediais e industriais contra riscos de incêndio, uma vez que esse valor de corrente de fuga ultrapassa em muito o limite permissível para proteção contra riscos pessoais.

A Fig. 5.21 mostra o interruptor de corrente de fuga modelo DR, da Siemens, para $I_{nominal} = 40$ A e $I_{fuga} = 30$ mA.

Além da proteção convencional de circuito e aparelhos domésticos, recomenda-se a instalação de interruptor de corrente de fuga em casas e apartamentos onde é considerável o número de aparelhos domésticos, o que tende a aumentar o perigo de acidentes. Em locais úmidos, ambientes molhados ou com riscos de incêndio, são especialmente recomendados.

Tabela 5.3 Interruptores de corrente de fuga DR. Fabricante Siemens

Tipo	Corrente nominal (A)	Corrente nominal de fuga (mA)	Tensão de operação (V)	Proteção de curto-circuito fusível máximo
5SM1 344-0	40	30	220-380	100
5SM1 346-0	63	30	220-380	100
5SM3 345-0	125	30	220-380	125
5SM1 744-0	40	500	220-380	100

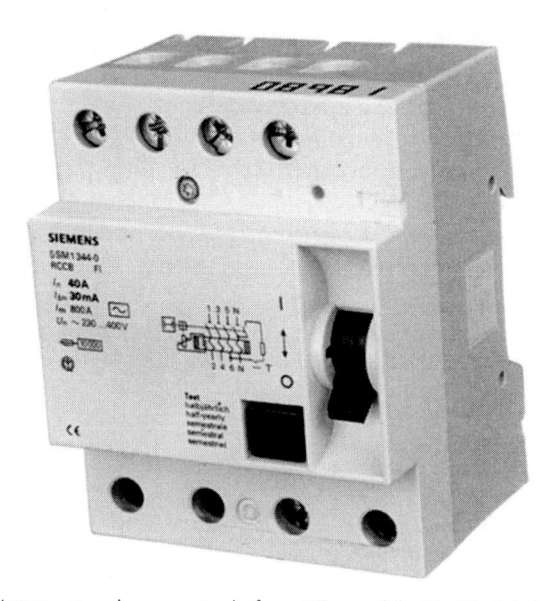

Figura 5.21 Interruptor de corrente de fuga DR, modelo 5SM1. Fabricante Siemens.

Efeitos da corrente de fuga. Observando-se as cinco faixas da Fig. 5.22, vemos que a faixa 1, até 0,5 mA, representa as condições para as quais não há reação. Para a faixa 2, não há normalmente efeito fisiopatológico. Na faixa 3 não há perigo de fibrilação. Já na faixa 4 há possibilidade de ocorrer fibrilação (probabilidade de 50 %). Na faixa 5 há perigo de fibrilação (probabilidade maior que 50 %).

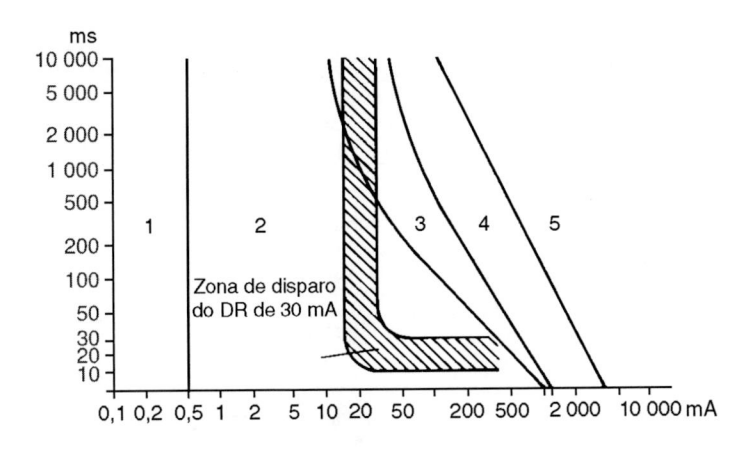

Figura 5.22 Influência da corrente elétrica sobre o corpo humano.

5.5 RELÉS DE TEMPO

São dispositivos para utilização em manobras que exigem temporização, em esquemas de comando, para partida, proteção e regulagem. Eles têm excitação permanente e acionamento em corrente alternada. Os relés de tempo do tipo eletrônico também podem ter aplicações em corrente contínua.

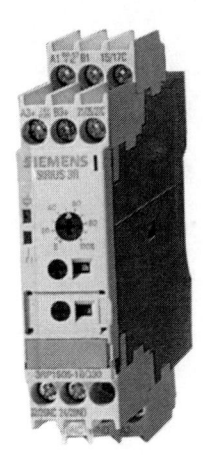

Figura 5.23 Relé de tempo eletrônico 3RP15. Fabricante Siemens.

5.6 *MASTER SWITCH*

Quando se pretende comandar, de um único ponto, várias lâmpadas situadas em locais diferentes, pode-se empregar o *master switch*, ou seja, *chave mestra* do circuito ou dos circuitos em que se acham as lâmpadas ou aparelhos. As lâmpadas podem ter por finalidade o alarme contra incêndio e podem ser substituídas por cigarras, sirenes ou outras formas de aviso de alarme, em uma emergência. O *master switch*, quando associado a um ou mais circuitos com interruptores paralelo e intermediário, atua de modo que as lâmpadas sejam normalmente comandadas por esses interruptores e, na emergência ou quando desejado, pela chave descrita (Fig. 5.24).

Automático de boia. A ligação e o desligamento automático das bombas de água de um edifício são realizados por um dispositivo conhecido como *automático de boia*, *chave de boia* ou por "*controle automático*" de nível.

Um dos sistemas mais empregados, por permitir o comando da bomba, conforme a exigência do reservatório superior e a disponibilidade de água no reservatório inferior, utiliza o deslocamento de uma haste de latão vertical ao longo da qual desliza um flutuador, em função do nível no reservatório. Existem dois "esbarros" fixados por parafusos à haste, nas posições extremas entre as quais se permite que o nível varie. Quando o nível atinge sua posição mais elevada, o flutuador empurra o "esbarro" e a haste para cima, movimentando um interruptor de tipo especial, que permite a passagem da corrente pela bobina de uma chave termomagnética, ligando assim o motor da bomba. Ao atingir o nível inferior, a boia ou o flutuador pressiona para baixo a haste, o que faz o interruptor atuar no sentido inverso da hipótese anterior. Instala-se um automático de boia superior e um inferior, respectivamente, nos reservatórios superior e inferior. A operação mencionada refere-se ao reservatório inferior.

O regulador de nível Flygt é também muito empregado. Consta de um invólucro de polipropileno com formato de uma pera, no interior do qual é colocado um interruptor de ampola contendo mercúrio. O invólucro é suspenso pelo próprio cabo elétrico. Quando o nível do líquido no reservatório superior atinge o nível mínimo estabelecido,

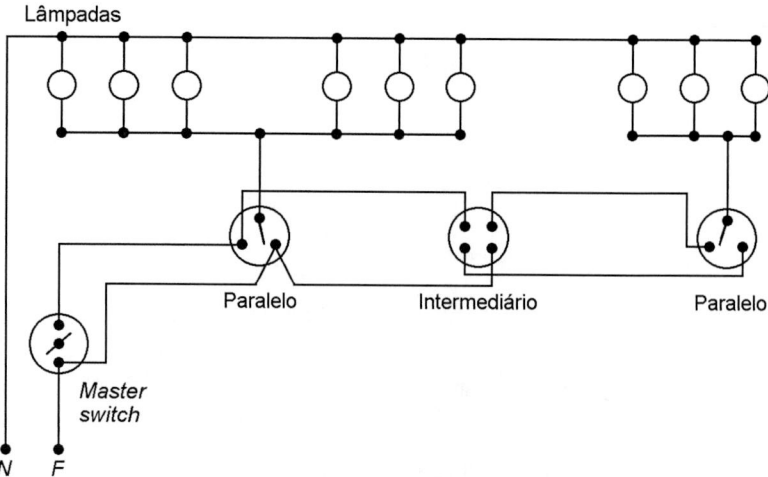

Figura 5.24 Comando de um conjunto de pontos ativos por uma chave mestra (*master switch*).

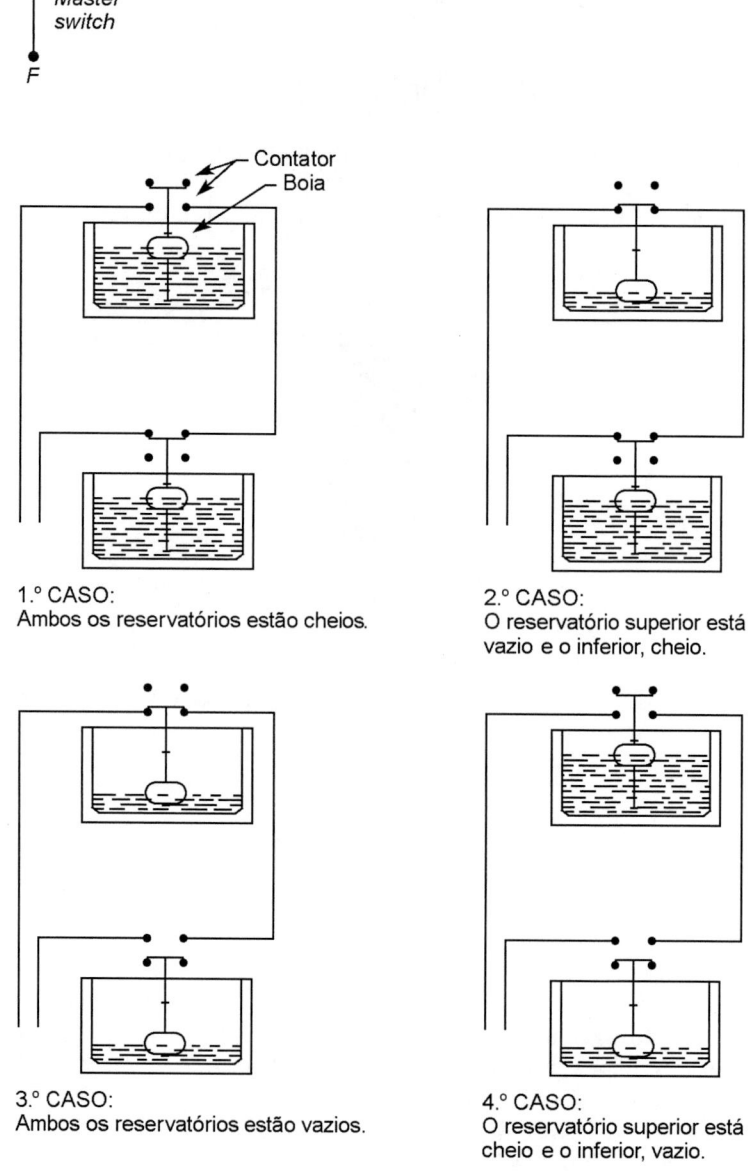

1.º CASO:
Ambos os reservatórios estão cheios.

2.º CASO:
O reservatório superior está vazio e o inferior, cheio.

3.º CASO:
Ambos os reservatórios estão vazios.

4.º CASO:
O reservatório superior está cheio e o inferior, vazio.

Figura 5.25 Esquema de funcionamento dos automáticos de boia.

o interruptor de mercúrio estabelece contato e a corrente atuará sobre a bobina do disjuntor, ligando a bomba. Ao atingir o nível máximo desejado, outro interruptor desliga a bomba.

Quando se deseja instalar um sistema de alarme, deve-se usar um terceiro regulador. No caso do reservatório inferior, quando o nível atinge a posição mais baixa permitida, o interruptor desliga a bomba.

A Fig. 5.26 mostra a instalação do regulador de nível Flygt, muito usado em instalações de água, esgotos e industriais. Para comando de enchimento do reservatório superior, ligam-se os fios vermelho (1) e branco (3) e isola-se o fio preto (2). Para bombear água do reservatório inferior para o superior, ligam-se os fios vermelho (1) e preto (2) e isola-se o fio branco (3).

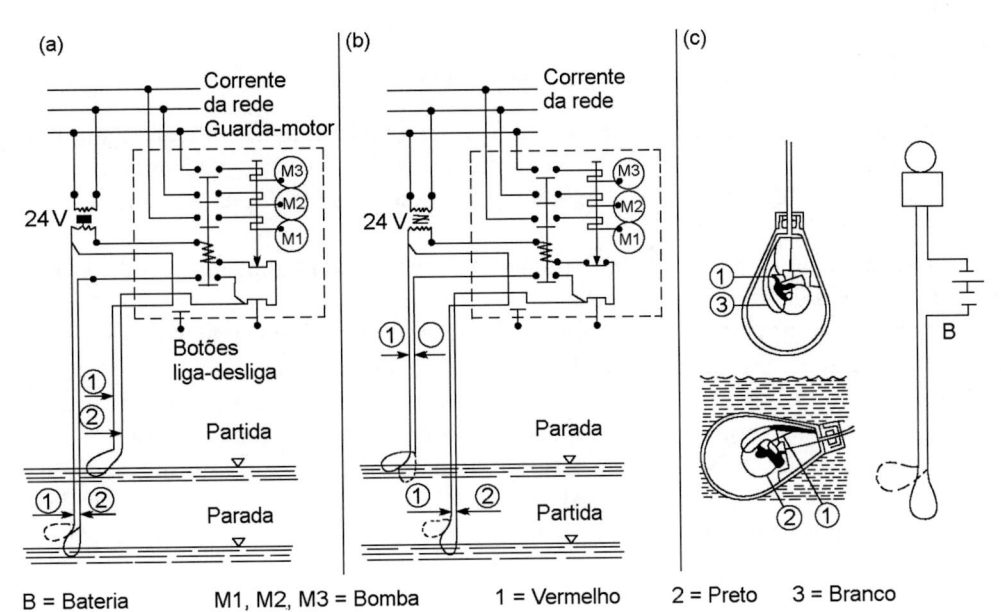

B = Bateria   M1, M2, M3 = Bomba   1 = Vermelho   2 = Preto   3 = Branco

Figura 5.26 Regulador de nível Flygt ENH-10.

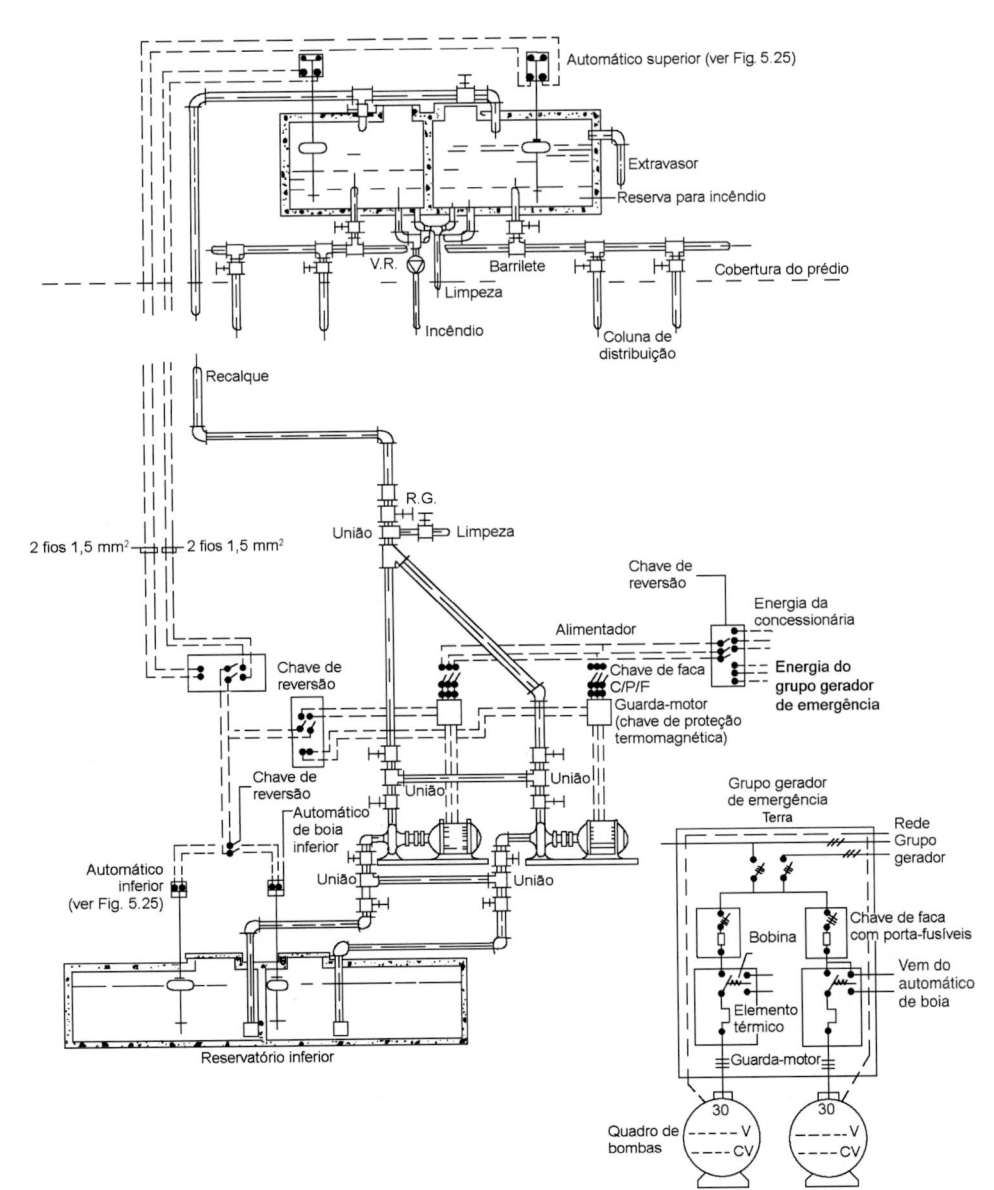

Figura 5.27 Esquema elétrico para instalação de bombeamento predial.

5.7 RELÉ DE PARTIDA

Existem equipamentos de baixa potência, como geladeiras, bebedouros de água gelada, que ligam e desligam com muita frequência. Para atenuar o efeito do torque na partida, onde a corrente de partida é várias vezes maior do que a de marcha normal, usa-se, em equipamentos onde a frequência de ligações é grande, o ***relé de partida***, cujo funcionamento pode ser compreendido pela análise da Fig. 5.28.

A utilização do relé supõe a existência no motor, além do enrolamento normal, de uma bobina de partida, dotada de um número bem menor de espiras do que o da bobina de marcha.

Suponhamos que, por uma elevação de temperatura, o termostato (1) de uma geladeira, por exemplo, ligue os contatos *a* e *b*. A corrente passa pela bobina de marcha (2) e pela bobina (3) do relé, a qual atrairá a peça (4). Com isto, a corrente encontra um percurso de menor resistência passando pela bobina de partida (6) e pelas peças (5), (4) e (7). O motor poderá, então, partir com uma intensidade de corrente maior, o que lhe permite um maior torque. Logo que entre em regime normal, a bobina de partida (6) desliga, funcionando o motor apenas com a bobina de marcha (2). A ocorrência de maior intensidade da corrente na partida do motor é percebida às vezes por uma breve redução na intensidade luminosa das lâmpadas, em razão da maior queda de tensão na partida do motor.

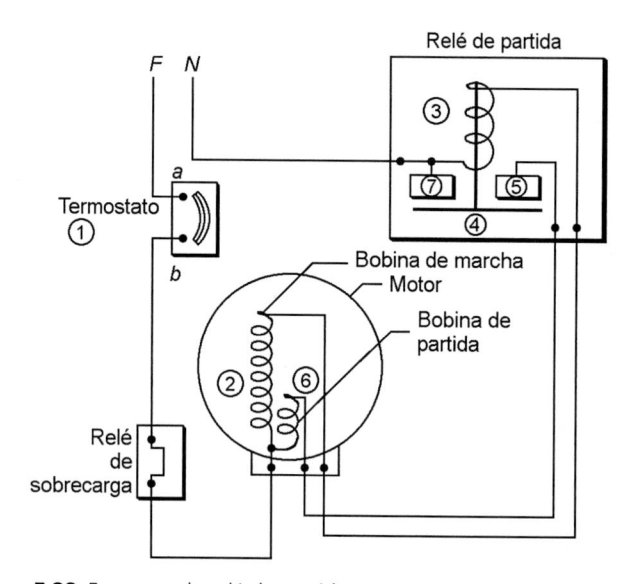

Figura 5.28 Emprego do relé de partida para motor de pequena potência.

5.8 COMANDO POR CÉLULAS FOTOELÉTRICAS

É conveniente, em muitos casos, que as luminárias de iluminação pública, de pátios industriais, de avisos de perigo etc. sejam operadas automaticamente, ligando quando o nível de iluminamento (intensidade luminosa) abaixar ao anoitecer (8 a 10 lux) e desligando ao amanhecer (80 a 100 lux). Usam-se, para este fim, as células fotoelétricas, também denominadas fotorresistores, dispositivos que utilizam a energia luminosa como meio de acionamento para emissão de energia elétrica. Quando se trata de uma única lâmpada, é suficiente instalar uma célula próxima à luminária. Se se pretende comandar várias lâmpadas por uma única célula, deve-se introduzir um contator, cuja atuação será provocada pela célula.

A Fig. 5.29 apresenta o esquema de um fotointerruptor. A Fig. 5.30 mostra o diagrama de comando de luminárias a distância, com a instalação de contator e fusíveis de proteção.

Pode-se observar na Fig. 5.30 que existe um interruptor paralelo que possibilita a ligação automática ou manual, quando se atua sobre a botoeira.

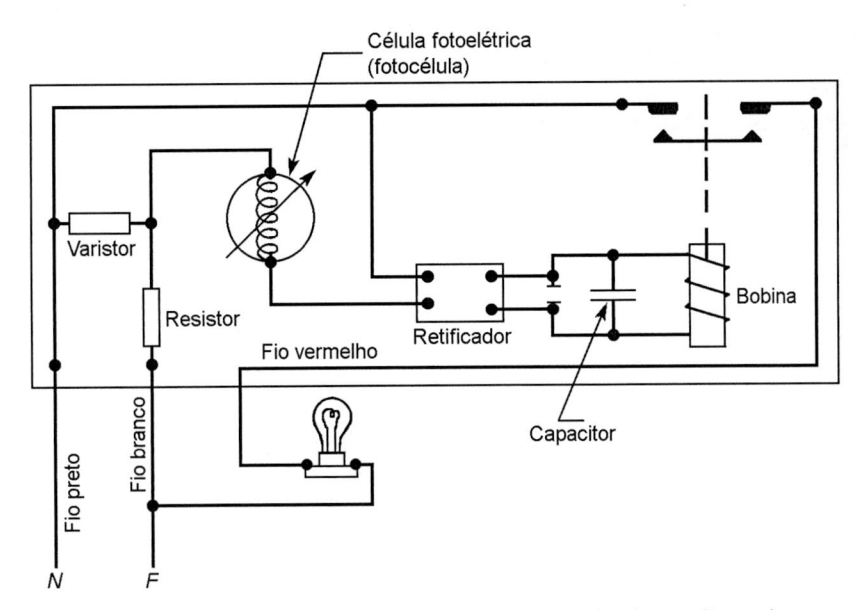

Figura 5.29 Esquema de um fotointerruptor comandando uma lâmpada.

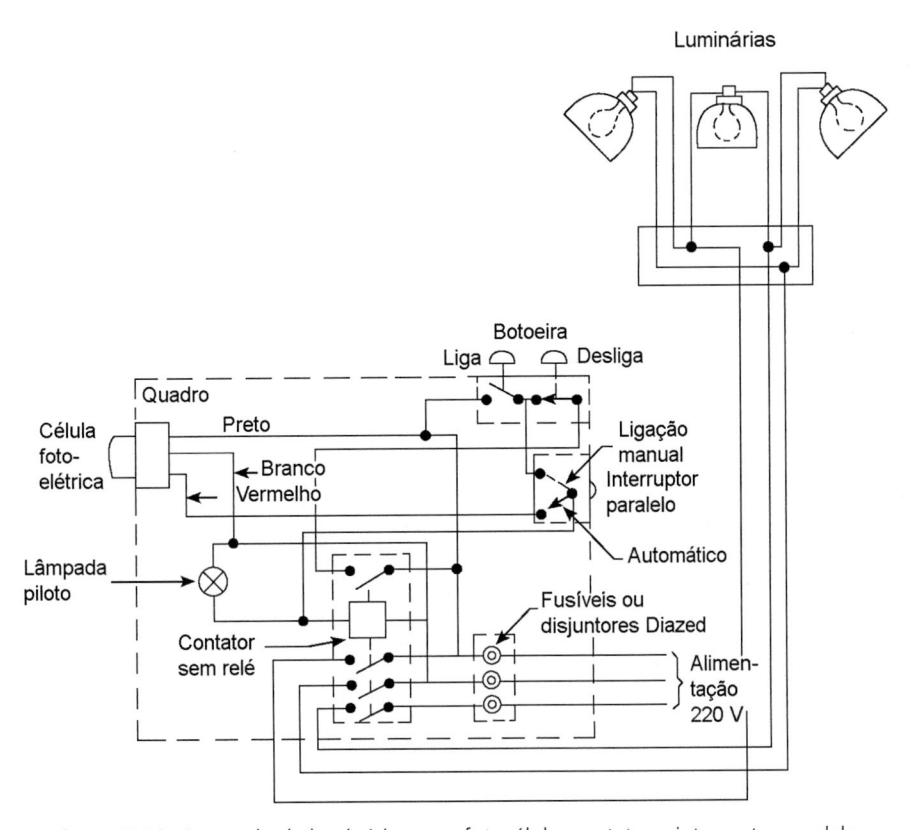

Figura 5.30 Comando de luminárias com fotocélula, contator e interruptor paralelo.

5.9 SELETIVIDADE

A seletividade representa a possibilidade de uma escolha adequada de fusíveis e disjuntores, de tal modo que, ao ocorrer um defeito em um ponto da instalação, o desligamento afete uma parte mínima da instalação. Para que isso aconteça, é necessário que a proteção mais próxima do defeito ocorrido venha a ser a primeira a atuar. Deve-se, então, coordenar os tempos de atuação dos disjuntores de proteção, de tal modo que os tempos de desligamento cresçam à medida que as proteções se achem mais afastadas das cargas, no sentido da fonte de surgimento de energia.

Vejamos os casos principais.

5.9.1 Seletividade entre Fusíveis

Suponhamos (Fig. 5.31) uma alimentação com proteção de um fusível de entrada, havendo três ramificações saindo de um barramento, protegidas também por fusíveis. Supondo correntes de serviço diferentes nos ramais, quando houver um defeito (falta), os fusíveis serão percorridos pela mesma corrente de curto-circuito.

Como regras teremos:

— Fusíveis em série serão seletivos quando suas curvas características de fusão (suas faixas de dispersão) não tiverem nenhum ponto de interseção e mantiverem uma distância suficiente entre si (Fig. 5.32).

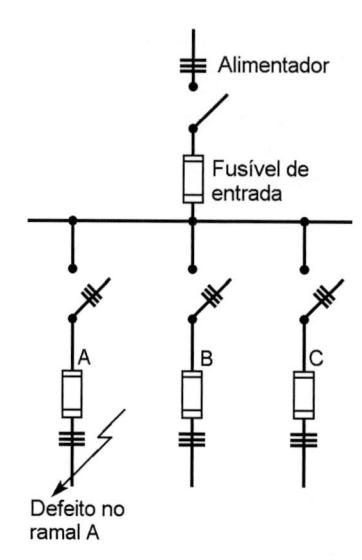

Figura 5.31 Proteção de linha e ramais com fusíveis.

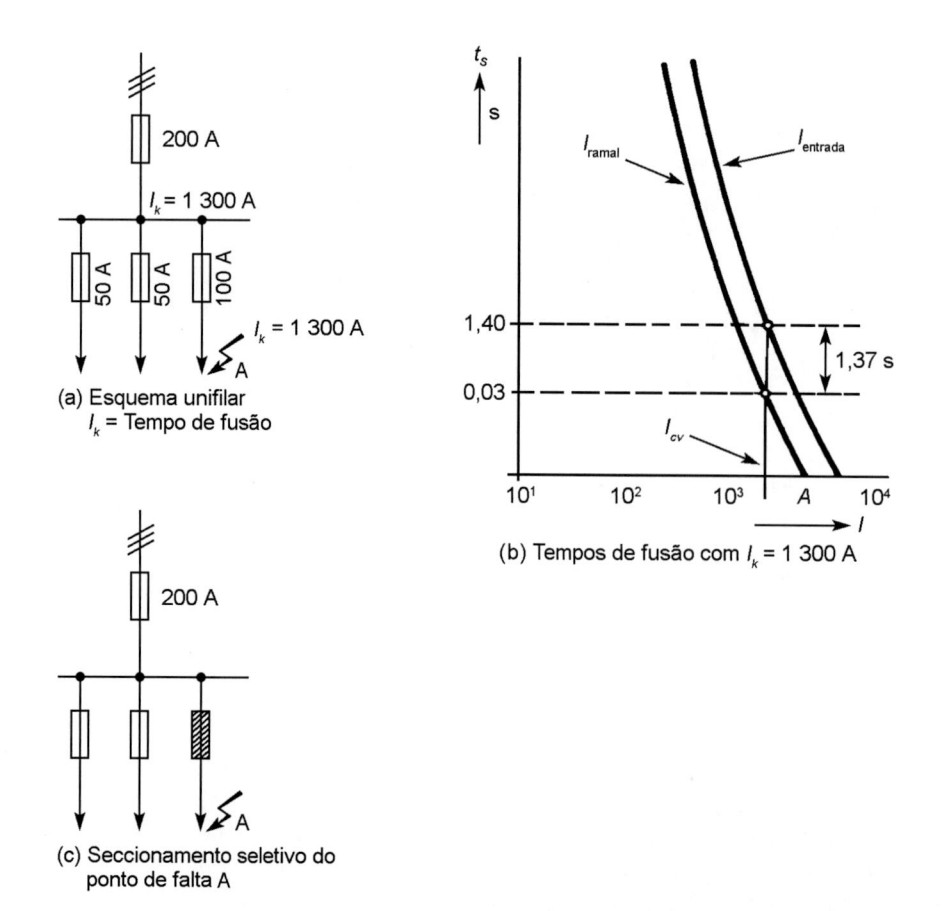

Figura 5.32 Seletividade entre fusíveis em série.

5.9.2 Seletividade entre Disjuntores

A seletividade entre disjuntores em série só é possível quando o nível das correntes de curto varia suficientemente nos diferentes pontos da instalação. A corrente de operação do disjuntor de entrada será ajustada para um cabo de corrente superior à maior corrente de curto possível de ser atingida no ponto onde o disjuntor de ramal for instalado. Há casos em que as correntes de curto variam muito pouco em razão da baixa impedância dos condutores, então só haverá seletividade através de disparadores de sobrecorrente de curta temporização no disjuntor de entrada.

Suponhamos dois disjuntores: A protegendo a linha e A' protegendo um ramal (Fig. 5.33).

Na faixa correspondente à sobrecarga, a curva A-B do disjuntor de entrada deverá estar sempre acima da curva A'-B' do disjuntor do ramal (Fig. 5.34).

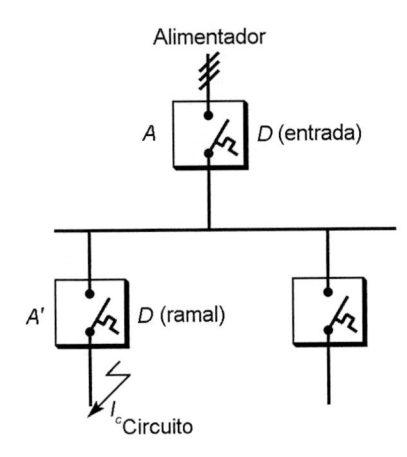

Figura 5.33 Proteção de linha e ramais com disjuntores.

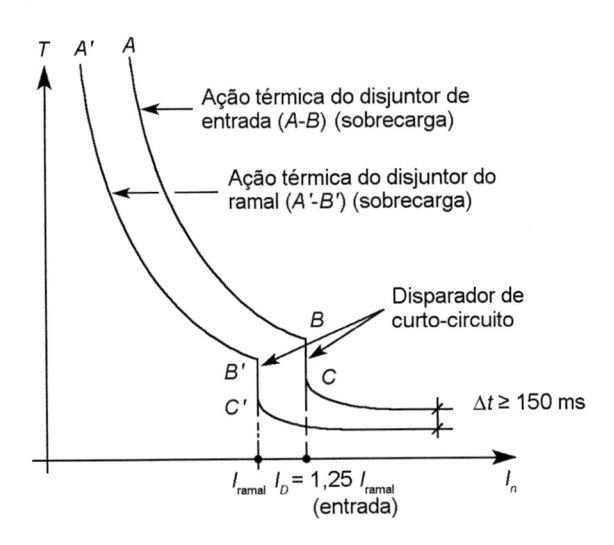

Figura 5.34 Proteção com disjuntores em ramais e alimentadores.

Para a corrente de um curto-circuito, I_{cc}, a diferença Δt, entre os tempos de atuação dos dois disjuntores, deverá ser maior do que 150 milissegundos.

$\Delta t \geq 150$ ms para disparadores eletromagnéticos.
$\Delta t \geq 70$ ms para disparadores de curta temporização.

A corrente de operação dos disjuntores com disparador de curta temporização deve ser ajustada para um valor superior ou igual a 25 % do valor ajustado para o disjuntor de ramal.

$$I_{D(\text{entrada})} \geq 1{,}25 \times I_{\text{ramal}}$$

5.9.3 Seletividade entre Disjuntor e Fusíveis em Série

Vê-se pela Fig. 5.36 que só existirá seletividade na faixa de sobrecarga se a curva característica dos fusíveis não tiver nenhum ponto de interseção com a curva característica dos disparadores de sobrecorrente térmicos dos disjuntores.

Na prática, o tempo entre os disparadores de sobrecorrente e a curva dos fusíveis é da ordem de 100 ms.

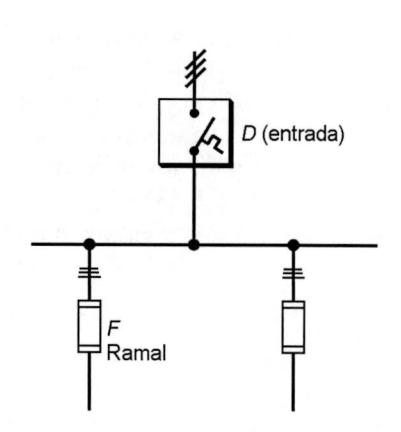

Figura 5.35 Proteção com disjuntor e fusíveis nos ramais.

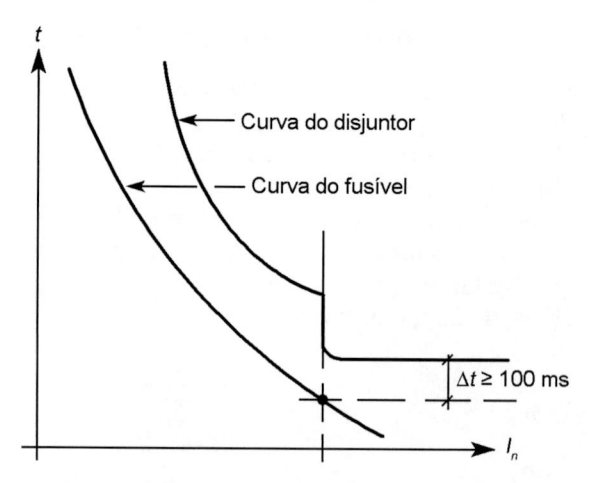

Figura 5.36 Seletividade entre disjuntor e fusível.

5.10 VARIADOR DA TENSÃO ELÉTRICA

O controle da intensidade luminosa de uma ou mais lâmpadas de um circuito é, em geral, realizada utilizando-se a seguinte solução.

5.10.1 Emprego de um *Dimmer* ou Atenuador

O ***dimmer*** é um variador de tensão que utiliza recursos eletrônicos. Eles dispensam a passagem da corrente através de resistências para dissipação da energia elétrica em calor. Fazem a luminosidade das lâmpadas ou a velocidade dos motores variar de zero a um máximo. Contêm uma resistência fixa, além de uma resistência variável (potenciômetro), dois capacitores, um tiristor e um diodo. O operador gira um botão ou desloca um pino, para variar a resistência do potenciômetro. A atuação do diodo (diac) sobre o tiristor (triac) fará variar a tensão aplicada e os capacitores exercerão uma função reguladora do sistema eletrônico, completando-o.

Os *dimmers* são encontrados em potências que variam de 300 W a 1 000 W e podem ser rotativos ou digitais.

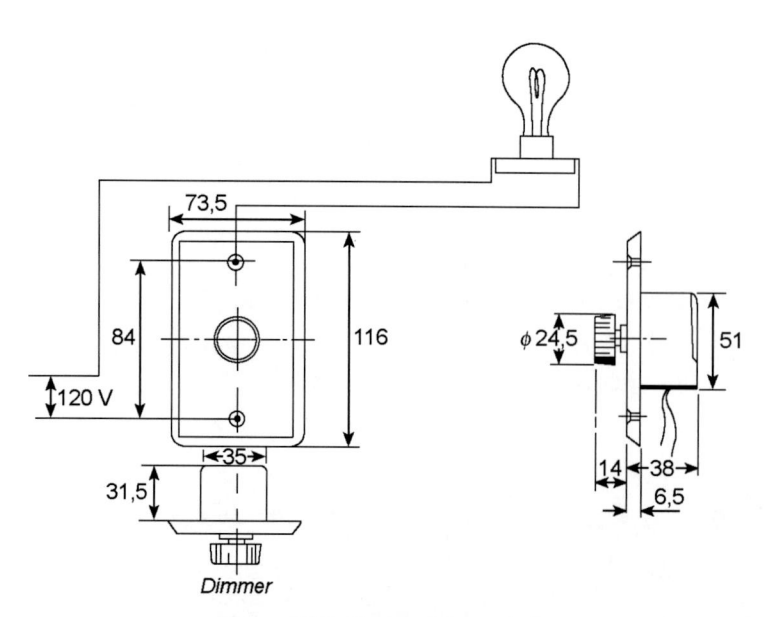

Figura 5.37 *Dimmer* (atenuador).

Biografia

Fonte: AIP Emilio Segre Visual Archives.

WATT, JAMES (1736-1819)

Fabricante de instrumentos e engenheiro, foi inventor do moderno motor a vapor. Watt teve pouca educação formal por causa de sua saúde frágil, mas suas habilidades tornaram-no capaz de destacar-se como um fabricante de instrumentos na Universidade de Glasgow. Enquanto fazia o conserto de um motor a vapor, Watt percebeu que sua eficiência poderia ser muito aumentada se lhe adicionasse um condensador separado, evitando a perda de energia através da condensação da água no cilindro. Ele criou uma sociedade com M. Boulton (1728-1809), em Birmingham, para desenvolver a ideia e melhorar o motor em outros aspectos e, em 1790, produziu o motor Watt, que se tornou crucial para o sucesso da Revolução Industrial. Seu motor passou a ser usado para mover as bombas que retiravam água das minas e faziam funcionar as máquinas das fábricas, na produção de farinha, no fabrico de tecidos de algodão e na produção de papel.

Watt aposentou-se muito rico em 1800. A unidade de potência no SI é o watt, em sua homenagem.

6 | Instalações para Motores

6.1 CLASSIFICAÇÃO DOS MOTORES ELÉTRICOS

Conforme a natureza da corrente que os alimenta, os motores elétricos dividem-se em:

- Motores de corrente contínua (CC).
- Motores de corrente alternada (AC) ou (CA).

Consideremos cada uma dessas modalidades.

6.1.1 Motores de Corrente Contínua

Funcionam pela ação de um campo magnético, produzido pela excitação dos polos do motor com a corrente contínua. São usados quando se pretende variar a velocidade durante o funcionamento ou quando o conjugado resistente de partida (torque) da máquina acionada é elevado.

A variação de velocidade desses motores é conseguida de diversos modos, sendo os mais comuns a variação da tensão aplicada ao induzido e a variação do fluxo no entreferro pela redução da corrente de campo.

A modificação no valor de tensão é feita variando-se as resistências dispostas em série, com o emprego de um reostato, isto é, *resistor* ou conjunto unitário de resistores interligados cuja resistência de saída pode ser variada de maneira contínua ou por degraus.

Os motores de corrente contínua, conforme sua modalidade construtiva, são classificados em ***motores shunt***, ***motores série*** e ***motores compound***.

Motores *shunt*. São empregados quando as características de partida (torque, tempo de aceleração) não são muito severas. O conjugado é proporcional à corrente absorvida, e a velocidade de operação deverá manter-se aproximadamente constante. São usados no acionamento de turbobombas, ventiladores, esteiras transportadoras etc.

Motores série. Neles a velocidade varia com a carga, e o conjugado de partida é muito grande. Por isso são muito empregados em tração elétrica, em guindastes, pontes rolantes, compressores etc. Não podem demarrar em vazio, isto é, sem carga resistente.

Motores *compound*. Reúnem as características dos dois tipos anteriores, portanto, corrente de partida elevada e velocidade de operação aproximadamente constante. Usados em calandras, bombas alternativas etc.

Como a corrente fornecida pela rede de energia elétrica é alternada, os motores CC necessitam de equipamentos para a retificação da corrente, os quais podem ser estáticos ou rotatórios.

6.1.2 Motores de Corrente Alternada

São dois os tipos mais empregados:

- Motores síncronos.
- Motores assíncronos ou de indução.

MOTORES SÍNCRONOS

São motores cuja rotação do eixo é igual à rotação síncrona, daí seu nome. Dentro dos limites aceitáveis de trabalho do motor, a velocidade praticamente não varia com a carga.

Em eletrotécnica, demonstra-se que o número de rotações dos motores de corrente alternada e a formação do campo girante dependem:

Da frequência f do sistema que fornece a energia elétrica. No Brasil, a legislação pertinente estabeleceu a frequência em 60 hertz.

Do número de polos do motor. A rotação síncrona de um motor em rpm é o número de rotações com que, para dados valores do número de polos e da frequência, ele é suscetível de girar. Chamando de p o número de polos do motor, teremos:

$$n = \frac{120f}{p}$$

Assim, teremos, quando f for igual a 60 Hz.

Tabela 6.1 Rotação síncrona em função do número de polos, para a frequência de 60 Hz

p Número de polos	n Rotação síncrona
2	3 600
4	1 800
6	1 200
8	900
10	720
12	600
14	514
16	450
18	400
20	360
24	300

Nesses motores, o estator é alimentado com corrente alternada, enquanto o rotor o é com corrente contínua proveniente de uma *excitatriz*, que é um pequeno dínamo (CC), normalmente montado no próprio eixo do motor. Não possuem condições de partida própria, de modo que, para demarrarem e alcançarem a velocidade síncrona, necessitam de um agente auxiliar, que geralmente é um motor de indução, tipo gaiola. Após atingirem a rotação síncrona, conforme mencionamos, eles mantêm a velocidade constante para qualquer carga, naturalmente, dentro dos limites de sua capacidade. Assim, caso se quisesse variar a velocidade, ter-se-ia que mudar a frequência da corrente.

Antes de se submeter o motor síncrono à carga, ele deve ser levado à velocidade de sincronismo. Todos os métodos de partida exigem que, durante a aceleração, se proceda à remoção total ou, pelo menos, parcial de carga.

Usam-se os seguintes métodos de partida:

* Partida própria, pela ação de um motor de indução auxiliar.
* Emprego de motor de "lançamento" auxiliar.
* Partida com tensão reduzida por meio de autotransformador de partida, reator ou resistência em série.

Os motores síncronos, quando superexcitados, fazem com que a corrente avance em relação à tensão, agindo assim de forma análoga ao capacitor, melhorando o fator de potência de uma instalação. Essa grandeza, cuja significação já vimos, será relembrada neste capítulo.

Quando submetidos a uma carga excessiva, os motores síncronos perdem o sincronismo e param. São usados em máquinas de grande potência e baixa rotação, como compressores de grande potência, turbobombas; grupos motor-gerador, ventiladores de grande capacidade.

MOTORES ASSÍNCRONOS

São motores que giram numa rotação menor do que a rotação síncrona. Nesses motores, ocorre um deslizamento ou defasagem em relação à rotação síncrona, pois eles funcionam a uma velocidade menor que a síncrona, de modo que as rotações dos motores referidos na Tabela 6.1 passam a ser, respectivamente, 3 500 rpm, 1 750, 1 150, 700 etc. O deslizamento ou escorregamento, designado pela letra S, é expresso por:

$$S = \frac{n_{\text{síncrona}} - n_{\text{do motor}}}{n_{\text{síncrona}}}$$

Dentre estes, os mais robustos, mais importantes e mais comumente usados são os de *indução trifásica*. A corrente que circula no *rotor* é induzida pelo movimento relativo entre os condutores de rotor e o "campo girante", produzido pela variação da corrente no indutor fixo. São duas as partes essenciais do motor de indução: o estator e o rotor, ou induzido.

O estator

Consta de um enrolamento alojado em ranhuras existentes na periferia de um núcleo de ferro laminado (carcaça). A passagem de corrente trifásica vinda da rede gera um campo magnético que gira com a velocidade síncrona – é o "campo girante".

O rotor ou induzido

Pode ser de dois tipos:

Rotor bobinado (em anéis). É composto de um núcleo ou tambor de ferro laminado, com ranhuras onde se alojam enrolamentos semelhantes aos do estator, proporcionando o mesmo número de polos. Os enrolamentos do rotor são ligados em "estrela", e as três extremidades do enrolamento são unidas a três anéis presos no eixo, de modo a permitir a introdução de resistências em série com as três fases do enrolamento na partida e a colocar em curto-circuito os referidos terminais nas condições do regime normal de funcionamento. Necessitam de um reostato que ligue em estrela na partida – três séries de resistências que, depois de atingida a velocidade máxima, sejam desligadas. Apresentam conjugados de partida elevados, com corrente de partida reduzida. A velocidade pode ser reduzida até 50 % do valor da velocidade normal, variando-se a resistência do rotor.

Aplicações: Ventiladores, bombas centrífugas, bombas de êmbolo, compressores, guindastes, esteiras transportadoras etc.

Rotor em curto-circuito ou gaiola de esquilo (*squirrel-cage*). Trata-se de um núcleo, com forma de tambor, dotado de ranhuras onde se alojam fios ou barras de cobre que são postas em curto-circuito em suas extremidades por anéis de bronze.

A corrente no estator gera um campo girante no interior do qual se acha o rotor. Os condutores (fios ou barras) do rotor são cortados pelo fluxo do campo girante e neles são induzidas forças eletromotrizes, as quais dão origem a correntes elétricas. Essas correntes, por sua vez, reagem sobre o campo girante, produzindo um conjugado motor que faz o rotor girar no mesmo sentido que o campo. Para compreender esse efeito, é necessário lembrar a chamada *lei de Lenz,** que nos diz que "as correntes induzidas tendem a opor-se à causa que as originou". Ora, a causa é o movimento do rotor em relação ao campo girante, de modo que o rotor gira contrariando esse movimento e, portanto, no mesmo sentido que o campo. É importante ressaltar que a velocidade do rotor nunca pode tornar-se igual à velocidade do campo, isto é, a velocidade síncrona, pois, se esta fosse atingida, os condutores do induzido não seriam cortados pelas linhas de força do campo girante, não se produzindo então as correntes induzidas nem o conjugado motor.

É essa a razão de se chamarem *motores assíncronos*. Quando funciona sem carga, o rotor gira com velocidade quase igual à síncrona, pois o "deslizamento" é então pequeno; porém, com carga, o rotor se atrasa mais em relação ao campo girante, e são induzidas fortes correntes para produzir o conjugado necessário. A velocidade a plena carga pode ser de 5 a 10 % menor que o valor da velocidade com o motor sem carga.

Os motores em gaiola absorvem da linha, na partida, uma corrente que pode chegar a cinco ou mesmo sete vezes a corrente de plena carga, mas desenvolvem um conjugado motor cerca de uma vez e meia o de plena carga, o que é muito conveniente para a demarragem das máquinas por eles acionadas.

A National Electrical Manufacturing Association, NEMA, classifica os motores de rotor em curto-circuito em classes, de A a F. Mencionaremos os principais.

---

* LENZ, Heinrich Friedrich Emil – físico russo (1804-1865).

CLASSE A. Conjugado e corrente de partida normais. São usados em aplicações gerais e apresentam bom rendimento e bom fator de potência. Conquanto sejam construídos para partida com tensão plena, acima de 5 cv, são em geral ligados por equipamentos de partida com tensão reduzida.

Funcionam com velocidade essencialmente constante.

Aplicações: Bombas centrífugas, ventiladores, ventoinhas, compressores rotativos.

CLASSE B. São construídos com o rotor limitando a corrente de partida a cerca de cinco vezes a corrente a plena carga. Podem, portanto, ser usados para partida com tensão total em certas aplicações em que os motores da classe A obrigariam a recorrer à partida com tensão reduzida. Embora o rendimento e o conjugado de partida sejam aproximadamente iguais aos dos motores classe A, o fator de potência e o conjugado máximo de regime são um pouco menores.

CLASSE C. Usados quando se pretende velocidade de regime constante, conjugado de partida razoavelmente elevado, funcionamento com partidas a intervalos de tempo longos e corrente de partida cerca de quatro vezes a corrente normal.

Aplicações: Bombas e compressores rotativos (partida com carga), vibradores, pulverizadores, agitadores, esteiras transportadoras, elevadores etc.

CLASSE D. Conveniente quando se deseja conjugado de partida elevado, com partidas não muito frequentes e para acionar cargas de picos elevados com ou sem volante. São de baixo rendimento.

Aplicações: Prensa de impacto, estamparias, tesourões, viradeiras de chapas, guinchos, guindastes, elevadores etc.

6.2   VARIAÇÃO DE VELOCIDADE DO MOTOR

Consegue-se variar a velocidade de rotação quando se trata de um ***motor de rotor bobinado***.

Pode-se lançar mão de várias soluções para variar a velocidade do motor. As mais comuns são:

- Variação da intensidade da corrente do rotor, de modo a se obter variação no escorregamento. A energia correspondente ao escorregamento é recuperada e devolvida à rede após retornarem as características de ondulação na frequência da rede, o que é conseguido com o emprego de uma ponte de ***tiristores***, isto é, dispositivos semicondutores biestáveis com três ou mais junções, que podem ser comutados do estado de condução para o estado de bloqueio, ou vice-versa.
- Introdução de resistências externas ao rotor (reostato divisor de tensão) para motores de pequena potência.
- Variação da frequência da tensão.

A variação da frequência da tensão aplicada ao motor é feita por inversores de frequência e destinam-se ao controle e variação da velocidade dos motores de indução (Fig. 6.1).

Devido ao desenvolvimento da eletrônica de potência, a maior desvantagem que havia entre os motores de corrente alternada e os motores de corrente contínua – o controle de velocidade – foi reduzida.

Hoje em dia é muito difundido o uso de motores de indução, associados aos inversores de frequência, em elevadores, gruas, pontes rolantes etc.

A Fig. 6.1 mostra um inversor de frequência e a Fig. 6.2 um diagrama de blocos do inversor utilizado numa rede monofásica alimentando um motor trifásico.

Figura 6.1 Inversores de frequência (cortesia WEG).

Rede monofásica

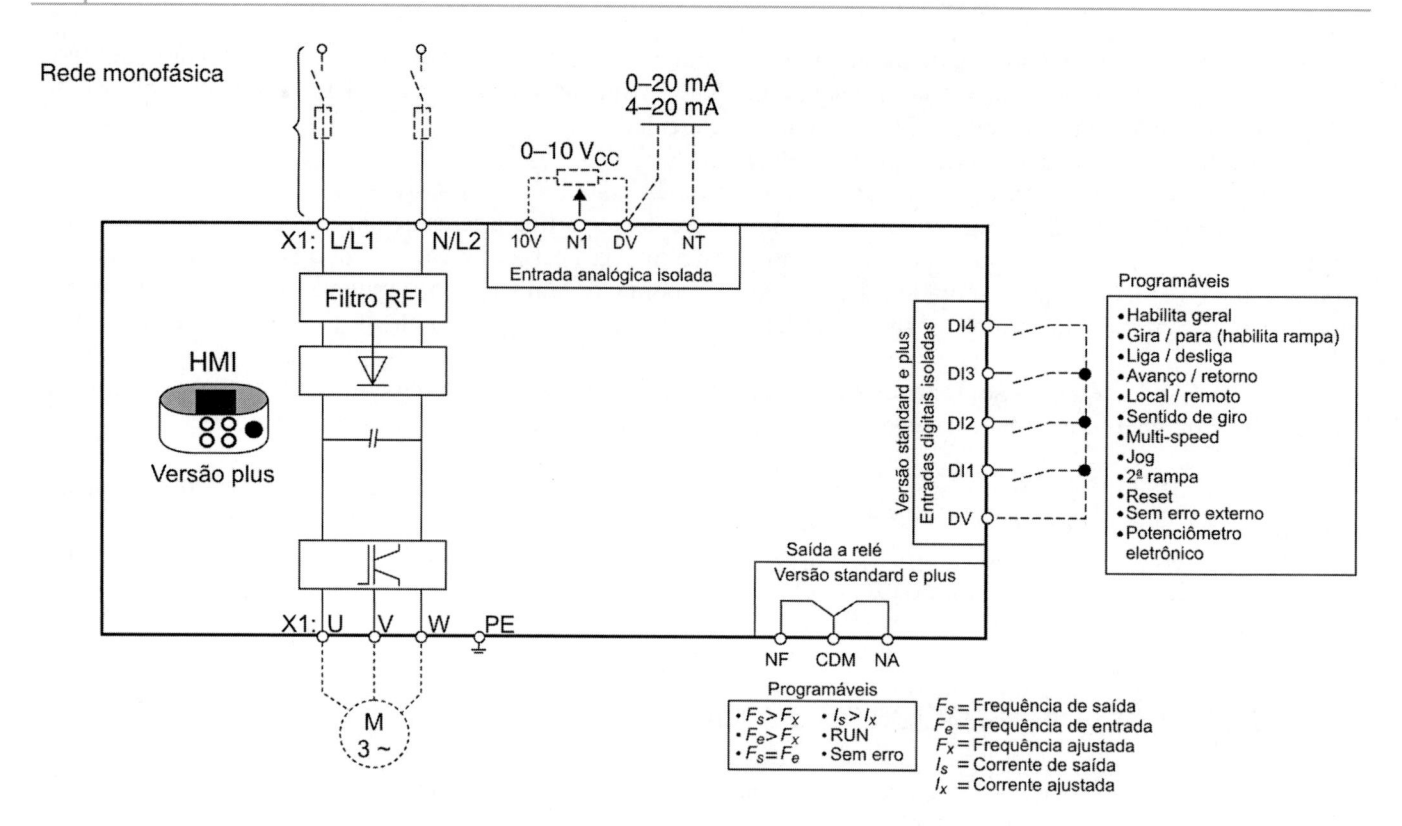

Tabela de especificações

| Tensão de rede (V) | INVERSOR CPW-10 | | | | Motor máximo aplicável | | |
| | Alimentação | Modelo | I_n Saída (A) | Mec. | Tensão (V) | Potência | |
						cv	kW
110-127	Monofásica	CFW100016S1112P0CPZ	1,6	1	220	0,25	0,18
		CFW100026S1112P0CPZ	2,6	1		0,5	0,37
		CFW100040S1112P0CPZ	4	2		1,0	0,75
200-240		CFW100016S2024P0CPZ	1,6	1		0,25	0,18
		CFW100026S2024P0CPZ	2,6	1		0,5	0,37
		CFW100040S2024P0CPZ	4	1		1,0	0,75
		CFW100073S2024P0CPZ	7,3	2		2,0	1,50
		CFW100100S2024P0CPZ	10	3		3,0	2,20
	Trifásica	CFW100016T2024P0CPZ	1,6	1		0,25	0,18
		CFW100066T2024P0CPZ	2,6	1		0,5	0,37
		CFW100040T2024P0CPZ	4	1		1,0	0,75
		CFW100073T2024P0CPZ	7,3	1		2,0	1,5
		CFW1000100T2024P0CPZ	10	2		3,0	2,2
		CFW1000152T2024P0CPZ	15,2	3		5,0	3,70

Figura 6.2 Diagrama de blocos.

6.3 ESCOLHA DO MOTOR

Para a escolha do motor pode-se observar o que indicam as Tabelas 6.2 e 6.3.

Tabela 6.2 Escolha do motor levando em conta a velocidade

	Corrente alternada	Corrente contínua
Velocidade aproximadamente constante, desde a carga zero até a plena carga	Motor de indução ou síncrono	Motor *shunt*
Velocidade semiconstante, da carga zero até a plena carga	Motor de indução com elevada resistência do rotor	Motor *compound*
Velocidade variável, decrescente com o aumento de carga	Motor de indução com a resistência do rotor	Motor série

Tabela 6.3 Características e aplicações de vários tipos do motor

Tipo de motor	Velocidade	Conjugado de partida	Emprego
Indução de gaiola, trifásico	Aproximadamente constante	Conjugado baixo. Corrente elevada	Bombas, ventiladores, máquinas ferramentas
Indução de gaiola, com elevado deslizamento	A velocidade decresce rapidamente com a carga	Conjugado maior do que o do caso anterior	Pequenos guinchos, pontes rolantes, serras etc.
Rotor bobinado	Com a resistência de partida desligada, semelhante ao primeiro caso. Com a resistência inserida, a velocidade pode ser ajustada a qualquer valor, embora com sacrifício do rendimento	Conjugado maior do que os dos casos anteriores	Compressores de ar, guinchos, pontes rolantes, elevadores etc.

6.4 POTÊNCIAS DO MOTOR ELÉTRICO

Podemos considerar para um motor as seguintes potências:

Potência nominal ou *potência de saída* (P_n). É a potência mecânica no eixo do motor. Em um laboratório de ensaios, seria medida com o auxílio de um freio dinamométrico. É expressa em cv ou kW e eventualmente em HP.

Potência de entrada. Na alimentação do motor encontramos três potências; a *potência ativa* (P_e) que corresponde à potência nominal absorvida pelo motor para o seu desempenho, e a *potência reativa* (Q_e) que corresponde à potência absorvida pelo campo magnético do motor. A soma vetorial dessas potências dá origem à terceira potência, a *potência aparente* (S_e).

Assim, a relação entre a potência nominal e a potência ativa é o rendimento mecânico η do motor.

$$\eta = \frac{P_n}{P_e}$$

A potência de entrada, expressa em kW, pode ser calculada em função da potência nominal pelas fórmulas:

$$P_e = \frac{P_n(\text{kW})}{\eta}(\text{kW})$$

$$P_e = \frac{P_n(\text{cv}) \times 0{,}736}{\eta}(\text{kW})$$

$$P_e = \frac{P_n(\text{HP}) \times 0{,}746}{\eta}(\text{kW})$$

A relação entre a potência ativa e a potência reativa, como visto no Cap. 1, é o fator de potência cos φ.

$$\cos\varphi = \frac{P_e}{S_e}$$

A *potência aparente de entrada*, expressa em kVA, pode ser calculada em função da **potência de saída** pelas fórmulas:

$$S_e = \frac{P_n(\text{cv}) \times 0{,}736}{\eta \times \cos \varphi} \text{(kVA)}$$

$$S_e = \frac{P_n(\text{HP}) \times 0{,}746}{\eta \times \cos \varphi} \text{(kVA)}$$

6.5 FATOR DE POTÊNCIA

Quando em um circuito existem intercaladas uma ou mais bobinas, como é o caso de um circuito com motores, observa-se que a potência total fornecida, que é determinada pelo produto da corrente lida em um amperímetro pela diferença de potencial lida em um voltímetro, não é igual à potência lida em um wattímetro.

No caso de haver motores, reatores, transformadores ou lâmpadas de descarga, a leitura do wattímetro indicaria valor inferior ao produto **volt** × **ampères**. Se no circuito houvesse apenas resistores, os dois resultados coincidiriam, pois, nesse caso, volts × ampères = **watts**.

Fazendo-se a representação das variações de corrente e da tensão em função do tempo, verifica-se que, quando existe autoindução pela passagem da corrente através de um enrolamento, a tensão atinge o valor positivo máximo antes que a corrente alcance o seu valor positivo máximo. Representando por vetores as grandezas I e U, o atraso da corrente I em relação à tensão U é o ângulo φ de defasagem.

De modo análogo, representando vetorialmente as potências, veremos que a chamada *potência total* ou *aparente* (volt × ampères, ou kVA = 1 000 VA) resulta da composição da *potência ativa* ou *efetiva* (watts) com a *potência reativa* (var = volts × ampères reativos), e que a potência ativa e a aparente estão defasadas entre si do ângulo φ.

Chama-se **fator de potência** o cosseno desse ângulo φ.

Isto é, o valor dado por:

$$\cos \varphi = \frac{\text{potência ativa}}{\text{potência aparente}} \quad \text{ou} \quad \frac{\text{kW}}{\text{kVA}}$$

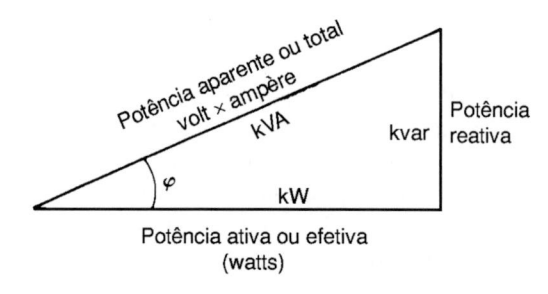

Figura 6.3 Esquema vetorial mostrando a composição para obter-se a potência ativa.

O nome *fator de potência* decorre de que, multiplicando-se a potência aparente pelo cos φ, obtém-se a potência ativa, isto é:

$$\text{kW} = \cos \varphi \times \text{kVA}$$

Quando há, apenas, resistências em um circuito, dizemos que a corrente está "em fase" com a tensão (Fig. 6.4). Então $\varphi = 0$, cos $\varphi = 1$ e a potência monofásica é dada por:

$$W = U I \qquad (\text{watts} = \text{volt} \times \text{ampères})$$

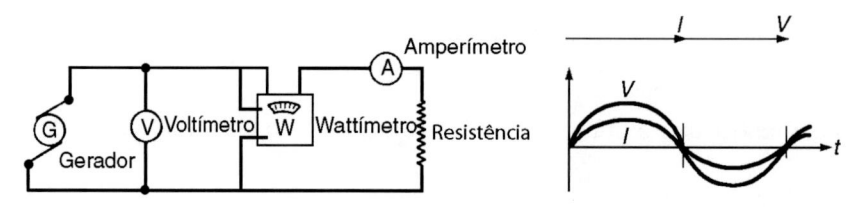

Figura 6.4 Circuito apenas resistivo, em que a corrente está "em fase" com a tensão.

Como foi mencionado antes, no caso de haver indutâncias (bobinas, motores ou dispositivos que sofram os efeitos da indução eletromagnética da corrente), a corrente fica defasada e em "atraso" em relação à tensão (Fig. 6.5). Nesse caso, como vimos,

$$P_{\text{ativa}} = \cos \varphi \times P_{\text{aparente}}$$

$$I_{\text{ativa}} = \cos \varphi \times I_{\text{aparente}}$$

Quanto maior o valor do fator de potência, tanto maior será o valor de I_{ativa}.

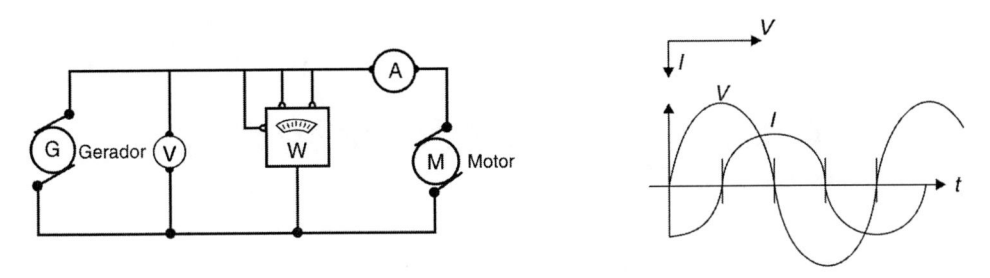

Figura 6.5 Circuito com indutância, em que a corrente está "em atraso" com a tensão.

Os condutores e equipamentos elétricos são dimensionados com base no I_{total}, de modo que, para uma mesma potência útil (kW), deve-se procurar ter o menor valor possível da potência total (kVA), e isto ocorre evidentemente quando $I_{\text{ativa}} = I_{\text{total}}$, o que corresponde a $\cos \varphi = 1$.

Quanto mais baixo for o fator de potência, maiores deverão ser, portanto, as seções dos condutores e as capacidades dos transformadores e dos disjuntores. Um gerador, suponhamos de 1 000 kVA, pode fornecer 1 000 kW a um circuito apenas com resistências, pois nesse caso $\cos \varphi = 1$. Se houver motores e o circuito tiver fator de potência 0,85, isto é, $\cos \varphi = 0,85$, o gerador fornecerá apenas 850 kW de potência útil ao circuito.

Quando um motor de indução opera a plena carga, pode-se ter $\cos \varphi \cong 0,90$. Se operar com cerca da metade da carga, $\cos \varphi \cong 0,80$, e se trabalhar sem carga, $\cos \varphi \cong 0,20$. Daí se conclui ser necessária uma criteriosa escolha da potência do motor para que opere em condição favorável de consumo de energia.

Como vimos, o problema de se ter um baixo fator de potência e, consequentemente, um alto valor de potência reativa é que se torna necessário que a fonte geradora forneça mais potência aparente (kVA) do que seria necessário com um alto valor do fator de potência. Por isso, as concessionárias não permitem instalações industriais com fator de potência inferior a 0,92 (Art. 95 da Resolução Normativa nº 414, de 9 de setembro de 2010, da ANEEL), cobrando multas daquelas indústrias cujas instalações tenham fator de potência abaixo de 0,92.

Veremos, em capítulo próprio, os recursos que se podem empregar para melhorar o fator de potência.

6.6 CORRENTE NO MOTOR TRIFÁSICO

A corrente que produz potência média positiva ou motriz é, como vimos, a *ativa* ou *efetiva*. A potência reativa produz potência média nula, daí não ser utilizável. Em um período, o gerador fornece essa potência e a recebe de volta, não havendo saldo de potência utilizável. A potência ativa no circuito trifásico é dada pela expressão:

$$P_{(\text{watts})} = \sqrt{3} \times U \times I \times \cos \varphi \times \eta$$

em que η = rendimento do motor e U = a tensão entre fases.

Da equação a seguir obtém-se a corrente nominal, isto é, a corrente aparente de plena carga consumida pelo motor trifásico quando fornece a potência nominal a uma carga.

$$I_{(\text{ampères})} = \frac{P_{(\text{cv})} \times 736}{\sqrt{3} \times U_{(\text{volts})} \times \cos \varphi \times \eta}$$

Para um motor monofásico, teremos:

$$I_{(\text{ampères})} = \frac{P_{(\text{cv})} \times 736}{U_{(\text{volts})} \times \cos \varphi \times \eta}$$

EXEMPLO **6.1**

Qual a corrente nominal solicitada pelo motor trifásico de uma bomba de 5 cv sob uma tensão de 220 V, sendo cos $\varphi = 0,80$ e o rendimento do motor igual a 96 % ($\eta = 0,96$)?

A corrente nominal é dada por:

$$I = \frac{P \times 736}{\sqrt{3} \times U \times \cos\varphi \times \eta} \quad (1 \text{ cv} = 736 \text{ watts})$$

$$I = \frac{5 \times 736}{\sqrt{3} \times 220 \times 0,80 \times 0,96} = 12,6 \text{ A}$$

6.7 RESUMO DAS FÓRMULAS PARA DETERMINAÇÃO DE *I* (AMPÈRES), *P* (CV, KW E KVA) E GRAUS DE PROTEÇÃO

Tabela 6.4 Fórmulas para determinação de $I_{(ampères)}$, $P_{(cv)}$, kW e kVA

Para obter	Corrente contínua	Corrente alternada	
		Monofásica	Trifásica
$I_{(ampères)}$, quando $P_{(cv)}$ for conhecido	$\dfrac{P \times 736}{U \times \eta}$	$\dfrac{P \times 736}{U \times \eta \times \cos\varphi}$	$\dfrac{P \times 736}{\sqrt{3} \times U \times \eta \times \cos\varphi}$
$I_{(ampères)}$, quando se conhece a potência expressa em kW	$\dfrac{kW \times 1\,000}{U}$	$\dfrac{kW \times 1\,000}{U \times \cos\varphi \times \eta}$	$\dfrac{kW \times 1\,000}{\sqrt{3} \times U \times \cos\varphi \times \eta}$
$I_{(ampères)}$, quando se conhece a potência em kVA	–	$\dfrac{kVA \times 1\,000}{U}$	$\dfrac{kVA \times 1\,000}{\sqrt{3} \times U}$
kW (quilowatts)	$\dfrac{I \times U}{1\,000}$	$\dfrac{I \times U \times \cos\varphi \times \eta}{1\,000}$	$\dfrac{\sqrt{3} \times I \times U \times \cos\varphi \times \eta}{1\,000}$
kVA (*input*) demandada à rede	–	$\dfrac{I \times U}{1\,000}$	$\dfrac{\sqrt{3} \times I \times U}{1\,000}$
Potência em cv (*output*)	$\dfrac{I \times U \times \eta}{736}$	$\dfrac{I \times U \times \eta \times \cos\varphi}{736}$	$\dfrac{\sqrt{3} \times I \times U \times \eta \times \cos\varphi}{736}$
Potência em HP (*output*)	$\dfrac{I \times U \times \eta}{746}$	$\dfrac{I \times U \times \eta \times \cos\varphi}{746}$	$\dfrac{\sqrt{3} \times I \times U \times \eta \times \cos\varphi}{746}$

Tabela 6.5 Graus de proteção contra a penetração de corpos sólidos, líquidos e proteção mecânica

1º Algarismo: proteção contra a penetração de corpos sólidos			2º Algarismo: proteção contra a penetração de líquidos			3º Algarismo: proteção mecânica		
IP	Testes	Proteção	IP	Testes	Proteção	IP	Testes	Proteção
0		Sem proteção	0		Sem proteção	0		Sem proteção
1	52,5 mm	Corpos sólidos superiores a 50 mm (p. ex.: contato involuntário da mão)	1		Quedas de gotas de água (condensação)	1	150 g / 15 cm	Impacto de 0,225 joule
2	12,5 mm	Corpos sólidos superiores a 12 mm (p. ex.: dedos da mão)	2		Quedas de água de até 15° de inclinação	3	250 g / 20 cm	Impacto de 0,500 joule
3	2,5 mm	Corpos sólidos superiores a 2,5 mm (p. ex.: chave de fenda, fios)	3		Chuva de até 60° de inclinação	5	500 g / 40 cm	Impacto de 2,00 joules

(continua)

Tabela 6.5 Graus de proteção contra a penetração de corpos sólidos, líquidos e proteção mecânica *(Continuação)*

1º Algarismo: proteção contra a penetração de corpos sólidos			2º Algarismo: proteção contra a penetração de líquidos			3º Algarismo: proteção mecânica		
IP	Testes	Proteção	IP	Testes	Proteção	IP	Testes	Proteção
4	1 mm	Corpos sólidos superiores a 1 mm (p. ex.: chave de fenda fina, pequenos fios)	4		Projeção de água de qualquer direção	7	1,5 kg / 40 cm	Impacto de 6,00 joules
5		Poeira e areia (sem depósito prejudicial)	5		Jato de água de qualquer direção (p. ex.: mangueira de bombeiro)	9	5 kg / 40 cm	Impacto de 20,00 joules
6		Totalmente protegido contra poeira	6		Proteção de água (p. ex.: vagalhões)			
			7		Imersão			
			8		Imersão			

6.8 CONJUGADO DO MOTOR ELÉTRICO

O motor elétrico, pelas suas características, sendo capaz de realizar uma potência de P(cv), exerce sobre seu eixo um conjugado M, também denominado ***momento motor*** ou ***torque*** (kgf × m), de modo que, se n for o número de rotações por minuto, teremos:

$$P_{(cv)} = \frac{M}{75} \times \frac{\pi n}{30}$$

ou

$$P_{(cv)} = \frac{M \times n}{716}$$

O motor deve ter um conjugado motor M maior do que o conjugado resistente oferecido pela "árvore" da máquina, de modo a acelerá-la e colocá-la em regime, após um intervalo de tempo compatível com a operação que a máquina irá desempenhar.

Os motores elétricos de indução têm uma curva $M = f(n)$ de variação do conjugado em função da velocidade síncrona, tal como indicado na Fig. 6.6.

A Tabela 6.6 indica, segundo a ABNT (NBR 17094:2008), os valores do conjugado máximo de partida em % do conjugado de "plena carga", para motores.

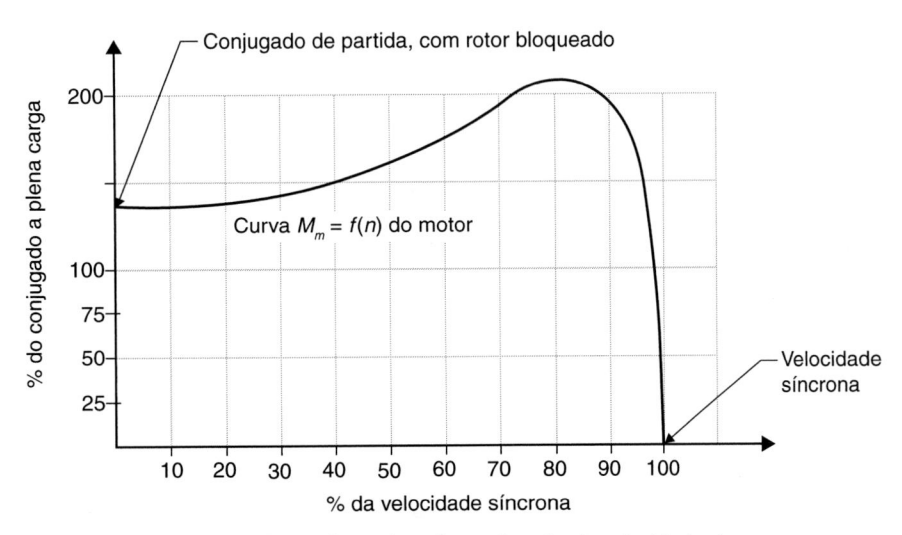

Figura 6.6 Variação do conjugado em função da velocidade síncrona.

Tabela 6.6   Valores do conjugado máximo de partida em % do conjugado de *plena carga*

Potência em regime contínuo	Velocidade síncrona (rpm)			
	3 600	**1 800**	**1 200**	**900**
1 HP (0,75 kW)	333	270	234	–
2 HP (1,49 kW)	250	275	225	200
3 HP (2,29 kW)	250	248	225	225
5 HP (3,72 kW)	202	225	225	225
7 1/2 HP (5,59 kW)	215	215	215	215
10 HP (7,45 kW)	200	200	200	190
15 HP (11,18 kW)	200	200	200	190
20 HP (14,91 kW) a 25 HP (18,64 kW)	200	200	200	190
30 HP (22,37 kW) ou mais	200	200	200	190

6.9   CORRENTE DE PARTIDA NO MOTOR TRIFÁSICO

Quando se liga um motor de indução, isto é, "dá-se partida", a corrente absorvida é 3, 4, 5 e até maior número de vezes superior à corrente nominal a plena carga. Esse número depende do tipo e das características construtivas do motor. Designa-se a situação em que o motor é ligado, mas impedido de girar por meio de um freio dinamométrico, de "rotor bloqueado", e o ensaio em que é estabelecido o valor da corrente na condição mencionada denomina-se *locked rotor test*.

À medida que a carga mecânica no freio vai sendo aliviada, a corrente vai decrescendo e a velocidade aumentando, até que atinja a velocidade de regime, o que se dará quando o motor estiver fornecendo a potência nominal para a qual foi previsto funcionar, em condições normais.

Em um motor de indução trifásico, a corrente varia conforme a Fig. 6.7 indica.

Vê-se que, ao dar partida, o motor consome mais de 600 % da corrente a plena carga. Quanto maior a inércia das partes a receberem a ação ou os efeitos do conjugado motor, maior será o tempo necessário para que a corrente atinja o valor nominal a plena carga. Nos livros de eletrotécnica é estudado o comportamento dos motores assíncronos trifásicos com rotor, que permitem um razoável controle de variação da velocidade com a utilização conveniente de resistências.

A NBR 5410:2004, versão corrigida em 17.3.2008, recomenda que para partida direta de motores com potência acima de 3,7 kW (5 cv), em instalações alimentadas diretamente pela rede de distribuição pública em baixa tensão, deve ser consultada a empresa distribuidora local.

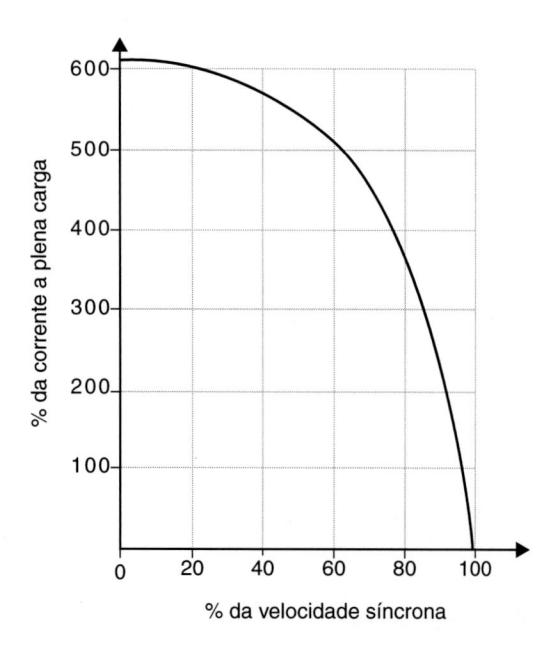

Figura 6.7   Variação da corrente em função da velocidade síncrona (valores percentuais).

6.10 LETRA-CÓDIGO

Para o dimensionamento dos dispositivos de proteção do motor, deve-se calcular a corrente de partida, que, como acabamos de ver, é consideravelmente maior do que a corrente nominal.

Os motores, quando são classificados segundo as normas norte-americanas, possuem em sua placa de identificação uma *letra* conhecida como ***letra-código*** do motor.

A letra-código é convencionada conforme valores da relação entre a potência aparente kVA demandada à rede (*input*) e a potência em cv, com rotor bloqueado (*locked rotor*), isto é, de acordo com o valor $\dfrac{\text{kVA}}{\text{cv}}$. Naturalmente, o motor não opera nessas condições, porém, no instante da partida, ele não está girando, de modo que esta condição pode ser considerada válida até que o rotor comece a girar.

A Tabela 6.7 indica a letra-código segundo a conceituação que acaba de ser apresentada.

Nos motores nacionais é fornecida a relação I_p/I_n, como apresentado na Tabela 6.15, em substituição à letra-código.

Tabela 6.7 Letra-código nas placas de identificação dos motores

Letra-código	$\dfrac{\text{kVA}}{\text{cv}}$ Com rotor bloqueado
A	0 – 3,14
B	3,15 – 3,54
C	3,55 – 3,99
D	4,00 – 4,49
E	4,50 – 4,99
F	5,00 – 5,59
G	5,60 – 6,29
H	6,30 – 7,09
J	7,10 – 7,99

EXEMPLO 6.2

Uma máquina operatriz de 20 cv será acionada por um motor de indução de 220 V, 60 Hz, cos φ = 0,80 e η = 0,96, letra-código F. Qual será a corrente de partida?

a) Calculemos a corrente nominal:

$$I_n = \frac{P \times 736}{\sqrt{3} \times U \times \cos\varphi \times \eta} = \frac{20 \times 736}{\sqrt{3} \times 220 \times 0,80 \times 0,96} = 50,3 \text{ A}$$

b) Pela Tabela 6.7, vemos que, para a letra-código F, a relação kVA/cv varia de 5,00 a 5,59. Adotemos o valor 5,00. Como por definição:

$$\frac{\text{kVA}}{\text{cv}} = \frac{\sqrt{3} \times U \times I_p}{P_{cv} \times 1\,000}$$

A corrente de partida I_p será:

$$I_p = \frac{\dfrac{\text{kVA}}{\text{cv}} \times P_{cv} \times 1\,000}{\sqrt{3} \times U} = \frac{5 \times 20 \times 1\,000}{\sqrt{3} \times 220} = 236 \text{ A}$$

Quando não se conhecer a letra-código e o motor for de indução, numa avaliação preliminar poder-se-á multiplicar o valor da corrente nominal por 4 ou mesmo por 6, para ter a corrente de partida.

6.11 DADOS DE PLACA

Os fabricantes em geral afixam ao motor uma plaqueta na qual são indicados dados referentes a ele e baseados nos quais se pode elaborar adequadamente o projeto de instalação do motor. Esses dados, em geral, são os seguintes:

* Fabricante
* Modelo e número de fabricação ou de carcaça
* IP – índice de proteção (Tabela 6.5)
* Potência nominal
* Número de fases
* Tensão nominal
* Corrente (contínua ou alternada)

* Frequência da corrente
* Rotações por minuto (rpm)
* Intensidade nominal da corrente (I_n)
* Regime de trabalho (contínuo e não permanente)
* Classe de isolamento
* I_p/I_n ou letra-código
* Fator de serviço (FS)

Façamos algumas observações quanto a alguns desses itens aos quais ainda não nos referimos.

Classe de isolamento do motor. A classe de isolamento dos condutores das bobinas do motor depende da temperatura a que os mesmos poderão vir a ser submetidos, e essa temperatura é função da intensidade da corrente absorvida para atender à carga e ao regime de trabalho do motor.

As três classes de isolamentos dos motores estão indicadas na Tabela 6.8.

Os limites de elevação de temperatura para cada classe de isolamento segundo a norma brasileira são os seguintes:

Tabela 6.8 Classe de isolamento

Composição dos limites de elevação de temperatura (em °C)			
Classe de isolamento	B	F	H
Temperatura ambiente	40	40	40
Temperatura máxima de operação	80	100	125
Diferença entre o ponto mais quente e a carcaça	10	15	15
Temperatura máxima suportada pelo isolamento	130	155	180

Fator de serviço (FS). Alguns motores podem funcionar com certa sobrecarga. Essa sobrecarga, conforme veremos, é prevista também no dimensionamento dos condutores e dispositivos de proteção. Trabalhando em sobrecarga, o fator de potência e o rendimento do motor naturalmente cairão. Na plaqueta consta o fator de serviço, FS, do motor. O *FS* é valor que, multiplicado pela potência nominal, conduz ao valor de uma potência tolerável de funcionamento sem que ocorra um aquecimento incompatível com a classe de isolamento do motor. O *FS* vai de 1,0 a 1,25 nos motores usuais.

6.12 LIGAÇÕES DOS TERMINAIS DOS MOTORES

No motor existe uma caixa na qual se encontram os bornes para ligações. Quando o motor é previsto para funcionar sob uma única tensão, tem-se apenas que ligar os condutores da linha aos **bornes** ou **terminais** numerados 1, 2 e 3. Mas há motores que podem operar sob duas tensões, por exemplo, 220/380 V, de modo que se deve atender às ligações nos terminais, conforme a tensão com a qual o motor irá funcionar.

Suponhamos um motor de 220/380 V (Fig. 6.8). Para 220 V, a ligação interna do motor deverá ser feita em triângulo, de modo que se devam estabelecer as ligações dos bornes em: $T_1 - T_6$, $T_2 - T_4$ e $T_3 - T_5$.

Se a alimentação for feita em 380 V (Fig. 6.9), a ligação será em estrela, de modo que os bornes 4, 5 e 6 são conectados.

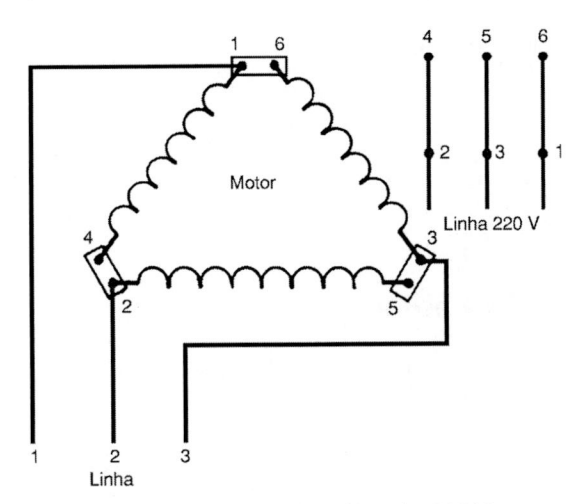

Figura 6.8 Ligação em triângulo, 220 V.

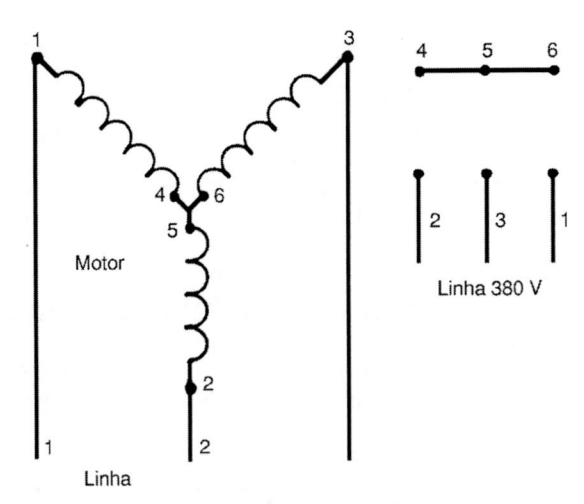

Figura 6.9 Ligação em estrela, 380 V.

6.13 CIRCUITOS DE MOTORES

Entende-se por "circuito de motor" o conjunto formado pelos condutores e dispositivos necessários ao comando, controle e proteção do motor, do ramal e da linha alimentadora.

A Fig. 6.10 mostra um esquema típico.

Façamos algumas observações sobre os elementos componentes do esquema da Fig. 6.10. Temos:

A) Cabo alimentador (*feeder*).

B) Dispositivo de proteção do alimentador (*overload protective device*).

C) Dispositivo de proteção do ramal do motor. Protege os condutores do ramal, os dispositivos de controle e o motor contra curtos-circuitos.

D) Dispositivo de seccionamento. É uma chave seccionadora (*disconnecting mean*).

E) Dispositivo de controle ou comando do motor (*controller*).

F) Dispositivo de proteção do motor (*motor running protection device*).

G) Motor.

H) Dispositivo de controle do secundário. Usado quando o motor é de rotor em anéis, controlando sua velocidade.

I) Resistores ou reostato do secundário. Permite a partida com menor intensidade da corrente e, portanto, mais lentamente.

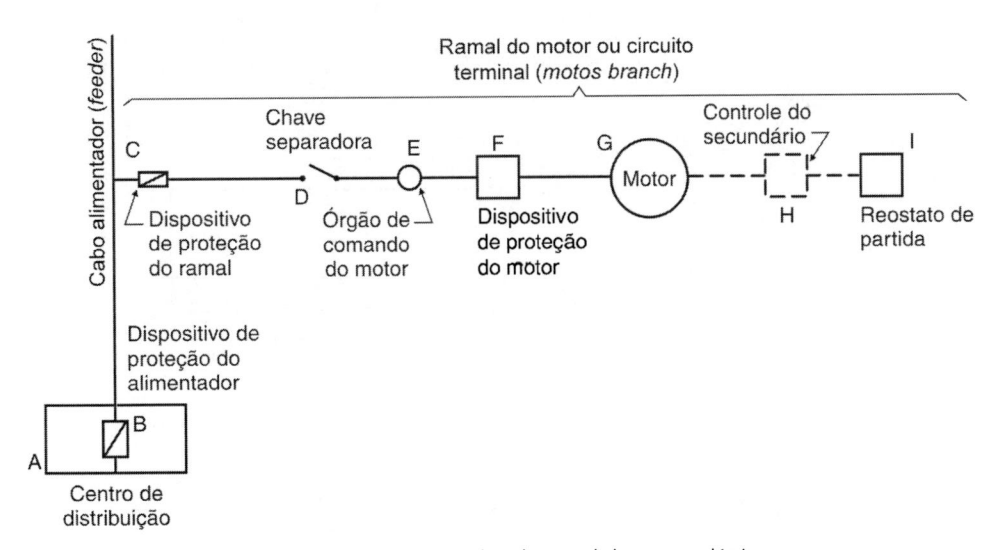

Figura 6.10 Esquema típico de ramal de motor elétrico.

Em certos casos, notadamente para motores de grande potência, pode haver ainda:

* Dispositivos de sinalização.
* Aparelhos de medição de corrente, tensão e potência.

Entre as diversas maneiras de se projetarem os circuitos dos motores, aparecem com frequência os esquemas típicos apresentados a seguir.

6.13.1 Circuitos Terminais Individuais com Distribuição Radial

Cada motor tem um ramal individual, partindo de um centro de distribuição. Nos edifícios, é usado para alimentação individual dos motores dos elevadores, das bombas etc. (Fig. 6.11).

6.13.2 Circuitos Partindo de um Alimentador Geral

O ramal de cada motor deriva de um ponto de cabo alimentador geral que lhe fique o mais próximo possível. Portanto, o alimentador vai dando ramificações ao longo de sua extensão (Fig. 6.12).

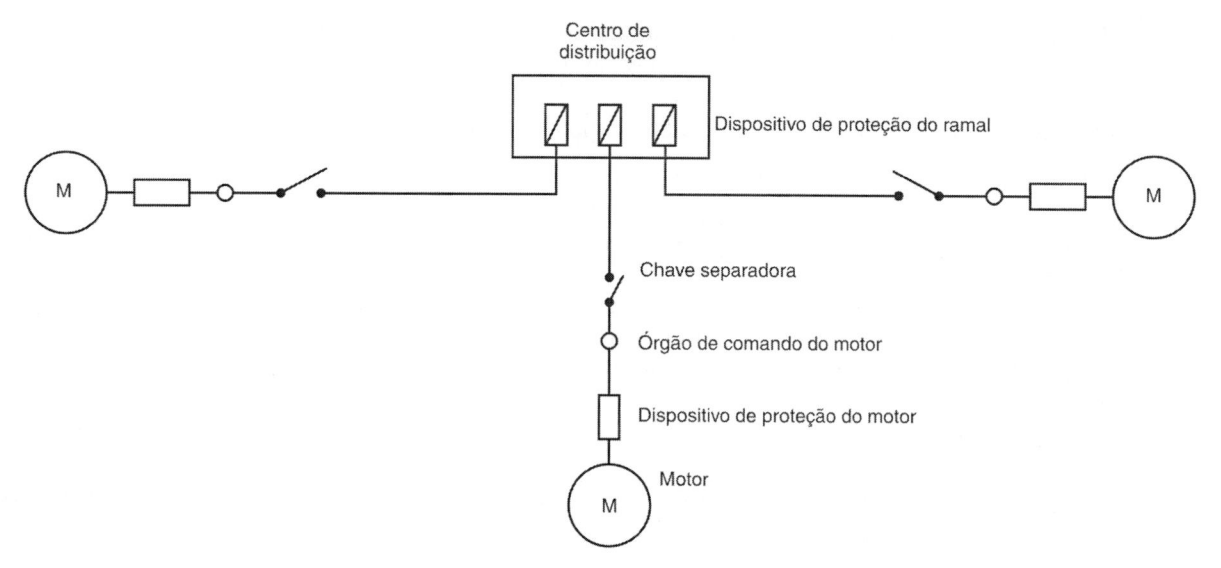

Figura 6.11 Circuitos terminais individuais.

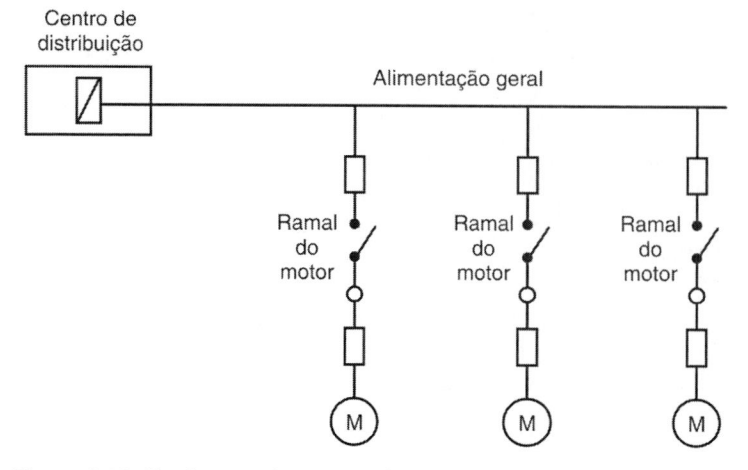

Figura 6.12 Circuitos terminais partindo de um alimentador geral comum.

6.13.3 Circuitos Individuais de Motores Derivando de Ramais Secundários de um Alimentador Geral

De cada ramal secundário podem derivar vários circuitos individuais. É um sistema usado em instalações fabris para alimentação de conjuntos de motores (Fig. 6.13).

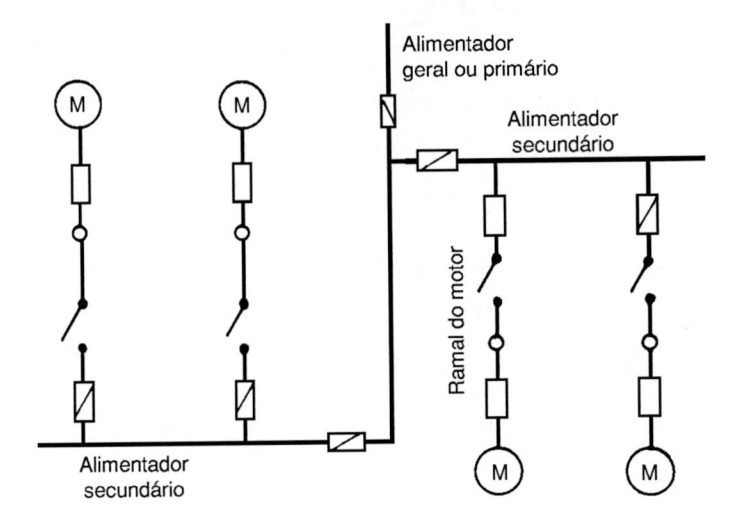

Figura 6.13 Alimentadores secundários e primário.

6.13.4 Mesmo Caso que o Anterior, Porém com os Ramais sem Proteção Própria

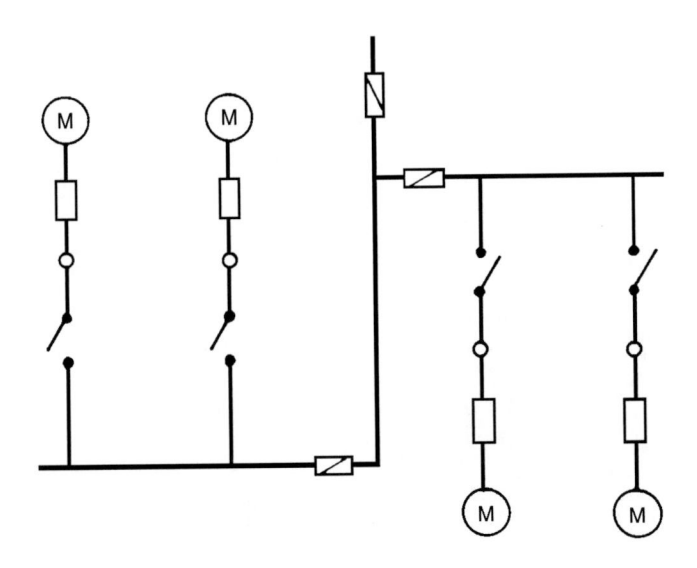

Figura 6.14 Alimentadores secundários com proteção apenas dos motores.

6.14 DIMENSIONAMENTO DOS ALIMENTADORES DOS MOTORES

6.14.1 Definições

Vimos, no item 6.13, diversas maneiras de se realizar a alimentação de energia a um motor elétrico. Trataremos, agora, do dimensionamento dos condutores.

Neste dimensionamento, existem dois fatores a considerar:

* **Fator de serviço (FS)**, que, multiplicado pela intensidade nominal da corrente do motor, nos dá o valor a considerar no ramal de um motor para o dimensionamento dos condutores, isto é, a máxima corrente que circulará no motor em funcionamento normal, após sua partida.

- *Fator de demanda (FD)*, que vem a ser a razão entre a máxima solicitação simultânea prevista para o sistema e a carga total instalada. Para introduzir este fator, é necessário um perfeito conhecimento do regime e dos horários de funcionamento dos motores, o que supõe um programa bem definido das operações a que os motores estão relacionados.

6.14.2 Critérios a Serem Usados no Dimensionamento dos Alimentadores

1º Caso: alimentador para apenas um motor (Figs. 6.10 e 6.11).

O alimentador é o próprio ramal partindo de um centro de distribuição. A corrente é dada por:

$$I \geqslant FS \times I_{n(\text{do motor})}$$

2º Caso: alimentador para vários motores (Fig. 6.12).

Nessa condição os condutores do alimentador deverão possuir uma capacidade de condução de corrente maior ou igual a

$$I_{\text{alimentador}} \geq \sum_{i=1}^{n} FS_i \times I_{n_i}$$

levando em conta o fator de demanda (*FD*)

$$I_{\text{alimentador}} \geq FD \times \sum_{i=1}^{n} FS_i \times I_{n_i}$$

Exemplo 6.3

Calcular a corrente no ramal de um motor de 7,5 cv, 220 V, *FS* = 1,25.

Solução

A corrente nominal do motor é

$$I_n = \frac{736 \times P}{\sqrt{3} \times U \times \cos \varphi \times \eta}$$

Admitamos cos φ = 0,85 e η = 0,90; 7,5 cv = 7,5 × 736 W = 5 520 W

$$I_n = \frac{736 \times 7,5}{\sqrt{3} \times 220 \times 0,85 \times 0,90} = 18,9 \text{ A}$$

Corrente no alimentador

$$I = 1,25 \times I_n = 1,25 \times 18,9 = 23,6 \text{ A}$$

Exemplo 6.4

Um alimentador trifásico, 220 V, alimenta os seguintes motores:

A — 1 × 15 cv, *FS* = 1,25
B — 1 × 10 cv, *FS* = 1,0
C — 3 × 5 cv, *FS* = 1,0
D — 1 × 3 cv, *FS* = 1,25
E — 1 × 2 cv, *FS* = 1,0

Qual a intensidade de corrente a considerar no alimentador geral?

Solução

Calculemos as intensidades de corrente pela expressão:

$$I_n = \frac{736 \times P}{\sqrt{3} \times U \times \cos \varphi \times \eta}, \text{ admitindo } \cos \varphi = 0,85 \text{ e } \eta = 0,90.$$

Motor				
A—	15 cv	$- I_n$	=	37,87 A
B—	10 cv	$- I_n$	=	25,24 A
C—	5 cv	$- I_n$	=	12,62 A
D—	3 cv	$- I_n$	=	7,58 A
E—	2 cv	$- I_n$	=	5,05 A

Como os motores A e D partem simultaneamente, teremos para a corrente no alimentador:

$$I = 1,25 \, (37,87 + 7,58) + 25,24 + (3 \times 12,62) + 5,05 = 124,97$$

6.14.3 Dimensionamento com Base na Queda de Tensão

Os ramais e alimentadores de motores são dimensionados com base na queda de tensão permitida pelas normas. Tomando um critério comumente utilizado para a queda de tensão, é adotado o seguinte valor (ver Fig. 4.7):

4 % – no circuito desde o quadro geral até o motor mais afastado, sendo:
2 % – correspondentes aos alimentadores e
2 % – correspondentes aos ramais.

A queda de tensão pode ser calculada pelas expressões seguintes e supõe que a seção do condutor seja uniforme ao longo de toda a extensão.

a) Para circuitos monofásicos:

$$S = \frac{2\rho \, (I_1 \times l_1 + I_2 \times l_2 + \ldots)}{u} = \frac{2 \sum I \times l}{56 \times u}$$

b) Para circuitos trifásicos:

$$S = \frac{\sqrt{3}\rho \, (I_1 \times l_1 + I_2 \times l_2 + \ldots)}{u} = \frac{\sqrt{3} \times \sum I \times l}{56 \times u}$$

sendo:
S = seção do condutor (mm^2)
I = intensidade da corrente aparente (ampères)
l = comprimento do trecho onde passa a corrente de intensidade I
u = queda de tensão absoluta em volts. Por exemplo: $0,01 \times 220 = 2,2$ V
ρ = resistividade do material do condutor

Para o cobre, $\rho = \dfrac{1}{56} \left(\dfrac{\text{ohm} \times \text{mm}^2}{\text{m}} \right)$, e para o

alumínio, $\rho = \dfrac{1}{32} \left(\dfrac{\text{ohm} \times \text{mm}^2}{\text{m}} \right)$.

EXEMPLO 6.5

Determinar a seção do condutor do alimentador trifásico 220 V do qual partem derivações para os quatro motores indicados na Fig. 6.15. Queda de tensão admissível igual a 2 %.

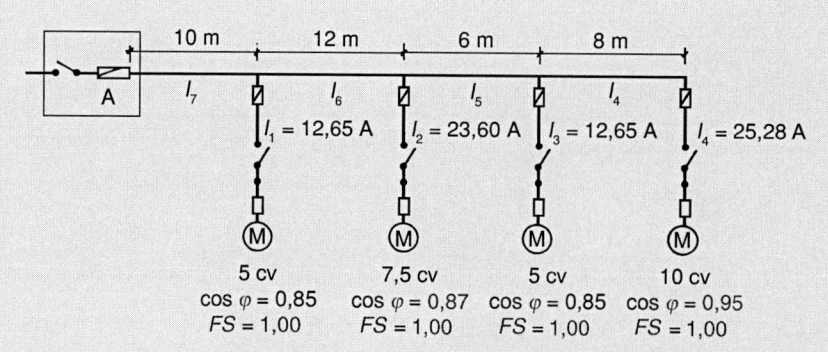

Figura 6.15 Esquema mostrando um alimentador trifásico do qual partem derivações para quatro motores.

Solução

Existem dois métodos para o dimensionamento dos condutores. O primeiro estabelece a condição de atender à exigência da mesma queda de tensão nos ramais, com um mínimo de gasto de material do condutor. O segundo, menos trabalhoso, admite um condutor de seção uniforme, ao longo do alimentador geral. Aplicam-se as equações anteriormente indicadas.

Tratando-se de circuitos trifásicos, temos para uma queda de tensão de 2 %:

$$S = \frac{\sqrt{3} \times \sum I \times l}{56 \times u} = \frac{\sqrt{3} \times [(25,28 \times 36) + (12,65 \times 28) + (23,60 \times 22) + (12,65 \times 10)]}{56 \times (0,02 \times 220)}$$

$$S = \frac{1,73\,[910,1 + 354,2 + 519,2 + 126,5]}{246,4} = 13,4 \text{ mm}^2$$

Para a queda de tensão de 2 %, o condutor do alimentador geral será de 16 mm², que é a bitola comercial normalizada imediatamente superior ao valor encontrado.

6.14.4 Tabelas para Escolha dos Condutores

Os fabricantes de fios e cabos apresentam em seus catálogos tabelas elaboradas pelas fórmulas que foram indicadas e que permitem a escolha do condutor em função da queda de tensão adotada. Para a utilização da Tabela 6.9, calcula-se o produto $I \times l$ (ampères × metros), e com esse valor entra-se na coluna correspondente à queda de tensão escolhida.

EXEMPLO 6.6

Um motor de indução trifásico, 220 V – 7,5 cv, $FS = 1,25$, acha-se a 28 metros do quadro de distribuição. Admitindo uma queda de tensão de 1 % nesse ramal, qual deverá ser a seção dos condutores a empregar? O valor de cos $\varphi = 0,85$ e de $\eta = 0,90$.

Solução

a) Corrente nominal

$$I_n = \frac{P \times 736}{\sqrt{3} \times U \times \cos \varphi \times \eta} = \frac{7,5 \times 736}{\sqrt{3} \times 220 \times 0,85 \times 0,90} = 18,94 \text{ A}$$

b) Corrente a considerar no ramal

$$I = 1,25 \times I_n = 23,68 \text{ A}$$

c) Produto $I \times l$

$$I \times l = 23,7 \times 28 = 663,04$$

d) Na Tabela 6.9, entrando com o valor $I \times l$ na coluna referente à queda de tensão entre fases, obtemos como valor mais próximo, imediatamente superior, $I \times l = 711$, e o condutor será de 10 mm².

Tabela 6.9 Escolha dos condutores em função dos ampères × metros – sistema trifásico.
Dimensionamento dos condutores pela máxima queda de tensão

Tensões normais entre linhas	220 V	1 %	2 %	3 %	4 %	5 %	6 %	7 %	8 %
	380 V	0,57 %	1,154 %	1,732 %	2,3 %	2,9 %	3,4 %	4,0 %	4,6 %
Isolamento PVC/70 série métrica (mm²)	Ampères × Metros Condutores singelos de cobre — Instalações em eletrodutos								
1,5	106	213	320	426	533	639	746	853
2,5	178	355	533	711	888	1 066	1 244	1 421
4	284	568	853	1 137	1 421	1 705	1 990	2 274
6	426	853	1 279	1 705	2 132	2 558	2 985	3 411
10	711	1 421	2 132	2 842	3 553	4 264	4 974	5 685
16	1 137	2 274	3 411	4 548	5 685	6 822	7 959	9 096
25	1 776	3 553	5 329	7 106	8 882	10 659	12 435	14 212
35	2 487	4 974	7 461	9 948	12 435	14 923	17 410	19 897
50	3 553	7 106	10 659	14 212	17 765	21 318	24 871	28 424
70	4 974	9 948	14 923	19 891	24 871	29 845	34 819	39 794
95	6 751	13 501	20 252	27 003	33 753	40 504	47 255	54 006
120	8 527	17 054	25 582	34 109	42 636	51 163	59 690	68 218
150	10 659	21 318	31 977	42 636	53 295	63 954	74 613	85 272
185	13 146	26 292	39 438	52 584	67 730	78 877	92 023	105 169
240	17 054	34 109	51 163	68 218	85 272	102 326	119 381	136 435
300	21 318	42 636	63 954	85 272	106 590	127 908	149 226	170 544
400	28 424	56 848	85 272	113 696	142 120	170 544	198 968	227 392
500	35 530	71 060	106 590	142 120	177 650	213 180	248 710	284 240

6.15 DISPOSITIVOS DE LIGAÇÃO E DE DESLIGAMENTO

Vimos no item 6.13 os elementos constitutivos de um ramal de alimentação de um motor. Consideraremos, agora, os dispositivos empregados para a ligação ou o desligamento dos motores, denominados genericamente *chaves de partida* dos motores.

As chaves de partida dos motores podem ser de dois tipos:

• De ligação direta.
• De redução da corrente de partida.

6.15.1 Ligação Direta

Para motores até 5 cv ligados à rede secundária trifásica, podem-se usar chaves de partida direta. Acima dessa potência, deve-se empregar um dispositivo de partida que limite a corrente de partida a um máximo de 225 % da corrente nominal do motor.

Não se devem empregar chaves de faca como chaves de partida, mas apenas como elemento para isolar o circuito após o desligamento de um disjuntor anterior a ela.

Empregam-se correntemente os **contatores** e os **disjuntores** na ligação ou desligamento dos motores.

CONTATORES

São usados como chaves "liga-desliga", acionados, como vimos no Cap. 5, por um dispositivo eletromagnético. Podem ser acionados no local ou a distância, com os botões em local adequado, ou ainda comandados por pressostatos, termostatos, chaves de nível ou outros dispositivos análogos. Alguns tipos apresentam, associados, fusíveis de ação retardada Diazed ou NH e até mesmo relés de sobrecarga, constituindo-se numa **chave magnética** (guarda--motor), eficiente contra sobrecarga e curtos-circuitos.

DISJUNTORES

Funcionam também como chaves "liga-desliga", possuindo, como foi visto no Cap. 5, relés térmicos (bimetálicos), ajustáveis, para proteção contra sobrecarga nas três fases e *relés magnéticos*, não ajustáveis, para proteção contra curtos-circuitos nas três fases. Alguns possuem, também, *relés de subtensão* (bobina de mínima) para proteção contra queda de tensão. Podem ser comandados no local ou a distância. É comum usar-se o disjuntor como chave do motor no quadro ou protegendo o ramal do motor e usar-se o contator como chave de comando "liga-desliga".

Existem conjuntos pré-montados que reúnem, na mesma caixa, disjuntor, contator tripolar (dispositivo de controle), relé bimetálico (proteção contra sobrecargas).

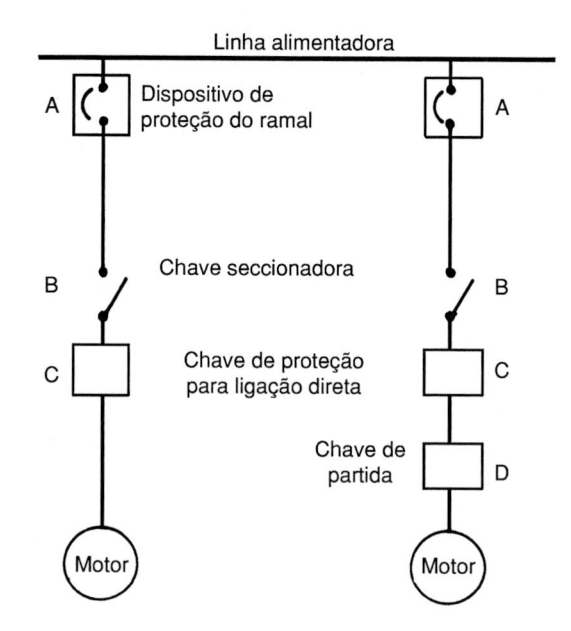

Figura 6.16 Esquema de proteção das linhas alimentadoras dos motores.

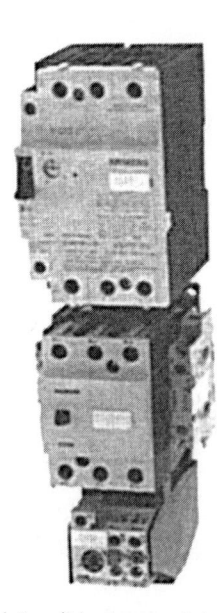

Figura 6.17 Composição: disjuntor, contator e relé de sobrecarga.
Características da combinação: desligamento do curto-circuito e posterior religamento pelo disjuntor. Desligamento da sobrecarga através do relé e religamento pelo contator. Manobras normais pelo contator.

6.15.2 Ligação com Dispositivos Redutores da Corrente de Partida

Empregam-se:

- Chaves "estrela-triângulo".
- Chaves compensadoras com autotransformador de partida.
- Indutor ou resistor de partida.
- *Soft-starter*.

6.15.2.1 Chaves estrela-triângulo

São usadas para motores de indução trifásicos, com rotor em gaiola, para potências de até 130 cv em 220 V. Estabelecem de início a ligação do estator do motor em estrela e, quando o rotor atinge a velocidade nominal, mudam a ligação para "triângulo". Com isso, a corrente de linha na partida (na ligação em estrela) fica reduzida de 1/3 da ligação em triângulo, e a tensão de fase aplicada fica reduzida de $1/\sqrt{3}$. Como o conjugado motor é proporcional ao quadrado da tensão, ele fica reduzido de 1/3 em relação à ligação triângulo.

As chaves estrela-triângulo podem ser de comando manual local (até 60 A) ou automáticas, a distância (até 630 A) por "botão", chaves de nível, pressostatos etc. Existem alguns tipos que reúnem ainda, num todo, dispositivos auxiliares contra sobrecarga e curto-circuito. As chaves são aplicáveis a motores cuja *tensão nominal em triângulo coincide* com a *tensão nominal entre fases da rede alimentadora.* Assim, um motor 220 Δ/380 Y não pode ser ligado com chave estrela-triângulo numa rede de 380 V, entre fases. Para essa rede, o motor deveria ser 380 Δ/660 Y, porque 380 V é a tensão entre fases da rede (p. ex.: chave estrela-triângulo, 3TE da Siemens).

Como o conjugado de partida fica muito reduzido na fase de ligação em estrela, só se deve usar chave estrela-triângulo quando o motor tiver conjugado elevado, para partida a plena carga, somente quando as cargas forem leves (p. ex., ventiladores) ou para condições médias de partida (máquinas-ferramentas), porém não se deve usar para cargas pesadas (máquinas elevatórias, excêntricas etc.). Recomenda-se, sempre que possível, que a chave estrela-triângulo seja aplicada em partidas em vazio (sem carga) ou com carga parcial; somente depois de ter sido atingida a rotação nominal, a carga (total) poderá ser aplicada.

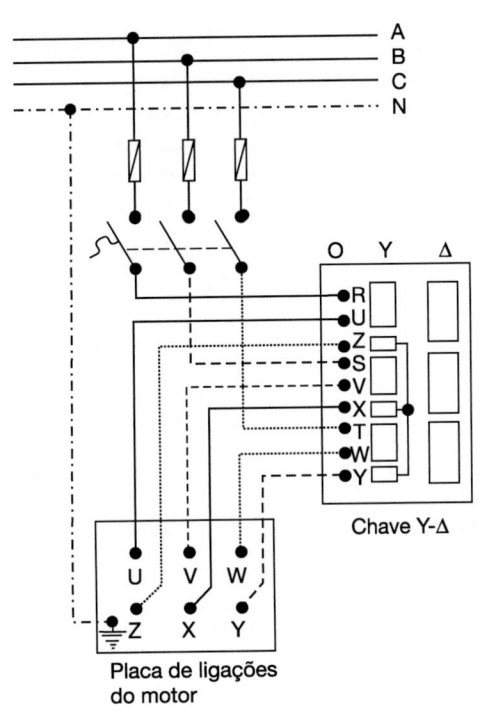

Figura 6.18 Ligações para a partida da chave estrela-triângulo.

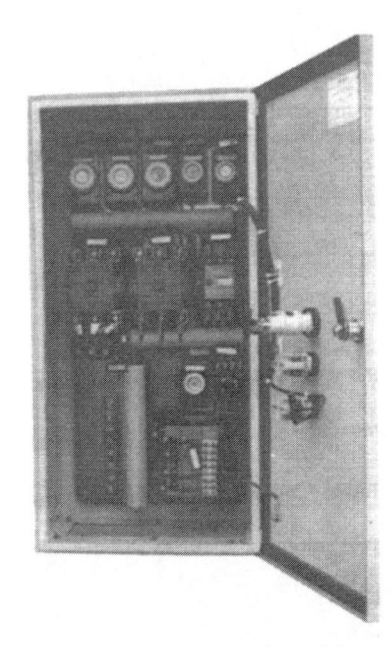

Figura 6.19 Chave estrela-triângulo. Fabricante Siemens.

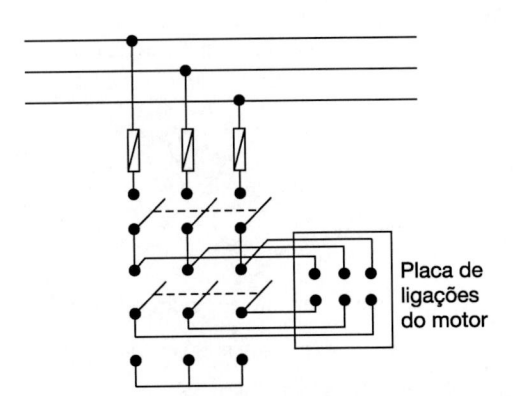

Figura 6.20 Chave estrela-triângulo de comando manual.

6.15.2.2 Chaves compensadoras de partida

São chaves automáticas utilizadas em carga de motores trifásicos com rotor em gaiola. Reduzem a corrente de partida, evitando sobrecarregar a rede alimentadora. Deixam, porém, o motor com um momento suficiente para o arranque, embora o reduzam em cerca de 64 %.

Na partida, um contator liga em estrela um autotransformador e, por um contator auxiliar, liga um relé de tempo. A tensão na chave compensadora é reduzida por um autotransformador com *taps* para 50, 65 e 80 % da tensão normal. O motor parte, assim, em tensão reduzida. Após o tempo ajustado para a entrada do motor na velocidade nominal, o relé de tempo desliga o contator e introduz no circuito um outro contator, o qual liga o motor diretamente à rede. São usados na partida de compressores, britadores, calandras, bombas helicoidais e axiais e grandes ventiladores. Podem ser acionadas por botão local ou por chave de comando. (p. ex., chave compensadora CAT da Siemens.)

A Fig. 6.21 mostra o diagrama unifilar de uma chave compensadora automática Siemens, cujo princípio de funcionamento é o seguinte. Ao comando "liga", segue-se a operação do contator C_3, que conecta em estrela o autotransformador. Esse contator, por intermédio de um de seus contatos auxiliares, liga o contator C_2 e o relé de tempo. O motor é, assim, alimentado com tensão reduzida, correspondente à tensão da derivação escolhida. Após o tempo ajustado para a partida do motor, o relé de tempo desliga o contator C_3 e este introduz no circuito o contator C_1, ligando o motor diretamente à rede. É de se observar que o contator C_2 só é desligado após a entrada de C_1 no circuito. Desse modo, o autotransformador trabalha, por curto tempo, como uma reatância.

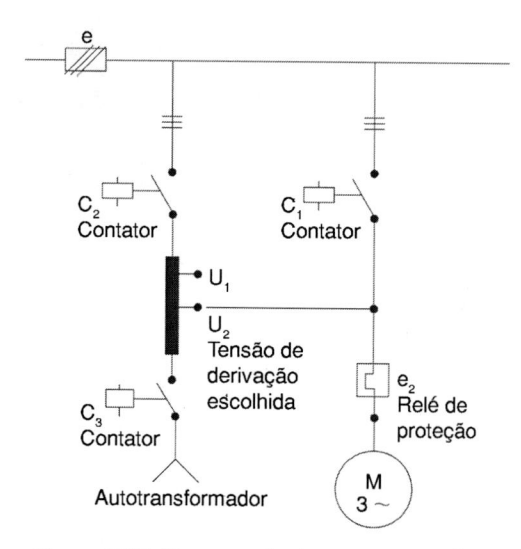

Figura 6.21 Diagrama da chave compensadora.

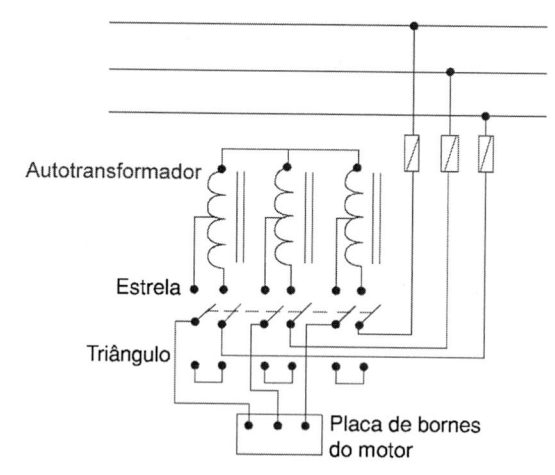

Figura 6.22 Chave compensadora com autotransformador de comando manual.

EXEMPLO 6.7

Verificar o que ocorre quando se usa uma chave compensadora com tensão calibrada para 65 %, supondo tratar-se de um motor trifásico com rotor em curto-circuito, ligado em 220 V, com corrente de partida igual a 120 A.

Solução

a) Tensão nos bornes, com ligação nos *taps* de 65 %.
   $U_m = 0,65 \times 220 = 143$ V

b) Corrente no motor I_m.
   $I_m = 0,65 \times 120 = 78$ A

c) Corrente do circuito no autotransformador.

O produto (corrente $\times$ tensão) é igual na entrada e na saída do autotransformador, de modo que:

$$I_e \times U_e = 0,65 \; U_e \times I_m$$

sendo U_e a tensão do circuito.

Portanto,

$$I_e = 78 \times 0,65 = 50,7 \text{ A}$$

d) Conjugado de partida do motor.

É proporcional ao quadrado da tensão aplicada aos bornes do motor. Esta tensão ficou reduzida para 65 % do seu valor na linha. A redução será, pois, de $0,65^2 = 0,42$ (42 % do conjugado que haveria com partida direta).

6.15.2.3 Resistores de partida para motores com rotor em curto-circuito

1º Caso: Resistores fixos

Ligando-se ao enrolamento um resistor fixo, a tensão se dividirá de acordo com a lei das ligações em série entre o resistor fixo e a resistência do enrolamento. Atuando-se sobre o resistor fixo, consegue-se reduzir a tensão de partida e, portanto, a corrente de partida. Logo que a velocidade nominal é atingida, os resistores são curto-circuitados, e o motor ficará ligado a plena potência na tensão da rede (Fig. 6.23). Usa-se este método para o caso de motores de pouca potência. Tornam a partida suave e o dispositivo é de baixo custo.

2º Caso: Resistores de partida propriamente ditos

Ajustam-se os três resistores e ligam-se ao estator, de modo que a tensão de partida pode ser reduzida a tal ponto que o motor, na partida, venha a absorver apenas a corrente nominal. Em geral, para o emprego dos resistores, dá-se a partida do motor *em vazio*, isto é, sem carga. Em seguida, aciona-se um acoplamento magnético ou óleo-dinâmico, para o acionamento da carga. Isso é particularmente interessante quando houver sistema de engrenagens na transmissão.

Na ligação em triângulo, os resistores são ligados antes do enrolamento do estator [Fig. 6.24(a)], e a chave possui uma posição de desligamento. Na ligação em estrela, o ponto de estrela é ligado ao dispositivo de partida, e a chave não tem posição de desligamento [Fig. 6.24(b)].

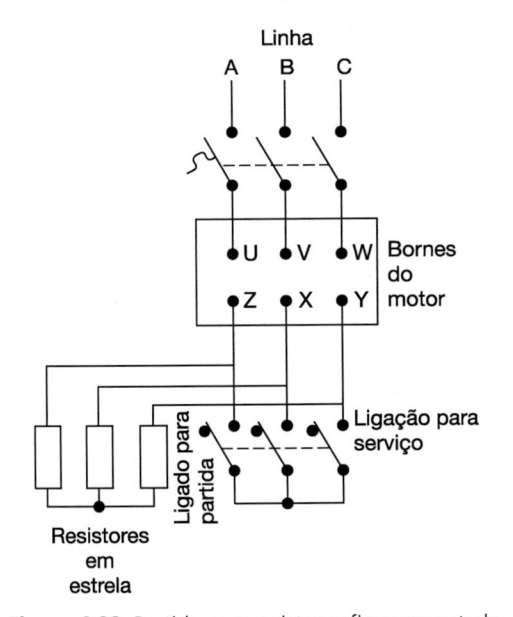

Figura 6.23 Partida com resistores fixos em estrela.

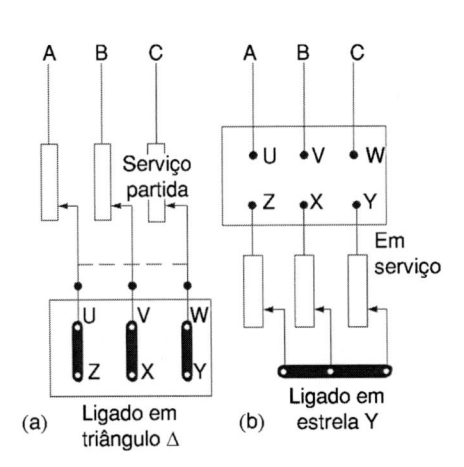

Figura 6.24 Partida com resistores ajustáveis.

6.16 DISPOSITIVOS DE PROTEÇÃO DOS MOTORES

De acordo com a NBR 5410:2004, a proteção dos motores contra sobrecarga pode ser feita por um dos seguintes dispositivos de proteção:

1) Integrados ao motor, sensíveis à temperatura dos enrolamentos.
2) Exterior ao motor, sensíveis à corrente do respectivo circuito.

A proteção dos motores é realizada com o emprego de:

- Fusíveis de ação retardada.
- Relés térmicos associados a contatores e chaves.
- Disjuntores.

Os motores devem ter dispositivos de proteção que devem permitir que os motores possam funcionar indefinidamente com uma corrente máxima igual a FS vezes a corrente nominal dos mesmos, isto é:

$$I = FS \times I_n$$

Acontece que a corrente de partida de um motor é muito superior a $FS\ I_n$, chegando a ser igual a $3 \times I_n$, e, em certos tipos de motor, partindo com momento resistente elevado, podendo chegar a $10 \times I_n$. Portanto, é necessário que se empreguem dispositivos capazes de, no início de funcionamento, suportar uma sobrecarga elevada de corrente, para depois, já decorrido certo tempo de funcionamento, desligar o motor ou seu ramal, se a corrente absorvida vier a se tornar superior a FS vezes a sua corrente nominal. Vejamos, por meio de uma representação gráfica, como se opera a proteção com o emprego dos fusíveis de ação retardada Diazed e NH e dos disjuntores.

Representemos (Fig. 6.25) as curvas características (intensidade da corrente em função do tempo) correspondentes a um motor e a um fusível de ação instantânea.

Vemos que a curva $I = f(t)$ do fusível encontra a curva correspondente do motor no ponto A, após o tempo t_a. Isso mostra que o fusível irá fundir antes de ser atingida a corrente nominal ou a corrente de FS vezes o valor da corrente nominal de funcionamento.

Os fusíveis de ação instantânea (comuns), por serem de ação praticamente imediata, como se vê na Fig. 6.25, *não se prestam* à proteção dos motores, pois bem antes de a corrente de partida ter atingido o tempo necessário para alcançar o valor I_n, ou mesmo $FS \times I_n$, o fusível funde, interrompendo o circuito. O dispositivo de proteção deve ter uma curva $I = f(t)$ que se sobreponha à curva $I = f(t)$ do motor, pois, caso contrário, o fusível de ação retardada ou o disjuntor operaria antes que se apresentassem condições de risco. É o que mostra a Fig. 6.26.

Se for empregado um fusível comum, capaz de permitir a passagem da corrente de partida do motor, embora ele proteja o motor contra correntes de curto-circuito *não o protegerá* contra sobrecarga prolongada, superior a FS vezes a corrente nominal, como se observa na Fig. 6.27.

Pela razão apontada, só se devem usar fusíveis comuns se o motor partir com tensão reduzida e os porta-fusíveis ficarem fora do circuito, durante a partida.

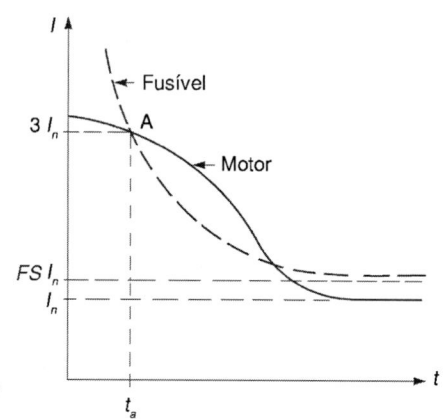

Figura 6.25 Fusível fundindo antes de a corrente de regime ter atingido valor pouco acima de $FS \times I_n$.

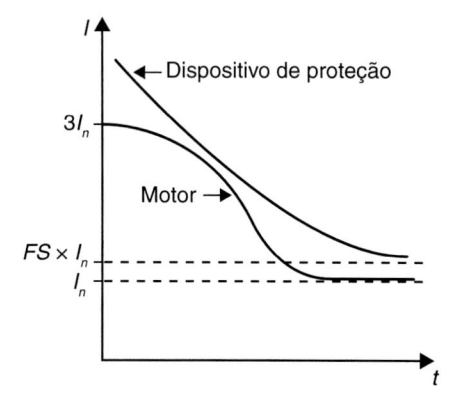

Figura 6.26 Curvas $I = f(t)$ para o motor e o dispositivo de proteção.

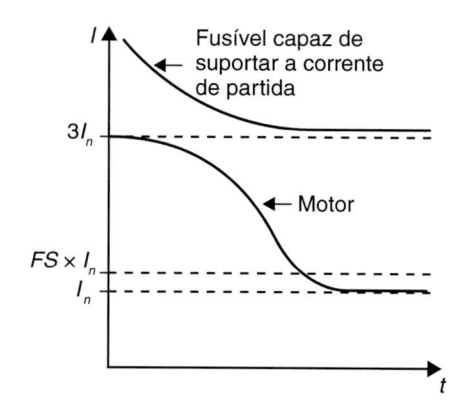

Figura 6.27 O fusível, embora suporte a corrente de partida, não protege contra sobrecargas posteriores.

6.17 DISPOSITIVOS DE PROTEÇÃO DO RAMAL

Estes dispositivos deverão suportar a corrente de partida do motor durante um tempo reduzido. Quando, porém, o motor estiver em regime, se houver sobrecarga prolongada ou curto-circuito no ramal, eles deverão atuar interrompendo a corrente. A graduação dos dispositivos de proteção e a escolha do fusível de ação retardada dependem do tipo do motor, da letra-código do mesmo e do método empregado para a partida.

Na Tabela 6.10, vemos a porcentagem do valor da corrente em relação ao valor nominal e que deverá ser usada nos dispositivos de proteção.

As Tabelas 6.11 e 6.12 fornecem os valores para ajuste do elemento temporizado do dispositivo de proteção contra sobrecarga e da corrente máxima dos fusíveis para proteção do ramal e do motor, nos casos de tensão de 220 V e 380 V, respectivamente.

A Tabela 6.13 apresenta os valores dos fatores a aplicar à corrente de plena carga dos motores, para obter a corrente nominal ou de ajuste máximo dos dispositivos de proteção dos circuitos terminais.

Tabela 6.10 Porcentagem da corrente a plena carga do motor, a considerar na proteção dos ramais de motores

Tipo de motor	Método de partida	Motor sem letra-código	Motor sem letra-código	
			Letra	%
Monofásicos, trifásicos, de indução em gaiolas e síncronos	A plena tensão	300 %	A B até E F até V	150 250 300
	Com tensão reduzida	Corrente nominal até 30 A a 250 % Corrente nominal acima de 30 A a 200 %	A B até E F até V	150 200 250
Trifásico de anéis	–	150 %	–	

Tabela 6.11 Motores de indução trifásicos, 220 V, rotor em gaiola ou em anéis

cv	Corrente a plena carga aproximada (ampères)	Bitola mínima do condutor mm²	Ajuste máximo do elemento temporizado do dispositivo de proteção do motor contra sobrecarga (ampères) 125 %	Máxima corrente nominal dos fusíveis no ramal alimentador (ampères) Porcentagem da corrente a plena carga do motor (ver Tabela 6.10)			
				150	200	250	300
1/2	2	2,5	2,5	15	15	15	15
3/4	2,8	2,5	3,5	15	15	15	15
1	3,5	2,5	4,4	15	15	15	15
1 1/2	5	2,5	6,2	15	15	15	15
2	6,5	2,5	8,1	15	15	20	20
3	9	2,5	11,2	15	20	25	30
5	15	4	18,7	25	30	40	45
7,5	22	6	27,5	35	45	60	70
10	27	10	34	45	60	70	90
15	40	16	50	60	80	100	125
20	52	25	65	80	110	150	175
25	64	35	80	100	150	175	200
30	78	70	98	125	175	200	250
40	104	70	130	175	225	300	350
50	125	95	156	200	250	350	400
75	185	185	231	300	400	500	600
100	246	300	303	400	500	800	800
125	310	300	388	500	800	800	1 000
150	350	400	450	600	800	1 000	1 200
200	480	600	600	800	1 000	1 200	1 600

Tabela 6.12 Motores de indução trifásicos, 380 V, rotor em gaiola ou em anéis

cv	Corrente a plena carga aproximada (ampères)	Bitola mínima do condutor mm²	Ajuste máximo do elemento temporizado do dispositivo de proteção do motor contra sobrecarga (ampères) 125 %	Máxima corrente nominal dos fusíveis no ramal alimentador (ampères) Porcentagem da corrente a plena carga do motor (ver Tabela 6.10)			
				150	200	250	300
1/2	1,2	2,5	1,5	15	15	15	15
3/4	1,6	2,5	2	15	15	15	15
1	2	2,5	2,5	15	15	15	15
1 1/2	2,9	2,5	3,6	15	15	15	15
2	3,8	2,5	4,8	15	15	15	15
3	5,2	2,5	6,5	15	15	15	20
5	8,7	2,5	10,9	15	20	25	30
7 1,2	12,8	4	16	20	30	35	40
10	15,7	4	19,6	25	35	40	50
15	23	6	29	35	50	60	70
20	30	10	37,7	45	60	80	90
25	37	16	46,4	60	80	100	125
30	45	25	56,6	70	90	125	150
40	60	35	75,4	90	125	150	200
50	73	35	90,6	110	150	200	225
60	87	70	108,8	150	175	225	300
75	107	70	134,1	175	225	300	350
100	143	120	178,4	225	300	400	450
125	180	185	224,8	300	400	450	600
150	209	300	261	350	450	600	800
200	278	400	348	450	600	800	1 000

Tabela 6.13 Fator a aplicar à corrente de plena carga de motores, para obter a corrente nominal ou de ajuste máximo dos dispositivos de proteção dos circuitos terminais

Tipo de motor / Tipo de dispositivo de proteção	Fator			
	Fusível sem retardo	Fusível retardado	Disjuntores de abertura instantânea	Disjuntores a tempo inverso
Monofásico, sem letra-código	3,00	1,75	7,00	2,50
Monofásico ou polifásico de *gaiola* ou *síncrono*, com partida a plena tensão por meio de resistor ou reator				
– sem letra-código	3,00	1,75	7,00	2,50
– letra-código F até V	3,00	1,75	7,00	2,50
– letra-código B até E	2,50	1,75	7,00	2,00
– letra-código A	1,50	1,50	7,00	1,50
Síncrono ou de gaiola com partida por meio de autotransformador				
– sem letra-código ou inferior a 30 A	2,50	1,75	7,00	2,00
– sem letra-código e corrente nominal superior a 30 A	2,00	1,75	7,00	2,00
– letra-código F até V	2,50	1,75	7,00	2,00
– letra-código B até E	2,00	1,75	7,00	2,00
– letra-código A	1,50	1,50	7,00	1,50
De gaiola com alta reatância (sem letra-código)				
– corrente nominal inferior a 30 A	2,50	1,75	7,00	2,50
– corrente nominal superior a 30 A	2,00	1,75	7,00	2,00
De anéis (sem letra-código)	1,50	1,50	7,00	7,50
De corrente contínua (sem letra-código) Potência fornecida nominal igual ou inferior a 37 kW (50 cv)	1,50	1,50	2,50	1,50
Potência fornecida nominal superior a 37 kW (50 cv)	1,50	1,50	1,75	1,50

EXEMPLO 6.8

Determinar a ajustagem da chave magnética de proteção de um motor de indução trifásico, 10 cv, 220 V, 60 Hz, *FS* = 1,00, letra-código E, e a capacidade do fusível de proteção do ramal.

Solução

a) Corrente nominal (Tabela 6.11):

$$I_n = 27\,\text{A}$$

b) Ajuste da chave magnética de proteção do motor (Tabela 6.11).

Para $I_n = 27$, com ajustagem de 125 %, obtemos $1,25 \times 27 = 33,75\,\text{A} \cong 34\,\text{A}$.

c) Pela Tabela 6.10, vemos que, para a letra-código E, a percentagem da corrente a plena carga do motor a considerar é de 250 %.

Portanto, o *ramal* deve ser protegido com um fusível de $2,5 \times 27 = 67,5\,\text{A} \cong 70\,\text{A}$.

Acharíamos, aliás, imediatamente esse valor usando a Tabela 6.11, considerando 250 como a porcentagem da corrente a plena carga do motor.

6.18 CENTRO DE CONTROLE DE MOTORES

Há alguns anos vem sendo usado o chamado sistema CCM, designação que se dá a um centro de controle de motores.

Trata-se de um equipamento de manobra fornecido de fábrica, pronto para ser instalado e entrar em serviço. Sua principal vantagem é permitir a rápida substituição de uma gaveta por outra reserva, com reduzido tempo de parada do motor.

Um CCM consta de cubículos blindados, isto é, armários de chapa de aço devidamente compartimentados, para alojamento de gavetas extraíveis ou módulos. Nesses compartimentos são montados barramentos, cabos, seccionadoras, disjuntores, fusíveis, contatores, relés auxiliares etc.

A parte frontal do CCM pode ser constituída por uma única chapa ou dividida em painéis ou módulos.

A Fig. 6.28 mostra a foto de um CCM da Siemens.

Figura 6.28 Centro de controle de motores da Siemens.

6.19 CURTO-CIRCUITO

Quando a resistência (*impedância* de um circuito em corrente alternada) se aproxima de zero, diz-se que ocorre um *curto-circuito*. Pela lei de Ohm, $E = R \times I$, vê-se que a tensão, mantendo-se constante, e a resistência, caindo a zero, a corrente tenderia ao infinito. Na realidade, a impedância do sistema nunca chega a zero, pois entre o ponto onde ocorre o curto-circuito e a fonte geradora de energia existirá sempre uma certa impedância, o que conduz a um *valor finito* para a corrente, embora muito elevado.

Num circuito de corrente contínua, o curto-circuito é limitado apenas pelas resistências nele existentes. Quando se trata de corrente alternada, além das *resistências ôhmicas*, devemos considerar os valores das reatâncias indutivas que ocorrem onde há bobinas e, portanto, a corrente indutiva a que nos referimos no item 6.5, ao tratarmos do *fator de potência*. Da composição dos efeitos das resistências e das reatâncias indutivas resulta a chamada *impedância*, grandeza medida em ohms que limita o valor da corrente de curto-circuito nos sistemas de corrente alternada e que é representada pela hipotenusa do triângulo cujos catetos são a resistência e a reatância indutiva. O cálculo da impedância total é a soma das impedâncias, desde o ponto onde se presume que venha a ocorrer o curto-circuito até a fonte que alimenta o circuito.

Assim, computa-se no cálculo da impedância do circuito de baixa tensão (motores etc.) a impedância do transformador e a impedância do circuito de alta tensão até chegar-se à impedância do gerador. *A corrente de curto-circuito será tanto menor quanto maior for o valor da impedância do sistema.* É importante o conhecimento da corrente de curto-circuito para a escolha dos dispositivos de proteção e sua calibragem em uma subestação receptora. Para isto, a concessionária de energia fornece o valor da potência de curto-circuito no ponto de entrega da energia (PE). Pode-se, então, calcular a corrente de curto-circuito na baixa tensão do transformador, onde são instalados disjuntores a ar (*air circuit breakers*). Um dos processos que se adotam neste cálculo considera as características do transformador da subestação que alimenta o circuito a proteger, isto é, a potência (kVA) e a impedância do transformador, dada em percentagem. Para simplificar, supõe-se a potência do lado do primário do transformador como se fosse infinita, e que nada existe, além do transformador, para reduzir a corrente de curto-circuito. Teremos, para o valor da potência de curto-circuito:

$$\text{kVA (curto-circuito)} = \frac{100 \times \text{kVA (transformador)}}{\text{Impedância (\%)}}$$

e

$$I \text{ (curto-circuito)} = \frac{1\,000 \times \text{kVA (curto-circuito)}}{E \times \sqrt{3}}$$

Exemplo **6.9**

Em uma elevatória, deverá ser instalado um transformador de 750 kVA, 13 800/380 V, com impedância de 5 %, para alimentar três grupos motor-bomba de 200 cv, sendo os motores de indução em gaiola. Calcular a corrente de curto-circuito, a corrente de partida dos motores e determinar os dispositivos de proteção e sua calibragem. Admitir partida com chave compensadora.

Solução

a) Potência de curto-circuito

$$\frac{750 \times 100}{5} = 15\,000 \text{ kVa}$$

b) Corrente de curto-circuito

$$I \text{ (curto-circuito)} = \frac{1\,000 \times \text{kVA}}{E \times \sqrt{3}}$$

$$= \frac{1\,000 \times 15\,000}{380 \times \sqrt{3}} = 22\,790 \text{ A ou } 22{,}8 \text{ kA}$$

c) Corrente nominal absorvida em cada motor

$$I_n = \frac{P \times 736}{\sqrt{3} \times U \times \cos\varphi \times \eta} = \frac{200 \times 736}{\sqrt{3} \times 380 \times 0{,}83 \times 0{,}96} = 280 \text{ A}$$

Na Tabela 6.14 pode-se achar diretamente esse valor para a corrente nominal, entrando com $P = 200$ cv e $U = 380$ V.

d) Corrente de partida

Admitamos que a letra-código do motor seja F e que a partida seja com tensão reduzida.
Pela Tabela 6.7, vemos que, para a letra-código F, temos:

$$\frac{kVA}{cv \text{ (com motor bloqueado)}} \cong 5$$

A corrente de partida, se não fosse empregada chave compensadora, seria:

$$I_{partida} = 5 \times I_n = 5 \times 280 = 1\ 400\ A$$

Os dispositivos de proteção deverão ser aptos a:

- Suportar permanentemente a corrente igual a $1,25 \times I_n = 1,25 \times 280 = 350$ A, admitindo um *FS* de 1,25 para o motor.
- Suportar a corrente de partida de 1 400 A durante o tempo de aceleração do motor (se não fosse empregada chave compensadora). Esse período depende do tipo de máquina acionada e, no caso de bombas, em geral não chega a 60 segundos. Normalmente considera-se 30 segundos para bombas médias e 20 segundos para as de pequena potência.
- Poder interromper uma corrente de 22 790 A, caso ocorra um curto-circuito. A interrupção deverá processar-se muito rapidamente e sem que a corrente venha a atingir outros equipamentos, danificando-os.

Tabela 6.14 Correntes e proteções conforme a potência dos motores

Potência do motor		Corrente nominal (A)		Fusíveis retardados adequados (A)	
cv	kW	220 V	380 V	220 V	380 V
1/4	0,184	1,1	0,7	2	2
1/3	0,243	1,5	1,0	2	2
1/2	0,368	1,8	1,2	2	2
3/4	0,552	2,7	1,8	4	2
1	0,736	3,5	2,3	4	4
1,5	1,104	5,0	3,2	6	4
2	1,472	6,0	3,9	10	6
3	2,208	9,0	5,7	16	10
4	2,944	12	7,6	20	10
5	3,68	14	9,0	25	16
7,5	5,52	21	14	35	20
10	7,36	28	18	50	25
12,5	9,20	39	25	63	35
15	11,04	45	29	63	35
20	14,72	58	37	80	50
25	18,40	68	44	80	63
30	22,08	80	51	100	63
40	29,44	100	64	125	80
50	36,80	124	77	160	100
60	44,16	140	89	200	125
75	55,20	180	115	225	160
100	73,60	237	152	260	200
125	92,00	296	188	350	225
150	110,40	352	224	430	260
200	147,20	450	280	600	350
271	200,0	630	365	–	–
340	250,0	770	445	–	–
435	320,0	975	570	–	–
545	400,0	–	715	–	–
680	500,0	–	890	–	–

A capacidade que os equipamentos de proteção possuem de proteger contra o curto-circuito chama-se *capacidade de ruptura* dos equipamentos.

Os fusíveis NH, da Siemens, têm uma capacidade de ruptura de 100 000 A (100 kA) e os tipos Diazed, 10 000 A (10 kA).

Se usássemos, como proteção do ramal de cada motor, fusíveis comuns (que já insistimos que não são convenientes) e não fosse usada chave compensadora, estes teriam:

$$I = 5 \times I_n = 5 \times 280 = 1\ 400\ A$$

Se fossem aplicados fusíveis de ação retardada tipo NH, por exemplo, poderíamos adotar um dos seguintes procedimentos, considerando o emprego de chave compensadora de partida:

1. Usar a Tabela 6.14 que dá, para motor de indução de 200 cv, 380 V e corrente nominal de 280 A, fusíveis retardados de 350 ampères.
2. Usar o gráfico da Fig. 6.26, da Siemens. Entrando-se com a corrente máxima de partida, e considerando um tempo de fusão de *t* segundos, obtém-se, na curva, o fusível NH requerido.

Se empregássemos disjuntores, utilizaríamos a Tabela 6.12 e obteríamos para 200 cv ajustagem do elemento temporizado em 348 A, correspondente a $FS \times I_n$.

Consideremos a Tabela 6.13 para cotejar os valores com os que acabamos de calcular. Os fatores a aplicar à corrente de plena carga do motor de gaiola, letra-código F, usando autotransformador, seriam:

- Usando fusível NH, fator = 1,75.
  Teríamos para o valor máximo da corrente do fusível 1,75 × 280 A = 490 A.
- Usando disjuntor, fator = 2,00.
  Portanto, a ajustagem máxima do dispositivo de proteção será de 2,00 × 280 = 560 A.

Vemos que os valores encontrados diferem bastante dos obtidos empregando dados dos fabricantes, o que se explica por que a Tabela 6.14 refere-se a valores máximos.

Para o disjuntor geral correspondente do alimentador dos três motores 3 × 200 = 600 cv, e considerando que cada motor parte isoladamente, teremos corrente nominal total de:

$$I_n = 3 \times 280\ A = 840\ A$$

Se houvesse apenas um motor, o disjuntor, como vimos, seria calibrado para 348 A. Ao partir o segundo motor, a corrente já está normalizada para o primeiro motor, em 280 A, de modo que teríamos uma corrente no alimentador de:

$$280 + 348 = 628\ A$$

Na partida do terceiro motor, a corrente para os dois primeiros já será de 2 × 280 = 560 A, de modo que teremos:

$$560 + 348 = 908\ A$$

Usaríamos, pois, um disjuntor geral de 1 000 A, calibrando-o para 900 A, aproximadamente.

Exemplo 6.10

Um ramal de alimentação serve a quatro motores de indução, trifásicos, operando em 220 V, sendo um de 15 cv, letra-código C, $FS = 1,25$; um de 10 cv, sem letra-código, $FS = 1,15$; um de 7,5 cv, com letra-código A, $FS = 1,25$; um de 5 cv, com letra-código A, $FS = 1,25$. Determinar as correntes, as capacidades dos disjuntores e sua calibragem.

Solução

a) Correntes nominais (Tabela 6.14, da Siemens), para 220 V:

   15 cv (11,04 kW) — 45 A
   10 cv (7,36 kW) — 28 A
   7,5 cv (5,52 kW) — 21 A
   5 cv (3,68 kW) — 14 A

b) Correntes dos ramais para cálculo dos cabos:

$1,25 \times 45\,A = 56,25\,A$

$1,15 \times 28\,A = 32,20\,A$

$1,25 \times 21\,A = 26,25\,A$

$1,25 \times 14\,A = 17,50\,A$

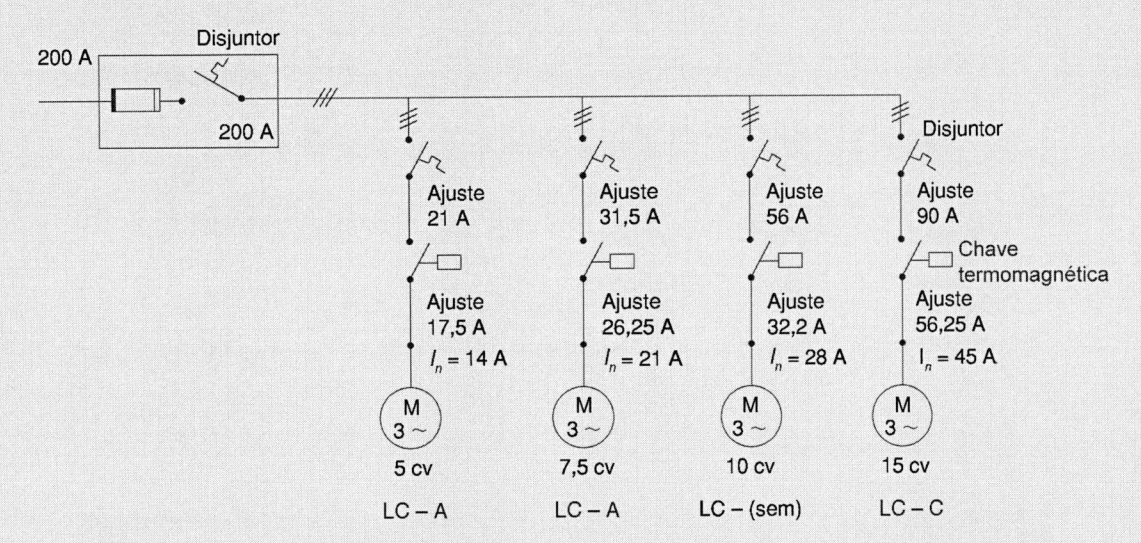

Figura 6.26 Determinação de um ramal de alimentação que serve a quatro motores, conforme esquema.

c) Corrente a ser atendida com a calibragem do dispositivo de proteção (Tabela 6.14):

• fusíveis NH – Tabela 6.14.

    15   cv — 63 A

    10   cv — 50 A

    7,5 cv — 35 A

    5   cv — 25 A

• Calibragem do disjuntor (chave magnética), segundo a Tabela 6.11.

    15   cv — $1,25 \times 45 = 56,25\,A$

    10   cv — $1,15 \times 28 = 32,20\,A$

    7,5 cv — $1,25 \times 21 = 26,25\,A$

    5   cv — $1,25 \times 14 = 17,5\,A$

d) Correntes a considerar na proteção dos ramais, isto é, na calibragem dos dispositivos de proteção, segundo a Tabela 6.10:

15 cv — letra-código C — 200 %: $2,0 \times 45\,A = 90\,A$

10 cv — sem letra-código — 200 %: $2,0 \times 28\,A = 56\,A$

7,5 cv — letra-código A — 150 %: $1,5 \times 21\,A = 31,5\,A$

5 cv — letra-código A — 150 %: $1,5 \times 14\,A = 21\,A$

e) Proteção de alimentador geral.

Podemos simplesmente considerar o disjuntor com capacidade correspondente à soma das correntes dos ramais, isto é:

$$I_{al} = I_{\text{prot. maior motor}} + \sum_{i=1}^{n} FS_i \times I_{n_i}$$

$$I_{al} = 90 + 32,2 + 26,25 + 17,50 = 166\,A$$

O disjuntor ou fusível seria de 200 A.

Tabela 6.15 Motores de indução trifásicos. Carcaças 71 a 180 – WEG – W22 Plus

Potência			Conjugado nominal C_n (kgfm)	Corrente com rotor bloqueado I_p/I_n	Conjugado com rotor(es) bloqueado C_p/C_n	Conjugado máximo $C_{máx}/C_n$	Momento de inércia J kgm²	Tempo máximo com rotor(es) bloqueado(s)		Peso kg	Nível médio de pressão sonora dB (A)	Fator de serviço	220 V						Corrente nominal I_n (A)
								Quente	Frio				rpm	Rendimento η			Fator de potência (cos φ)			
kW	HP	Carcaça												50	75	100	50	75	100	
II polos • 3 600 rpm • 60 Hz																				
0,75	1	71	0,214	6,6	3,3	3,3	0,0005	15	33	8,5	60	1,15	3 420	77,0	80,0	80,5	0,64	0,76	0,84	2,91
1,1	1,5	80	0,314	7,4	3,4	3,3	0,0008	17	37	13,5	62	1,15	3 415	79,0	82,0	82,6	0,66	0,78	0,84	4,14
1,5	2	80	0,532	6,9	3,2	3,1	0,0009	13	29	14,5	62	1,15	3 385	81,0	83,2	83,7	0,66	0,79	0,85	5,51
2,2	3	90S	0,621	7,4	2,9	3	0,0023	10	22	18,5	68	1,15	3 450	84,6	85,5	85,5	0,66	0,78	0,84	8,04
3	4	90L	0,847	7,4	3	3,1	0,0028	8	18	23,5	68	1,15	3 450	85,6	87,0	87,5	0,66	0,78	0,84	10,7
3,7	5	100L	1,04	8,8	3,15	3,6	0,0064	13	29	32,0	71	1,15	3 475	84,2	86,7	87,6	0,71	0,82	0,87	12,8
4,5	6	112M	1,26	7,2	2,25	3	0,0080	19	42	38,5	69	1,15	3 480	86,8	88,0	88,5	0,76	0,85	0,89	15,1
5,5	7,5	112M	1,53	8,3	2,85	3,5	0,0081	12	26	40,0	69	1,15	3 495	86,5	88,2	88,7	0,71	0,82	0,87	18,8
7,5	10	132S	2,08	7,2	2,15	2,9	0,0216	18	40	63,0	72	1,15	3 515	88,0	89,4	89,6	0,75	0,84	0,88	25,0
9,2	12,5	132M	2,55	7,5	2,3	2,9	0,0305	16	35	72,0	72	1,15	3 515	89,2	90,2	90,2	0,77	0,85	0,89	30,0
11	15	132M	3,04	8,3	2,65	3	0,0305	12	26	74,0	72	1,15	3 520	89,6	90,5	90,5	0,75	0,84	0,88	36,1
IV polos • 1 800 rpm • 60 Hz																				
0,75	1	80	0,426	6,6	2,6	2,7	0,0026	15	33	12,5	48	1,15	1 715	77,5	80,0	80,5	0,64	0,77	0,84	2,91
1,1	1,5	80	0,625	6,8	3,15	3	0,0032	11	24	14,5	48	1,15	1 715	78,0	81,0	81,6	0,58	0,71	0,79	4,48
1,5	2	90S	0,835	7,1	2,2	3	0,0066	11	24	18,5	51	1,15	1 750	81,0	83,5	84,2	0,57	0,70	0,78	5,98
2,2	3	90L	1,24	6,5	1,95	2,5	0,0077	10	22	23,0	51	1,15	1 735	83,8	84,8	85,1	0,64	0,76	0,83	8,18
3	4	100L	1,70	6,4	2,7	2,9	0,0096	14	31	30,0	54	1,15	1 715	85,6	86,3	86,5	0,63	0,75	0,82	11,1
3,7	5	100L	2,08	8,0	3	3,6	0,0119	11	24	34,0	54	1,15	1 735	85,0	87,0	88,0	0,59	0,72	0,80	13,7
4,5	6	112M	2,52	6,2	2,1	2,75	0,0180	18	40	42,0	56	1,15	1 740	88,0	88,5	88,5	0,62	0,74	0,81	16,6
5,5	7,5	112M	3,08	6,3	2,1	2,7	0,0206	16	35	44,0	56	1,15	1 740	88,4	89,1	90,0	0,59	0,72	0,79	20,2
7,5	10	132S	4,15	7,9	2	3,2	0,0563	12	26	68,0	58	1,15	1 760	90,0	90,8	91,0	0,66	0,78	0,84	25,8
9,2	12,5	132M	5,09	8,0	2,05	3,1	0,0638	10	22	75,0	58	1,15	1 760	90,0	90,8	91,0	0,67	0,79	0,84	31,4
11	15	132M/L	6,09	8,2	2,15	3,2	0,0672	8	18	78,0	58	1,15	1 760	90,5	91,2	91,7	0,67	0,79	0,85	37,2

(continua)

Tabela 6.15 Motores de indução trifásicos. Carcaças 71 a 180 – WEG – W22 Plus *(Continuação)*

Potência			Conjugado nominal C_n (kgfm)	Corrente com rotor bloqueado I_p/I_n	Conjugado com rotor(es) bloqueado C_p/C_n	Conjugado máximo $C_{máx}/C_n$	Momento de inércia J kgm²	Tempo máximo com rotor(es) bloqueado(s)		Peso kg	Nível médio de pressão sonora dB (A)	Fator de serviço	220 V							Corrente nominal I_n (A)
kW	HP	Carcaça						Quente	Frio				rpm	Rendimento η 50	75	100	Fator de potência (cos φ) 50	75	100	
VI polos • 1 200 rpm • 60 Hz																				
0,75	1	90S	0,641	5,5	2,4	2,6	0,0066	24	53	19,0	49	1,15	1140	73,0	79,0	80,5	0,50	0,63	0,72	3,42
1,1	1,5	90S	0,952	4,8	2,1	2,3	0,0143	16	35	19,0	49	1,15	1125	76,5	77,0	77,0	0,53	0,67	0,75	4,98
1,5	2	100L	1,27	6,0	2,45	2,9	0,0256	28	62	30,5	48	1,15	1150	81,5	83,7	83,9	0,49	0,62	0,70	6,66
2,2	3	100L	1,86	5,9	2,55	2,9	0,0530	19	42	33,0	48	1,15	1150	82,0	84,0	83,9	0,50	0,63	0,71	9,68
3	4	112M	2,55	6,1	2,3	2,6	0,0568	21	46	42,0	52	1,15	1145	86,1	86,5	86,5	0,56	0,69	0,75	12,1
3,7	5	132S	3,09	6,3	1,8	2,6	0,0566	40	88	61,0	55	1,15	1165	67,1	67,7	67,7	0,53	0,66	0,73	15,1
4,5	6	132S	3,78	6,0	2,3	2,4	0,0755	34	75	62,0	55	1,15	1160	67,0	88,0	88,0	0,55	0,67	0,74	18,2
5,5	7,5	132M	4,62	6,3	1,85	2,6	0,0755	24	53	75,0	55	1,15	1160	88,1	88,5	88,5	0,54	0,67	0,74	22,0
7,5	10	132M/L	6,30	6,4	1,95	2,5	0,0755	24	48	90,0	55	1,15	1160	80,0	88,5	88,5	0,57	0,69	0,76	29,4
9,2	12,5	160M	7,66	6,0	2	2,5	0,1221	15	33	109	59	1,15	1170	89,0	89,5	89,5	0,64	0,76	0,82	32,8
11	15	160M	9,12	6,5	2,3	2,8	0,1652	13	29	122	59	1,15	1175	89,7	91,0	91,0	0,62	0,74	0,80	39,6
VIII polos • 900 rpm • 60 Hz																				
0,75	1	90L	0,875	3,8	1,95	2,25	0,0066	26	57	23,0	47	1,15	835	64,0	68,0	70,0	0,42	0,54	0,62	4,54
1,1	1,5	100L	1,25	4,6	2	2,5	0,0127	39	86	30,5	54	1,15	855	73,0	78,0	78,0	0,40	0,52	0,61	6,4
1,5	2	112M	1,71	5,3	2,4	2,5	0,0220	44	97	40,0	54	1,15	855	80,0	83,0	83,5	0,48	0,62	0,70	6,72
2,2	3	132S	2,49	5,9	1,95	2,3	0,0740	48	106	65,0	52	1,15	860	82,5	84,5	84,5	0,53	0,65	0,74	9,24
3	4	132M	3,40	6,4	2,45	2,7	0,0838	32	70	75,0	52	1,15	860	83,0	84,5	85,1	0,51	0,64	0,73	12,7
3,7	5	132M/L	4,19	5,9	2,15	2,5	0,1033	28	62	90,0	52	1,15	860	83,0	85,0	85,6	0,52	0,65	0,73	15,5
4,5	6	160M	4,98	5,1	1,9	2,4	0,1221	30	66	107	54	1,15	880	85,5	87,0	87,0	0,48	0,61	0,69	19,7
5,5	7,5	160M	6,09	5,0	1,8	2,3	0,1436	25	55	117	54	1,15	880	86,5	88,0	87,5	0,51	0,53	0,71	23,2
7,5	10	160L	8,35	5,0	1,9	2,3	0,1652	25	55	135	54	1,15	875	88,0	89,5	89,5	0,51	0,54	0,71	31,0
9,2	12,5	180M	10,2	6,8	2	2,6	0,2029	11	24	156	54	1,15	875	89,5	90,0	90,0	0,60	0,72	0,78	34,4

Para obter os valores da corrente nominal (I_n) em outras tensões, utilizar os seguintes fatores de multiplicação: 380 V - 0,577; 440 V - 0,5.

Biografia

Cortesia da Biblioteca Burndy.

**VOLTA, ALESSANDRO
(GIUSEPPE ANASTASIO),
CONDE (1745-1827)**

Físico italiano inventor da bateria elétrica. Nascido em Como, em uma família aristocrática dedicada à igreja, Volta foi professor de filosofia natural em Pavia (1778-1818) e tornou-se reitor da Universidade de Pavia. Muito religioso, um amigo registra que "entendia muito da eletricidade das mulheres".

Seguindo a descoberta de Galvani, em 1780, de que uma centelha elétrica, ou um contato entre cobre e ferro, causava uma reação nervosa na perna do sapo, Volta (que estudara eletricidade durante muito tempo) ficou interessado em descobrir a causa do fenômeno. Experiências indicaram-lhe que uma corrente elétrica pode ser produzida quando diferentes metais são postos em contato uns com os outros. Em 1799, conseguiu construir uma bateria que consistia em discos metálicos, alternando prata e zinco, com cartões em solução salgada entre eles. Essa pilha voltaica produziu uma corrente permanente, e foi a primeira fonte de eletricidade. Volta recebeu o título de conde, dado por Napoleão quando este invadiu a Itália em 1790 e ficou muito interessado em eletricidade, e previu a sua importância científica. A unidade do SI de eletricidade potencial, o Volt (V) foi assim chamada em sua homenagem. Se o trabalho efetuado por uma carga elétrica de um coulomb percorrendo dois pontos é de um joule, então a diferença de potencial entre os pontos é de um volt.

Tubulações Telefônicas – Sequência Básica para Elaboração do Projeto | 7

As etapas básicas para a elaboração de projetos e execução de tubulações e caixas, definidas a seguir, aplicam-se a qualquer tipo de prédio, independentemente do uso a que o mesmo se destina. Aplicam-se, também, a conjuntos de edificações situadas dentro de um mesmo terreno, como vilas, condomínios, loteamentos especiais e edifícios constituídos por vários blocos.

Extraordinário progresso marcou a área de telecomunicações nos últimos anos, em nosso país. É inconcebível uma edificação que não esteja preparada para receber os seus benefícios. Foram utilizados na elaboração deste capítulo documentos e procedimentos de companhias de telecomunicação, normas da ABNT e resolução da ANATEL a seguir:

I – ABNT NBR 13726:1996 – Redes telefônicas internas em prédios – Tubulação de entrada telefônica – Projeto – cancelada – utilizada como referência.

II – ABNT NBR 13727:1996 – Redes telefônicas internas em prédios – Plantas/partes componentes de projeto de tubulação telefônica – cancelada – utilizada como referência.

III – Agência Nacional de Telecomunicações – Resolução nº 426 de 9 de dezembro de 2005.

7.1 TUBULAÇÃO SECUNDÁRIA

É a tubulação destinada à instalação da fiação telefônica interna do prédio. Como dispositivos auxiliares, instalam-se *caixas de distribuição* (caixa destinada à instalação de blocos terminais para conexão de fios telefônicos internos), em seu percurso, para auxiliar a fiação.

Determinam-se o número e os locais onde deverão ser instaladas as *caixas de saída* (caixa destinada a dar passagem ou permitir a saída de fios de distribuição dos aparelhos telefônicos), em cada parte do edifício (apartamento, loja, escritórios), de acordo com os critérios estabelecidos na Tabela 7.1, para os diferentes tipos de prédios, incluindo-se, caso existam, a portaria, o apartamento do zelador, o salão de festas e demais dependências.

Determina-se, dentro de cada parte do edifício, o local onde ficarão as caixas de saída (sala, copa ou cozinha, quartos, lojas, escritórios) e a *caixa de saída principal*, que será interligada com a *caixa de distribuição* que atende ao andar. A caixa de saída principal deve ser localizada próxima à *caixa de distribuição*, e esta, nas partes comuns do prédio (Fig. 7.1).

Em caso de edifício comercial, se a mesma entidade ocupa o andar inteiro, é suficiente que a caixa de distribuição fique em local próprio às partes comuns, dentro da própria sala.

7.1.1 Previsão de Pontos de Telefone

O número e a localização dos pontos de telefone são estabelecidos com base na Tabela 7.1.

Tabela 7.1 Critérios para a previsão dos pontos telefônicos

Tipos de prédios	Número mínimo de pontos telefônicos
Residências ou apartamentos	Até 2 quartos — 1 ponto telefônico. Até 3 quartos — 2 pontos telefônicos. 4 quartos ou mais — 3 pontos telefônicos.
Lojas	1 ponto telefônico/50 m².
Escritórios	1 ponto telefônico/10 m².
Indústrias	Área de escritórios: 1 ponto telefônico/10 m². Área de produção: Estudos especiais a critério do proprietário.
Cinemas, teatros, supermercados, depósitos, armazéns, hotéis e outros	Devem ser feitos estudos especiais, em conjunto com a concessionária local, respeitando os limites estabelecidos nos critérios anteriores.
Habitações populares de baixa renda	1 ponto telefônico.

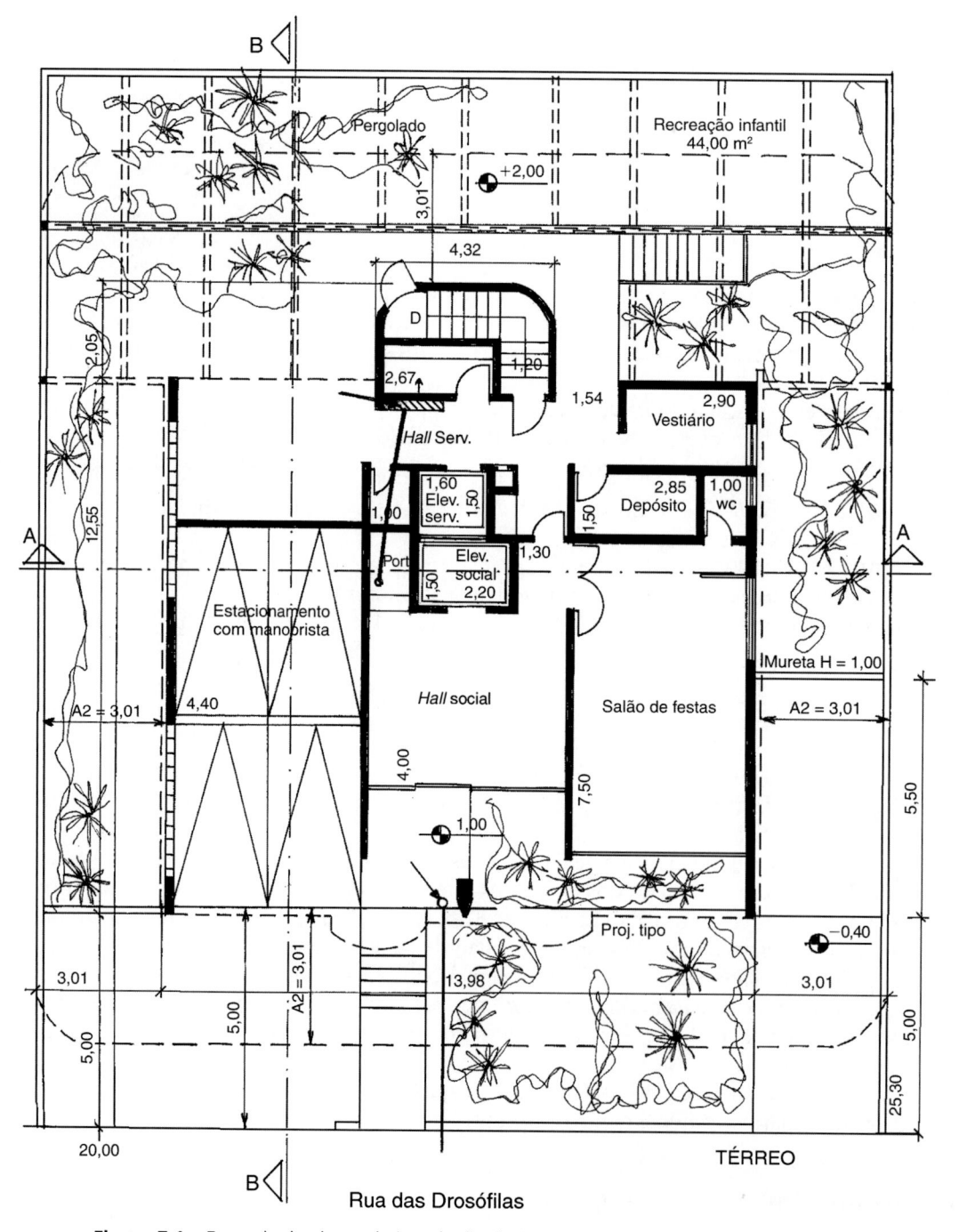

Figura 7.1a Exemplo de plantas baixas de distribuição residencial, tubulação secundária.

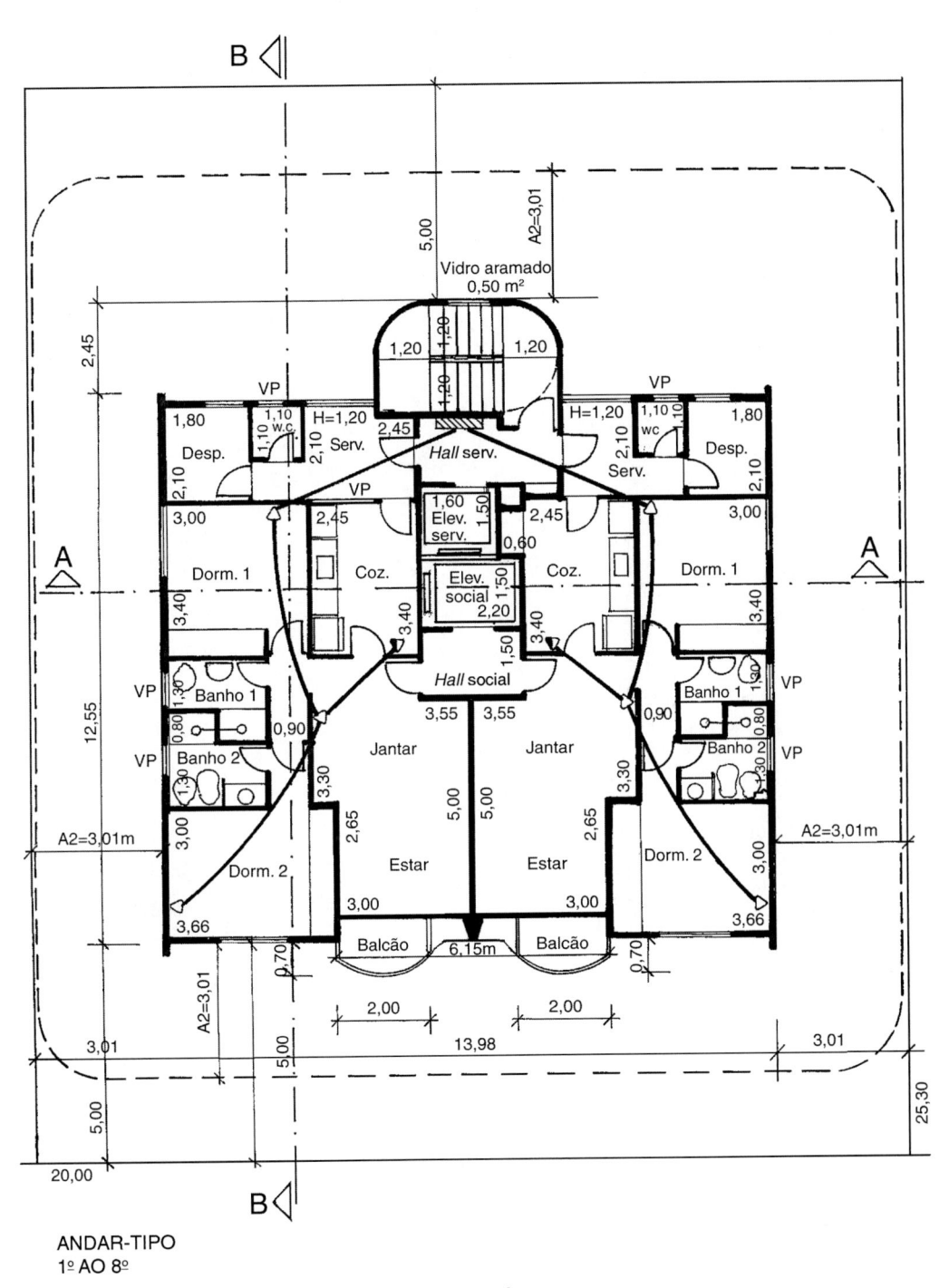

Figura 7.1b

7.1.2 Dimensionamento das Tubulações, Trajetos e Diâmetros

Determina-se o trajeto da tubulação dentro de cada parte do edifício de modo a interligar todas as caixas de saída, projetando caixas de passagem, se estas forem necessárias, para limitar os comprimentos da tubulação e/ou o número de curvas.

Esse trajeto deve ser o menor caminho possível entre as caixas, com o objetivo de economizar material, ou seja, fazer com que a ligação seja mais econômica com o mesmo resultado.

- Determinam-se o diâmetro dos tubos e as dimensões das caixas pertencentes à tubulação secundária utilizando os valores indicados nas Tabelas 7.2, 7.3, 7.4, 7.5 e 7.6.
- Em edifícios comerciais onde existam áreas de escritórios com mais de 10 caixas de saída (100 m²), devem ser utilizados sistemas de distribuição em malha no piso ou sistemas em canaletas, para a interligação das caixas ou saídas à caixa de saída principal (Figs. 7.6, 7.7 e 7.8).

Tabela 7.2 Dimensionamento das tubulações primárias e secundárias

Número de pontos acumulados na seção	Diâmetro interno mínimo dos tubos (mm)	Quantidade mínima de tubos
Até 5	19	1
de 6 a 21	25	1
de 22 a 35	38	1
de 36 a 140	50	2
de 141 a 280	75	2
Acima de 280	Usar poço de elevação	

Tabela 7.3 Dimensões de caixas em função do número de pontos telefônicos

Caixas		Dimensões internas mínimas (cm)			Quantidade de pontos telefônicos acumulados
		Altura	Largura	Profundidade	
Para tomada e/ou passagem	Nº 0	10	5	5	1
	Nº 1	10	10	5	2
De distribuição	Nº 2	20	20	7	3 a 5
De entrada		20	15	7	1 e 2
		30	20	7	3 a 5

Nota: As dimensões das caixas nº 0 e nº 1 devem estar de acordo com a NBR 5431.

Tabela 7.4 Dimensionamento das caixas internas

Pontos acumulados na caixa	Caixa de distribuição geral*	Caixa de distribuição	Caixa de passagem
Até 5	nº 3	–	nº 2
De 6 a 21	nº 4	nº 3	nº 3
De 22 a 35	nº 5	nº 4	nº 3
De 36 a 70	nº 6	nº 5	nº 4
De 71 a 140	nº 7	nº 6	nº 5
De 141 a 280	nº 8	nº 7	nº 6
Acima de 280	Sala para a distribuição geral e poço de elevação		

* Tratando-se de caixa para DG, a profundidade da caixa deve ser de no mínimo 15 cm.

Tabela 7.5 Dimensões padronizadas para as caixas internas

Caixas	Dimensões internas		Profundidade (cm)
	Altura (cm)	Largura (cm)	
nº 1	10	10	5,0
nº 2	20	20	13,5
nº 3	40	40	13,5
nº 4	60	60	13,5
nº 5	80	80	13,5
nº 6	120	120	13,5
nº 7	150	150	16,8
nº 8	200	200	21,8

Tabela 7.6 Dimensionamento de tubulações de entrada telefônica subterrânea

Número de pontos telefônicos acumulados	Diâmetro interno mínimo do(s) eletroduto(s) (mm)	Quantidade mínima de eletrodutos
6 a 21	50	1
22 a 70	75	1
71 a 420	75	2
421 a 840	100	3

Nota: Acima de 840 pontos, o dimensionamento é feito em conjunto com a concessionária do serviço de telecomunicações.

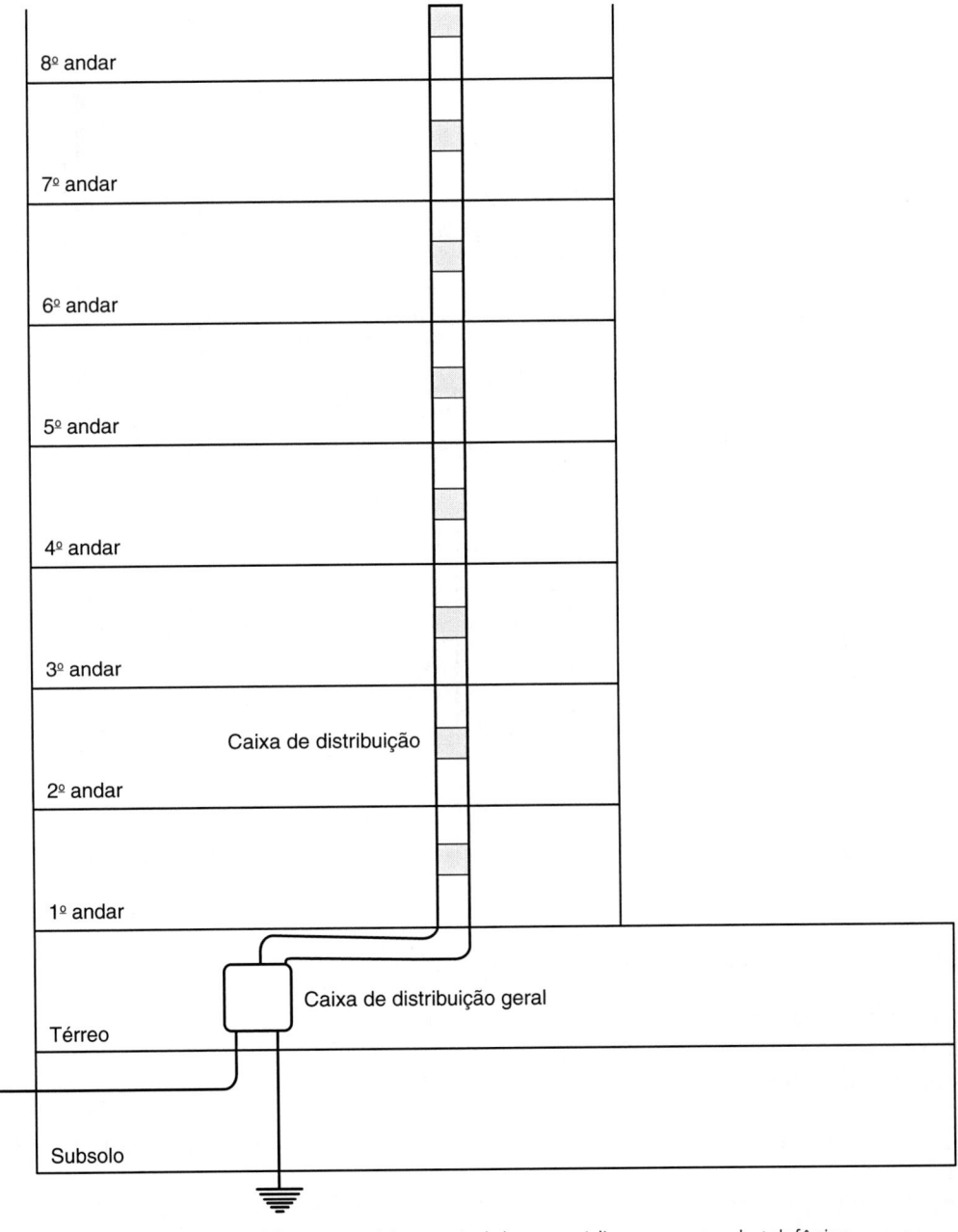

Figura 7.2 Exemplo esquemático vertical de um prédio com prumada telefônica.

7.1.3 Critérios a Serem Seguidos nos Diversos Sistemas de Distribuição

SISTEMA EM MALHA DE PISO COM TUBULAÇÃO CONVENCIONAL (Fig. 7.3)

a) O espaçamento máximo entre os eletrodutos que constituem a malha deve ser de três metros. É, no entanto, conveniente usar o espaçamento de 1,5 m, para dar maior flexibilidade ao uso da malha de piso.

b) Os itens de distribuição em malha no piso e de canaletas só poderão ser usados em andares inteiramente ocupados pela mesma empresa. Em caso contrário, o projeto será elaborado tratando cada sala como se fosse um projeto residencial, de acordo com a Fig. 7.4.

c) Os eletrodutos situados nas proximidades da caixa de distribuição devem ter diâmetros internos maiores que 25 mm, para não estrangularem o tubo de alimentação da malha.

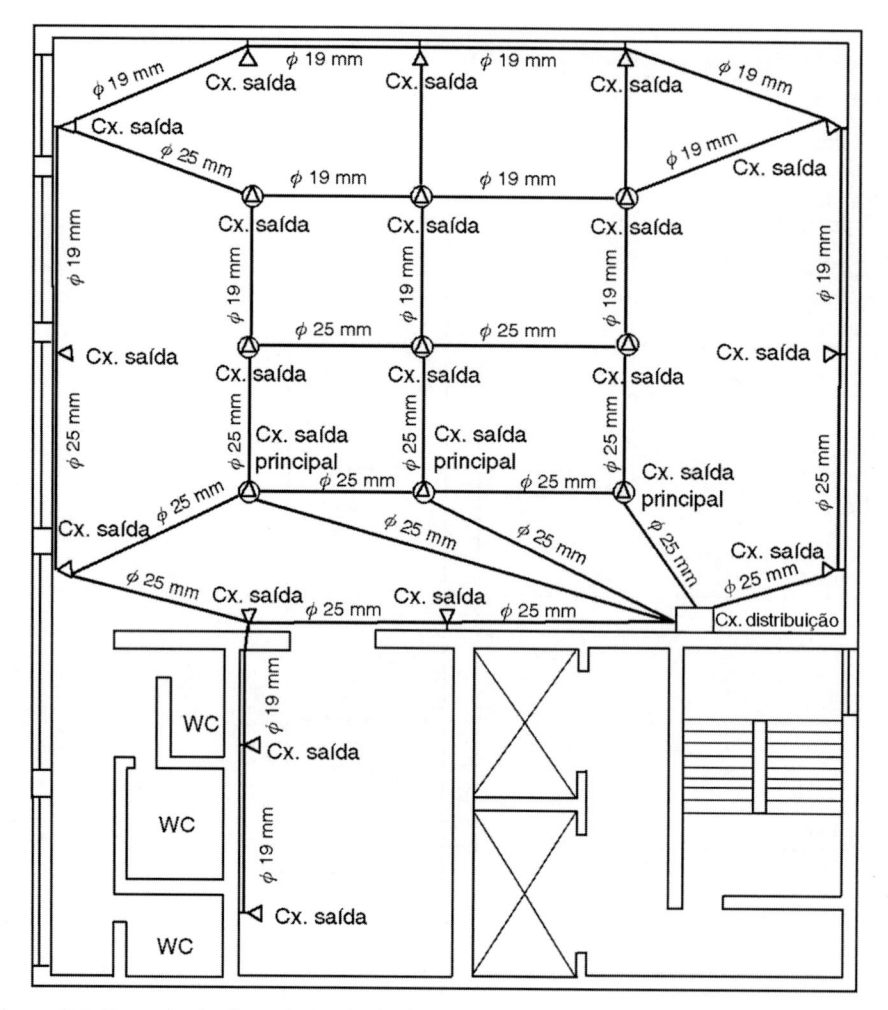

Figura 7.3 Exemplo de planta baixa de distribuição comercial convencional em malha de piso.

SISTEMA PARALELO DE CANALETAS DE PISO (Fig. 7.6)

a) O espaçamento mínimo entre as canaletas paralelas para telefones deve ser de 1,5 m e, no máximo, de 3 m. As dimensões das canaletas a serem utilizadas podem ser determinadas adotando-se 1 cm² de área no corte transversal da canaleta para cada 1,5 m² de área a ser determinada. Esta regra é baseada na ocupação média de áreas de escritórios e nas necessidades médias de serviço telefônico para estes espaços.

b) Devem ser previstas caixas de junção, cada qual correspondendo a uma caixa de saída. Como regra geral, o espaçamento entre as caixas de junção deve ser de 1,20 m.

c) Se forem utilizadas **canaletas de alimentação**, estas podem ser dimensionadas adotando-se 0,5 cm² de área no corte transversal da canaleta para cada caixa de saída a ser atendida pela mesma.

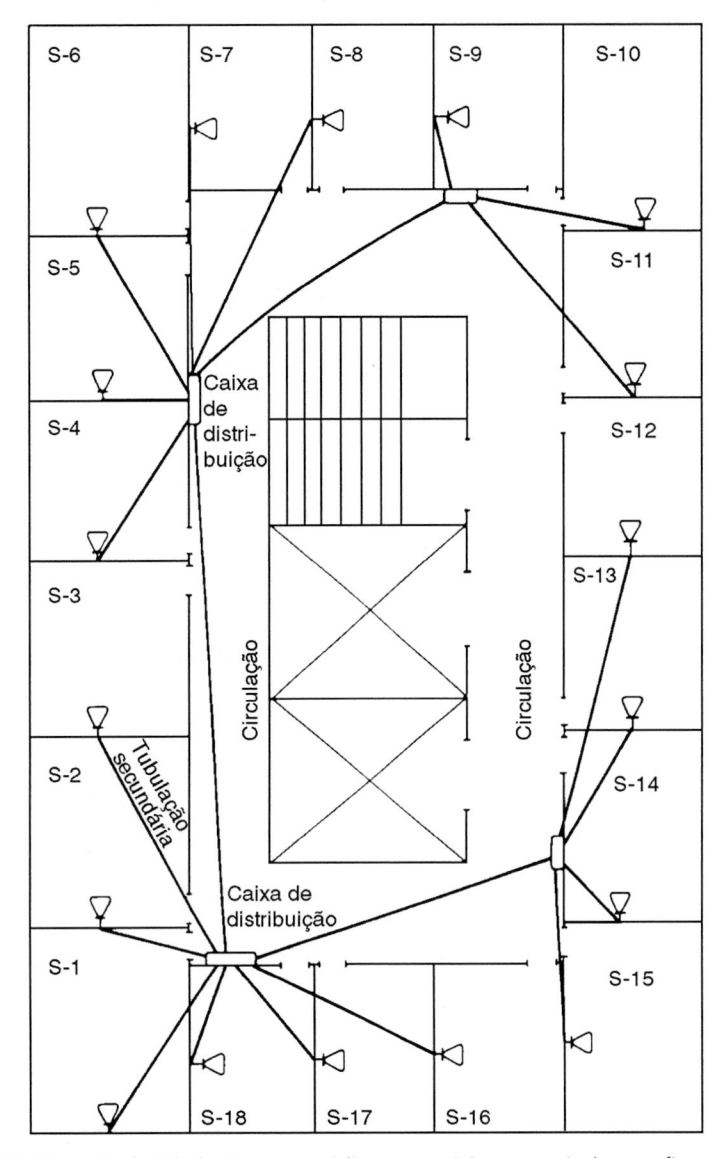

Figura 7.4 Exemplo de tubulação para prédios comerciais com mais de uma firma por andar.

SISTEMA EM "PENTE" DE CANALETAS DE PISO (Fig. 7.7)

a) O sistema em "pente" de canaletas de piso consiste em vários condutos derivados a 90° e do mesmo lado de um conduto de alimentação. Pode ser usado onde houver necessidade de estabelecer a distribuição de eletricidade e telefones num pavimento, sem aumentar demasiadamente a espessura do piso.

b) Nos condutos derivados, como regra geral, devem ser adotados 2 cm^2 de área transversal da canaleta para cada 1,5 m^2 de área a ser atendida. Na canaleta de alimentação deve ser adotado 1 cm^2 de área da seção transversal da mesma para cada caixa de saída a ser atendida por um mesmo conduto derivado.

c) Deverá também ser apresentado, no projeto de tubulações telefônicas, um corte longitudinal do conjunto, com cotas verticais.

SISTEMA EM "ESPINHA DE PEIXE" DE CANALETAS DE PISO (Fig. 7.8)

a) Este sistema constitui-se em um tipo particular de sistema de distribuição em "pente", no qual os condutores derivam a 90° de ambos os lados de um conduto de alimentação central.

b) O dimensionamento das canaletas deste sistema deve seguir as mesmas regras do sistema anterior.
   - O eletroduto de alimentação deve ser sempre perpendicular à canaleta a qual ele deve alimentar, qualquer que seja o sistema de canaleta.
   - A marcação dos pontos telefônicos deve obedecer sempre ao recomendado na Tabela 7.1.

Depois de elaborado o projeto da tubulação secundária, deve ser elaborado o projeto da tubulação primária.

Descrição		Em planta	Em elevação
Caixa de saída ou de passagem para fios, na parede, a 30 cm do centro ao piso		Nº 1 ou 2	
Caixa de saída ou de passagem para fios, na parede, a 1,30 m do centro ao piso		Nº 1 ou 2	Nº 1, 2, 3 . . . 8
Caixa de distribuição ou de passagem para cabos, na parede			
Caixa de distribuição geral		DG	Nº DG
Sala de distribuição geral		DG	DG
Cubículo em poço de elevação			
Caixa subterrânea para emenda ou passagem de cabos (pisos)			
Caixa de saída ou de passagem, para fios no piso			
Tubulação desce			
Tubulação sobe			
Tubulação		No piso / No teto	
Sumário de contagem a) pontos por andar b) pontos acumulados no andar		—	a / b
Extensão	Na parede	ou	
	No piso		
Tubulação já existente		No piso / No teto	
Postes			
Existente			
Projetado			
Retirar			
Substituir			
Redispor		3 m RD	3 m RD

Figura 7.5 Simbologia padronizada dos desenhos.

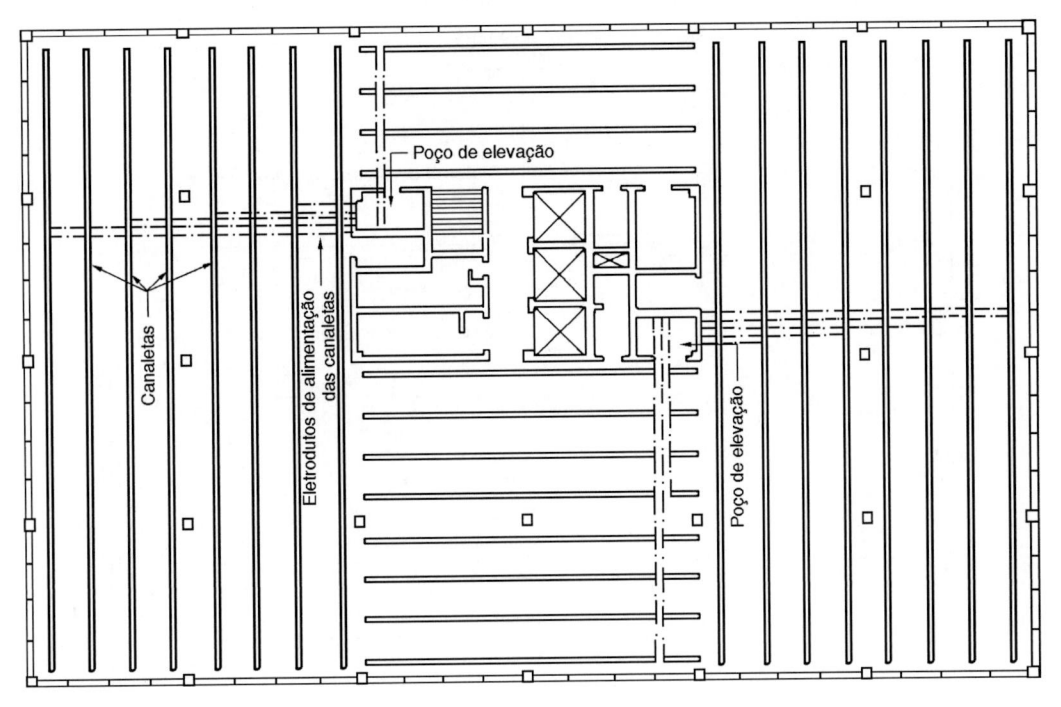

Figura 7.6 Sistema paralelo de canaletas de piso.

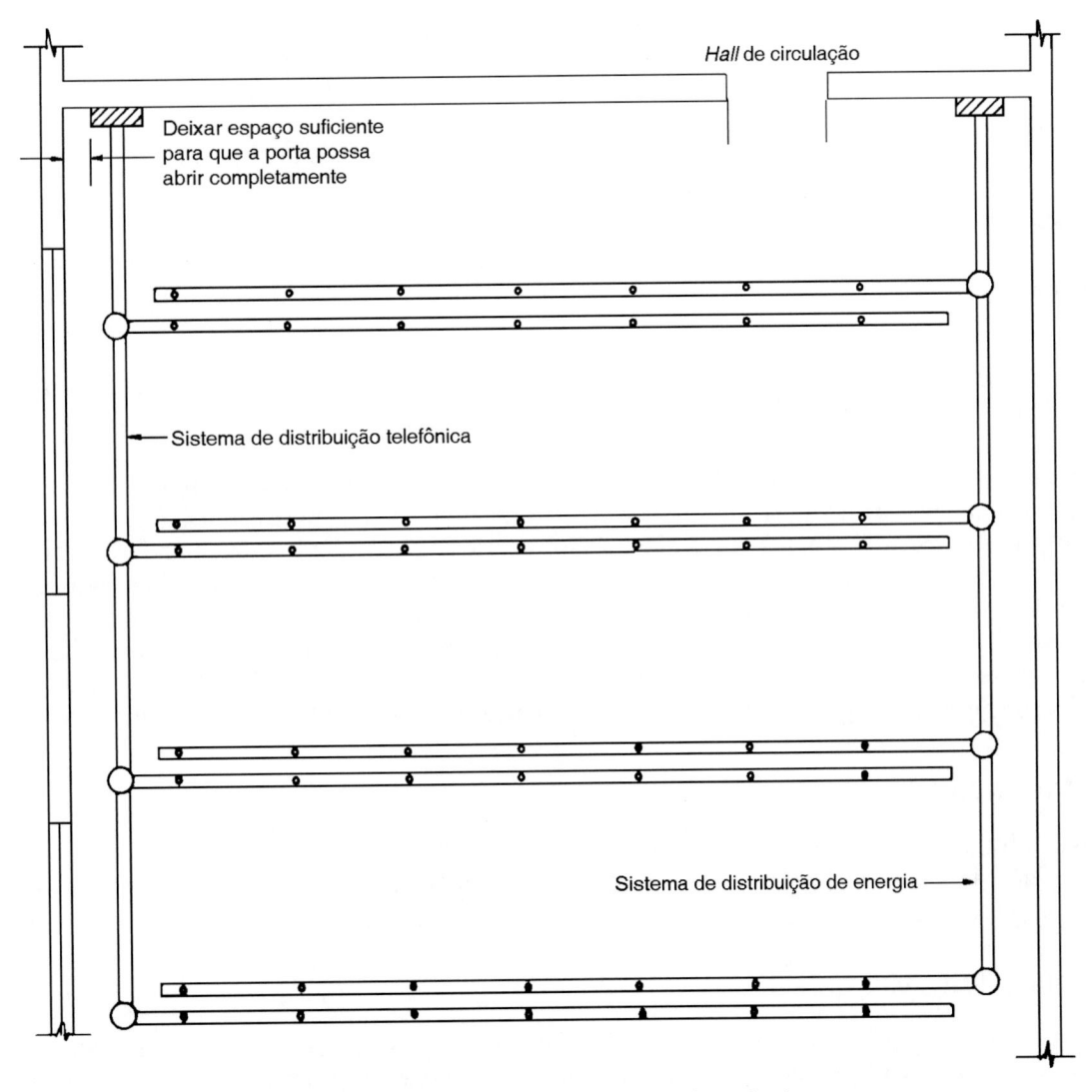

Figura 7.7 Sistema em "pente" de canaletas de piso.

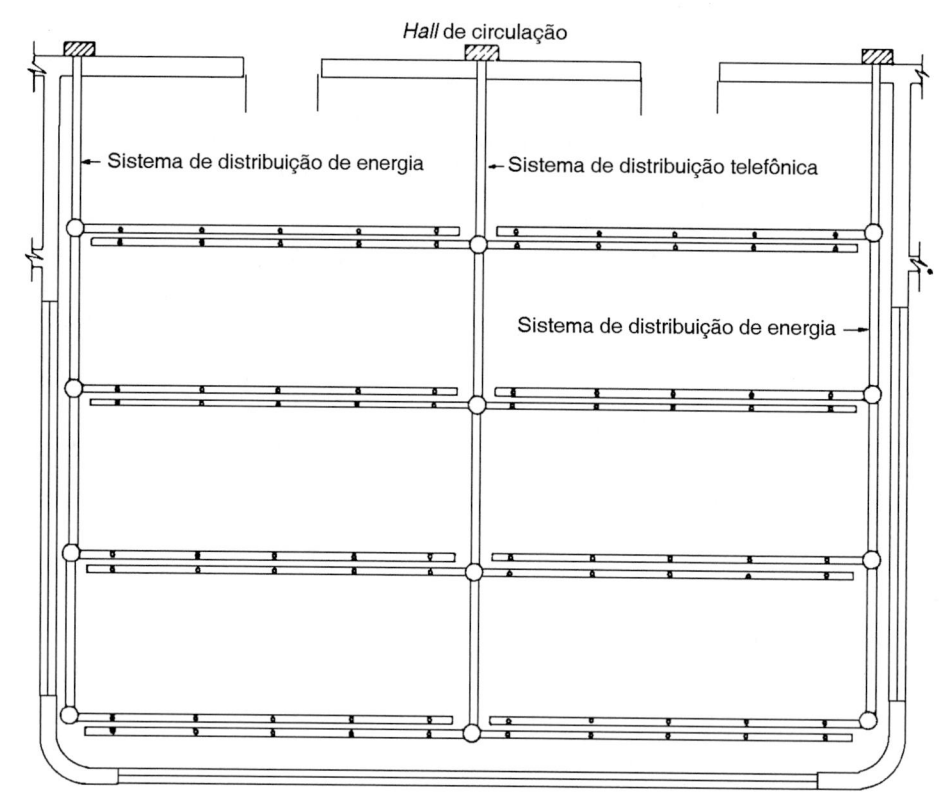

Figura 7.8 Sistema em "espinha de peixe" de canaletas de piso.

7.2 TUBULAÇÃO PRIMÁRIA

É a parte da tubulação que abrange a caixa de distribuição geral, as caixas de distribuição e as tubulações que as interligam.

- Determina-se o número de prumadas necessárias ao edifício. O número de prumadas necessárias pode ser maior do que um, em função dos seguintes critérios:
  a) Existência de obstáculos intransponíveis no trajeto da tubulação vertical.
  b) Concepções arquitetônicas que estabeleçam blocos separados sobre a mesma base.
  c) Edifícios que possuam várias entradas, com áreas de circulação independentes.
- Calcula-se o número de pontos telefônicos (não incluir as extensões) de cada andar, atendidos por uma mesma prumada. Calcula-se, em seguida, o número total de pontos telefônicos atendidos por aquela prumada somando-se os valores encontrados para cada andar.
- Se o número total de pontos telefônicos, atendidos por uma mesma prumada, for igual ou inferior a 280, e se o construtor decidir executar a prumada em tubulação convencional, devem-se localizar as caixas de distribuição e a caixa de distribuição geral do edifício sempre em áreas comuns, em função dos critérios descritos a seguir.

CAIXA DE DISTRIBUIÇÃO GERAL

a) A caixa, obrigatoriamente, deverá estar localizada no andar térreo.
b) A caixa não deve ser localizada dentro de salões de festas ou em outras áreas que possam acarretar dificuldades de acesso a ela.

CAIXA DE DISTRIBUIÇÃO

a) A Tabela 7.7 pode ser usada como guia para determinação da localização das caixas. Porém, em casos especiais e de real necessidade pelas peculiaridades do edifício para o qual a tubulação está sendo projetada, o esquema de distribuição das caixas poderá diferir do indicado na Tabela 7.7.

Tabela 7.7 Esquema de localização das caixas de distribuição

Nº de andares	Andares											
	Térreo	2º	5º	8º	11º	14º	17º	20º	23º	26º	29º	etc.
Até 2	x											
3 a 4	x	x										
5 a 7	x	x	x									
8 a 10	x	x	x	x								
11 a 13	x	x	x	x	x							
14 a 16	x	x	x	x	x	x						
17 a 19	x	x	x	x	x	x	x					
20 a 22	x	x	x	x	x	x	x	x				
23 a 25	x	x	x	x	x	x	x	x	x			
26 a 28	x	x	x	x	x	x	x	x	x	x		
29 a 31	x	x	x	x	x	x	x	x	x	x	x	
Andares superiores												

b) Nos edifícios onde a numeração dos andares começar pelo térreo, a Tabela 7.7 deve ser adaptada, para ficar de acordo com a numeração existente. Neste caso, a designação "térreo" deve ser substituída por "1º andar", e deve-se acrescentar um andar aos demais.

No caso de haver andares ocupados por *playground*, garagem, salão de festas, eles não serão contados como andares para colocação de caixas de distribuição.

Os telefones designados pelo construtor para estes andares serão atendidos por caixas de outros andares.

c) Como regra geral, cada caixa de distribuição deve atender a um andar abaixo e um acima daquele em que estiver localizada, salvo as últimas caixas das prumadas, que poderão atender até dois andares para cima.

Para a escolha das caixas de distribuição, pode-se seguir o seguinte roteiro:

- Calcula-se o número total de pontos telefônicos acumulados em cada trecho da tubulação e, em seguida, o número de pontos atendidos por caixa de distribuição que alimenta um ou mais andares.
- Calcula-se o número total de pontos telefônicos acumulados em cada caixa de distribuição, começando pela mais distante e terminando na caixa de distribuição geral.
- Determinam-se as dimensões das caixas e a quantidade e diâmetro dos tubos que as interligam, aplicando os valores das Tabelas 7.2, 7.3, 7.4, 7.5 e 7.6.

Se o número total de pontos telefônicos, atendidos por uma mesma prumada, for superior a 280, ou se o construtor assim o decidir, independentemente do número destes, devem ser projetados um ou mais ***poços de elevação***, observando os critérios estabelecidos nos itens seguintes:

- Projetam-se cubículos de distribuição em todos os andares. Como regra geral, cada cubículo de distribuição atenderá apenas ao andar no qual estiver localizado.
- Calcula-se o número total de pontos telefônicos acumulados em cada trecho da tubulação e verifica-se o número de pontos em cada cubículo de distribuição.

Se o edifício possuir um mínimo de pontos telefônicos superior a 280 ou mais de um poço de elevação, deve ser projetada uma *sala* para o distribuidor geral (DG) do edifício.

7.3 TUBULAÇÃO DE ENTRADA

É a parte da tubulação que permite a entrada do cabo da rede externa da concessionária e que termina na caixa de distribuição geral. Abrange também a caixa de entrada (ligação subterrânea).

O primeiro passo para a elaboração da tubulação de entrada é definir se o cabo de entrada do edifício será subterrâneo ou aéreo. Os seguintes critérios devem ser observados nesta definição:

- A entrada será *subterrânea* quando:
  a) O edifício possuir mais do que 21 pontos telefônicos.
  b) A rede da concessionária for subterrânea, no local da obra.

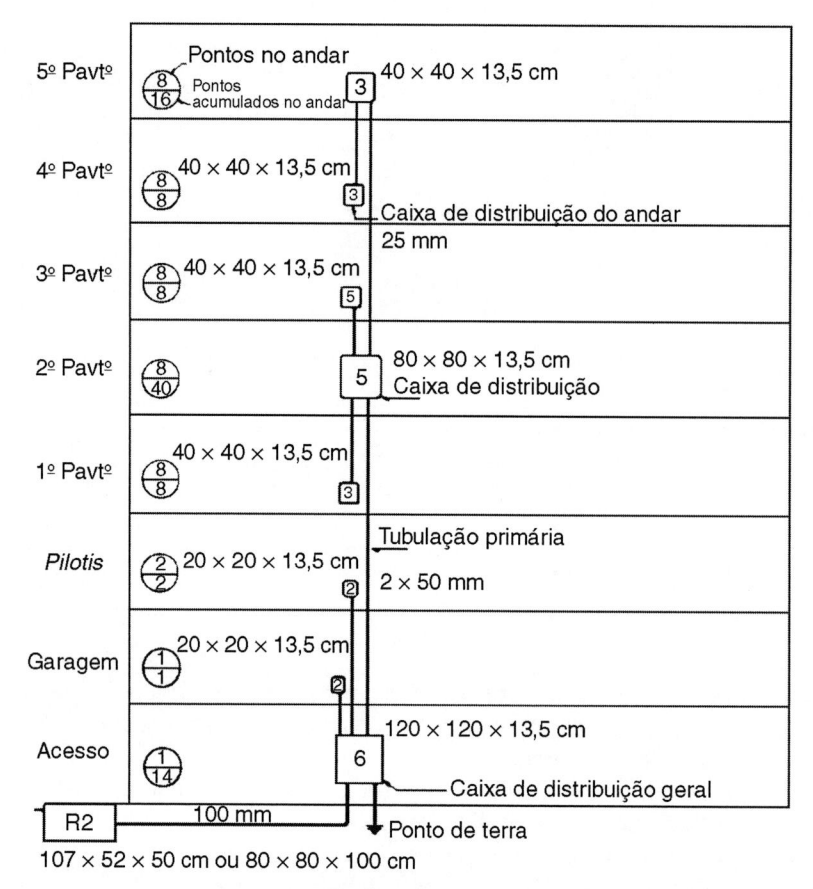

Figura 7.9 Corte esquemático (diagrama vertical) das tubulações de entrada e primária.

   c) O construtor preferir a entrada subterrânea, por motivos estéticos. Nesse caso, o construtor deve consultar a concessionária para saber a viabilidade técnica do projeto.

* A entrada será *aérea* quando: o edifício possuir 21 pontos telefônicos ou menos, e as condições da rede da concessionária, no local, o permitirem.
* Os dados referentes à rede da concessionária no local devem ser obtidos pelo projetista ou construtor junto àquela entidade. As seguintes informações devem ser prestadas pela concessionária ao construtor:
  a) Se a rede no local é aérea ou subterrânea.
  b) De que lado da rua passam os cabos, no caso de o edifício se situar em mais de uma rua. No caso de o edifício estar localizado numa só rua, o construtor deverá projetar uma caixa de entrada no alinhamento, e a concessionária se encarregará de ligá-la à rede.
  c) Se há ou não previsão de alteração da rede no local (passagem de aérea para subterrânea ou remanejamento da rede).
* *Se o cabo de entrada do edifício for subterrâneo*, os seguintes passos devem ser seguidos:
  1 – Locar uma caixa subterrânea para o atendimento do edifício, de dimensões determinadas conforme a Tabela 7.8, no limite do alinhamento predial. Esta caixa não deve ser localizada em pontos onde transitem veículos (como entradas de garagens, por exemplo).
  2 – Determinar o trajeto da tubulação de entrada, desde a caixa de entrada do edifício até a caixa de distribuição geral, projetando-se caixas de passagem intermediárias, se estas forem necessárias, para limitar o comprimento da tubulação. As caixas subterrâneas intermediárias devem ser localizadas e dimensionadas de acordo com os critérios estabelecidos no item anterior.
  3 – Dimensionar a tubulação de entrada, aplicando-se a Tabela 7.6.
* *Se o cabo de entrada do edifício for aéreo*, os seguintes passos devem ser seguidos na elaboração do projeto:
  1 – Entrada direta pela fachada:
  a) Locar a posição exata em que a tubulação de entrada sairá na fachada do edifício, em função dos elementos estabelecidos na Tabela 7.9.
  b) A entrada deve ser localizada de forma que o cabo telefônico não cruze com linhas de energia elétrica.

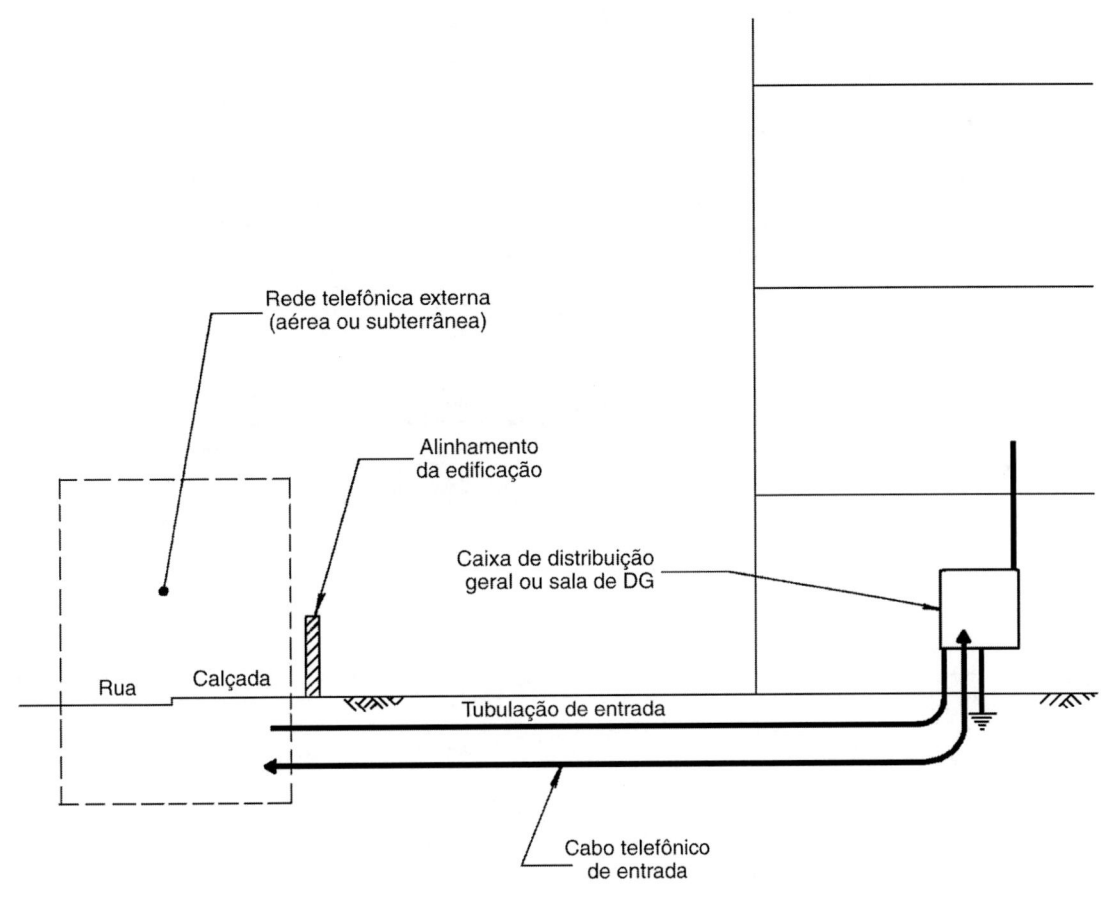

Figura 7.10 Exemplo esquemático de entrada telefônica subterrânea em prédio.

Tabela 7.8 Dimensionamento da caixa de entrada do edifício

Número total de pontos do edifício	Tipo de caixa	Dimensões internas		
		Comprimento (cm)	Largura (cm)	Altura (cm)
Até 35	R1	60	35	50
De 36 a 140	R2*	107	52	50
De 141 a 420	R3**	120	120	130
Acima de 420	I**	215	130	180

* Caso não seja encontrado o tampão para esta caixa, usar a caixa de dimensões $80 \times 80 \times 100$ (cm).
** Gargalo com 50 cm.

Os seguintes afastamentos mínimos devem ser observados entre o cabo telefônico de entrada e os cabos de energia elétrica que alimentam o edifício:

- Cabos de alta tensão: 2,00 m.
- Cabos de baixa tensão: 0,60 m.

O cabo telefônico deve ficar no mesmo plano ou em um plano inferior ao cabo de energia elétrica.

O cabo de entrada não deve, ainda, atravessar terrenos de terceiros e deve ser colocado em posição tal que não possa ser facilmente alcançado pelos ocupantes do edifício.

c) Determinar o trajeto de tubulação de entrada, desde o ponto determinado na fachada até a caixa de distribuição geral, projetando caixas de passagem, se estas forem necessárias, para limitar o comprimento da tubulação.

d) Dimensionar a tubulação de entrada, aplicando-se a Tabela 7.6.

2 – Entrada através de um poste de acesso:

a) Determinar o trajeto das tubulações de entrada, desde o poste de acesso do edifício até a caixa de distribuição geral, projetando caixas de passagem, se estas forem necessárias, para limitar o comprimento da tubulação e/ou o número de curvas, conforme os critérios estabelecidos no item referente às curvas.

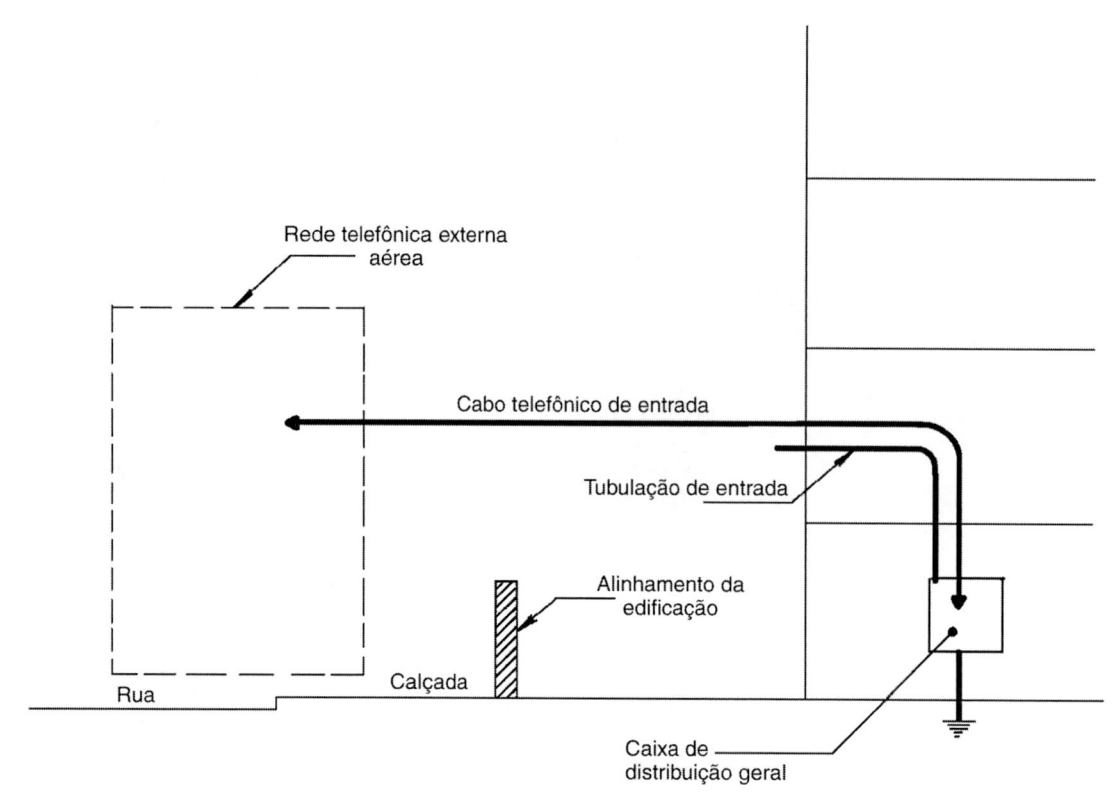

Figura 7.11 Exemplo esquemático de entrada telefônica aérea em prédio.

Tabela 7.9 Alturas mínimas para a entrada de cabos aéreos

Situações típicas de entradas aéreas	Altura mínima da ferragem com relação ao passeio (m)	Altura mínima do eletroduto de entrada com relação ao passeio (m)
Cabo aéreo do mesmo lado do edifício	3,50	3,00
Cabo aéreo do outro lado da rua	6,00	3,00
Edifício em nível inferior ao do passeio	Estudo conjunto com a concessionária	

Nota: Excetuando-se quando se trata de travessias de rodovias estaduais ou federais, cujo estudo deve ser feito em conjunto com a concessionária.

b) Dimensionar a tubulação de entrada, aplicando-se a Tabela 7.6.
c) Se o edifício não possuir altura suficiente para atender aos valores estabelecidos na Tabela 7.9, a concessionária deve ser consultada para determinar, junto com o construtor, a melhor forma de proceder à ligação do edifício à rede externa.

CRITÉRIO DE CURVAS. DETERMINAÇÃO DO COMPRIMENTO DAS TUBULAÇÕES EM FUNÇÃO DO NÚMERO DE CURVAS EXISTENTES

Os comprimentos dos lances de tubulação são limitados para facilitar a enfiação do cabo telefônico no tubo. O fator que limita o comprimento das tubulações, porém, é o número de curvas existentes entre as caixas.

As curvas, admitidas nos lances de tubulação, devem obedecer aos seguintes critérios:

a) As curvas não podem ser reversas.
b) O *número máximo de curvas* que pode existir é *dois*.
  • Os *comprimentos máximos* admitidos para as tubulações primária e secundária, ou para as tubulações de entrada no caso de cabos aéreos, dimensionados conforme a Tabela 7.2, são os seguintes:
    a) *Trechos retilíneos*: até 15 metros para tubulações verticais e 30 metros para tubulações horizontais.

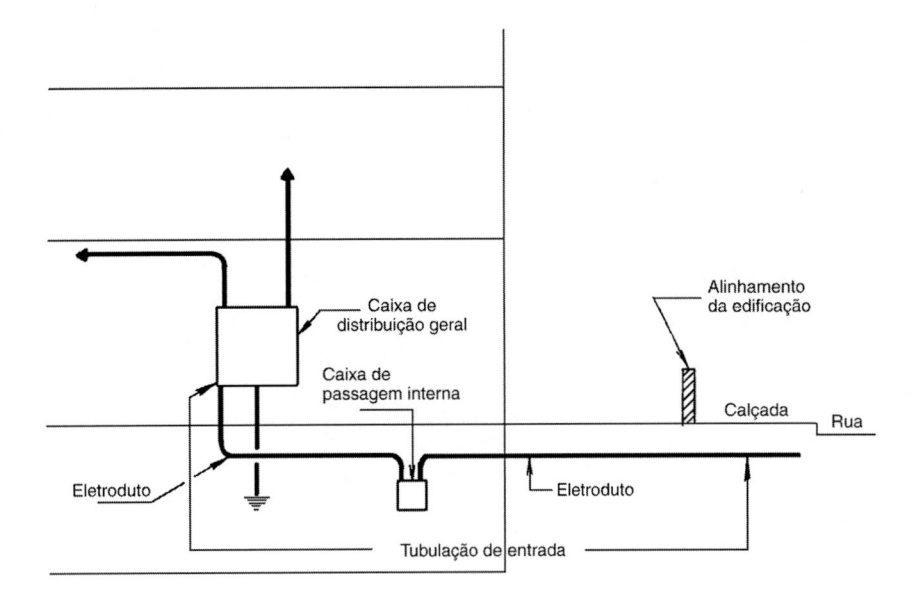

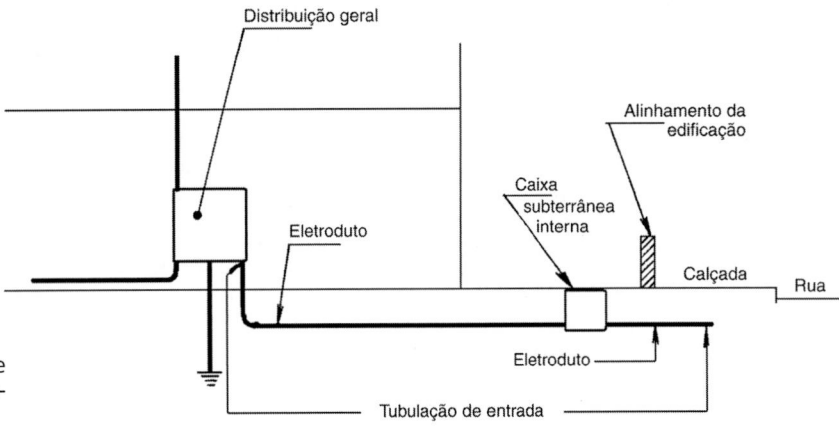

Figura 7.12 Exemplos esquemáticos de caixas de passagem internas em lances de tubulação de entrada telefônica.

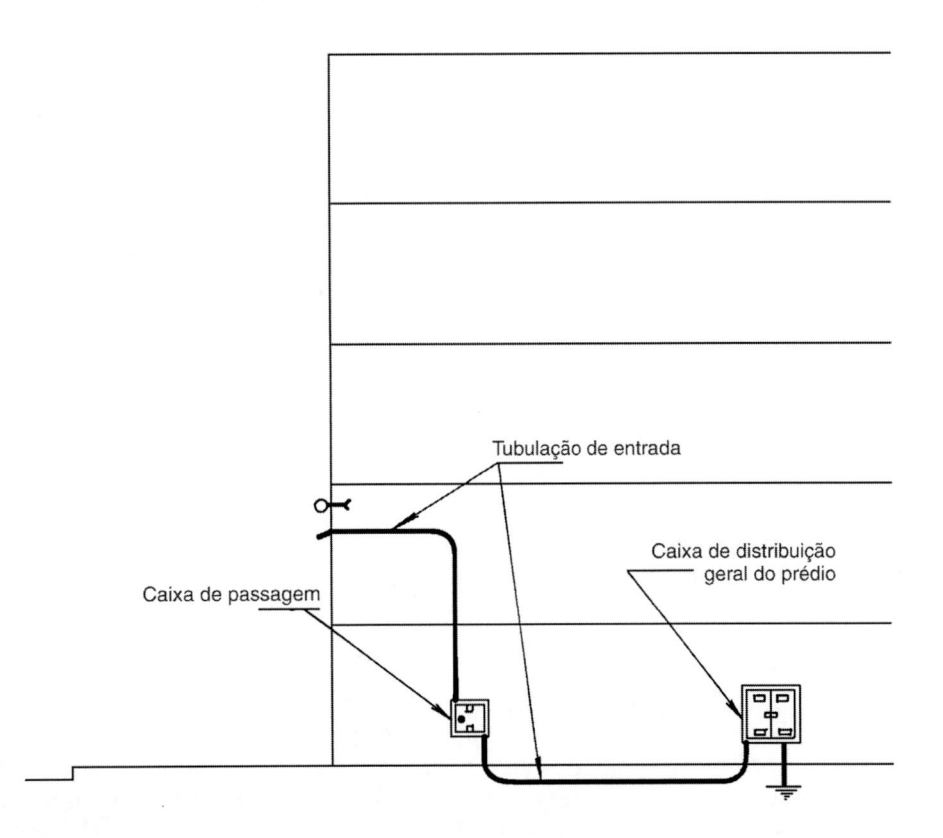

Figura 7.13 Exemplo esquemático de caixa de passagem em lance de entrada telefônica aérea.

Tabela 7.10 Dimensionamento de tubulações de entrada telefônica aérea

Número de pontos telefônicos acumulados	Diâmetro interno mínimo de eletroduto
6 e 7	38 mm
De 8 a 21	50 mm
Acima de 21	Entrada subterrânea ou consulta à concessionária

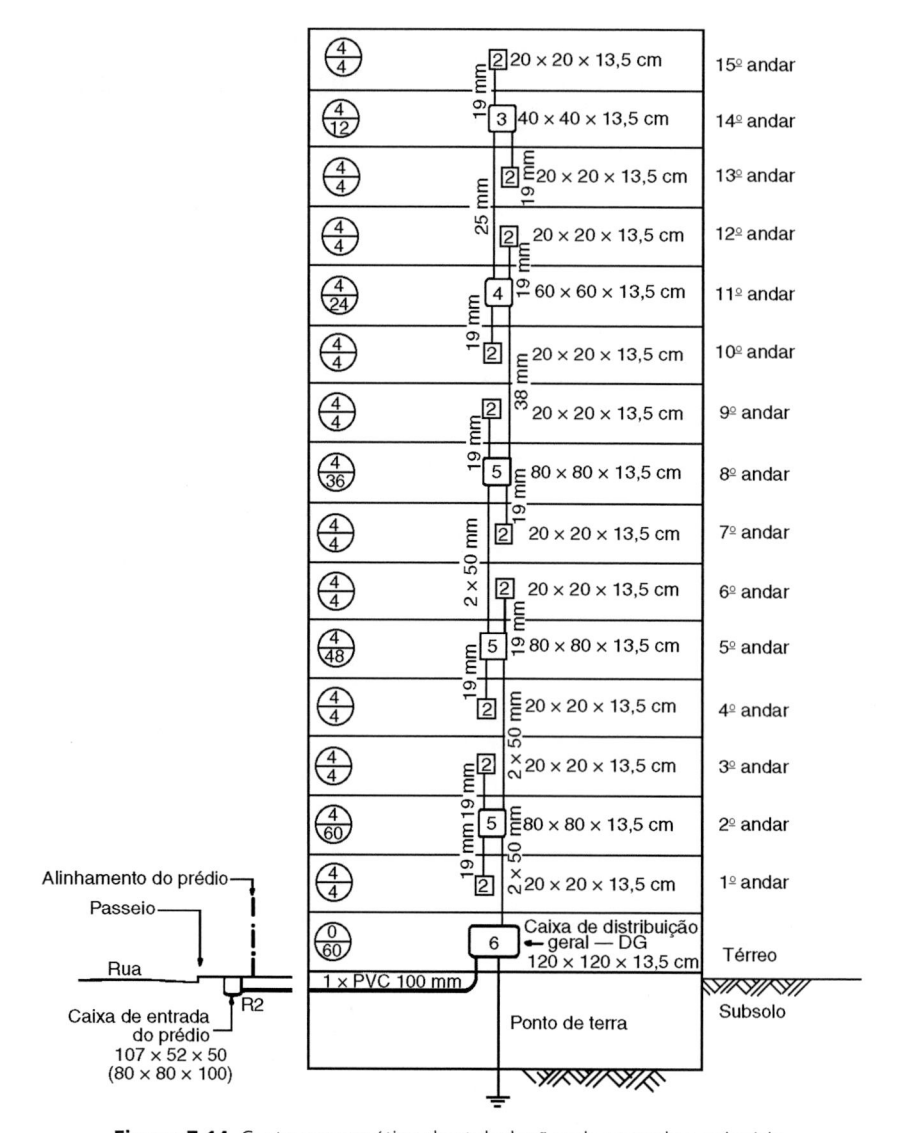

Figura 7.14 Corte esquemático das tubulações de entrada e primária.

b) *Trechos com uma curva*: até 12 metros para tubulações verticais e 24 metros para tubulações horizontais.

c) *Trechos com duas curvas*: até 9 metros para tubulações verticais e 18 metros para tubulações horizontais.

• Os comprimentos máximos admitidos para tubulações de entrada subterrânea, dimensionadas conforme a Tabela 7.6, são os seguintes:

a) *Trechos retilíneos*: até 60 metros para tubulações horizontais.

b) *Trechos com uma curva*: até 50 metros para tubulações horizontais.

c) *Trechos com duas curvas*: até 40 metros para tubulações horizontais.

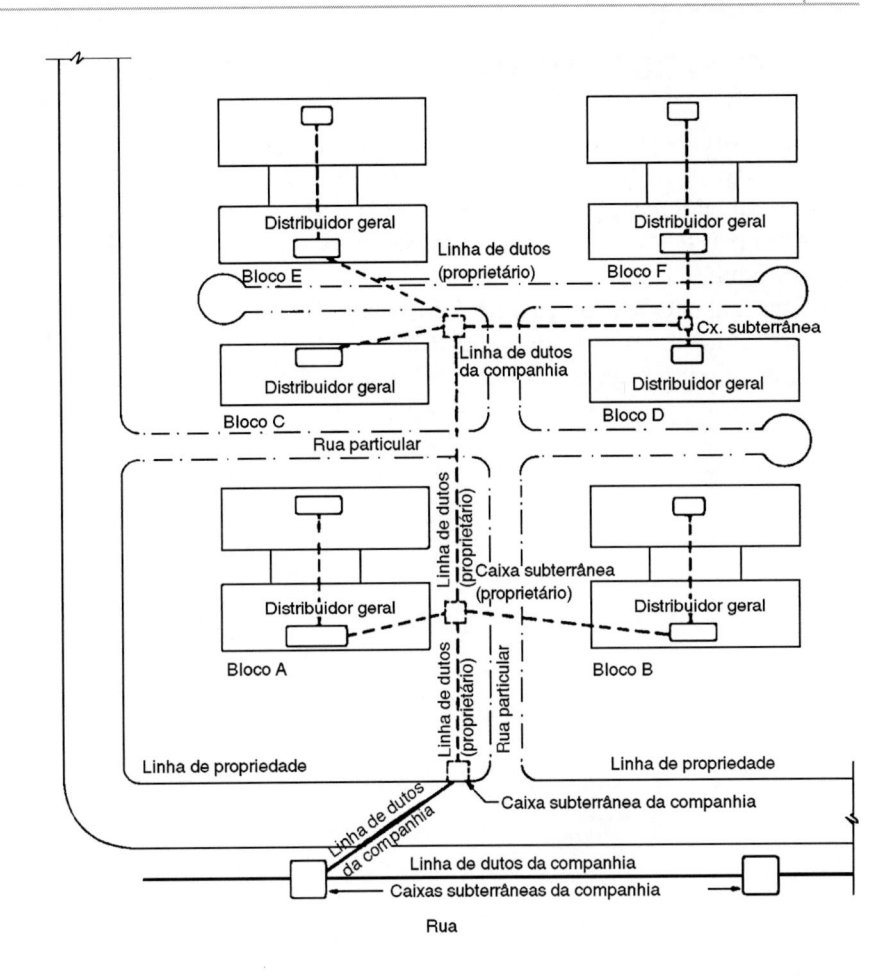

Figura 7.15 Conjunto de prédios com arruamentos particulares internos, com dois blocos em cada conjunto.

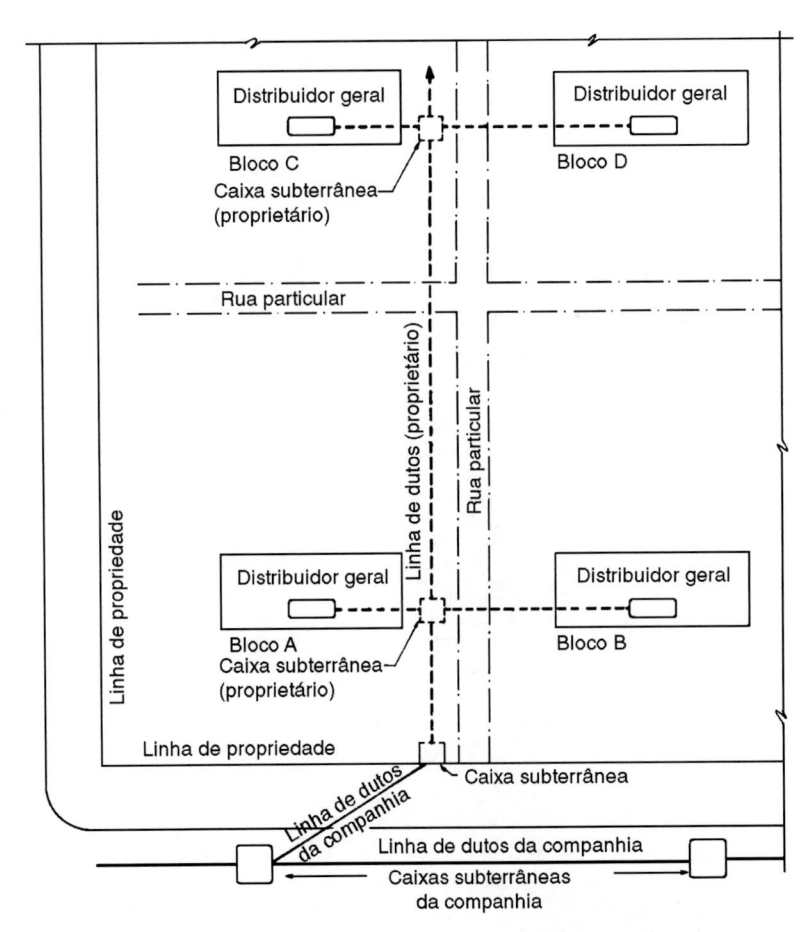

Figura 7.16 Conjunto de prédios com arruamentos particulares internos.

7.4 EDIFÍCIOS CONSTITUÍDOS DE VÁRIOS BLOCOS

Nos edifícios constituídos de vários blocos, a tubulação de entrada deve ser ligada a uma única caixa de distribuição geral ou sala de distribuidor geral, pertencente a um dos blocos, se o endereço for o mesmo. No caso de cada bloco possuir um endereço, cada um terá uma caixa de distribuição geral ou sala de distribuidor geral.

As caixas de distribuição dos demais blocos devem ser interligadas à caixa ou sala que deu acesso aos cabos da rede externa.

Esta caixa de distribuição geral ou sala de distribuidor geral é interligada à rede externa. Deve ser dimensionada pelo somatório total dos pontos telefônicos previstos para os vários blocos acumulados nela. Para o dimensionamento das caixas, deve ser utilizada a Tabela 7.4. Em caso de dimensionamento de sala, consultar a concessionária.

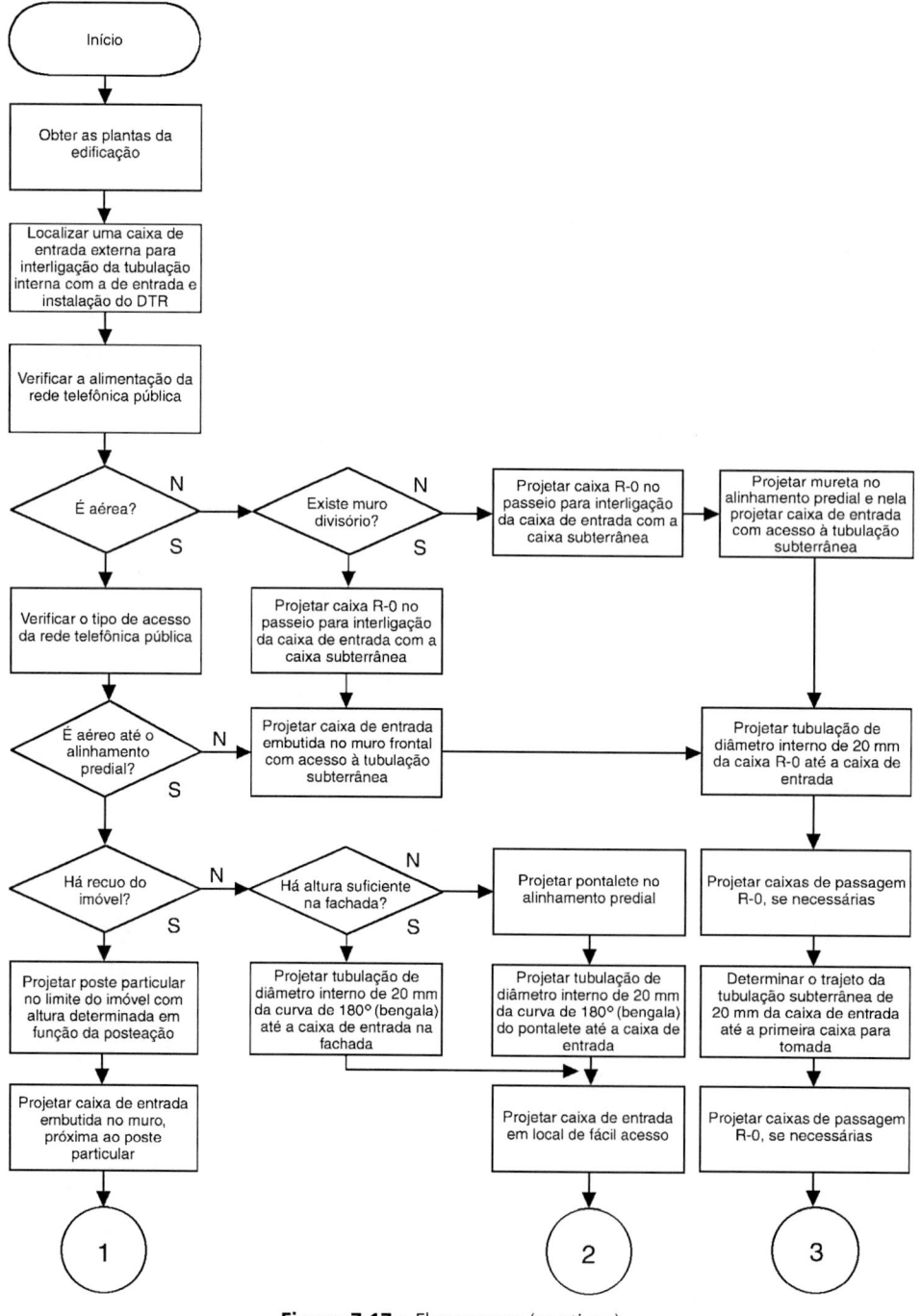

Figura 7.17a Fluxograma (*continua*).

As tubulações de interligação das demais caixas de distribuição à caixa ou sala principal devem ser dimensionadas de acordo com a Tabela 7.6, projetando-se caixas de passagem. Se estas forem necessárias, é preciso limitar os comprimentos das tubulações e/ou eliminar curvas, conforme os critérios estabelecidos no item sobre curvas, deste capítulo.

O mesmo critério se aplica para os cabos de edificações separadas ou vários prédios isolados, dentro de um mesmo terreno.

Em conclusão, apresentamos na Fig. 7.17 o fluxograma simplificado das rotinas adotadas para a aprovação do projeto e a obtenção do certificado de aprovação das instalações de tubulações telefônicas.

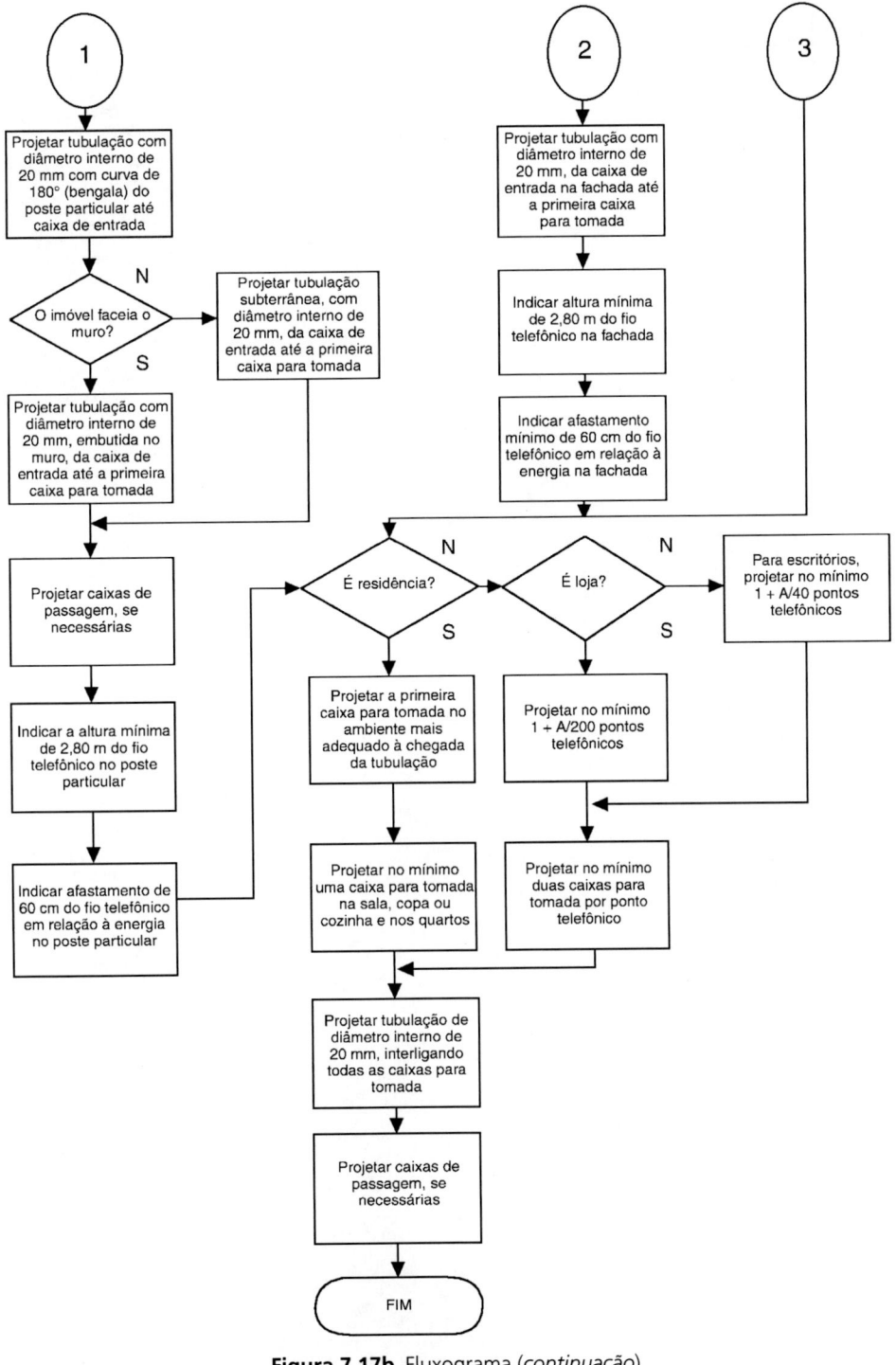

Figura 7.17b Fluxograma (*continuação*).

Biografia

Cortesia dos Laboratórios Bell.

GRAHAM BELL, ALEXANDER (1847-1922) (em primeiro plano na foto), anglo-americano, fonoaudiólogo e inventor do telefone.

Filho e neto de terapeutas da fala, Bell tinha o mesmo interesse, mas estudou também as ondas sonoras e a mecânica da fala. Imigrou para o Canadá em 1870 e foi morar nos Estados Unidos em 1871. A partir de 1873, foi professor de fisiologia vocal em Boston. Fez experiências que o levaram a acreditar que, se as ondas sonoras podiam ser convertidas em corrente elétrica alternada, esta poderia passar ao longo de um fio e ser reconvertida em ondas sonoras por um receptor. Nascia com sucesso o "Telefone", e depois surgiria a AT&T Company em 1876.

Luminotécnica | 8

8.1 CONCEITOS E GRANDEZAS FUNDAMENTAIS

No Cap. 3, vimos como, numa primeira aproximação, podemos indicar os pontos de luz em recintos convencionais. Existem, porém, muitos ambientes interiores e locais exteriores que pedem uma iluminação compatível com a utilização dos pontos de luz. Isso exige do projetista a elaboração de um estudo para o qual são necessários conhecimentos básicos de luminotécnica. A escolha da modalidade de iluminação, dos tipos de lâmpadas e luminárias, sua potência, quantidade, localização, distribuição, comando e controle acham-se indiscutivelmente unidos ao projeto de instalações elétricas, o que justifica a ênfase dada ao assunto neste livro.

Nas considerações teóricas básicas e preliminares, serão definidas grandezas e estabelecidos conceitos, utilizando ao máximo o que se encontra na NBR 5461:1991 – Iluminação – Terminologia, e NBR ISO/CIE 8995-1:2013 confirmada em 12/09/2017, além do Inmetro – Instituto Nacional de Metrologia, Normalização e Qualidade, no que se refere às unidades empregadas.

LUZ

É uma modalidade da energia radiante que um observador verifica pela sensação visual de claridade determinada no estímulo da retina, sob a ação da radiação, no processo de percepção sensorial visual.

A faixa de radiações das ondas eletromagnéticas detectada pelo olho humano se situa entre 380 e 780 nanômetros [1 nm = 10^{-9} m = 10 Å (ångströms*)], correspondendo o menor valor ao limite dos raios ultravioleta, e o maior, ao dos raios infravermelhos.

As cores são determinadas pela reação do mecanismo de percepção sensorial aos diversos comprimentos de onda. A Fig. 8.1 mostra que a maior sensibilidade do olho humano, como captor de sensações que são transmitidas ao cérebro, ocorre para o amarelo-esverdeado, correspondendo ao comprimento de onda de 555 nm.

A sensação psicofisiológica produzida pelas radiações visíveis traduz-se por uma impressão subjetiva de luminosidade e uma impressão *de cor*, as quais somente um processo de abstração mental poderá separar e avaliar.

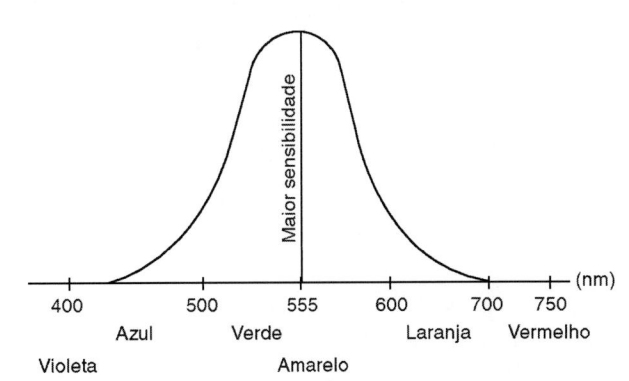

Figura 8.1 Sensibilidade do olho humano ao espectro luminoso, supondo a mesma intensidade de radiação.

---

* ÅNGSTRÖM, Anders Jones – físico sueco (1814-1874).

COR DA LUZ

A temperatura do corpo luminoso da lâmpada caracteriza não apenas o fluxo luminoso que emite, mas também a cor da luz. O filamento de tungstênio aquecido até 2 000 K [2 000 kelvin = (2 000 − 273) °C = 1 727 °C] fornece uma luz branco-avermelhada. A 3 400 K é quase perfeitamente branca. Mas não se deve aquecer o filamento além de 2 000 K, e excepcionalmente se atingem 2 500 K e mesmo 3 000 K.

Costuma-se referir à cor da luz de uma lâmpada de descarga fluorescente e de múltiplos vapores em graus kelvin. Quando se diz, por exemplo, que uma lâmpada fluorescente TLD Extra Luz do Dia tem uma temperatura de cor de 6 250 K, significa que a cor do fluxo luminoso que emite é igual à que seria emitida por um filamento de tungstênio de determinadas características naquela temperatura.

Quanto maior o valor da temperatura de cor, mais uniforme o espectro luminoso e mais branca a luz. Não se deve supor que o fluxo luminoso seja de tal modo relacionado com a temperatura de cor que quanto maior for esta, maior será o fluxo luminoso. Uma lâmpada fluorescente de 30 W, TLD Philips, cor Extra Luz do Dia, temperatura de cor igual a 6 250 K, tem um fluxo luminoso de 2 000 lumens, enquanto outra de 30 W, Super 84, tem uma temperatura de cor de 4 100 K e um fluxo luminoso de 2 850 lumens.

Tabela 8.1 Comportamento das cores primárias sob iluminação fluorescente

Tipo de lâmpada	Temp. cor	Gama de eficiência (LPW)	Coloração aparente nas seguintes cores			
			Branco	Azul	Verde	Vermelho
Luz do dia	6 250 K	43-70	Ligeiramente azul	Esfria, ressalta	Faz brilhar, dá um tom azulado	Opaca, dá um tom violeta
Alvorada	3 500 K	53-84	Ligeiramente amarelado	Acinzenta os tons escuros, clareia os claros	Brilhante, claro, ligeiramente amarelado	Apaga os tons escuros, amarela os tons claros

INTENSIDADE LUMINOSA (*I*)

Uma fonte luminosa, em geral, não emite igual potência luminosa em todas as direções. A potência de radiação luminosa numa dada direção denomina-se **intensidade luminosa**. Ela é a razão do fluxo luminoso (ϕ) que sai da fonte e se propaga no elemento de ângulo sólido (ver Fig. 8.2), cujo eixo coincide com a direção considerada para esse elemento de ângulo sólido. A grandeza assim obtida é medida em candelas (cd), cuja expressão podemos representar:

$$I = \frac{\phi}{\omega}, \quad \omega \rightarrow \text{ângulo sólido}$$

Ângulo sólido. Suponhamos uma esfera de raio unitário e, na superfície dessa esfera, uma área, também unitária. O ângulo é denominado *ângulo sólido* ω, tendo por vértice o centro da esfera e que é limitado pelo contorno da área unitária na superfície da esfera.

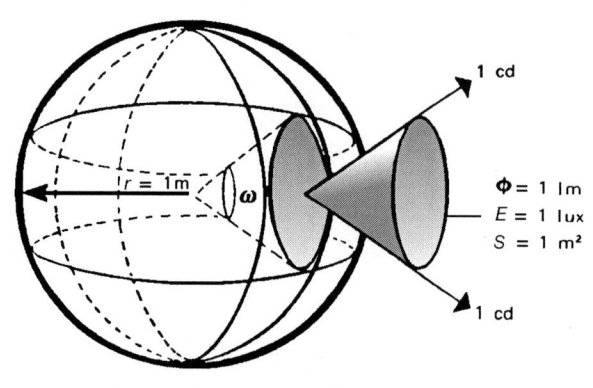

$\omega = 4\pi$ esterradianos em toda a esfera

Um esterradiano é o ângulo sólido ω correspondente à área $S = 1$ m², em uma esfera de raio $r = 1$ m

Figura 8.2 Definições básicas.

FLUXO LUMINOSO (ϕ)

É a potência de radiação total emitida por uma fonte de luz e capaz de produzir uma sensação de luminosidade através do estímulo da retina ocular. Em outras palavras, é a potência de energia luminosa de uma fonte percebida pelo olho humano. A unidade é o ***lúmen*** (lm).

As lâmpadas, conforme seu tipo e potência, apresentam fluxos luminosos com diversas eficiências (eficiência equivale à razão do fluxo luminoso emitido sobre a potência consumida pela fonte. Unidade: lm/W).

O lúmen pode ser definido como o fluxo luminoso emitido, segundo um sólido de um esterradiano, por uma fonte puntiforme de intensidade invariável em todas as direções e igual a 1 ***candela***.

Tabela 8.2   Exemplos de eficiência luminosa

Lâmpada	Potência (W)	Fluxo luminoso (lm)	Eficiência (lm/W)
LED	50	4 000	80
Fluorescente	40	3 000	75,0
Multivapores metálicos	2 000	190 000	95,0

EXEMPLO 8.1

Se uma fonte luminosa, localizada no centro da esfera de raio unitário, irradiar a mesma intensidade luminosa de $I = 1$ cd, cada metro quadrado da superfície da esfera receberá um fluxo luminoso de $\phi = 1$ lm. Qual será o fluxo luminoso que incidirá sobre a esfera toda?

Solução

Como a superfície S da esfera é igual a $4\pi \times r^2$, e r é igual a 1 m, $S = 12,56$ m^2.

$$1 \text{ m}^2 - 1 \text{ lm}$$
$$12,56 \text{ m}^2 - \phi$$
$$\phi = 12,56 \text{ lm}$$

Os fabricantes, em seus catálogos, apresentam a curva de distribuição da intensidade luminosa. Trata-se de um diagrama polar no qual se considera a lâmpada ou a luminária reduzida a um ponto no centro do diagrama, em que se representa a intensidade luminosa nas várias direções por vetores, partindo do centro do diagrama. A curva obtida ligando-se as extremidades desses vetores é a ***curva de distribuição da intensidade luminosa*** (Fig. 8.3).

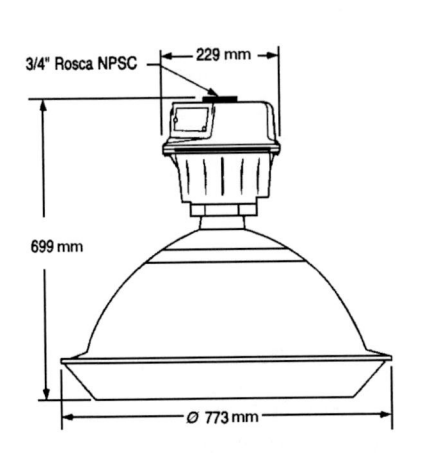

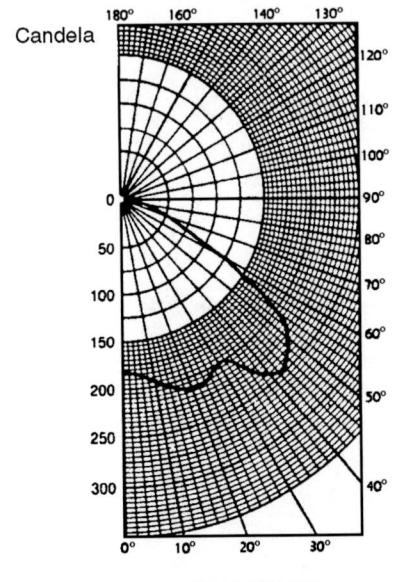

Figura 8.3 Luminária industrial da General Electric do Brasil, UNIMOUNT LUMINAIRE.

Tabela 8.3 Valores de intensidade luminosa (Osram do Brasil)

Lâmpada e luminária	Intensidade luminosa
Lâmpada incandescente de 100 W perpendicular ao eixo da lâmpada	110 cd
Lâmpada fluorescente de 40 W perpendicular ao eixo da lâmpada	180, ..., 300 cd/1 000 lm (conforme a cor)
Projetor com refletor pintado	250 cd/1 000 lm*
Projetor com refletor espelhado	700 cd/1 000 lm*
Holofote	até 10^6 cd/1 000 lm*

* Na direção principal de radiação.

Costuma-se, na representação polar, referir os valores de intensidade luminosa, constantes, ao fluxo de 1 000 lm. Se o fluxo luminoso da lâmpada for diferente desse valor, multiplica-se o valor obtido no gráfico pelo fator correspondente.

Por exemplo, se o fluxo luminoso da lâmpada for de 1 380 lm, o fator será 1 380 ÷ 1 000 = 1,38.

No caso da Fig. 8.3, na vertical a intensidade luminosa é cerca de 180 cd para um fluxo de 1 000 lm. A lâmpada de 400 W tem um fluxo vertical de 36 000 lm (multivapor clara). Logo, a intensidade luminosa a 0° (vertical) será de: (36 000 ÷ 1 000) × 180 = 6 480 cd.

ILUMINÂNCIA (*E*)

Suponhamos que o fluxo luminoso incida sobre uma superfície. A relação entre este fluxo e a superfície sobre a qual incide denomina-se *iluminância*. Esta iluminância média vem a ser, portanto, a densidade de fluxo luminoso na superfície sobre a qual este incide. O Inmetro denomina essa grandeza de *iluminamento*.

A unidade de iluminância é o *lux* (lx), definido como a iluminância de uma superfície de 1 m² recebendo de uma fonte puntiforme, na direção normal, um fluxo luminoso de 1 lúmen uniformemente distribuído.

$$E = \frac{\phi}{S} \qquad \text{Lux} = \frac{\text{Lúmen}}{\text{Metro quadrado}}$$

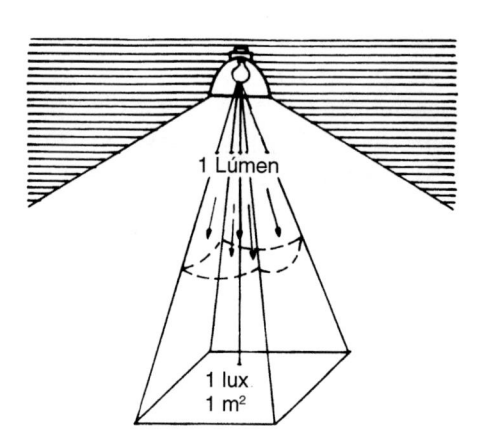

Figura 8.4 Unidade de iluminância.

A iluminância calculada por $E = \dfrac{\phi}{S}$ corresponde, na prática, ao valor médio, porque o fluxo luminoso não se distribui uniformemente sobre a superfície.

Além da iluminância média, às vezes se considera a iluminância em um ponto da superfície iluminada. Essa consideração pode ser feita quando a fonte de luz é *puntual*, isto é, de dimensões muito pequenas em comparação com a distância à superfície, e não se aplica a aparelhos grandes ou a superfícies de luminária e tetos luminosos.

A iluminância em um ponto *A* da superfície, afastada do forro luminoso de uma distância *d*, é dada por

$$E = \text{Luminância} = \frac{I}{d^2} = \frac{\text{Intensidade luminosa}}{\text{Distância ao quadrado}}$$

Se a incidência da luz for oblíqua, a iluminância no ponto B, como se vê na Fig. 8.5, é calculada por

$$E = \frac{I}{d^2} \times \cos\theta = \frac{I}{h^2} \times \cos^3\theta$$

A Tabela 8.4 indica algumas iluminâncias.

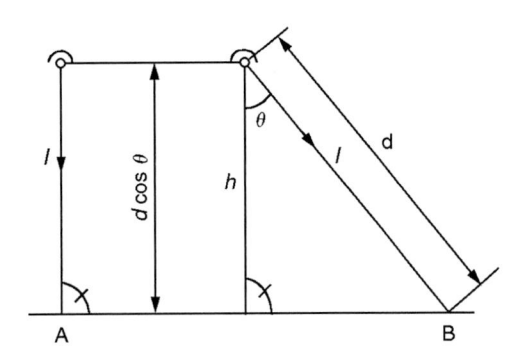

Figura 8.5 Iluminância puntual.

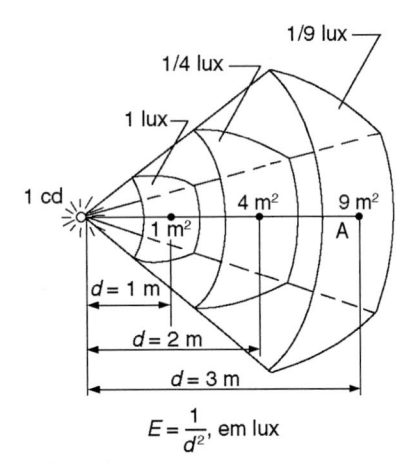

Figura 8.6 Lei da iluminância.

Tabela 8.4 Alguns exemplos de iluminância

Dia ensolarado de verão em local aberto	$\simeq 100\,000$ lx
Dia encoberto de verão	$\simeq 20\,000$ lx
Dia escuro de inverno	$\simeq 3\,000$ lx
Boa iluminação de trabalho interno	$\simeq 1\,000$ lx
Boa iluminação de rua	$\simeq 20–40$ lx
Noite de lua cheia	$\simeq 0,25$ lx
Luz de estrelas	$\simeq 0,01$ lx

LUMINÂNCIA (*L*)

Consideremos uma superfície iluminante ou que está sendo iluminada. Um observador, ao olhar para essa superfície, terá uma sensação de maior ou menor claridade, a qual é detectada pelo olho e avaliada pelo cérebro, através dos processos de conhecimento sensitivo e intelectivo.

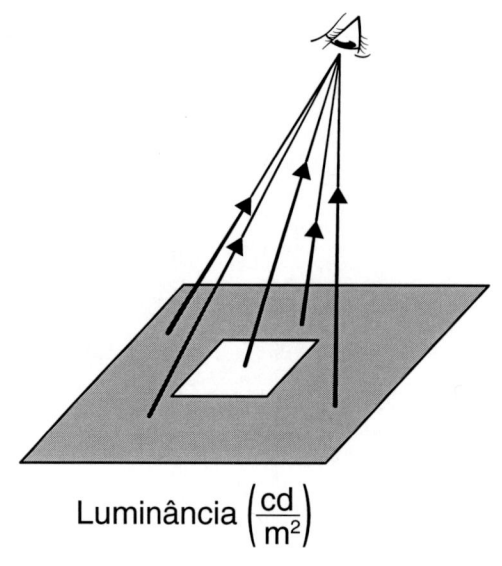

$$\text{Luminância} \left(\frac{\text{cd}}{\text{m}^2} \right)$$

Figura 8.7 Luminância.

A medida dessa sensação de claridade da superfície iluminante ou iluminada denomina-se *luminância*. Seu valor é obtido dividindo-se a *intensidade luminosa da superfície pela sua área aparente*, ou seja, pode-se defini-la como a *"densidade luminosa superficial"*.

$$L = \text{Luminância} = \frac{I}{S} = \frac{\text{Intensidade luminosa}}{\text{Área de superf. iluminada ou luminosa}}$$

Devemos ter o cuidado em não confundir luminância com o que a NBR ISO/CIE 8995-1:2013 confirmada em 12/09/2017 denomina *iluminância*.

$$\text{O limiar da percepção visual é igual a } \frac{10^{-5} \text{ cd}}{\text{m}^2}.$$

8.2 LÂMPADAS ELÉTRICAS

As lâmpadas são fontes artificiais de luz usadas em iluminação e podem ser classificadas em três grandes categorias: *lâmpadas incandescentes*, *lâmpadas de descarga* e *lâmpadas LEDs*, cujos principais tipos são descritos a seguir.

8.2.1 Lâmpadas Incandescentes

Lâmpadas nas quais a emissão de luz é produzida por filamento de tungstênio aquecido até a incandescência, pela passagem de corrente elétrica.

Com vistas a atender à política de eficiência energética do Plano Nacional de Eficiência Energética, só é permitido o uso das lâmpadas incandescentes comuns ou decorativas de potência igual ou inferior a 40 watts, podendo ser empregadas em residências, lojas e locais de trabalho que não exijam índices de iluminamento elevados. São fabricadas nas potências indicadas na Tabela 8.5. As lâmpadas de potência superior a 40 W foram substituídas por lâmpadas mais eficientes, como as halógenas.

Tabela 8.5 Lâmpadas fluorescentes para iluminação geral

Potência (watts)	Fluxo luminoso (lumens)		Base	Acabamento
	127 V	220 V		
25 40	235 455	225 380	E-12 E-14 E-27	Claro (transparente)
40	430	350	E-12 E-14 E-27	Branco interno (fosca)

INCANDESCENTES HALÓGENAS

Possuem um bulbo tubular de quartzo no qual são colocados aditivos de iodo ou bromo (daí o nome de *halógenas*), que, através de uma reação cíclica, reconduzem o tungstênio volatilizado de volta ao filamento, evitando o escurecimento do bulbo.

São lâmpadas mais duráveis, de melhor rendimento luminoso, da ordem de 30 % mais econômicas, menores dimensões, e que reproduzem mais fielmente as cores. Encontram aplicação na iluminação de praças de esporte, pátios de armazenamento de mercadorias e iluminação interna e externa em geral.

Uma característica sempre salientada das lâmpadas dicroica é a sua luz fria, que as torna ideal para a iluminação de produtos termicamente sensíveis. Isso graças à remoção da maior parte do calor associado à radiação infravermelha para a parte posterior do refletor. Mas essa radiação térmica pode ocasionar problemas para a luminária, para o transformador da lâmpada ou para o forro. Surgiram novas versões da dicroica, como a Coolfit, da Sylvania.

A temperatura do facho de luz, graças a um filamento dispersor de infravermelho, é apenas pouco superior à de uma dicroica concebida para remoção do máximo de calor possível, enquanto o revestimento especial do refletor reduz à metade a carga térmica na luminária.

* *Halógenas dicroicas*

Nas lâmpadas halógenas de extrabaixa tensão com refletor dicroico, houve melhoria no revestimento e no vidro de fechamento do refletor, de modo a evitar a diminuição da eficiência luminosa da lâmpada e ao mesmo tempo reforçar seu bloqueio à radiação UV. Todos os fabricantes têm aplicado novos e melhores revestimentos ao refletor da lâmpada dicroica.

* *Halógenas à tensão da rede*

Funcionando sob alimentação direta da rede, 127 V ou 220 V, essas lâmpadas não precisam do transformador exigido pelas halógenas de extrabaixa tensão e com isso têm sido mais utilizadas nas instalações. São de rosca Edison e também encontradas no modelo refletoras seladas em bulbos PAR 20 e PAR 30, com base E-27 e potências de 50 W e 75 W.

São disponíveis com facho concentrado (*spot*) ou aberto (*flood*) e refletor de vidro prensado aluminizado. A Sylvania HI-SPOT tem vida média de 2 000 h, refletor multifacetado, em espiral, e lente de fechamento clara.

No campo das halógenas à tensão da rede não refletoras, a Osram tem a Halolux, sem bulbo externo, "a menor lâmpada do gênero", disponível em 25 W e 50 W.

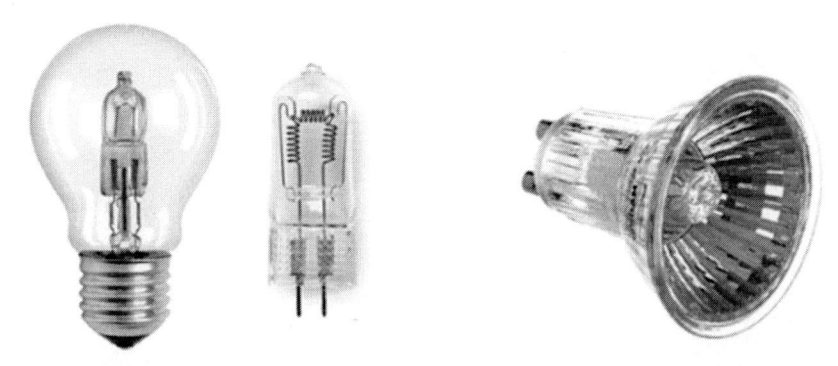

Figura 8.8 Exemplos de lâmpadas halógenas e dicroica, da Osram.

Tabela 8.6 Dados das lâmpadas halógenas e dicroicas

Volts	Watts	Lumens	Vida Hora
12	20	380	2 000
12	50	850	3 000
127	150	2 300	2 000
127	300	5 950	2 000
127	500	11 000	2 000
220	150	2 100	2 000
220	300	4 800	2 000
220	500	9 500	2 000

LÂMPADAS PARA FINS ESPECÍFICOS

Existem lâmpadas de diversos tipos, tais como:

- coloridas ornamentais;
- para faróis de veículos;
- miniaturas;
- *flash* fotográfico;
- usadas para espantar insetos, Sylvania – Protelux e Osram – Anti-inseto.

LÂMPADAS INFRAVERMELHAS

Usadas em secagem de tintas, lacas, vernizes, no aquecimento em certas estufas e, também, em fisioterapia e criação de animais em climas frios. Nunca podem, porém, ser usadas como fontes luminosas, uma vez que sua radiação se encontra na faixa de ondas caloríficas. Podem ser de bulbo ou tubulares, em quartzo. Possuem uma vida média útil de 5 000 horas.

LÂMPADAS REFLETORAS (ESPELHADAS)

São fontes de luz de alto rendimento luminoso, dimensões reduzidas e facho dirigido, como mostra a Fig. 8.9. Possuem o bulbo de formatos especiais e internamente um revestimento de alumínio em parte de sua superfície, de modo a concentrar e orientar o facho de luz. Existe um tipo cuja calota do bulbo é prateada.

As lâmpadas de bulbo prateado orientam o facho luminoso no sentido de sua base e devem ser usadas com um refletor adequado que produza a reflexão da luz, proporcionando iluminação indireta.

As lâmpadas de vidro prensado podem ser usadas tanto para iluminação interna quanto externa, sem precauções especiais, em razão da sua grande resistência às intempéries.

A Fig. 8.10 mostra lâmpada refletora da Osram e sugestões para a instalação de lâmpadas de bulbo prateado, notando-se que a iluminação do ambiente se realiza por reflexão. A Tabela 8.3 apresenta os dados técnicos de lâmpadas espelhadas da Philips.

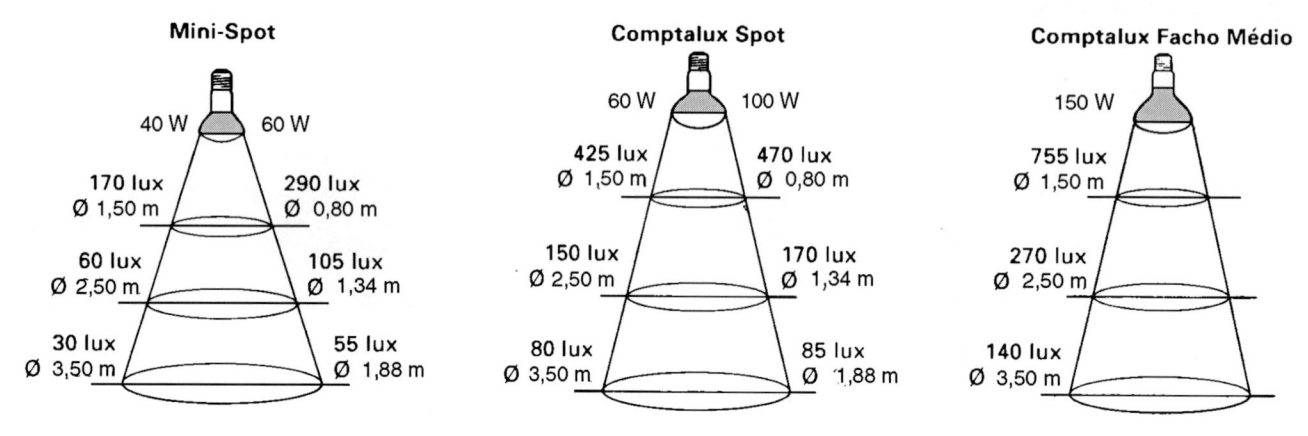

Figura 8.9 Abertura de fachos luminosos nas lâmpadas refletoras (espelhadas) Philips.

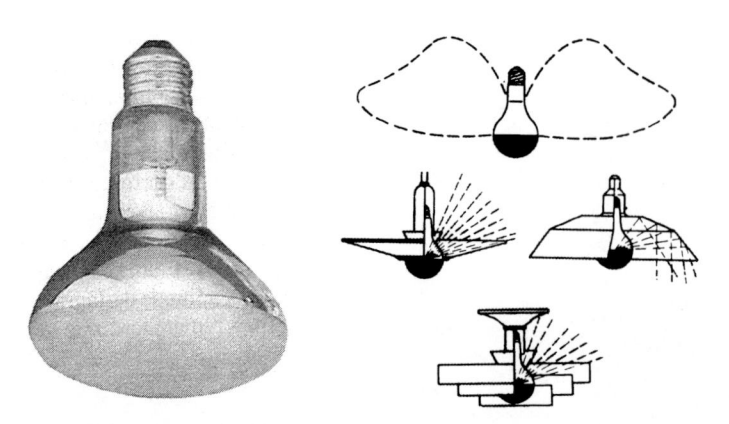

Figura 8.10 Lâmpada refletora Concentra, da Osram, e tipos de instalação.

Tabela 8.7 Lâmpadas refletoras (espelhadas), Philips

Código comercial	Potência (W)	Base	Bulbo	Fluxo luminoso médio (lm)		Intensidade no centro do facho (cd)		Abertura do facho
				127 V	220 V	127 V	220 V	
Comptalux Facho Médio	100	E-27	R95	1 200	1 040	1 150	910	30°
Comptalux Facho Médio	150	E-27	R95	1 830	1 670	1 587	1 560	30°
Comptalux Spot	60	E-27	R80	660	600	850	800	30°
Comptalux Spot	100	E-27	R80	1 230	1 135	1 100	1 080	30°
Mini-Spot	40	E-27	R63	380	350	319	303	30°
Mini-Spot	60	E-27	R63	650	600	575	564	30°
Mini-Spot Colorida	40	E-27	R63	(127 V ou 220 V)		–	–	30°
Mini-Spot Ouro	60	E-27	R63	(127 V ou 220 V)		–	–	30°

- Temperatura de cor em torno de 2 800 K.
- Índice de reprodução de cor (IRC): 100 aprox.
- Ignição imediata.
- Vida média: padronizada em 1 000 h.

8.2.2 Lâmpadas LEDs

Os LEDs (*light emitting diode*), diodos emissores de luz, são componentes semicondutores que convertem energia elétrica diretamente em luz.

O LED (diodo emissor de luz) é constituído por uma série de camadas de material semicondutor.

Diferentemente do que ocorre com as lâmpadas incandescentes, o LED pode emitir luz em diversas tonalidades de cor. A cor depende do material utilizado em sua composição e varia entre as cores vermelha, amarela, verde e azul. A luz branca pode ser produzida pela mistura das cores azul, vermelha e verde ou através do LED azul com fósforo amarelo.

As lâmpadas LEDs apresentam melhor efeito visual (variedade de cores), baixo consumo de energia e longa durabilidade.

Com o desenvolvimento da tecnologia de materiais e a descoberta de novas técnicas de fabricação, os LEDs vêm sendo produzidos com custos cada vez menores, proporcionando uma diversidade de aplicações em todos os locais que dependem de iluminação artificial, nas iluminações de interiores, exteriores e decorativas.

A vida útil de uma LED é de 25 000 e 50 000 horas e sua eficiência luminosa de 75 lm/W a 110 lm/W. Por suas características, os LEDs vêm se tornando uma grande preferência por parte dos arquitetos e projetistas de iluminação, que assim passaram a dispor de um novo recurso, capaz de proporcionar concepções de iluminação mais eficientes, funcionais e artísticas. As Figs. 8.11 e 8.12 apresentam dois dos mais variados tipos de lâmpadas LEDs.

Os LEDs de alta potência, de luz branca fria, atingem fluxos luminosos superiores a 1 000 lumens, um fluxo luminoso superior ao de uma lâmpada halógena de 50 W. O expressivo aumento de luminosidade é resultado de aperfeiçoamentos no sistema completo da fonte de luz, isto é, o crescimento de camadas semicondutoras na produção de chips.

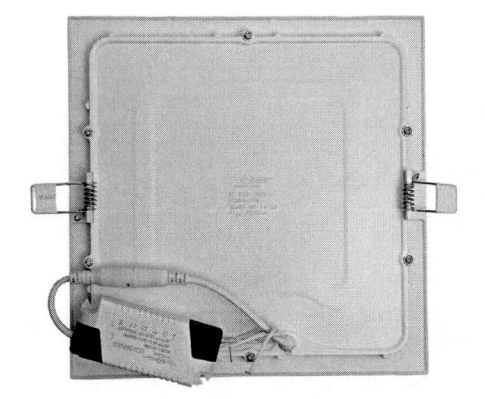

Figura 8.11 Lâmpada LED estandarte, WA67 1PF/10 BR – Philips.

Figura 8.12 Lâmpada LED de embutir (plafon) 18 W – Iluminim.

8.2.3 Lâmpadas de Descarga

Nas lâmpadas denominadas "*de descarga*", a energia é emitida sob forma de radiação, que provoca uma excitação de gases ou vapores metálicos, decorrente da tensão elétrica entre eletrodos especiais.

A radiação, que se estende da faixa do ultravioleta até a do infravermelho, passando pela do espectro luminoso, depende, entre outros fatores, da pressão interna da lâmpada, da natureza do gás ou da presença de partículas metálicas ou halógenas no interior do tubo.

As lâmpadas de descarga podem ser das seguintes classes: ***fluorescente*** (incluindo compactas e economizadoras), ***mercúrio***, ***sódio*** (destacando-se as de alta pressão) e ***multivapores metálicos***.

Façamos algumas considerações sobre esses diversos tipos de lâmpadas de descarga.

8.2.3.1 Lâmpadas fluorescentes

São constituídas por um tubo em cujas paredes internas é fixado um material fluorescente e onde se efetua uma descarga elétrica, a baixa pressão, em presença de vapor de mercúrio. Produz-se, então, uma radiação ultravioleta que, em presença do material fluorescente existente nas paredes (cristais de fósforo), se transforma em luz visível.

Para seu funcionamento a lâmpada fluorescente precisa de um reator, Fig. 8.13, que tem por finalidade provocar um grande aumento da tensão aplicada durante a partida e depois limitar a intensidade da corrente durante o funcionamento da lâmpada. Consiste essencialmente em uma bobina, com núcleo de ferro, ligada em série com a alimentação da lâmpada através de um circuito eletrônico.

Por ser uma impedância, o reator atua como um limitador da intensidade da corrente, que poderia elevar-se excessivamente, uma vez que, no interior da lâmpada, o meio ionizado oferece uma resistência muito pequena à passagem da corrente entre os eletrodos. Os reatores, por causa da passagem da corrente, produzem uma perda de potência da ordem de 4 W a 6 W, dependendo da potência do reator. Os reatores eletrônicos, além do baixo consumo de energia, possuem alto fator de potência, próximo de 1, e reduzem muito o efeito estroboscópico.

Pode-se afirmar que grandes inovações tecnológicas surgiram na pesquisa e na fabricação dessas lâmpadas, que apresentam uma redução do diâmetro, além de aumento de eficiência atual da ordem de 65 lm/W a 84 lm/W, podendo chegar a 103 lm/W.

A Fig. 8.14 indica ligações de lâmpadas fluorescentes simples e duplas. As Tabelas 8.8 e 8.9 apresentam os dados das lâmpadas fluorescentes convencionais e de alto rendimento.

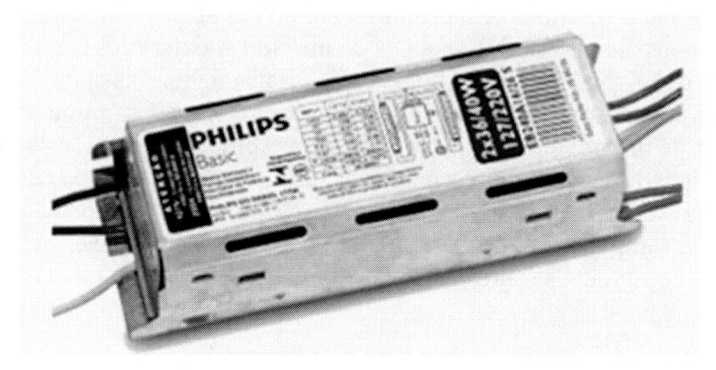

Figura 8.13 Reator eletrônico, da Philips.

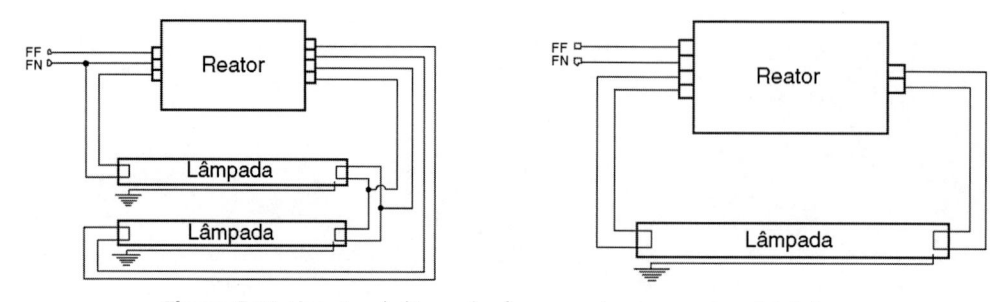

Figura 8.14 Ligações de lâmpadas fluorescentes com reator eletrônico.

Tabela 8.8 Dados típicos de lâmpadas fluorescentes

Potência (watts)	Comprimento nominal	Bulbo	Fluxo luminoso nominal inicial (lumens)	Vida nominal (horas)
16 W	60 cm	T-8	1 150 lm	10 000
32 W	1,20 m	T-8	2 850 lm	10 000
20 W	60 cm	T-12	1 060 lm	12 000
40 W	1,20 m	T-12	2 700 lm	12 000

Tabela 8.9 Lâmpadas fluorescentes HO, da Sylvania

Potência (watts)	Formato bulbo	Tonalidade	Compr. (mm)	Diâm. (mm)	Base	Fluxo luminoso (lumens)	Rendimento (lm/watt)	Unidades por caixa	Vida média (horas)	Código Sylvania
60	T-12	Luz do dia plus	1 166	38	D.C.E.	3 800	63	20	12 000	F2A040
60	T-12	Alvorada plus	1 166	38	D.C.E.	4 200	70	20	12 000	F2A072
60	T-12	Branco real plus	1 166	38	D.C.E.	2 900	48	20	12 000	F2A060
85	T-12	Luz do dia plus	1 775	38	D.C.E.	5 700	67	10	12 000	F2A041
85	T-12	Alvorada plus	1 775	38	D.C.E.	6 300	74	10	12 000	F2A066
85	T-12	Branco real plus	1 775	38	D.C.E.	4 350	51	10	12 000	F2A043
110	T-12	Luz do dia plus	2 385	38	D.C.E.	7 750	70	10	12 000	F2A042
110	T-12	Alvorada plus	2 385	38	D.C.E.	8 600	78	10	12 000	F2A065
110	T-12	Branco real plus	2 385	38	D.C.E.	5 900	54	10	12 000	F2A038

A lâmpada fluorescente HO produz um alto fluxo luminoso com alta eficiência. É indicada para locais onde a altura das luminárias seja superior a 3 metros, resultando em uma solução econômica com: menor número de luminárias, reatores, lâmpadas e menor consumo de energia.

LÂMPADAS FLUORESCENTES COMPACTAS

As lâmpadas fluorescentes compactas, Fig. 8.15, representam uma grande inovação na tecnologia das fluorescentes, trabalham dentro do mesmo princípio das fluorescentes tubulares, mas são diferentes dos modelos tradicionais, principalmente porque deixam de ter duas extremidades e usam uma única base. As compactas são muito menores e, como usam trifósforos, são fluorescentes de eficiência elevada e de luz com excelente característica de cor, isto é, são muito econômicas. Têm duas vantagens significativas sobre as incandescentes: podem substituí-las com mais vida e com redução dos custos de manutenção.

A GE desenvolveu uma lâmpada compacta, chamada Heliax. É uma fluorescente compacta com geometria helicoidal, menor comprimento total, maior eficiência ótica, maior índice de lumens/watt por comprimento. Ideal para *retrofit* da lâmpada incandescente de uso geral.

A 32 W Heliax corresponde a uma incandescente de 100 W, consequentemente com um terço de potência.

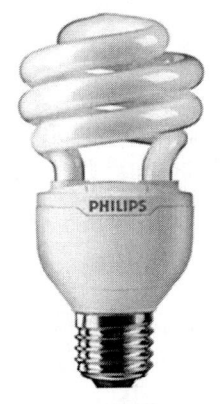 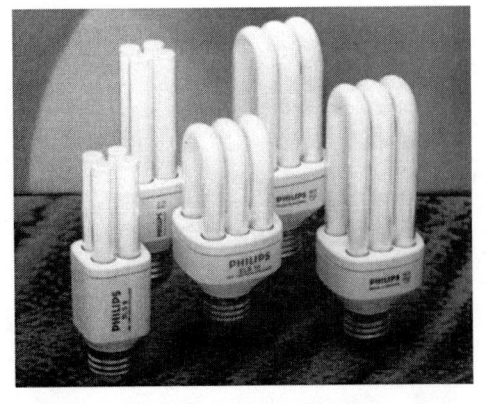

Figura 8.15 Lâmpadas fluorescentes compactas, da Philips.

8.2.3.2 Lâmpada a vapor de mercúrio

Consta de um tubo de quartzo ou vidro duro contendo uma pequena quantidade de mercúrio e cheio de gás argônio, com três eletrodos – dois principais e um auxiliar – colocados nas extremidades do tubo. O eletrodo auxiliar e o gás argônio estabelecem um arco de ignição preliminar com um dos eletrodos principais. À medida que o mercúrio vaporiza e aumenta a pressão interna, a resistência do circuito entre os eletrodos principais diminui devido à redução do dielétrico entre eles e aumenta, devido ao resistor de partida, a resistência do circuito pelo eletrodo auxiliar, formando-se, então, o arco luminoso definitivo entre os dois eletrodos principais. A Fig. 8.16 mostra a lâmpada a vapor de mercúrio com seus principais componentes.

A radiação proveniente da descarga sob alta pressão de vapor de mercúrio situa-se principalmente na zona visível. O bulbo pode ou não ser revestido internamente com uma camada fluorescente de fosfato de ítrio vanadato que transforma a radiação ultravioleta em luz avermelhada, melhorando a reprodução das cores e distribuindo mais uniformemente a luz do tubo por toda a superfície do bulbo, reduzindo, também, ofuscamento da iluminação.

Após a ligação, a lâmpada leva cerca de três minutos para atingir a totalidade do fluxo luminoso nominal. Depois de apagada, a lâmpada acenderá somente após três minutos de resfriamento.

A instalação requer reator para limitar a corrente de operação e de um capacitor de compensação, a fim de melhorar o fator de potência (Fig. 8.16). Possuem um elevado fluxo luminoso e uma vida útil longa, o que as torna muito econômicas.

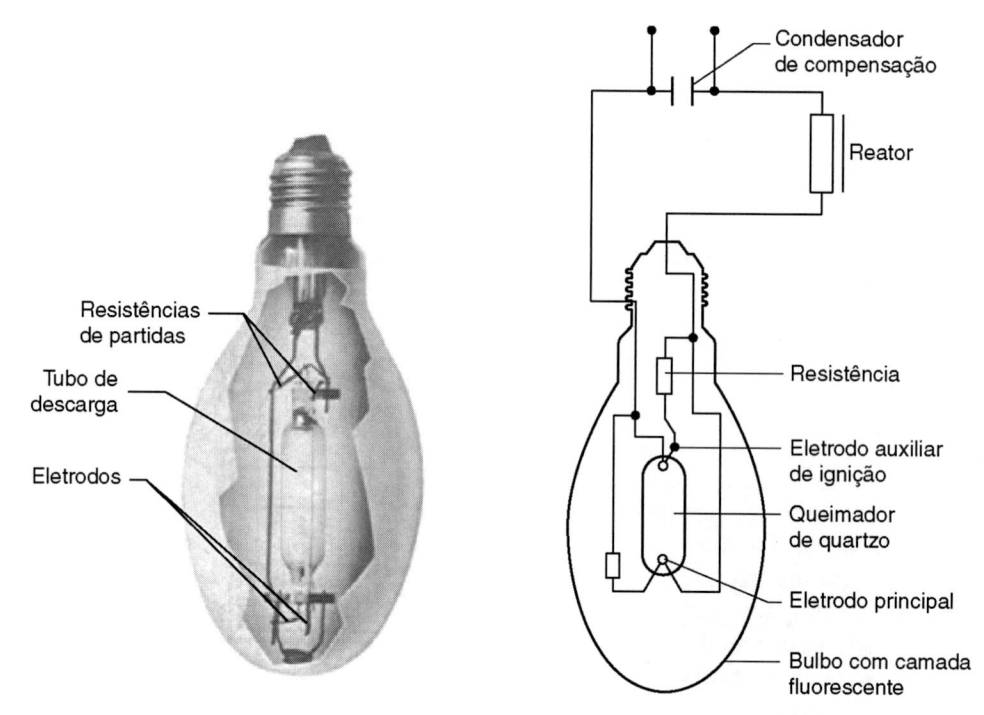

Figuras 8.16 Lâmpada a vapor de mercúrio de alta pressão. (Cortesia Sylvania e Osram.)

Tabela 8.10 Lâmpadas a vapor de mercúrio HPL-N, da Philips

Código comercial	Base	Tensão (V)	Tensão mínima da rede para ignição* (20 °C) (V)	Tensão mínima da rede para operação estável (20 °C) (V)	Tensão média na lâmpada** (V)	Corrente média na lâmpada** (A)	Fluxo luminoso médio** (lm)	Temperatura máxima (°C)	
								Base	Bulbo
HPL-N 80 W	E-27/27	220	180	198	115	0,80	3 600	200	350
HPL-N 125 W	E-27/27	220	180	198	125	1,15	6 200	200	350
HPL-N 250 W	E-40/45	220	180	198	135	2,10	12 700	250	350
HPL-N 400 W	E-40/45	220	180	198	140	3,25	22 000	250	350

* Zero hora.
** Após 100 horas de funcionamento.

8.2.3.3 **Luz mista**

Reúne em uma só lâmpada o filamento da lâmpada incandescente que é conectado em série com o bulbo de quartzo da lâmpada de vapor de mercúrio. Assim, a luz do filamento emite luz incandescente e a luz do bulbo de descarga de vapor de mercúrio emite intensa luz azulada, proporcionando uma luz de cor equilibrada. Como resultado, consegue-se uma luz semelhante à luz do dia. O fluxo luminoso é de 20 a 35 % maior do que o da lâmpada incandescente. *Exemplos:* Lâmpadas ML Philips, HWL Osram, cor corrigida GE e LM Sylvania.

Uma grande vantagem dessa lâmpada, Fig. 8.17, é não necessitar de equipamentos auxiliares (reator ou ignitor).

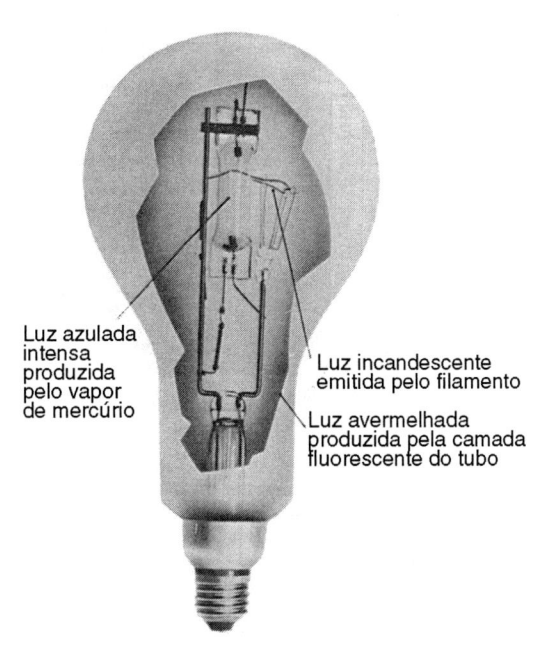

Luz azulada intensa produzida pelo vapor de mercúrio

Luz incandescente emitida pelo filamento

Luz avermelhada produzida pela camada fluorescente do tubo

Figuras 8.17 Lâmpadas de luz mista LM, da Sylvania.

Tabela 8.11   Lâmpadas de luz mista LM, da Sylvania

Potência (watts)	Formato bulbo	Acabamento	Compr. (mm)	Largura (mm)	Base	Fluxo luminoso (lumens)	Rendimento (lm/watt)	Posição de trabalho	Código Sylvania
160	Ovoide	Revestido	177	75	E-27	2 900	18	Vert. ± 30°	H2A005
250	Ovoide	Revestido	223	90	E-27	5 200	21	Universal	H2A006
250	Ovoide	Revestido	223	90	E-40	5 200	21	Universal	H2A007
500	Ovoide	Revestido	280	117	E-40	12 500	25	Universal	H2A008

A Luz Mista-LM não necessita de reator. É ligada diretamente à rede de 220 volts. Uma alternativa de baixo custo para a substituição de lâmpadas incandescentes de alta potência. Temperatura de cor 3 500 K e índice de reprodução de cores 60.

8.2.3.4 **Lâmpadas a vapor de sódio**

O tubo de descarga da lâmpada de sódio, Fig. 8.18, é constituído de sódio e uma mistura de gases inertes (neônio e argônio) a uma determinada pressão suficiente para obter uma tensão de ignição baixa. A descarga ocorre em um invólucro de vidro tubular a vácuo, coberto na superfície interna por uma camada de óxido de índio. Essa camada age como um refletor infravermelho. A lâmpada de sódio de baixa pressão possui uma radiação quase monocromática, com luz de tonalidade dourada e as de ultra-alta pressão, uma luz branco-dourada. As lâmpadas possuem elevada eficiência luminosa e vida útil longa. A lâmpada a vapor de sódio branca-dourada (ultra-alta pressão) ganhou mais espaço na iluminação externa, embora tendo uma iluminação "mais escura" (tom dourado) do que as de vapor de mercúrio e das multivapores metálicos.

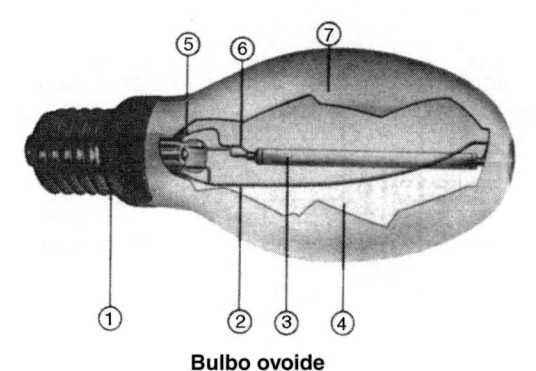 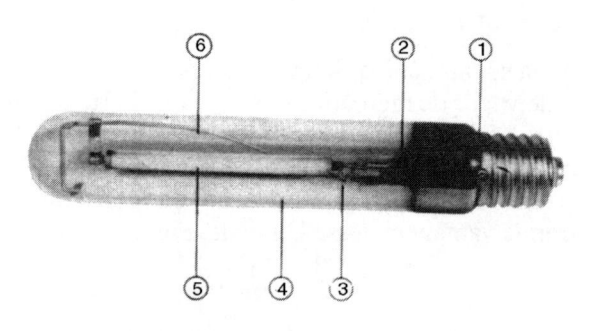

Bulbo ovoide

1 – Base fixa
2 – Suporte e condutor (pela forma em espiral, a distribuição de luz não é afetada)
3 – Tubo de descarga de óxido de alumínio
4 – Camada interna de pó difusor
5 – Anéis de eliminação do resíduo de oxigênio no bulbo externo
6 – Condutor flexível
7 – Bulbo externo de vidro duro

Bulbo tubular

1 – Base fixa
2 – Anéis de eliminação do resíduo de oxigênio no bulbo externo
3 – Condutor flexível
4 – Bulbo externo de vidro duro
5 – Tubo de descarga em óxido de alumínio
6 – Suporte e condutor (pela forma em espiral, a distribuição de luz não é afetada)

Figura 8.18 Lâmpadas a vapor de sódio de alta pressão SON/SON-T, da Philips.

Tabela 8.12 Lâmpadas a vapor de sódio de alta pressão SON-SON/T e SON-H, da Philips

Código comercial	Base	Tensão (V)	Tensão mínima da rede para ignição* (20 °C) (V)	Tensão mínima da rede para operação estável (20 °C) (V)	Tensão média na lâmpada** (V)	Corrente média na lâmpada** (A)	Fluxo luminoso médio** (lm)	Temperatura máxima (°C)	
								Base	Bulbo
SON-H 220 W	E-40/45	220	190	200	104	2,50	18 000	250	350
SON-H 350 W	E-40/45	220	190	200	117	3,60	34 500	250	350
SON/T 400 W	E-40	220	170	198	100±15	3,00	27 500	250	350
SON/T 400 W	E-40	220	170	198	100±15	4,60	48 000	250	350
SON/T 1 000 W	E-40	220	170	198	105±15	10,60	125 000	250	350
SON 70 W	E-27/27	220	198	198	90	0,98	5 600	250	350
SON 250 W	E-40/45	220	198	198	100	3,00	26 500	250	350
SON 400 W	E-40/45	220	198	198	105	4,45	49 000	250	350

* Zero hora, entre -30 °C e $+20$ °C.
** Após 100 horas de funcionamento.

A linha SON-T Deco, da Philips, é indicada pelo próprio fabricante para uso em iluminação pública e externa (ruas, praças, calçadões e edifícios monumentais). De cor branca quente (temp 2 500 K), com um alto IRC > 80, potências de 150, 250 e 400 W e fluxo luminoso de 7 000, 15 000 e 25 000 lm, respectivamente.

A Colorstar DSX 2, da Osram, dispõe de um equipamento auxiliar, que utiliza as modernas técnicas eletrônicas, tanto nos circuitos de potência quanto nos de controle, contando com um microprocessador, que responde pela partida, estabilização, compensação, supervisão e desconexão (p. ex., no fim da vida útil da lâmpada). O controle microprocessado assume e mantém todas as características da lâmpada em seu nível ótimo. A Osram tem outro equipamento auxiliar Colorstar DSX 2, microprocessado, com dupla potência, indicado para iluminação de monumentos, edifícios e ruas.

8.2.3.5 Lâmpadas de multivapores metálicos

A adição de certos compostos metálicos halogenados ao mercúrio (iodetos e brometos) permite tornar contínuo o espectro da descarga de alta pressão. Consegue-se, assim, uma excelente reprodução de cores, que corresponde à luz do dia. As lâmpadas, nesse caso, poderão ou não ter material fluorescente no bulbo. A Osram fabrica essas lâmpadas sob a designação de Power Stars HQI-T (Fig. 8.19), HQI-E e HQI-TS (Fig. 8.20), e a Philips, sob a designação

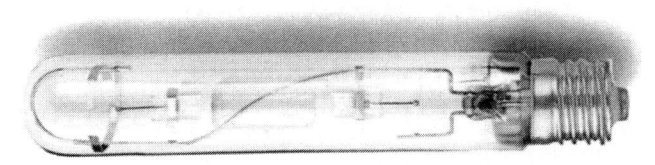

Figura 8.19 Lâmpada multivapor metálico.

Figura 8.20 Lâmpada multivapor metálico HQI-T, da Osram.

NHN-TD, CDM-T e CDM-R. São especialmente recomendadas quando se requer ótima qualidade na reprodução de cores, como, por exemplo, em estádios, pistas de corrida de cavalos, ginásios, museus, iluminação de fachadas altas, pavilhões etc., principalmente quando se pretende televisionamento em cores. Requerem ignitor de partida e eventualmente capacitor para melhorar o fator de potência.

As lâmpadas multivapores metálicos vêm substituindo as lâmpadas de vapor de mercúrio e de vapor de sódio de alta pressão, no segmento das maiores potências, no iluminamento de ruas para melhorar o conforto visual e o reconhecimento de cores. No segmento de baixas potências, vêm substituindo as próprias halógenas, com economia de energia e maior vida útil.

A luz branca da multivapores compacta é similar à das halógenas, mas sua intensidade é muito superior. É usada em lojas e vitrines. A cor branca quente é outra vantagem das multipolares compactas e é quatro vezes mais econômica que a halógena.

A GE introduziu o tubo de arco cerâmico, com reduzida emissão de UV, que torna a lâmpada resistente a altas temperaturas. Essa tecnologia é similar à usada nas lâmpadas de vapor de sódio de alta pressão, sendo a cor das lâmpadas uniforme e estável ao longo da vida, com um excelente índice de reprodução de cores (IRC).

A Philips recomenda também a aplicação da multivapores compacta, de luz branca quente, de característica brilhante e natural, na iluminação de lojas e de realce.

Toda linha PAR é disponível com facho concentrado (*spot*) e com facho aberto (*flood*).

As multipolares compactas têm reduzida radiação ultravioleta (UV), porque o quartzo utilizado nessas lâmpadas é de um tipo especial que bloqueia UV, reduzindo até 500 vezes a radiação das convencionais.

A GE também dispõe de versão com reduzida emissão de UV. A Osram tem versão anti-UV: 73 W-5 500 lm e 150 W-11 200 lm.

Outra de vapor metálico PAR 38 é a da linha Metalarc, da Sylvania, de 100 W, temperatura de cor 3 200 K e fachos de 20°, 35° ou 65°.

A lâmpada Vapor Metálico Tubular Duplo Contato – HSI-TD de baixa potência foi projetada para iluminação de interiores. Proporciona alto fluxo luminoso com excelente reprodução de cores. WDL – temperatura de cor 3 200 K e índice de reprodução de cores 75. NDL – temperatura de cor 4 200 K e índice de reprodução de cores 75.

Tabela 8.13 Lâmpadas a vapor metálico tubular duplo contato – HSI-TD, da Sylvania

Potência (watts)	Formato bulbo	Tonalidade	Compr. (mm)	Largura (mm)	Base	Fluxo luminoso (lumens)	Rendimento (lm/watt)	Posição de trabalho	Unidades por caixa	Vida média (horas)	Código Sylvania
70	Tubular	NDL	120	21	RX7s-2	5 500	79	Hor. ± 45°	10	9 000	H4E008
70	Tubular	WDL	120	21	RX7s-2	6 000	86	Hor. ± 45°	10	9 000	H4E001
100	Tubular	NDL	120	21	RX7s-2	8 550	86	Hor. ± 45°	10	9 000	H4E011
100	Tubular	WDL	120	21	RX7s-2	8 550	86	Hor. ± 45°	10	9 000	H4E003
150	Tubular	NDL	137	24	RX7s-2	13 000	87	Hor. ± 45°	10	9 000	H4E005
150	Tubular	WDL	137	24	RX7s-2	13 000	87	Hor. ± 45°	10	9 000	H4E006
250	Tubular	NDL	162	26	Fc2/18	20 000	80	Hor. ± 45°	12	9 000	H4E010
250	Tubular	WDL	162	26	Fc2/18	20 000	80	Hor. ± 45°	12	9 000	H4E012

A lâmpada Vapor Metálico Tubular Duplo Contato – HSI-TD de baixa potência foi projetada para iluminação de interiores. Proporciona alto fluxo luminoso com excelente reprodução de cores. WDL – temperatura de cor 3 200 K e índice de reprodução de cores 75. NDL – temperatura de cor 4 200 K e índice de reprodução de cores 75.

8.3 RESUMO DA VIDA ÚTIL E RENDIMENTO LUMINOSO DAS LÂMPADAS

As lâmpadas podem funcionar durante um número de horas designado como *vida útil* das lâmpadas.

As variações na tensão, vibrações, frequência de *liga-desliga*, condições ambientais e outras afetam a vida útil, de modo que essa grandeza é expressa por uma faixa e não por um número.

A vida útil varia de acordo com o tipo de lâmpada, conforme se observa na Tabela 8.14.

É necessário conceituarmos o rendimento luminoso ou eficiência de uma lâmpada. A eficiência luminosa vem a ser a relação entre a potência luminosa irradiada (em lumens) e a potência elétrica absorvida pela lâmpada (em watts).

Pode-se dizer que, de modo geral, quanto maior o rendimento de uma lâmpada, tanto mais econômica será a fonte, e que esse rendimento aumenta com o valor da potência da lâmpada.

Tabela 8.14 Vida útil e eficiência dos vários tipos de lâmpadas

Tipo de lâmpada	Vida útil (horas)	Eficiência (lúmen/watt)
Halógena	2 000 a 3 000	18 a 22
LED	25 000 a 50 000	70 a 110
Mista	6 000 a 8 000	17 a 25
Fluorescente	7 500 a 25 000	65 a 84
Vapor de sódio	12 000 a 16 000	75 a 105
Multivapores metálicos	10 000 a 20 000	69 a 115
Vapor de mercúrio	9 000 a 24 000	42 a 63
Vapor de sódio de alta pressão	24 000	68 a 140

8.4 EMPREGO DE IGNITORES

Ignitores são dispositivos de partida para lâmpadas a multivapor metálico e a vapor de sódio de alta pressão.

Notas:

1. Os ignitores são próprios para uma rede elétrica de 50 ou 60 Hz.
2. Na instalação deverão ser obedecidas necessariamente as indicações para ligação dos terminais, conforme esquema no próprio ignitor.

Tabela 8.15 Ignitores Philips para lâmpadas de vapor de mercúrio e de vapor de sódio de alta pressão e multivapores metálicos

Código comercial	Pico de tensão na partida (V)	Peso (g)
S-50	3 000 a 4 500	150
S-53	3 000 a 4 500	150

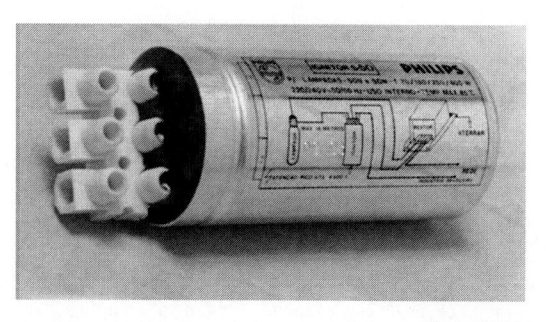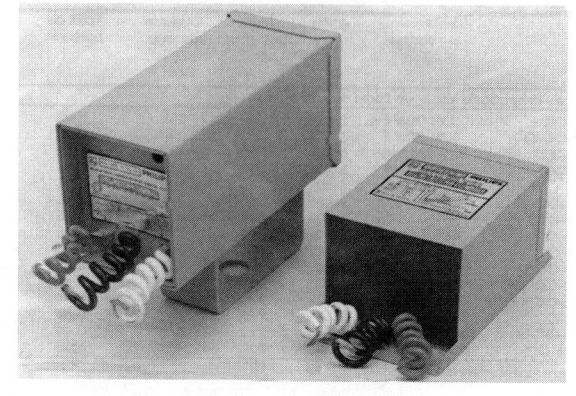

Figura 8.21 Ignitores Philips.

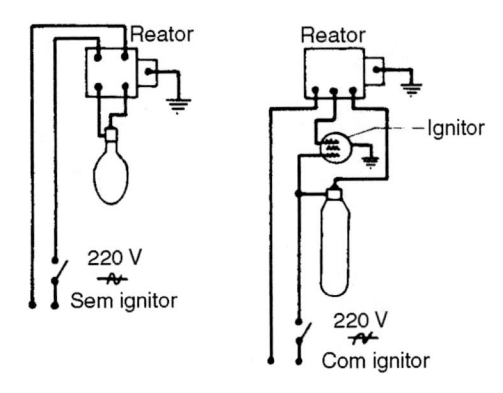

Figura 8.22 Ligação de lâmpadas de descarga sem e com ignitor.

3. Os equipamentos auxiliares para lâmpadas de sódio e vapores metálicos poderão ficar no máximo a 14 metros das lâmpadas.

Como já foi visto, há certos tipos de lâmpadas que necessitam, além de reator, de um *starter* ou ignitor. O ignitor é um dispositivo de partida usado em lâmpadas a vapor metálico e a vapor de sódio de alta pressão.

O diagrama da Fig. 8.22 refere-se à ligação da lâmpada de descarga sem e com ignitor.

8.5 LUMINÁRIAS

As luminárias são constituídas pelos aparelhos que contêm as lâmpadas. As luminárias as protegem, orientam ou concentram o facho luminoso; difundem a luz; reduzem a brilhância e o ofuscamento, e também proporcionam um bom efeito decorativo.

Na escolha da luminária ou aparelho de iluminação, além dos objetivos mencionados, deve-se atender a fatores de ordem econômica, durabilidade, facilidade de manutenção, além, naturalmente, das características do ambiente ou local a iluminar.

Existem aparelhos próprios para iluminação indireta e outros para iluminação semi-indireta, semidireta, direta, semiconcentrante direta e concentrante direta. É o que mostra a Tabela 8.16, da General Electric S.A., na qual são também indicados os espaçamentos e as distâncias ao teto dos aparelhos de iluminação indireta e semi-indireta.

8.6 PROJETO DE ILUMINAÇÃO

O projeto de iluminação de um recinto supõe algumas considerações iniciais como a escolha do tipo, ou tipos, de iluminação, halógenas, LEDs ou de descarga que pretende utilizar, considerando, também, se a iluminação será direta, indireta, semidireta, semi-indireta, semiconcentrante direta concentrante direta, entre outros fatores.

Estas opções envolvem aspectos de decoração do ambiente e principalmente o conhecimento da *destinação do local* (sala, escritório, loja, indústria etc.) e as *atividades* que serão desenvolvidas no local (trabalho bruto, trabalhos que exijam iluminância intensa etc.).

São dados básicos para o projeto:

- As dimensões do local.
- As cores das paredes e do teto.
- A altura das mesas, bancadas de trabalho ou máquinas a serem operadas.

Existem vários métodos que podem ser aplicados na elaboração de um projeto de iluminação de ambientes interiores e exteriores. Na iluminação de interiores, o método mais utilizado é o Método dos Lumens, método proposto pelo IES (Illuminating Engineering Society) no seu *Lighting Handbook*.

Atualmente, para a execução dos cálculos luminotécnicos utilizam-se programas computacionais, tais como o DIALux, CACULUX, AGI32 e outros, como apresentado no item 8.9. Alguns programas são de uso gratuito, como o DIALux, e outros, proprietários, como o AGI32, que podem ser adquiridos com as empresas desenvolvedoras.

A seguir apresentaremos a metodologia de cálculo pelo Método dos Lumens.

Tabela 8.16 Espaçamento e distância

Altura de montagem, acima do piso (A altura do teto ao piso será usada para iluminação indireta e semi-indireta)	Distância do aparelho ao teto, para iluminação indireta e semi-indireta	Espaçamento máximo entre aparelhos (todas as dimensões em metros)						Distância às paredes (Todos os tipos de luminárias)
		Indireta	Semi-indireta	Semidireta	Direta	Semiconcentrante direta	Concentrante direta	
2,40	0,3-0,9	2,70	2,70	2,30	2,30	1,70	0,70	
2,70	0,5-0,9	3,20	3,20	2,70	2,70	1,80	0,90	
3,00	0,6-0,9	3,80	3,80	3,20	3,20	2,10	1,20	
3,40	0,6-0,9	4,10	4,10	3,70	3,70	2,40	1,30	Em casos comuns, usar ½ do espaçamento dos aparelhos. Quando mesas e bancadas estão próximas às paredes, usar ⅓ do espaçamento
3,70	0,8-1,2	4,60	4,60	4,10	4,10	2,70	1,50	
4,00	0,9-1,2	5,10	5,10	4,60	4,60	3,00	1,60	
4,30	0,9-1,2	5,80	5,80	5,00	5,00	3,30	1,80	
4,60	0,9-1,2	6,10	6,10	5,50	5,50	3,60	1,90	
4,90	1,2-1,5	6,70	6,70	6,10	6,10	4,00	2,10	
5,50	1,2-1,5	7,30	7,30	6,70	6,70	4,70	2,40	
6,00 ou mais	1,2-1,8	8,50	8,50	7,60	7,60	5,30	2,70	

8.7 MÉTODO DOS LUMENS

Esse método, aprovado pela IES, está com dificuldade de utilização pelos projetistas pela falta de informação, por parte dos fabricantes, dos valores dos coeficientes de utilização para as novas luminárias. De qualquer forma é um método útil para o projeto da iluminação de interiores de forma rápida e de boa precisão, por essa razão o mantemos nesta 7ª edição.

O método parte das seguintes considerações:

a) Quando se considera a iluminação de um compartimento, interessa especialmente conhecer o iluminamento médio no chão, mas, quando se tratar de salas de trabalho, deve-se considerar o iluminamento no plano médio das mesas, bancadas ou máquinas, plano este situado entre 80 e 100 cm, em geral, acima do piso, e denominado *plano útil* de trabalho.

b) Quando, em um compartimento, uma ou várias fontes de luz emitem um fluxo luminoso φ, apenas uma parte desse fluxo atinge diretamente o plano útil ou o plano do chão. Uma parte é absorvida pelos próprios aparelhos. Outra atinge as paredes e o teto e é em parte absorvida.

Assim, o fluxo total ϕ para iluminar o plano útil de trabalho é:

$$\phi = \frac{E \times S}{u \times d} \text{ (lumens)}$$

em que:

S – área do ambiente, em m²;
E – iluminância (ou iluminamento) desejado, em lux;
u – fator de utilização;
d – fator de depreciação e refletâncias do teto e das paredes.

Índices de Iluminância de Interiores

A Norma Brasileira NBR ISO 8995-1:2013 confirmada em 2017 apresenta a Tabela 8.17 com valores dos índices de iluminância E_m requerido para diversos ambientes e atividades, expresso em *lux*.

Tabela 8.17   Nível de iluminância mantida E_m para atividades – NBR ISO/CIE 8995-1:2013

Tipo de ambiente, tarefa ou atividade	E_m lux	Observações
1. Áreas gerais da edificação		
Saguão de entrada	100	
Área de circulação e corredores	100	Nas entradas e saídas, estabelecer uma zona de transição, a fim de evitar mudanças bruscas
2. Padarias		
Preparação e fornada	300	
Acabamento, decoração	500	
3. Indústria de alimentos		
Corte e triagem de frutas e verduras	300	
Fabricação de alimentos finos	500	
4. Cabeleireiros		
Cabeleireiro	500	
5. Subestações		
Salas de controle	500	
6. Marcenaria e indústria de móveis		
Polimento, pintura, marcenaria de acabamento	750	
Trabalho em máquinas de marcenaria	500	
7. Indústria elétrica		
Montagem média, por exemplo, quadros de distribuição	500	
Montagem fina, por exemplo, telefone	750	
Montagem de precisão, por exemplo, equipamentos de medição	1 000	
Oficinas eletrônicas, ensaios, ajustes	1 500	

(continua)

Tabela 8.17 Nível de iluminância mantida Em para atividades – NBR ISO/CIE 8995-1:2013 *(Continuação)*

Tipo de ambiente, tarefa ou atividade	E_m lux	Observações
8. Escritórios		
Arquivamento, cópia, circulação etc.	300	
Escrever, teclar, ler, processar dados	500	
Estações de projeto por computador	500	
9. Restaurantes e hotéis		
Recepção/caixa/portaria	300	
Restaurante, sala de jantar, sala de eventos	200	
Restaurante, *self-service*	200	
Sala de conferência	500	
10. Bibliotecas		
Estantes	200	
Área de leitura	500	
11. Construções educacionais		
Salas de aula	300	
Salas de aula noturna, classes e educação de adultos	500	
Quadro-negro	500	
Salas de desenho técnico	750	
Sala de aplicação e laboratórios	500	
Sala dos professores	300	
12. Locais de assistência médica		
Salas de espera	200	
Salas de exame em geral	500	
Salas de gesso	500	
Sala de cirurgia	1 000	
Cavidade cirúrgica	Especial	E_m = 10 000 lux · 300 000 lux
13. Locais para celebração de cultos religiosos		
Corpo do local	100	
Cadeira, altar, púlpito	300	

Coeficiente de utilização, *u* (Tabela 8.19)

O fator *u*, sempre menor do que 1, denomina-se *coeficiente de utilização* ou *fator de utilização*, e é a razão entre o fluxo utilizado e o fluxo luminoso emitido pelas lâmpadas.

O coeficiente de utilização depende:

– Do tipo de luminária escolhida.
– Das dimensões do compartimento. Essa dependência exprime-se por meio de um coeficiente que se denomina *índice do local* (Tabela 8.18).
– Das cores das paredes e do teto, caracterizadas pelo *fator de reflexão* (Tabelas 8.20 e 8.21).

Índice do local

Por meio da Tabela 8.18, acha-se o *índice do local*. Para isso, entramos com o tipo de iluminação, com a largura e com o comprimento do local, e:

* a *altura* do teto, se a iluminação for indireta ou semi-indireta;
* a *distância* do foco luminoso ao chão, e determinamos o índice do local, expresso por uma letra, compreendida entre A e J.

Tabela 8.18 Índice do local

Largura do local (metros)	Comp. do local (metros)	\[indireta: 2,75 a 2,90\]	\[3,00 a 3,50\]	\[3,70 a 4,10\]	\[4,30 a 5,00\]	\[5,20 a 6,00\]	\[6,40 a 7,30\]	\[7,60 a 9,00\]	\[9,50 a 11,00\]	\[11,30 a 15,30\]		

Altura do teto, em metros — Para iluminação indireta e semi-indireta: 2,75 a 2,90 | 3,00 a 3,50 | 3,70 a 4,10 | 4,30 a 5,00 | 5,20 a 6,00 | 6,40 a 7,30 | 7,60 a 9,00 | 9,50 a 11,00 | 11,30 a 15,30

Distância do chão ao foco luminoso, em metros — Para iluminação direta e semidireta: 2,15 a 2,30 | 2,45 a 2,60 | 2,75 a 2,90 | 3,00 a 3,50 | 3,70 a 4,10 | 4,30 a 5,00 | 5,20 a 6,00 | 6,40 a 7,30 | 7,60 a 9,00 | 9,50 a 11,00 | 11,30 a 15,00

Índice do local

Largura do local (metros)	Comp. do local (metros)	2,15 a 2,30	2,45 a 2,60	2,75 a 2,90	3,00 a 3,50	3,70 a 4,10	4,30 a 5,00	5,20 a 6,00	6,40 a 7,30	7,60 a 9,00	9,50 a 11,00	11,30 a 15,00
2,75 (2,60-2,75)	2,50-3,00	H	I	J	J							
	3,00-4,30	H	I	I	J							
	4,30-6,00	G	H	I	J	J						
	6,00-9,00	G	G	H	I	J	J					
	9,00-13,00	F	G	H	I	J	J	J				
	13,00 ou mais	E	F	G	H	J	J	J				
3,00 (2,90-3,20)	3,00-4,30	G	H	I	J	J						
	4,30-6,00	G	H	I	J	J	J					
	6,00-9,00	F	G	H	I	J	J					
	9,00-13,00	F	G	G	H	I	J	J				
	13,00-18,30	E	F	G	H	I	J	J				
	18,30 ou mais	E	F	F	H	H	J	J				
3,70 (3,40-3,80)	3,00-4,30	G	H	I	I	J	J					
	4,30-6,00	F	G	H	I	J	J					
	6,00-9,00	F	G	G	H	I	J	J				
	9,00-13,00	E	F	G	H	I	J	J				
	13,00-18,30	E	F	F	G	H	I	J				
	18,30 ou mais	E	E	F	G	H	I	J				
4,30 (4,00-4,70)	4,30-6,00	F	G	H	H	I	J	J				
	6,00-9,00	E	F	G	H	I	J	J				
	9,00-13,00	E	F	F	G	H	I	J				
	13,00-18,30	E	E	F	F	H	I	J	J	J		
	18,30-27,50	D	E	E	E	G	H	J	J	J		
	27,30 ou mais	D	E	E	F	F	G	I	J	J		
5,20 (4,90-5,65)	4,30-6,00	E	F	G	H	I	J	J				
	6,00-9,00	E	F	F	G	H	I	J				
	9,00-13,00	D	E	F	G	H	H	J	J	J		
	13,00-18,30	D	E	E	F	G	G	I	J	J	J	
	18,30-35,00	D	E	E	F	G	G	I	J	J	J	
	35,00 ou mais	C	D	E	E	F	G	H	J	J	J	
6,00 (5,80-6,60)	6,00-9,00	D	E	F	G	H	I	J	J			
	9,00-13,00	D	E	E	F	G	H	I	J	J		
	13,00-18,30	D	D	E	E	F	G	I	J	J	J	
	18,30-27,50	C	D	E	E	F	G	H	J	J	J	
	27,50-43,00	C	D	D	E	F	F	H	I	J	J	J
	43,00 ou mais	C	D	D	E	F	F	H	H	J	J	J
7,30 (6,70-7,90)	6,00-9,00	D	E	E	F	G	H	I	J	J		
	9,00-13,00	C	D	E	F	G	G	I	J	J		
	13,00-18,30	C	D	D	E	F	G	H	I	J	J	
	18,30-27,50	C	D	D	E	F	F	H	I	J	J	J
	27,50-43,00	C	C	D	E	E	F	G	H	I	J	J
	43,00 ou mais	C	C	D	E	E	F	G	H	I	J	J
9,00 (8,25-10,00)	9,00-13,00	C	D	D	E	F	G	H	I	J	J	
	13,00-18,30	C	C	D	D	F	F	H	H	I	J	
	18,30-27,50	B	C	C	D	E	F	G	H	I	J	J
	27,50-43,00	B	C	C	D	E	E	F	G	H	I	J
	43,00-55,00	B	C	C	D	E	E	F	G	H	I	J
	55,00 ou mais	B	C	C	D	E	E	F	G	H	I	J
11,00 (10,40-11,90)	9,00-13,00	B	C	D	E	F	F	H	I	I	J	
	13,00-18,30	B	C	C	D	E	F	G	H	I	J	J
	18,30-27,50	A	C	C	C	E	E	F	H	H	J	J
	27,50-43,00	A	B	C	C	D	E	F	G	H	I	J
	43,00-60,00	A	B	C	C	D	E	F	F	G	H	J
	60,00 ou mais	A	B	C	C	D	E	F	F	G	H	J

(continua)

Tabela 8.18 Índice do local *(Continuação)*

		Altura do teto, em metros								
Para iluminação indireta e semi-indireta		2,75 a 2,90	3,00 a 3,50	3,70 a 4,10	4,30 a 5,00	5,20 a 6,00	6,40 a 7,30	7,60 a 9,00	9,50 a 11,00	11,30 a 15,30
		Distância do chão ao foco luminoso, em metros									
Para iluminação direta e semidireta		2,15 a 2,30	2,45 a 2,60	2,75 a 2,90	3,00 a 3,50	3,70 a 4,10	4,30 a 5,00	5,20 a 6,00	6,40 a 7,30	7,60 a 9,00	9,50 a 11,00	11,30 a 15,00
Largura do local (metros)	Comp. do local (metros)	Índice do local										
12,80 (12,20-13,70)	13,00-18,30	A	B	C	C	E	F	G	H	I	I	J
	18,30-27,50	A	B	B	C	D	E	F	G	H	I	J
	27,50-43,00	A	B	B	C	D	D	E	F	G	H	J
	43,00-60,00	A	A	B	C	D	D	E	F	G	H	J
	60,00 ou mais	A	A	B	C	D	D	E	F	F	G	J
15,30 (14,00-16,80)	13,00-18,30	A	A	B	C	D	E	F	G	H	I	J
	18,30-27,50	A	A	B	C	C	D	F	F	G	H	J
	27,50-43,00	A	A	A	C	C	D	E	F	F	G	I
	43,00-60,00	A	A	A	C	C	D	E	E	F	G	I
	60,00 ou mais	A	A	A	C	C	D	E	E	F	G	H
18,30 (17,00-20,45)	18,30-27,50	A	A	A	B	C	D	E	F	G	H	I
	27,50-43,00	A	A	A	B	C	C	D	E	F	G	H
	43,00-60,00	A	A	A	B	C	C	D	E	E	F	H
	60,00 ou mais	A	A	A	B	C	C	D	E	E	F	H
23,00 (20,75-27,50)	18,30-27,50	A	A	A	A	B	C	D	E	F	G	I
	27,50-43,00	A	A	A	A	B	C	D	E	E	F	H
	43,00-60,00	A	A	A	A	B	B	C	D	E	F	G
	60,00 ou mais	A	A	A	A	B	B	C	D	E	F	G

Tabela 8.19 Coeficientes de utilização. Aparelhos General Electric

			Teto	75 %			50 %		
Luminária			Paredes	50 %	30 %	10 %	50 %	30 %	10 %	
Fator de depreciação	Tipo		Índice do local	Coeficientes de utilização						Descrição
①	↑ 0 — 85 ↓		J	0,36	0,29	0,25	0,36	0,29	0,25	Refletor industrial para lâmpadas incandescentes e Lucalox
			I	0,45	0,38	0,33	0,44	0,37	0,33	
			H	0,52	0,45	0,40	0,51	0,44	0,40	
			G	0,58	0,51	0,47	0,58	0,51	0,46	
			F	0,63	0,56	0,52	0,62	0,56	0,52	
			E	0,69	0,63	0,59	0,68	0,63	0,58	
			D	0,73	0,68	0,64	0,72	0,67	0,63	
			C	0,76	0,71	0,68	0,75	0,71	0,67	Espaçamento máximo entre aparelhos = altura de montagem × 0,9
			B	0,80	0,76	0,73	0,79	0,76	0,73	
$d = 0,77$			A	0,83	0,80	0,77	0,82	0,79	0,77	
②	↑ 0 — 70 ↓		J	0,40	0,35	0,32	0,34	0,35	0,32	Refletor industrial para lâmpadas de vapor de mercúrio e luz mista
			I	0,47	0,43	0,40	0,46	0,42	0,40	
			H	0,52	0,48	0,45	0,51	0,47	0,45	
			G	0,56	0,52	0,50	0,55	0,52	0,50	
			F	0,59	0,56	0,53	0,58	0,55	0,53	
			E	0,63	0,60	0,58	0,62	0,59	0,57	
			D	0,65	0,63	0,61	0,64	0,62	0,60	Espaçamento máximo entre aparelhos = altura de montagem × 0,9
			C	0,67	0,65	0,63	0,66	0,64	0,62	
			B	0,69	0,67	0,65	0,67	0,66	0,65	
$d = 0,70$			A	0,70	0,69	0,67	0,69	0,67	0,66	

(continua)

Tabela 8.19 Coeficientes de utilização. Aparelhos General Electric *(Continuação)*

Fator de depreciação	Tipo	Índice do local	Teto 75% 50% 30% 10%	75%	75%	Teto 50% 50% 30% 10%	50%	50%	Descrição
	Luminária		**50%**	**30%**	**10%**	**50%**	**30%**	**10%**	
			Coeficientes de utilização						
③	↑	J	0,68	0,64	0,62	0,67	0,64	0,62	Aparelho de embutir para lâmpada refletora elíptica
		I	0,73	0,69	0,67	0,72	0,69	0,66	
		H	0,79	0,75	0,72	0,77	0,74	0,72	
	0	G	0,82	0,79	0,76	0,80	0,77	0,75	
	—	F	0,86	0,83	0,80	0,83	0,81	0,79	
	85	E	0,88	0,85	0,83	0,85	0,83	0,81	Espaçamento máximo entre aparelhos = altura de montagem × 0,5
		D	0,90	0,87	0,85	0,87	0,85	0,83	
	↓	C	0,91	0,89	0,87	0,88	0,86	0,85	
		B	0,92	0,91	0,89	0,89	0,87	0,87	
d = 0,85		A	0,94	0,93	0,91	0,91	0,89	0,88	
④	↑	J	0,27	0,25	0,24	0,27	0,25	0,24	Aparelho de embutir para lâmpada refletora
		I	0,29	0,28	0,27	0,29	0,28	0,27	
		H	0,31	0,30	0,29	0,30	0,29	0,28	
	0	G	0,32	0,31	0,30	0,32	0,31	0,30	
	—	F	0,33	0,32	0,31	0,32	0,32	0,31	
	35	E	0,34	0,33	0,32	0,34	0,33	0,32	Espaçamento máximo entre aparelhos = altura de montagem × 0,5
		D	0,35	0,34	0,33	0,34	0,34	0,33	
	↓	C	0,35	0,34	0,34	0,35	0,34	0,34	
		B	0,36	0,35	0,35	0,35	0,35	0,34	
d = 0,85		A	0,36	0,35	0,35	0,36	0,35	0,35	
⑤	↑	J	0,27	0,24	0,21	0,27	0,24	0,21	Aparelho de embutir para lâmpadas incandescentes
		I	0,32	0,29	0,26	0,32	0,29	0,26	
		H	0,36	0,33	0,30	0,36	0,32	0,30	
	0	G	0,40	0,36	0,34	0,39	0,36	0,34	
	—	F	0,42	0,39	0,37	0,41	0,39	0,36	
	50	E	0,44	0,42	0,40	0,44	0,42	0,40	Espaçamento máximo entre aparelhos = altura de montagem × 0,5
		D	0,46	0,44	0,43	0,45	0,44	0,42	
	↓	C	0,48	0,46	0,44	0,47	0,45	0,44	
		B	0,49	0,48	0,46	0,48	0,47	0,46	
d = 0,85		A	0,50	0,49	0,48	0,49	0,48	0,47	
⑥	↑	J	0,23	0,19	0,16	0,21	0,17	0,15	Globos de vidro fechados para lâmpadas incandescentes
		I	0,29	0,24	0,22	0,26	0,22	0,19	
		H	0,33	0,28	0,25	0,29	0,26	0,23	
	35	G	0,37	0,32	0,28	0,32	0,28	0,26	
	—	F	0,40	0,35	0,32	0,35	0,31	0,28	
	45	E	0,44	0,40	0,36	0,39	0,35	0,32	Espaçamento máximo entre aparelhos = altura de montagem × 1,0
		D	0,48	0,43	0,39	0,42	0,38	0,35	
	↓	C	0,51	0,46	0,42	0,44	0,40	0,37	
		B	0,55	0,50	0,46	0,48	0,44	0,41	
d = 0,70		A	0,57	0,53	0,49	0,50	0,46	0,43	
⑦	↑	J	0,17	0,13	0,11	0,11	0,09	0,08	Aparelho incandescente para iluminação indireta
		I	0,21	0,17	0,15	0,14	0,12	0,10	
		H	0,25	0,21	0,18	0,16	0,14	0,12	
	85	G	0,28	0,24	0,21	0,20	0,16	0,14	
	—	F	0,31	0,27	0,23	0,21	0,18	0,16	
	0	E	0,35	0,31	0,28	0,24	0,20	0,19	
		D	0,39	0,34	0,31	0,26	0,23	0,21	Espaçamento máximo entre aparelhos = altura de montagem × 1,1
	↓	C	0,41	0,37	0,34	0,27	0,25	0,23	
		B	0,46	0,42	0,39	0,30	0,28	0,26	
d = 0,70		A	0,48	0,44	0,42	0,32	0,30	0,28	

(continua)

Tabela 8.19 Coeficientes de utilização. Aparelhos General Electric *(Continuação)*

Luminária			Teto	75 %			50 %			Descrição
			Paredes	50 %	30 %	10 %	50 %	30 %	10 %	
Fator de depreciação	Tipo		Índice do local	Coeficientes de utilização						Descrição
⑧			J	0,09	0,07	0,06	0,07	0,05	0,04	Sanca com lâmpadas fluorescentes
			I	0,13	0,10	0,08	0,09	0,07	0,06	
			H	0,16	0,13	0,10	0,10	0,09	0,07	
			G	0,20	0,16	0,14	0,13	0,11	0,10	
			F	0,21	0,19	0,17	0,15	0,13	0,11	A distância da sanca para o teto deve ser de 30 a 50 cm
			E	0,25	0,22	0,20	0,17	0,15	0,14	
			D	0,28	0,26	0,24	0,20	0,19	0,17	
			C	0,31	0,28	0,26	0,21	0,20	0,19	
			B	0,32	0,30	0,28	0,22	0,21	0,20	
$d = 0{,}60$			A	0,35	0,34	0,32	0,24	0,23	0,23	
⑨	↑ 0 — 75 ↓		J	0,35	0,28	0,24	0,33	0,28	0,24	Luminária industrial do tipo Miller
			I	0,43	0,36	0,32	0,41	0,35	0,31	
			H	0,49	0,43	0,38	0,47	0,42	0,38	
			G	0,56	0,49	0,45	0,53	0,48	0,43	
			F	0,60	0,54	0,50	0,57	0,53	0,49	Espaçamento máximo entre aparelhos = altura de montagem × 1,0
			E	0,66	0,61	0,56	0,63	0,59	0,55	
			D	0,69	0,65	0,61	0,66	0,63	0,59	
			C	0,72	0,68	0,65	0,69	0,65	0,63	
			B	0,76	0,72	0,70	0,73	0,70	0,68	
$d = 0{,}70$			A	0,78	0,76	0,73	0,75	0,73	0,71	
⑩	↑ 35 — 45 ↓		J	0,29	0,24	0,20	0,28	0,23	0,19	Luminária comercial
			I	0,36	0,30	0,26	0,34	0,30	0,26	
			H	0,41	0,36	0,32	0,40	0,35	0,31	
			G	0,46	0,41	0,37	0,45	0,40	0,36	
			F	0,50	0,46	0,44	0,48	0,44	0,40	
			E	0,56	0,51	0,47	0,53	0,49	0,46	Espaçamento máximo entre aparelhos = altura de montagem × 1,0
			D	0,59	0,55	0,52	0,56	0,53	0,51	
			C	0,62	0,58	0,55	0,59	0,55	0,52	
			B	0,65	0,62	0,59	0,61	0,59	0,56	
$d = 0{,}75$			A	0,66	0,64	0,61	0,63	0,61	0,59	
⑪	↑ 0 — 50 ↓		J	0,27	0,23	0,21	0,27	0,23	0,21	Refletor parabólico duplo para 2 lâmpadas fluorescentes l = 0,9 h
			I	0,32	0,29	0,26	0,32	0,28	0,26	
			H	0,36	0,33	0,30	0,35	0,32	0,30	
			G	0,39	0,36	0,34	0,38	0,36	0,34	
			F	0,42	0,39	0,37	0,41	0,38	0,36	
			E	0,44	0,42	0,40	0,44	0,42	0,40	
			D	0,46	0,44	0,42	0,45	0,44	0,42	
			C	0,47	0,46	0,44	0,47	0,45	0,44	
			B	0,49	0,48	0,46	0,48	0,47	0,46	
$d = 0{,}75$			A	0,50	0,49	0,48	0,49	0,48	0,47	
⑫	↑ 0 — 55 ↓		J	0,29	0,24	0,21	0,28	0,24	0,21	Refletor com difusor de plástico l = 0,9 h
			I	0,35	0,31	0,27	0,34	0,30	0,27	
			H	0,39	0,35	0,32	0,38	0,35	0,32	
			G	0,43	0,39	0,36	0,42	0,39	0,36	
			F	0,46	0,42	0,39	0,45	0,42	0,39	
			E	0,49	0,46	0,43	0,48	0,46	0,43	
			D	0,51	0,48	0,46	0,50	0,48	0,46	
			C	0,52	0,50	0,48	0,52	0,50	0,48	
			B	0,54	0,52	0,51	0,54	0,52	0,50	
$d = 0{,}70$			A	0,55	0,54	0,52	0,55	0,53	0,52	

(continua)

Tabela 8.19 Coeficientes de utilização. Aparelhos General Electric *(Continuação)*

Luminária			Teto	75 %			50 %			Descrição
			Paredes	50 %	30 %	10 %	50 %	30 %	10 %	
Fator de depreciação	Tipo		Índice do local	Coeficientes de utilização						Descrição
⑬	↑ 0 — 55 ↓ d = 0,70		J	0,25	0,21	0,18	0,25	0,21	0,18	Aparelho para embutir com colmeia l = 1,0 h
			I	0,31	0,27	0,24	0,31	0,27	0,24	
			H	0,36	0,31	0,28	0,35	0,31	0,28	
			G	0,40	0,36	0,33	0,39	0,36	0,33	
			F	0,43	0,39	0,36	0,42	0,39	0,36	
			E	0,46	0,43	0,40	0,46	0,43	0,40	
			D	0,49	0,46	0,43	0,48	0,46	0,43	
			C	0,51	0,48	0,46	0,50	0,48	0,46	
			B	0,53	0,51	0,49	0,52	0,50	0,49	
			A	0,54	0,53	0,51	0,54	0,52	0,51	
⑭	↑ 0 — 45 ↓ d = 0,70		J	0,20	0,16	0,13	0,20	0,16	0,13	Aparelho para embutir com difusor de plástico
			I	0,25	0,21	0,18	0,24	0,20	0,18	
			H	0,28	0,24	0,22	0,27	0,24	0,21	
			G	0,32	0,28	0,25	0,31	0,27	0,25	
			F	0,34	0,30	0,28	0,33	0,30	0,28	
			E	0,37	0,34	0,32	0,36	0,33	0,31	
			D	0,39	0,36	0,34	0,38	0,36	0,34	
			C	0,40	0,38	0,36	0,39	0,37	0,36	
			B	0,42	0,40	0,39	0,41	0,40	0,38	
			A	0,43	0,42	0,41	0,43	0,41	0,40	
⑮	↑ 0 — 80 ↓ d = 0,80		J	0,32	0,25	0,20	0,30	0,24	0,20	Calha chanfrada l = 1,0 h
			I	0,40	0,32	0,27	0,38	0,31	0,26	
			H	0,47	0,39	0,34	0,44	0,38	0,32	
			G	0,53	0,46	0,40	0,50	0,44	0,39	
			F	0,58	0,51	0,45	0,55	0,49	0,44	
			E	0,64	0,58	0,52	0,61	0,56	0,51	
			D	0,68	0,62	0,58	0,65	0,60	0,56	
			C	0,72	0,66	0,62	0,68	0,64	0,60	
			B	0,76	0,71	0,67	0,72	0,69	0,66	
			A	0,79	0,75	0,72	0,76	0,72	0,70	
⑯	↑ 10 — 55 ↓ d = 0,70		J	0,27	0,23	0,20	0,26	0,22	0,20	Aparelho indicado para recintos baixos, onde o teto deve ser levemente iluminado l = 1,0 h
			I	0,33	0,29	0,26	0,32	0,28	0,25	
			H	0,38	0,34	0,30	0,37	0,33	0,30	
			G	0,43	0,38	0,35	0,41	0,37	0,35	
			F	0,46	0,41	0,39	0,44	0,41	0,37	
			E	0,50	0,47	0,44	0,48	0,45	0,42	
			D	0,53	0,50	0,47	0,50	0,48	0,46	
			C	0,55	0,52	0,50	0,52	0,50	0,48	
			B	0,57	0,55	0,53	0,54	0,53	0,51	
			A	0,59	0,57	0,55	0,56	0,55	0,53	
⑰	↑ 10 — 55 ↓ d = 0,70		J	0,25	0,20	0,17	0,24	0,20	0,17	Aparelho para ser usado com colmeia ou plástico l = 1,1 h
			I	0,31	0,26	0,23	0,29	0,25	0,22	
			H	0,36	0,31	0,28	0,34	0,30	0,27	
			G	0,40	0,36	0,32	0,39	0,35	0,32	
			F	0,44	0,40	0,36	0,42	0,38	0,35	
			E	0,48	0,44	0,41	0,46	0,43	0,40	
			D	0,51	0,48	0,45	0,48	0,46	0,43	
			C	0,53	0,50	0,47	0,51	0,48	0,46	
			B	0,56	0,53	0,51	0,53	0,51	0,50	
			A	0,58	0,56	0,54	0,55	0,53	0,52	

(continua)

Tabela 8.19 Coeficientes de utilização. Aparelhos General Electric *(Continuação)*

Luminária			Teto	75 %			50 %			
Fator de depreciação	Tipo	Índice do local	Paredes	50 %	30 %	10 %	50 %	30 %	10 %	Descrição
				Coeficientes de utilização						
⑱ d = 0,70	↑ 10 — 50 ↓	J		0,22	0,17	0,14	0,21	0,16	0,14	Luminária de plástico l = 1,1 h
		I		0,27	0,22	0,19	0,26	0,22	0,19	
		H		0,32	0,27	0,23	0,30	0,26	0,23	
		G		0,36	0,31	0,28	0,34	0,30	0,27	
		F		0,39	0,34	0,31	0,37	0,33	0,30	
		E		0,43	0,39	0,36	0,41	0,37	0,35	
		D		0,46	0,42	0,39	0,43	0,40	0,38	
		C		0,48	0,45	0,42	0,45	0,43	0,40	
		B		0,50	0,48	0,46	0,48	0,46	0,44	
		A		0,52	0,49	0,48	0,50	0,48	0,46	
⑲ d = 0,75	↑ 10 — 55 ↓	J		0,26	0,21	0,18	0,25	0,21	0,18	Aparelho com colmeia e plásticos ou vidros laterais para lojas e escolas l = 1,1 h
		I		0,32	0,27	0,24	0,31	0,27	0,24	
		H		0,37	0,31	0,29	0,35	0,31	0,28	
		G		0,42	0,37	0,34	0,40	0,36	0,33	
		F		0,45	0,41	0,37	0,43	0,39	0,37	
		E		0,49	0,46	0,42	0,47	0,44	0,41	
		D		0,52	0,48	0,46	0,49	0,47	0,44	
		C		0,54	0,51	0,48	0,51	0,49	0,47	
		B		0,56	0,54	0,52	0,54	0,52	0,50	
		A		0,58	0,56	0,54	0,56	0,54	0,53	Luminária ampla, usada na maioria das vezes em linhas contínuas l = 1,1 h
⑳ d = 0,75	↑ 30 — 35 ↓	J		0,22	0,18	0,16	0,20	0,17	0,15	
		I		0,28	0,24	0,21	0,25	0,22	0,19	
		H		0,32	0,28	0,25	0,29	0,25	0,23	
		G		0,36	0,32	0,29	0,32	0,29	0,27	
		F		0,39	0,35	0,32	0,35	0,32	0,30	
		E		0,43	0,40	0,37	0,38	0,36	0,33	
		D		0,45	0,42	0,40	0,40	0,38	0,36	
		C		0,47	0,44	0,42	0,42	0,40	0,38	
		B		0,49	0,47	0,44	0,44	0,42	0,40	
		A		0,51	0,49	0,47	0,45	0,44	0,42	
㉑ d = 0,70	↑ 30 — 60 ↓	J		0,25	0,21	0,23	0,21	0,21	0,19	Luminária comercial para lâmpadas *high output*, providas de colmeia
		I		0,31	0,27	0,29	0,26	0,25	0,23	
		H		0,35	0,32	0,33	0,30	0,28	0,27	
		G		0,40	0,36	0,37	0,34	0,30	0,31	
		F		0,43	0,39	0,39	0,37	0,35	0,32	
		E		0,47	0,44	0,43	0,40	0,37	0,35	
		D		0,49	0,47	0,45	0,43	0,39	0,38	Espaçamento máximo entre aparelhos = altura de montagem × 0,9
		C		0,51	0,49	0,47	0,45	0,41	0,40	
		B		0,54	0,52	0,49	0,47	0,43	0,42	
		A		0,56	0,54	0,50	0,49	0,45	0,44	
㉒ d = 0,70	↑ 25 — 65 ↓	J		0,29	0,24	0,28	0,24	0,23	0,20	Luminária industrial para lâmpadas *high output*, providas de colmeia
		I		0,37	0,32	0,36	0,31	0,30	0,29	
		H		0,44	0,39	0,41	0,38	0,36	0,33	
		G		0,50	0,45	0,47	0,43	0,41	0,39	
		F		0,54	0,50	0,51	0,47	0,45	0,42	
		E		0,61	0,56	0,57	0,52	0,50	0,48	
		D		0,64	0,60	0,60	0,56	0,53	0,51	Espaçamento máximo entre aparelhos = altura de montagem × 1,0
		C		0,67	0,63	0,63	0,59	0,55	0,54	
		B		0,70	0,67	0,65	0,63	0,59	0,57	
		A		0,73	0,70	0,68	0,65	0,61	0,60	

(continua)

Tabela 8.19 Coeficientes de utilização. Aparelhos General Electric *(Continuação)*

Fator de depreciação	Tipo	Índice do local	Teto 75% / Paredes 50%	30%	10%	Teto 50% / Paredes 50%	30%	10%	Descrição
㉓ ↑ 20 — 65 ↓ *d* = 0,70		J	0,29	0,25	0,28	0,24	0,23	0,21	Luminária industrial para lâmpadas *high output*
		I	0,38	0,33	0,36	0,32	0,31	0,29	
		H	0,45	0,40	0,42	0,38	0,37	0,35	
		G	0,51	0,45	0,48	0,43	0,41	0,40	
		F	0,55	0,50	0,52	0,48	0,46	0,43	
		E	0,63	0,58	0,59	0,55	0,52	0,49	Espaçamento máximo entre aparelhos = altura de montagem × 1,0
		D	0,67	0,62	0,62	0,59	0,55	0,53	
		C	0,70	0,66	0,65	0,62	0,58	0,56	
		B	0,73	0,70	0,68	0,65	0,61	0,59	
		A	0,76	0,73	0,70	0,68	0,63	0,62	
㉔ ↑ 45 — 40 ↓ *d* = 0,70		J	0,25	0,20	0,24	0,20	0,22	0,19	Luminária comercial para lâmpadas *high output*, provida de colmeia
		I	0,32	0,27	0,31	0,26	0,29	0,23	
		H	0,37	0,32	0,35	0,31	0,32	0,28	
		G	0,44	0,38	0,42	0,36	0,38	0,33	
		F	0,49	0,42	0,46	0,40	0,40	0,37	
		E	0,55	0,49	0,52	0,47	0,45	0,42	
		D	0,57	0,54	0,54	0,51	0,49	0,45	Espaçamento máximo entre aparelhos = altura de montagem × 1,1
		C	0,62	0,57	0,58	0,54	0,51	0,48	
		B	0,66	0,62	0,62	0,58	0,53	0,51	
		A	0,69	0,65	0,64	0,61	0,55	0,53	
㉕		J	0,25	0,21	0,19	0,20	0,16	0,16	Teto com colmeia plástica
		I	0,30	0,25	0,24	0,23	0,20	0,19	
		H	0,34	0,29	0,27	0,26	0,23	0,22	
		G	0,37	0,33	0,31	0,28	0,26	0,24	
		F	0,40	0,36	0,34	0,30	0,27	0,26	
		E	0,44	0,39	0,38	0,32	0,30	0,29	
		D	0,46	0,42	0,41	0,34	0,32	0,31	
		C	0,48	0,44	0,43	0,35	0,33	0,32	
		B	0,50	0,47	0,46	0,37	0,34	0,34	
		A	0,51	0,48	0,48	0,37	0,36	0,35	
		J	0,20	0,16	0,16	0,17	0,15	0,14	Teto com colmeia de metal (branco)
		I	0,23	0,20	0,19	0,21	0,18	0,17	
		H	0,26	0,23	0,22	0,23	0,20	0,19	
		G	0,28	0,26	0,24	0,25	0,23	0,22	
		F	0,30	0,27	0,26	0,27	0,24	0,23	
		E	0,32	0,30	0,29	0,29	0,27	0,26	
		D	0,34	0,32	0,31	0,30	0,28	0,27	
		C	0,35	0,33	0,32	0,31	0,29	0,29	
		B	0,37	0,34	0,34	0,32	0,31	0,30	
		A	0,37	0,36	0,35	0,33	0,32	0,31	
㉖		J	0,24	0,21	0,17	0,20	0,16	0,13	Teto com plástico acrílico
		I	0,32	0,28	0,24	0,27	0,23	0,20	
		H	0,37	0,33	0,29	0,32	0,28	0,25	
		G	0,42	0,38	0,34	0,37	0,33	0,30	
		G	0,46	0,42	0,39	0,40	0,36	0,33	
		E	0,52	0,48	0,45	0,45	0,42	0,39	
		D	0,56	0,53	0,49	0,48	0,46	0,43	
		C	0,58	0,56	0,52	0,51	0,49	0,46	
		B	0,62	0,60	0,56	0,54	0,52	0,50	
		A	0,64	0,62	0,60	0,57	0,55	0,53	

Observação: O fator de depreciação deve ser estimado da seguinte maneira:

a) manutenção deficiente   ($d = 0,45$ = tipo c/ plástico)
($d = 0,55$ = tipo c/ colmeia)

4b) manutenção boa   ($d = 0,65$ = tipo c/ plástico)
($d = 0,70$ = tipo c/ colmeia)

Tabela 8.20 Fatores de reflexão das diversas cores (refletância)

Branco	75 a 85 %
Marfim	63 a 80 %
Creme	56 a 72 %
Amarelo-claro	65 a 75 %
Marrom	17 a 41 %
Verde-claro	50 a 65 %
Verde-escuro	10 a 22 %
Azul-claro	50 a 60 %
Rosa	50 a 58 %
Vermelho	10 a 20 %
Cinzento	40 a 50 %

Tabela 8.21 Refletâncias de paredes e tetos

Teto branco	75 %
Teto claro	50 %
Paredes brancas	50 %
Paredes claras	30 %
Paredes medianamente claras	10 %

Fator de reflexão

Obtido o índice do local, para obtermos o **coeficiente de utilização**, entramos na Tabela 8.19 com o *tipo de luminária* que for escolhido e com o *índice do local*. Devemos levar em consideração, também, os *fatores de reflexão* das paredes e tetos, que se acham na Tabela 8.20, de acordo com as cores das mesmas.

Para maior simplicidade, podemos usar a Tabela 8.21, que nos dá a refletância de paredes e tetos, independentemente das cores.

Fator de depreciação ou de manutenção

O fluxo emitido por um aparelho de iluminação decresce com o uso. Esse fato tem três causas:

a) A diminuição do fluxo luminoso emitido pelas lâmpadas, ao longo da vida útil delas.
b) A poeira e a sujeira que se depositam sobre os aparelhos e lâmpadas quando expostas.
c) A diminuição do poder refletor das paredes e do teto, em consequência de seu escurecimento progressivo.

A Tabela 8.19, em sua primeira coluna, apresenta valores do **fator de depreciação ou de manutenção d**, que vem a ser a relação entre o fluxo luminoso produzido por uma luminária no fim do **período de manutenção** (tempo decorrido entre duas limpezas consecutivas de uma luminária) e o fluxo emitido pela mesma luminária no início de seu funcionamento.

Determinação do número de luminárias *n*

O tipo de luminária e o número de lâmpadas em cada uma já terão sido escolhidos, de acordo com os modelos da Tabela 8.19 ou com outros modelos semelhantes, cujos dados o fabricante forneceu.

Sabe-se, portanto, qual o fluxo luminoso de cada lâmpada ou das lâmpadas de cada luminária (se a luminária contiver mais de uma).

Para isso, recorre-se às tabelas que dão o fluxo luminoso das lâmpadas, que podem ser encontradas no item 8.2 Lâmpadas Elétricas, ou com o fabricante da lâmpada escolhida.

Para obter o número *n* de luminárias, basta dividir o fluxo total necessário, ϕ, pelo fluxo luminoso de cada luminária φ (igual ao produto do fluxo de uma lâmpada pelo número de lâmpadas em cada luminária ou aparelho). Então:

$$n = \frac{\phi}{\varphi}$$

Arredonda-se *n* para um número inteiro e se processa a melhor distribuição de aparelhos.

Exemplo 8.2

Projetar a iluminação de uma sala de escritório de trabalho comum, com 14 m de comprimento por 9 m de largura e 3,10 m de pé-direito. O teto e as paredes são pintadas de cor creme.

Índice de iluminamento

Aplicação da Tabela 8.17. Vemos que a iluminância recomendada é $E_m = 500$ lux.

Luminárias

Há diversas opções. Podemos escolher aparelhos para quatro lâmpadas fluorescentes de 40 W, luminária simples, com difusor plástico. Designado pelo número 18 na Tabela 8.19.

Área do local, S

$$S = 14 \times 9 = 126 \text{ m}^2$$

Fator de depreciação, d, correspondente à luminária (18) na Tabela 8.22

$$d = 0,70$$

Índice do local

Com a largura $a = 9$ m e comprimento $b = 14$ m e distância do aparelho ao chão $h = 3,10$ m, pois se trata de aparelho de luz direta, obtemos como índice do local, D (Tabela 8.18).

Coeficiente de utilização, u (Tabela 8.19)

Na Tabela 8.21, encontramos:

- Para teto branco – refletância de 75 %.
- E paredes claras – refletância de 30 %.

Entrando na Tabela 8.19, com:

- Aparelho nº 18 – luminária simples com difusor plástico.
- Teto – 75 %.
- Paredes – 30 %.
- Índice do local – D.

Obteremos como coeficiente de utilização:

$$u = 0,42$$

Fluxo luminoso total

$$\phi = \frac{E \times S}{u \times d} = \frac{500 \times 126}{0,42 \times 0,70} = 214,286 \text{ lumens}$$

Fluxo luminoso do aparelho

Temos quatro lâmpadas fluorescentes universais, extra luz do dia, de 40 W cada.
Na Tabela 8.8 vemos que o fluxo luminoso é de 2 700 lumens por lâmpada. Logo, para a luminária teremos:

$$4 \times 2\,700 \text{ lumens} = 10\,800 \text{ lumens}$$

Número de luminárias

$$n = \frac{\phi}{\varphi} = \frac{214\,286}{10\,800} = 19,9, \text{ ou seja, 20 luminárias}$$

Disposição das luminárias

Podemos dispô-las como mostra a Fig. 8.23, que obedece às distâncias recomendadas na Tabela 8.16.

$$d_1 = 2,80 \text{ m}$$

$$d_2 = 2,25 \text{ m}$$

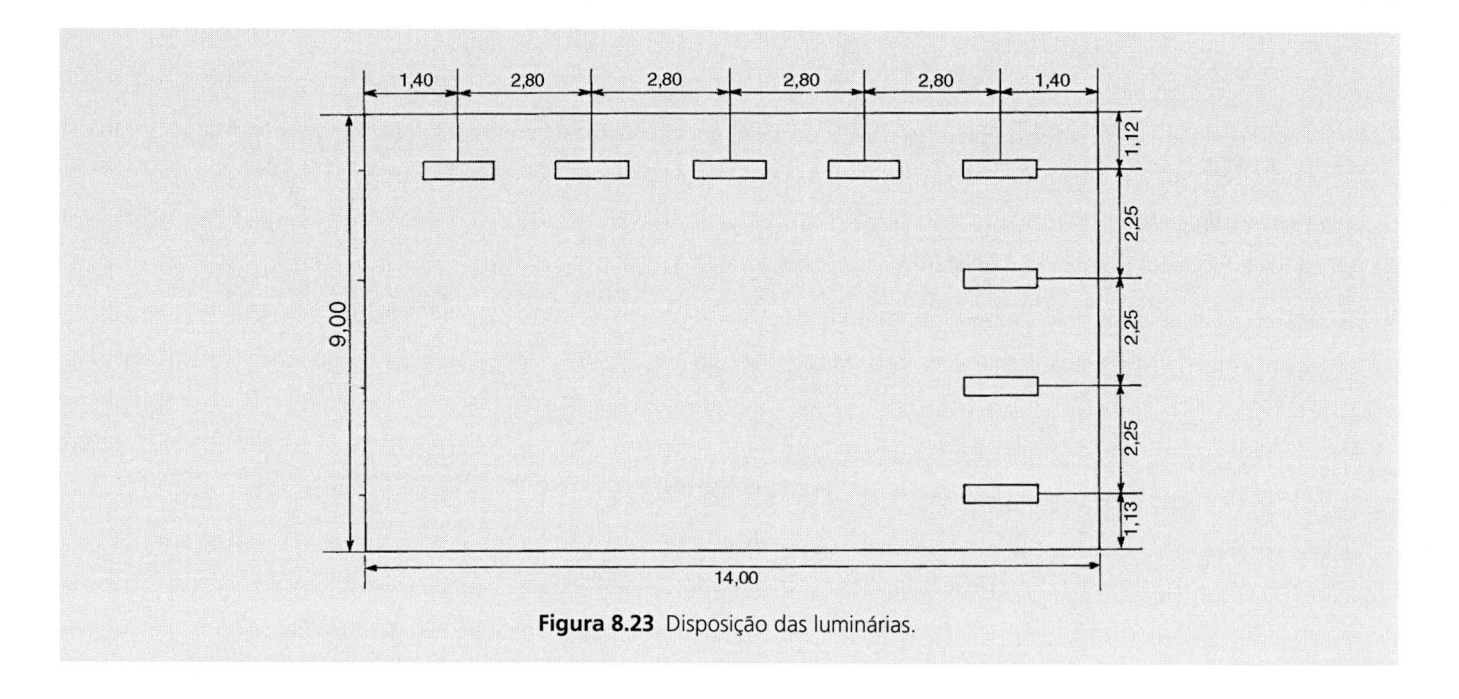

Figura 8.23 Disposição das luminárias.

8.8 ILUMINAÇÃO PELO MÉTODO DE "PONTO A PONTO"

Quando as dimensões da fonte luminosa são muito pequenas em relação ao plano que deve ser iluminado, pode-se admitir a fonte como puntiforme e utilizar o método do iluminamento conhecido como de "ponto a ponto".

A lei que rege o iluminamento ponto a ponto permite o cálculo do iluminamento de um ponto de uma superfície situada a uma distância d de uma fonte luminosa puntiforme. Podemos exprimi-la dizendo que:

- *O iluminamento, nas condições mencionadas, varia inversamente com o quadrado da distância* d *do ponto iluminado ao foco luminoso.*

Ver Fig. 8.24.

$$E = \frac{I}{d^2} = \frac{I}{h^2}$$

I = intensidade luminosa, em candelas.
d = distância do foco luminoso ao ponto (m).
E = iluminamento, em lux.

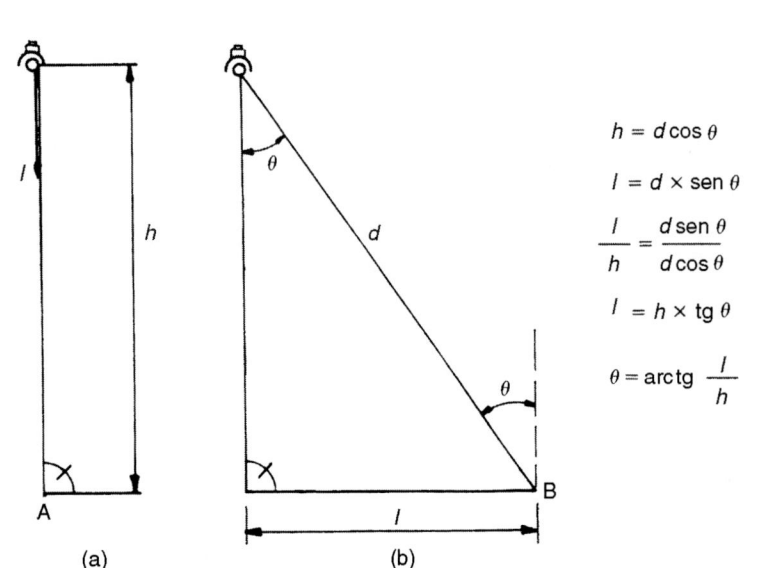

$$h = d \cos \theta$$

$$l = d \times \operatorname{sen} \theta$$

$$\frac{l}{h} = \frac{d \operatorname{sen} \theta}{d \cos \theta}$$

$$l = h \times \operatorname{tg} \theta$$

$$\theta = \operatorname{arctg} \frac{l}{h}$$

Figura 8.24 Influência do ângulo de incidência na intensidade luminosa.

Quando o ponto iluminado da superfície não se acha na vertical do foco luminoso em relação à superfície, haverá um iluminamento no plano horizontal no qual se acha o ponto B iluminado e outro no plano vertical que passa por ele. O iluminamento E_h, no plano horizontal, é dado por:

$$E_h = \frac{I(\theta)}{d^2} \times \cos\,\theta \ = \frac{I(\theta)\ \times \cos^3\,\theta}{h^2}$$

No plano vertical, o iluminamento E é dado por:

$$E_v = \frac{I(\theta)\times \text{sen}\,\theta}{d^2} = \frac{I(\theta)\times \text{sen}^3\,\theta}{l^2}$$

8.8.1 Luminárias – Diagramas Fotométricos

Os fabricantes fornecem gráficos nos quais acham representadas curvas específicas das intensidades luminosas, expressas em candelas por 1 000 lumens, de acordo com os ângulos de incidência θ. A Fig. 8.25 mostra a curva de distribuição da intensidade em candelas/1 000 lumens, para a luminária Philips HDK 453, e a Tabela 8.22 indica as lâmpadas que podem ser nela usadas.

Tabela 8.22 Lâmpadas que podem ser usadas nas luminárias HDK

Tipos de lâmpadas possíveis de serem usadas	Potência (W)	Código da lâmpada	Voltagem da rede (V)	Reator (instalado fora da luminária) Código	Código do ignitor
Luz mista	250 500	ML 160 ML 250 ML 500	220	Não necessita	Não necessita
Vapor de mercúrio	250 80 125 400	HPL-N 250 HPL-N 80 HPL-N 125 HPL-N 400	220	RVM 250 B26 RVM 250 A26 RVM 400 B26 RVM 400 A26 RVM 700 B26 RVM 125 A26 RVM 125 B26	Não necessita
Vapor de sódio		SON 250 SON 400 SON 70	220		

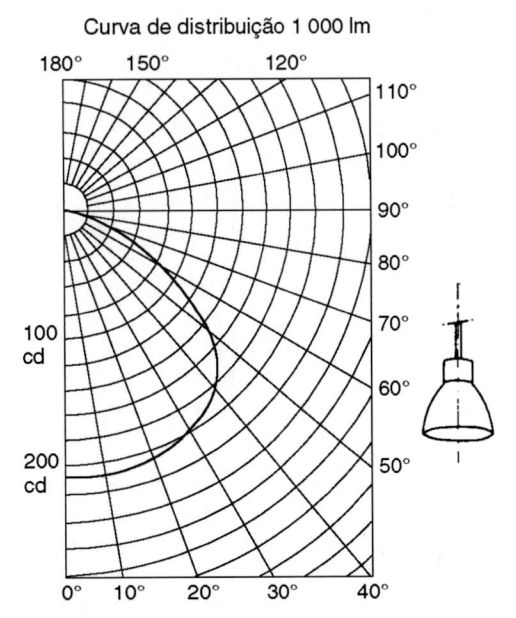

Curva de distribuição 1 000 lm

Figura 8.25 Curva de distribuição da intensidade luminosa.

Exemplo 8.3

Se usarmos a lâmpada de vapor de mercúrio HPL-N-400, de 400 W, obteremos, na Fig. 8.25:

Para $\theta = 0°$, intensidade luminosa por 1 000 lumens = 208 candelas.
Para $\theta = 30°$, intensidade luminosa por 1 000 lumens = 195 candelas.
Para $\theta = 50°$, intensidade luminosa por 1 000 lumens = 142 candelas.
Para a lâmpada em questão, o fluxo luminoso é de 22 000 lumens (Tabela 8.10). Para os ângulos acima, teremos:

$\theta = 0°$, $208 \times (22\ 000 \div 1\ 000)$ = 4 576 candelas.
$\theta = 20°$, $205 \times 22,0$ = 4 510 candelas.
$\theta = 30°$, $195 \times 22,0$ = 4 290 candelas.
$\theta = 50°$, $142 \times 22,0$ = 3 124 candelas.

Suponhamos que a luminária se ache a uma altura h igual a 6 m.
Podemos calcular os iluminamentos segundo esses ângulos.

$$E_h = \frac{I(\theta) \times \cos^3 \theta}{h^2}$$

$$\theta = 0°,\ E_h = \frac{4\ 576 \times 1^3}{6^2} = 127,1 \text{ lux}$$

$$\theta = 20°,\ E_h = \frac{4\ 510 \times 0,93^3}{6^2} = 100,8 \text{ lux}$$

$$\theta = 30°,\ E_h = \frac{4\ 290 \times 0,866^3}{6^2} = 77,4 \text{ lux}$$

$$\theta = 50°,\ E_h = 3\ 124 \times 0,642^3 = 22,9 \text{ lux}$$

Exemplo 8.4

Uma luminária TCS 029 TV Philips (Fig. 8.26) com duas lâmpadas fluorescentes de 32 W, acha-se a 3,50 m acima do plano de trabalho. Qual será o iluminamento em um ponto de uma mesa, embaixo da luminária, e qual o iluminamento a 2 m afastado da vertical do plano longitudinal do aparelho?

Solução

a) *A curva de distribuição* (Fig. 8.26) mostra que, na vertical, a intensidade luminosa é de 120 cd/1 000 lm, segundo o plano B.

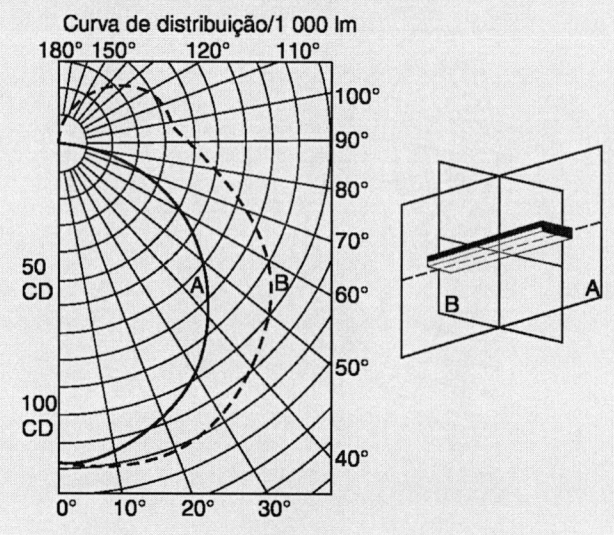

Figura 8.26 Luminária TCS 029 TV para duas lâmpadas fluorescentes, da Philips.

b) *Ângulo θ.* Podemos achá-lo, pois conhecemos $h = 3,50$ m e $l = 2,0$ m.

$$\text{tg } \theta = \frac{l}{h} = \frac{2,0}{3,5} = 0,571$$

$$\theta = 29,74° = 29°44' \cong 30°$$
$$\cos \theta = 0,866$$

c) *Intensidade luminosa segundo o ângulo de 30°.*
Na Fig. 8.26, obtemos $I = 95$ cd/1 000 lm no plano A.

d) Intensidade luminosa para a luminária com duas lâmpadas de 32 W.
O fluxo luminoso dessas lâmpadas é de 2 850 lumens, de modo que o fluxo na luminária será de $2 \times 2\ 850 = 5\ 700$ lumens, conforme Tabela 8.8.

e) *Iluminamento na mesa, na vertical da lâmpada:*

$$E_{(h)} = \frac{I \times \cos^3 \theta}{h^2}$$

$$\theta = 0°, \quad \cos \theta = 1$$

Pelo item a, vimos que a intensidade luminosa na vertical é de 136 cd/1 000 lumens, de modo que teremos:

$$I = 120 \text{ cd} \times \frac{5\ 000}{1\ 000} \text{ lm} = 600 \text{ cd}$$

$$E_{(h)} = \frac{600 \times (\cos 0°)^3}{3,5^2} = 49 \text{ lux}$$

f) *Iluminamento a 2 m da vertical da lâmpada* (Fig. 8.25).

$$h = 3,5 \text{ m}; l = 2 \text{ m}.$$

Vimos no item c que na curva de distribuição, Fig. 8.26, para o ângulo θ de 30°, a intensidade luminosa é de 95 cd/1 000 lm.

$$I_{(30°)} = 95 \times \frac{5\ 700}{1\ 000} = 541,5 \text{ cd}$$

$$E_{(h)30°} = \frac{541,5 \times (0,866)^3}{3,5^2} = 28,7 \text{ lux}$$

As luminárias para iluminação pública são de tipos especiais, resistentes às intempéries, sendo algumas dotadas de alojamentos para células fotoelétricas, com o objetivo de acendê-las e desligá-las automaticamente. Não podemos reproduzir a grande variedade de tipos que os fabricantes apresentam em seus catálogos. Achamos válido, porém, escolher um tipo que utiliza lâmpada de vapor de mercúrio, para fazermos algumas considerações sobre o método de cálculo da iluminância, com o uso dessas luminárias.

A Fig. 8.27 apresenta a luminária HRC 510 Philips, para lâmpada a vapor de mercúrio HPL-N 80 ou 125 W.

O fabricante apresenta em seu folheto uma figura com curvas polares de distribuição de luz por 1 000 lm, para o referido aparelho, até certo ponto análogas às da Fig. 8.25. É o que se vê na Fig. 8.28.

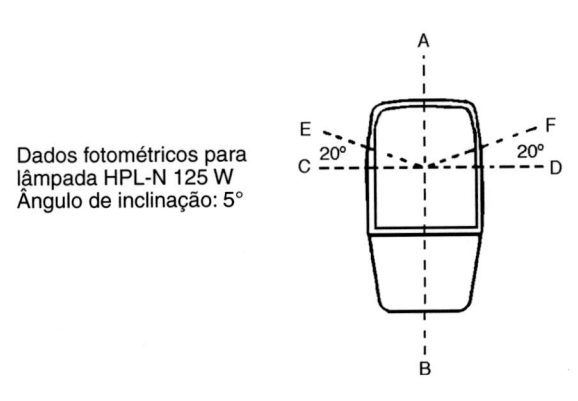

Dados fotométricos para lâmpada HPL-N 125 W
Ângulo de inclinação: 5°

Figura 8.27 Luminária pública HRC 510, da Philips.

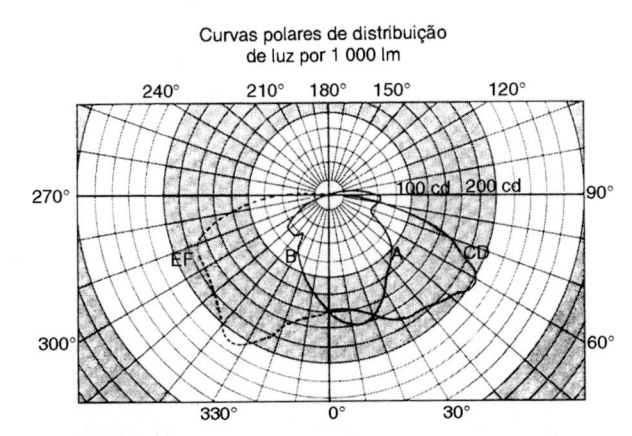

Curvas polares de distribuição de luz por 1 000 lm

Figura 8.28 Curvas para luminárias HPC 510, da Philips.

Para o iluminamento de ruas pode-se fazer o uso de diagramas de ***curvas isolux*** (de igual número de lux). Vemos na Fig. 8.29 as curvas isolux do aparelho HPC 510, com lâmpada a vapor de mercúrio HPL-N 125 W, estando o aparelho inclinado de 5° em relação ao plano horizontal.

As luminâncias E estão representadas de forma percentual, em que 100 equivale ao valor máximo. Portanto, para se obter a iluminância de um ponto "P" qualquer, basta verificar o valor percentual neste ponto em relação ao valor máximo. As escalas referem-se ao valor de h, isto é, à altura de montagem da luminária.

Assim, se a luminária for montada a 8 m de altura, h será igual a 8 e $2h = 16$ m, e assim por diante.

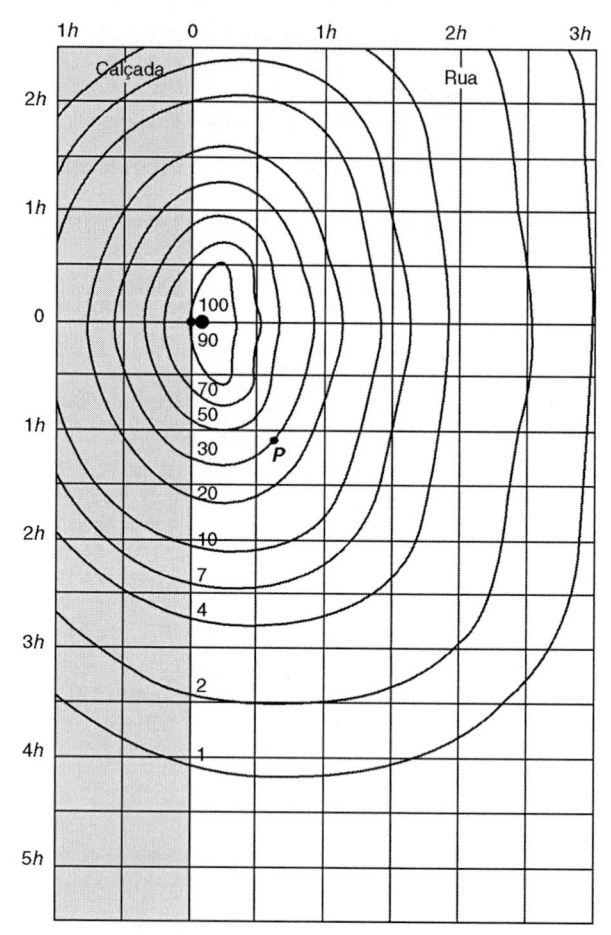

Diagrama de curvas isolux relativas em um plano

$$E_{máx} = 0,145 \times \frac{\phi}{h^2}$$

ϕ = Fluxo luminoso da lâmpada em lumens
h = Altura de montagem em metros

Figura 8.29 Luminária HRC 510 e lâmpada HPL-N 125 W, da Philips. (Curvas Isolux.)

Exemplo 8.5

Qual a luminância que se poderá obter num determinado ponto P (Fig. 8.29) do solo, usando-se uma luminária HRC 510, com uma lâmpada HPL-N 125 W?

O ponto P está localizado junto à curva de porcentagem 30, ou seja, E será 30 % do valor máximo.

Logo, $E = 0,30 \times E_{máx}$

Vê-se, na parte inferior da Fig. 8.29, que

$$E_{máx} = 0,145 \times \frac{\phi}{h^2}$$

O fluxo ϕ da lâmpada HPL-N 125 W é de 6 200 lm (ver Tabela 8.10). Como a lâmpada foi supostamente montada a uma altura $h = 8$ m, temos:

$$E_{máx} = \frac{0,145 \times 6\ 200}{8^2} \cong 14 \text{ lux}$$

Portanto,

$$E = 0,30 \times 14 = 4,2 \text{ lux}$$

Nas condições previstas, o ponto P terá uma iluminância de 4,2 lux.

Iluminação de uma rua usando a curva do fator de utilização da luminária

Na Fig. 8.30, o coeficiente de utilização, multiplicado por 100, fornece a porcentagem dos lumens da lâmpada que a luminária envia a uma faixa do solo, com largura determinada.

O fator de utilização permite o cálculo imediato da quantidade de luz recebida pela calçada e pela via.

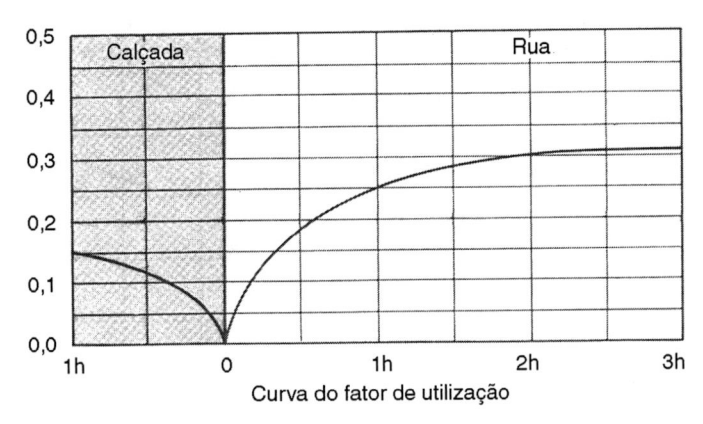

Figura 8.30 Curva do fator de utilização para luminária HRC 510 e lâmpada HPL-N 125 W.

Exemplo **8.6**

Suponhamos a mesma luminária do Exemplo 8.5, localizada a 8 m de altura, iluminando um arruamento industrial, com rua de largura $L = 8$ m e calçada de largura $l = 1,5$ m. Distância entre postes igual a 25 m.

- Altura da luminária $h = 8$ m
- Largura da rua $L = 8$ m $= 1h$
- Largura do passeio $l = 1,5$ m ou $1,5 \div 8 = 0,187h$

Com estes valores de $L = 1h$ e $l = 0,187h$, vemos, na Fig 8.30, que os fatores de utilização são:

- Para a rua, $\eta = 0,25$
- Para a calçada, $\eta = 0,07$

Chamemos de S o espaçamento entre postes, $S = 25$ m.
Iluminância média na rua

$$E = \frac{\phi \times \eta}{S \times L} \cong \frac{6\ 200 \times 0,25}{25 \times 8} \cong 7,8 \text{ lux} \cong 8 \text{ lux}$$

Iluminância média na calçada

$$E = \frac{\phi \times \eta}{S \times l} \cong \frac{6\ 200 \times 0,075}{25 \times 1,5} \cong 11,6 \text{ lux} \cong 12 \text{ lux}$$

Em vias secundárias, a iluminância média inicial, para pistas com revestimento escuro, segundo a Norma DIN 5044, é de 15 lux, e na época de manutenção pode ter caído a 9,6 lux.

8.9 USO DE PROGRAMAS COMPUTACIONAIS

Atualmente, para a execução dos cálculos luminotécnicos utilizam-se programas computacionais, tais como o DIALux, CACULUX, AGI32 e outros. Alguns programas são de uso gratuito, como o DIALux, e outros são proprietários, como o AGI32, que podem ser adquiridos junto às empresas desenvolvedoras.

Esses programas utilizam as curvas fotométricas das luminárias, como as indicadas nas Figs. 8.25, 8.26, 8.28 e 8.32, que são obtidas a partir de ensaios realizados em laboratórios dos fabricantes e/ou em laboratórios credenciados como os do CEPEL (Centro de Pesquisas de Energia Elétrica), IPT (Instituto de Pesquisas Tecnológicas) e outros. Essas curvas são fornecidas dentro da formatação da Comissão Internacional de Iluminação, conhecida internacionalmente como CIE (Commission Internationale de l'Éclairage), dentro das extensões digitais em padrão IES, LDT, DIALux e outros.

O Exemplo 8.7 apresenta um projeto de iluminação de interior que utiliza o programa DIALux, tomando-se como referência a luminária e lâmpada GELIGHTING 77555 New Nuplex 236 EB G, que contém 2 lâmpadas fluorescentes de 36 W – 3 350 lm, obtidos do banco de dados da GE existente no programa, conforme luminária indicada na Fig. 8.31 e com a curva fotométrica indicada na Fig. 8.32.

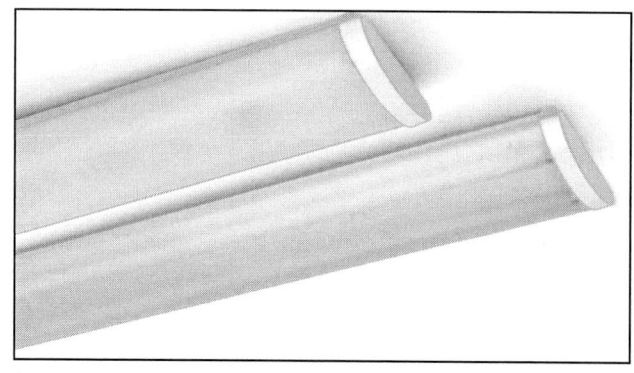

Classificação da luminária conforme CIE: 87
Código de fluxo (CIE): 42 72 90 87 161

Figura 8.31 Luminária GELIGHTING 77555.

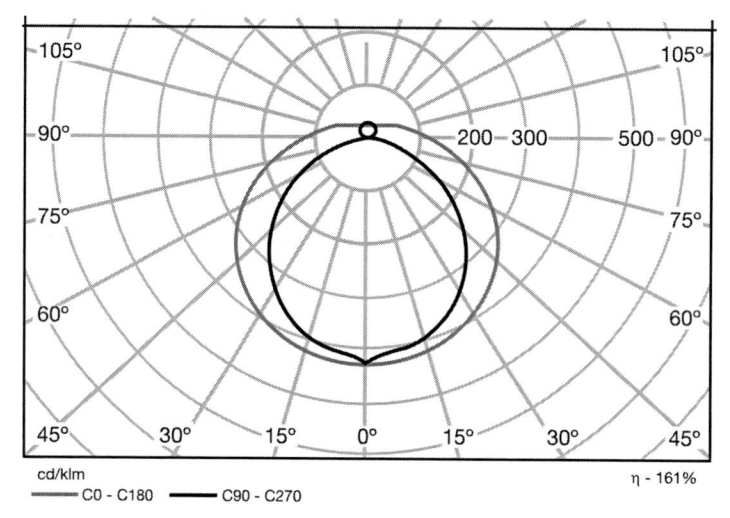

Figura 8.32 Curva fotométrica da luminária.

Exemplo 8.7

Projetar a iluminação de um escritório, na sala de desenho técnico, com 18 m de comprimento, 10 m de largura e 3 m de altura. O teto e as paredes são brancos e o piso de madeira clara.

Iluminância, E_m

De acordo com a Tabela 8.17 para a atividade especificada, encontramos $E_m = 750$ lux.

Fatores de reflexão (Tabela 8.21)

- Reflexão do teto: 70 %
- Reflexão do teto: 50 %
- Reflexão do teto: 10 %

Alimentando o programa DIALux com os dados anteriores obteve-se a distribuição das luminárias e as curvas isolux como indicadas na Fig. 8.33.

O iluminamento médio obtido foi de $E_{méd} = 715$ lx, com valores de iluminamentos máximo $E_{máx} = 836$ lx e mínimo de $E_{mín} = 469$ lx, como se observa na Tabela 8.23.

Tabela 8.23   Resumo dos iluminamentos

	Reflet. [%]	$E_{méd}$[lx]	$E_{mín}$[lx]	$E_{máx}$[lx]
Plano de trabalho	/	715	469	836
Piso	20	687	398	838
Teto	70	176	151	291
Paredes	50	485	230	957

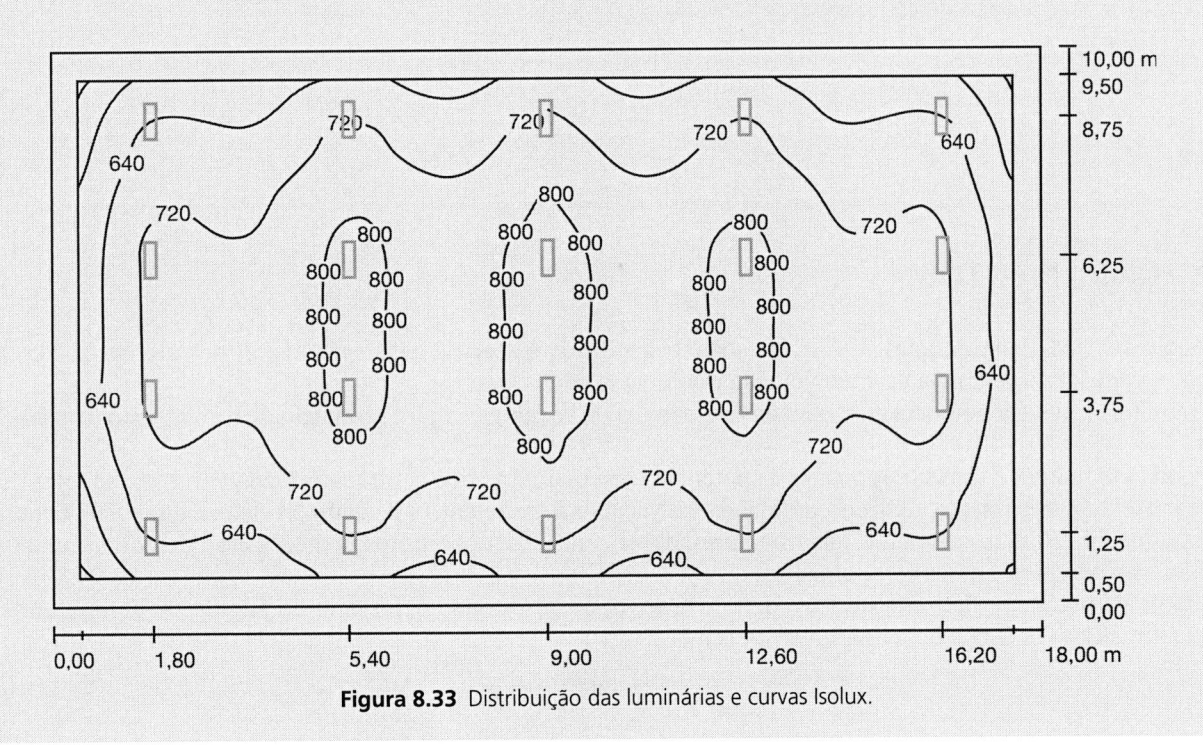

Figura 8.33 Distribuição das luminárias e curvas Isolux.

O program DIALux apresenta, também, uma visualização 3D do ambiente, com a possibilidade de criação de filmes para apresentação do trabalho. Importa e exporta arquivos DXF e DWG de todos os *softwares* CAD disponíveis no mercado.

Biografia

Fonte: Science Source/Photo Researchers.

BOLTZMANN, LUDWIG EDUARD (1844-1906)

Físico austríaco, criou a física estatística e relacionou a teoria cinética à termodinâmica, além de realizar importantes trabalhos em eletromagnetismo.

Boltzmann cresceu em Wels e Linz, cidades onde seu pai era coletor de impostos. Fez o doutorado em Viena, em 1866, e dedicou-se ao ensino durante sua vida em Graz, Viena, Munique e Leipzig.

Físico teórico, foi contemporâneo em 1860 de grandes modificações na ciência. Acompanhou o nascimento da Segunda Lei da Termodinâmica, da teoria cinética dos gases e da teoria sobre eletromagnetismo de Maxwell. Boltzmann calculou quantas partículas têm uma dada energia, o que depois veio a chamar-se distribuição de Maxwell–Boltzmann. Posteriormente, aplicou a mecânica e a estatística a um grande número de partículas, desenvolveu a teoria cinética e deu definições rigorosas de calor e entropia (a medida da desordem de um sistema).

Durante toda sua vida, Boltzmann foi vítima de depressão e sofreu grande oposição ao seu pensamento. Os estudantes, no entanto, tinham-lhe amizade e o respeitavam. Isso não foi suficiente, e Boltzmann suicidou-se quando de um passeio em um feriado no mar Adriático.

9 | Correção do Fator de Potência e Harmônicos nas Instalações Elétricas

9.1 FUNDAMENTOS

A potência elétrica aparente total (kVA), gerada e transmitida às cargas através dos circuitos elétricos, é composta pela soma vetorial da potência ativa (kW) e da potência reativa (kvar).

A potência ativa é a potência que executa um trabalho útil, por exemplo, produção de movimento (tração), calor, luz etc.

A potência reativa é uma componente da potência total que não pode ser transformada em trabalho, mas que está sempre presente nos circuitos elétricos, associada à criação e à manutenção de campos eletromagnéticos em diversos componentes do sistema, tais como nos transformadores, motores, condutores, reatores etc., devido a indutâncias e capacitâncias inerentes a esses equipamentos.

O fator de potência, definido no item 6.5, do Cap. 6, corresponde ao cosseno do ângulo de defasagem entre a potência ativa (kW) e a potência aparente (kVA).

$$FP = \cos\varphi = \frac{\text{potência ativa}}{\text{potência aparente}} = \frac{kW}{kVA}$$

A energia reativa (kvar) que transita pelos sistemas elétricos, desde as usinas geradoras até as instalações consumidoras, exige um aumento da potência dos geradores e transformadores e reduz a capacidade de transmissão de potência ativa dos sistemas geradores até as cargas. Assim, a energia reativa é um inconveniente para o sistema elétrico.

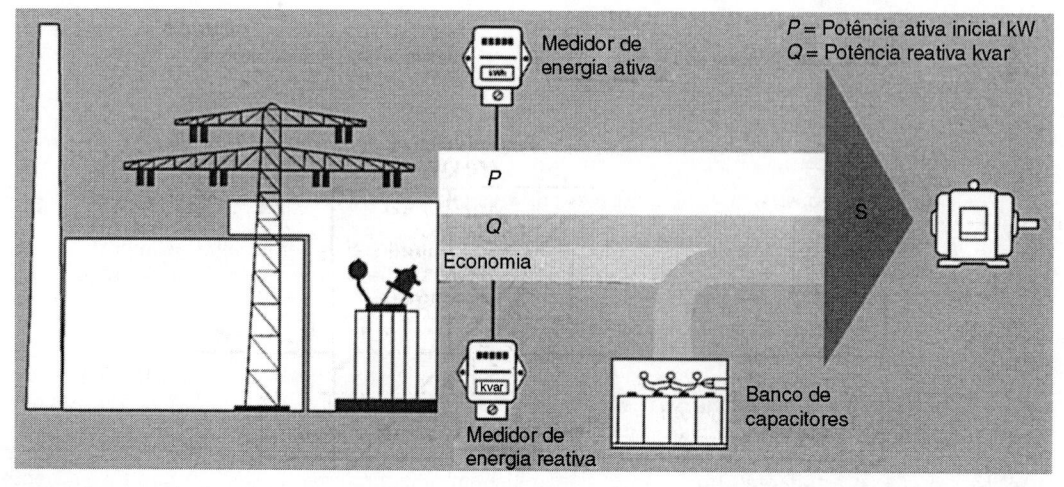

Figura 9.1 Esquema indicando o percurso da energia que alimenta um motor, com o auxílio de banco de capacitores.

Além do mais, a energia reativa não é tarifada pelas distribuidoras, dentro de determinados critérios.

Para os consumidores do Grupo A (tensão de fornecimento superior a 2,3 kV), se a energia reativa consumida pela instalação não atender ao limite do fator de potência de 0,92, estabelecido pela Resolução ANEEL nº 414/2010 – atualização de 2017, o consumidor pagará um adicional denominado "excedente de energia reativa".

Enquanto as unidades consumidoras do Grupo B (tensão de fornecimento inferior a 2,3 kV) não podem ser cobradas pelo excedente de reativos decorrente do baixo fator de potência.

9.2 REGULAMENTAÇÃO SOBRE FATOR DE POTÊNCIA

A regulamentação sobre o fator de potência (fornecimento de energia reativa) pelas concessionárias de energia elétrica é estabelecida nas "Condições Gerais de Fornecimento de Energia Elétrica" pela ANEEL – Agência Nacional de Energia Elétrica, estando atualmente em vigor a Resolução nº 414, de 9 de setembro de 2010.

Essa Resolução determina que o valor do fator de potência mínimo de referência é de 0,92, sendo obrigatória, para fins de cobrança, a verificação por meio de medição permanente para consumidores do Grupo A.

O cálculo do fator de potência deverá ser feito em dois períodos:

1) pelo período de 6 (seis) horas consecutivas, compreendido, a critério da distribuidora, entre 23h30min e 6h30min, para os fatores de potência inferiores a 0,92 *capacitivo*, verificados em cada intervalo de 1 (uma) hora; e

2) pelo período diário complementar ao definido no item acima, ou seja, nas 18 horas restantes para os fatores de potência inferiores a 0,92 indutivo, verificados em cada intervalo de 1 (uma) hora.

A fórmula do cálculo do fator de potência utilizada pelo sistema de faturamento para avaliação mensal ou horária é:

$$FP = \cos \operatorname{arctg} = \frac{kvarh}{kWh}$$

Os artigos 95 a 97 da REN nº 414/2010 apresentam as fórmulas de apuração dos excedentes de demanda e de consumo de reativos.

EXEMPLO **9.1**

Em uma indústria, a potência ativa é de 150 kW. O fator de potência é igual a 0,65 em atraso. Qual a corrente que está sendo demandada à rede trifásica de 220 V, e qual seria a corrente se o fator de potência fosse igual a 0,92?

Solução

Tracemos o diagrama, Fig. 9.2, considerando que:

φ_1 = arc cos 0,65 = 49,46°
φ_2 = arc cos 0,92 = 23,07°

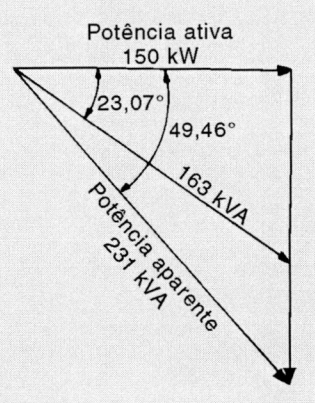

Figura 9.2 Diagrama vetorial mostrando os elementos considerados no Exemplo 9.1.

Potência aparente ou total.

1º caso: $kVA = \dfrac{150}{0,65} = 231$ kVA, para cos $\varphi_1 = 0,65$

2º caso: $kVA = \dfrac{150}{0,92} = 163$ kVA, para cos $\varphi_2 = 0,92$

Intensidade da corrente (Tabela 6.4).

$1 = \dfrac{kVA \times 1\,000}{U \times \sqrt{3}}$ quando se conhece a potência em kVA

Para cos $\varphi_1 = 0,65$, $I = \dfrac{231 \times 1\,000}{220 \times \sqrt{3}} = 606$ A

Para cos $\varphi_2 = 0,92$, $I = \dfrac{163 \times 1\,000}{220 \times \sqrt{3}} = 428$ A

Haverá, portanto, uma redução na corrente de $606 - 428 = 178$ A, com o fator de potência igual a 0,92. Com o aumento do fator de potência, a queda de tensão nos condutores diminui e melhora a eficiência de todo o sistema.

EXEMPLO 9.2

Suponhamos uma indústria que possua a seguinte carga instalada:

a) Iluminação incandescente – 20 kW.
b) Iluminação fluorescente – demanda máxima de 100 kW. Fator de potência (médio) = 0,90 (em atraso).
c) Motores de indução diversos – demanda máxima de 250 cv = 184 kW. Fator de potência (médio) = 0,80 (em atraso).
d) Dois motores síncronos de 50 cv acionando compressores, 2×50 cv = 100 cv, ou 73,6 kW. Fator de potência = 0,90 (em avanço).
   Calcular as potências aparente, ativa e reativa, e o fator de potência da instalação da fábrica.

Solução

Representemos, graficamente, as cargas, sob a forma de um diagrama de blocos (Fig. 9.3).
   Consideremos cada tipo de carga isoladamente.

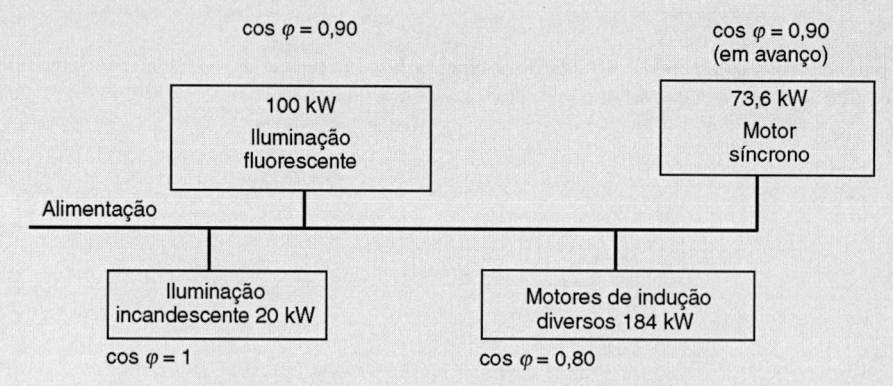

Figura 9.3 Representação esquemática das cargas.

a) *Iluminação incandescente*

$P_{\text{ativa}} = 20$ kW; cos $\varphi = 1$

$$P_a = 20 \text{ kVA}$$
$$\downarrow$$
$$P = 20 \text{ kW}$$
$$\cos \varphi = 1$$

Figura 9.4 Diagrama vetorial mostrando os elementos considerados no Exemplo 9.2, para cos $\varphi = 1$.

b) *Iluminação fluorescente e equipamentos indutivos*

$P_{ativa} = 100$ kW; cos $\varphi = 0,90$ (atraso)

$\varphi = 25,84°$

Potência total $P_a = \dfrac{P}{\cos \varphi} = \dfrac{100}{0,90} = 111$ kVA

Potência reativa $P_r = P \times$ tg $\varphi = 100 \times 0,484 = 48,4$ kvar

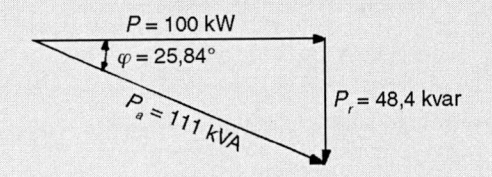

Figura 9.5 Diagrama vetorial mostrando os elementos considerados no Exemplo 9.2, para cos $\varphi = 0,90$ (atraso).

c) *Motores de indução diversos*

$P_{ativa} = 184$ kW; cos $\varphi = 0,80$ (atraso)

$\varphi = 36,87°$

Potência total $P_a = \dfrac{P}{\cos \varphi} = \dfrac{184}{0,80} = 230$ kVA

Potência reativa $P_r = P \times$ tg $\varphi = 184 \times 0,75 = 138$ kvar

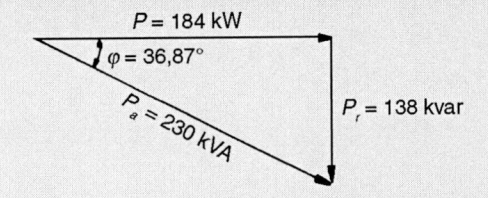

Figura 9.6 Diagrama vetorial mostrando os elementos considerados no Exemplo 9.2, para cos $\varphi = 0,80$ (atraso).

d) *Motores síncronos*

$P_{ativa} = 73,6$ kW; cos $\varphi = 0,90$ (avanço)

$\varphi = 25,84°$

Potência total $P_a = \dfrac{P}{\cos \varphi} = \dfrac{73,6}{0,9} = 81,78$ kVA

Potência reativa $P_r = P \times$ tg $\varphi = 73,6 \times 0,484 = 35,6$ kvar

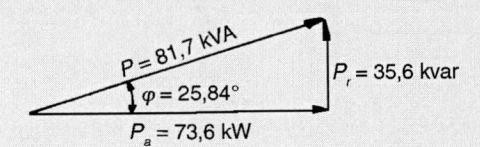

Figura 9.7 Diagrama vetorial mostrando os elementos considerados no Exemplo 9.2, para cos $\varphi = 0,90$ (avanço).

Somemos os vetores, considerando que os motores síncronos têm um efeito capacitivo de compensar 35,6 kvar da potência reativa.

Potência ativa $P = 20 + 100 + 184 + 73,6 = 377,6$ kW

Potência reativa $P_r = 0 + 48,4 + 138 - 35,6 = 150,8$ kvar

Representemos o diagrama com os vetores P_a e P_r.

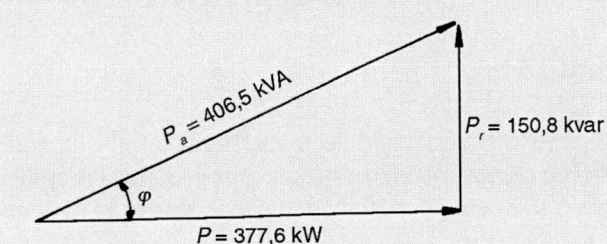

Figura 9.8 Diagrama vetorial mostrando os elementos considerados no Exemplo 9.2, para P_a e P_r.

Podemos achar o cos φ e P_{total}

$$\text{tg } \varphi = \frac{P_r}{P} = \frac{150,8}{377,6} = 0,399$$

$$\varphi = 21,77°$$

O fator de potência da instalação será:

cos φ = cos 21,77° = 0,929; observe que o fator de potência está de acordo com a Resolução nº 414, da ANEEL.

Potência total da instalação completa:

$$P_a = \frac{P}{\cos \varphi} = \frac{377,6}{0,929} = 406,5 \text{ kVA}$$

• Se não houvesse os motores síncronos, teríamos um fator de potência bem menor que 0,929. De fato:

Potência ativa P = 20 + 100 + 184 = 304 kW

Potência reativa P_r = 0 + 48,4 + 138 = 186,4 kvar

$$\text{tg } \varphi = \frac{P_r}{P} = \frac{186,4}{304} = 0,613$$

$$\varphi = 31,5°$$

e

$$\cos \varphi = 0,852$$

A presença dos dois motores síncronos superexcitados, em paralelo com a carga, fez com que o fator de potência passasse de 0,852 para 0,929. Se, em vez de termos motores síncronos acionando os compressores tivéssemos motores de indução, com cos φ = 0,85, as potências consumidas pelos dois motores seriam:

P_a = 73,6 kW ÷ 0,85 = 86,59 kVA

φ = 31,79°

tg φ = 0,620

$P_r = P \times \text{tg } \varphi$ = 73,6 × 0,620 = 45,62 kvar

As potências totais instaladas seriam:

P = 20 + 100 + 184 + 73,6 = 377,6 kW

P_r = 0 + 48,4 + 138 + 45,62 = 232,02 kvar

$$\text{tg } \varphi = \frac{P_r}{P} = \frac{232,02}{377,6} = 0,614$$

$$\varphi = 31,57°$$

$$\cos \varphi = 0,85$$

Esse valor de cos φ não está de acordo com a REN-ANEEL nº 414/2010. A correção do fator de potência para 0,92 poderia ser feita com emprego de capacitores.

A potência total da instalação em estudo seria:

$$P_a = P \div \cos \varphi = 377,6 \div 0,85 = 443 \text{ kVA}$$

Vemos assim que, se os compressores fossem acionados por dois motores de indução de 50 cv em vez de motores síncronos da mesma capacidade, seria necessária uma potência adicional de

$$443 \text{ kVA} - 406,5 \text{ kVA} = 36,5 \text{ kVA}$$

Com o emprego dos motores síncronos, houve, por assim dizer, uma liberação de 36,5 kVA em benefício da rede, o que se busca hoje em todo o sistema elétrico nacional.

9.3 CORREÇÃO DO FATOR DE POTÊNCIA

Vimos, com os exemplos analisados, a conveniência e até a necessidade de se melhorar o fator de potência de uma instalação para atender às exigências da concessionária e alcançar economia na despesa com a energia elétrica. Essa melhoria pode ser alcançada com a instalação de *capacitores* em paralelo com a carga, de modo a reduzir a potência reativa obtida da rede externa.

Suponhamos que uma instalação tenha uma carga instalada, tal como a representada na Fig. 9.9(a).

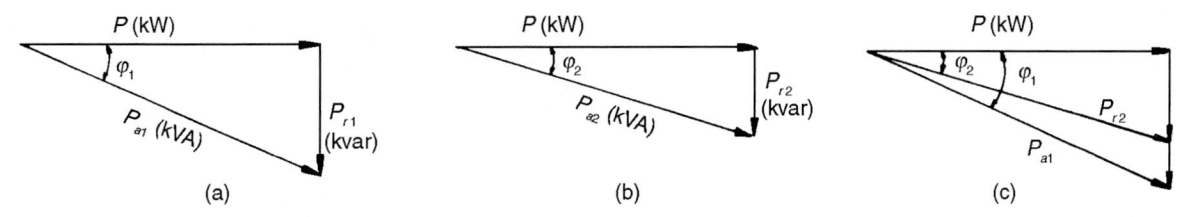

Figura 9.9 Diagrama vetorial mostrando o benefício em melhorar o fator de potência.

Existe uma potência ativa P e, em consequência do fator de potência cos φ_1, a potência aparente ou total é P_a. Pretendemos reduzir o fator de potência, o que equivale a reduzir a componente reativa P_{r1} da potência para o valor P_{r2} [Fig. 9.9(b)], mantendo, porém, o mesmo valor da potência ativa P. Façamos a superposição dos diagramas [Fig. 9.9(c)].

Podemos escrever:

$$P_{r1} = P \times \text{tg } \varphi_1$$

$$P_{r2} = P \times \text{tg } \varphi_2$$

Para reduzir a potência reativa de P_{r1} para P_{r2}, deverá ser ligada uma **carga capacitiva** igual a: $P_{r1} - P_{r2}$, ou seja,

$$P_c = P_{r1} - P_{r2} = P (\text{tg } \varphi_1 - \text{tg } \varphi_2)$$

Embora não haja a menor dificuldade em aplicar fórmula tão simples, pode-se, contudo, utilizar a Tabela 9.1, que fornece o multiplicador (tg φ_1 − tg φ_2) em função do fator de potência original (cos φ_1) e daquele que se pretende obter (cos φ_2).

Exemplo 9.3

Uma indústria tem instalada uma carga de 200 kW. Verificou-se que o fator de potência é igual a 85 % (em atraso).

Qual deverá ser a potência (kvar) de um capacitor que, instalado, venha a reduzir a potência reativa, de modo que o fator de potência atenda às prescrições da concessionária, isto é, seja igual (no mínimo) a 92 %?

Solução

Potência ativa: $P = 200$ kW

cos $\varphi_1 = 0,85$. Logo, $\varphi_1 = 31,78°$ e tg $\varphi_1 = 0,619$
cos $\varphi_2 = 0,92$. Logo, $\varphi_2 = 23,07°$ e tg $\varphi_2 = 0,425$

Portanto, usando a Fórmula 9.1, teremos para a potência reativa a ser compensada pelo capacitor:

$$P_c = P (\text{tg } \varphi_1 - \text{tg } \varphi_2) = 200 (0,619 - 0,425) = 38,8 \text{ kvar}$$

Podemos usar a Tabela 9.1. Entrando com cos $\varphi_1 = 0,85$ e cos $\varphi_2 = 0,92$, obtemos (tg φ_1 − tg φ_2) = 0,191.

$$P_c = 200 \times 0,191 = 38,2 \text{ kvar}$$

Poderíamos usar um capacitor trifásico de 40 kvar.

A Fig. 9.10 mostra capacitores trifásicos da WALTEC Eletro-Eletrônica Ltda.

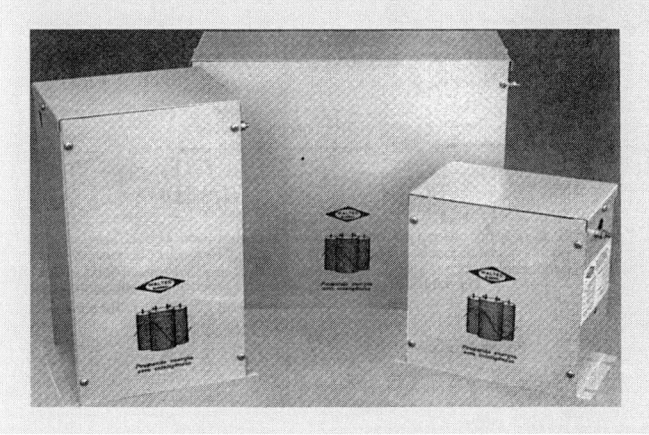

Figura 9.10 Capacitores trifásicos da WALTEC Eletro-Eletrônica Ltda.

Tabela 9.1 Valores de $(\mathrm{tg}\,\varphi_1 - \mathrm{tg}\,\varphi_2)$ na fórmula $P_r = P\,(\mathrm{tg}\,\varphi_1 - \mathrm{tg}\,\varphi_2)$ para obtenção da potência reativa com um fator de potência desejado

Fator de potência desejado $\cos\varphi_2$

Fator de potência original $\cos\varphi_1$	0,80	0,81	0,82	0,83	0,84	0,85	0,86	0,87	0,88	0,89	0,90	0,91	0,92	0,93	0,94	0,95	0,96	0,97	0,98	0,99	1,00
0,50	0,982	1,008	1,034	1,060	1,086	1,112	1,139	1,165	1,192	1,220	1,248	1,276	1,306	1,337	1,369	1,403	1,442	1,481	1,529	1,590	1,732
0,51	0,937	0,962	0,989	1,015	1,041	1,067	1,094	1,120	1,147	1,175	1,203	1,231	1,261	1,292	1,324	1,358	1,395	1,436	1,484	1,544	1,687
0,52	0,893	0,919	0,945	0,971	0,997	1,023	1,050	1,076	1,103	1,131	1,159	1,187	1,217	1,248	1,280	1,314	1,351	1,392	1,440	1,500	1,643
0,53	0,850	0,876	0,902	0,928	0,954	0,980	1,007	1,033	1,060	1,088	1,116	1,144	1,174	1,205	1,237	1,271	1,308	1,349	1,397	1,457	1,600
0,54	0,809	0,835	0,861	0,887	0,913	0,939	0,966	0,992	1,019	1,047	1,075	1,103	1,133	1,164	1,196	1,230	1,267	1,308	1,356	1,416	1,559
0,55	0,769	0,795	0,821	0,847	0,873	0,899	0,926	0,952	0,979	1,007	1,035	1,063	1,090	1,124	1,156	1,190	1,228	1,268	1,316	1,377	1,519
0,56	0,730	0,756	0,782	0,808	0,834	0,860	0,887	0,913	0,940	0,968	0,996	1,024	1,051	1,085	1,117	1,151	1,189	1,229	1,277	1,338	1,480
0,57	0,692	0,718	0,744	0,770	0,796	0,822	0,849	0,875	0,902	0,930	0,958	0,986	1,013	1,047	1,079	1,113	1,151	1,191	1,239	1,300	1,442
0,58	0,655	0,681	0,707	0,733	0,759	0,785	0,812	0,838	0,865	0,893	0,921	0,949	0,976	1,010	1,042	1,076	1,114	1,154	1,202	1,263	1,405
0,59	0,618	0,644	0,670	0,696	0,722	0,748	0,775	0,801	0,828	0,856	0,884	0,912	0,943	0,973	1,005	1,039	1,077	1,117	1,165	1,226	1,368
0,60	0,584	0,610	0,636	0,662	0,688	0,714	0,741	0,767	0,794	0,822	0,850	0,878	0,905	0,939	0,971	1,005	1,043	1,083	1,131	1,192	1,334
0,61	0,549	0,575	0,601	0,627	0,653	0,679	0,706	0,732	0,759	0,787	0,815	0,843	0,870	0,904	0,936	0,970	1,008	1,048	1,096	1,157	1,299
0,62	0,515	0,541	0,567	0,593	0,619	0,645	0,672	0,698	0,725	0,753	0,781	0,809	0,836	0,870	0,902	0,936	0,974	1,014	1,062	1,123	1,265
0,63	0,483	0,509	0,535	0,561	0,587	0,613	0,640	0,666	0,693	0,721	0,749	0,777	0,804	0,838	0,870	0,904	0,942	0,982	1,030	1,091	1,233
0,64	0,450	0,476	0,502	0,528	0,554	0,580	0,607	0,633	0,660	0,688	0,716	0,744	0,771	0,805	0,837	0,871	0,909	0,949	0,997	1,056	1,200
0,65	0,419	0,445	0,471	0,497	0,523	0,549	0,576	0,602	0,629	0,657	0,685	0,713	0,740	0,774	0,806	0,840	0,878	0,918	0,966	1,027	1,169
0,66	0,388	0,414	0,440	0,466	0,492	0,518	0,545	0,571	0,598	0,626	0,654	0,682	0,709	0,743	0,775	0,809	0,847	0,887	0,935	0,996	1,138
0,67	0,358	0,384	0,410	0,436	0,462	0,488	0,515	0,541	0,568	0,596	0,624	0,652	0,679	0,713	0,745	0,779	0,817	0,857	0,905	0,966	1,108
0,68	0,329	0,355	0,381	0,407	0,433	0,459	0,486	0,512	0,539	0,567	0,595	0,623	0,650	0,684	0,716	0,750	0,788	0,828	0,876	0,937	1,079
0,69	0,299	0,325	0,351	0,377	0,403	0,429	0,456	0,482	0,509	0,537	0,565	0,593	0,620	0,654	0,686	0,720	0,758	0,798	0,840	0,907	1,049
0,70	0,270	0,296	0,322	0,348	0,374	0,400	0,427	0,453	0,480	0,508	0,536	0,564	0,591	0,625	0,657	0,691	0,729	0,769	0,811	0,878	1,020
0,71	0,242	0,268	0,294	0,320	0,346	0,372	0,399	0,425	0,452	0,480	0,508	0,536	0,563	0,597	0,629	0,663	0,701	0,741	0,783	0,850	0,992
0,72	0,213	0,239	0,265	0,291	0,317	0,343	0,370	0,396	0,423	0,451	0,479	0,507	0,534	0,568	0,600	0,634	0,672	0,712	0,754	0,821	0,963
0,73	0,186	0,212	0,238	0,264	0,290	0,316	0,343	0,369	0,396	0,424	0,452	0,480	0,507	0,541	0,573	0,607	0,645	0,685	0,727	0,794	0,936
0,74	0,159	0,185	0,211	0,237	0,263	0,289	0,316	0,342	0,369	0,397	0,425	0,453	0,480	0,514	0,546	0,580	0,618	0,658	0,700	0,767	0,909
0,75	0,132	0,158	0,184	0,210	0,236	0,262	0,289	0,315	0,342	0,370	0,398	0,426	0,453	0,487	0,519	0,553	0,591	0,631	0,673	0,740	0,882
0,76	0,105	0,131	0,157	0,183	0,209	0,235	0,262	0,288	0,315	0,343	0,371	0,399	0,426	0,460	0,492	0,526	0,564	0,604	0,652	0,713	0,855
0,77	0,079	0,105	0,131	0,157	0,183	0,209	0,236	0,262	0,289	0,317	0,345	0,373	0,400	0,434	0,466	0,500	0,538	0,578	0,620	0,686	0,829
0,78	0,053	0,079	0,105	0,131	0,157	0,183	0,210	0,236	0,263	0,291	0,319	0,347	0,374	0,408	0,440	0,474	0,512	0,552	0,594	0,661	0,803
0,79	0,026	0,052	0,078	0,104	0,130	0,157	0,183	0,209	0,236	0,264	0,292	0,320	0,347	0,381	0,413	0,447	0,485	0,525	0,567	0,634	0,776
0,80	0,000	0,026	0,052	0,078	0,104	0,130	0,157	0,183	0,210	0,238	0,266	0,294	0,321	0,355	0,387	0,421	0,459	0,499	0,541	0,608	0,750
0,81		0,000	0,026	0,052	0,078	0,105	0,131	0,157	0,184	0,212	0,240	0,268	0,295	0,329	0,361	0,395	0,433	0,473	0,515	0,582	0,724
0,82			0,000	0,026	0,052	0,079	0,105	0,131	0,158	0,186	0,214	0,242	0,269	0,303	0,335	0,369	0,407	0,447	0,496	0,556	0,696
0,83				0,000	0,026	0,052	0,079	0,105	0,132	0,160	0,188	0,216	0,243	0,277	0,309	0,343	0,381	0,421	0,463	0,536	0,672
0,84					0,000	0,026	0,053	0,079	0,106	0,134	0,162	0,190	0,217	0,251	0,283	0,317	0,355	0,395	0,437	0,504	0,645
0,85						0,000	0,027	0,053	0,080	0,108	0,136	0,164	0,191	0,225	0,257	0,291	0,329	0,369	0,417	0,476	0,620
0,86							0,000	0,026	0,053	0,081	0,109	0,137	0,167	0,198	0,230	0,265	0,301	0,343	0,390	0,451	0,593
0,87									0,027	0,055	0,082	0,111	0,141	0,172	0,204	0,238	0,275	0,317	0,364	0,425	0,567
0,88										0,028	0,056	0,084	0,114	0,145	0,177	0,211	0,248	0,290	0,337	0,398	0,540
0,89											0,028	0,056	0,086	0,117	0,149	0,183	0,220	0,262	0,309	0,370	0,512
0,90												0,028	0,058	0,089	0,121	0,155	0,192	0,234	0,281	0,342	0,484
0,91													0,30	0,061	0,093	0,127	0,164	0,206	0,253	0,314	0,456
0,92														0,031	0,063	0,097	0,134	0,176	0,223	0,284	0,426
0,93															0,032	0,068	0,103	0,145	0,192	0,253	0,395
0,94																0,034	0,071	0,113	0,160	0,221	0,363
0,95																	0,037	0,079	0,126	0,187	0,328
0,96																		0,042	0,089	0,149	0,292
0,97																			0,047	0,108	0,251
0,98																				0,061	0,203
0,99																					0,142

9.4 AUMENTO NA CAPACIDADE DE CARGA PELA MELHORIA DO FATOR DE POTÊNCIA

Em indústrias, algumas vezes, torna-se necessário um acréscimo de carga. Acontece não ser possível aumentar o suprimento de energia, por estar a instalação no limite de sua capacidade, ou a rede sobrecarregada. Recorre-se, então, à instalação de capacitores, para reduzir a potência reativa absorvida (kvar), aumentando o fator de potência, e, assim, fazer crescer a potência ativa (kW), sem afetar a potência total ou aparente da instalação (kVA).

Vejamos como isto se realiza.

Chamemos de P_i a potência ativa inicial (kW).
N_i a potência total inicial (kVA).
Q_i a potência reativa inicial (kvar).
P_f a potência ativa final (kW).
N_f a potência total final (kVA).
Q_f a potência reativa final (kvar).
Q_c a potência reativa fornecida pelos capacitores.

Representemos o esquema com estes vetores (Fig. 9.12), notando que,

$$\cos \varphi_i = \frac{P_i\,*}{N_i}$$

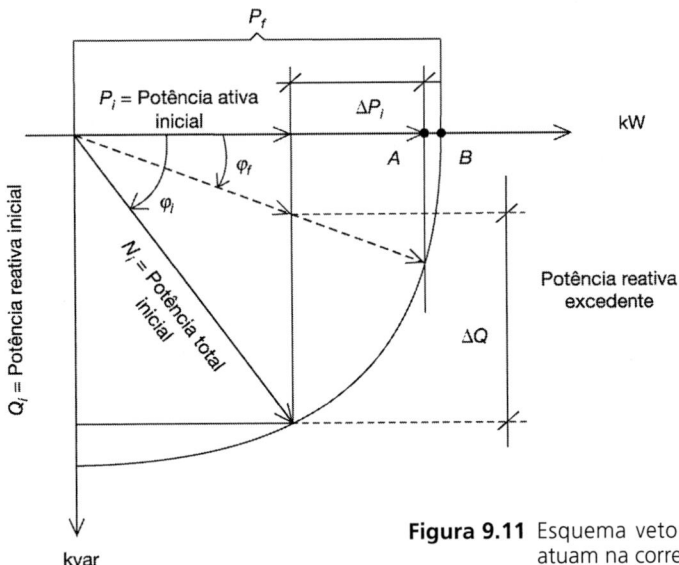

Figura 9.11 Esquema vetorial indicando os parâmetros que atuam na correção do fator de potência.

Seja ΔP_i o acréscimo de potência ativa pretendida. Vejamos que redução na potência reativa deverá ser realizada. Marquemos o valor de $\Delta P_i = \overline{AB}$, no prolongamento de $\overline{OA}$. Levantemos uma perpendicular a $\overline{OB}$ pelo ponto B, até o ponto C, sobre a circunferência de raio $\overline{OD} = N_i$, $\overline{BC}$ vem a ser a potência reativa quando a potência ativa for igual a $P_i + \Delta P_i$, isto é, quando tiver ocorrido o acréscimo ΔP_i.

Tracemos $\overline{CE}$ paralelo a $\overline{AB}$. $\overline{DF}$ será a redução na potência reativa a ser obtida com o capacitor, para se obter a potência ativa $P_i + \Delta P_i$ e a reativa $\overline{BC}$. Para calcularmos $\overline{DF}$, notemos que:

$$\overline{DF} = \overline{AD} - \overline{AF}$$
$$\overline{AF} = \overline{AE} - \overline{EF} = \overline{BC} - \overline{EF}$$
$$\overline{EF} = \overline{EC} \times \mathrm{tg}\ \varphi_{\mathrm{final}}$$
$$\overline{DF} = \overline{AD} - (\overline{BC} - \overline{EC} \times \mathrm{tg}\ \varphi_{\mathrm{final}})$$

ou

$$Q_c = Q_i - (Q_{\mathrm{final}} - \Delta P_i \times \mathrm{tg}\ \varphi_{\mathrm{final}})$$

---

* *Nota:* A partir de agora, as potências ativa, aparente e reativa serão designadas por *P*, *N* e *Q*, respectivamente.

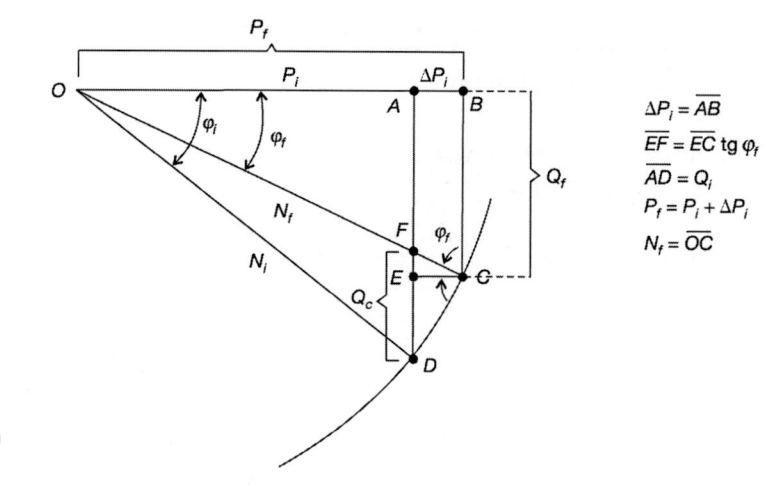

Figura 9.12 Representação geométrica da potência ativa através da diminuição da potência reativa.

Exemplo 9.4

Uma indústria tem instalada uma subestação com um transformador de 750 kVA, que opera a plena carga, e com fator de potência = 0,85. Pretende-se instalar equipamentos cuja potência total é de 60 kW, com fator de potência de 0,83, sem recorrer a reforço de carga e substituição no transformador ou sem submetê-lo a sobrecarga excessiva. Determinar o capacitor estático capaz de alcançar esse objetivo.

Solução

a) *Carga inicial*
   - potência total – $N_i = 750$ kVA
   - fator de potência – $\cos \varphi_i = 0,85$ e $\varphi_i = 31,79°$
   - potência ativa – $P_i = N_i \cos \varphi_i = 750 \times 0,85 = 637,5$ kW
   - potência reativa – $Q_i = N_i \operatorname{sen} \varphi_i = 750 \times 0,526 = 395$ kvar

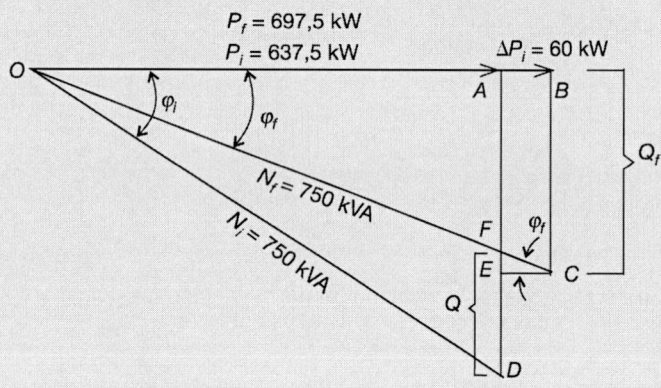

Figura 9.13 Diagrama da solução do Exemplo 9.4.

b) *Acréscimo de carga*
   - potência ativa – $\Delta P_i = 60$ kW
   - fator de potência – $\cos \varphi_f = 0,83$ e $\varphi_f = 33,90°$
   - potência total – $\Delta N_i = \Delta P_i \div \cos \varphi_f = 60 \div 0,83 = 72,3$ kVA
   - potência reativa – $\Delta Q_i = \Delta P_i \times \operatorname{tg} \varphi_f = 60 \times 0,67 = 40,2$ kvar

c) *Carga final, após o acréscimo*
   - potência ativa – $P_f = P_i + \Delta P_i = 637,5 + 60 = 697,5$ kW
   - potência total final. É a mesma que a inicial, pois a potência de 750 kVA não deverá ser ultrapassada.

$$N_f = N_i = 750 \text{ kVA}$$

Fator de potência $\cos \varphi_f = \dfrac{P_f}{N_f} = \dfrac{697,5}{750} = 0,93$

$$\varphi_f = 21,57°$$

A potência reativa, após a instalação dos capacitores, será:

$$Q_f = \overline{BC} = P_f \times \operatorname{tg} \varphi_f = 697,5 \times 0,395 = 275,7 \text{ kvar}$$

A redução na potência reativa, que deverá ser obtida com os capacitores, fornece uma potência reativa capacitiva.

$$Q_c = \overline{DF} = Q_i - (Q_f - \Delta P_i \times \text{tg } \varphi_f)$$

$$= 395 - [275,7 - (60 \times 0,395)] = 143 \text{ kvar}$$

Concluindo, os capacitores deverão atender ao suprimento de 143 kvar. Não havendo um único capacitor com essa capacidade, pode-se usar um banco com capacitores em paralelo.

Quando se aumenta o fator de potência de um sistema, a corrente de alimentação diminui e, como resultado, as perdas de potência, por *efeito Joule*, nos condutores, também se reduzem.

Suponhamos uma alimentação de corrente para uma carga de consumo de P (watts). Representemos uma das fases, para maior simplicidade na exposição.

A tensão de suprimento é de U_1 (volts), mas, em decorrência da resistência (ohms) do circuito, ao chegar à carga, a tensão terá o valor U_2 (volts), inferior a U_1, devido à queda de tensão no percurso.

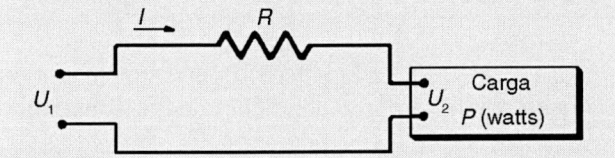

Figura 9.14 Esquema elétrico que indica a queda de tensão num circuito com resistência.

Em razão da correção do fator de potência, essas perdas podem ser minimizadas.

Esta variação é dada por:

$$\frac{\Delta P_i - \Delta P_f}{\Delta P_i} = \Delta P = \left[1 - \left(\frac{\cos \varphi_i}{\cos \varphi_f} \right)^2 \right] \times 100\%$$

em que ΔP_i é a perda com fator de potência $\cos \varphi_i$ e ΔP_f é a perda com fator de potência $\cos \varphi_f$.

EXEMPLO 9.5

Uma indústria cujo fator de potência é 0,77 consome anualmente 100 000 kWh. Pretende-se melhorar o fator de potência instalando capacitores, de modo que o fator de potência se eleve para 0,95. Qual a redução de kWh anual, admitindo que as perdas por efeito Joule representam 4 % do consumo?

Solução

Na instalação existente, $\cos \varphi_i = 0,77$.
Após a correção com capacitores, $\cos \varphi_f = 0,95$.
Perdas por efeito Joule: $0,04 \times 100\ 000 = 4\ 000$ kWh.

A redução percentual das perdas, graças aos capacitores, será:

$$\Delta P = \left[1 - \left(\frac{\cos \varphi_i}{\cos \varphi_f} \right)^2 \right] \times 100 = \left[1 - \left(\frac{0,77}{0,95} \right)^2 \right] \times 100 = 34,3\%$$

Anualmente, teremos uma redução nas perdas por dissipação, sob forma de calor, igual a $0,343 \times 4\ 000 = 1\ 372$ kWh.

9.5 EQUIPAMENTOS EMPREGADOS

Como mencionado, em geral são usados capacitores. Os motores síncronos, quando acionam compressores, bombas etc., beneficiam a instalação mas não representam a solução usual para o caso. Por isso vamos limitar-nos a tratar dos capacitores.

CAPACITORES

São dispositivos estáticos (Fig. 9.10), cujo objetivo é introduzir capacitância em um circuito elétrico, compensando ou neutralizando o efeito de indução das cargas indutivas. São especificados pela sua potência reativa nominal e podem ser monofásicos e trifásicos, para baixa e alta tensões, conforme a Tabela 9.2.

Tabela 9.2 Capacitores estáticos

Baixa tensão	Alta tensão
220, 380, 440, 480 V	2 200, 3 800, 6 640, 7 620, 7 960, 12 700, 13 200 V
Monofásico e trifásico	Monofásico e trifásico
60 Hz	60 Hz
0,50 a 50 kvar	25, 50 e 100 kvar

Os capacitores devem ser localizados o mais próximo possível das cargas (C_1, na Fig. 9.15), pois reduzem, assim, as perdas nos circuitos elétricos, elevam a tensão nos pontos de consumo, melhoram as condições de funcionamento e aliviam a solicitação do transformador.

Não é viável, muitas vezes, a instalação de um capacitor junto a cada equipamento elétrico porque o custo seria elevado e poderia não haver capacitores comerciais nos valores das cargas, consideradas isoladamente. Ocorre, em geral, uma diversificação no consumo, e prefere-se, então, colocar um capacitor no barramento de baixa tensão (C_2, na Fig. 9.15) ou em ramal que alimenta diversas cargas (C_3, na mesma figura).

Como o custo dos capacitores decresce com o aumento da tensão, há vantagem, sob esse aspecto, em colocá-los no lado da maior tensão, mas a instalação na alta tensão do transformador (C_4, na Fig. 9.15) não proporciona liberação de capacidade no próprio transformador. A Fig. 9.16 mostra os dados dos capacitores tipo CPMW, da WALTEC.

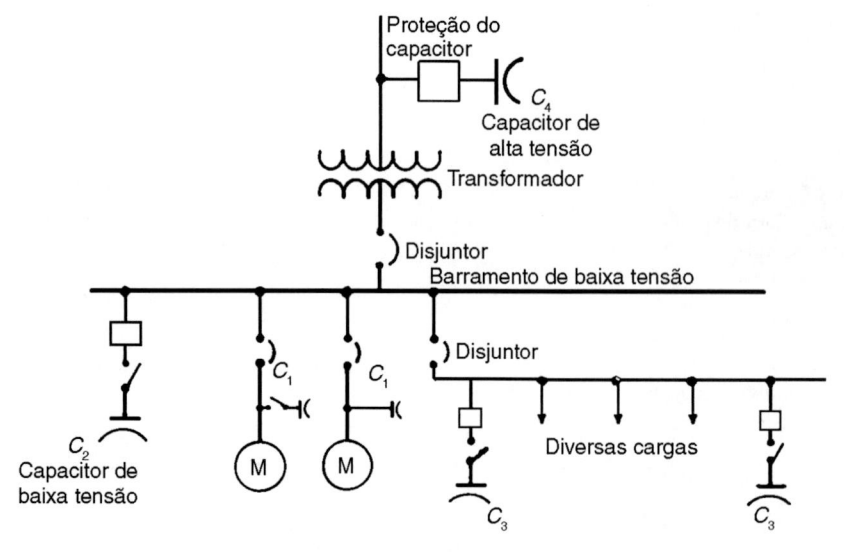

Figura 9.15 Localização de capacitores.

9.6 PRESCRIÇÕES PARA INSTALAÇÃO DE CAPACITORES

- Quando empregados individualmente para servir a um motor elétrico, o capacitor pode ser ligado sem necessidade de um dispositivo de desligamento (Fig. 9.17).
- Quando o conjunto motor-capacitor for manobrado por um único disjuntor [Figs. 9.18(a) e 9.18(b)], a potência reativa do capacitor não deve ser superior ao valor indicado na Tabela 9.3. Assim, um motor de 15 cv poderá ter um capacitor em paralelo, com capacidade reativa de 4 kvar se a rotação for de 3 600 ou 1 800 rpm.
- Os condutores de ligação do capacitor deverão ter capacidade para, no mínimo, 135 % de corrente nominal do capacitor.

Capacitores Trifásicos — tipo CPMW

Tipo	Potência nominal (kvar)	Corrente nominal (A)	Capacitância trifásica (μF)	Caixa tipo	Peso (kg)	Fusível (A)	Cabo de ligação (mm²)
Tensão nominal: 220 V — 60 Hz							
CPMW22.2,5	2,5	6,6	137	3	1,3	10	2,5
CPMW22/5	5	13,1	274	3	5,8	25	2,5
CPMW22/7,5	7,5	19,7	412	4	6,0	35	4
CPMW22/10	10	26,2	549	4	6,8	50	6
CPMW22/12,5	12,5	32,8	686	5	7,2	63	10
CPMW22/15	15	39,4	823	5	7,5	63	16
CPMW22/17,5	17,5	46,0	960	5	10,3	80	16
CPMW22/20	20	52,5	1 096	5	10,6	100	25
CPMW22/22,5	22,5	59,1	1 233	6	10,9	100	25
CPMW22/25	25	65,6	1 371	6	11,7	125	35
CPMW22/27,5	27,5	72,2	1 508	6	12,0	125	35
CPMW22/30	30	78,7	1 644	6	12,3	160	35
Tensão nominal: 380 V — 60 Hz							
CPMW38/2,5	2,5	3,8	46	3	1,3	10	2,5
CPMW38/5	5	7,6	93	3	5,7	16	2,5
CPMW38/7,5	7,5	11,4	139	3	6,6	20	2,5
CPMW38/10	10	15,2	186	3	6,5	25	4
CPMW38/12,5	12,5	19,0	232	4	7,4	35	4
CPMW38/15	15	22,8	279	4	7,3	35	6
CPMW38/17,5	17,5	26,6	326	5	10,2	50	10
CPMW38/20	20	30,4	372	4	8,0	50	10
CPMW38/22,5	22,5	34,2	418	5	11,0	63	10
CPMW38/25	25	38,0	465	5	11,0	63	16
CPMW38/27,5	27,5	42,3	512	5	11,9	80	16
CPMW38/30	30	45,6	558	5	11,7	80	16
CPMW38/35	35	53,2	651	5	12,7	100	25
CPMW38/40	40	60,8	744	5	13,4	100	25
CPMW38/45	45	68,4	837	6	16,3	125	35
CPMW38/50	50	76,0	930	6	17,0	125	35
CPMW38/55	55	84,6	1 023	6	18,0	160	50
CPMW38/60	60	92,3	1 116	6	18,8	160	50
Tensão nominal: 440 V — 60 Hz							
CPMW44/2,5	2,5	3,3	34	3	1,3	6	2,5
CPMW44/5	5	6,6	69	3	5,6	16	2,5
CPMW44/7,5	7,5	9,8	103	3	6,5	16	2,5
CPMW44/10	10	13,1	138	3	6,4	25	2,5
CPMW44/12,5	12,5	16,4	172	4	7,3	25	4
CPMW44/15	15	19,7	207	4	7,2	35	4
CPMW44/17,5	17,5	23,0	242	5	10,1	35	6
CPMW44/20	20	26,2	276	4	7,9	50	10
CPMW44/22,5	22,5	29,5	310	5	10,8	50	10
CPMW44/25	25	32,8	345	5	10,8	63	10
CPMW/27,5	27,5	36,3	380	5	11,8	63	16
CPMW44/30	30	39,4	414	5	11,5	63	16
CPMW44/35	35	46,0	483	5	12,4	80	16
CPMW44/40	40	52,5	552	5	13,1	100	25
CPMW44/45	45	59,1	621	6	16,0	100	25
CPMW44/50	50	65,6	690	6	16,7	125	35
CPMW44/55	55	72,2	759	6	17,7	125	35
CPMW44/60	60	78,7	828	6	18,3	160	35

Notas:

(1) Os capacitores devem ser utilizados sob condições normais de operação, de acordo com a norma NBR 5060:1977.

(2) Precauções especiais serão necessárias para a instalação dos capacitores em redes com harmônicos, especialmente quando há risco de ressonância.

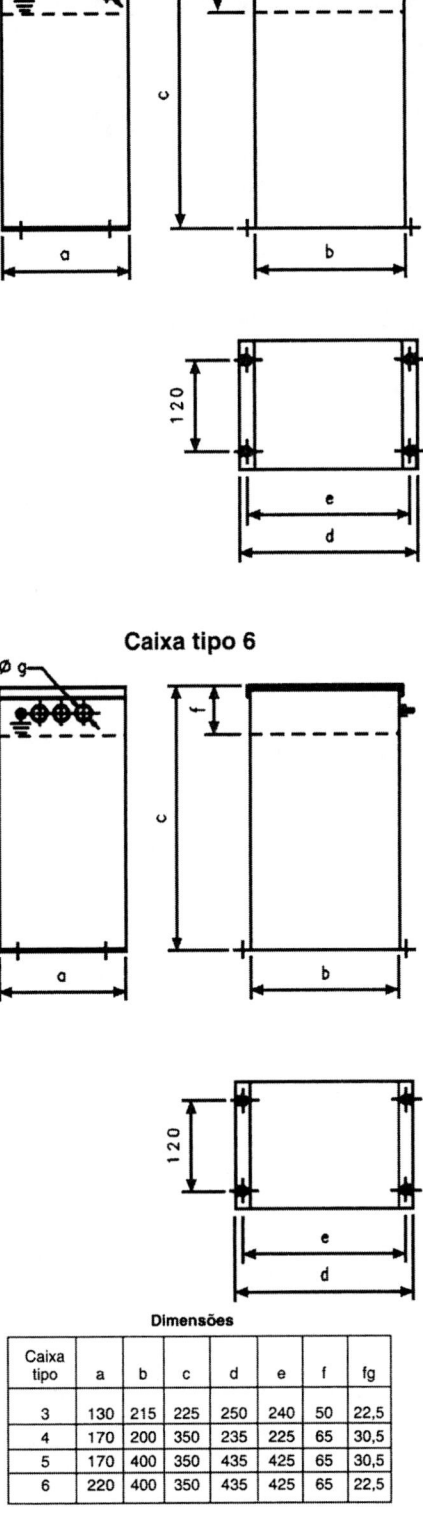

Caixa tipos 3, 4 e 5

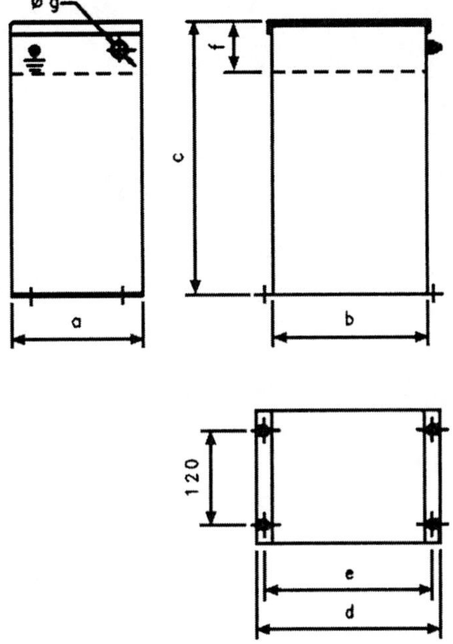

Caixa tipo 6

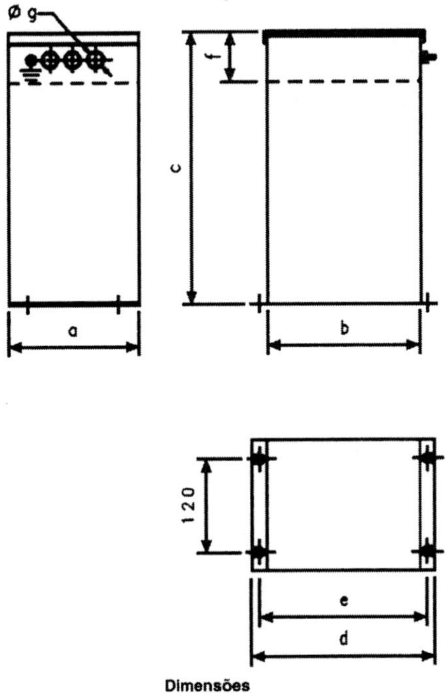

Dimensões

Caixa tipo	a	b	c	d	e	f	fg
3	130	215	225	250	240	50	22,5
4	170	200	350	235	225	65	30,5
5	170	400	350	435	425	65	30,5
6	220	400	350	435	425	65	22,5

Figura 9.16 Capacitores tipo CPMW da WALTEC Eletro-Eletrônica Ltda.

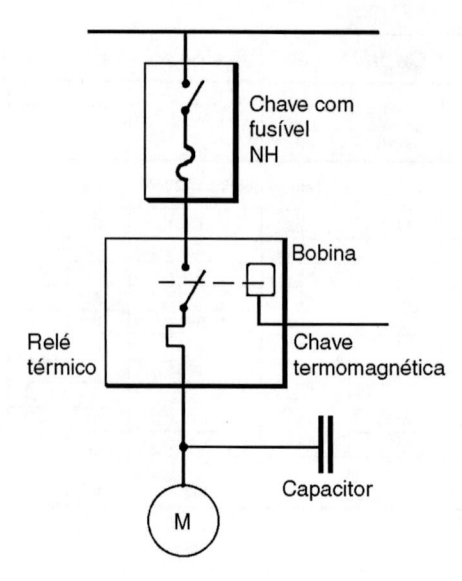

Figura 9.17 Ligação de capacitor em ramal de motor.

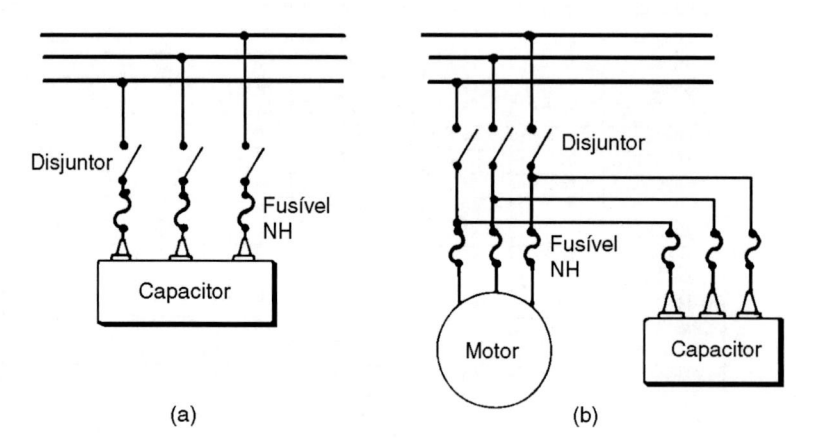

Figura 9.18 (a) Capacitor com chave e fusíveis individuais. (b) Capacitor com fusíveis ligado a um motor.

(a) (b)

• Sistema automático de correção de fator de potência.

  • O controle será feito utilizando controlador lógico programável.
  • A comutação dos estágios de capacitores será feita utilizando contatores.
  • O sistema é composto de um banco fixo de 20 kvar e três bancos móveis de 25 kvar.
  • O fluxo de potência reativa parcial será comparado com a medição geral, a fim de se introduzir potência capacitiva nos barramentos em que se fizerem necessários.

EXEMPLO 9.6

Dimensionar os condutores para um capacitor trifásico, ligado a um ramal de motor de indução de 50 cv, 380 V, 1 200 rpm.

Solução

A Tabela 9.3 nos fornece, para 50 HP (1 HP = 1,013 cv) e 1 200 rpm, potência reativa do capacitor igual a 13 kvar.
A corrente será dada por:

$$I = \frac{P_r}{\sqrt{3} \times U} = \frac{13\,000}{\sqrt{3} \times 380} = 19,75 \simeq 20 \text{ A}$$

Corrente para dimensionamento do condutor de ligação:

$$I_c = 1,35 \times I = 1,35 \times 20 = 27,0 \text{ A}$$

Pela Tabela 9.4, vemos que para $U = 380$ V, $P_r = 20$ kvar, deveremos usar fusível de 50 A, fio de ligação de 10 mm² e chave de 50 A (mínimo). A chave e os fusíveis podem ser dispensados, desde que a ligação do capacitor seja feita após a chave de proteção e os fusíveis de motor (Figs. 9.17 e 9.18).

Tabela 9.3 Potência de capacitores para ligação com motores de indução — 60 Hz ΔI % = redução percentual da corrente de linha ocasionada pelos capacitores

	Motores de 60 Hz com rotor em curto-circuito (motores de gaiola)											
RPM	**3 600**		**1 800**		**1 200**		**900**		**720**		**600**	
Polos	**2**		**4**		**6**		**8**		**10**		**12**	
Potência do motor HP	**kvar**	**ΔI (%)**	**kvar**	**ΔI (%)**	**kvar**	**ΔI (%)**	**kvar**	**ΔI (%)**	**kvar**	**ΔI (%)**	**kvar**	**ΔI (%)**
3	1,5	14	1,5	15	1,5	20	2	27	2,5	35	3,5	41
5	2	12	2	13	2	17	3	25	4	32	4,5	37
7,5	2,5	11	2,5	12	3	15	4	22	5,5	30	6	34
10	3	10	3	11	3,5	14	5	21	6,5	27	7,5	31
15	4	9	4	10	5	13	6,5	18	8	23	9,5	27
20	5	9	5	10	6,5	12	7,5	16	9	21	12	25
25	6	9	6	10	7,5	11	9	15	11	20	14	23
30	7	8	7	9	9	11	10	14	12	18	16	22
40	9	8	9	9	11	10	12	13	15	16	20	20
50	12	8	11	9	13	10	15	12	19	15	24	19
60	14	8	14	8	15	10	18	11	22	15	27	19
75	17	8	16	8	18	10	21	10	26	14	32,5	18
100	22	8	21	8	25	9	27	10	32,5	13	40	17
125	27	8	26	8	30	9	32,5	10	40	13	47,5	16
150	32,5	8	30	8	35	9	37,5	10	47,5	12	52,5	15
200	40	8	37,5	8	42,5	9	47,5	10	60	12	65	14
250	50	8	45	7	52,5	8	57,5	9	70	11	77,5	13
300	57,5	8	52,5	7	60	8	65	9	80	11	87,5	12
350	65	8	60	7	67,5	8	75	9	87,5	10	95	11
400	70	8	65	6	75	8	85	9	95	10	105	11
450	75	8	67,5	6	80	8	92,5	9	100	9	110	11
500	77,5	8	72,5	6	82,5	8	97,5	9	107,5	9	115	10

kvar – Potência do capacitor.
ΔI % – Redução percentual da corrente de linha.
Notas:
1) Motores de anéis, multiplicar os valores da tabela por 1,1.
2) Para motores de corrente de partida elevada, multiplicar os valores da tabela por 1,3.

Exemplo 9.7

A conta de energia elétrica de uma indústria revelou o consumo de 58 000 kWh e indicou um fator de potência de 0,82. A alimentação em baixa tensão é de 380 V entre fases. A frequência da corrente é 60 Hz. Determinar os capacitores que deverão ser instalados no barramento de baixa, a fim de se conseguir melhorar o fator de potência para 0,92. A indústria trabalha 250 horas por mês.

Solução

1) *Consumo médio horário*
   Potência ativa medida

$$P = 58\ 000\ \text{kWh} \div 250\ \text{h} = 232\ \text{kW}.$$

2) Entrando na Tabela 9.1, com cos $\varphi_1 = 0,82$ e cos $\varphi_2 = 0,90$, obtemos o multiplicador, 0,214, para acharmos a potência reativa
   $P_r \cdot P_r = 0,214 \times 232 = 49,648$ kvar $\simeq 50$ kvar.

3) Na Tabela 9.4, vemos que existe um capacitor para 50 kvar, com 920 microfarads (μF), corrente no ramal de 76 A, fusível de 100 A, cabo de ligação de 35 mm², chave de 100 A.

Tabela 9.4 Capacitores trifásicos de baixa tensão

Tensão de linha (V)	Potência (kvar) a 60 Hz	Capacitância nominal (µF)	Corrente de linha (A) a 60 Hz	Fusível (A)		Fio de ligação (mm²)	Chave mínima (A)
				Diazed retard.	Cartucho		
220	5,0	275	13,2	25	25	4	25
	6,0	330	15,8	35	30	6	30
	7,5	412	19,8	35	35	6	35
	10,0	550	26	50	45	10	45
	12,0	660	32	50	60	16	55
	15,0	825	39	63	70	16	65
	20,0	1 158	52	80	90	25	90
	25,0	1 370	65,5	100	100	25	100
380	5,0	92	7,6	16	15	2,5	15
	6,0	110	9,1	16	15	2,5	15
	10,0	184	15,2	25	25	4	25
	12,0	221	18,2	35	30	6	30
	15,0	276	23	50	40	6	40
	18,0	331	27	50	45	10	45
	20,0	368	30	50	50	10	50
	24,0	442	36	63	60	16	60
	25,0	460	38	63	70	16	65
	30,0	550	46	80	80	25	80
	40,0	736	50	100	100	25	100
	50,0	920	76	100	100	35	100
440	5,0	69	6,6	16	15	2,5	15
	6,0	83	7,9	16	15	2,5	15
	10,0	138	13,2	25	25	4	25
	12,0	166	15,8	35	30	6	30
	15,0	207	19,8	35	35	6	35
	20,0	276	26	50	45	10	45
	25,0	345	33	50	60	16	55
	30,0	414	39	63	70	16	65
	40,0	552	52	80	80	25	90
	50,0	690	66	100	100	35	100
480	5,0	57	6,0	10	10	2,5	10
	6,0	69	7,2	16	15	2,5	15
	10,0	114	12,0	20	20	4	20
	12,0	138	14,4	25	25	4	25
	15,0	171	18,0	35	30	6	30
	20,0	228	24	50	40	10	40
	25,0	285	30	50	50	10	50
	30,0	342	36	63	60	16	60
	40,0	456	48	80	80	25	90
	50,0	570	60	100	100	25	100

- Os capacitores devem ser providos de meios de descarga elétrica, e estes devem ser aplicados quando o capacitor for desligado da linha alimentadora. Quando não ficam permanentemente ligados ao capacitor, deverão ligar-se, automaticamente, no instante do desligamento da fonte.
- Os capacitores devem ter suas carcaças ligadas à terra.

9.7 ASSOCIAÇÃO DE CAPACITORES

Existem capacitores monofásicos e trifásicos, instalados em postes ou internamente, constituindo os "bancos de capacitores" (Fig. 9.19). Cada capacitor pode ter sua chave desligadora e seus fusíveis (Fig. 9.20). Há casos em que se recomenda uma única chave para o conjunto de capacitores.

Quando a carga reativa a compensar for elevada, será necessário instalar um "banco", constituído por capacitores trifásicos, em paralelo. As capacitâncias desses equipamentos somam-se, isto é,

$$C = C_1 + C_2 + C_3 + \ldots$$

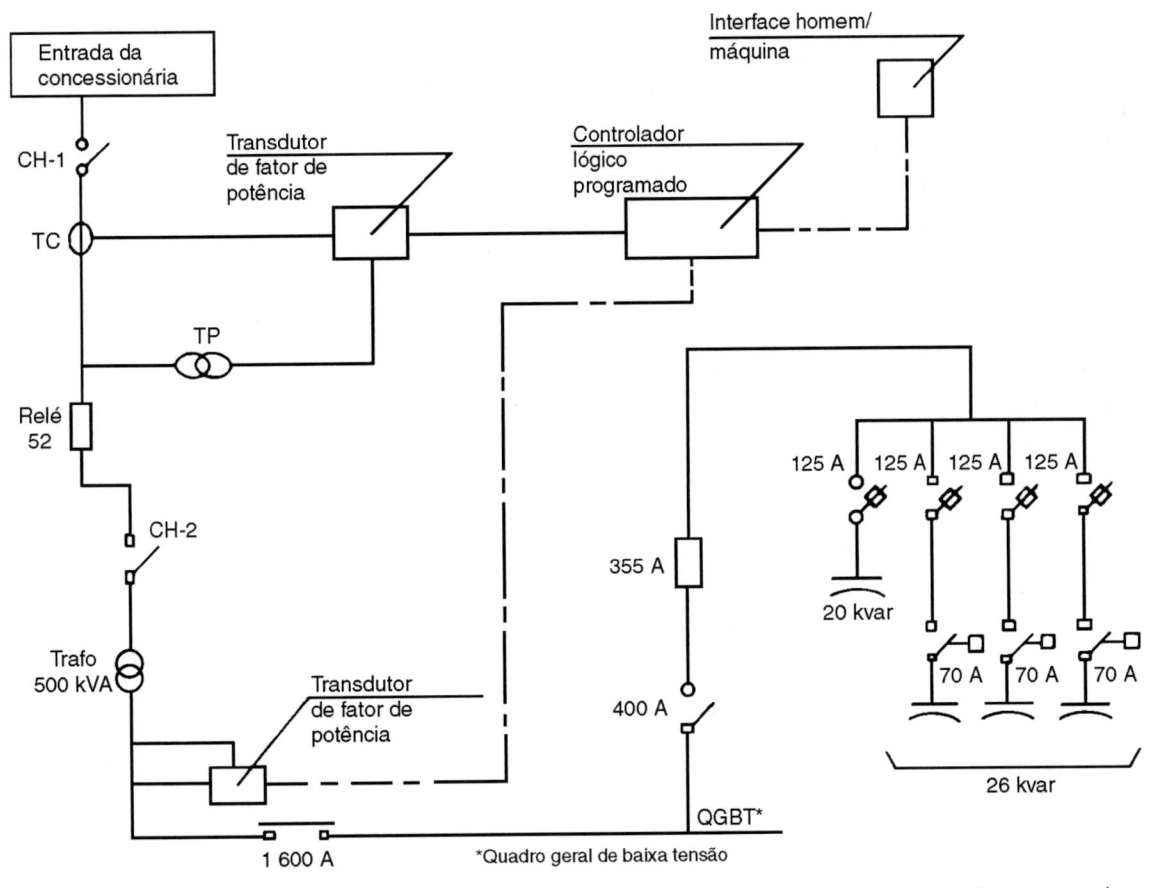

Figura 9.19 Exemplo de aplicação de capacitores e banco de capacitores, com correção automática ou manual.

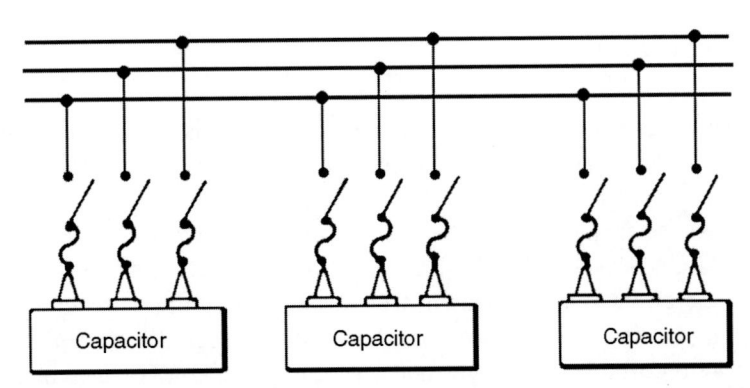

Figura 9.20 Conjunto de três capacitores trifásicos com chaves e fusíveis individuais.

9.8 DETERMINAÇÃO DO FATOR DE POTÊNCIA

Existem disponíveis no mercado equipamentos medidores (analisadores de energia) que permitem efetuar a monitoração trifásica de correntes, tensões, potências ativa e reativa e o fator de potência. Tais equipamentos constituem ferramenta eficaz para o correto dimensionamento dos bancos de capacitores a instalar.

Alternativamente, é possível, por meio da associação de um wattímetro e um medidor de potência total, conseguir bons resultados.

No primeiro caso, calcula-se o fator de potência por:

$$\cos \varphi = \frac{P \,(\text{watts})}{N \,(\text{kVA})}$$

e, no seguinte,

$$\text{tg}\, \varphi = \frac{Q \,(\text{kvar})}{P \,(\text{watts})}$$

Obtido φ, calcula-se o fator de potência $\cos \varphi$.

Todo excesso de energia reativa é prejudicial ao sistema elétrico, seja o reativo indutivo, absorvido pela unidade consumidora, ou reativo capacitivo, fornecido à rede pelos capacitores dessa unidade.

O controle consiste em manter o fator de potência da unidade consumidora dentro da faixa do fator de potência indutivo 0,92 até o 0,92 capacitivo.

Nas instalações com correção de fator de potência através de capacitores, os mesmos devem ser desligados, conforme se desativam as cargas indutivas, de forma a manter uma compensação equilibrada entre reativo indutivo e capacitivo.

A concessionária aplicará ao excedente de reativo capacitivo os mesmos critérios de faturamento aplicados ao excedente de reativo indutivo.

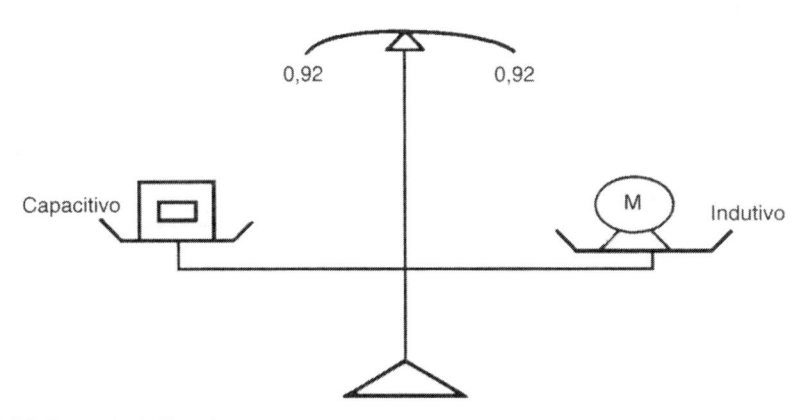

Figura 9.21 Esquema indicando o equilíbrio desejado entre a energia capacitiva e a energia indutiva.

9.9 COMENTÁRIOS GERAIS

O problema da presença de correntes harmônicas nos sistemas, que consistem em correntes com frequências múltiplas da frequência fundamental (60 Hz) e sua interação com os bancos de capacitores, deve ser avaliado, em face da suscetibilidade desses equipamentos à sobrecarga e às sobretensões decorrentes de ressonância série e/ou paralela no sistema elétrico. Cabe mencionar que a reatância capacitiva do capacitor varia inversamente com a frequência ($Xc = \frac{1}{2}\,\pi f c$), passando, então, a ser estabelecido um caminho de baixa impedância para as correntes harmônicas presentes no sistema, que poderão vir a sobrecarregar e a causar dano permanente ao equipamento.

Adicionalmente, a aplicação de capacitores em média e alta tensões deverá ser avaliada criteriosamente em função das sobretensões e sobrecorrentes de magnitude e frequência elevadas, provocadas pelo chaveamento dos bancos de capacitores.

9.10 HARMÔNICOS NAS INSTALAÇÕES ELÉTRICAS

A tecnologia de semicondutores, de ampla aplicação em muitos equipamentos elétricos, é responsável pela geração de uma parcela significativa dos harmônicos presentes nas redes elétricas. Outras cargas de aplicação industrial, tais como fornos a arco e de indução e máquinas de solda, assim como os sistemas de tração elétrica (ferrovias e metrôs), contribuem para agravar os problemas causados por harmônicos.

9.10.1 Definições

CARGAS LINEARES E NÃO LINEARES

Cargas lineares são cargas com corrente de alimentação senoidal (cargas resistivas e motores) e não lineares são aquelas que solicitam correntes não senoidais (computadores, televisores, retificadores, inversores de frequência para acionamento de motores etc.).

HARMÔNICOS

Harmônicos são definidos como os componentes senoidais de uma onda periódica, que possuem frequência múltipla da frequência fundamental, conforme ilustrado na Fig. 9.22.

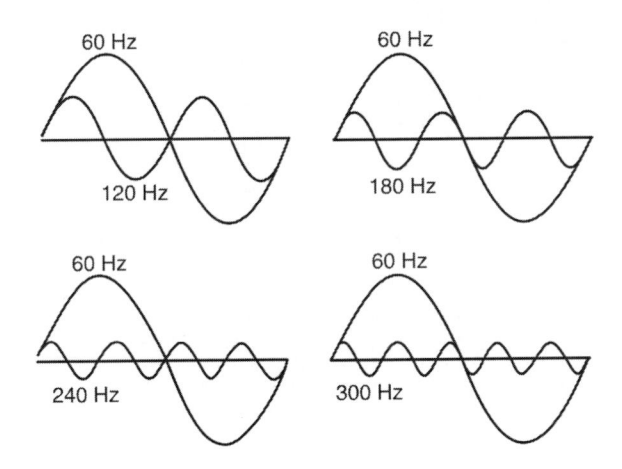

Figura 9.22 Componentes harmônicos de uma onda de 60 Hz.

FÓRMULA DE FOURIER (1772–1837)

A fórmula de Fourier permite determinar a magnitude e o ângulo de fase da componente fundamental, que vem a ser a frequência de recorrência da função, e os demais componentes harmônicos, que pode incluir, também, uma componente contínua.

A fórmula de Fourier é dada pela expressão $y(t) = Y_0 + \sum_{n=1}^{n=\infty} Y_n \sqrt{2} \operatorname{sen}(n\omega t - \varphi_n)$,

na qual:

Y_0 = valor da componente contínua, usualmente nulo.
Y_n = valor eficaz da componente harmônica de ordem n.
ω = frequência angular da componente fundamental.
φ_n = defasagem da componente harmônica de ordem n.

A ordem de um harmônico é definida como a razão entre a sua frequência e a frequência fundamental (60 Hz), dessa forma, a frequência de 300 Hz corresponde a um harmônico de 5ª ordem, a de 420 Hz corresponde ao de 7ª ordem e assim por diante.

Os harmônicos são classificados em não característicos e característicos. Os harmônicos não característicos correspondem aos que são produzidos por dispositivos como: fornos a arco, lâmpadas fluorescentes e a vapor de sódio e transformadores e reatores operando em saturação.

Os harmônicos característicos são produzidos por dispositivos que fazem uso de semicondutores (cargas não lineares), tais como conversores estáticos de potência (retificadores e inversores), compensadores estáticos de reativos, equipamentos de controle de velocidade de motores e equipamentos de alimentação ininterrupta (UPS).

A ordem dos harmônicos característicos é definida pela expressão, $h = pn \pm 1$, em que:

h = ordem do harmônico.
p = número de pulsos do conversor.
n = número inteiro qualquer (1, 2, 3, …).

A Fig. 9.23 ilustra a decomposição de uma onda quadrada em suas componentes senoidais.

As fontes chaveadas de energia utilizadas em microcomputadores introduzem distorção na onda de corrente por conduzirem apenas durante uma fração da onda de tensão. Esta forma de condução de corrente dá origem a elevado nível de distorção harmônica, onde se sobressaem os harmônicos de 3ª ordem e seus múltiplos. A Fig. 9.24 apresenta a forma de onda típica de fontes de microcomputadores e uma tabela com o perfil correspondente de harmônicos.

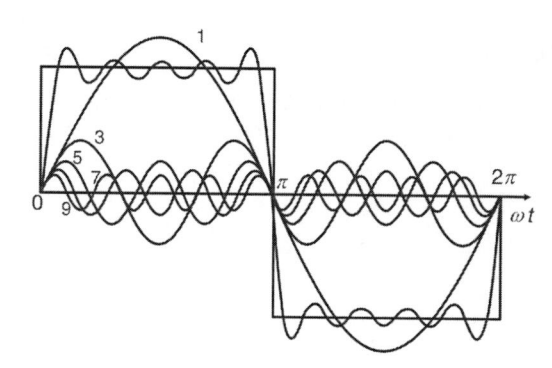

Figura 9.23 Decomposição de uma forma de onda que aproxima a onda quadrada.

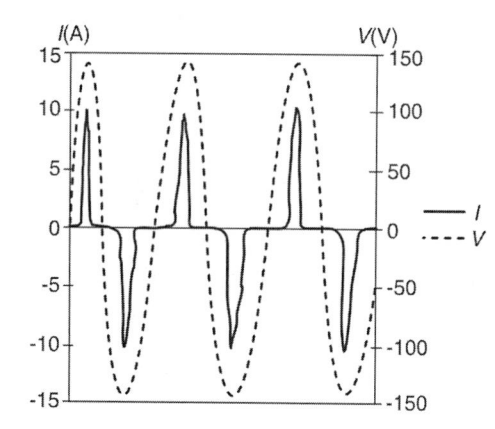

Ordem	I (%)	V (%)
1	66	99,97
3	55	1,9
5	42	1,4
7	26	0,90
9	12	0,42
11	3	0,11
13	3	0,05
15	1	0,02

Figura 9.24 Forma de onda e níveis de distorção harmônica típicos de uma fonte chaveada.

9.10.2 Harmônicos × Capacitores

A combinação de cargas de característica não linear, geradoras de harmônicos, e a crescente aplicação de capacitores para a correção do fator de potência torna possível a ocorrência de ressonância, na faixa de centenas de hertz, e a consequente sobrecarga em componentes da rede.

RESSONÂNCIA

A ressonância é uma condição especial de qualquer circuito elétrico, que ocorre sempre que a reatância capacitiva se iguala à reatância indutiva em uma dada frequência particular. Esta frequência é conhecida como frequência de ressonância.

$$X_L = X_C \rightarrow 2\pi f L = \frac{1}{2\pi f C} \rightarrow f^2 = \frac{1}{4\pi^2 LC}.$$

Portanto, a frequência natural de ressonância de um circuito é dada pela expressão $fr = \dfrac{1}{2\pi}\sqrt{\dfrac{1}{LC}}$,

em que:

fr = frequência de ressonância (em hertz).
L = indutância do circuito (em henry).
C = capacitância do circuito (em faraday).

Quando não existe uma capacitância intencional instalada na rede (p. ex.: banco de capacitores), a frequência de ressonância da maioria dos circuitos se estabelece na faixa de kHz. Como normalmente não existem fontes de corrente de frequência tão elevada, a ressonância nessa condição não constitui um problema.

Entretanto, ao se instalar banco de capacitores para a correção do fator de potência em circuitos com cargas não lineares, a frequência de ressonância se reduz, podendo criar uma condição de ressonância com as correntes harmônicas geradas.

Duas situações de ressonância podem se manifestar, a ressonância série e a ressonância paralela, conforme ilustrado na Fig. 9.25.

A ressonância série ocorre, usualmente, quando a associação de um transformador com um banco de capacitores forma um circuito sintonizado próximo à frequência gerada por fontes de harmônicos presente no sistema, constituindo, dessa forma, um caminho de baixa impedância para o fluxo de uma dada corrente harmônica. Como $I = V/Z$, uma impedância harmônica reduzida pode resultar em elevada corrente, mesmo quando excitada por uma tensão harmônica não muito alta.

A ressonância paralela ocorre quando a indutância equivalente do sistema supridor da concessionária e um banco de capacitores da instalação consumidora entram em ressonância em uma frequência próxima à gerada por uma fonte de harmônicos, constituindo um caminho de alta impedância para o fluxo de uma dada corrente harmônica. Como $V = Z \times I$, mesmo uma pequena corrente harmônica pode dar origem a uma sobretensão significativa na frequência ressonante.

A verificação expedita da possibilidade de ocorrência da ressonância série em um circuito formado por um transformador e um banco de capacitores pode ser feita pela expressão:

$$h_s = \sqrt{\dfrac{MVA_{trafo}}{Mvar_{cap} \times Z_{trafo}}}$$

em que:

h_s = ponto de ressonância série em pu da frequência fundamental.
MVA_{trafo} = potência nominal do transformador.
$Mvar_{cap}$ = potência nominal do banco de capacitores.
Z_{trafo} = impedância do transformador em pu.

A ressonância paralela entre um banco de capacitores e o resto do sistema pode ser estimada pela expressão:

$$h_p = \sqrt{\dfrac{MVA_{sc}}{Mvar_{cap}}} = \sqrt{\dfrac{X_C}{X_L}},$$

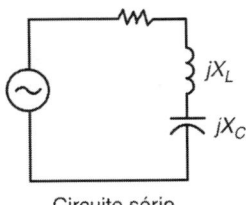

Circuito série

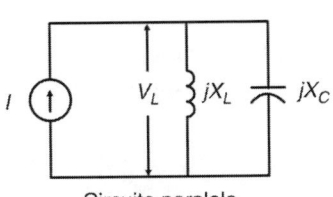

Circuito paralelo

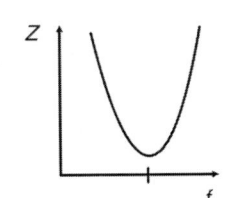

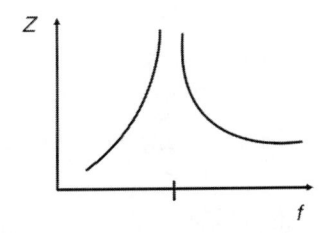

Figura 9.25 Circuitos e diagramas impedância × frequência para as condições de ressonâncias série e paralela.

em que:

h_p = ordem do harmônico de ressonância (frequência de ressonância/frequência fundamental).
MVA_{sc} = nível de curto-circuito, visto do ponto de instalação do banco de capacitores.
Mvar_{cap} = potência nominal do banco de capacitores.
X_C = reatância capacitiva do banco de capacitores.
X_L = reatância indutiva equivalente do sistema, vista da barra do banco de capacitores.

9.10.3 Detecção e Medição de Distorção Harmônica

Alguns procedimentos simples permitem a detecção da presença de correntes harmônicas em instalações elétricas de baixa tensão.

O primeiro indício consiste na existência de cargas não lineares, microcomputadores e periféricos em escritórios, e retificadores ou inversores de frequência para acionamento de motores em instalações industriais, por exemplo. Outro possível indício qualitativo da presença de correntes harmônicas vem a ser o sobreaquecimento de condutores (especialmente neutros de alimentadores trifásicos), e sobreaquecimento e vibração de equipamentos (geradores, motores, transformadores e quadros de distribuição).

Cabe, porém, determinar quantitativamente se os níveis de distorção harmônica devem ser objeto de preocupação, o que poderá ser feito com base nos resultados de medições.

Diferenças nas leituras de correntes feitas por um multímetro convencional e por um multímetro *true RMS* também constitui um indicativo de presença de harmônicos, já que o multímetro convencional serve apenas para medições de correntes senoidais (60 Hz), enquanto o multímetro *true RMS* é capaz de medir o valor eficaz de correntes distorcidas.

A medição de correntes elevadas em neutros de alimentadores trifásicos razoavelmente equilibrados já constitui uma boa indicação da presença de correntes de 3ª harmônica e seus múltiplos. Se o multímetro possuir capacidade de medição de frequência, uma leitura de 180 Hz confirmará esta expectativa, enquanto uma leitura de 60 Hz será indicativa de desequilíbrio de cargas.

9.10.4 Critérios de Avaliação

Os critérios de avaliação da interferência harmônica dizem respeito à determinação da distorção harmônica individual e da distorção harmônica total, tanto para a corrente quanto para a tensão. Esses indicadores visam a quantificar o nível de distorção da forma de onda com relação à forma de onda ideal (senoidal), à frequência fundamental.

A distorção harmônica individual é definida pela razão entre a componente harmônica (corrente ou tensão) de uma determinada frequência (I_h ou V_h) e o seu correspondente à frequência fundamental (I_1 ou V_1), segundo as expressões:

$$D_{Ih} = \frac{I_h}{I_1} \qquad\qquad D_{Vh} = \frac{V_h}{V_1}$$

A distorção harmônica total é definida pela razão entre o valor médio quadrático de todas as componentes harmônicas existentes e o seu correspondente à frequência fundamental, segundo as expressões:

$$I_{THD} = \sqrt{\frac{\sum_{2}^{50} I_h^2}{I_1}} \qquad\qquad V_{THD} = \sqrt{\frac{\sum_{2}^{50} V_h^2}{V_1}}$$

Os níveis de distorção harmônica individual e total são avaliados no ponto de entrega de energia pela concessionária. A norma IEC 522-2 estabelece as exigências sobre harmônicas que devem ser atendidas pelos equipamentos elétricos.

9.10.5 Técnicas de Mitigação em Redes de Energia

Os principais meios de mitigação dos problemas provocados por harmônicos em redes elétricas podem ser assim caracterizados:

- redução dos níveis de distorção harmônica na rede; e/ou
- preparação da rede elétrica para conviver com níveis mais altos de distorção harmônica.

Os principais recursos para a redução dos níveis de distorção harmônica na rede podem ser citados:

- combinação de cargas;
- instalação de filtros de harmônicos (ativos ou passivos).

Dentre os principais recursos para que a rede elétrica possa conviver com níveis mais altos de distorção harmônica, podem ser citados:

— eliminação das condições de ressonância;
— sobredimensionamento de componentes de rede elétrica (transformadores e neutro).

FILTROS DE HARMÔNICOS

Os filtros são projetados para apresentarem ressonância série nas frequências desejadas, e têm por objetivo absorver uma ou mais correntes harmônicas perturbadoras, sendo compostos por combinações de resistores, reatores e capacitores.

Três esquemas principais de filtros de harmônicos podem ser destacados, sendo a sua escolha feita a partir da elaboração de uma análise técnico-econômica para cada caso particular:

- *Filtro sintonizado* – sintonizado para uma frequência única, correspondente à ordem da harmônica perturbadora, sendo o esquema que apresenta o menor custo global de implantação.
- *Filtro amortecido* – dimensionado para absorver uma faixa de frequências harmônicas, eliminando, dessa forma, a necessidade de instalação de diversos filtros sintonizados.
- *Combinação filtros sintonizados/filtro amortecido* – esquema largamente utilizado em instalações industriais que possuam uma gama ampla de geração de correntes harmônicas, utiliza filtros sintonizados para as harmônicas de maior magnitude, e um filtro amortecido para os harmônicos de maior ordem (p. ex.: filtros sintonizados para os harmônicos de 5ª e 7ª ordens e um filtro amortecido para os harmônicos de 11ª ordem em diante).

O filtro sintonizado é constituído por um circuito *RLC* série, sintonizado para uma dada frequência harmônica, sendo a sua impedância definida pela expressão:

$$Z_f = R + j\left(\omega L - \frac{1}{\omega C}\right)$$

Usualmente a frequência de ressonância do filtro sintonizado é especificada um pouco abaixo da frequência harmônica perturbadora, por exemplo, filtros de 5ª harmônica são sintonizados para 4,7 ou 4,8, de forma a considerar uma margem de erro relativa à modelagem do sistema, tolerância de fabricação dos componentes do filtro, variação da capacitância com a temperatura etc. Considerando a margem de tolerância da capacitância de 0 a +10 %, é usual que os reatores sejam providos de tapes para o ajuste de suas indutâncias.

Deve-se considerar, na especificação da tensão do banco de capacitores, que a presença dos reatores em série provoca uma elevação de tensão nos terminais dos capacitores, de acordo com a seguinte expressão:

$$V_{cap} = \frac{h^2}{h^2 - 1} \text{ em pu}$$

Portanto, para um filtro sintonizado na frequência 4,7 o valor da elevação de tensão a que será submetido o capacitor à frequência fundamental será de 1,047 pu.

O filtro amortecido é constituído por um resistor em paralelo com um reator e ligado em série a um capacitor. Para as frequências elevadas sua impedância é predominantemente resistiva, segundo a expressão:

$$Z_f = \frac{1}{j\omega C} + \left(\frac{1}{R} + \frac{1}{j\omega L}\right)^{-1}$$

O projeto de um filtro de harmônicos requer o cumprimento das seguintes etapas:

— definição da potência do banco de capacitores a ser utilizado como componente do filtro, em função dos requisitos de potência reativa, à frequência fundamental, para correção do fator de potência da instalação;
— definição do tipo de filtro a utilizar e seleção do reator para sintonia com o banco de capacitores na frequência da harmônica perturbadora;
— cálculo das tensões harmônicas e da distribuição do espectro de correntes harmônicas injetadas pela fonte no circuito em paralelo formado pelo filtro e pelo sistema supridor da concessionária nas frequências de interesse;
— cálculo da tensão de pico e da corrente total no capacitor e no reator;
— especificação dos parâmetros do filtro.

SOBREDIMENSIONAMENTO DO NEUTRO

Os harmônicos triplos (múltiplos de 3) constituem componentes de sequência zero, só existindo, portanto, quando um caminho de retorno de sequência zero, tal como um neutro aterrado, é disponível. Sistemas trifásicos a quatro fios podem vir a apresentar sobrecargas excessivas em seu neutro, em razão da circulação de harmônicos de sequência zero (harmônico de 3ª ordem e seus múltiplos) que se somam no neutro. A circulação de corrente de sequência zero no neutro dá origem a tensões entre neutro e terra elevadas, usualmente defasada de praticamente 90°, devido à característica predominantemente indutiva do condutor.

Esse problema é bastante frequente em equipamentos de escritório que possuam fontes com dispositivos a semicondutores, tais como: *nobreaks*, microcomputadores, impressoras, copiadoras etc., apresentando como consequência sobrecarga e aquecimento do neutro e o surgimento de sobretensão que pode vir a danificar os equipamentos e interferir no seu funcionamento. Esse problema é ainda mais grave quando os circuitos se encontram desbalanceados.

O sobredimensionamento da seção do condutor neutro para 100 % da corrente máxima de linha (*bitola igual à do condutor de fase*) vem a ser, então, a solução para diversas situações, tais como:

- circuitos alimentadores trifásicos de redes de microcomputadores, que estão tipicamente sujeitos à sobrecarga do condutor neutro, devido à soma no mesmo das correntes harmônicas múltiplas de 3 que circulam pelas fases, o que acarreta em sobreaquecimento do condutor e em diferenças de potencial significativas entre neutro e terra;
- circuitos de iluminação fluorescente, em que se utiliza um único condutor neutro para atender a diversos circuitos de luminárias.

O superdimensionamento da bitola do fio neutro com relação ao condutor da fase (tipicamente por uma razão de $\sqrt{3}$) evita problemas de superaquecimento de condutores decorrentes da circulação de correntes harmônicas.

Os equipamentos estáticos (estabilizadores de tensão e *nobreaks*) usualmente são providos de filtros, destinados a limitar a distorção da onda de tensão na sua entrada a valores inferiores a 5 %.

Biografia

Casal CURIE

CURIE, MARIE, nascida Manya Sklodowska (1855-1935), física polonesa-francesa, descobriu os radioelementos polônio e rádio.

Manya Sklodowska nasceu na Polônia, na época dominada pela Rússia; sua família era intensamente patriota, tendo tomado parte em atividades de divulgação da língua e da cultura polonesas. O pai de Manya foi professor de matemática e física, e sua mãe, diretora de uma escola para meninas. Manya desenvolveu interesse pela ciência, mas seus pais eram pobres e não havia bolsas de estudos para o ensino superior de mulheres na Polônia. Como ela e sua irmã Bronya estavam decididas a prosseguir seus estudos, Manya empregou-se como governanta e ajudou Bronya a ir para Paris estudar medicina, e em seguida a irmã ajudaria Manya.

Em 1891, Manya foi para Paris estudar física. Tinha uma natureza perfeccionista, tenaz e independente. Formou-se em física, em 1893, na Sorbonne, em primeiro lugar, e no ano seguinte conheceu Pierre Curie, então com 35 anos e trabalhando em piezoeletricidade. Casaram-se em 1895.

Em 1896, Marie Curie, ao procurar um assunto para sua tese de mestrado, decidiu dedicar-se aos "novos fenômenos" descobertos por Becquerel (a radioatividade). Trabalhando no laboratório de seu marido, ela provou que a radioatividade era uma propriedade atômica do urânio, e descobriu que o tório emitia raios similares aos do urânio. Em 1897 nasceu sua filha Irene. Mais tarde, em 1903, foi ganhadora do Prêmio Nobel de Física. A humanidade deve extraordinárias descobertas a Marie Curie, que recebeu a Legião de Honra do governo francês, e, em 1911, o Prêmio Nobel de Química.

A unidade original de medida de substância radioativa é denominada Curie (Ci).

CURIE, PIERRE (1859-1906), físico francês, descobriu o efeito piezoelétrico e foi pioneiro nos estudos de radioatividade.

Filho de um físico, Pierre Curie foi educado na Sorbonne, onde foi assistente de professor e diretor da Escola de Física Industrial e Química, em 1882. Ele e seu irmão Jacques (1855-1941) foram os primeiros a observar o fenômeno que chamaram de piezoeletricidade, o qual ocorre quando certos cristais (p. ex., quartzo) são mecanicamente deformados: eles desenvolvem cargas opostas nas faces opostas, e, quando uma carga elétrica é aplicada a um cristal, uma deformação é produzida. Se um potencial elétrico com mudanças rápidas é aplicado, as faces do cristal vibram rapidamente. Esse efeito pode ser usado para produzir raios de ultrassom. Cristais com propriedades piezoelétricas são usados em microfones, medidores de pressão e em muitas outras finalidades práticas. Pierre Curie casou-se com Manya Sklodowska e seguiu-a em suas pesquisas sobre radioatividade. Por esse trabalho, juntamente com Becquerel, os três foram premiados com o Prêmio Nobel de Física de 1903.

Proteção das Edificações. Proteção contra Descargas Atmosféricas (PDA) | 10

Este capítulo baseia-se na NBR 5419:2015 – Proteção contra Descargas Atmosféricas – PDA, versão corrigida em 2018, que compreende quatro partes, quais sejam, Parte 1 – Princípios Gerais, Parte 2 – Gerenciamento de Risco, Parte 3 – Danos Físicos à Estrutura e Perigos à Vida, e Parte 4 – SPDA e Sistemas Elétricos e Eletrônicos Internos na Estrutura (MPS – Medidas de Proteção contra Surtos).

10.1 FORMAÇÃO DO RAIO

As nuvens são formadas por uma imensa quantidade de água, nos três estados possíveis – líquido (gotículas), sólido (cristais de gelo) e vapor. Em virtude de correntes de ar e de turbulências no interior da nuvem, a água, nos três estados ali existentes, é transportada e as colisões das gotículas com os cristais de gelo resultam na separação de cargas, positivas e negativas.

A formação do raio inicia-se dentro da nuvem, com a chamada separação gravitacional, em que as gotículas de água, mais pesadas e carregadas negativamente, caem, acumulando-se na parte mais baixa da nuvem. Os cristais de gelo, mais leves e positivamente carregados, são transportados pelas correntes convectivas no interior da nuvem para o seu topo. Como as cargas elétricas de mesmo sinal se repelem, a nuvem, com a base negativamente carregada, repele os elétrons livres existentes na terra abaixo dela, com o solo assumindo então um potencial positivo. Deste modo, a base da nuvem e a superfície do solo se comportam como as placas de um capacitor, com carga elétrica muito elevada.

Quando o campo elétrico, seja na base da nuvem ou na superfície do solo, atinge um valor superior ao dielétrico do ar, começam a se formar os chamados *líderes escalonados* (Fig. 10.1), que são centros de carga que se propagam aos saltos em direção à região de carga oposta. Em seu trajeto sinuoso, os líderes escalonados vão criando um canal ionizado na atmosfera entre a nuvem e o solo. Os raios têm o aspecto de linhas sinuosas em razão da sua progressão aos saltos em meio à atmosfera turbulenta sob a nuvem de tempestade. Isto ocorre porque a cada salto o centro de cargas que constitui o líder escalonado perde um pouco de energia, e tem que dar uma parada para se recompor, drenando mais cargas elétricas da nuvem ou do solo pelo canal ionizado.

No caso da descarga nuvem-terra, quando o líder escalonado se aproxima do solo o campo elétrico na região fica ainda mais elevado, dando origem ao surgimento de líderes escalonados ascendentes, que tendem a se formar a partir de elementos pontiagudos, tais como um galho de árvore, uma quina de um telhado, uma antena ou um para-raios. Quando dois líderes escalonados se encontram – o descendente com o ascendente, fecha-se o circuito entre a base da nuvem e o solo, por meio de um canal ionizado, permitindo que ocorra a primeira descarga, também chamada *descarga de retorno* (Fig. 10.1). A Tabela 10.1 apresenta a distribuição estatística das correntes de descarga dos raios (I, em kA).

A corrente da primeira descarga pode chegar a valores superiores a 200 kA. O efeito luminoso do raio decorre da elevada temperatura do canal ionizado, que pode ser mais elevada do que a superfície do Sol. O trovão é uma

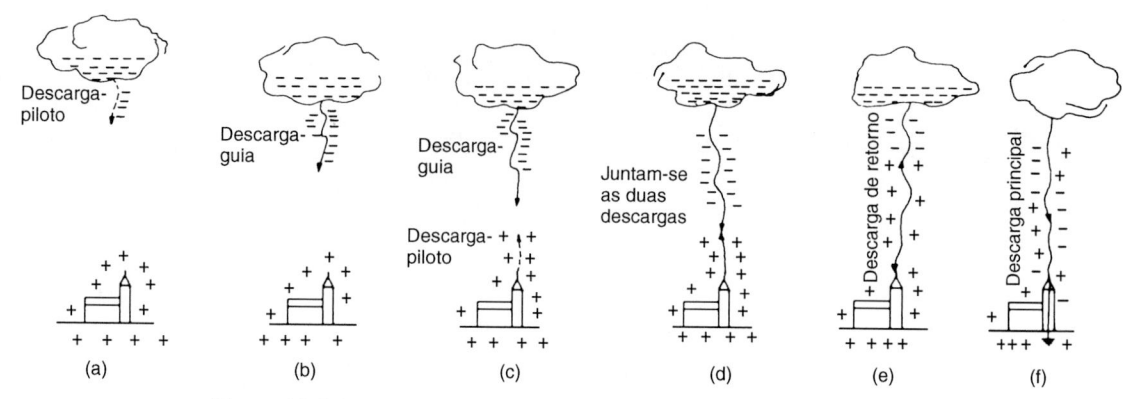

Figura 10.1 Fases sucessivas da formação de uma descarga elétrica (raio).

Tabela 10.1 Valores de probabilidade P % em função da corrente de descarga I (kA)

I (kA)	0	3	5	10	20	30	35	40	50	60	80	100	150	200	300	400	600
P (%)	100	99	95	90	80	60	50	40	30	20	10	5	2	1	0,5	0,2	0,1

onda de pressão causada pelo súbito aquecimento do canal ionizado quando da circulação da descarga de retorno e das descargas subsequentes.

Os danos resultantes do raio são provocados pelo efeito térmico produzido pela elevada circulação da corrente e pelos efeitos eletromagnéticos desta corrente. Todos os anos ocorrem cerca de 100 mortes de pessoas em decorrência de quedas de raios. Por essa razão, se o tempo apresenta risco de queda de raio, pessoas devem abrigar-se em edificações e não se expor em áreas descampadas. As árvores não servem como abrigo durante as tempestades, pois podem atrair um raio.

10.1.1 Densidade de Descargas Atmosféricas

A densidade de descargas atmosféricas Ng, número de raios/km²/ano, no local da estrutura, é um dado importante para a avaliação do Gerenciamento de Risco que levará à definição do PDA adequado à proteção de uma estrutura.

O mapa de densidade de descargas atmosféricas da Fig. 10.2 mostra os valores de Ng da Região Sudeste (ELAT/INPE – Grupo de Eletricidade Atmosférica do Instituto Nacional de Pesquisas Espaciais). Pode-se obter o Ng por meio das coordenadas do local desejado, no *site* http://www.inpe.br/webelat/ABNT_NBR5419_Ng.

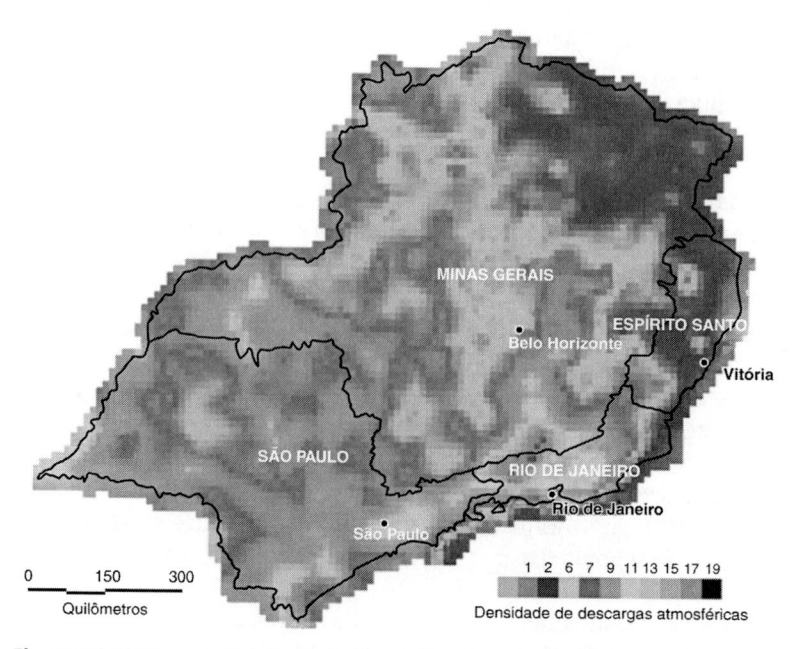

Figura 10.2 Mapa da Região Sudeste – índice Ng – densidade de raios/km²/ano.

10.2 GERENCIAMENTO DE RISCO

O gerenciamento (análise) de risco, Parte 2 da nova NBR 5419:2015, avalia a probabilidade de dano que uma descarga atmosférica pode provocar na estrutura física e na infraestrutura de energia e de sinal, definindo o Nível de Proteção (NP) necessário para a instalação, assim como a seleção das medidas de proteção. Em virtude da grande quantidade de dados relevantes introduzidos, recomenda-se o uso de planilhas ou de programas computacionais para os cálculos e do gerenciamento de risco, em que são considerados, entre outros elementos, os danos à estrutura e ao seu conteúdo, os riscos aos seres vivos dentro ou perto das estruturas e as falhas nos sistemas eletroeletrônicos associados.

Na análise, as descargas atmosféricas são divididas em descargas diretas na estrutura, próximas à estrutura, diretas nas linhas de energia ou de comunicações conectadas nas estruturas e próximas das linhas. O risco avaliado dependerá do número anual de descargas atmosféricas (Ng) que podem incidir na estrutura, da probabilidade de dano por uma descarga atmosférica e do valor esperado de perdas.

A análise considera a área de exposição equivalente da estrutura (AD), apresentada na Fig. 10.3 e calculada pela expressão:

$$AD = L \times W + 2 \times (3 \times H) \times (L + W) + \pi \times (3 \times H)^2$$

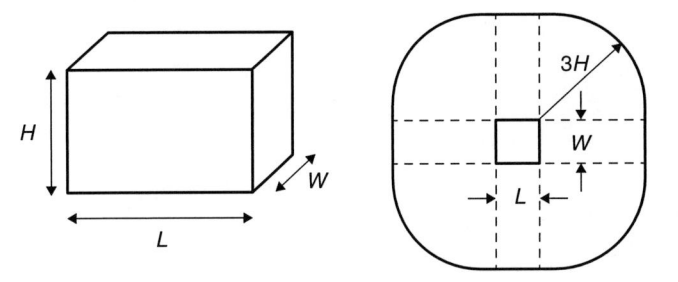

Figura 10.3 Edificação em forma de paralelogramo e respectiva área de exposição equivalente.

São quatro os tipos de risco a serem analisados e que conduzirão à definição do Nível de Proteção e consequente Classe de SPDA (Tabela 10.2):

R1 – risco à vida;
R2 – risco de perda de serviço público;
R3 – risco de perda de patrimônio cultural;
R4 – risco de perda de valor econômico.

Nesta análise são calculados um ou mais dos vários componentes de Risco (R1, R2, R3 e R4), cuja soma (R1+R2+R3+R4) resulta no risco total (R), que será comparado aos valores típicos de risco tolerável (RT), definidos na Norma, de forma a avaliar se as medidas de proteção adotadas atendem às exigências.

Se R ≤ RT, a proteção contra a descarga atmosférica não é necessária.

Se R > RT, é preciso adotar medidas de proteção para reduzir R ≤ RT em todos os riscos que envolvem a estrutura.

As medidas de proteção contra descargas atmosféricas – PDA são divididas basicamente em dois grupos:

1) Medidas de proteção para reduzir a probabilidade de danos à estrutura e ao risco aos seres vivos (SPDA), contidas na Parte 3 da NBR 5419:2015 e no item 10.3.
2) Medidas de proteção para reduzir falhas nos sistemas elétricos e eletrônicos nas edificações (MPS), contidas na Parte 4 da NBR 5419:2015.

A Fig. 10.4 mostra as conexões entre as quatro partes da NBR 5419:2015.

10.2.1 Nível de Proteção, Classe de SPDA e Classificação das Instalações

Foram estabelecidos quatro diferentes níveis de proteção na NBR 5410:2015 – Parte 1, em função dos quais se chega às decisões que devem ser tomadas no projeto de um SPDA.

As características e o dimensionamento da rede captora de um sistema de proteção contra descargas atmosféricas diretas de uma edificação são determinados pelos aspectos geométricos da estrutura a ser protegida e pelo nível de proteção considerado.

As quatro classes de SPDA (I, II, III e IV) são definidas como um conjunto de regras de construção, baseadas nos correspondentes níveis de proteção (NP). Cada conjunto inclui regras dependentes do nível de proteção (p. ex.,

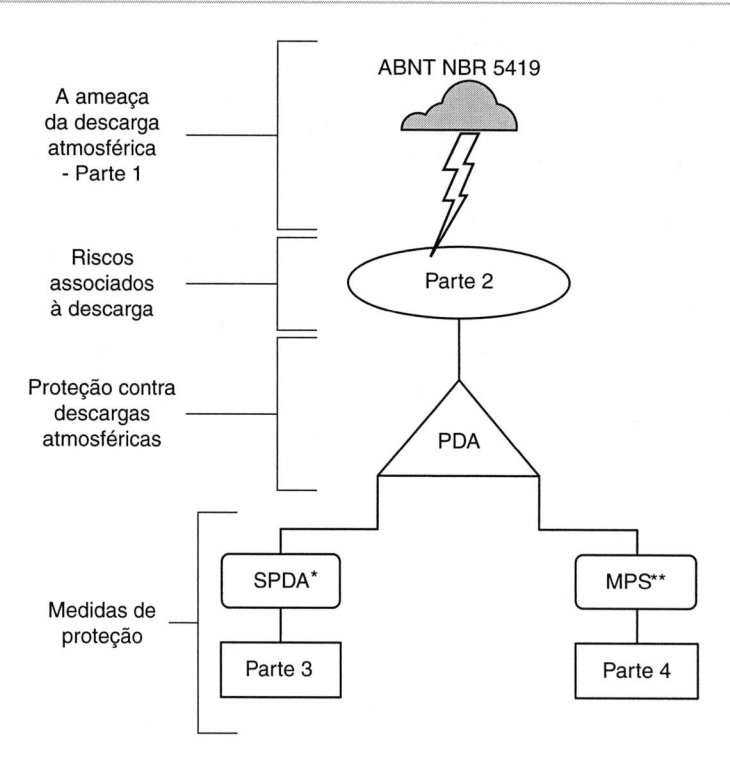

* SPDA – Sistema de Proteção conta Descargas Atmosféricas

** MPS – Medidas de Proteção contra Surtos

Figura 10.4 Conexões entre as quatro partes da NBR 5419.

raio da esfera rolante, largura da malha etc.) e regras independentes do nível de proteção (p. ex., seções transversais de cabos, materiais etc.). A classe do SPDA requerido para a instalação deve ser selecionada com base em uma avaliação de risco conforme a NBR 5410:2015 – Parte 2:

> *Salienta-se que, de qualquer forma, a decisão de prover a estrutura de uma proteção contra descargas atmosféricas – PDA pode ser tomada independentemente do resultado da análise de risco, de forma a aumentar a segurança da estrutura e dos seres vivos.*

A Tabela 10.2 apresenta os possíveis efeitos das descargas atmosféricas nos vários tipos de estruturas, de acordo com sua finalidade e localização, e com as respectivas classificações típicas de Classe de SPDA, que auxiliam na definição do SPDA apropriado.

Tabela 10.2 Efeitos das descargas atmosféricas nos vários tipos de estruturas e classificações típicas de classes de SPDA

Tipo de estrutura de acordo com sua finalidade	Efeitos das descargas atmosféricas	Classificações típicas de classes do SPDA*
Casa de moradia	Perfuração da isolação das instalações elétricas, incêndio e danos materiais. Danos normalmente limitados a objetos expostos ao ponto de impacto ou no caminho da corrente da descarga atmosférica. Falha de equipamentos e sistemas elétricos e eletrônicos instalados (p. ex., aparelhos de TV, computadores, *modems*, telefones etc.).	II
Edificação em zona rural	Risco maior de incêndio e tensões de passos perigosas, assim como danos materiais. Risco secundário causado pela perda de energia elétrica e risco de vida dos animais de criação causado pela falha de sistemas de controle eletrônicos de ventilação e suprimento de alimentos etc.	IV ou II
Teatro ou cinema Hotel Escola *Shopping centers* Áreas de esportes	Danos em instalações elétricas que tendem a causar pânico (p. ex., iluminação elétrica). Falhas em sistema de alarme de incêndio, resultando em atraso nas ações de combate a incêndio.	I

(continua)

Tabela 10.2 Efeitos das descargas atmosféricas nos vários tipos de estruturas e classificações típicas de classes de SPDA *(Continuação)*

Tipo de estrutura de acordo com sua finalidade	Efeitos das descargas atmosféricas	Classificações típicas de classes do SPDA*
Banco Empresa de seguros Estabelecimento comercial etc.	Conforme citado antes, adicionando-se problemas resultantes da perda de comunicação, falha de computadores e perda de dados.	II
Hospital Casa de tratamento médico Casa para idosos Creche Prisão	Conforme citado antes, adicionando-se problemas relacionados com pessoas em tratamento médico intensivo e a dificuldade de resgatar pessoas incapazes de se mover.	II
Indústria	Efeitos adicionais dependendo do conteúdo das fábricas, que vão desde os menos graves até danos inaceitáveis e perda da produção.	III a I
Museu e sítio arqueológico Igreja	Perda de patrimônio cultural insubstituível.	I
Estação de telecomunicações Estação de geração e transmissão de energia elétrica	Interrupções inaceitáveis de serviços ao público.	I
Fábrica de fogos de artifício Trabalhos com munição	Incêndio e explosão com consequências a planta e arredores.	I
Indústria química Refinaria Usina nuclear Indústria e laboratório de bioquímica	Incêndio e mau funcionamento da planta com consequências prejudiciais ao meio ambiente local e global.	I

* Valores típicos que devem ser corroborados por análise de gerenciamento de risco conforme NBR 5419:2015 – Parte 2.

10.3 MÉTODOS DE PROJETO DA PROTEÇÃO CONTRA DESCARGAS ATMOSFÉRICAS

10.3.1 Método de Franklin

É o método clássico de dimensionamento de rede de captores de raios, atualmente considerado como um caso particular do Modelo Eletrogeométrico, em que os ângulos de proteção variam com a altura do elemento captor. A Fig. 10.6 ilustra o captor do tipo Franklin, que é constituído por uma, três ou mais pontas, em geral de aço inoxidável, e fixado a uma haste ou mastro.

Considera-se a construção envolvida por um cone de proteção, cujo ângulo α^0 da geratriz com a vertical é estabelecido em função do nível de proteção necessário e de altura da construção. A Tabela 10.3 fornece o ângulo de proteção α^0 em função da altura do captor, para as quatro classes de SPDA para alturas até 60 metros. A Fig. 10.5, lado esquerdo, mostra o volume de proteção para o Método de Franklin.

10.3.2 Método de Faraday (ou das Malhas)

Consiste na utilização de uma malha de condutores acima da edificação a ser protegida, cujo reticulado é definido pela Tabela 10.3.

Podem ser utilizadas como elementos integrantes da gaiola de Faraday as massas metálicas que façam parte da construção, tal como a estrutura de um galpão metálico.

10.3.3 Modelo Eletrogeométrico

O Modelo Eletrogeométrico tem origem nos critérios de projeto de proteção contra descargas atmosféricas em linhas de transmissão e subestações. Utiliza mastros para-raios e anéis captores horizontais com uma geometria que é definida pelo rolamento de uma esfera, cujo raio, definido pela Tabela 10.4, depende do nível de proteção, como mostra a Fig. 10.5.

A Tabela 10.3 apresenta os valores máximos dos raios da esfera rolante, tamanho da malha, espaçamento entre descidas e ângulo de proteção α^0 em função da classe do SPDA.

A Fig. 10.5 apresenta os volumes de proteção pelo método de Franklin e Modelo Eletrogeométrico em função da altura h do captor e do raio R da esfera rolante, ambos dependentes do nível de proteção desejado.

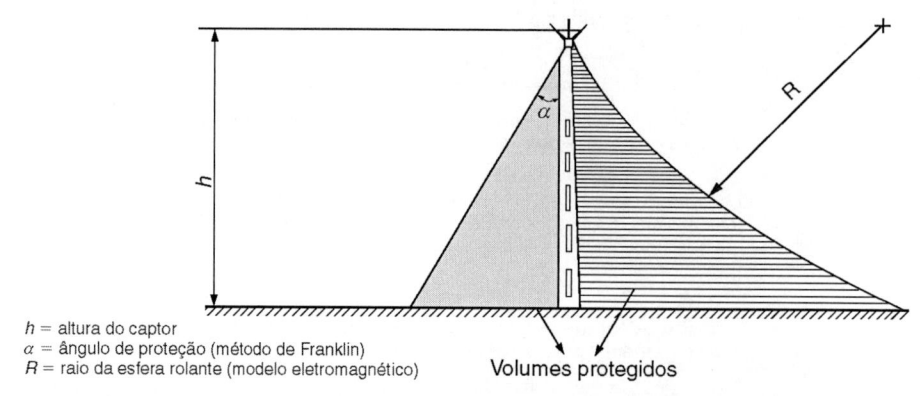

h = altura do captor
α = ângulo de proteção (método de Franklin)
R = raio da esfera rolante (modelo eletromagnético)

Volumes protegidos

Figura 10.5 Volumes de proteção pelo método de Franklin e Modelo Eletrogeométrico.

10.4 COMPONENTES DE UM SPDA

Um SPDA pode ser dividido em três partes – rede captora, descidas e aterramentos. O quarto componente deste sistema vem a ser a rede de equipotencialização, que promove as interligações entre os elementos deste sistema e as partes condutoras da estrutura ou edificação, incluindo as redes de distribuição de energia e as linhas de voz e dados.

10.4.1 Elementos Captores

São elementos do sistema captor externo, destinados a interceptar as descargas atmosféricas diretas que caem na edificação. Devem ter capacidade térmica suficiente para suportar o calor gerado no ponto de impacto, bem como rigidez mecânica para suportar os esforços eletromecânicos gerados. Os mastros para-raios são usualmente de tubo de ferro galvanizado a fogo, de diâmetro mínimo de 1 1/2″.

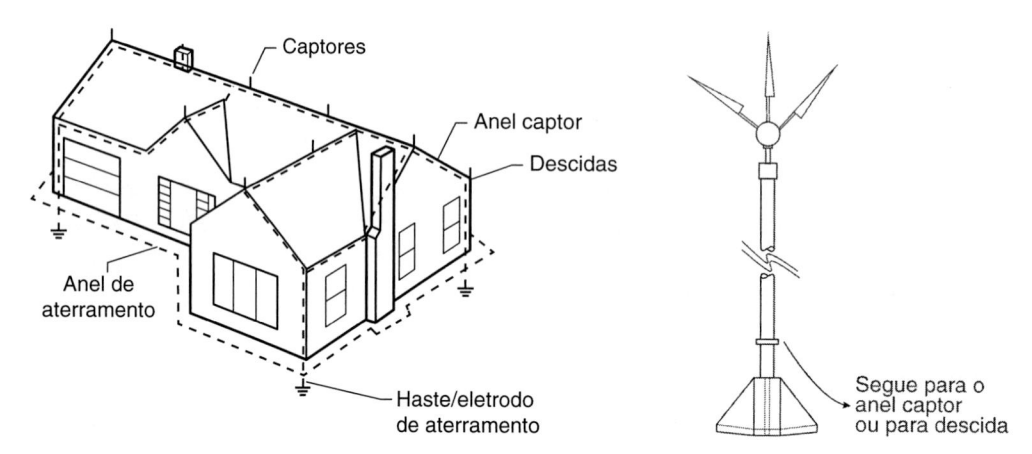

Captores

Anel captor

Descidas

Anel de aterramento

Haste/eletrodo de aterramento

Segue para o anel captor ou para descida

Figura 10.6 Componentes do subsistema captor e detalhe do mastro para-raios com captor tipo *Franklin*.

10.4.2 Anel Captor

No topo das estruturas, conforme ilustrado na Fig. 10.6, em especial naquelas com altura superior a 20 m, deve ser instalado um captor em forma de anel, lançado ao longo de todo o perímetro, situado a não mais de 0,5 m da borda superior da estrutura. A instalação desse anel captor não exclui a necessidade de outros elementos captores, conforme determinado pelo método de projeto adotado.

10.4.3 Elementos de Descida

As descidas interligam a rede captora ao sistema de aterramento, que tem a função de dispersar a corrente de descarga atmosférica no solo. A NBR 5419:2015, atualização de 2018, apresenta amplas explicações e detalhes sobre o posicionamento e a instalação dos condutores de descida, abrangendo várias hipóteses. Estruturas metálicas de torres, postes e mastros, assim como as armaduras de aço interligadas de postes de concreto, constituem descidas naturais até as respectivas bases, dispensando a necessidade de condutores de descida paralelos ao longo de sua extensão.

Nas edificações de concreto armado pode-se fazer uso das próprias ferragens embutidas no concreto como elementos de descida, mas para isso é necessário assegurar a continuidade elétrica das armaduras da construção. Se o projeto civil providenciar a inserção de ferros estruturais com continuidade elétrica garantida, fica assegurado o uso destas ferragens como elementos de descida e de aterramento. Nas edificações já construídas é necessário proceder a um teste de continuidade elétrica das armaduras da construção, conforme a norma NBR 5419:2015.

A seção dos condutores de descida pode ser obtida na Tabela 10.4. Calcula-se o número de condutores de descida N em função do perímetro da construção P (em metros) e da distância máxima entre condutores de descida D, dada pela Tabela 10.3, sendo 2 o número mínimo de descidas $N = P/D$.

Tabela 10.3 Valores máximos dos raios da esfera rolante, tamanho da malha e ângulo de proteção correspondentes à classe do SPDA

Classe do SPDA	Raio da esfera rolante (m)	Largura do módulo da malha (m)	Espaçamento entre descidas (m)	Ângulo de proteção α^0
I	20	5 × 5	10	
II	30	10 × 10	10	Ver Fig. 10.7
III	45	15 × 15	15	
IV	60	20 × 20	20	

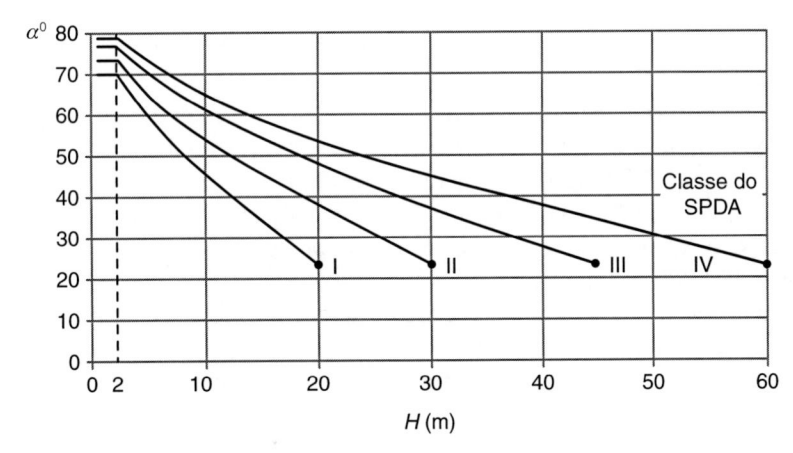

Notas:

(1) Para valores de H (m) acima dos valores finais de cada curva (classes I e IV) são aplicáveis apenas os métodos da esfera rolante e das malhas.

(2) H é a altura do captor acima do plano de referência da área a ser protegida.

(3) O ângulo não será alterado para valores de H abaixo de 2 m.

Figura 10.7 Ângulo de proteção α^0 correspondente à classe de SPDA.

Os condutores de descida devem ser instalados, preferencialmente, nas quinas da estrutura, de forma a constituírem uma continuação direta dos condutores do subsistema de captação, e instalados em linha reta e vertical no caminho mais curto e sem emendas em todos os trajetos até o sistema de aterramento.

Tabela 10.4 Seções mínimas dos materiais do SPDA

Material	Captor, anéis intermediários e descidas (mm²)	Eletrodo de aterramento (mm²)
Cobre	35	50
Alumínio	70	–
Aço galvanizado a quente ou embutido em concreto	50	70

10.4.4 Conexão de Emenda

O condutor de descida deve ser protegido por tubos de PVC reforçado até a altura de 2 m acima do nível do solo. Cada condutor de descida (com exceção das descidas naturais ou embutidas) pode ser provido de uma conexão instalada acima ou no meio do tubo de proteção.

10.4.5 Sistema de Aterramento

As descidas devem ser terminadas em um anel de aterramento, conforme mostrado na Fig. 10.6, circundando toda a estrutura ou edificação, enterrado a uma profundidade mínima de meio metro. Quando diretamente enterrado no solo este anel é usualmente feito com cabo de cobre nu de 50 mm², podendo também ser utilizado o cabo de aço cobreado, neste caso com seção mínima de 70 mm².

De maneira geral, admitem-se as seguintes opções de infraestrutura de aterramento para as edificações: preferencialmente, uso das próprias armaduras do concreto das fundações; fitas, barras ou cabos imersos no concreto das fundações; malhas de condutores enterradas no solo, no nível das fundações ou abaixo delas, abrangendo no mínimo o perímetro da edificação, complementadas, quando necessário, por hastes verticais e/ou cabos dispostos radialmente (*pés-de-galinha*).

Hastes de aço cobreado distribuídas ao longo do anel de aterramento vão melhorar o seu desempenho, especialmente frente a descargas de natureza impulsiva, tais como as descargas atmosféricas, sendo usual a instalação de pelo menos uma haste para cada descida.

Configurações simples de eletrodos, retangulares ou circulares, podem ter a sua resistência de aterramento calculada por meio de fórmulas simples, com a utilização de um modelo de solo homogêneo. Cálculos de resistências próprias e mútuas de geometrias complexas de eletrodos, com elementos verticais e horizontais, exigem a disponibilidade de programas para computador.

Existe uma ampla gama de programas deste tipo, desde os mais simples que consideram malhas equipotenciais em solos de duas camadas até os mais sofisticados, que permitem a simulação de modelos de solos estratificados em múltiplas camadas (paralelas ou hemisféricas), considerando as impedâncias longitudinais dos condutores (ou seja, malhas não equipotenciais) e uma ampla faixa de frequências (que podem ir desde a corrente contínua até frequências de MHz). De maneira geral, estes programas mais sofisticados aplicam-se a malhas de aterramento de instalações de grande porte, com mais de 20 000 m² de área.

Para geometrias simples de aterramento, em solos de resistividade uniforme ρ (em $\Omega \cdot$ m), são aplicáveis formulações específicas, que são apresentadas a seguir.

As expressões mais simples de resistência de aterramento correspondem aos seguintes eletrodos ao nível do solo (ambos de geometria circular e de raio r):

$$\text{Semiesfera: } R = \frac{\rho}{2 \cdot \pi \cdot r} \qquad \qquad \text{Disco horizontal: } R = \frac{\rho}{2 \cdot r}$$

a (ambos em metros).

A resistência de aterramento de uma haste vertical de comprimento l e de raio do eletrodo é dada pela expressão a seguir, que pode ser aproximada pela simples fórmula $R = \rho/l$:

$$R = \frac{\rho \times \ell_n(2l/a)}{2\pi \times l}$$

Se considerarmos uma haste de 3 m $\times$ 5/8″ cravada em um solo de 100 $\Omega \times$ m, a aplicação da fórmula completa resultará em uma resistência de 35 Ω. A expressão mais simples resultará no valor de 33 Ω.

Para n hastes alinhadas e espaçadas de 3 metros entre si, tem-se $Rn = k \times R_1$, em que k é dado pela Tabela 10.5.

Tabela 10.5 Valores de k em função do número de hastes

n	1	2	3	4	5	6	7	8	9
k	1	0,56	0,40	0,32	0,26	0,23	0,20	0,18	0,16

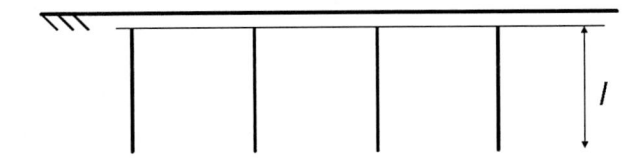

Para o eletrodo em forma de cruz (com quatro braços de extensão l e raio do eletrodo a), aterramento típico de torres de telecomunicações, temos a seguinte expressão:

$$R = \frac{\rho}{4\pi \times l}\left(1 + ln\frac{4l}{a}\right)$$

Uma torre com um aterramento em cruz, formado por quatro eletrodos de 15 m × 50 mm² ($a = 4,58$ mm), em um solo de 500 Ω × m, apresentará uma resistência de 21,7 Ω.

A fórmula para o cálculo da resistência de malhas fechadas considera apenas a sua área (A, em m²) e a extensão total de cabo enterrado (L, em m), além do valor da resistividade do solo, sendo aplicável a seguinte fórmula:

$$R = \frac{\rho}{4}\sqrt{\frac{\pi}{A}} + \frac{\rho}{L}$$

Uma malha de aterramento de 10 000 m², com um total de 2 200 m de cabo enterrado em um solo com resistividade de 100 Ω × m, apresentará uma resistência de 0,5 Ω.

10.4.6 Rede de Equipotencialização

Junto ou próximo do ponto de entrada da alimentação elétrica deve ser provido um barramento, denominado "barramento de equipotencialização principal" (BEP), ao qual todos os subsistemas internos da edificação possam ser conectados, direta ou indiretamente. Esta barra de equipotencialização principal deve reunir os seguintes elementos:

a) As armaduras de concreto armado e outras estruturas metálicas da edificação.

b) As tubulações metálicas de água, de gás combustível, de esgoto, de sistema de ar-condicionado, de gases industriais, de ar comprimido, de vapor etc., bem como os elementos estruturais metálicos a elas associados.

c) Os condutos metálicos das linhas de energia e de sinal que entram e/ou saem da edificação.

d) As blindagens, armações, coberturas e capas metálicas de cabos e linhas de energia e de sinal que entram e/ou saem da edificação.

e) Os condutores de proteção das linhas de energia e de sinal que entram e/ou saem da edificação.

f) Os condutores de interligação provenientes de outros eletrodos de aterramento porventura existentes ou previstos no entorno da edificação.

g) Os condutores de interligação provenientes de eletrodos de aterramento de edificações vizinhas, nos casos em que essa interligação for necessária ou recomendável.

h) O condutor neutro da alimentação elétrica, salvo se não existente ou se a edificação tiver que ser alimentada, por qualquer motivo, em esquema TT ou IT.

i) O(s) condutor(es) de proteção principal(is) da instalação elétrica (interna) da edificação.

Junto ou próximo do ponto de entrada da alimentação elétrica deve ser provido um barramento, denominado "barramento de equipotencialização principal" (BEP), ao qual todos os elementos relacionados possam ser conectados, direta ou indiretamente.

Biografia

Cortesia da Biblioteca Burndy.

FRANKLIN, BENJAMIN (1706-1790), político, pesquisador clássico e teórico de eletricidade estática.

Franklin teve uma extraordinária variedade de carreiras. Foi sucessivamente gráfico, editor, diplomata e físico. Como gráfico e trabalhando em Nova Inglaterra durante dois anos demonstrou seu talento como jornalista; com 27 anos, publicou o Almanaque do Pobre Richard, que o tornou famoso e próspero. Quando se aproximou dos 40 anos, interessou-se por eletricidade, tornando-se o cientista mais famoso de sua época. Franklin teorizou que os efeitos elétricos resultavam da transferência ou do movimento de um "fluido" composto de partículas de eletricidade (hoje poderíamos chamá-lo de elétrons). Segundo sua teoria, um corpo carregado ora ganha ora perde fluido elétrico. Em decorrência dessa ideia de "um fluido", ele enunciou o princípio da lei de conservação da carga: a carga perdida por um corpo pode ser recuperada por outros, com igual carga e simultaneamente. Franklin continuou suas pesquisas sobre isolamento e aterramento, até chegar à conclusão de que seria possível provar que as nuvens eram carregadas de eletricidade. Então em 1750 fez uma experiência usando um arame preso a um papagaio (pipa) para conduzir a eletricidade de uma nuvem de tempestade e carregar um grande capacitor. Assim, ele provou a natureza elétrica das tempestades e se tornou famoso; entretanto outros pesquisadores que tentaram repetir a mesma experiência sem tomar os devidos cuidados morreram eletrocutados.

Foi um dos cinco homens que esboçou a declaração da Independência dos Estados Unidos em 1776.

Materiais Empregados e Tecnologia de Aplicação | 11

Em capítulos anteriores, fizemos referência a diversos materiais empregados em instalações elétricas à proporção que o assunto tratado indicava a conveniência de um esclarecimento dessa natureza.

Assim é que tratamos dos tipos de fios e cabos, chaves e disjuntores, reproduzindo figuras e tabelas de catálogos de conceituados fabricantes nacionais e estrangeiros.

Existem alguns outros materiais de uso corrente que foram por várias vezes mencionados, mas sobre os quais não foram apresentados detalhes ou parênteses explicativos, para que não ocorresse descontinuidade na exposição e porque, em alguns casos, as explicações ou exigências de normas a respeito tornariam essas indicações por demais extensas.

O presente capítulo visa a oferecer dados, referências de normas e indicações sobre diversos desses materiais e a tecnologia da utilização deles, o que parece válido para o atendimento dos objetivos deste livro.

11.1 DEFINIÇÕES GERAIS

11.1.1 Espaço de Construção

Uma das formas mais comuns de instalações de baixa tensão em edifícios é a composta por poços verticais, chamados de *shafts*. Esse espaço de construção (Fig. 11.1) é o espaço existente na estrutura ou nos componentes de uma edificação, no qual passam os condutores que alimentam as cargas ao longo do prédio, tendo acesso apenas em determinados pontos.

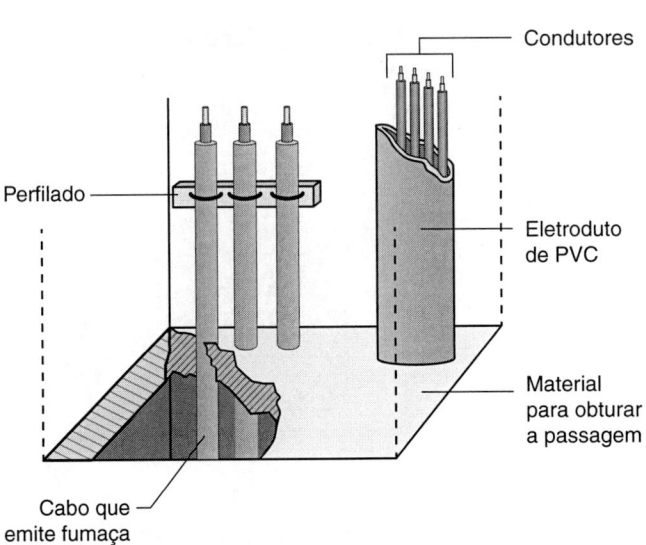

Figura 11.1 Obturação de poços para impedir a propagação de incêndio.

11.1.2 Eletrocalha

É um elemento de linha elétrica fechada e aparente, com cobertura desmontável, podendo ser liso ou perfurado. Esse termo substitui o termo "calha". "Eletrocalha" é usualmente empregada para designar a "bandeja" (que seria, então, uma "eletrocalha sem tampa") (Fig. 11.2).

11.1.3 Canaleta

É um elemento construído ou instalado abaixo ou acima do solo, ventilado ou fechado, e no qual não cabe uma pessoa (Fig. 11.3). É usual, também, utilizar o termo "canaleta" para se referir a eletrocalhas sobre paredes, em tetos ou suspensas.

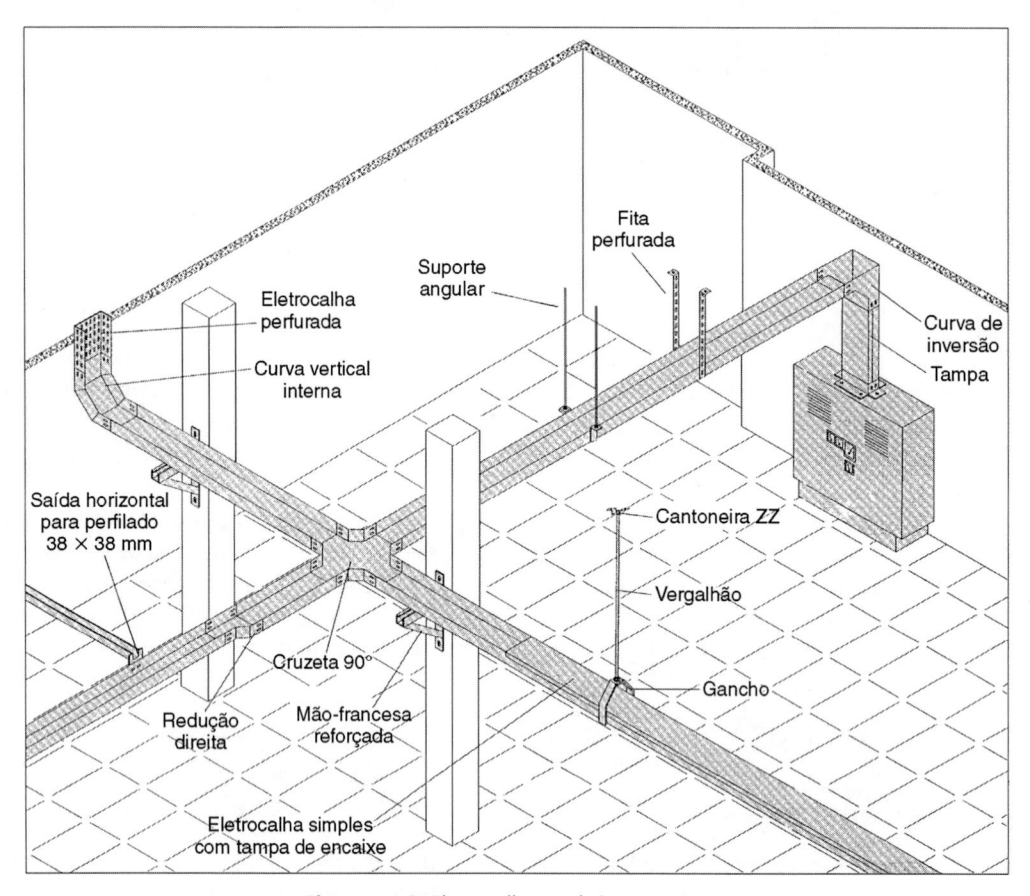

Figura 11.2 Eletrocalhas. Fabricante MOPA.

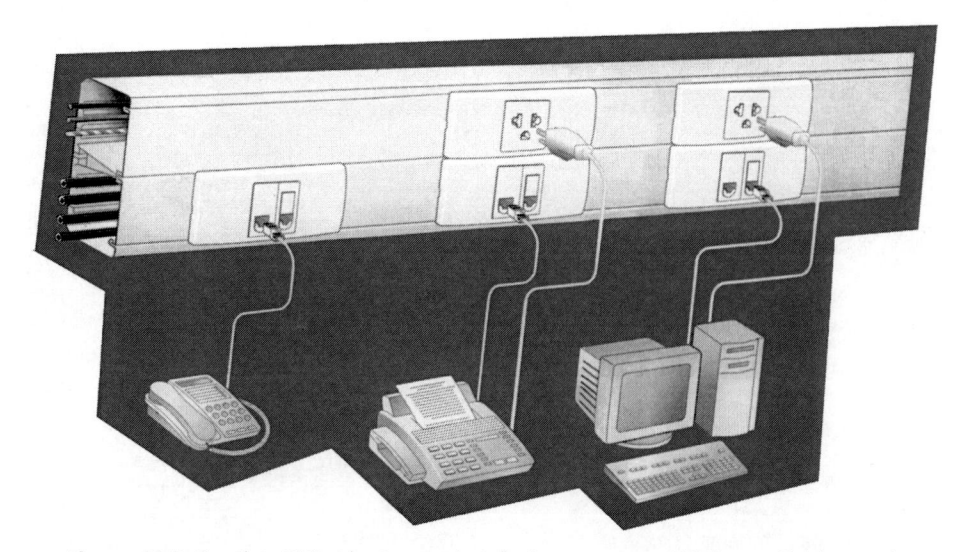

Figura 11.3 Canaleta DLP, solução para instalações aparentes. Fabricante Pial-Legrand.

11.1.4 Bandeja

Possui uma base contínua, com abas e sem tampa, podendo ou não ser perfurada (Fig. 11.4).

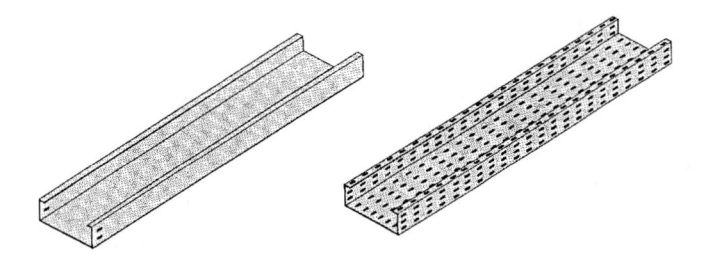

Figura 11.4 Bandeja não perfurada e bandeja perfurada. Fabricante MOPA.

11.1.5 Perfilado

Eletrocalha ou bandeja de dimensões reduzidas (Fig. 11.5).

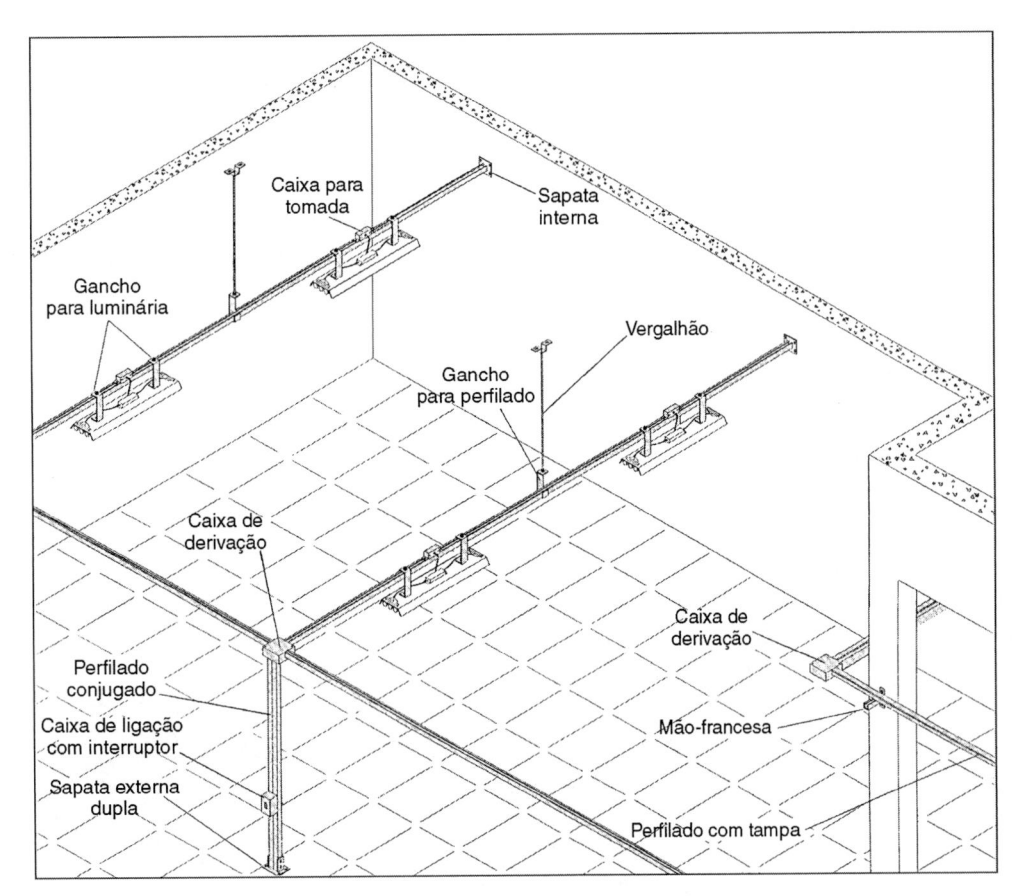

Figura 11.5 Perfilados. Fabricante MOPA.

11.1.6 Leito

É um suporte formado por travessas ligadas a duas longarinas longitudinais, sem cobertura. É conhecido também como "escada para cabos" (Fig. 11.6).

11.1.7 Prateleira

Possui uma base contínua, engastada ou fixada por um de seus lados e com a outra borda livre (Fig. 11.7).

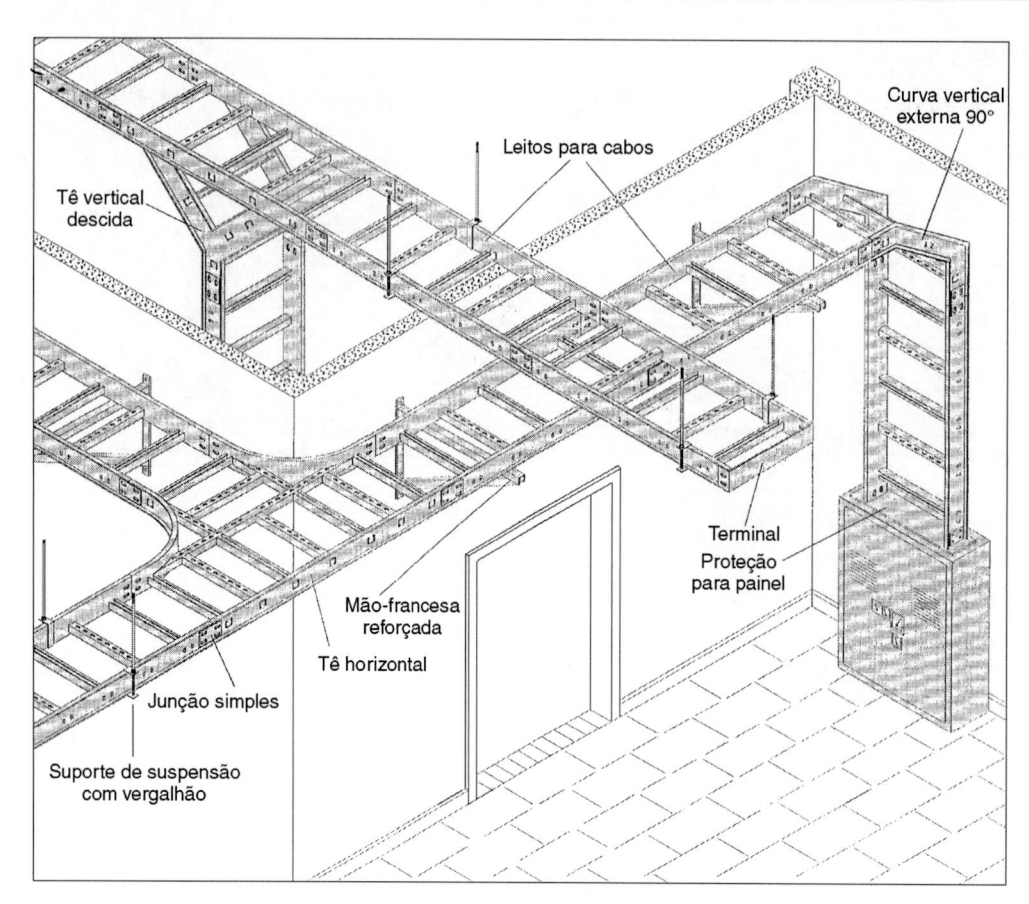

Figura 11.6 Leito para cabos. Fabricante MOPA.

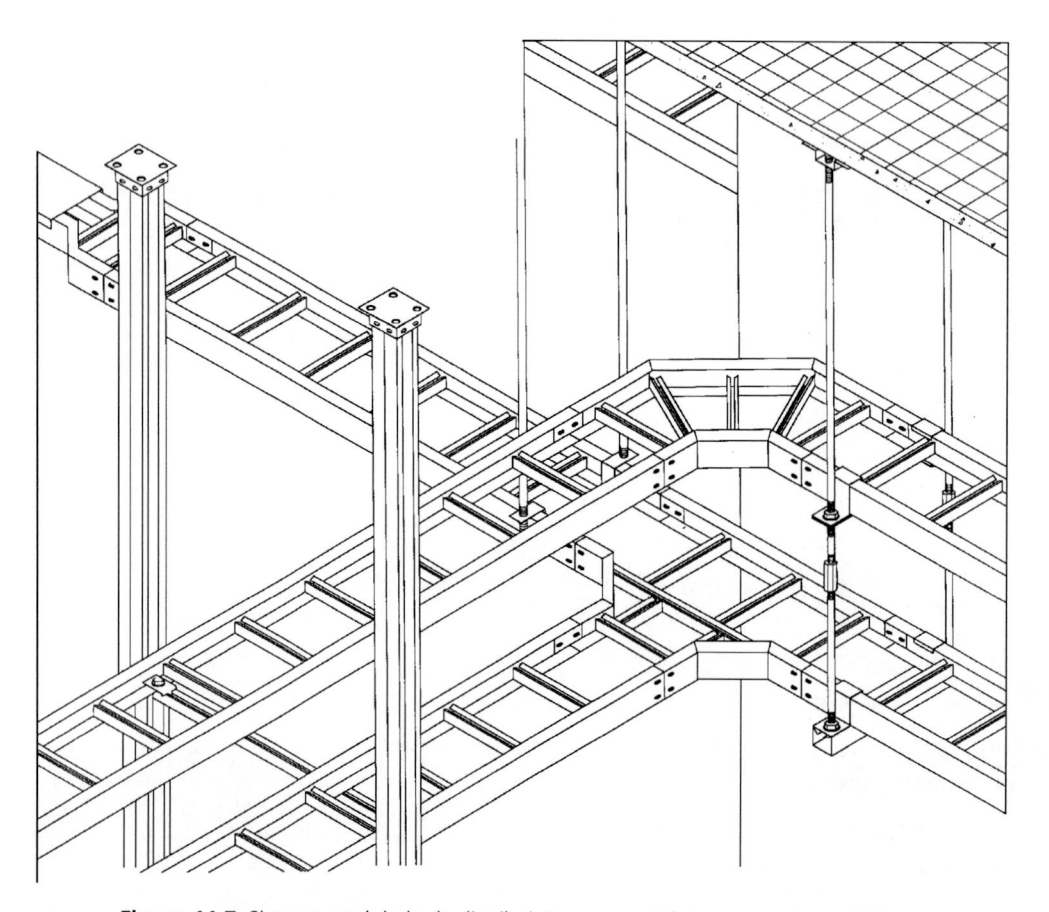

Figura 11.7 Sistema modulado de distribuição com prateleiras para cabos elétricos.

11.2 CONDUTOS

Condutos são canalizações ou dispositivos destinados a conter condutores elétricos. Podemos dividir os condutos em:

a) Eletrodutos.
b) Dutos.
c) Calhas e canaletas (condutos fechados ou abertos).
d) Bandejas ou leitos de cabos (condutos abertos).
e) Molduras, rodapés e alizares.

Estabelece-se que "todos os condutores vivos do *mesmo circuito*, inclusive o neutro (se existir), devem ser agrupados no mesmo conduto" (NBR 5410). A Norma NBR 5410 confirma esse conceito e exige que os eletrodutos ou calhas contenham apenas condutores de um único circuito, *exceto* nestes dois casos:

a) Quando as quatro condições que se seguem forem simultaneamente atendidas.
  * Todos os condutores sejam isolados para a mesma tensão nominal.
  * Todos os circuitos se originem de um mesmo dispositivo geral de comando e proteção, sem a interposição de equipamentos que transformem a corrente elétrica (transformadores, conversores, retificadores etc.).
  * As seções dos condutores-fase estejam dentro de um intervalo de três valores normalizados sucessivos (p. ex., pode-se admitir que os condutores-fase tenham seções de 4 mm², 6 mm² e 10 mm²).
  * Cada circuito seja protegido separadamente contra as sobrecorrentes.
b) Quando os diferentes circuitos alimentarem um mesmo equipamento, desde que todos os condutores sejam isolados para a mesma tensão nominal e que cada circuito seja protegido separadamente contra as sobrecorrentes. Isto se aplica principalmente aos circuitos de alimentação, de telecomando, de sinalização, de controle e/ou de medição de um equipamento controlado a distância.

A NBR 5410 determina que a instalação em condutos só seja utilizada em estabelecimentos industriais ou comerciais em que a manutenção seja sistemática e executada por "pessoas advertidas ou qualificadas".

11.2.1 Eletrodutos

São tubos destinados à colocação e à proteção mecânica de condutores elétricos (Fig. 11.8).

11.2.1.1 Finalidades

Os eletrodutos têm por finalidade:

  * Proteger os condutores contra ações mecânicas e contra corrosão.
  * Proteger o meio ambiente contra perigos de incêndio, provenientes do superaquecimento ou da formação de arcos por curto-circuito.
  * Constituir um envoltório metálico aterrado para os condutores (no caso de eletroduto metálico), o que evita perigos de choque elétrico.
  * Funcionar como condutor de proteção, proporcionando um percurso para a terra (no caso de eletrodutos metálicos).

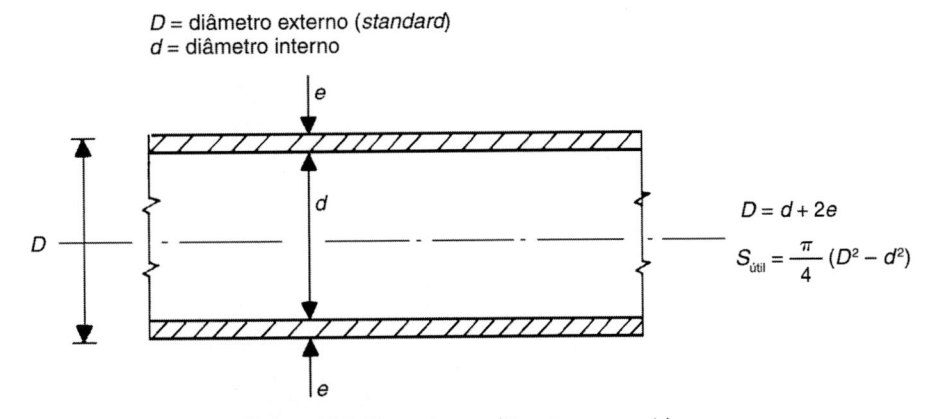

Figura 11.8 Eletroduto e diâmetros a considerar.

11.2.1.2 Classificação

Os eletrodutos podem ser:

- Rígidos.
- Flexíveis.

11.2.1.3 Material

Quanto ao material de que são constituídos os eletrodutos rígidos, dividem-se em eletrodutos de:

- Aço-carbono.
- Alumínio.
- PVC.
- Plástico com fibra de vidro.
- Polipropileno.
- Polietileno de alta densidade.

11.2.1.4 Proteção contra corrosão

Quanto à proteção dos eletrodutos de aço contra corrosão, a mesma pode ser constituída por:

- Cobertura de esmalte a quente.
- Galvanização ou banho de zinco a quente.
- Cobertura externa de composto asfáltico ou plástico.
- Proteção interna e/ou externa adicional de tinta epóxica.

11.2.1.5 Modalidades de instalação e tipos usados

Os eletrodutos podem ser instalados:

- Em lajes e alvenaria: eletrodutos *rígidos* metálicos ou de plásticos *rígidos*.
- Enterrados no solo: eletrodutos *rígidos* não metálicos ou de aço galvanizado.
- Enterrados, porém embutidos em lastro de concreto: eletrodutos *rígidos* não metálicos ou metálicos galvanizados ou revestidos de epóxi.
- Aparentes, fixados por braçadeiras a tetos, paredes ou elementos estruturais: eletrodutos *rígidos* metálicos ou de PVC rígido.
- Aparentes, em prateleiras ou suportes tipo "mão-francesa": *rígidos* metálicos e de PVC.
- Aparentes, em locais onde a atmosfera contiver gases ou vapores agressivos: PVCs *rígidos*, como, por exemplo, os eletrodutos Tigre da Cia. Hansen Industrial, ou metálicos com pintura epóxica.
- Ligação de ramais de motores e equipamentos sujeitos a vibrações: eletrodutos flexíveis metálicos (*conduítes*) formados por uma fita enrolada em hélice. Podem ser revestidos por uma camada protetora de material plástico quando se teme a agressividade de agentes poluentes ou líquidos agressivos.

11.2.2 Eletrodutos Rígidos

Os eletrodutos rígidos são vendidos em varas de 3 m de comprimento, rosqueadas nas extremidades e com uma luva em uma das extremidades. São fabricados nos seguintes tipos:

- Eletroduto rígido de aço galvanizado para alta tensão. Fabricante Apolo (Tabela 11.1).
- Eletroduto de PVC rígido antichama, classe B. Fabricante Tigre (Tabela 11.2).
- Eletroduto rígido de aço-carbono, séries pesado e extra, de acordo com a NBR 5597:2013 (Tabela 11.3).
- Eletroduto rígido de PVC, tipo rosqueável, de acordo com a NBR 15465:2013 (Tabela 11.4).

11.2.3 Número de Condutores em um Eletroduto

No interior de eletrodutos rígidos são permitidos apenas condutores e cabos isolados, não sendo permitida a utilização de condutores à prova de tempo WP e cordões flexíveis.

Na Tabela 11.5 estão discriminadas as áreas dos eletrodutos rígidos de aço-carbono, tipo pesado, permissíveis para utilização pelos condutores.

Tabela 11.1 Eletrodutos rígidos de aço galvanizado para baixa e alta tensões. Fabricante Apolo

Tamanho nominal		Galvanizados atendem às normas NBR 5598:2013 e NBR 5597:2013		
		Diâmetro externo (mm) × espessura da parede (mm)	Peso NBR 5598 (kg/vara)	Peso NBR 5597 (kg/vara)
15	1/2	21,30 × 2,25	3,42	3,44
20	3/4	26,70 × 2,25	4,40	4,45
25	1	33,40 × 2,65	6,46	6,55
32	1 1/4	42,20 × 2,65	8,35	8,45
40	1 1/2	48,00 × 3,00	10,71	10,82
50	2	59,90 × 3,00	13,61	13,78
65	2 1/2	75,50 × 3,35	19,12	–
80	3	88,20 × 3,35	22,48	23,12
100	4	113,35 × 3,75	33,02	33,56

Tabela 11.2 Eletrodutos de PVC rígidos antichama, classe B. Fabricante Tigre

Referência de rosca	Diâmetro nominal	Dimensões			
		Di (aprox.) (mm)	e (mm)	L (mm)	S (aprox.) (mm²)
3/8	16	12,8	1,8	3 000	128,7
1/2	20	16,4	2,2	3 000	211,2
3/4	25	21,3	2,3	3 000	356,3
1	32	27,5	2,7	3 000	593,9
1 1/4	40	36,1	2,9	3 000	1 023,5
1 1/2	50	41,4	3,0	3 000	1 346,1
2	60	52,8	3,1	3 000	2 189,6
2 1/2	75	67,1	3,8	3 000	3 536,2
3	85	79,6	4,0	3 000	4 976,4
Não previsto pela EB-744					
4	110	103,1	5,0	3 000	8 348,5

Tabela 11.3 Eletrodutos rígidos de aço-carbono (NBR 5597:2013)

Tamanho nominal (mm)	Diâmetro externo (mm)	Espessura de parede (mm)	Massa* teórica (kg/m)
10	17,1	2,00	0,72
15	21,3	2,25	0,96
20	26,7	2,25	1,31
25	33,4	2,65	1,97
32	42,2	3,00	2,85
40	48,3	3,00	3,31
50	60,3	3,35	4,66
65	73,0	3,75	6,26
80	88,9	3,75	7,71
90	101,6	4,25	10,04
100	114,3	4,25	11,34
125	141,3	5,00	16,61
150	168,3	5,30	21,04

* Massa sem luva e sem revestimento protetor.

Tabela 11.4 Eletrodutos de PVC rígido, tipo rosqueável (NBR 15465:2013)

Diâmetro nominal		Diâmetro externo afastamentos		Afastamentos na espessura da parede $\pm\delta$ –0	Classe A		Classe B*	
					Espessura da parede	Massa aprox. por metro	Espessura da parede	Massa aprox. por metro
DN (mm)	– (polegada)	de (mm)	$\pm\delta$ (mm)	(mm)	e (mm)	M (kg/m)	e (mm)	M (kg/m)
16	3/8	16,7	± 0,3	+ 0,4	2,0	0,140	1,8	0,120
20	1/2	21,1	± 0,3	+ 0,4	2,5	0,220	1,8	0,150
25	3/4	26,2	± 0,3	+ 0,4	2,6	0,280	2,3	0,240
32	1	33,2	± 0,3	+ 0,4	3,2	0,450	2,7	0,400
40	1 1/4	42,2	± 0,3	+ 0,5	3,6	0,650	2,9	0,540
50	1 1/2	47,8	± 0,4	+ 0,5	4,0	0,820	3,0	0,660
60	2	59,4	± 0,4	+ 0,5	4,6	1,170	3,1	0,860
75	2 1/2	75,1	± 0,4	+ 0,5	5,5	1,750	3,8	1,200
85	3	88,0	± 0,4	+ 0,6	6,2	2,300	4,0	1,500

* A classe B é usualmente a mais encontrada nas construções.

Tabela 11.5 Áreas dos eletrodutos rígidos de aço-carbono, tipo pesado, permissíveis para utilização pelos condutores, segundo critério da NBR 5410

Dimensão do eletroduto			Cabos sem cobertura de chumbo		
Diâmetro nominal		Área útil (mm²)	1 Cabo 53 %	2 Cabos 31 %	3 Cabos ou mais 40 %
(polegada)	(mm)				
3/8	17	134,7	71	41	53
1/2	21	221,6	117	68	88
3/4	27	386,9	205	119	154
1	33	619,8	328	192	247
1 1/4	42	1 028,7	545	318	411
1 1/2	48	1 404,6	744	435	561
2	60	2 255,3	1 195	699	902
2 1/2	73	3 367,8	1 784	1 044	1 347
3	89	5 201,4	2 756	1 612	2 080
4	102	6 804,1	3 606	2 109	2 721

EXEMPLO 11.1

Qual deverá ser o diâmetro do eletroduto para conter nove cabos unipolares de cobre de 1,5 mm² de seção nominal, com isolação de PVC, Pirastic Antiflam® 450/750 V da Prysmian?

Solução

Na Tabela da Prysmian, vemos que o cabo referido tem um diâmetro externo nominal de 3,0 mm.
Os nove cabos ocuparão uma área de

$$9 \times \left(\frac{\pi \times 3^2}{4}\right) = 63,6 \text{ mm}^2$$

Como são nove os cabos, a seção útil que pode ser ocupada é de 40 % (Tabela 11.5), de modo que a seção deverá ser no mínimo de

$$(63,6 \times 100) \div 40 = 159 \text{ mm}^2$$

Vemos na Tabela 11.5 que o eletroduto de aço-carbono, tipo pesado, com diâmetro nominal de 21 mm, tem uma área útil de 221,6 mm² e, portanto, $0,40 \times 221 \simeq 88$ mm² de área que pode ser ocupada pelos cabos. O de 17 mm de diâmetro nominal seria insuficiente, pois a área útil é de 134,7 mm², e necessitamos de 159 mm². Verifica-se, no entanto, que para chegarmos a esse resultado bastaria consultar a Tabela 11.5, na coluna de *3 cabos ou mais 40 %*, e chegaríamos a 88 mm² de ocupação.

Exemplo 11.2

Em um mesmo eletroduto devem passar cabos unipolares de Sintenax Antiflam® Prysmian, sendo 6 de seção nominal de 4 mm² (diâmetro externo máximo com isolação = 6,9 mm); 6 de seção nominal de 6 mm² (diâmetro externo máximo com isolação = 7,3 mm). Qual deverá ser o diâmetro do eletroduto?

Solução

Seção dos cabos:

$$6 \times \left(\frac{\pi \times 6,9^2}{4} \right) = 224,35 \text{ mm}^2$$

$$6 \times \left(\frac{\pi \times 7,3^2}{4} \right) = 251,12 \text{ mm}^2$$

Seção total = 475,47 mm².

Como são mais de três cabos, a área ocupada pelos cabos deverá ser, no máximo, 40 % da seção do eletroduto. Logo, a seção do eletroduto será:

$$(475,47 \times 100) \div 40 = 1\ 189 \text{ mm}^2$$

Na Tabela 11.5 vemos que para essa área total teremos que usar um eletroduto pesado de 48 mm (1½") de diâmetro nominal. A Tabela 4.17 apresenta as dimensões totais de condutores isolados Prysmian dos tipos Pirastic Ecoflam e Pirastic Flex Antiflam®.

11.2.4 Acessórios dos Eletrodutos Metálicos

Os eletrodutos interligam caixas de derivação, das quais voltaremos a tratar neste capítulo. Para emendar os tubos, mudar a direção e fixá-los às caixas, são empregados os acessórios descritos a seguir:

- *Luvas.* São peças cilíndricas rosqueadas internamente com rosca paralela, usadas para unir dois trechos de tubo, ou um tubo a uma curva. Quando se requer estanqueidade, usam-se luvas com rosca cônica BSP (British Standards Pipe) ou NPT (National Pipe Threads).

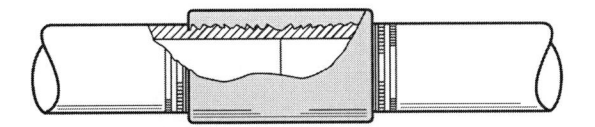

Figura 11.9 Colocação de luva, mostrando que as pontas dos dois eletrodutos devem se ajustar.

- *Buchas.* São peças de arremate das extremidades dos eletrodutos rígidos, destinadas a impedir que, ao serem puxados os condutores durante a enfiação, a isolação seja danificada por eventuais rebarbas na ponta do eletroduto. Ficam na parte interna das caixas (Fig. 11.10).

Figura 11.10 Buchas para eletrodutos. Fabricante Wetzel.

Bucha   Bucha de baquelite   Bucha isolada   Bucha com terminal

- *Arruelas.* São peças rosqueadas internamente (porcas) e que, colocadas externamente às caixas, completam, com as buchas, a fixação do eletroduto à parede da mesma (Figs. 11.11 e 11.12).
- *Curvas.* Para diâmetros de 1/2", 3/4" e 1", pode-se curvar o eletroduto metálico a frio e com o cuidado para que o trecho curvo não fique amassado. Para diâmetros maiores que 1", devem-se usar curvas pré-fabricadas, embora em instalações se usem também essas curvas nos diâmetros menores.

Não são permitidos trechos de tubulação entre caixas ou equipamentos com comprimentos maiores que 15 m. Quando se colocam curvas, este espaçamento fica reduzido de 3 m para cada curva de 90 °.

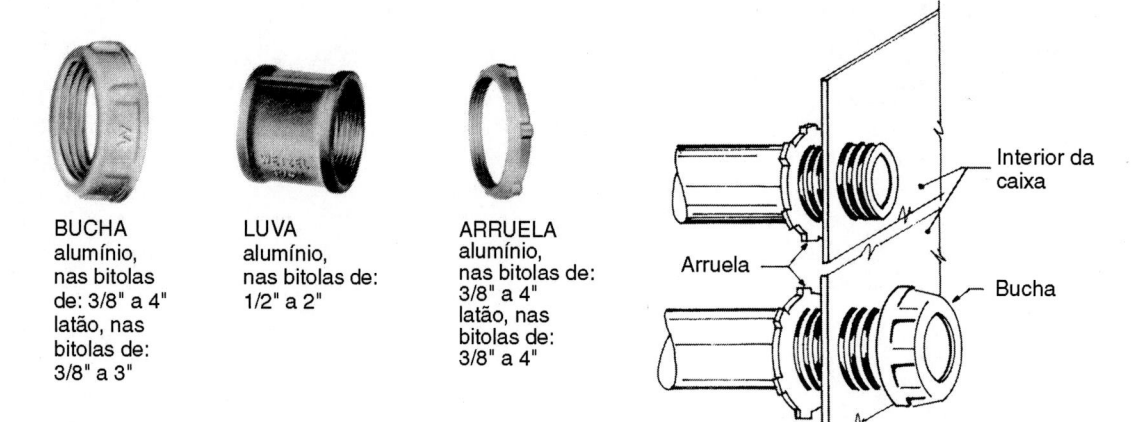

Figura 11.11 Bucha, luva e arruela. Fabricante Wetzel.

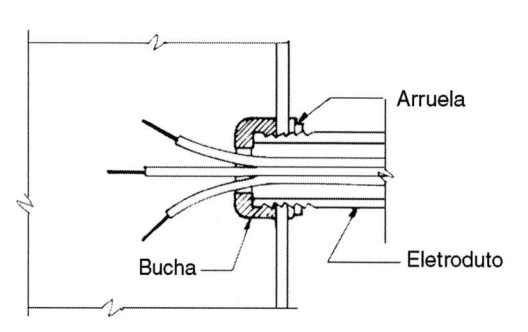

Figura 11.12 Fixação de eletroduto com bucha e arruela. O aperto final deve ser dado com a arruela (contraporca).

EXEMPLO 11.3

Qual o comprimento que poderá ter um trecho de tubulação contendo duas curvas de 90°?

Tabela 11.6 Seção e diâmetros de fios e cabos Superastic. Fabricante Prysmian

Seção do condutor tipo fio Superastic 750 V BWF Antiflam®			
Seção nominal (mm²)	Diâmetro nominal do condutor (mm)	Espessura nominal isolação (mm)	Diâmetro externo nominal (mm)
1,5	1,4	0,7	2,8
2,5	1,7	0,8	3,4
4	2,2	0,8	3,9
6	2,7	0,8	4,4
10	3,5	1,0	5,6
10	c 3,8	1,0	5,9
16	c 4,8	1,0	6,9
25	c 6,0	1,2	8,5
35	c 7,0	1,2	9,5
50	c 8,1	1,4	11,0
70	c 9,7	1,4	13,0
95	c 11,5	1,6	15,0
120	c 12,8	1,6	16,5
150	c 14,3	1,8	18,0
185	c 15,9	2,0	20,0
240	c 18,4	2,2	23,0
300	c 20,6	2,4	26,0
400	c 23,1	2,6	28,5
500	c 25,1	2,8	32,0

c – Condutor redondo compacto.

Solução

Cada curva reduz 3 metros. Portanto, teremos $15 - (2 \times 3) = 9$ metros.

Quando o ramal de eletroduto passar obrigatoriamente através de áreas inacessíveis, impedindo assim o emprego de caixas de derivação, a distância pode ser aumentada, desde que se proceda da seguinte forma:

- Calcula-se a distância máxima permissível (levando-se em conta o número de curvas de 90° necessárias).
- Para cada 6,00 m ou fração de aumento nessa distância, utiliza-se um eletroduto de diâmetro ou tamanho nominal imediatamente superior ao do eletroduto que normalmente seria empregado para o número e o tipo dos condutores.
- O número máximo permitido de curvas de 90° entre duas caixas é 3.

EXEMPLO 11.4

A Fig. 11.13 mostra um ramal de tubulação de 22,2 m entre duas caixas A e B, no qual não há acessibilidade para a colocação de caixas intermediárias. O diâmetro nominal calculado para o eletroduto sem curvas é de 1″. Dimensionar o trecho AB, levando em conta que no mesmo serão necessárias três curvas de 90°.

Solução

Comprimento total = 22,2 m
Número de curvas: 3
Distância máxima permitida, considerando as três curvas:

$$15 - 3\,(3) = 6\text{ m}$$

Mas o comprimento total é de 22 m, de modo que teremos, para a distância calculada:

$$22 - 6 = 16\text{ metros}$$

Haverá $16 \div 6 = 2,66$ "aumentos" de 6 metros. Assim, no trecho AB teremos que utilizar eletroduto de 2″.

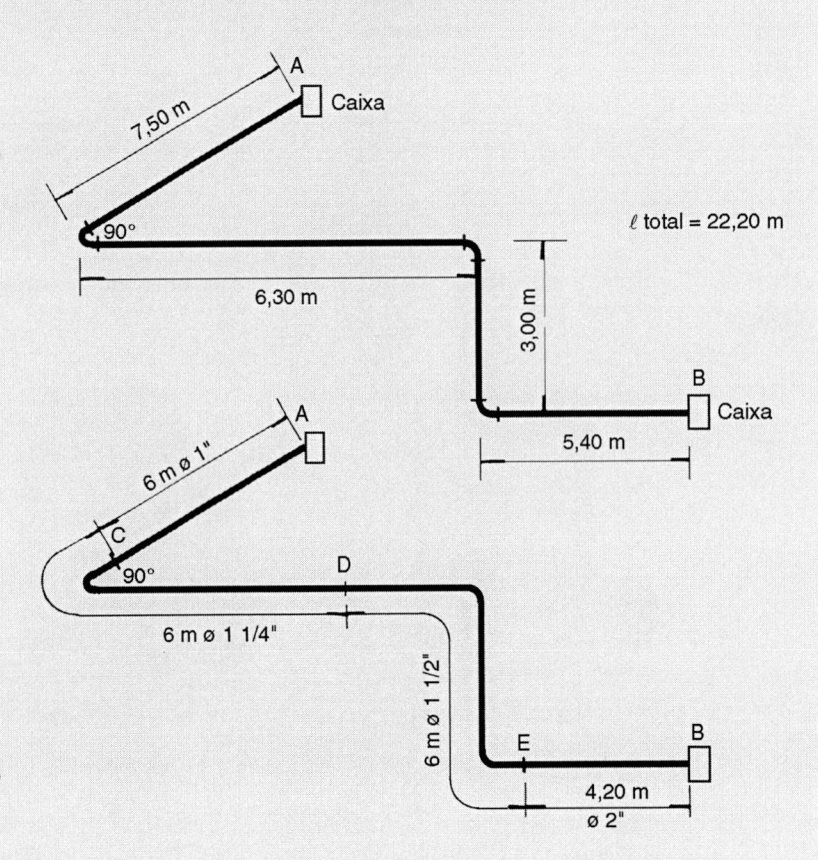

Figura 11.13 Dimensionamento de eletrodutos em locais inacessíveis à utilização normal de caixas de enfiação, usando-se, portanto, curvas.

11.2.5 Conexões Não Rosqueadas

Existem luvas, curvas e buchas que dispensam o rosqueamento do eletroduto para sua adaptação. Há dois tipos principais:

- As peças possuem parafusos para aperto contra o eletroduto. Para sua instalação, bastam chave de fenda e arco de serra. Por exemplo: Conexões Unidut da Daisa, de liga de alumínio com 9 a 13 % de silício, em bitolas de 1/2" a 6".
- As peças adaptam-se por encaixe e pressão. Ver Fig. 11.14.

11.2.6 Eletrodutos Metálicos Flexíveis

Também designados por conduítes, esses eletrodutos não podem ser embutidos nem utilizados nas partes externas das edificações, em localizações perigosas e de qualquer forma expostos ao tempo. Devem constituir trechos contínuos, não devendo ser emendados por luvas ou soldas. Necessitam ser firmemente fixados por abraçadeiras a, no máximo, cada 1,30 m e a uma distância de, no máximo, 30 cm de cada caixa de passagem ou equipamento. Em geral, são empregados na instalação de motores ou de outros aparelhos sujeitos à vibração ou que tenham necessidade de ser deslocados de pequenos percursos ou em ligações de quadros de circuitos.

Para se fixar um conduíte em um eletroduto, usa-se o *boxe reto interno* [Fig. 11.15(a)], e para fixá-lo a uma caixa, usa-se o boxe reto externo [Fig. 11.15(b)] ou boxe curvo [Fig. 11.15(c)].

Os conduítes flexíveis podem ser curvados, mas o raio deverá ser maior que 12 vezes o seu diâmetro externo.

Os conduítes, como os eletrodutos rígidos, podem ser fixados a paredes, tetos ou outros elementos estruturais por meio de *abraçadeiras*.

Na Fig. 11.16 vemos as abraçadeiras de ferro modular galvanizadas tipo "unha", tipo "U" e "unha reforçada".

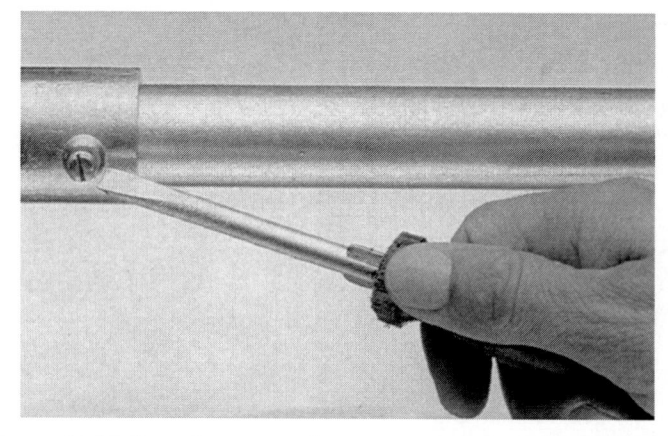

Figura 11.14 Conexão com parafuso em vez de rosca. Fabricante Daisa.

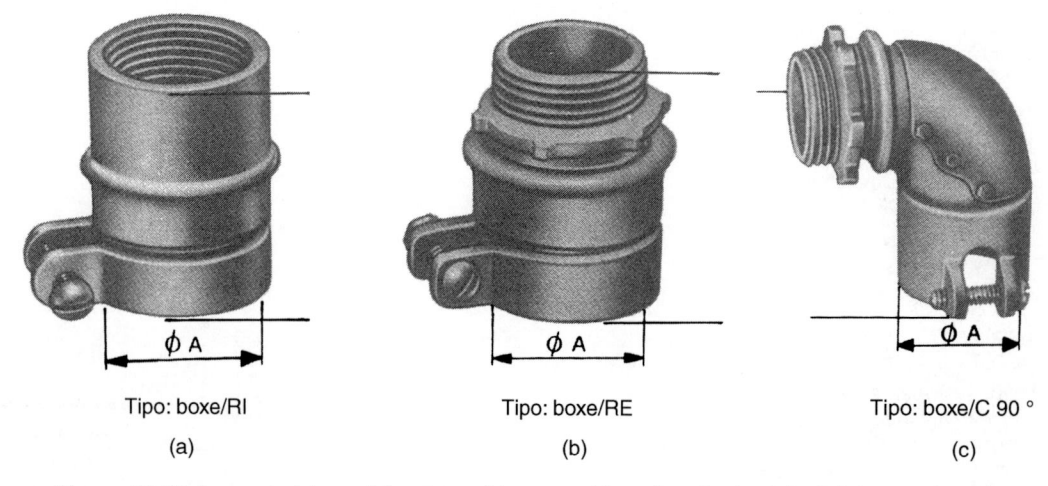

Tipo: boxe/RI	Tipo: boxe/RE	Tipo: boxe/C 90 °
(a)	(b)	(c)

Figura 11.15 Boxe reto interno (a), externo (b) e curvo (c) em liga de alumínio. Fabricante Wetzel.

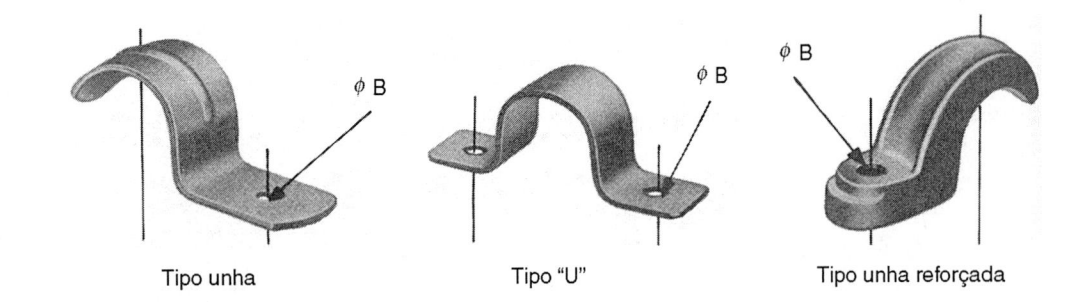

Figura 11.16 Abraçadeiras de ferro modular, galvanizadas.

Tipo unha   Tipo "U"   Tipo unha reforçada

11.2.7 Eletrodutos Plásticos Flexíveis (Tigreflex)

A Tigre desenvolveu uma linha completa de eletrodutos flexíveis (Fig. 11.17) produzidos nas bitolas DN 16, DN 20, DN 25, DN 32, na cor amarela, como diferencial. Esse material é fornecido em rolos de 25 a 30 m. A linha é complementada por um conjunto de caixas de embutir e luvas de pressão que se interligam aos tubos pelo sistema de simples encaixe.

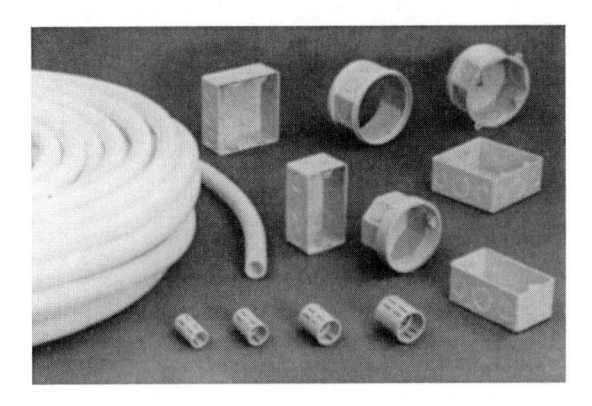

Figura 11.17 Eletrodutos flexíveis, caixas e luvas Tigreflex (plásticos). Fabricante Tigre.

11.2.8 Eletrodutos Plásticos Flexíveis (Kanaflex)

Kanalex é um dos dutos de grande diâmetro muito usado em nossos dias pela sua grande flexibilidade e fácil aplicação em locais onde existam obstáculos a seu encaminhamento (Fig. 11.18).

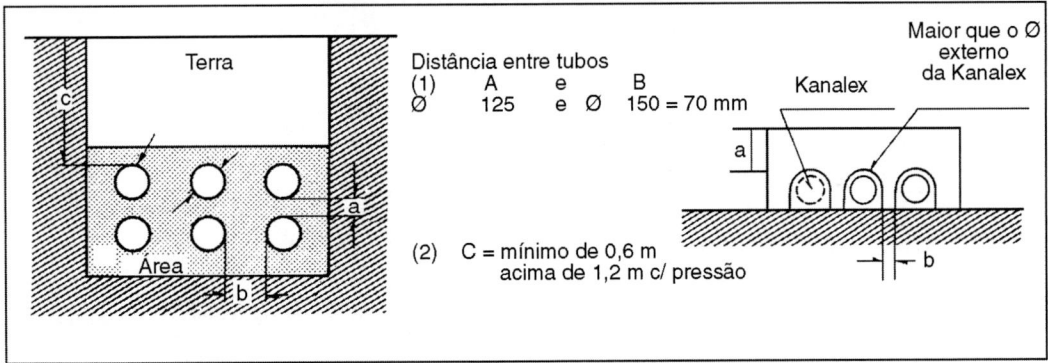

Figura 11.18 Instalação do duto flexível Kanalex. Fabricante Kanaflex.

11.3 INSTALAÇÃO EM DUTOS

Os dutos são tubos destinados à condução de cabos, em geral, quando estes devam ficar enterrados. Podem ser de cerâmica vitrificada, de PVC rígido ou flexível, ou de outros materiais resistentes e impermeáveis.

Um conjunto de dutos envolvido por concreto constitui um "leito de dutos". A fiação dos dutos realiza-se através de caixas de enfiação ou passagem. Essas caixas devem ser instaladas nas mudanças de direção.

Designam-se com o nome de ***dutos para barramento*** (*bus-duct*) os dutos metálicos retangulares nos quais o fabricante fornece, fixados em blocos isolantes, barramentos nus em substituição a cabos isolados. Este sistema de instalações pré-fabricadas, também designadas por *bus-ways*, é empregado em indústrias, principalmente nos Estados Unidos.

Os dutos metálicos devem ser aterrados, e deve ser mantida a continuidade dos mesmos em todas as emendas.

11.4 INSTALAÇÃO EM CALHAS E CANALETAS

As calhas e as canaletas (calhas pequenas) podem ser abertas ou fechadas, com ou sem ventilação direta. (Ver Figs. 11.19, 11.20 e 11.21.)

* De concreto ou alvenaria com reboco impermeável.
* De chapa dobrada ou liga de alumínio fundido, colocadas em lajes ou alvenaria.

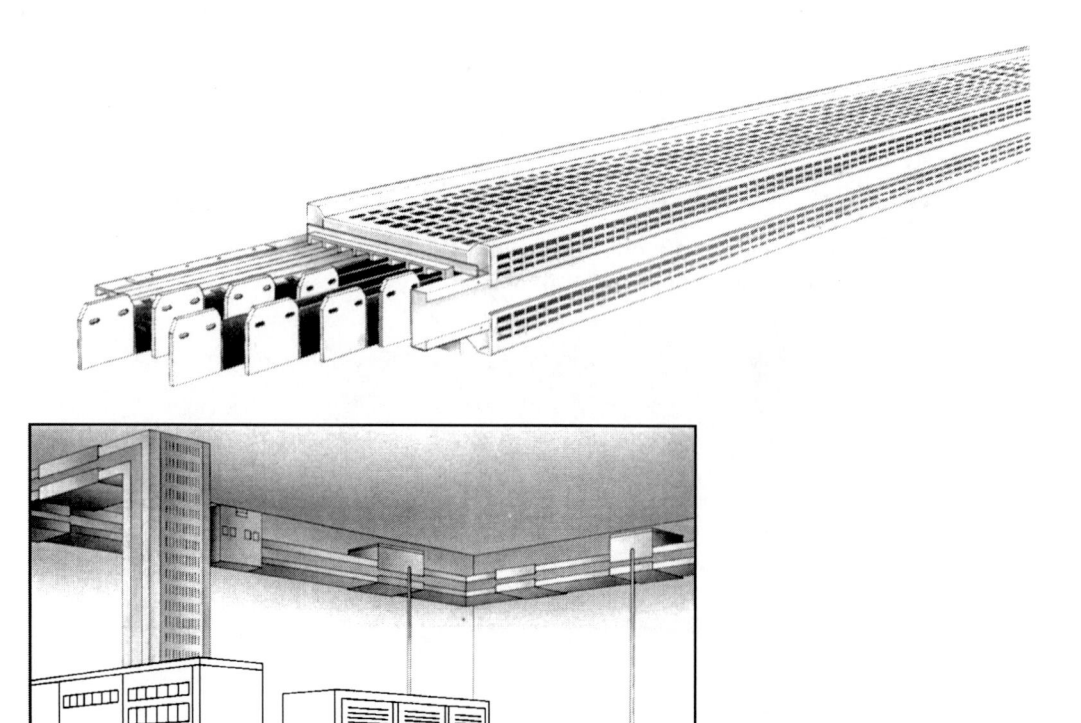

Figura 11.19 Canalizações elétricas Canalis de 1 000 a 4 300 A, modelo KG, e de 1 000 a 3 800 A, modelo KL, para transporte e distribuição de correntes de grande intensidade, tipo *bus-duct*. Fabricante Télémécanique.

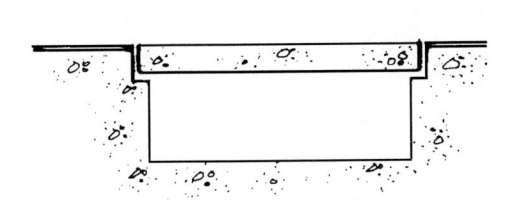

Figura 11.20 Calha de concreto com tampa de concreto.

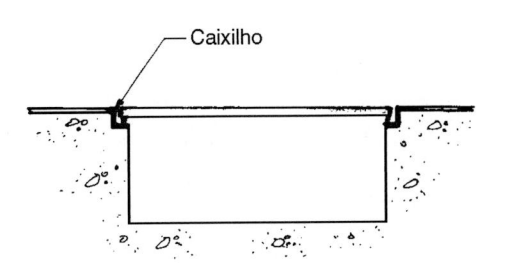

Figura 11.21 Calha de concreto com tampa metálica.

Podem ter tampa ou cobertura em:

* Placas de concreto pré-moldado, quando a calha for de concreto ou alvenaria, fechada.
* Placas de ferro fundido, ou chapas de aço doce devidamente pintadas com tinta antiferruginosa.
* Placas do material da própria calha, simplesmente colocadas ou aparafusadas.
* Grades para permitir melhor ventilação.

Os cabos colocados em calhas devem ter isolamento que não fique comprometido por umidade ou água que eventualmente infiltre pela junção com a tampa. Não devem ser colocados em locais onde, pelo piso, possa escorrer líquido agressivo decorrente de algum processo ou operação industrial.

Nas calhas, podem ser colocados cabos ou eletrodutos contendo cabos. Para impedir o contato de algum líquido com os cabos, podem-se usar prateleiras no interior da canaleta e sempre prever a possibilidade de drenagem da canaleta.

CALHAS DE PISO

Em prédios de escritórios e comerciais com especificações de instalações de elevado padrão, são empregadas calhas de piso com tampa aparafusada ou justaposta, constituídas por dutos da seção retangular, com aberturas para enfiação e derivação de trechos em trechos (Figs. 11.22 e 11.23).

Alguns fabricantes designam o sistema como *canaletas* (Sistema SIK, da Siemens; Sistema X, da Pial Legrand; Canaletas Dutoplast) ou como *dutos*.

O Sistema SIK permite a execução no piso de uma linha geral de alimentação com até quatro sistemas independentes (fiação elétrica, telefonia, intercomunicação e telex), separados rigidamente entre si por divisões formando canaletas distintas. As canaletas e caixas (Fig. 11.24) em chapa de aço galvanizado são montadas diretamente sobre a laje e embutidas no contrapiso (enchimento). Nas caixas de distribuição é mantida a separação intersistemas, a qual é feita por acessórios de material isolante (pontes de cruzamento e cantoneiras de separação). As saídas individualizadas (caixas de onde saem os fios para os aparelhos) são montadas diretamente sobre as canaletas. Elas possuem

Figura 11.22 Colocação de calhas de piso na laje, antes de sua concretagem.

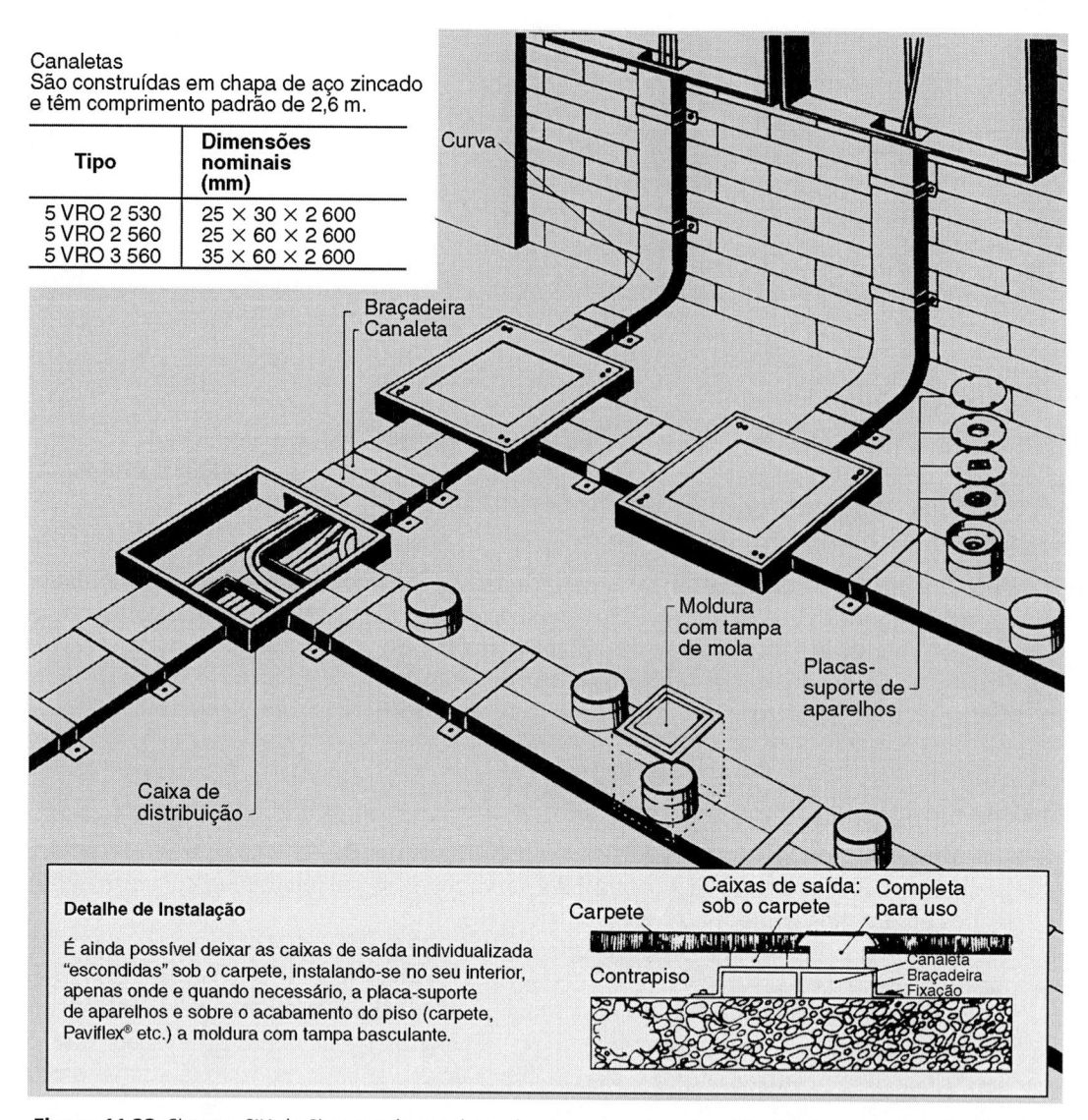

Canaletas
São construídas em chapa de aço zincado
e têm comprimento padrão de 2,6 m.

Tipo	Dimensões nominais (mm)
5 VRO 2 530	25 × 30 × 2 600
5 VRO 2 560	25 × 60 × 2 600
5 VRO 3 560	35 × 60 × 2 600

Detalhe de Instalação

É ainda possível deixar as caixas de saída individualizada "escondidas" sob o carpete, instalando-se no seu interior, apenas onde e quando necessário, a placa-suporte de aparelhos e sobre o acabamento do piso (carpete, Paviflex® etc.) a moldura com tampa basculante.

Figura 11.23 Sistema SIK da Siemens de canaletas de piso com caixas de saída simples para tomadas de piso.

Tabela 11.7 Canaletas para tomadas de piso e outras aplicações

Dimensões nominais (mm)		Seção total	Seção a ser utilizada (40%)
30	25	750 mm²	300 mm²
60	25	1 500 mm²	600 mm²
60	35	2 100 mm²	840 mm²

tampa cega, que evita a penetração de corpos estranhos durante a concretagem. Após a colocação do carpete, instala-se a placa-suporte de aparelhos e, em seguida, a moldura com tampa basculante para fazer o acabamento da caixa com o carpete. No caso de se querer "eliminar um ponto de saída", basta retirar a moldura com tampa de mola e substituí-la por uma tampa cega recoberta por um pedaço do material de acabamento do piso.

Ao se pretender, por exemplo, modificar um ponto de saída elétrico de tomada monofásica para tomada monofásica com polo de terra, basta trocar a placa-suporte de aparelhos, que é fixada por dois parafusos.

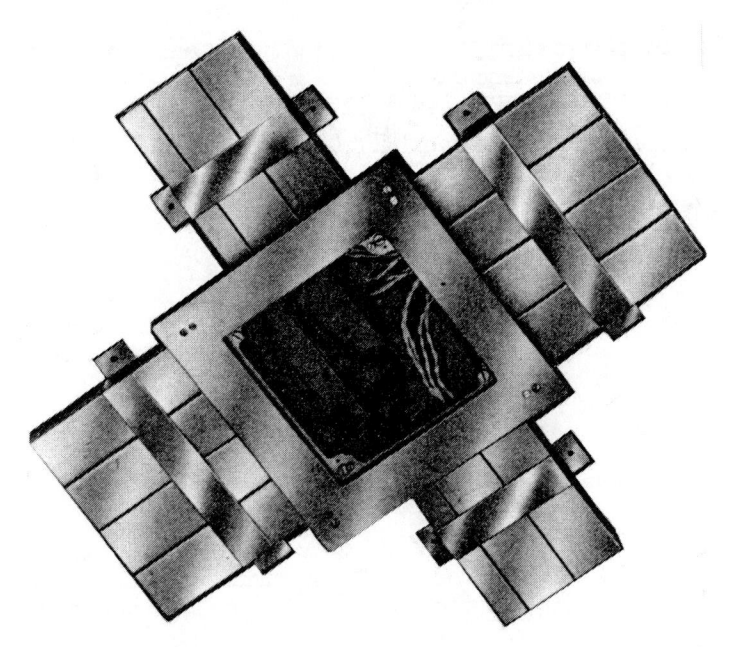

Figura 11.24 Caixa 5 VRO 2 300, sistema SIK da Siemens cruzamento em X com três sistemas, usando caixa de saída múltipla.

EXEMPLO **11.5**

Quais deverão ser as dimensões da canaleta de piso para conter 30 cabos unipolares de cobre de 1,5 mm² de seção nominal, com isolação de PVC, Pirastic Antiflam® 450/750 V da Prysmian?

Solução

Na Tabela 4.17, da Prysmian, vemos que o cabo referido tem um diâmetro externo nominal de 3,0 mm.
Os 30 cabos ocuparão uma área de

$$30 \times \left(\frac{\pi \times 3^2}{4} \right) = 211,9 \text{ mm}^2$$

Vemos na Tabela 11.7 que a canaleta de 25 mm × 30 mm tem uma seção total de 750 mm² e, portanto, 300 mm² de área a ser ocupada pelos cabos e que é suficiente para os 30 cabos.

A Télémécanique fabrica canalizações elétricas Canalis, no interior das quais já vêm instalados os condutores ou barramentos, para alimentação de aparelhos de iluminação, motores e quadros de distribuição. Os tipos principais de canalizações Canalis são:

a) KB4 40 A. Compõe-se de um perfil de aço galvanizado em forma de U, no qual é colocado, contra uma face lateral, um cabo isolado de seção chata com dois ou três condutores + terra. O cabo apresenta, com intervalos regulares, derivações embutidas em aberturas retangulares. O perfil comporta, na parte inferior, perfurações em forma de "botoeiras", que permitem a ligação dos elementos entre si e a suspensão dos aparelhos de iluminação (ver Fig. 11.25). Os conectores para derivações são para 10 A e 380 V.

b) KU1 a KU7, de 160 A a 700 A – três a quatro condutores + terra.

Cofres: de 63 A a 315 A.

São usados para instalações industriais de média potência. Podem ser considerados como *bus-ducts* de pequena e média capacidades. A derivação do duto para uma ramificação se faz em um cofre, no qual são colocados fusíveis Diazed até 63 A e NH acima de 63 A.

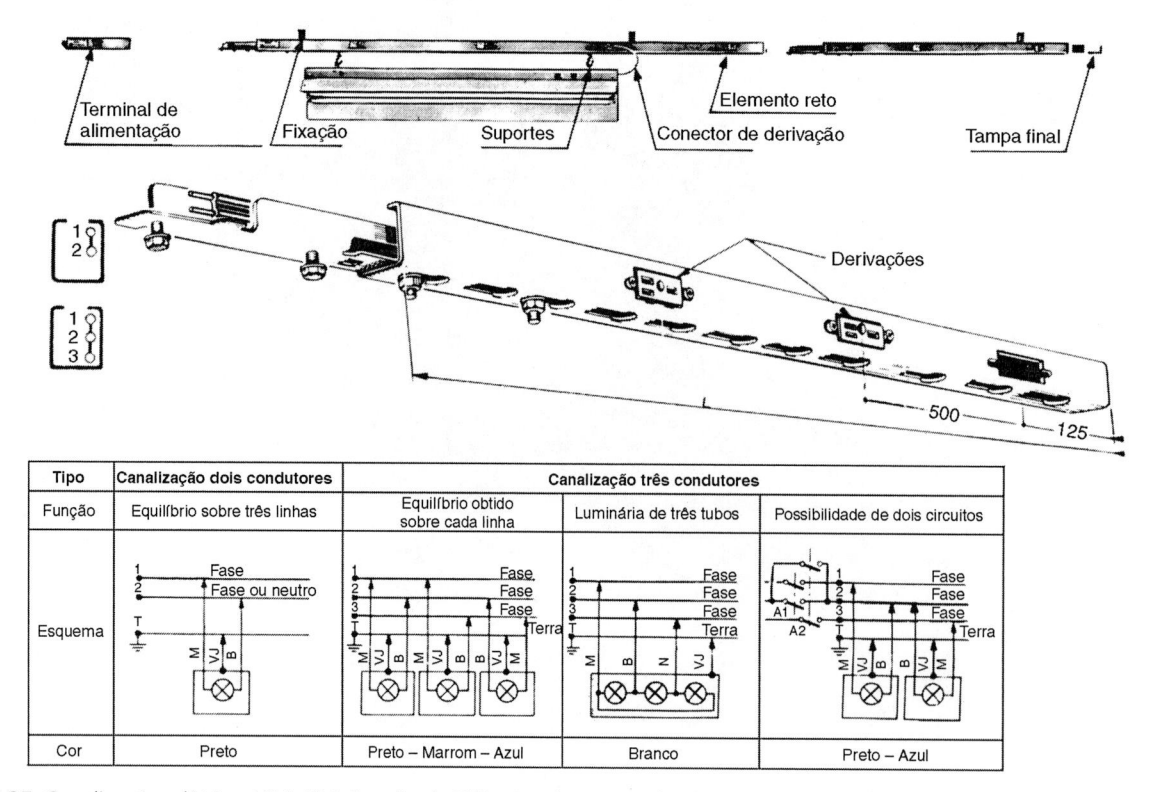

Figura 11.25 Canalizações elétricas KB4 40 A Canalis, da Télémécanique, para iluminação de prédios industriais, administrativos e comerciais.

A Fig. 11.26 mostra um exemplo de aplicação dos equipamentos descritos.

c) KL, de 1 000 A a 3 800 A – três ou quatro condutores mais terra.

d) KG, de 1 000 A a 4 300 A – três a quatro condutores + terra ou tripolar + neutro + terra.

Conforme a intensidade da corrente, o barramento pode ser constituído por uma, duas, três ou quatro barras por fase. Para derivações são adaptados cofres, com dispositivos fusíveis de proteção tipo NH (Fig. 11.27). Este modelo corresponde aos *bus-ducts* para grande capacidade de condução de corrente.

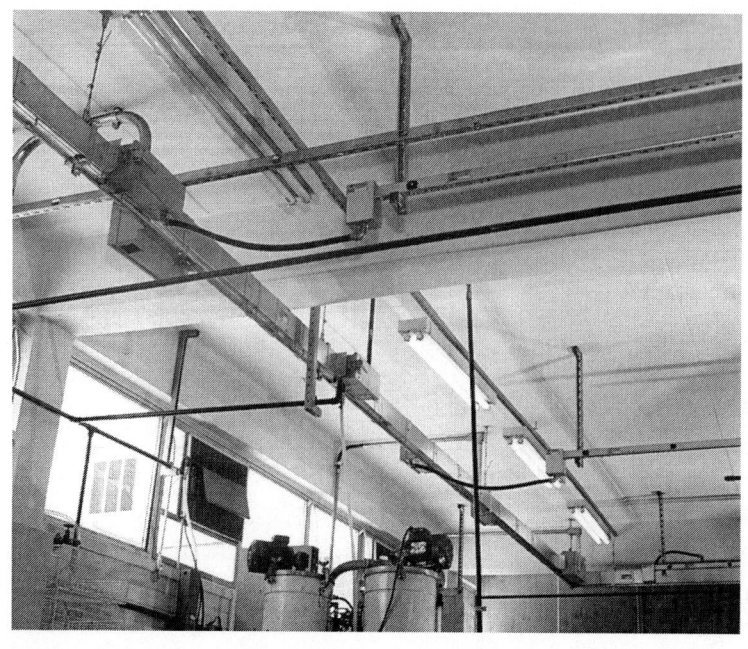

Figura 11.26 Aplicação das canalizações Canalis. Fabricante Télémécanique.

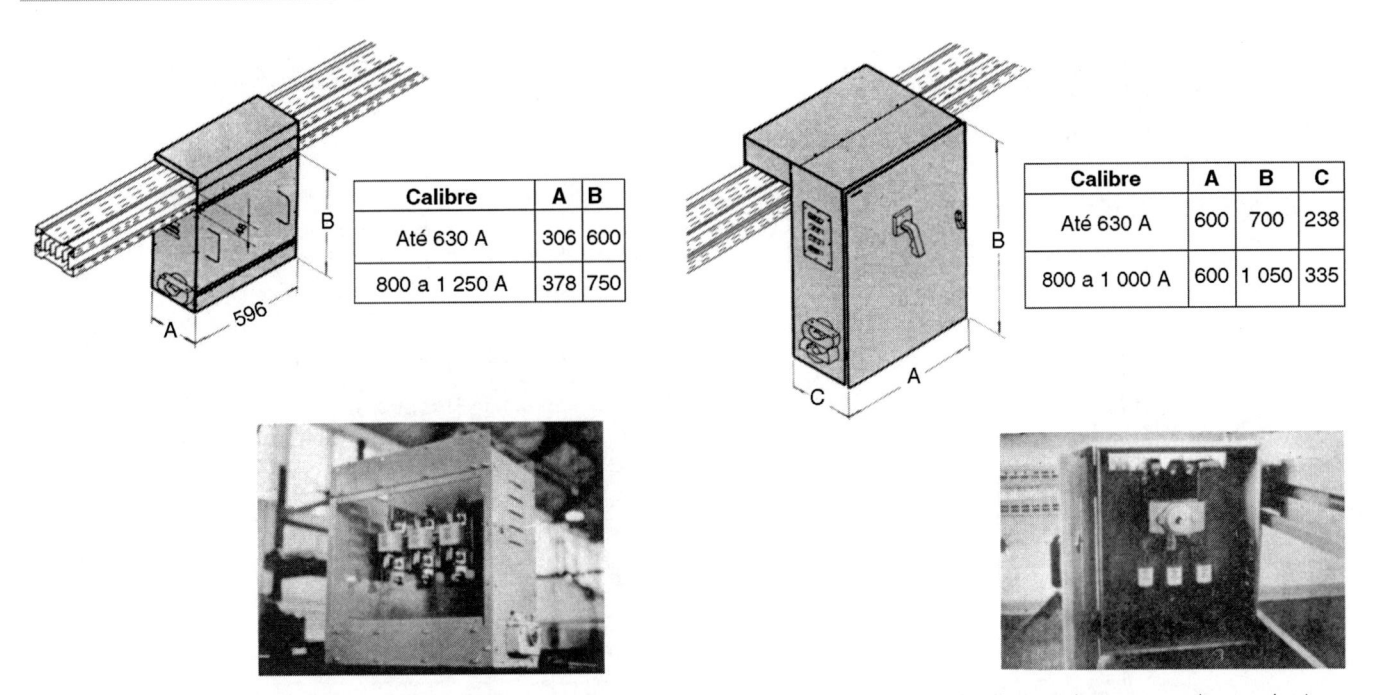

Figura 11.27 Canalizações elétricas Canalis de 1 000 a 4 300 A, modelo KG, para transporte e distribuição de correntes de grandes intensidades, vendo-se os cofres de distribuição. Fabricante Télémécanique.

Exemplo 11.6

Uma canaleta perfurada mede 60 mm de largura e 35 mm de altura. Pergunta-se:

a) Quantos cabos unipolares Pirastic Antiflam® Prysmian, de 25 mm^2, podem ser colocados?

b) Quantos cabos unipolares da mesma especificação (16 mm^2) podem ser instalados?

c) Se forem instalados cinco cabos unipolares de 50 mm^2, qual a área que sobrará para a colocação de cabos de seção inferior a 16 mm^2?

Solução

a) O cabo unipolar Pirastic Antiflam® Prysmian, de 25 mm^2, possui um diâmetro nominal externo de 8,5 mm (Tabela 4.17). O número de cabos de apenas uma camada será dado pela largura dividida pelo diâmetro externo:

$$\frac{60}{8,5} = 7,06$$

Portanto, sete cabos.

b) O cabo unipolar Pirastic Antiflam® Prysmian, de 16 mm^2, tem um diâmetro externo nominal de 6,5 mm (Tabela 4.17). Na Tabela 11.7, vemos que a área permissível, no caso da canaleta de 60 × 35 mm de largura, é de 840 mm^2. Vejamos a área da seção do cabo.

$$S = \frac{\pi D_e^2}{4} = \left(\frac{\pi \times 6,5^2}{4}\right) = 33,17 \text{ mm}^2$$

O número máximo de cabos será

$$\frac{840}{33} = 25,32$$

Portanto, 25 cabos de 16 mm^2.

c) Temos cinco cabos unipolares de 50 mm². O diâmetro externo deste cabo (Pirastic Antiflam® Prysmian) é de 11 mm.

$$S = \frac{\pi \times 11^2}{4} = \frac{379,94}{4} = 94,98 \text{ mm}^2$$

$$94,98 \times 5 = 474,9 \text{ mm}^2$$

De acordo com a Tabela 11.7, a área que sobrará para a colocação de outros cabos será:

$$840 - 474,9 = 365,1 \text{ mm}^2$$

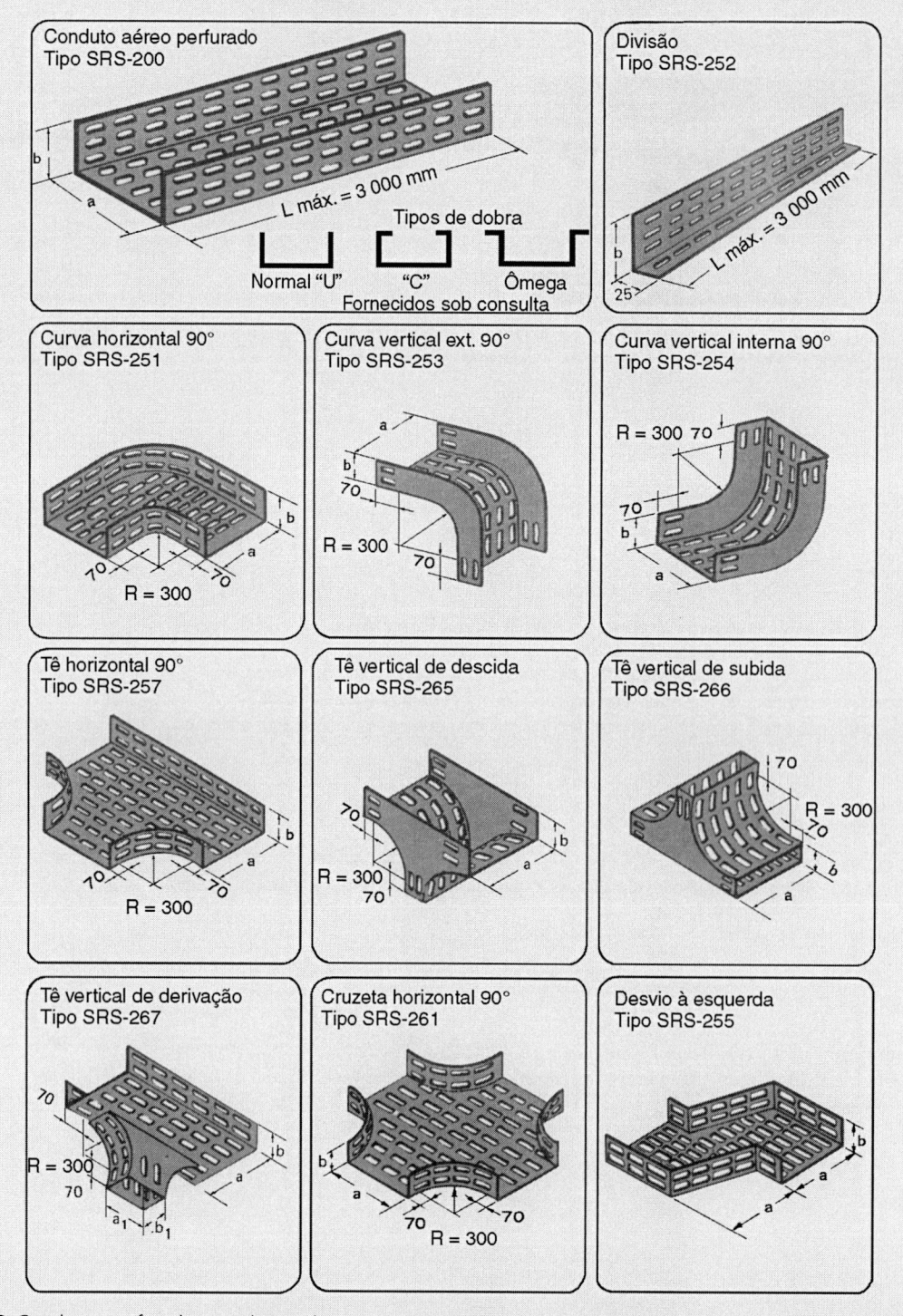

Figura 11.28 Condutos perfurados em chapas de aço para sustentação e condução de cabos de energia elétrica e telefonia em indústrias, ferrovias, túneis, centrais elétricas e em edificações onde se façam necessários o suporte e a condução de cabos atingindo distâncias consideráveis. Fabricante Sisa.

11.5 MOLDURAS, RODAPÉS E ALIZARES

A NBR 5410 prevê a utilização desses elementos para passagem de condutores. Estabelece as seguintes recomendações:

- Não devem ser usados em locais úmidos ou sujeitos a lavagens frequentes.
- Não devem ser imersos na alvenaria nem recobertos por papel de parede, tecido ou qualquer outro material, devendo sempre permanecer aparentes.
- Os de madeira só são admitidos em locais em que é desprezível a probabilidade de presença de água. Os de plástico são admitidos nestes locais e também onde haja possibilidade de quedas verticais de gotas de água, por condensação da umidade, por exemplo.
- Devem possuir tampas ou coberturas com boa fixação.
- As ranhuras devem ter dimensões tais que os cabos possam alojar-se facilmente.
- Nas mudanças de direção os ângulos das ranhuras devem ser arredondados.
- Uma ranhura só deverá conter cabos de um mesmo circuito, os quais devem ser isolados.
- Os cabos devem ser contínuos, sendo as emendas e derivações realizadas em caixas especiais.
- As molduras, rodapés e alizares não devem apresentar nenhuma descontinuidade ao longo do comprimento que possa comprometer a proteção mecânica dos cabos.

A Pial Indústria e Comércio Ltda. fabrica o *sistema X* de sobrepor, constituído por dutos ou canaletas de pequenas dimensões que são aplicados às paredes, junto aos rodapés, alizares e molduras, como se pode observar na Fig. 11.29.

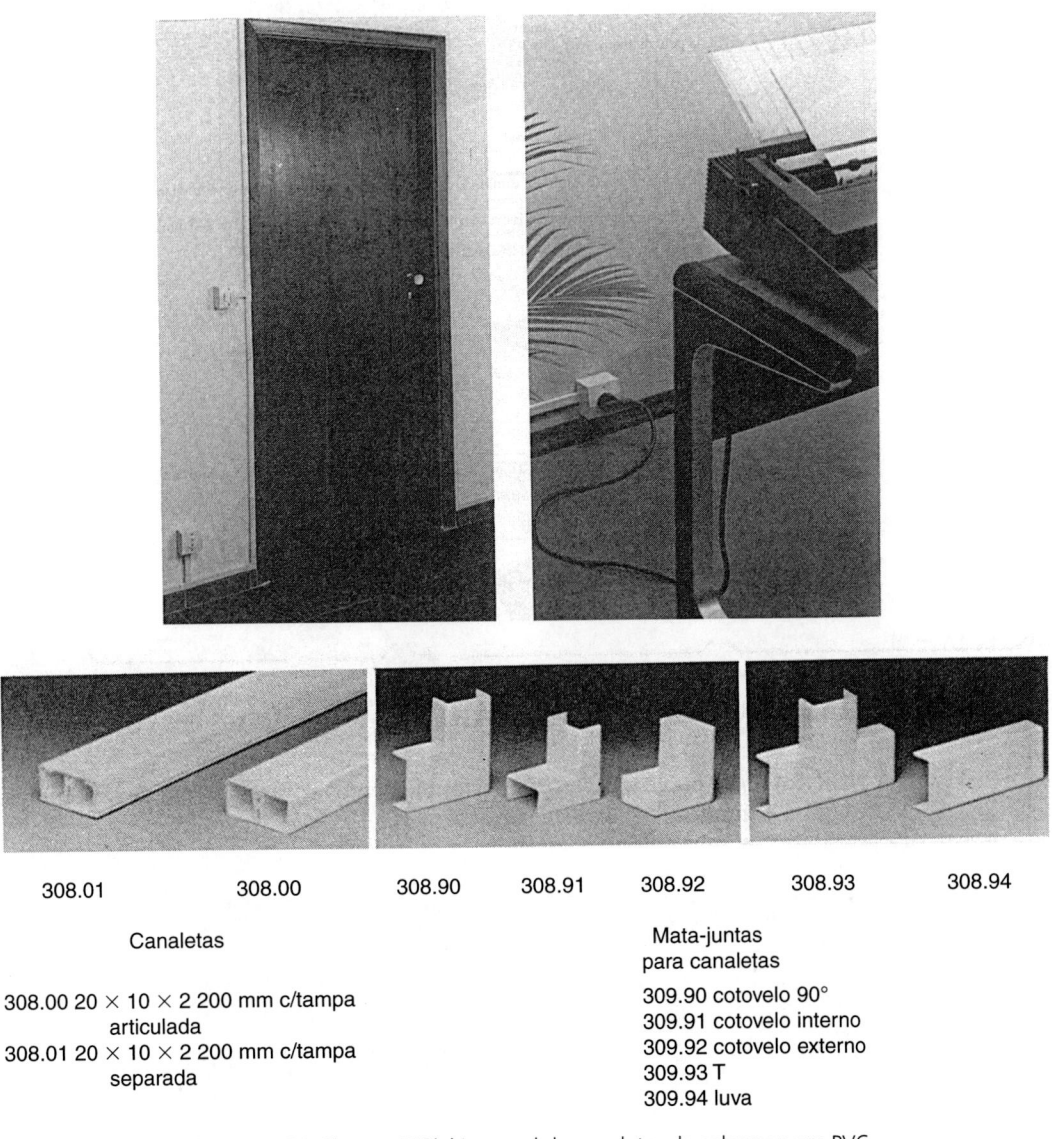

| 308.01 | 308.00 | 308.90 | 308.91 | 308.92 | 308.93 | 308.94 |

Canaletas

Mata-juntas
para canaletas

308.00 20 × 10 × 2 200 mm c/tampa
articulada
308.01 20 × 10 × 2 200 mm c/tampa
separada

309.90 cotovelo 90°
309.91 cotovelo interno
309.92 cotovelo externo
309.93 T
309.94 luva

Figura 11.29 Sistema X Pial Legrand de canaletas de sobrepor, em PVC.

11.6 ESPAÇOS VAZIOS E POÇOS PARA PASSAGEM DE CABOS

Espaços vazios são os espaços entre tetos e assoalhos, exceto os tetos falsos desmontáveis e as paredes constituídas por elementos ocos (lajotas, blocos de concreto), mas que não são projetados para, por justaposição, formar condutos para a passagem de instalações elétricas.

Podem ser utilizados cabos isolados em eletrodutos ou cabos uni ou multipolares nos espaços de construção ou poços (*shafts*) (Fig. 11.1) sob qualquer forma normalizada de instalação desde que:

a) Possam ser enfiados ou retirados sem intervenção nos elementos de construção do prédio.
b) Os eletrodutos utilizados sejam estanques e não propaguem a chama.
c) Os cabos instalados diretamente, isto é, sem eletrodutos, nos espaços de construção ou poços, atendam às prescrições da NBR 5410 referentes às instalações abertas.

A área ocupada pela instalação, com todas as proteções incluídas, deve ser igual ou inferior a 25 % da seção do espaço de construção ou poço utilizado. Os poços de elevadores não devem ser utilizados para a passagem de instalações elétricas, com exceção dos circuitos de controle do elevador.

11.7 INSTALAÇÕES SOBRE ISOLADORES

A instalação de condutores sobre isoladores (Figs. 11.30 e 11.31) dentro de edificações deve ser limitada a locais de serviço elétrico (como barramentos) e a utilizações industriais específicas (p. ex., para a alimentação de equipamentos para elevação e transporte de carga), *sendo proibida em locais residenciais*, comerciais e de acesso a pessoas inadvertidas, de um modo geral.

A NBR 5410 permite que nas instalações sobre isoladores sejam utilizados os seguintes materiais:

- Barras ou tubos.
- Cabos nus ou isolados.
- Cabos isolados reunidos em feixe.

Para o dimensionamento de barramentos nus instalados sobre isoladores, devem ser obedecidas as seguintes prescrições:

a) Os tubos ou barras devem ser instalados de forma que as tensões provenientes dos esforços eletrodinâmicos sejam menores do que a metade da tensão de ruptura do material de que sejam constituídos.
b) A distância entre barras, tubos ou grupos de barras ou tubos correspondentes a diferentes fases e entre estes e as estruturas de montagem deve ser tal que, quando ocorrerem as flechas máximas provenientes dos esforços

Figura 11.30 "Roldanas" de porcelana branca.

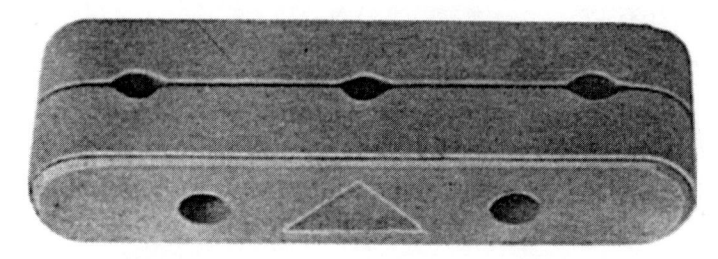

Figura 11.31 *Cleats* de porcelana sem vidração.

eletrodinâmicos, os valores das distâncias não sejam inferiores a 6 cm para tensões até 300 V e 10 cm para tensões superiores.

c) Quando em paralelo, as barras do feixe devem conservar entre si espaçamento igual ou superior à sua espessura. Esse espaçamento deve ser feito por meio de calços do mesmo material e de forma quadrangular.

Quando forem usados cabos nus sobre isoladores, deverão ser obedecidas as seguintes prescrições:

a) Os cabos nus devem ser instalados a pelo menos 10 cm das paredes, tetos ou outros elementos condutores.

b) Se os condutores tiverem que atravessar paredes ou solos, isto deverá ser feito por meio de buchas de passagem ou de dutos de material isolante; neste último caso, utiliza-se um duto por condutor, e a distância entre os condutores deve ser igual à adotada para os condutores fora da travessia.

c) A distância mínima entre cabos nus de polaridade diferente deve atender aos valores da Tabela 11.8.

Tabela 11.8 Afastamento mínimo entre cabos nus de polaridades diferentes

Vão (m)	Afastamento mínimo entre cabos nus (m)
Menor ou igual a 4	0,15
Entre 4 e 6	0,20
Entre 6 e 15	0,25
Maior que 15	0,35

11.8 INSTALAÇÕES EM LINHAS AÉREAS

As linhas aéreas são linhas exteriores aos prédios, executadas para operar em caráter permanente ou temporário.

A NBR 5410 prescreve: "Os condutores devem ser isolados."

Fica, ainda, definido que os condutores, em vãos de até 15 m, devem ter uma seção superior a 4 mm², e, em vãos superiores a 15 m, uma seção superior a 6 mm². Podem também ser empregados condutores de menor seção, desde que presos a fio ou cabo mensageiro, com resistência mecânica adequada. Em qualquer caso, o espaçamento dos suportes deve ser igual ou inferior a 30 m.

Quando forem instaladas diversas linhas de diferentes tensões em diferentes níveis de uma mesma posteação:

a) Os circuitos devem ser dispostos por ordem decrescente de suas tensões de serviço, a partir do topo dos postes.

b) Os circuitos para telefonia, sinalização e semelhantes devem ficar em nível inferior ao dos condutores de energia.

c) A instalação dos circuitos em postes ou em outras estruturas deve ser feita de modo a permitir o acesso aos condutores mais altos com facilidade e segurança, sem intervir com os condutores situados em níveis mais baixos.

d) Os *afastamentos verticais mínimos* entre circuitos devem ser:
 * 1,00 m entre circuitos de alta tensão (15 kV e 34,5 kV) e de baixa tensão.
 * 0,80 m entre circuitos de alta tensão (até 15 kV) e de baixa tensão.
 * 0,60 m entre circuitos de baixa tensão.
 * 0,60 m entre circuitos de baixa tensão e circuitos de telefonia, sinalização e congêneres.

As alturas mínimas dos cabos em relação ao solo devem ser de:

 * 5,50 m, em locais acessíveis a veículos pesados.
 * 4,00 m, em entradas de garagens residenciais, estacionamentos ou outros locais não acessíveis a veículos pesados.
 * 3,50 m em locais acessíveis apenas a pedestres.
 * 4,50 m, em áreas rurais (cultivadas ou não).

Os cabos devem ficar fora do alcance de janelas, sacadas, escadas, saídas de incêndio, terraços ou locais análogos. Deverão ser instalados das maneiras relacionadas a seguir:

a) A uma distância horizontal ou superior a 1,20 m de qualquer abertura na fachada.

b) Acima do nível superior de janelas.

c) A uma distância vertical igual ou superior a 2,50 m, acima do solo quando houver sacadas, terraços ou varandas.

d) A uma distância vertical igual ou superior a 0,50 m, abaixo do piso de sacadas, terraços ou varandas.

Se a linha aérea passar sobre uma zona acessível da edificação, deve ser obedecida a altura mínima de 3,50 m. As emendas e derivações devem ser feitas a distâncias iguais ou inferiores a 0,30 m dos isoladores.

Como suporte para os isoladores, podem ser utilizadas paredes de edificações, não sendo permitida a utilização de árvores, canalizações de qualquer espécie ou elementos de para-raios.

Os vãos devem ser calculados em função da resistência mecânica dos condutores e das estruturas de suporte, não devendo os condutores ficar submetidos, nas condições consideradas mais desfavoráveis de temperatura e vento, a esforços de tração maiores do que a metade da respectiva carga de ruptura. Além disso, os vãos não devem exceder:

a) 10 m em cruzetas ao longo de paredes.

b) 30 m nos demais casos.

11.9 CAIXAS DE EMBUTIR, SOBREPOR E MULTIÚSO

As caixas (Fig. 11.32) em instalações elétricas podem ter várias finalidades, conforme sejam usadas como:

- Caixa de enfiação ou passagem.
- Caixa para interruptor ou tomada em parede.
- Caixa para centro de luz no teto.
- Caixa para botão de campainha ou ponto de telefone.
- Caixas para tomadas de piso (Fig. 11.33).

Em instalações embutidas, usam-se caixas de chapa de aço. As usadas para interruptores, tomadas, botão de campainha e ponto de telefone são estampadas, esmaltadas, ao passo que a caixa para centro de luz, quando colocada

Figura 11.32 Caixas de ferro estampado chapa nº 18, de 4" × 4" e 4" × 2", zincadas a fogo. Fabricante Lorenzetti.

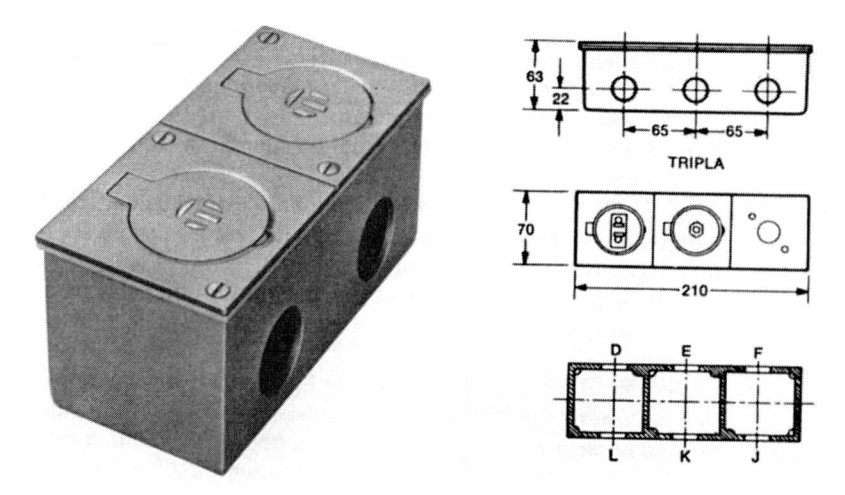

Figura 11.33 Caixas dupla e tripla de piso em alumínio injetado, para tomada de piso, telefone ou campainha. Tampa em latão forjado. Fabricante Peterco.

na laje de concreto, é octogonal, de fundo móvel, e não é estampada. As caixas mencionadas possuem "orelhas" com furos para fixação de tomadas, interruptores ou aparelho de iluminação, conforme o caso.

As caixas estampadas podem ser de:

- 4" × 4" ou 5" × 5" com furos de 1/2", 3/4" e 1".
- 4" × 2", com furos de 1/2" e 3/4".
- 3" × 3" × 1 1/2", octogonais, com furos de 1/2" e 3/4".

Existem tampas de ferro para caixa de 4" × 4" com abertura retangular para colocação de um interruptor ou tomada, e com abertura quadrada, para colocação de dois desses dispositivos.

Sobre as caixas são adaptados os "espelhos" ou "placas" de baquelite, bronze, alumínio, que rematam com a parede e permitem a atuação sobre interruptores, tomadas, botões etc. (Fig. 11.34).

Algumas caixas de embutir de 4" × 2" e 4" × 4" de plástico reforçado possuem orelhas de fixação metálica.

A Tabela 11.9 apresenta uma recomendação prática para o número máximo de cabos que pode passar nas caixas.

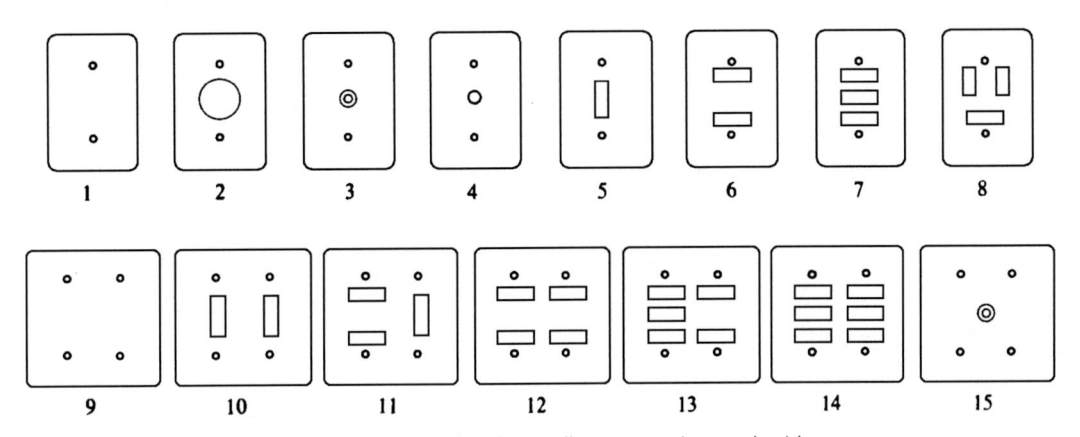

Figura 11.34 Exemplos de espelhos para caixas embutidas.

Tabela 11.9 Número máximo de cabos que podem entrar (ou sair) de uma caixa, de modo a se poder fazer adequadamente a enfiação e a colocação de interruptor, tomada ou botão

Tipo de caixa formato e designação		Número máximo de cabos (mm)				Emprego
		1,5	2,5	4	6	
Retangular	4" × 2"	5	5	4	0	Interruptor e tomada
Octogonal	3" × 3"	5	5	4	0	Botão de campainha, ligação ou junção
Octogonal (fundo móvel)	4" × 4"	11	11	9	5	Ligação ou junção, centro de luz
Quadrada	4" × 4"	11	11	9	5	Interruptor, tomada e ligação
Quadrada	5" × 5"	20	16	12	10	Ligação

11.10 CAIXAS DE DISTRIBUIÇÃO APARENTES (*CONDULETES*)

Em instalações aparentes largamente usadas em indústrias, depósitos e estabelecimentos comerciais de vulto, utilizam-se caixas de passagem em geral de alumínio injetado.

Essas caixas ainda hoje são designadas genericamente por ***conduletes***. Possuem partes rosqueadas para adaptação de eletrodutos e tampa aparafusável. São muito usadas as caixas da Peterco-Lumens (Fig. 11.35), as da Blinda Eletromecânica Ltda. e as da Metalúrgica Wetzel S.A. (Fig. 11.36). Conforme esclarece o catálogo da Wetzel, os *conduletes* de sua fabricação podem também ser embutidos e empregados em instalações residenciais.

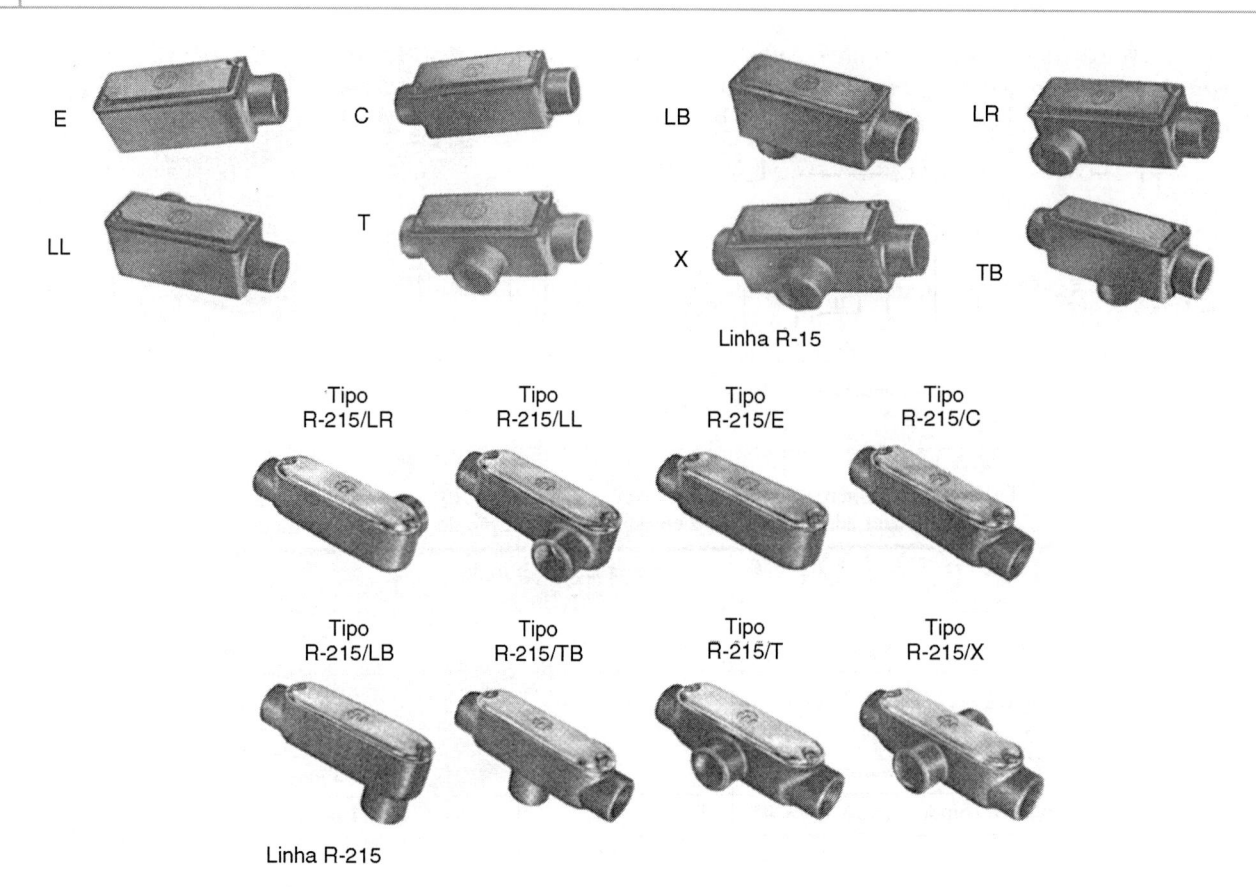

Linha R-15

Tipo R-215/LR   Tipo R-215/LL   Tipo R-215/E   Tipo R-215/C

Tipo R-215/LB   Tipo R-215/TB   Tipo R-215/T   Tipo R-215/X

Linha R-215

Figura 11.35 Caixas de distribuição aparentes. Fabricante Peterco-Lumens.

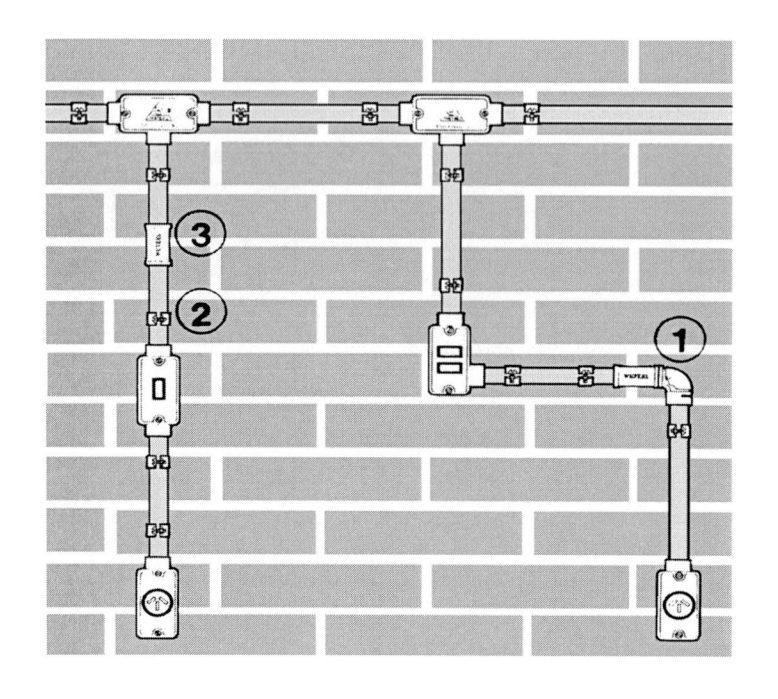

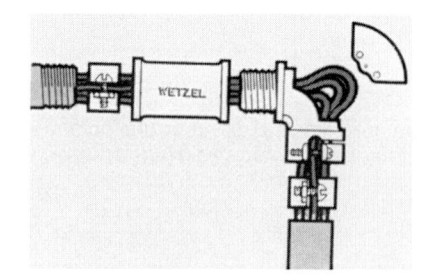

1 – Em caso de instalações que venham a sofrer alterações ou transferências de local, o desenho nos dá um exemplo de grande valia, em face da rapidez e da segurança na execução.

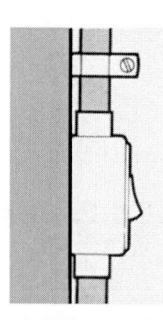

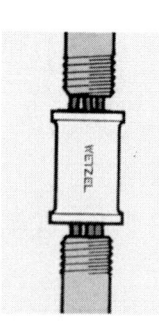

2 – Na fixação das instalações são aplicadas as abraçadeiras Wetzel tipo "D", desenvolvidas para dar total segurança e perfeito alinhamento.

3 – Luva Wetzel para eletrodutos, um acessório perfeito para conectar extremidades de tubulação, fornecida em alumínio silício, de 1/2" a 3".

Figura 11.36a Caixas e conexões. Fabricante Wetzel.

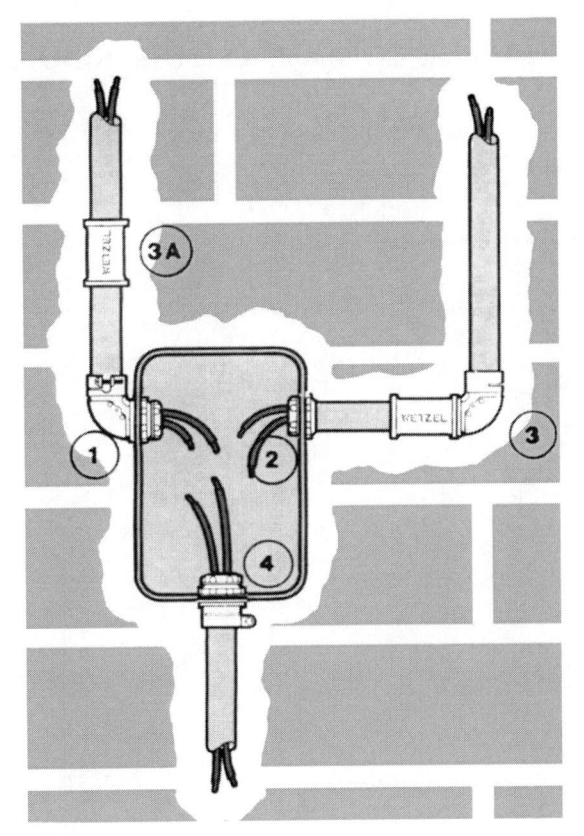

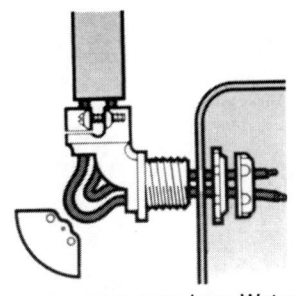

1 – Conector curvo para boxe Wetzel: permite fazer curvas facilmente e com muita segurança. Com a retirada da tampa, os fios deslizam livremente. Em seguida, basta introduzi-los no outro sentido e puxar, obtendo curvas rápidas e perfeitas sem prejudicar ou descascar os fios. Nesse caso, o tubo não precisa ter roscas.

2 – Buchas e arruelas Wetzel: permitem fixar qualquer tubulação nas caixas, conforme mostra o desenho. A arruela fixa o tubo, a bucha não deixa os fios descascarem e servem também como contraporca no aperto da fixação do tubo.

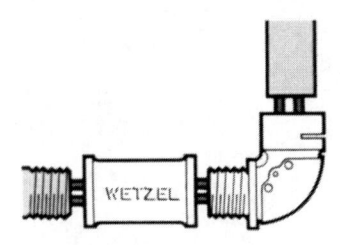

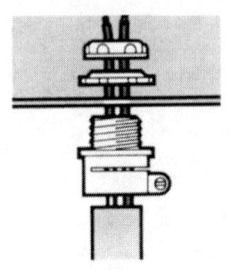

3 – A luva Wetzel permite conectar extremidades de tubulações, quer em trechos retos (3 A), quer em caso de curvas ou contornos. Considerando que a tubulação tem a mesma bitola das peças e acessórios para eletrodutos, faz-se obrigatória a aplicação da luva como mostra o desenho.

4 – Em todas as instalações elétricas, principalmente nas caixas medidoras, as centrais elétricas exigem a aplicação dessas peças, disponíveis nas bitolas 3/8" a 4". No desenho, uma informação sobre a aplicação do conector reto para boxe. Na aplicação do conector reto, não há necessidade de rosca nos tubos, o que não acontece com as buchas e arruelas. Ver ilustração.

Figura 11.36b Caixas e conexões. Fabricante Wetzel.

11.11 QUADROS TERMINAIS DE COMANDO E DISTRIBUIÇÃO

Exercem uma função de grande importância nas instalações elétricas. Diversos fabricantes oferecem ao usuário modelos variados, dos quais apresentamos alguns exemplos nas Figs. 11.37 e 11.38.

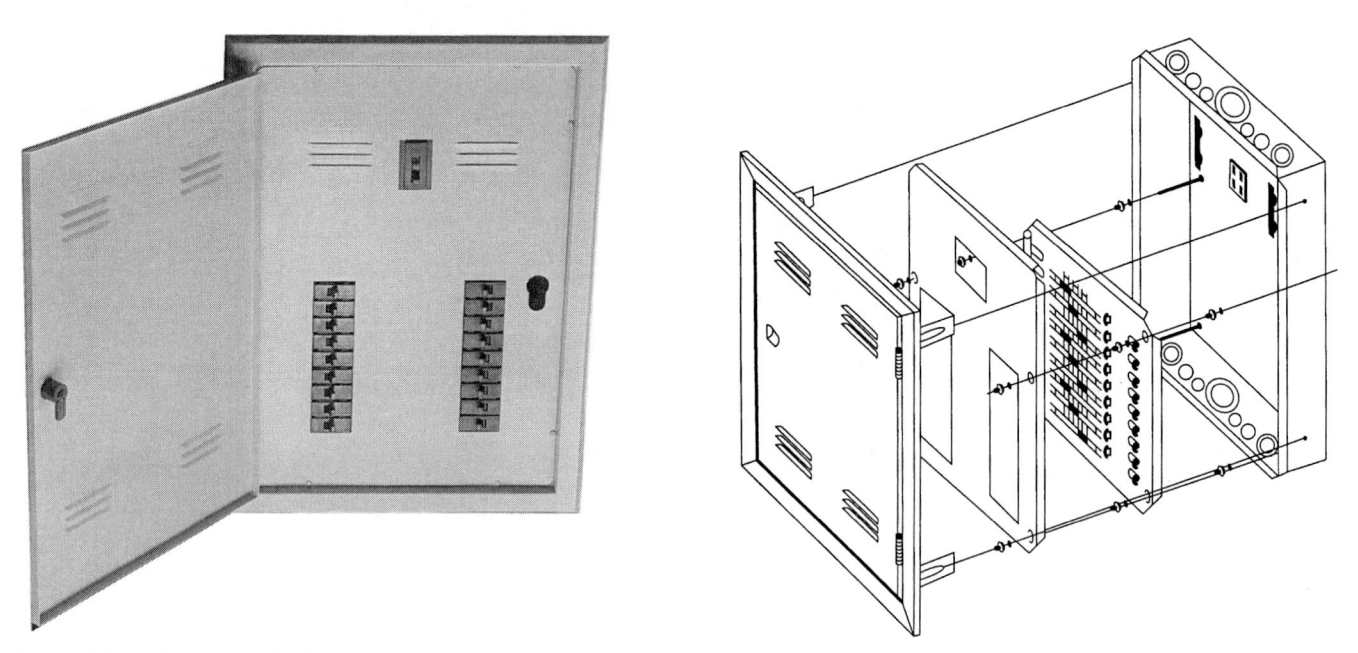

Figura 11.37 Quadro de distribuição para uso como quadro de luz e energia. Pode ser equipado com disjuntores termomagnéticos monofásicos, bifásicos ou trifásicos. Fabricante Cemar.

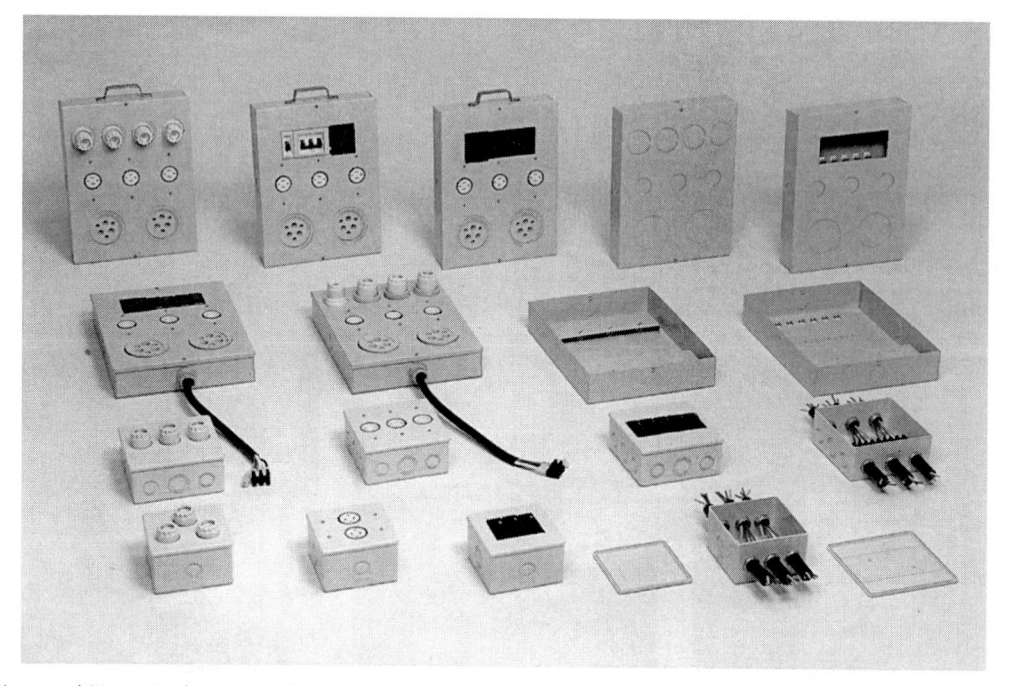

Figura 11.38 Caixas multiúsos. Podem ser utilizadas como miniquadros de comando, centros de distribuição para disjuntores, caixas de passagem, derivação de fios e caixas de fusíveis. Fabricante Cemar.

Biografia

AIP Emilio Segre Visual Archives, E. Scott Barr Collection.

HENRY, JOSEPH (1797-1878)

Físico norte-americano e pioneiro na pesquisa do eletromagnetismo. Era estranho que nenhum americano depois de Franklin, durante 75 anos, se destacara no estudo da eletricidade. Henry, então, estabeleceu como seu grande objetivo avançar nesse campo.

Nasceu e cresceu em Albany, no Estado de Nova York, e, como não tinha recursos para estudar, aos 15 anos engajou-se como aprendiz de relojoeiro, mas o negócio faliu. Durante um ano, escreveu peças de teatro e representava nelas. Por acaso, lendo um livro sobre ciência o rumo de sua vida modificou. Na Academia de Albany, todo o seu tempo disponível era dedicado à pesquisa em eletricidade. Sua pesquisa deu-lhe bastante reputação, o que lhe assegurou um lugar no New Jersey College (que depois tornou-se Princenton) em 1832, quando passou a lecionar diversas disciplinas. A partir de 1825, dedicou-se à fabricação de um eletromagneto, usando enrolamento de fio fino e isolado.

Em 1830, descobriu a indução "eletromagnética", a conversão do magnetismo em eletricidade. Faraday, por sua vez, chegou ao mesmo resultado pouco tempo depois.

Henry é considerado "o incubador da ciência norte-americana". Em sua homenagem, a unidade de autoindutância é o Henry (H).

12 | Exemplo de Projeto de Instalações Elétricas

O projeto de instalações elétricas é o nosso objetivo final. Deve ser claro (simbologia bem definida), completo (tubulação, enfiação e quadros), compartimento de medição aprovado pela concessionária local, com memória de cálculo e memorial descritivo (materiais a serem aplicados na execução).

12.1 ELABORAÇÃO DE PROJETO

Os diversos assuntos apresentados ao longo dos capítulos anteriores cristalizam-se na elaboração do projeto de instalações elétricas. Conforme repetidas vezes foi mencionado, o autor do projeto deve procurar, inicialmente, tomar conhecimento e obter as normas, prescrições e regulamentos pertinentes ao fornecimento de energia elétrica da concessionária na região em que a edificação venha a ser construída.

Para dar início ao seu trabalho, o projetista de instalações deverá ter em mãos os seguintes documentos:

- Projeto de arquitetura (escala 1:50 ou 1:100), com as plantas dos pavimentos, cortes e planta de situação.
- Plantas de fôrmas da estrutura adotada pelo calculista: concreto armado, alumínio, ferro, madeira.
- No caso de ar-condicionado central, desenhos do sistema de dutos, com indicação dos pontos de consumo de energia elétrica.
- Descrição dos motores e da casa de máquinas dos elevadores. O fabricante contratado fornece uma planilha com essas informações, incluindo o dimensionamento dos cabos elétricos e suas proteções.

No desenvolvimento do projeto e de acordo com a complexidade da edificação, haverá necessidade de termos os dados referentes ao centro de processamentos de dados, cozinhas, paisagismo.

12.2 ELEMENTOS CONSTITUTIVOS DE UM PROJETO

Um *projeto de instalações elétricas* compreende, de forma geral, o desenvolvimento das atividades descrito nos itens a seguir.

12.2.1 Memorial Descritivo

Descrição sucinta das instalações a serem executadas e justificativa, quando necessário, das opções adotadas.

As especificações compreendem:

- Descrição dos materiais a serem empregados.
- Normas e métodos de execução dos serviços.
- Indicação dos serviços a executar.

Esses elementos, muitas vezes, são agrupados de modo conciso e com a clareza necessária.

12.2.2 Plantas ou Projeto Propriamente Dito

Dependendo do projeto arquitetônico, as plantas ou desenhos de instalação poderão constar de:

- Subsolo (ou subsolos).
- Térreo ou pilotis.
- Pavimentos de uso comum.
- Andares de estacionamento.
- Pavimento-tipo.
- Pavimentos diferentes do tipo.
- Cobertura ou telhado.
- Esquema vertical.
- Subestação (se for o caso).
- Local de medidores.
- Quadros de carga e diagramas unifilares.

12.2.3 Memorial de Cálculo para o Local de Medição

A apresentação dos cálculos das cargas instaladas, e demandadas, das seções de condutores, das capacidades dos fusíveis, disjuntores e equipamentos do local de medição poderá vir a ser exigida pela concessionária do fornecimento de energia, conforme estabelecerem suas normas e regulamentos para ligação do ramal.

12.2.4 Orçamento

- Relação dos materiais, com seus quantitativos.
- *Custo do material.* Obtido multiplicando-se o preço unitário pela quantidade de cada item constante da "listagem".
- *Custo da mão de obra.* Pode ser determinado pela consideração:
- a) da composição de preços de serviços parciais, utilizando coeficientes de *boletins de custos* e aplicando os valores dos salários das diversas categorias profissionais envolvidas no serviço;
- b) dos efetivos de profissionais eletricistas necessários para a realização das várias etapas dos serviços, acompanhando o ritmo previsto para a execução da construção.
- Custo das despesas correspondentes a leis sociais e encargos trabalhistas.
- Margem de "eventuais" para materiais e mão de obra.
- Impostos e taxas estaduais e municipais.
- Despesas financeiras.
- Passagens para condução de operários e transporte de material para a obra.
- Despesas com o próprio projeto. Ao final da obra, é necessário atualizá-lo, dando origem ao projeto como construído (*as built*), em face de modificações usualmente introduzidas no processo de execução.
- Despesas indiretas, como despachante, cópias heliográficas, fotocópias etc.
- Lucro ou taxa de honorários profissionais. Vem a ser uma porcentagem sobre o custo orçado, variável segundo o volume de serviços, o valor do contrato, a pressão de competição e o interesse em realizar a obra.

O preço final resulta da soma dos itens anteriormente apresentados.

12.3 PROJETO DE UM PRÉDIO DE APARTAMENTOS

A metodologia apresentada a seguir refere-se à sequência de projeto de um edifício com um apartamento por andar, cinco pavimentos, térreo, garagem no subsolo e uma cobertura.

Parte do cálculo do térreo (referente ao apartamento do porteiro) já foi exposta no Exercício 3.4 (Cap. 3), não sendo necessário desenvolvê-lo nesta seção.

Salientamos, ainda, que este projeto está de acordo com a NBR 5410, em suas recomendações específicas (ver item 3.5).

Observamos que, nos cálculos a seguir, utilizamos um fator de agrupamento médio de 0,8 ($f = 0,8$), já que as correntes máximas dos circuitos nem sempre são coincidentes.

12.3.1 Dados Iniciais

- Alimentação com 3 F-N, 127/220 V.
- Planta de arquitetura em escala 1:50.
- Iluminação incandescente ($\cos \varphi = 1$).
- Tomadas de uso geral ($\cos \varphi = 0,8$).
- Tomadas de uso específico previstas para:
  - *Boiler* (apartamento-tipo), 3 000 W; $\cos \varphi = 1$
  - Torneira elétrica (cozinha [apartamento-tipo e apartamento térreo]), 3 000 W; $\cos \varphi = 1$
  - Chuveiro elétrico (1 unidade do apartamento térreo), 4 000 W; $\cos \varphi = 1$
  - Máquina de lavar, 770 VA; $\cos \varphi = 0,8 \rightarrow 616$ W
    1 unidade no apartamento térreo
    1 unidade em cada apartamento-tipo
  - Ar-condicionado de janela de 1 cv /1 HP $\rightarrow$ 1 430 VA; $\cos \varphi = 0,8 \rightarrow 1$ 144 W
    1 unidade no apartamento térreo
    4 unidades no apartamento-tipo (1º ao 5º)

12.3.2 Pavimento-tipo (1º ao 5º)

12.3.2.1 Apartamento-tipo

Devemos lembrar que as Tabelas 12.1 e 12.2 referem-se às condições *mínimas* impostas pela NBR 5410. No presente projeto, algumas dependências estão com potências acima das potências máximas das tabelas mencionadas (Tabela 12.3).

a) *Potência instalada:*

Potência instalada de iluminação .... = 2 140 W

Potência instalada de tomadas de uso geral .... 6 400 × 0,8 = 5 120 W

Potência instalada de tomadas de uso especial .... = 11 192 W

TOTAL.. 18 452 W

Tabela 12.1   Memória de cálculo (iluminação)

Potência instalada Iluminação (condições mínimas) (Para cada 6 m² = 100 VA; cada 4 m² = 60 VA)		
Circulação Sacada Banheiros (3) Cozinha WC Área de serviço	A < 6 m² ——— 100 VA em cada dependência	
Sala	20,81 m² = 6 m² + 4 m² + 4 m² + 4 m² + 2,81 m² = 100 VA + 60 VA + 60 VA + 60 VA = 280 VA	
Quarto nº 1	7,75 m² = 6 m² + 1,75 m² = 100 VA	= 100 VA
Quarto nº 2	11,00 m² = 6 m² + 4 m² + 1 m² = 100 VA + 60 VA	= 160 VA
Quarto nº 3	10,56 m² = 6 m² + 4 m² + 0,56 m² = 100 VA + 60 VA	= 160 VA
Varanda	7,04 m² = 6 m² + 1,04 m² = 100 VA	= 100 VA
Sala de jantar	6,72 m² = 6 m² + 0,72 m² = 100 VA	= 100 VA

Tabela 12.2 Memória de cálculo (tomadas)

Potência instalada Tomadas de uso geral (TUGs) (condições mínimas)			
Circulação Banheiros (3) WC Sacada Área de serviço	$S < 6$ m²	1 TUG de 100 VA na circulação, s. jantar, sacada e WC 1 TUG de 600 VA nos banheiros e área de serviço	
Cozinha	$\dfrac{940}{3,5} = 2,6 \to 3$	TUGs	3 × 600 VA
Sala	$\dfrac{19,4}{5} = 3,88 \to 4$	TUGs	4 × 100 VA
Quarto nº 1	$\dfrac{11,2}{5} = 2,24 \to 3$	TUGs	3 × 100 VA
Quarto nº 2	$\dfrac{13,8}{5} = 2,76 \to 3$	TUGs	3 × 100 VA
Quarto nº 3	$\dfrac{13,6}{5} = 2,72 \to 3$	TUGs	3 × 100 VA
Varanda	$\dfrac{12,9}{5} = 2,58 \to 3$	TUGs	3 × 100 VA
Sala de jantar	$\dfrac{6,72}{5} = 1,34 \to 2$	TUGs	2 × 100 VA

Tabela 12.3 Memória de cálculo (apartamento-tipo)

Dependência	Dimensões		Potência de iluminação (VA)	Tomadas de uso geral (TUGs)		Tomadas de uso específico (TUEs)	
	Área (m²)	Perím. (m)		Quant.	Potência (VA)	Discriminação	Potência (W)
Sala	20,81	19,4	300	4	400	Ar-condicionado de janela	1 144
Sacada	3,35	10,0	120	1	100	—	—
Quarto nº 1	7,75	11,20	100	3	300	Ar-condicionado de janela	1 144
Quarto nº 2	11,00	13,80	200	3	300	Ar-condicionado de janela	1 144
Quarto nº 3	10,56	13,60	200	3	300	Ar-condicionado de janela	1 144
Varanda	7,04	12,90	120	3	300	—	—
Circulação	4,35	8,80	100	1	100	*Boiler*	3 000
Sala de jantar	6,72	10,80	160	3	300	—	—
Banheiro nº 1	4,64	9,00	200*	1	600	—	—
Banheiro nº 2	3,84	8,00	200*	1	600	—	—
Banheiro nº 3	2,00	6,60	100	1	600	—	—
Cozinha	5,50	9,40	100	3	1 800	Torneira elétrica	3 000
Área de serviço	3,25	7,60	100	1	600	Máq. de lavar	616
WC	1,2	4,60	140*	1	100	—	—
Total	88,66	—	2 140	—	6 400	—	11 192

* { 1 ponto de luz no teto
  { 1 arandela

b) *Densidade elétrica:*

$$\text{Densidade elétrica} = \frac{18\ 452\ \text{W}}{88,66\ \text{m}^2} = 208\ \text{W/m}^2$$

c) *Divisão em circuitos:*

Ver Tabela 12.4.

Tabela 12.4 Divisão dos circuitos (apartamento-tipo)

Circuitos terminais (CTs)	U (V)	P (VA)	$I'_n = \dfrac{P}{V}$ (A)	f	$I'_n = \dfrac{I_B}{f}$	S (mm²) Vivos	S (mm²) PE	I_p (A)	Discriminação
1	127	1 040	8,20	0,8	10,20	1,5	1,5	10	Ilum. (sala, sacada, quartos 1, 2 e 3, e varanda)
2	127	1 100	8,60	0,8	10,80	1,5	1,5	10	Ilum. (sala de jantar, banheiros 1, 2 e 3, cozinha, área de serviço, WC e circ.)
3	220	3 000	13,60	0,8	17,10	2,5	2,5	15	TUE (torneira cozinha)
4	127	1 200	9,40	0,8	11,80	2,5	2,5	15	TUG (cozinha)
5	127	1 000	7,90	0,8	9,80	2,5	2,5	15	TUG (cozinha, sala de jantar e WC)
6	127	1 200	9,40	0,8	11,80	2,5	2,5	15	TUE (banheiro 3, área de serv.)
7	127	770	6,10	0,8	7,60	2,5	2,5	15	TUE (máquina de lavar)
8	127	1 400	11,00	0,8	13,70	2,5	2,5	15	TUG (sala, quarto 1, banheiro 1, sacada)
9	127	900	7,10	0,8	8,80	2,5	2,5	15	TUG (quartos 2 e 3, varanda)
10	127	700	5,50	0,8	6,80	2,5	2,5	15	TUG (circ., banheiro 2)
11	220	3 000	13,60	0,8	17,10	2,5	2,5	15	TUE (*boiler*)
12	127	1 430	11,20	0,8	14,10	2,5	2,5	15	TUE ar-condicionado (sala)
13	127	1 430	11,20	0,8	14,10	2,5	2,5	15	TUE ar-condicionado (quarto 1)
14	127	1 430	11,20	0,8	14,10	2,5	2,5	15	TUE ar-condicionado (quarto 2)
15	127	1 430	11,20	0,8	14,10	2,5	2,5	15	TUE ar-condicionado (quarto 3)
16	127	1 000	—	—	—	—	—	—	Reserva
17	127	1 000	—	—	—	—	—	—	Reserva
18	127	1 000	—	—	—	—	—	—	Reserva
Total	—	24 030	—	—	—	—	—	—	—

12.3.2.2 Pavimento-tipo (circuitos de serviço)

Tabela 12.5 Memória de cálculo de iluminação pavimento-tipo (serviço)

Potência instalada	Iluminação	
Circulação	6 m²	
	100 VA	= 100 VA
Hall	A < 6 m² → 100 VA	
Escada	A < 6 m² → 100 VA	

Tabela 12.6 Cálculo de tomadas do pavimento-tipo (serviço)

Potência instalada	Tomadas de uso geral (TUGs) (perímetro dividido por 5 m)		
Circulação	$\dfrac{10,8\ \text{m}}{5,0\ \text{m}} = 2,1$	→ 2 TUGs	2 × 100 VA
Hall	$\dfrac{6,2\ \text{m}}{5,0\ \text{m}} = 1,2$	→ 1 TUG	1 × 100 VA
Escada	$\dfrac{10,40\ \text{m}}{5,0\ \text{m}} = 2,08$	→ 2 TUGs	2 × 100 VA

12.3.2.3 Térreo (circuitos de serviço)

Tabela 12.7

Potência instalada	Iluminação	
Fachada	$13,55 \text{ m}^2 = 6 \text{ m}^2 + 4 \text{ m}^2 + 3,55 \text{ m}^2$ $= 100 \text{ VA} + 60 \text{ VA} + 60 \text{ VA}$	$= 220 \text{ VA}$
Rampa da garagem	$22,11 \text{ m}^2 = 6 \text{ m}^2 + 4 \text{ m}^2 + 4 \text{ m}^2 + 4 \text{ m}^2 +$ $+ 0,11 \text{ m}^2 = 100 \text{ VA} + 60 \text{ VA} + 60 \text{ VA} + 60 \text{ VA}$	$= 340 \text{ VA}$
Circulação	$12,92 \text{ m}^2 = 6 \text{ m}^2 + 4 \text{ m}^2 + 2,92 \text{ m}^2 = 100 \text{ VA} + 60 \text{ VA}$	$= 160 \text{ VA}$
Escada	$6,12 \text{ m}^2 = 6 \text{ m}^2 + 0,12 \text{ m}^2$	$= 100 \text{ VA}$
Circ. elevador	$A < 6 \text{ m}^2 \rightarrow 100 \text{ VA}$	$= 100 \text{ VA}$

Tabela 12.8

Potência instalada	Tomadas de uso geral (TUGs)	
Rampa da garagem	$\dfrac{10,05 \text{ m}}{5,0 \text{ m}} = 2,01$	$2 \times 100 \text{ VA}$
Circulação	$\dfrac{11,75 \text{ m}}{5,0 \text{ m}} = 2,35$	$2 \times 100 \text{ VA}$
Fachada	$\dfrac{7,80 \text{ m}}{5,0 \text{ m}} = 1,56$	$1 \times 100 \text{ VA}$
Escada	$\dfrac{10,6 \text{ m}}{5,0 \text{ m}} = 2,12$	$2 \times 100 \text{ VA}$
Circ. elevador	$\dfrac{13,45 \text{ m}}{5,0 \text{ m}} = 2,6$	$2 \times 100 \text{ VA}$

12.3.2.4 Subsolo (circuitos de serviço)

Tabela 12.9

Potência instalada	Iluminação	
Estacionamento	$45,04 \text{ m}^2 = 6 \text{ m}^2 + 9 \times 4 \text{ m}^2 + 3,04 \text{ m}^2$ $= 100 \text{ VA} + 540 \text{ VA}$	$= 640 \text{ VA}$
Casa de bombas	$6,12 \text{ m}^2 = 6 \text{ m}^2 + 0,12 \text{ m}^2$ $= 100 \text{ VA}$	$= 100 \text{ VA}$
Banheiro	$A < 6 \text{ m}^2 = 100 \text{ VA}$	$= 100 \text{ VA}$
Circ. elevadores	$7,88 \text{ m}^2 = 6 \text{ m}^2 + 1,88 \text{ m}^2$ $= 100 \text{ VA}$	$= 100 \text{ VA}$
Acesso à rampa	$14,19 \text{ m}^2 = 6 \text{ m}^2 + 4 \text{ m}^2 + 4 \text{ m}^2 + 0,19 \text{ m}^2$ $= 100 \text{ VA} + 60 \text{ VA} + 60 \text{ VA}$	$= 200 \text{ VA}$

Tabela 12.10

Potência instalada	Tomadas de uso geral (TUGs)	
Estacionamento	$\dfrac{30,6 \text{ m}}{5,0 \text{ m}} = 6,12$	$6 \times 100 \text{ VA}$
Casa de bombas	$\dfrac{10,6 \text{ m}}{5,0 \text{ m}} = 2,12$	$2 \times 100 \text{ VA}$
Banheiro	$\dfrac{5,6 \text{ m}}{3,5 \text{ m}} = 1,6$	$1 \times 600 \text{ VA}$
Acesso à rampa	$\dfrac{17,30 \text{ m}}{5,0 \text{ m}} = 3,46$	$3 \times 100 \text{ VA}$

12.3.2.5 Cobertura (circuitos de serviço)

Tabela 12.11

Potência instalada	Iluminação	
Casa de máquinas	$7,02 \text{ m}^2 = 6,0 \text{ m}^2 + 1,02 \text{ m}^2$ $= 100 \text{ VA}$	$= 100 \text{ VA}$
Casa de bombas de incêndio	$A < 6 \text{ m}^2 \rightarrow 100 \text{ VA}$	$= 100 \text{ VA}$
Escada	$A < 6 \text{ m}^2 \rightarrow 100 \text{ VA}$	$= 100 \text{ VA}$

Tabela 12.12

Potência instalada	Tomadas de uso geral	
Casa de máquinas	$\dfrac{10,6 \text{ m}}{5,0 \text{ m}} = 2,12$	$2 \times 100 \text{ VA}$
Casa de bombas de incêndio	$\dfrac{5,6 \text{ m}}{5,0 \text{ m}} = 1,12$	$1 \times 100 \text{ VA}$

Tabela 12.13 Divisão dos circuitos (QDL serviço)

Circuitos de serviço (CS)	U (V)	P (VA)	$I_B = \dfrac{P}{V}$ (A)	f	$I'_B = \dfrac{I_B}{f}$	S (mm²) Vivos	S (mm²) PE	I_p (A)	Discriminação
S_1	127	900	7,1	0,8	8,9	1,5	1,5	15	Ilum. circ. (térreo)
S_2	127	900	7,1	0,8	8,9	1,5	1,5	15	Ilum. (subsolo e térreo)
S_3	127	800	6,3	0,8	7,9	2,5	2,5	15	TUGs (térreo)
S_4	127	900	7,1	0,8	8,9	1,5	1,5	15	Ilum. (estacion. SS)
S_5	127	1 100	8,7	0,8	10,8	2,5	2,5	15	TUGs (subsolo)
S_6	127	400	3,1	0,8	3,9	1,5	1,5	15	Ilumin. (cobertura)
S_7	127	1 300	10,2	0,8	12,8	2,5	2,5	15	TUGs (cobertura)
S_8	127	1 000	7,9	0,8	9,8	2,5	2,5	15	TUGs (pav.-tipo)
V	127	1 300	10,2	0,8	12,8	1,5	1,5	15	Ilum. escada (SS, térreo, pav.-tipo)
V_1	127	900	7,1	0,8	8,9	1,5	1,5	15	Ilum. circ. (SS, térreo, pav.-tipo)
M	127	500	3,9	0,8	4,9	1,5	1,5	15	*Hall* (térreo, pav.-tipo)
S_9	127	1 000	—	—	—	—	—	—	Reserva
TOTAL	—	11 000	—	—	—	—	—	—	—

Potência total instalada de circuitos de serviço (watts):
Pot. ilum. .... 6 800 W
Pot. tomadas .... 4 200 × 0,8 = 3 360 W
Pot. total .... 10 160 W

12.3.3 Esquema Vertical

Cálculo dos condutores e dos eletrodutos.

Nos dimensionamentos a seguir, considera-se que os condutores são de PVC 70° e estão instalados embutidos na alvenaria. A queda de tensão máxima será de 2 %.

a) QGLF/Serv. → Q.F. da bomba de recalque d'água:
l (m) = 15,5 m

Bomba de recalque d'água 1 HP – 1 144 W; $I = \dfrac{1\ 144}{\sqrt{3} \times 220 \times 0,8} = 3,8 \text{ A}$ que corresponde ao condutor de 1,5 mm².

Pelo critério de queda de tensão (Tabela 4.20), sendo a alimentação trifásica $U = 220$ V e uma perda admissível de 2 % nos condutores:

$$1\ 144 \text{ W} \times 15,5 \times \frac{\sqrt{3}}{2} = 15\ 356 \text{ W} \times \text{m},$$ que correspondem a um condutor de 1,5 mm². Adota-se como a seção mínima 2,5 mm² (NBR 5410), porém usamos 4 mm².

Então, $4 \times 2{,}5 \ mm^2 \ (3F + N) + 1 \times 2{,}5 \ mm^2 \ (T)$
Sendo eletrodutos de PVC rígido, temos, na Tabela 4.15, que o diâmetro será de 20 mm.

b) QDL/Serv. → QDL/Porteiro:
   Pot. inst. port. = 13 520 W; I = 35,6 A → 6,0 mm²
   l(m) = 4,5 m

$$13\ 520 \times 4{,}5 \times \frac{\sqrt{3}}{2} = 52\ 690 \ W \times m \rightarrow 2{,}5 \ mm^2$$

Logo, o condutor adotado é o de 6 mm², e o eletroduto, de 25 mm.

c) QGLF/Serv. → QDL/Serv.:
   l(m) = 4,0 m
   Σ [P(watts)] = Pot. inst. port. + Pot. inst. circ. serv. = 13 520 + 10 160 = 23 680 W

Da Tabela 4.20: 23 680 W $\times$ 4,0 m $\times$ 0,866 = 82 027 W $\times$ m → 4,0 mm²; $I = \dfrac{23\ 680}{\sqrt{3} \times 220} = 62{,}3 \ A \rightarrow 16 \ mm^2$

(Tabela 4.5a). Logo, o condutor adotado é o 16 mm², e o eletroduto, de 32 mm.

d) PC → QGLF/Serv.:
   l(m) = 2,5 m
   Σ [P(watts)] = Q.F. bomba-d'água + QDL/Port. + Circ. serv. = 1 144 W + 13 520 W + 10 160 W = 24 824 W; I = 65 A → 16 mm²
   24 824 W $\times$ 2,5 $\times$ 0,866 m = 53 743 W $\times$ m → 2,5 mm²
   Então: Condutor: 16 mm²
                     Eletroduto: 32 mm

e) PC → QDL 1º pavimento:
   l(m) = 15 m
   Σ [P(watts)] = 18 452 W; I = 48,6 A → 10 mm²
   Σ [P(watts)] $\times l$ = 18 452 W $\times$ 15 $\times$ 0,866 m = 239 691 W $\times$ m → 10 mm²

Pela Tabela 4.15, achamos o eletroduto de 25 mm de diâmetro.

f) PC → QDL 2º pavimento:
   l(m) = 18,15 m
   Σ [P(watts)] = 18 452 W

→ { Condutores: 16 mm²
    Eletroduto: 32 mm

g) PC → QDL 3º pavimento:
   l(m) = 21,3 m
   Σ [P(watts)] = 18 452 W

→ { Condutores: 16 mm²
    Eletroduto: 32 mm

h) PC → QDL 4º pavimento:
   l(m) = 24,45 m
   Σ [P(watts)] = 18 452 W

→ { Condutores: 25 mm²
    Eletroduto: 40 mm

i) PC → QDL 5º pavimento:
   l(m) = 27,6 m
   Σ [P(watts)] = 18 452 W

→ { Condutores: 25 mm²
    Eletroduto: 40 mm

j) PC → Q.F. bomba de incêndio:
   5 HP → 5,4 kVA, que como fator de potência para o projeto (cos φ = 0,8) corresponde a 4 320 W
   l(m) = 33,5 m
   Σ [P(watts)] = 4 320 W

→ { Condutores: 6 mm²
    Eletroduto: 25 mm

k) PC → Q.F. chamadas ext. elevadores:
   l(m) = 32,5 m
   Σ [P(watts)] = 3 000 W

→ { Condutores: 4 mm²
    Eletroduto: 20 mm

l) PC → Q.F. elevadores:
   Σ [P(watts)] = 4 320 W
   l(m) = 33 m

→ { Condutores: 6 mm²
    Eletroduto: 25 mm

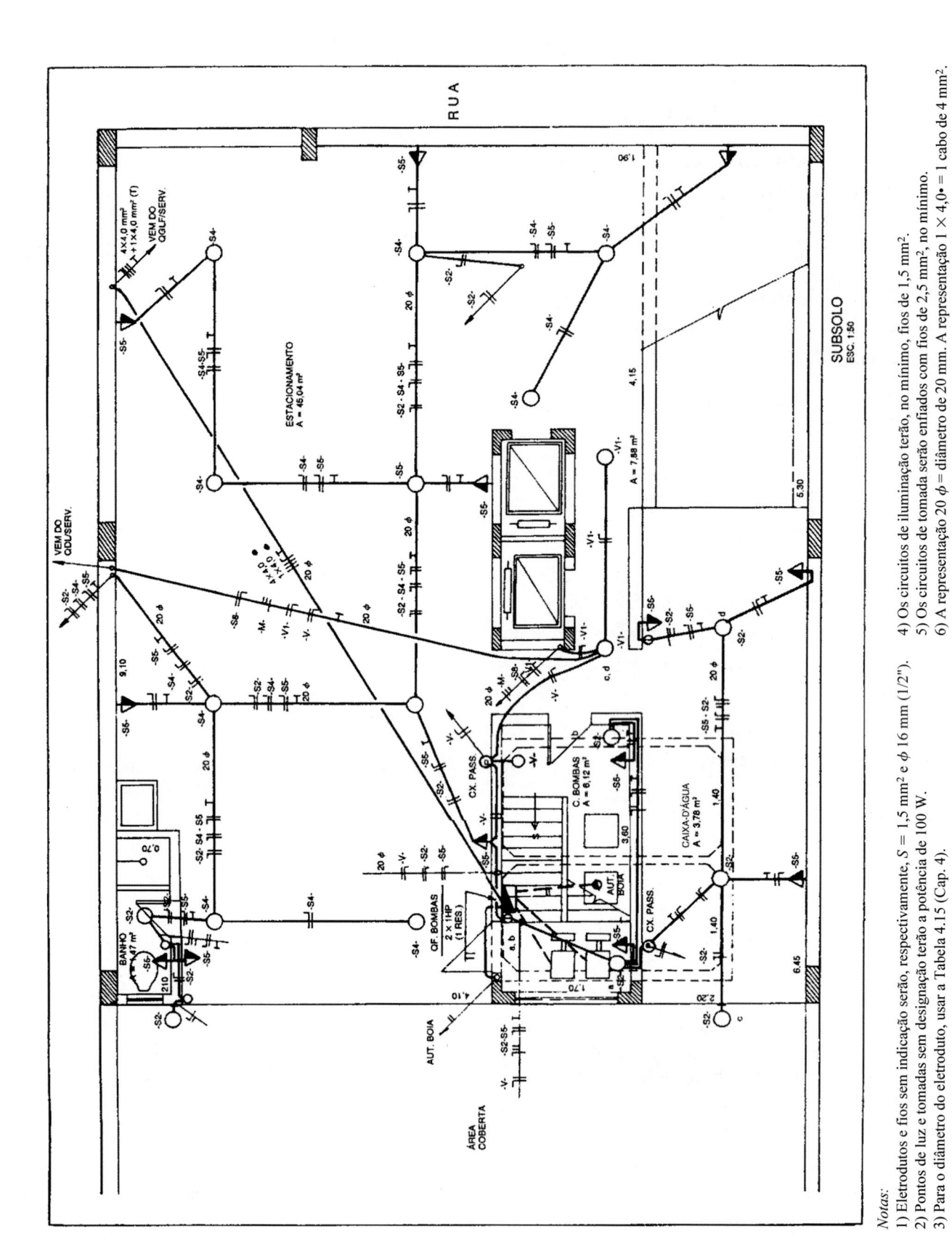

Figura 12.1 Planta do subsolo.

Notas:

1) Eletrodutos e fios sem indicação serão, respectivamente, $S = 1,5$ mm² e ϕ 16 mm (1/2").

2) Pontos de luz e tomadas sem designação terão a potência de 100 W.

3) Para o diâmetro do eletroduto, usar a Tabela 4.15 (Cap. 4).

4) Os circuitos de iluminação terão, no mínimo, fios de 1,5 mm².

5) Os circuitos de tomada serão enfiados com fios de 2,5 mm², no mínimo.

6) A representação 20 ϕ = diâmetro de 20 mm. A representação $1 \times 4,0\bullet$ = 1 cabo de 4 mm².

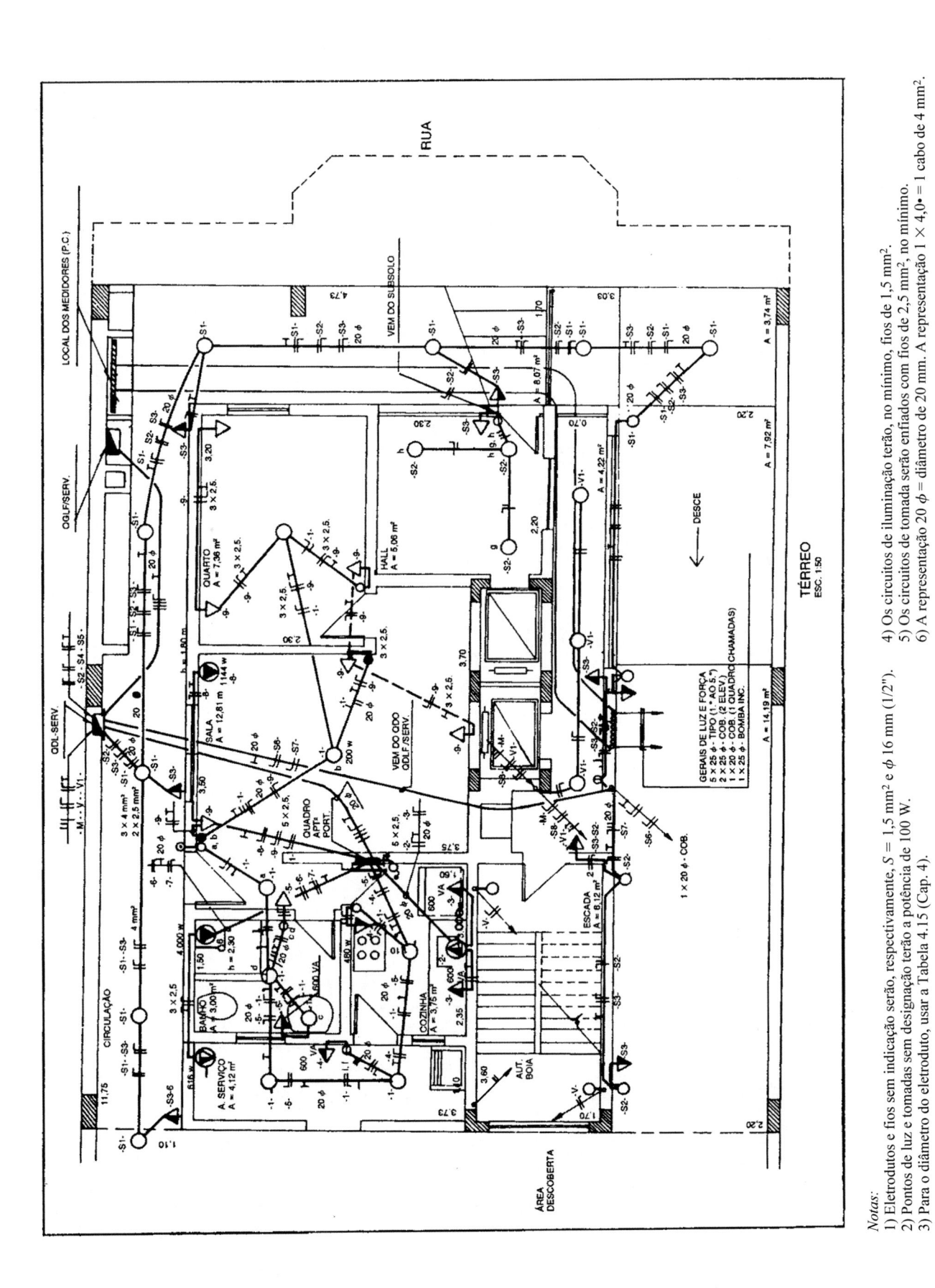

Figura 12.2 Planta do térreo.

Notas:

1) Eletrodutos e fios sem indicação serão, respectivamente, $S = 1,5$ mm² e ϕ 16 mm (1/2").

2) Pontos de luz e tomadas sem designação terão a potência de 100 W.

3) Para o diâmetro do eletroduto, usar a Tabela 4.15 (Cap. 4).

4) Os circuitos de iluminação terão, no mínimo, fios de 1,5 mm².

5) Os circuitos de tomada serão enfiados com fios de 2,5 mm², no mínimo.

6) A representação 20 ϕ = diâmetro de 20 mm. A representação 1 × 4,0 • = 1 cabo de 4 mm².

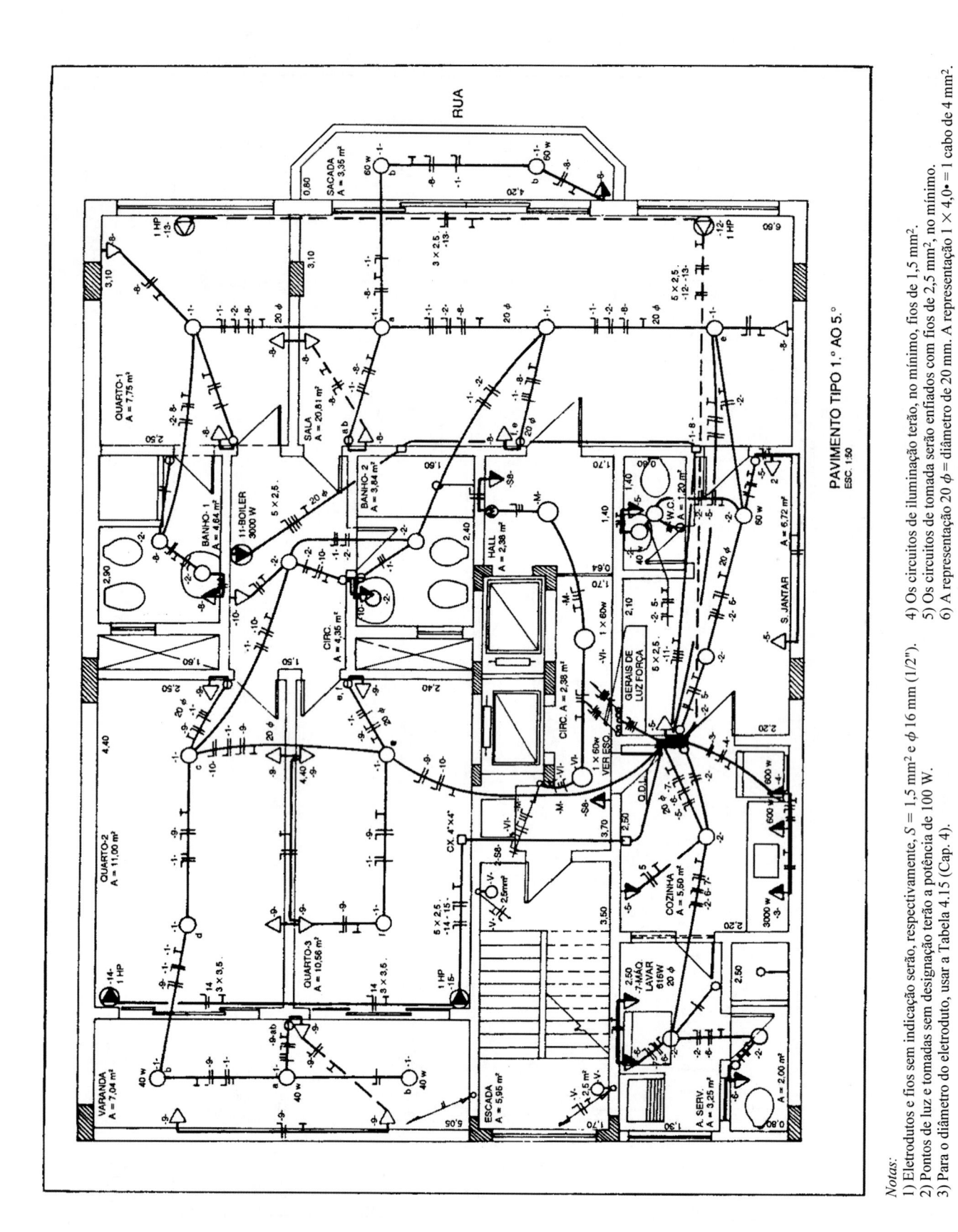

PAVIMENTO TIPO 1.° AO 5.°
ESC. 1:50

Figura 12.3 Planta do pavimento-tipo.

Notas:

1) Eletrodutos e fios sem indicação serão, respectivamente, $S = 1,5$ mm² e ϕ 16 mm (1/2").

2) Pontos de luz e tomadas sem designação terão a potência de 100 W.

3) Para o diâmetro do eletroduto, usar a Tabela 4.15 (Cap. 4).

4) Os circuitos de iluminação terão, no mínimo, fios de 1,5 mm².

5) Os circuitos de tomada serão enfiados com fios de 2,5 mm², no mínimo.

6) A representação 20 ϕ = diâmetro de 20 mm. A representação $1 \times 4,0 \bullet$ = 1 cabo de 4 mm².

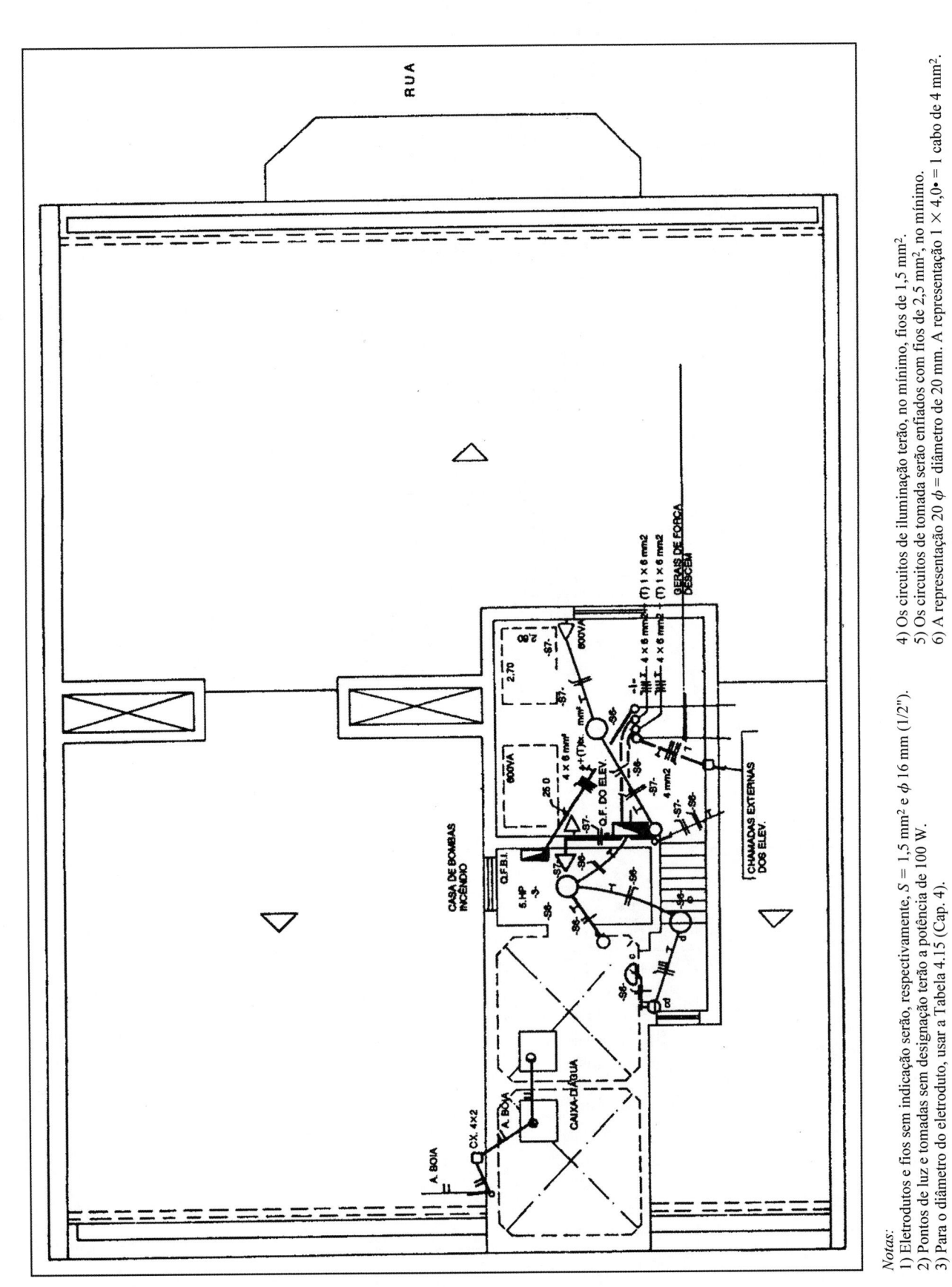

Figura 12.4 Planta da cobertura.

Notas:
1) Eletrodutos e fios sem indicação serão, respectivamente, $S = 1,5 \text{ mm}^2$ e ϕ 16 mm (1/2").
2) Pontos de luz e tomadas sem designação terão a potência de 100 W.
3) Para o diâmetro do eletroduto, usar a Tabela 4.15 (Cap. 4).

4) Os circuitos de iluminação terão, no mínimo, fios de 1,5 mm².
5) Os circuitos de tomada serão enfiados com fios de 2,5 mm², no mínimo.
6) A representação 20 ϕ = diâmetro de 20 mm. A representação 1 × 4,0• = 1 cabo de 4 mm².

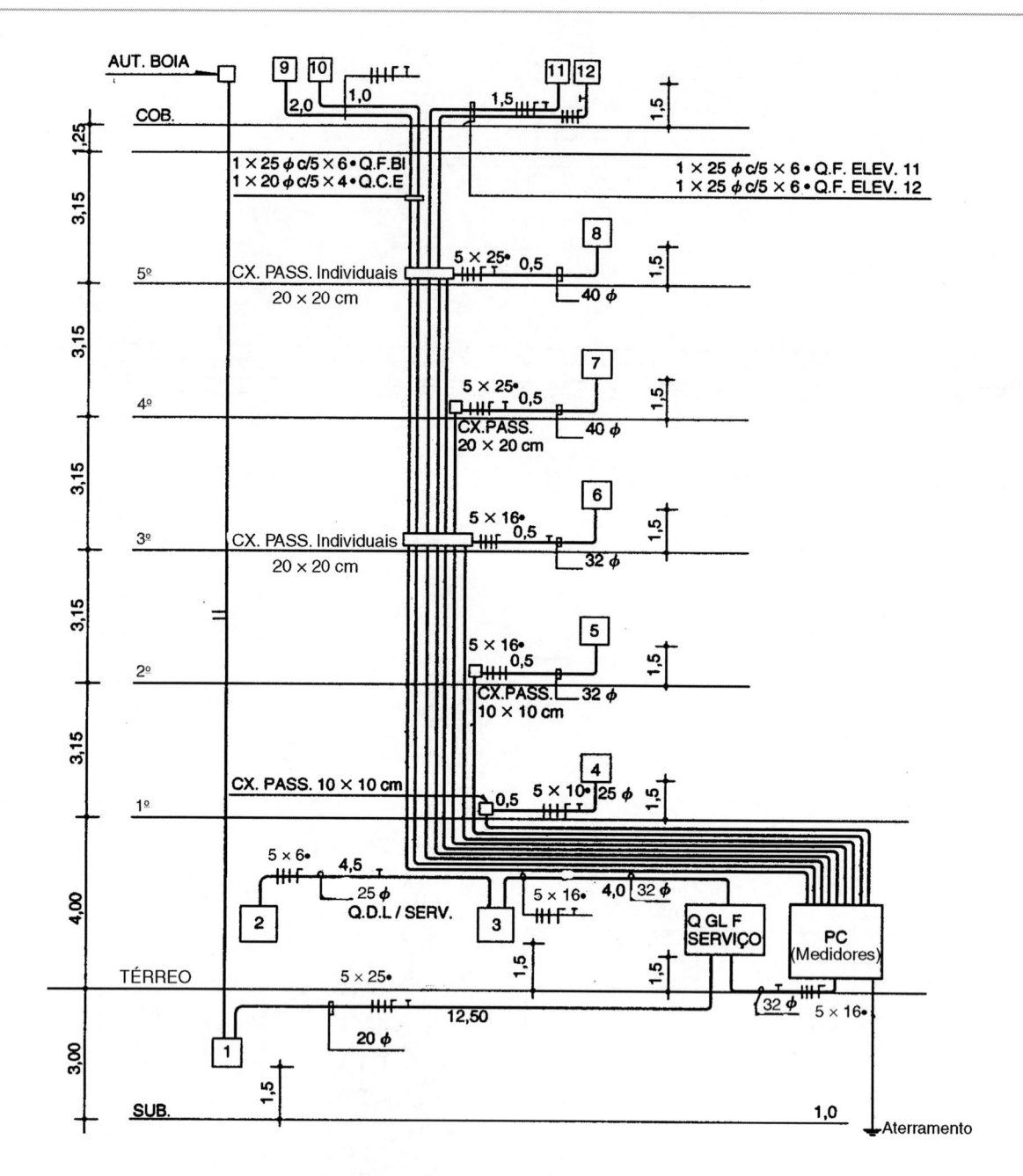

Figura 12.5 Esquema vertical.

Quadros

Número	Descrição	Potências	Distâncias
1	QF Bomba-d'água	1 HP	15,5 m
2	QDL Porteiro	13 520 W	4,4 m
3	QDL Serviço	23 680 W	4,0 m
4	QDL 1º Pavimento	18 452 W	1,15 m
5	QDL 2º Pavimento	18 452 W	18,15 m
6	QDL 3º Pavimento	18 452 W	21,3 m
7	QDL 4º Pavimento	18 452 W	24,45 m
8	QDL 5º Pavimento	18 452 W	27,6 m
9	QF Bombas Inc.	5,0 HP	33,5 m
10	Q. Cham. Ext. Elev.	3 000 W	32,5 m
11	QF. Elevador	5 HP	33 m
12	QF. Elevador	5 HP	33 m

Tabela 12.14 Quadro de carga do QDL de serviço

Circ.	Luz (VA)					Tomadas (VA)					TUE	Carga					Cabos (mm²)			Disjuntor	Observações
	40	60	1×100	2×100	3×100	1×100	2×100	3×100	1×600	2×600		Watts	HP/CV	Fase-A	Fase-B	Fase-C	Neutro	Terra	Alimentação		
S₁			9									900		900			1,5	1,5	1,5	15 A-1 P	Ilum. (térreo)
S₂			9									900			900		1,5	1,5	1,5	15 A-1 P	Ilum. (SS e térreo)
S₃						8						640		640			2,5	2,5	2,5	15 A-1 P	TUG (térreo)
S₄			9									900				900	1,5	1,5	1,5	15 A-1 P	Ilum. (SS)
S₅						11						880			880		2,5	2,5	2,5	15 A-1 P	TUG (SS)
S₆			4									400		400			1,5	1,5	1,5	15 A-1 P	Ilum. (cobertura)
S₇						1			2			1 040				1 040	2,5	2,5	2,5	15 A-1 P	TUG (cobertura)
S₈						8						800			800		2,5	2,5	2,5	15 A-1 P	TUG (pav.-tipo)
V			13									1 300		1 300			1,5	1,5	1,5	15 A-1 P	Ilum. (escada)
V₁			9									900				900	1,5	1,5	1,5	15 A-1 P	Ilum. (circulação)
M			5									500				500	1,5	1,5	1,5	15 A-1 P	Hall (térreo, pav.-tipo)
S₉							Reserva					1 000			1 000		—	—	—	15 A-1 P	Reserva
P												13 250		4 507	4 507	4 507	4,0	4,0	4,0	40 A-3 P	Apart. porteiro
												23 680		7 747	8 087	7 847	4,0	4,0	4,0	70 A-3 P	Geral

QDL de Serviço

Tabela 12.15   Quadro de carga do QDL do apartamento-tipo

		Luz (VA)				Tomadas (VA)						Carga					Cabos (mm²)				
Circ.	40	60	1 × 100	2 × 100	3 × 100	1 × 100	2 × 100	3 × 100	1 × 600	2 × 600	TUE	Watts	HP/CV	Fase-A	Fase-B	Fase-C	Neutro	Terra	Alimentação	Disjuntor	Observações
1	3	2	8									1 040		1 040			1,5	1,5	1,5	10 A-1 P	Iluminação
2	1	1	10									1 100			1 100		1,5	1,5	1,5	10 A-1 P	Iluminação
3											1	3 000			1 500	1 500	2,5	2,5	2 × 2,5	15 A-2 P	TUE (cozinha)
4									1			960		960			2,5	2,5	2,5	15 A-1 P	TUG (cozinha)
5							2	1				800			800		2,5	2,5	2,5	15 A-1 P	TUG (coz. sala jantar e WC)
6									1			960				960	2,5	2,5	2,5	15 A-1 P	TUG (banh. área serviço)
7											1	616		616			2,5	2,5	2,5	15 A-1 P	TUE (máq. lavar)
8						8		1				1 120				1 120	2,5	2,5	2,5	15 A-1 P	TUG (sala, quarto 1, banh. 1, sacada)
9						9						720		720			2,5	2,5	2,5	15 A-1 P	TUG (quartos 2 e 3, varanda)
10						1		1				560			560		2,5	2,5	2,5	15 A-1 P	TUG (cir. banh. 2)
11											1	3 000		1 500		1 500	2,5	2,5	2 × 2,5	15 A-2 P	*Boiler*
12											1		1 HP		1 144		2,5	2,5	2,5	15 A-1 P	Ar-condicionado
13											1		1 HP	1 144			2,5	2,5	2,5	15 A-1 P	Ar-condicionado
14											1		1 HP			1 144	2,5	2,5	2,5	15 A-1 P	Ar-condicionado
15											1		1 HP		1 144		2,5	2,5	2,5	15 A-1 P	Ar-condicionado
16						Reserva						1 000		1 000			—	—	—	15 A-1 P	Reserva
17						Reserva						1 000			1 000		—	—	—	15 A-1 P	Reserva
18						Reserva								1 000		1 000	—	—	—	15 A-1 P	Reserva
		Total										16 876	4 HP	6 980	7 248	7 244	10,0	10,0	3 × 10,0	70 A-3 P	1º pavimento
																	16,0	16,0	3 × 16,0	70 A-3 P	2º pavimento
																	16,0	16,0	3 × 16,0	70 A-3 P	3º pavimento
																	25,0	25,0	3 × 25,0	70 A-3 P	4º pavimento
																	25,0	25,0	3 × 25,0	70 A-3 P	5º pavimento

QDL (Apartamento-tipo)

Tabela 12.16 Quadro de carga do QDL do apartamento do porteiro

Nº Circ.	40	60	1 × 100	2 × 100	3 × 100	1 × 100	2 × 100	3 × 100	1 × 600	2 × 600	TUE	Watts	HP/CV	Fase-A	Fase-B	Fase-C	Neutro	Terra	Alimentação	Disjuntor	Observações
			Luz (VA)				**Tomadas (VA)**					**Carga**					**Cabos (mm²)**				
1			6	1								800		800			1,5	1,5	1,5	10 A-1 P	Iluminação
2											1	3 000			1 500	1 500	2,5	2,5	2 × 2,5	15 A-2 P	TUE (cozinha)
3								2				960			960		2,5	2,5	2,5	15 A-1 P	TUG (cozinha)
4								2				960			960		2,5	2,5	2,5	15 A-1 P	TUG (coz., área serv.)
5						1			1			560			560		2,5	2,5	2,5	15 A-1 P	TUG (banh. entrada)
6									1			4 000		2 000		2 000	4,0	4,0	2 × 4,0	25 A-2 P	TUE (chuv. elétrico)
7											1	616		616			2,5	2,5	2,5	15 A-1 P	TUE (máq. lavar)
8											1		1 HP			1 144	2,5	2,5	2,5	15 A-1 P	Ar-condicionado
9							6					480			480		2,5	2,5	2,5	15 A-1 P	TUG (sala e quarto)
10						Reserva						1 000		1 000			—	—	—	15 A-1 P	
Total												12 376	1 HP	4 416	4 460	4 644	4,0	4,0	4,0	40 A-3 P	Geral

QDL (apartamento do porteiro)

Tabela 12.17 Quadro de carga do QGLF de serviço

Nº Circ.	40	60	1 × 100	2 × 100	3 × 100	1 × 100	2 × 100	3 × 100	1 × 600	2 × 600	TUE	Watts	HP/CV	Fase-A	Fase-B	Fase-C	Neutro	Terra	Alimentação	Disjuntor	Observações
			Luz (VA)				**Tomadas (VA)**					**Carga**					**Cabos (mm²)**				
1												23 680		7 100	8 290	8 290	4,0	4,0	4,0	70 A-3 P	QDL de serviço
2													1 HP	1 144			4,0	4,0	4,0	15 A-1 P	QF de bomba d'água
Total												24 824	1 HP	8 244	8 290	8 290	4,0	4,0	4,0	80 A-3 P	Geral

QGLF de serviço

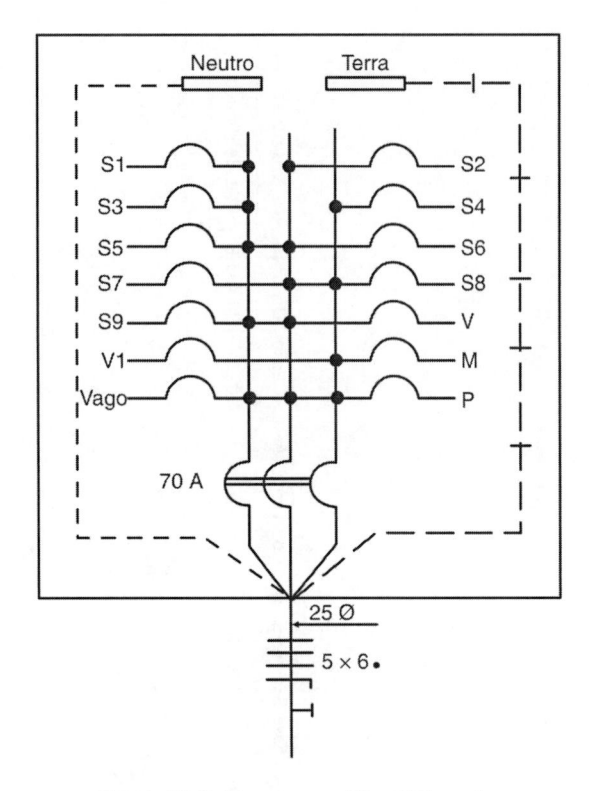

Figura 12.6 Diagrama unifilar QDL serviço.

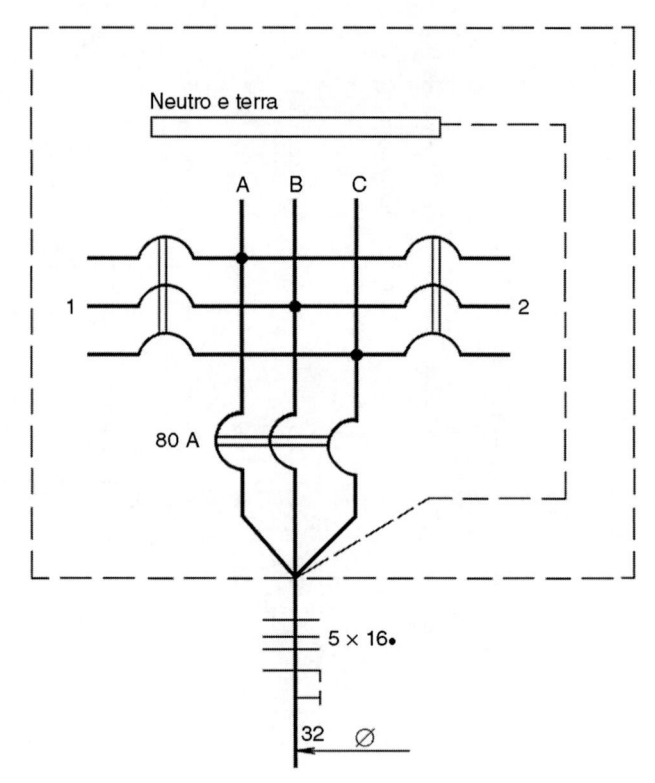

Figura 12.7 Diagrama unifilar QGLF serviço.

12.3.4 Cálculo da Demanda do Projeto

Demanda do apartamento-tipo (D_{AP})

Apartamento-tipo:
Potência instalada: 18 452 W

Iluminação e tomadas......................7 260 W
1 *boiler* ....3 000 W
1 torneira elétrica............................3 000 W
4 aparelhos de ar-cond. tipo janela ....4 cv
1 máq. lavar ....616 W

Iluminação e tomadas:
$d_1 = 1 \ (0,86 + 0,75 + 0,66 + 0,59 + 0,52 + 0,45 + 0,40) + 0,26 \ (0,35)$
$d_1 = 4,23 + 0,091 = 4,321 \ kW$

Aquecimento:
$d_2 = 6,0 \times 0,75 = 4,5 \ kW$

Ar-condicionado tipo janela:
$d_3 = 4 \times 1,0 = 4,0 \ cv$

Motor elétrico:
$d_5 = 0,77 \times 1,0 = 0,77 \ kVA$
$D_{AP} = d_1 + d_2 + 1,5 \ d_3 + d_5 = 4,3 + 4,5 + 1,5(4) + 0,77 = 15,57 \ kVA$

$$\boxed{D_{AP} = 15,57 \ kVA}$$

12.3.4.1 Demanda de serviço

Potência instalada:

Apartamento do porteiro: 13 520 W
Circuitos de serviço: 10 160 W
Q. chamadas ext.: 3 000 W
Bomba de recalque d'água: 1 HP
Bomba de incêndio: 5 HP
Q.F. elevador: 2×5 HP

TOTAL ....25 680 W + 16 HP

Iluminação e tomadas:
Pot. ilum. port. = 4 760 W
d_1 serv. = d_1 port. + d_1 circ. serviço + d_1 Q. cham. ext.
d_1 port. = $(0,86 + 0,75 + 0,66 + 0,59) + 0,76(0,52) = 3,25$ kW
d_1 circ. serv. = $10\ 160 \times 0,86 = 8,73$ kW
d_1 Q. cham. ext. = $3,0 \times 0,86 = 2,58$ kW
$d_1 = 14,56$ kW

Aquecimento:
d_2 (kW) = $7 \times 0,75 = 5,25$ kW
Ar-cond. tipo janela (incluída na potência apart. porteiro)
$d_3 = 1,0 \times 1 = 1$ cv

Motores elétricos:
Máq. lavar apart. porteiro (incluída na potência apart. porteiro): 770 VA
Bomba-d'água: 1 HP
Bomba de incêndio: 5 HP
Q.F. elevador: 2×5 HP
Total: 770 VA + 16 HP
16 HP $\rightarrow$ 13,44 kVA
d_5 (kVA) = $(13,44 + 0,77) \times 0,8 = 11,36$ kVA

Logo,

$D_{\text{SERV.}}$ (kVA) = $14,56 + 5,25 + 1,5(1) + 11,36 = 32,67$ kVA

$$\boxed{D_{\text{SERV.}} = 32,67 \text{ kVA}}$$

Agrupamento:
Cálculo da carga total dos apartamentos:
Iluminação e tomadas:
$5 \times (7\ 260$ W$) = 36\ 300$ W
$d_1 = 1 \times 5,16 + (36,3 - 10)\ 0,24 = 11,47$ kW
Aquecimento:
$d_2 = d\ (boiler) + d\ (\text{torneira})$
$= (5 \times 3 \times 0,62) + (5 \times 3 \times 0,62) = 18,6$ kW
Ar-condicionado tipo janela:
$d_3 = 5 \times 4 \times 0,85 = 17$ cv
Motores elétricos:
$d_5 = 5 \times 0,77 \times 0,8 = 3,08$ kVA

Logo,

$D_{\text{AG}} = 11,47 + 18,6 + 1,5(17) + 3,08 = 58,65$ kVA

$$\boxed{D_{\text{AG}} = 58,65 \text{ kVA}}$$

Sendo a alimentação do medidor de serviço derivada antes da proteção geral, então:

$$\boxed{D_{\text{PG}} = D_{\text{AG}} = 58,65 \text{ kVA}}$$

12.3.4.2 Demanda do ramal de entrada

Iluminação e tomadas:
Apartamento-tipo: $5 \times 7\,260$ W $= 36\,300$ W
Serviço:
Ap. porteiro $= 4\,760$ W
Circ. serv. $= 10\,160$ W
Q. cham. ext. $= 3\,000$ W

$$d_1 = 5,16 + (36,3 - 10,0)\,(0,24) + 3,25 + 8,73 + 2,58 = 26,03 \text{ kW}$$

Aquecimento:

$$d_2 \text{ (kW)} = 18,6 + 5,25 = 23,85 \text{ kW}$$

Ar-condicionado tipo janela:

$$d_3 \text{ (cv)} = [(5 \times 4 \text{ cv} \times 0,85) + 1]\,0,85 = 15,3 \text{ cv}$$

Motores:

$$d_5 \text{ (kVA)} = [(6 \times 0,77) + 13,44]\,0,7 = 12,64 \text{ kVA}$$

Logo,

$$D_{\text{RAMAL ENTRADA}} = 26,03 + 23,85 + 1,5(15,3) + 12,64 = 85,42 \text{ kVA}$$

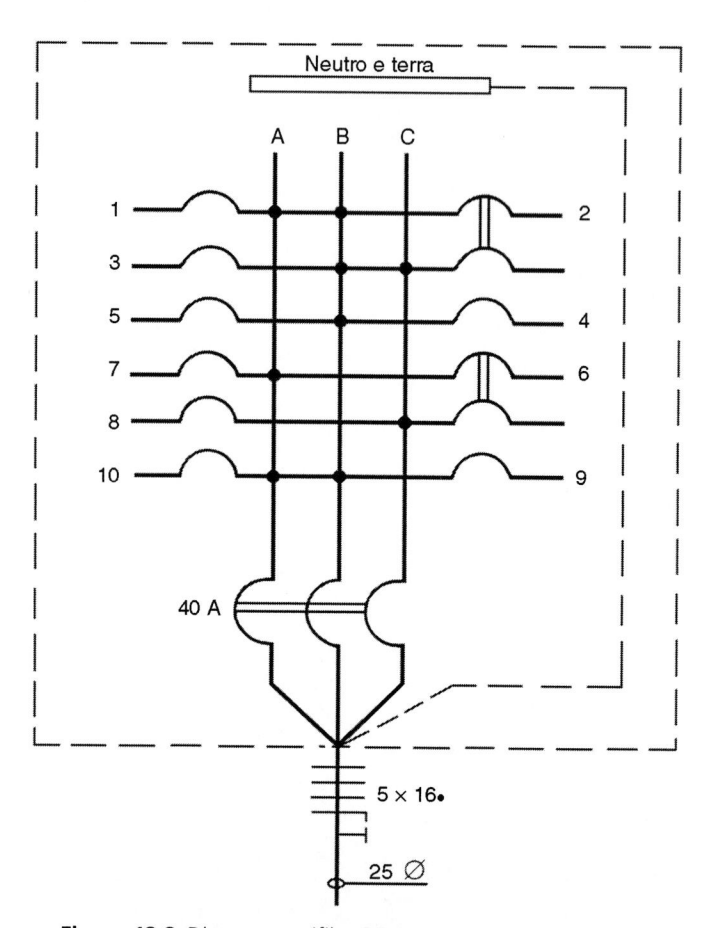

Figura 12.8 Diagrama unifilar QDL apartamento do porteiro.

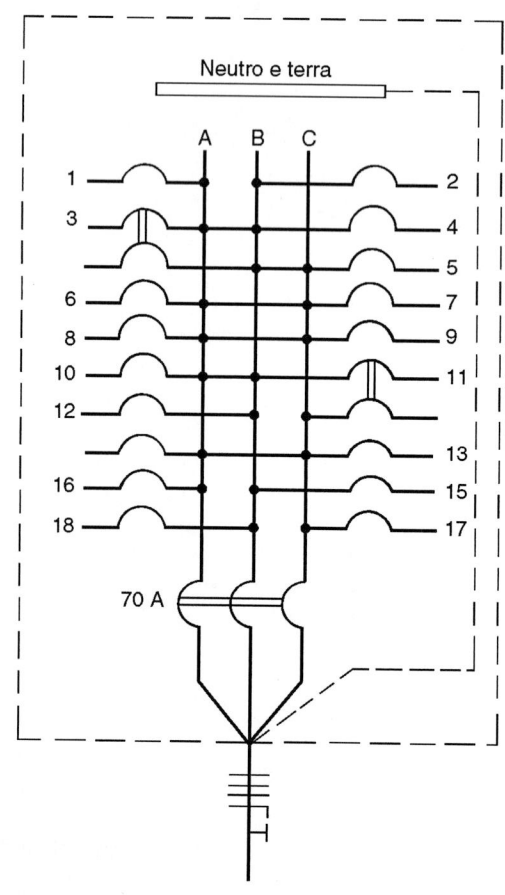

Figura 12.9 Diagrama unifilar QDL apartamento-tipo.

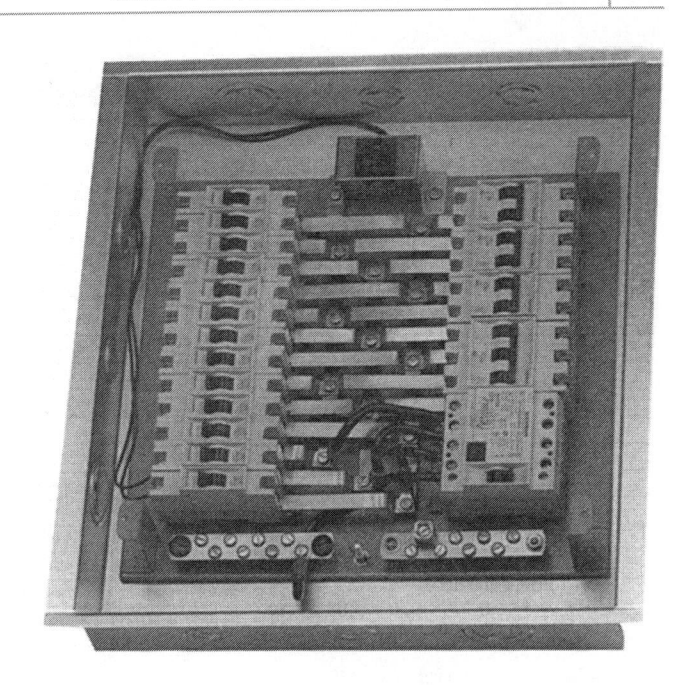

Figura 12.10 Vista frontal de um quadro de luz e força, sem as portas. Note-se fiel reprodução dos desenhos de montagem dos diagramas unifilares projetados. Fabricante Thomeu.

12.3.4.3 Dimensionamento da proteção (Tabela 14.3)

Proteção geral: $D = 58,65$ kVA
$41,4$ kVA $< D \leqslant 60,0$ kVA
Condutores: 4×70 mm^2 + (T) 35 mm^2
(PVC 70 °C)

Base fusível: 200 A

Elo fusível: 200 A
Ramal de entrada: $D = 85,42$ kVA
$78,6$ kVA $< D \leqslant 90,8$ kVA

Condutores: 4×120 mm^2 + (T) 70 mm^2
(PVC 70 °C)

Base fusível: 400 A

Elo fusível: 300 A

Tabela 12.18   Relação de materiais para instalação elétrica

Item	Especificações	Unid.	Quant.
1	Arruela ½″	pç.	430
2	Arruela ¾″	pç.	278
3	Arruela 1″	pç.	26
4	Arruela 1 ¼″	pç.	12
5	Arruela 1 ½″	pç.	8
6	Bucha para eletroduto de ½″	pç.	430
7	Bucha para eletroduto de ¾″	pç.	278
8	Bucha para eletroduto de 1″	pç.	26
9	Bucha para eletroduto de 1 ¼″	pç.	12
10	Bucha para eletroduto de 1 ½″	pç.	8
11	Eletroduto de PVC rígido (16 mm)	m	1 300
12	Eletroduto de PVC rígido (20 mm)	m	502
13	Eletroduto de PVC rígido (25 mm)	m	105
14	Eletroduto de PVC rígido (32 mm)	m	40

(continua)

Tabela 12.18   Relação de materiais para instalação elétrica   *(Continuação)*

Item	Especificações	Unid.	Quant.
15	Eletroduto de PVC rígido (40 mm)	m	52
16	Luva para eletroduto PVC rígido (16 mm)	pç.	118
17	Luva para eletroduto PVC rígido (20 mm)	pç.	233
18	Luva para eletroduto PVC rígido (25 mm)	pç.	75
19	Luva para eletroduto PVC rígido (32 mm)	pç.	23
20	Luva para eletroduto PVC rígido (40 mm)	pç.	28
21	Curva 90° para eletroduto PVC rígido (16 mm)	pç.	210
22	Curva 90° para eletroduto PVC rígido (20 mm)	pç.	75
23	Curva 90° para eletroduto PVC rígido (25 mm)	pç.	27
24	Curva 90° para eletroduto PVC rígido (32 mm)	pç.	9
25	Curva 90° para eletroduto PVC rígido (40 mm)	pç.	12
26	Caixa de ferro esmalt. octogonal 3" × 3" (75 × 75)	pç.	42
27	Caixa de ferro esmalt. octogonal, fundo móvel 4" × 4" (100 × 100)	pç.	184
28	Caixa de ferro esmaltada 4" × 2" (100 × 50)	pç.	235
29	Caixa de ferro esmalt. 4" × 4" (100 × 100)	pç.	40
30	Tampa de redução 4 × 4 p/ 4 × 2	pç.	23
31	Fio com isolação PVC, bitola 1,5 mm^2	m	5 993
32	Fio com isolação PVC, bitola 2,5 mm^2	m	1 291
33	Fio com isolação PVC, bitola 4,0 mm^2	m	300
34	Cabo com isolação PVC, cobert. PVC, 6,0 mm^2	m	550
35	Cabo com isolação PVC, cobert. PVC, 10 mm^2	m	86
36	Cabo com isolação PVC, cobert. PVC, 16 mm^2	m	220
37	Cabo com isolação PVC, cobert. PVC, 25 mm^2	m	286
38	Fita isolante	Rolo de 20 m	1
39	Fita isolante amarela	Rolo	1
40	Fita isolante verde	Rolo	1
41	Fita isolante vermelha	Rolo	1
42	Interruptor, 1 seção (simples), 10 A	pç.	34
43	Interruptor conj. com tomada (4 × 4)	pç.	6
44	Interruptor duas seções (4 × 4)	pç.	41
45	Tomada simples 10 A	pç.	183
46	Conj. interruptor 3 W + tomada + interruptor simples	pç.	1
47	Conj. interruptor duplo + tomada	pç.	7
48	Interruptor 3 W	pç.	1
49	Tomada 1 HP	pç.	21
50	Tomada 3 000 W	pç.	11
51	Tomada 4 000 W	pç.	1
52	Minuteria	pç.	5
53	Cigarra	pç.	6
54	Campainha	pç.	6
55	Automático de boia	pç.	3
56	Caixas de passagem 20 × 20 cm	pç.	1
57	Caixas de passagem 10 × 10 cm	pç.	2
58	Caixas de passagem 30 × 20 cm	pç.	1
59	Caixas de passagem 40 × 20 cm	pç.	1
60	Quadro de distribuição em chapa de ferro, com porta e fechadura, barramento trifásico e neutro, com disj. geral 3 P × 70 A; 2 chaves parciais 1 P × 10 A; 14 chaves parciais 1 P × 15 A; 2 chaves parciais 2 P × 15 A	pç.	5
61	Idem, com chave geral 3 P × 70 A; 1 chave parcial 3 P × 40 A; 12 parciais 1 P × 15 A	pç.	1
62	Idem, com disj. geral 3 P × 40 A; 1 parcial 2 P × 25 A; 1 parcial 2 P × 15 A; 7 parciais 1 P × 15 A	pç.	1
63	Idem, com disj. geral 3 P × 80 A; 1 parcial 3 P × 70 A; 1 parcial 1 P × 15 A	pç.	1

Biografia

AIP Emilio Segre Visual Archives, E. Scott Barr Collection.

D'ALEMBERT, JEAN LE ROND (1717-1783), matemático francês, descobriu o princípio de Alembert na mecânica.

D'Alembert, como é conhecido, tem esse nome por ter sido encontrado quando bebê nos degraus da Igreja St. Jean Le Rond. Ele, provavelmente, era filho ilegítimo de uma mulher da sociedade parisiense, Mme. de Tencin, e do cavaleiro Destouches; este último custeou sua educação, enquanto era criado por um vidraceiro e sua mulher. D'Alembert estudou leis, mas depois estudou medicina, até chegar à matemática. Suas primeiras pesquisas esclareceram o conceito de limite, no Cálculo, e ele introduziu a ideia de diferentes ordens de infinitos.

Em 1741, foi admitido na Academia de Ciências e publicou seu Tratado de Dinâmica, que inclui o princípio de D'Alembert. Uma ampla variedade de novos problemas pôde ser tratada, tais como a equação geral da onda (1747). Aproximou-se de Euler, Lagrange e Laplace, aplicando o cálculo à Mecânica Celeste, e assim determinou o movimento de três corpos celestes em seu movimento gravitacional simultâneo.

Capítulos 13 a 17

Estes capítulos (páginas 324 a 393) encontram-se integralmente *on-line*, disponíveis no *site* www.grupogen.com.br. Consulte a página de Materiais Suplementares após o Prefácio para detalhes sobre acesso e *download*.

B | Bibliografia

NORMAS E REGULAMENTOS

ABNT NBR 5410:2004 (versão corrigida em 2008). *Instalações elétricas de baixa tensão.*

ABNT NBR 5419-1:2015. *Proteção contra descargas atmosféricas – Parte 1*: Princípios gerais.

ABNT NBR 5419-2:2015. Versão corrigida em 2018. *Proteção contra descargas atmosféricas – Parte 2*: Gerenciamento de risco.

ABNT NBR 5419-3:2015. Versão corrigida em 2018. *Proteção contra descargas atmosféricas – Parte 3*: Danos físicos a estruturas e perigos à vida.

ABNT NBR 5419-4:2015. Versão corrigida em 2018. *Proteção contra descargas atmosféricas – Parte 4*: Sistema elétricos e eletrônicos internos na estrutura.

ABNT NBR 5444:1989. *Símbolos gráficos para instalações elétricas prediais.* Cancelada.

ABNT NBR 5461:1991. *Iluminação.*

ABNT NBR ISO/CIE 8995-1:2013. *Iluminação de ambientes de trabalho – Parte 1*: Interior. Confirmada em 12.09.2017.

ABNT NBR 5597:2013. *Eletroduto de aço-carbono e acessórios, com revestimento protetor e rosca NPT*: Requisitos.

ABNT NBR 5282:1998. *Capacitores de potência em derivação para sistema de tensão nominal acima de 1000 V.*

ABNT NBR 5598:2009. *Eletroduto de aço-carbono e acessórios, com revestimento protetor e rosca BSP*: Requisitos.

ABNT NBR 12.479:1992. *Capacitores de potência em derivação, para sistema de tensão nominal acima de 1000 V.* Padronização. Confirmada em 30.06.2020.

ABNT NBR 17.094-1:2018. *Máquinas elétricas girantes*: motores de indução – Parte 1: trifásicos. Requisitos.

ABNT NBR 17.094-2:2016. *Máquinas elétricas girantes*: motores de indução – Parte 2: monofásicos. Requisitos.

ABNT NBR 17.240:2010 – Confirmada em 22.09.2020. *Sistemas de detecção e alarme de incêndio.*

ABNT NBR IEC 60.439-1:2003. *Conjuntos de manobra e controle de baixa tensão*: Parte 1 – conjuntos com ensaio de tipo totalmente testados (TTA) e conjuntos com ensaio de tipo parcialmente testados (PTTA).

ABNT NBR IEC 60.439-2:2004. *Conjuntos de manobra e controle de baixa tensão*: Parte 2 – requisitos particulares para linhas elétricas pré-fabricadas (sistemas de barramentos blindados).

ABNT NBR IEC 60.439-3:2004. *Conjuntos de manobra e controle de baixa tensão*: Parte 3 – requisitos particulares para montagem de acessórios de baixa tensão destinados a instalação em locais acessíveis a pessoas não qualificadas durante sua utilização – quadros de distribuição.

ABNT NBR 15.701:2016. *Conduletes metálicos roscados e não roscados para sistemas de eletrodutos.*

AGÊNCIA NACIONAL DE TELECOMUNICAÇÕES (ANATEL). Resolução nº 426, de 9 de dezembro de 2005.

AGÊNCIA NACIONAL DE ENERGIA ELÉTRICA (ANEEL). Resolução normativa nº 414, de 9 de setembro de 2010 – Atualizada em 2017.

CORPO DE BOMBEIROS MILITAR DO ESTADO DO RIO DE JANEIRO (CBMERJ). Norma Técnica – BM/7 – NT 014/79. *Sistema elétrico de emergência em prédios alimentados em baixa tensão.* Rio de Janeiro, 1979.

CORPO DE BOMBEIROS MILITAR DO ESTADO DO RIO DE JANEIRO (CBMERJ). Decreto nº 897, de 21 de setembro de 1976. *Código de segurança contra incêndio e pânico (CoSCIP).* Legislação complementar.

Guia EM da NBR 5410. Instalações elétricas em baixa tensão. *Revista Eletricidade Moderna*, 2002.

LIGHT S.A. *Regulamentação para fornecimento de energia elétrica a consumidores em baixa tensão* – RECON-BT, 2019, revisado em maio 2019.

LIGHT S.A. *Regulamentação para fornecimento de energia elétrica a consumidores em média tensão* – RECON-MT – Até Classe 36,2kV – março de 2016.

TELECOMUNICAÇÕES BRASILEIRAS (TELEBRAS). *Projetos de redes telefônicas em edifícios*, 1978. Referência.

TELECOMUNICAÇÕES BRASILEIRAS (TELEBRAS). *Tubulações telefônicas em edifícios*, 1976. Referência.

TELECOMUNICAÇÕES BRASILEIRAS (TELEBRAS). *Tubulações telefônicas em unidades habitacionais individuais*, 1977. Referência.

CATÁLOGOS E MANUAIS DE FABRICANTES

FAME – Tomadas múltiplas padrão brasileiro.
GE – Motores síncronos.
Iluminim LED – Catálogo de LEDs.
LEGRAND – Tomadas.
NEXANS – Fios e cabos.
OSRAM – Catálogo geral.
PHILIPS – Comercial.
PHILIPS – Lâmpadas – volume 1.
PHILIPS – Lâmpadas – volume 2.
PHILIPS – Lâmpadas LED.
PHILIPS – Sensores.
PIAL LEGRAND – Interruptores e tomadas.
PRYSMIAN – Fios e cabos de todos os tipos.
SIEMENS – Automação predial.
SIEMENS – FireFinder XLS.
SIEMENS – Motores trifásicos de baixa tensão.
WEG – Motores síncronos.

LIVROS MAIS CONSULTADOS

ILLUMINATING ENGINEERING SOCIETY (IES). *The lighting handbook*. 10. ed. Nova York: IES, 2011.
KOOGAN/HOUAISS. *Enciclopédia e dicionário ilustrado*. Rio de Janeiro: Delta, 1998.
LARGEAUD, H. *Le schema electrique*. Paris: Eyrolles, 1993.
MAMEDE FILHO, J. *Instalações elétricas industriais*. 8. ed. Rio de Janeiro: LTC, 2010.

EMPRESAS

ELETRO-ESTUDOS Engenharia Ltda. (www.eletro-estudos.com.br).
ENERGON BRASIL (www.energonbrasil.com.br).
PAIOL Engenharia (www.paiolengenharia.com.br).

Índice Alfabético